AF470349

TRAITÉ

ÉLÉMENTAIRE

DE MINÉRALOGIE.

II.

DU MÊME AUTEUR.

TRAITÉ ÉLÉMENTAIRE DE PHYSIQUE,

4e édition, 1 gros volume in-8°, orné de 14 planches.

Prix, broché, 10 fr.

IMPRIMÉ CHEZ PAUL RENOUARD,

RUE GARENCIÈRE, N° 5.

TRAITÉ

ÉLÉMENTAIRE

DE MINÉRALOGIE

PAR F. S. BEUDANT,

CHEVALIER DE L'ORDRE ROYAL DE LA LÉGION D'HONNEUR, MEMBRE DE L'ACADÉMIE ROYALE DES SCIENCES, DE L'INSTITUT, PROFESSEUR DE MINÉRALOGIE A LA FACULTÉ DES SCIENCES DE L'ACADÉMIE DE PARIS, MEMBRE DE LA SOCIÉTÉ PHILOMATIQUE DE PARIS, ASSOCIÉ DE LA SOCIÉTÉ GÉOLOGIQUE DE LONDRES, DE LA SOCIÉTÉ PHILOSOPHIQUE DE CAMBRIDGE, DE LA SOCIÉTÉ HELVÉTIQUE, DE LA SOCIÉTÉ CÉSARÉENNE, LÉOPOLDIENNE-CAROLINIENNE DES CURIEUX DE LA NATURE, DE L'ACADÉMIE NATIONALE DES SCIENCES DE PHILADELPHIE, etc.

Deuxième Édition.

TOME II.

Paris,

CHEZ VERDIÈRE, LIBRAIRE-ÉDITEUR,

QUAI DES AUGUSTINS, N° 25.

1832.

TABLEAU MÉTHODIQUE

DES

ESPÈCES MINÉRALES.

PREMIÈRE CLASSE.

GAZOLYTES.

SUBSTANCES renfermant, comme principe électro-négatif, des corps gazeux, liquides ou solides, susceptibles de former des combinaisons gazeuses permanentes avec l'oxigène, avec l'hydrogène ou avec le phtore (acide fluorique).

PREMIÈRE FAMILLE. SILICIDES.

Corps composés d'oxide de silicium, soit seul, soit combiné avec divers autres oxides.

Donnant du gaz phtoro-silicique, lorsque après les avoir mêlés avec du phtorure de calcium pur, on les chauffe, avec de l'acide sulfurique concentré, dans un tube métallique.

Tous insolubles dans l'eau ; quelques-uns attaqués par les acides, et donnant souvent immédiatement une matière gélatineuse qui n'est qu'un précipité de silice.

La plupart ne pouvant être attaqués que par la fusion avec les alcalis caustiques, qui les transforme en matières attaquables par les acides, souvent susceptibles de donner aussi immédiatement un dépôt gélatineux, ou une solution qui laisse précipiter de la silice, soit immédiatement, soit après la concentration et le traitement subséquent par l'eau.

Les substances qui entrent dans la famille des silicides ont un assez grand nombre de caractères physiques communs. Leur dureté est presque toujours considérable; un grand nombre d'entre elles raient le quarz qui en fait partie, presque toutes les autres raient ou usent le verre; quelques-unes seulement sont susceptibles d'être rayées par une pointe d'acier; un très petit nombre se laissent rayés par l'ongle, ce qui même n'a le plus souvent lieu que pour les variétés désagrégées à l'état terreux.

Ces substances n'offrent jamais l'éclat métallique, mais presque toujours l'éclat vitreux, du moins dans les variétés cristallines; il y en a beaucoup de blanches, mais d'autres offrent diverses teintes de vert, de rouge, de bleu, de noir, qui tiennent à la nature des oxides combinés avec la silice. Les couleurs accidentelles sont extrêmement variées, et dues, tantôt à des mélanges mécaniques, tantôt à des mélanges chimiques, d'oxides ou de silicates colorés.

Les espèces de cette famille appartiennent presque uniquement aux terrains de cristallisation, c'est-à-dire aux dépôts qu'on nomme terrains primitifs et intermédiaires, aux divers dépôts d'amygdaloïdes, et aux terrains d'origine évidemment ignée. Il en est quelques-unes qui constituent à elles seules des roches simples, en couches ou en masses plus ou moins considérables; d'autres entrent comme parties essentielles des roches composées; mais la plupart sont disséminées dans les ro-

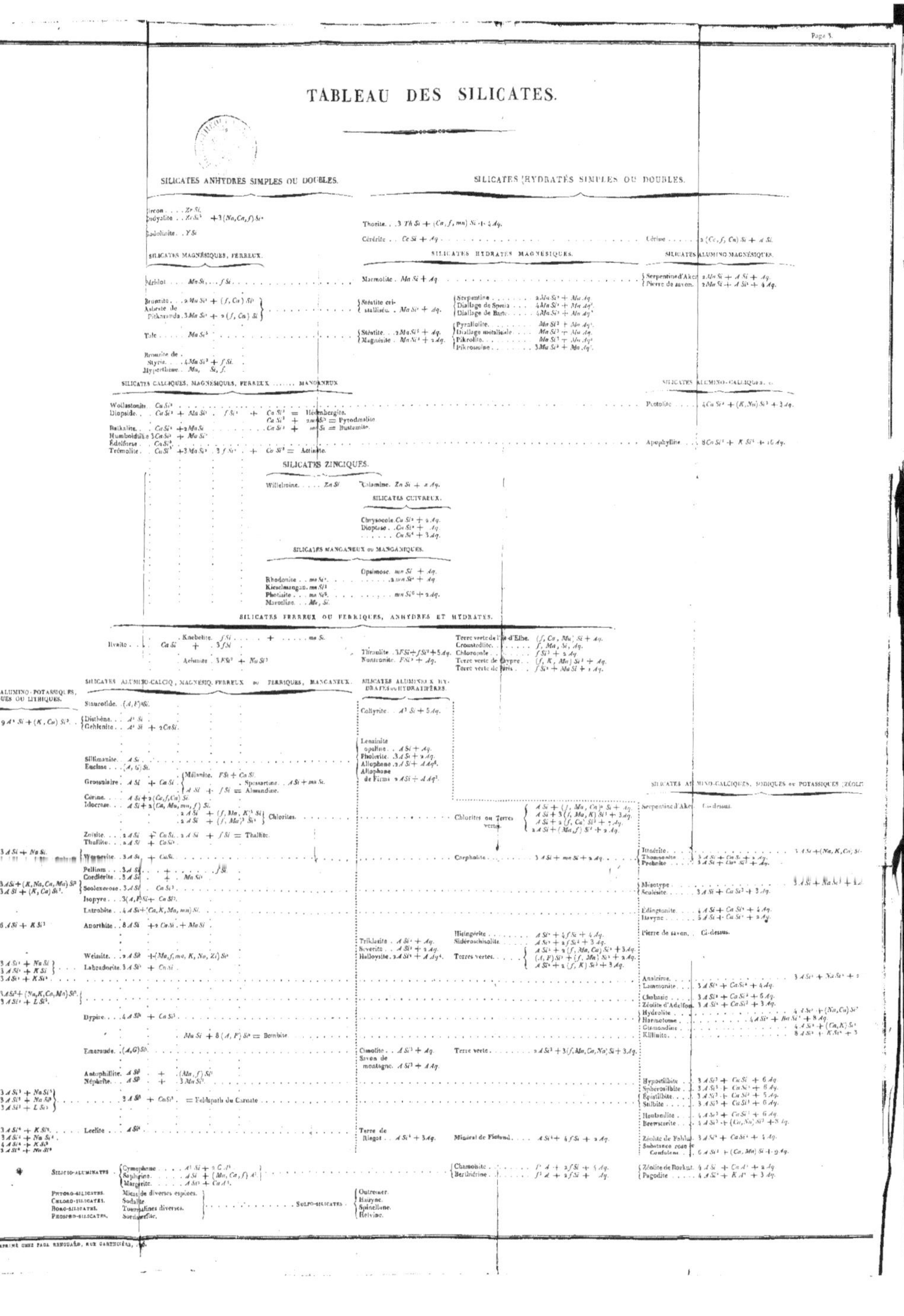

TABLEAU DES SILICATES.

SILICATES ANHYDRES SIMPLES OU DOUBLES.

Zircon . . . . $Zr\,Si$.
Eudyalite . . $Zr\,Si^2 + 3(Na,Ca,f)\,Si^2$
Gadolinite . . $Y\,Si$

SILICATES MAGNÉSIQUES, FERREUX.

Péridot . . . . $Ma\,Si, \ldots f\,Si$.
Bronzite . . . $2\,Ma\,Si^2 + (f,Ca)\,Si^2$ }
Asbeste de Pitkaranda . $3\,Ma\,Si^2 + 2\,(f,Ca)\,Si$ }
Talc . . . . . $Ma\,Si^3$
Bronzite de Styrie . . . $4\,Ma\,Si^3 + f\,Si$.
Hypersthène . . $Ma, \; Si, f$.

SILICATES CALCIQUES, MAGNÉSIQUES, FERREUX . . . . . . MANGANEUX

Wollastonite . . $Ca\,Si^2$
Diopside . . . $Ca\,Si^2 + Ma\,Si^2$. $f\,Si^2$ + $Ca\,Si^2$ = Hédenbergite.
$Ca\,Si^2 + 2\,mn\,Si^2$ = Pyrodmalite
Baikalite . . . $Ca\,Si^2 + 2\,Ma\,Si$ . . . . $Ca\,Si^2 + mn\,Si$ = Bustamite.
Humboldtilite $3\,Ca\,Si^2 + Ma\,Si^2$
Édelforse . . $Ca\,Si^3$.
Trémolite . . $Ca\,Si^3 + 3\,Ma\,Si^2$. $3\,f\,Si^2$. + $Ca\,Si^3$ = Actinote.

SILICATES HYDRATÉS SIMPLES OU DOUBLES.

Thorite . . . $3\,Th\,Si + (Ca,f,mn)\,Si + 4\,Aq$.
Cérérite . . $Ce\,Si + Aq$ . . . . Cérine . . . . . $2\,(Ce,f,Ca)\,Si + A\,Si$.

SILICATES HYDRATÉS MAGNÉSIQUES.

Marmolite . $Ma\,Si + Aq$ . . . .

Stéatite cristallisée . . $Ma\,Si^2 + Aq$.
{ Serpentine . . . . $2\,Ma\,Si^2 + Ma\,Aq$.
{ Diallage de Sprria . . . $4\,Ma\,Si^2 + Ma\,Aq^2$.
{ Diallage de Baste . . . . $4\,Ma\,Si^2 + Ma\,Aq^2$.

Stéatite . . $2\,Ma\,Si^3 + Aq$.
Magnésite . $Ma\,Si^3 + 2\,Aq$.
{ Pyrallolite . . . . $Ma\,Si^3 + Ma\,Aq^2$.
{ Diallage métalloïde . . . $Ma\,Si^3 + Ma\,Aq$.
{ Pikrolite . . . . $Ma\,Si^3 + Ma\,Aq^2$
{ Pikrosmine . . . . $3\,Ma\,Si^3 + Ma\,Aq^2$.

SILICATES ALUMINO-MAGNÉSIQUES.

{ Serpentine d'Aker . $2\,Ma\,Si + A\,Si + Aq$.
{ Pierre de savon . . $2\,Ma\,Si + A\,Si^2 + 4\,Aq$.

SILICATES ALUMINO-CALCIQUES, &c.

Pectolite . . . . $4\,Ca\,Si^2 + (K,Na)\,Si^3 + 3\,Aq$.
Apophyllite . . . $8\,Ca\,Si^2 + K\,Si^3 + 16\,Aq$.

SILICATES ZINCIQUES.

Willelmine . . . . $Zn\,Si$ . . . Calamine. $Zn\,Si + 2\,Aq$.

SILICATES CUIVREUX.

Chrysocole. $Cu\,Si^2 + 2\,Aq$.
Dioptase . . $Cu\,Si^2 + Aq$.
. . . . . . $Cu\,Si^4 + 3\,Aq$.

SILICATES MANGANEUX ou MANGANIQUES.

Opsimose. $mn\,Si + Aq$.
Rhodonite . . $mn\,Si^2$ . . . . $2\,mn\,Si^2 + Aq$
Kieselmangan. $mn\,Si^3$
Photizite . . . $mn\,Si^6$ . . . . $mn\,Si^6 + 2\,Aq$.
Marceline . . . Mn, Si.

SILICATES FERREUX OU FERRIQUES, ANHYDRES ET HYDRATÉS.

Knebelite. $f\,Si$ . . . . . + ... $mn\,Si$.
Ilvaïte . . . $Ca\,Si$ + $3\,f\,Si$
Acmite . $3\,F\,Si^2 + Na\,Si^2$
Thraulite . $3\,F\,Si + f\,Si^2 + 5\,Aq$.
Nontronite. $F\,Si^2 + Aq$.
Terre verte de l'île d'Elbe. $(f, Ca, Ma)\,Si + Aq$.
Cronstedtite . . . . . . f, Ma, Si, Aq.
Chloropale . . . . $f\,Si^2 + 2\,Aq$.
Terre verte de Chypre . . $(f, K, Ma)\,Si^2 + Aq$.
Terre verte de Paris . . . $f\,Si^2 + Ma\,Si + 1\,Aq$.

SILICATES ALUMINO-POTASSIQUES, SODIQUES OU LITHIQUES.

. . . ousite. $9\,A^2\,Si + (K,Ca)\,Si^2$
. . . ine. . $3\,A\,Si + Na\,Si$.
. . . lite . $3\,A\,Si + (K,Na,Ca,Ma)\,Si^2$ }
. . . . . . $3\,A\,Si + (K,Ca)\,Si^2$. }
. . . site. . $6\,A\,Si + K\,Si^3$
. . . ite. . $3\,A\,Si^2 + Na\,Si$ }
. . . . . . $3\,A\,Si^2 + K\,Si$ }
. . . gène . $3\,A\,Si^2 + K\,Si^2$
. . . nène. $3\,A\,Si^2 + (Na,K,Ca,Ma)\,Si^2$. }
. . . ne . . $3\,A\,Si^2 + L\,Si^3$. }
. . . e. . . $3\,A\,Si^3 + Na\,Si^3$ }
. . . . . . $3\,A\,Si^3 + Na\,Si^3$ }
. . . e. . . $3\,A\,Si^3 + L\,Si^3$ }
. . . annite $3\,A\,Si^4 + K\,Si^4$.
. . . e. . . $3\,A\,Si^4 + Na\,Si^4$.
. . . . . . $4\,A\,Si^4 + K\,Si^3$
. . . e. . . $3\,A\,Si^4 + Na\,Si^4$

SILICATES ALUMINO-CALCIQ., MAGNÉSIQ. FERREUX ou FERRIQUES, MANGANEUX.

Staurotide. $(A,F)^4\,Si$.
{ Disthène . . . $A^2\,Si$
{ Gehlenite . . $A^2\,Si + 2\,Ca\,Si$.
Sillimanite. . $A\,Si$
Euclase . . . $(A,G)\,Si$.
Grossulaire . $A\,Si + Ca\,Si$. { Mélanite. $F\,Si + Ca\,Si$. . . Spessartine. . $A\,Si + mn\,Si$. ; $A\,Si + f\,Si$ = Almandine.
Cérine. . . . $A\,Si + 2\,(Ce,f,Ca)\,Si$.
Idocrase. . . $A\,Si + 2\,(Ca, Ma, mn, f)\,Si$.
. $2\,A\,Si + (f, Ma, K)^3\,Si$ } Chlorites.
. $2\,A\,Si + (f, Ma)^3\,Si^2$ }
Zoïsite . . . $2\,A\,Si + Ca\,Si$. $2\,A\,Si + f\,Si$ = Thallite.
Thullite . . $2\,A\,Si + Ca\,Si^2$.
Wernerite . $3\,A\,Si + Ca\,Si$.
Pelliom . . . $3\,A\,Si$ . . + ... $f\,Si$.
Cordiérite . $3\,A\,Si$. + . $Ma\,Si^2$
Scolexerose . $3\,A\,Si$. $Ca\,Si^2$.
Isopyre . . . $3\,(A,F)\,Si + Ca\,Si^2$.
Latrobite . . $4\,A\,Si + (Ca,K,Ma,mn)\,Si$.
Anorthite . . $8\,A\,Si + 2\,Ca\,Si + Ma\,Si$.
Weissite . . . $2\,A\,Si^2 + (Ma,f,mn,K,Na,Zi)\,Si^2$
Labradorite. $3\,A\,Si^2 + Ca\,Si$.
Dypire . . . . $4\,A\,Si^2 + Ca\,Si^2$.
$Ma\,Si + 8\,(A,F)\,Si^2$ = Bombite.
Émeraude. . $(A,G)\,Si^2$.
Antophillite. $A\,Si^2$ + $(Ma,f)\,Si^2$
Néphrite . . $A\,Si^2$ + $3\,Ma\,Si^2$.
$3\,A\,Si^3 + Ca\,Si^3$ = Feldspath du Carnate.
Leelite . . . $A\,Si^4$

SILICATES ALUMINEUX HYDRATÉS ou HYDRATIFÈRES.

Collyrite . . $A^3\,Si + 5\,Aq$.
Lenzinite opaline . . $A\,Si + Aq$.
Pholerite . $3\,A\,Si + 2\,Aq$.
Allophane . $2\,A\,Si + A\,Aq^6$.
Allophane de Firmi $2\,A\,Si + A\,Aq^2$.
Chlorites ou Terres vertes. { $A\,Si + (f, Ma, Ca)^2\,Si + Aq$. ; $A\,Si + 3\,(f, Ma, K)\,Si^2 + 3\,Aq$. ; $A\,Si + 2\,(f, Ca)\,Si^2 + 7\,Aq$. ; $2\,A\,Si + (Ma,f)\,Si^2 + 2\,Aq$.
Carpholite . . . . . . $3\,A\,Si + mn\,Si + 2\,Aq$.
Hisingérite . . . . . . $A\,Si^2 + 4\,f\,Si + 4\,Aq$.
Sidéroschisolite . . . $A\,Si^2 + 2\,f\,Si + 3\,Aq$.
Triklasite . $A\,Si^2 + Aq$.
Severite . . $A\,Si^2 + 2\,Aq$.
Halloysite . $2\,A\,Si^2 + A\,Aq^4$.
Terres vertes . . . . { $A\,Si^2 + 2\,(f, Ma, Ca)\,Si^2 + 3\,Aq$. ; $(A,F)\,Si^2 + (f, Ma)\,Si^2 + 2\,Aq$. ; $A\,Si^2 + 2\,(f, K)\,Si^3 + 3\,Aq$.
Cimolite . . $A\,Si^3 + Aq$.
Savon de montagne. $A\,Si^3 + A\,Aq$.
Terre verte . . . . $2\,A\,Si^3 + 3\,(f, Ma, Ca, Na)\,Si + 3\,Aq$.
Terre de Riegot . . $A\,Si^4 + 3\,Aq$.
Minéral de Fiolund . . . . $A\,Si^4 + 4\,f\,Si + 2\,Aq$.
{ Chamoisite . . . . $f^3\,A + 2\,f\,Si + 4\,Aq$.
{ Berthiérine . . . . $f^3\,A + 2\,f\,Si + Aq$.

SILICATES ALUMINO-CALCIQUES, SODIQUES ou POTASSIQUES (ZÉOLITHES).

Serpentine d'Aker. Ci-dessus.
Ittnérite . . . . $3\,A\,Si + (Na,K,Ca)\,Si$
Thomsonite . . $3\,A\,Si + Ca\,Si + \ldots\,Aq$.
Prehnite . . . $3\,A\,Si + Ca\,Si^2 + Aq$.
Mésotype . . . . $3\,A\,Si + Na\,Si^3 + 2$
Scolésite . . . $3\,A\,Si + Ca\,Si^3 + 3\,Aq$.
Edingtonite . . $4\,A\,Si + Ca\,Si^2 + 4\,Aq$.
Levyne . . . . $5\,A\,Si + Ca\,Si^2 + 5\,Aq$.
Pierre de savon. Ci-dessus.
Analcime . . . . $3\,A\,Si^2 + Na\,Si^2 + 2$
Laumonite . . $3\,A\,Si^2 + Ca\,Si^2 + 4\,Aq$.
Chabasie . . . $3\,A\,Si^2 + Ca\,Si^3 + 6\,Aq$.
Zéolite d'Adelfors. $3\,A\,Si^2 + Ca\,Si^3 + 3\,Aq$.
Hydrolite . . . . . $4\,A\,Si^2 + (Na,Ca)\,Si^2$
Harmotome . . . . $4\,A\,Si^2 + Ba\,Si^3 + 8\,Aq$.
Gismondine . . . . $4\,A\,Si^2 + (Ca,K)\,Si^2$
Killinite . . . . . $8\,A\,Si^2 + K\,Si^2 + 3$
Hypostilbite . . $3\,A\,Si^3 + Ca\,Si + 6\,Aq$.
Sphérostilbite . $3\,A\,Si^3 + Ca\,Si^2 + 6\,Aq$.
Épistilbite . . . $3\,A\,Si^3 + Ca\,Si^3 + 5\,Aq$.
Stilbite . . . . $3\,A\,Si^3 + Ca\,Si^3 + 6\,Aq$.
Heulandite . . . $4\,A\,Si^3 + Ca\,Si^3 + 6\,Aq$.
Brewsterite . . . $4\,A\,Si^3 + (Ca,Sr)\,Si^3 + 8\,Aq$.
Zéolite de Fahlun. $3\,A\,Si^4 + Ca\,Si^4 + 4\,Aq$.
Substance rose de Confolens . $6\,A\,Si^4 + (Ca, Ma)\,Si^4 + 9\,Aq$.
Zéolite de Borkult. $4\,A\,Si + Ca\,A^2 + 2\,Aq$.
Pagodite . . . . $4\,A\,Si^3 + K\,A^2 + 3\,Aq$.

SILICIO-ALUMINATES . { Cymophane . . . . $A^2\,Si + 2\,G\,A^2$. ; Saphirine . . . . $A\,Si + (Ma, Ca, f)\,A^2$. ; Margarite . . . . $A\,Si^2 + Ca\,A^3$.

PHTORO-SILICATES. Micas de diverses espèces.
CHLORO-SILICATES. Sodalite.
BORO-SILICATES. Tourmalines diverses.
PHOSPHO-SILICATES. Sordawalite.

. . . . SULFO-SILICATES . { Outremer. Haüyne. Spinellane. Helvine.

. $3 A Si + Ca^2 Si^3 + Aq.$

. . . . $3 A Si + Na Si^3 + 2 A$

. $3 A Si + Ca Si^3 + 3 Aq.$

. $4 A Si + Ca Si^2 + 4 Aq.$

. $5 A Si + Ca Si^2 + 2 Aq.$

. Ci-dessus.

. . . . $3 A Si^2 + Na Si^2 + 2$

. $3 A Si^2 + Ca Si^2 + 4 Aq.$

. $3 A Si^2 + Ca Si^3 + 6 Aq.$

s. $3 A Si^2 + Ca Si^3 + 3 Aq.$

. . . . $4 A Si^2 + (Na, Ca) Si^3$

. . . . $4 A Si^2 + Ba Si^4 + 8 Aq.$

. . . . $4 A Si^2 + (Ca, K) Si^2$

. . . . $8 A Si^2 + K Si^4 + 3$

ches cristallines, ou en noyaux dans les amygdaloïdes et les basaltes : il est à remarquer que ces dernières appartiennent le plus souvent à des silicates hydratés, qui ont entre eux les plus grandes analogies par les caractères extérieurs. Hors de ces gisemens on ne trouve plus qu'un petit nombre de ces matières, soit dans les gîtes métallifères, soit dans quelques parties des terrains secondaires, où d'ailleurs elles sont très rares. Elles disparaissent dans les terrains tertiaires, ou du moins il ne s'en trouve plus que des débris roulés et hors de leur gîte originaire. En général, il n'y a que la silice pure que l'on rencontre assez fréquemment hors des dépôts de cristallisation, encore y est-elle plutôt à l'état de silex qu'à l'état cristallin.

C'est à la famille des silicides qu'appartiennent la plupart des pierres qu'on emploie dans la bijouterie, à l'exception du diamant, du corindon (rubis et saphir), du spinelle et de la topaze. Il en est qui sont d'un prix très élevé, telle que l'émeraude du Pérou, quelques variétés de grenat almandin, la cymophane, etc., et d'autres qui sont de peu de valeur et employées seulement pour des parures de moyen ordre.

La famille des silicides n'offre que la silice pure ou hydratée, et des silicates, dont les espèces, extrêmement nombreuses, réalisent, en quelque sorte, toutes les combinaisons atomiques imaginables, en sels simples, en sels doubles et en substitutions isomorphes. Les relations de composition sont tracées dans le tableau ci-joint, où les différentes colonnes indiquent verticalement les combinaisons simples, les combinaisons doubles, les matières anhydre, les matières hydratées, et les diverses combinaisons des mêmes bases. Les lignes horizontales, d'une colonne à l'autre, font voir les diverses combinaisons du même ordre, à bases différentes, et, par suite, la série des espèces les plus analogues, celles qui constituent des groupes particuliers de corps, dont tous les caractères physiques sont sensiblement les mêmes. En lisant à-la-fois sur ce tableau, dans le sens horizontal et dans le sens vertical, on aperçoit d'un même coup-d'œil toutes les relations qui existent entre les différens silicates que nous connaissons jusqu'à présent; mais dans l'impossibilité d'admettre ces deux sens de lecture pour la description, nous formerons une serie linéaire des espèces en préférant la lecture dans le sens horizontal, qui est celui où les analogies physiques et chimiques sont les plus nombreuses : par ce moyen, nous ne romprons que des rapports assez éloignés, qui, d'ailleurs, sont suffisamment indiqués par ce tableau.

PREMIER GENRE. SILICE.

Substances infusibles seules, insolubles dans les acides; fusibles avec les alcalis caustiques. Solution subséquente, privée de silice, ne précipitant rien, ou presque rien, par aucun réactif, lorsque la matière est minéralogiquement pure.

PREMIÈRE ESPÈCE. QUARZ.

A. QUARZ HYALIN (*Cristal de roche*, etc.)

Substance hyaline, ne blanchissant pas au feu et ne donnant pas d'eau par la calcination.

Cristallisant dans le système rhomboèdrique, et principalement en prisme hexagone régulier, terminé par des pyramides, ou en dodecaèdres bipyramidaux, à faces triangulaires isocèles. Cristaux pouvant tous être dérivés d'un rhomboèdre obtus dont les faces sont inclinées entre elles de 94^d 15′ et 85^d 45′.

Possédant la réfraction double à un axe attractif, et, en outre, une espèce de polarisation particulière (polarisation rotative), parallèlement à l'axe.

Couleur naturellement blanche, mais variant accidentellement de toutes les manières, par suite du mélange de substances étrangères.

Pesanteur spécifique, 2,654.

Rayant fortement le verre.

Prenant assez facilement, par le frottement, l'électricité positive, dans les variétés pures et homogènes, mais conservant peu de temps la vertu électrique.

Donnant une lueur phosphorique par le frottement mutuel de deux morceaux.

Donnant une odeur *sui generis* par le frottement ou la percussion.

Impression de froid assez marquée sur le toucher, et suffisante pour distinguer toujours le quarz des verres artificiels et de plusieurs silicates hyalins naturels.

Composition. 1 atome de silicium et 3 atomes d'oxigène = $\dddot{Si}$, ou en poids,

Oxigène.	51,95
Silicium.	48,05
	100,00

Les principales analyses directes de cette substance ont fourni les résultats suivans :

		Silice.	Alumine.	Chaux.	Protoxide de fer.	Peroxide de fer.	Oxide rouge de manganèse.	Magnésie.	Perte.	Eau.
Quarz pur par Bucholz.	(1)	99,375	traces.							
— améthyste par Rose.	(2)	97,50	0,25	....	......	0,50	0,25	.....	.....	1,50
— ferrugineux jaune par Beudant	(3)	88,31	....	traces.	......	9,77	traces	.....	.....	2,92
— ferrugineux rouge de Langbanshytta par Berzelius	(4)	90	traces.	....	......	3,99	et chaux. 5,15	.....	0,86	
— ferrugin. rouge par Bucholz	(5)	76,80	0,25	....	......	21,66	....	.....	....	1
— ferrugineux rouge de Schemnitz par Beudant................	(6)	85,15	0,35	....	......	14,14	0,17	.....	0,21	
— prase par Beudant...	(7)	95,25	0,41	1,00	2,66	....	....	0,67	0,01	
— id. par id............	(8)	94,84	0,47	....	3,64	......	....	.....	.....	1,05

On voit par ces résultats que le quarz limpide renferme peu de matières étrangères; mais que les quarz colorés renferment des oxides de fer et de manganèse, tantôt sans eau, tantôt avec de l'eau, et par conséquent à l'état d'hydrate. L'oxide rouge de fer devient très abondant, et opacifie la masse dans les variétés ferrugineuses rouges, et ce même oxide à l'état d'hydrate (3e analyse), colore et opacifie les variétés ferrugineuses jaunes. Dans les variétés désignées sous le nom de prase, c'est tantôt l'Actinote plus ou moins mélangée de Trémolite, qui se trouve être le principe colorant, tantôt probablement des alumino-silicates de protoxide de fer; en effet, dans l'analyse (7) on trouve à faire 7 d'Actinote, et 2,49 de Trémolite, après quoi il reste 0,41 d'alumine libre; dans l'analyse (8), on formerait facilement avec l'alumine le fer et l'eau, un alumino-silicate comme la Chamoisite. (Voy. cette espèce.)

VARIÉTÉS DE L'ESPÈCE.

Quarz cristallisé. Rarement en rhomboèdre, quelquefois en dodécaèdre bipyramidal; le plus souvent en prisme hexagone terminé par des pyramides à six faces, souvent simple, quelquefois modifié de différentes manières, savoir :

1° Sur les arêtes latérales par deux faces en biseau (rares).

2° Sur les arêtes de jonction de la pyramides et du prisme.

3° Sur les arêtes de la pyramide (rare).

4° A l'angle du sommet, Pl. VII, fig. 7 (rare).

5° Sur les angles solides par une face également inclinée sur les faces adjacentes du prisme.

6° Par une ou plusieurs faces inégalement inclinées sur les faces du prisme, obliquant de droite à gauche dans certains cristaux et de gauche à droite dans d'autres.

7° Par deux faces à chaque angle solide (rare) : Ce sont les modifications complètes dont les précédentes n'offrent que la moitié. Il existe trois de ces cristaux complets au Collège de France. Voyez Pl. VI, fig. 2 et Pl. VII, fig. 49 à 60, 62, 63.

Inclinaison de p sur d 103^d 20′, p sur k 128^d 20′, p sur s 141^d 40′, z sur s 168^d 49′, s sur o 142^d, s sur δ, δ', 161^d 29′, 167^d 56′.

Quarz oblitéré. En cristaux déformés par l'élargissement de certaines faces, par rapport aux autres, t. I, pl. VII, fig. 36, 39, 43, 47, 49, 56, ou oblitérés par de stries transversales, qui confondent différens plans de cristallisations, et donnent lieu à des variétés *fusiformes*.

Quarz maclé. Deux cristaux prismatiques élargis sur deux faces opposées et réunis par les faces pyramidales, t. 1, pl. IX, fig. 1.

Quarz groupé régulier. Petits cristaux régulièrement proportionnés, réunis pour en former un plus gros de même figure, tantôt bien proportionné, tantôt élargi ou alongé, t. 1, pl. VIII, fig. 12, 13, 14. Le gros cristal est quelquefois très net à une extrémité, et présente à l'autre tous ses cristaux composant.

Quarz groupé irrégulier. Petits cristaux déformés par l'élargissement de quelques faces, réunis par les faces étroites, et formant des plaques à biseaux fig. 13, tantôt planes, tantôt contournées.

Quarz en boule, à surface hérissée de pointes pyramidales; les boules sont, tantôt isolées, tantôt groupées. Quelquefois on distingue deux gros cristaux groupés bout à bout, et à la jonction desquels se trouve un nombre plus ou moins grand de cristaux plus petits.

Quarz mamelonné ou *botryoïde.* Formé de globules accumulés et disposés entre eux de diverses manières (Blaye au sud de Nantes).

Quarz muscoïde ou *coralloïde.* Composé de petits rameaux irréguliers ou cylindroïdes, entremêlés, disposés en touffes, et présentant à leur surface des pointes cristallines brillantes (Huélafried en Cornouaille, Gersdorf en Saxe).

Quarz incrustant cristallin, sur des cristaux de fluor, de barytine, etc.; quelquefois il y a plusieurs couches d'incrustations les unes sur les autres, et elles sont séparées par des couches de fluor, souvent très minces, et qui dans certaines circonstances paraissent avoir été enlevées postérieurement. Les masses ainsi formées se déboîtent fréquemment les unes de dessus les autres, en sorte qu'une partie présente en creux ce que l'autre présente en relief. Cette configuration peut être aussi rangée dans les variétés stratoïdes.

Quarz pseudomorphique. En calcaire rhomboédrique et dodécaèdre (Montbrison, Loire), en gypse lenticulaire (Passy, près Paris), en fer oligiste rhomboèdre (Framon, Vosges, etc.), en fluor octaèdre et cubique, etc. (Beeralston en Angleterre; La Boulaye, Verrière, Saône-et-Loire; Chili, Mideu).

Quarz sableux aglutiné, par du carbonate de chaux, sous formes de rhomboèdres (grès cristallisé de Fontainebleau), ou en boules groupés les unes sur les autres.

Quarz tubuleux (fulgurite, astrapyalite, tubes fulminaires). Sables aglutinés en tube par une espèce de fusion opérée par la foudre qui tombe sur des dépôts sableux; quelquefois ces tubes se prolongent très loin dans l'intérieur de la terre (Senner Heide pays de Munster, Pillau près de Kœnigsberg, Nietleben près de Halle sur la Saale).

Variétés de structure.

Quarz clivable (rare). En masse grossièrement susceptible de se cliver parallèlement aux faces du rhomboèdre de 94^d 15'.

Quarz laminaire. En masse séparable par plaques plus ou moins épaisses.

Quarz stratoïde. 1° *polyèdrique.* Dans certains cristaux où les couches d'accroissement sont visibles, quelquefois séparées par des vides ou des matières terreuses. Quelquefois les divers accroissemens se déboîtent les uns de dessus les autres, lorsque le cristal est cassé. Les accroissemens se distinguent quelquefois aussi par plus ou moins de transparence ou d'opacité : ce qu'on nomme *quarz en chemise*, est un quarz cristallisé dont l'intérieur est transparent, et la surface opaque et blanche : 2° *curvilignes* et quelquefois à couches concentriques, dans certaines formes globuleuses : 3° *en zigzag*, variété indiquée au quarz incrustant.

Quartz bacillaire ou *fibreux.* A fibres grossières ou fines, parallèles, divergentes et quelquefois entrelassées.

Quarz compacte. Hyalin, ou rarement lithoïde, diaphane, translucide, laiteux, ou opaque, limpide, blanc ou coloré.

Quarz bulleux. Quarz compacte, hyalin, rempli de petites cavités qui renferment des matières gazeuses et liquides, quelquefois des matières oléagineuses.

Quarz treillissé. Quarz compacte, dans la fracture duquel on observe des stries courbes, croisées, plus ou moins saillantes, dont la réunion offre souvent l'apparence de l'empreinte du doigt (du Brésil).

Quarz saccharoïde (rare). Formé de petits cristaux accumulés, plus ou moins distincts.

Quarz grenu. Formé par une agglutination de grains, cristallisés ou roulés, gros ou petits, tantôt seuls, tantôt mélangés avec des matières étrangères, ou empâtés par des argiles. Les variétés formées de petits grains cristallins très adhérens entre eux, sont désignées sous le nom de *quarzite, quarzfels*, et celles que l'on peut soupçonner d'être le résultat de l'agrégation de grains roulés, sont plus particulièrement désignées sous le nom de *grès*; elles passent l'une à l'autre par toutes les nuances, et les premières passent au quarz compacte opaque.

Quarz schisteux. A feuillets plus ou moins épais de quarz compacte ou grenu, séparés par des enduits de matière micacée.

Quarz haché. Ayant l'apparence d'un corps haché dans tous les sens par un instrument tranchant. Cette variété est probablement produite par dépots dans les fissures d'une matière fendillée par le dessèchement (Saint-Andréasberg au Harz, etc.).

Quarz cellulaire ou *carié.* Matière hyaline, remplie de cavités séparées par des cloisons très minces, et constituant une masse spongieuse très légère (Béresof en Sibérie). Dans quelques cas, les cavités sont régulières, et évidemment dues à des cristaux de diverses substances minérales qui ont été détruits.

Quarz sableux. En grains mobiles ou légèrement agglutinés, tantôt pur, tantôt micacé, argileux, ferrugineux, etc.

Variétés de couleur.

Le quarz est naturellement incolore dans son état de pureté ; mais, souillé par différentes matières, il affecte un grand nombre de couleurs. On distingue nettement deux sortes de mélanges : les mélanges mécaniques, qui donnent toujours plus ou moins d'opacité, et les mélanges chimiques, qui laissent subsister la transparence.

1° MÉLANGE MÉCANIQUE. *Quarz chloriteux.* Mélangé de matières micacées verdâtres, disséminées par paquets ou plus ou moins uniformément.

Quarz argentin. Mélangé de matière micacée jaunâtre ou blanchâtre, qui reflettent un éclat nacré ou argentin (Alpes du Dauphiné, de la Savoie, etc.).

Quarz prase. Quarz de couleur verte, produite par des matières fibreuses ou en petits grains, dont les uns sont de l'actinote et les autres des alumino-silicates de fer hydratés (Mummelgrund en Bohême, Breitenbrunn près de Schwarzenberg en Saxe, etc.).

Quarz ferrugineux rouge (Sinople). Quarz compacte hyalin, mélangé d'une plus ou moins grande quantité de particules de péroxide de fer (Schemnitz en Hongrie).

Quarz hématoïde (hyacinthe de Compostelle). Souvent cristallin, en cristaux isolés ou groupés, mélangés d'argile ferrugineuse rouge.

Quarz ferrugineux jaune (Eisenkiesel). Compacte ou formé de petits cristaux accumulés, et mélangé de péroxide de fer hydraté (Altenberg, Einbenstock en Saxe, Iljefeld, Fischbach au Harz, etc.).

2° MÉLANGE CHIMIQUE. *Quarz rose* (pseudo rubis). De teinte plus ou moins foncée, tantôt opaque, tantôt translucide, rarement transparent.

Quarz violet (améthiste). De couleur violette plus ou moins foncée, tantôt uniforme, tantôt entremêlé par bandes parallèles, par zone en zigzag avec du quarz blanc.

Quarz bleu (siderite? péliom?). Rarement transparent, souvent translucide, ou même opaque, et devant sa couleur a une matière bleue, fibreuse, qui l'accompagne. Il y a du véritable quarz bleu qui a été confondu avec la cordierite, faute d'en avoir fait l'essai chimique.

Quarz jaune (fausse topaze). Jaune, verdâtre, orangé, etc., de toutes les nuances.

Quarz brun ou *enfumé* (topaze enfumée) et *noir*, devant fréquemment sa couleur à une matière fugace ou à un arrangement de particules, car cette couleur se perd par l'action du feu. Dans quelques cas, la chaleur fait passer la teinte brune au jaune ou au rougeâtre, et la pierre reprend plus de transparence.

Variétés d'éclat et Jeux de lumière.

Quarz vitreux. Toutes les variétés limpides ou colorées.

Quarz gras. Certaine variété vitreuse, translucide ou opaque dont la surface semble à l'œil avoir été frottée d'huile, et qui quelquefois même est douce au toucher.

Quarz terne. La plupart des variétés opaques, compactes ou grenues.

Quarz chatoyant (œil de chat). Des reflets blanchâtres, roussâtres ou verdâtres, soyeux, sur un fond translucide de diverses couleurs. Le chatoiement paraît être quelquefois produit par l'interposition de quelques-unes des matières fibreuses désignées sous le nom d'asbeste; mais il y a des variétés où l'on ne peut reconnaître aucune matière étrangère, et qui sembleraient être simplement des quarz fibreux à fibres très fines (Ceylan, Sanzawa en Bohême, Treseburg au Harz).

Quarz opalisant (pseudo-opale). Variétés translucides, laiteuses, avec des reflets analogues aux précédens, ayant toujours quelque chose de rougeâtre, mais point d'éclat soyeux; on distingue fréquemment des matières étrangères disséminées dans ces variétés.

Quarz irisé par décomposition de lumière dans des fissures; c'est une variété tout-à-fait artificielle.

Quarz aventuriné. Présentant des points brillans sur un fond blanc, verdâtre ou brun rougeâtre. Il faut distinguer deux variétés, l'une dont les points brillans sont dus à une action de la lumière sur les grains de quarz dont la masse est composée, et l'autre qui tient à la présence des paillettes de matière micacée sur lesquelles la lumière se réfléchit.

Variétés d'odeur.

Quarz fétide. Odeur aliacée qui se manifeste par frottement ou percussion, et qui se perd par l'exposition à l'air ou au feu.

B. CALCÉDOINE (*Cornaline, Sardoine, Agathe, Silex, Jaspe, etc.*).

Substance plutôt lithoïde que hyaline, blanchissant au feu sans dégager d'eau, ou très peu. Cristaux très rares et en rhomboèdre de 94^d 15′ et 75^d 45′.

Ne donnant pas d'indice de double réfraction, même dans les parties les plus translucides taillées en lames minces, mais bien l'indice de la polarisation rotative.

Couleur naturellement blanche, mais variant singulièrement par suite des mélanges.

Pesanteur spécifique 2,6 à 2,7.

Dureté souvent plus grande que celle du quarz hyalin; la ténacité est aussi plus forte, en sorte que la substance fait plus facilement feu que le quarz hyalin.

Tous les autres caractères semblables à ceux du quarz hyalin : les analyses ont fourni :

	Silice.	Alumine.	Chaux.	Oxide de fer.	Eau ou substance volatile.
Silex par Klaproth. . . .	93,00	0,28	0,50	0,25	1,00
Id. par Vauquelin. . . .	86,42	. . .	9,88 (*a*) carbonate.	1,23	
Cornaline par Bindheim.	94,00	3,50	. . .	0,75	
Héliotrope par Brandes.	96,25	0,83	. . .	1,25 péroxide.	1,05
Calcéd. résinoïde p. Beudant	96,11	. . .	. . .	0,82	3,07
Calcéd. calcifère de Chatillon par le même. . .	91,00	. . .	à l'état de carbonate. 8,97	0,03 péroxide.	
Jaspe jaune par le même.	93,57	0,31	1,05	3,98	1,09

Par où l'on voit que la silice domine dans ces substances, et qu'il y a aussi des mélanges de diverses matières, de carbonate de chaux, d'hydroxide de fer, etc. L'examen minéralogique de diverses variétés de jaspe conduit à admettre beaucoup d'autres mélanges, comme de chlorite, ou de matière micacée, de terre verte, d'actinote, etc., qu'il serait utile de vérifier par l'analyse.

VARIÉTÉS DE L'ESPÈCE.

Calcédoine cristallisée. En rhomboèdre, ordinairement bleus, et agglomérés en plaques plus ou moins épaisses (des environs de Kapnik en Transylvanie).

Calcédoine stalactitique, mamelonné, guttulaire.

Calcédoine réniforme. En rognons plus ou moins volumineux, tantôt pleins, tantôt creux, dont l'intérieur est tapissé de quarz hyalin, de stalactites de calcédoine, ou bien remplis de matière terreuse, d'eau, de soufre pulvérulent, etc.

Calcédoine incrustante. En pellicule sur des cristaux de quarz prismé groupés entre eux (de Pont-du-Château en Auvergne).

Calcédoine pseudomorphique. Substituée à des cristaux de calcaire, à du bois ou à des madrépores dont elle conserve le tissu, ou bien moulée dans des cavités de coquilles, d'échinides, etc.

Calcédoine compacte. Translucide, à cassure cireuse (agate, sardoine cornaline, etc.); à cassure couchoïdale, esquileuse (silex, plasma, etc.); opaque à cassure plate, éclat gras ou terreux (silex corné ou keratite, partie compacte des pierres meulières).

Calcédoine cellulaire ou *cariée* (pierre meulière, silex molaire) criblée de cavités irrégulières.

Calcédoine stratoïde (agate onix). A couches planes, curvilignes ou concentriques, de diverses teintes, de divers degrés de finesse ou de transparence.

Calcédoine organoïde. Présentant la structure du bois, des madrépores, etc.

Calcédoine treillisée. Présentant par réfraction des stries ondulées et croisées.

Calcédoine nuagée. Présentant par réfraction des ondulations analogues à des nuages, qui se manifestent par plus d'opacité.

Variétés de couleur.

Calcédoine incolore; plus ou moins translucide.

Calcédoine jaune ou *rousseâtre* (sardoine).

Calcédoine bleuâtre (saphirine), *violâtre*, *verdâtre.*

Calcédoine vert-pomme (chrysoprase), colorée par l'oxide de nikel.

Calcédoine rouge (cornaline), *rose, grise, brune, noire*; les nuances sont très variés dans toutes les couleurs.

Calcédoine herborisée, à dendrites noires ou rouges.

Calcédoine panachée, ponctuée, rubannée, zonaire ou *ruiniforme* (caillou d'Egypte).

Variété par mélange.

Calcédoine jaspe. Opaque, simple ou rubannée, panachée, etc., produite par mélanges de péroxide et d'hydroxide de fer (*jaspe rouge et jaune*); par mélange de chlorite, de terre verte, de diallage (*jaspe vert, héliotrope,* etc.), tantôt uniforme, tantôt semé de points rouges (*jaspe sanguin*); par mélange d'argile (*jaspes ternes de diverses sortes*), ou de matières terreuses, tantôt uniformément disséminées, tantôt logées par paquets, par filamens, dans de la calcédoine translucide (*agathe mousseuse*).

Calcédoine quarzifère. Variété de la chrysoprase dans laquelle on distingue des veines de quarz hyalin, qui se fondent insensiblement dans la calcédoine.

Calcédoine opalifère ou *résinoïde.* Mélangée d'hydrate de silice, ce qu'on reconnaît par la présence d'une certaine quantité d'eau, qui donne à la masse un éclat résinoïde, intermédiaire entre l'éclat ordinaire de la calcédoine et l'éclat résineux de l'opale.

Calcédoine calcifère. Mélangée de carbonatede chaux qui donne de l'opacité, et plus ou moins de fusibilité.

Variétés par décomposition.

Calcédoine cacholong. D'un blanc mat, happant à la langue, et plus ou moins terreuse. Quelquefois ce sont des nids entièrement composés de cette manière, et ailleurs c'est la surface des rognons seulement qui est ainsi altérée.

C. SILICE A L'ÉTAT TERREUX.

Silice nectique. Matière à structure lâche, très légère, et susceptible de nager sur l'eau.

Silice pulvérulente. En poussière, plus ou moins aride au toucher.

GISEMENT DU QUARZ.

Le quarz hyalin cristallisé appartient à tous les terrains, depuis les plus anciens, jusque, en quelque sorte, aux plus modernes; mais c'est dans les dépôts de cristallisation primitifs et intermédiaires qu'il se trouve en plus grande abondance. Il tapisse alors de grands filons qu'il forme à lui seul, ou de grandes cavités souterraines, qu'on nomme, les uns et les autres, *poches* ou *fours à cristaux* (Alpes du Dauphiné, de la Savoie; Pyrénées, etc.) Il se trouve aussi dans les gîtes métallifères (Saxe, Hongrie, Angleterre, Mexique, etc.), mais rarement en aussi beaux cristaux que dans le premier cas. Dans les terrains secondaires et tertiaires on ne voit plus guère que de petits cristaux qui tapissent çà et là des fissures, de petites cavités, ou bien les géodes de calcédoine qui se trouvent dans les dépôts d'amygdaloïdes (Oberstein dans le Palatinat, etc.).

Nous avons vu, t. 1, page 564, que le quarz se trouve disséminé en gros cristaux dans les roches désignées sous le nom de pegmatite; on le trouve également disséminé dans presque toutes les roches composées, mais particulièrement dans les roches porphyriques. Il existe encore, à cet état, dans des roches calcaires (Carrare), dans des rognons de cette même substance dispersés dans des marnes ou des matières argileuses (Meylan, près Grenoble), dans le gypse secondaire (Saint-Jacques-de-Compostelle en Galice, Molina en Arragon, Bastènes et Caupène près Dax, etc.), où il est en cristaux isolés, ou en petits groupes calcitropoïdes de la variété hematoïde.

Le quarz cristallisé est très rare dans les terrains d'origine ignée; cependant on le trouve dans les trachytes proprement dits, en petits nids, en cristaux isolés, et plus particulièrement dans les roches de ces terrains que j'ai désignées sous le nom de porphyre molaire (Hongrie, Auvergne, etc.). On en connaît aussi dans le basalte et même dans les laves modernes.

Les diverses variétés en petite partie n'ont pas en général d'autre gisement; seulement, il y a quelques localités renommées pour la beauté des échantillons. Par exemple, les plus belles variétés d'améthyste viennent des Indes; si on en a apporté beaucoup du Brésil, elles sont généralement pâles et de teinte peu uniforme; les filons du Mexique (Veta Madre de Guanaxuato) en offrent de fort belles. En Europe, on cite différentes localités de Saxe (Rochlitz), de Bohême (Prestniz), de Hongrie (Schemnitz, Glasshutte, etc.), de Transylvanie (Kapnik), d'Angleterre (Polgooth, Pednandre, dans les mines d'étain), d'Espagne (montagnes de Murcie, Vicq en Catalogne), du Palatinat (Oberstein); en France, on en trouve dans les Alpes du Dauphiné, en Auvergne, etc. La plupart des variétés, jaune et verdâtre, qu'on trouve toutes taillées dans le commerce, nous viennent du Brésil. Le quarz aventuriné ne se trouve guère qu'en cailloux roulés (environs de Nantes, de Rennes, etc, Écosse, Saxe, Espagne, etc.); on en cite de cristallisé à Ceylan.

Nous avons vu que le quarz hyalin est une partie constituante essentielle de différentes roches composées, t. I, pages 563 à 565, qui forment de grandes masses à la surface de la terre, pages 572 à 575; qu'il constitue aussi à lui seul de grandes couches où il est tantôt à l'état vitreux, tantôt compacte ou grenu, dans les terrains primitifs et intermédiaires (Saxe, Harz, Alpes du Dauphiné, de la Savoie, etc., etc.), page 590; la dernière de ces variétés appartient plutôt aux terrains intermédiaires et secondaires, 591. Quant aux variétés sableuses, plus ou moins agrégées, c'est dans les terrains secondaires et tertiaires qu'elles se rencontrent, et elles y forment souvent des dépôts considérables, soit entre les assises calcaires, soit à la partie supérieure des diverses formations dans les localités où elles ne sont point recouvertes (grès de diverses sortes aux environs de Paris, centre de la France, rives du Rhin, etc., etc.).

Si les terrains de cristallisation primitifs et intermédiaires sont les gîtes spéciaux du quarz hyalin, les terrains secondaires et tertiaires sont en général ceux du quarz calcédoine. Ces modifications de la silice se rencontrent cependant en filons plus ou moins épais dans les terrains de cristallisation (Schlottwitz, Gersdorf en Saxe, Eisenberg en Thuringe, Carlsbad, Auvergne, etc.), et quelquefois même en couches qui se répètent un grand nombre de fois dans le même lieu, en formant ainsi des collines plus ou moins considérables; telles sont les calcédoines jaspes (Apennins de la Ligurie, Alpes de Savoie, Pyrénées, Monts Ourals en Sibérie, etc.). Les calcédoines translucides et stratoïdes, douées de diverses teintes, se trouvent particulièrement en rognons, plus ou moins volumineux, dans les Amygdaloïdes des diverses époques de formation (Oberstein dans le Palatinat, Féroë en Islande, etc.), dans les Diorites porphyriques intermédiaires (environs de Kapnik en Transylvanie, Zimapan au Mexique, etc.).

Les variétés opaques qu'on nomme plus particulièrement *Silex* se trouvent en rognons dans les roches des terrains trachytiques (Hongrie), mais en petites quantités, et dans tous les dépôts des calcaires secondaires; elles sont surtout abondantes dans la craie, où les rognons sont disposés par lits horizontaux, qui se répètent à diverses hauteurs, et quelquefois s'étendent assez horizontalement, en se joignant les uns aux autres, pour représenter en quelque sorte de petites couches. C'est dans les marnes de formation tertiaire que se trouvent les calcédoines calcifères.

Dans ses gisemens au milieu des calcaires le silex renferme fréquemment des débris organiques, des coquilles, et particulièrement des madrépores.

Nous avons déjà fait remarquer, t. 1, page 592, qu'à la fin des terrains tertiaires on trouve des dépôts, plus ou moins considérables, de matières siliceuses; ce sont les pierres meulières qui couvrent la plupart des plateaux des environs de Paris.

USAGES DU QUARZ.

Les quarz en roches, et plus particulièrement les variétés schisteuses, sont employés comme pierres à bâtir dans les pays de montagnes primitives et intermédiaires ; les quarz grenus et les sables quarzeux agrégés (grès de diverses sortes) sont employés également dans les pays secondaires, et même certaines variétés qui peuvent être taillées facilement sont appliquées avec succès à l'architecture ; les sables quarzeux ou les grès pilés servent à mélanger avec la chaux pour faire les mortiers. Nous avons vu qu'on employait soit les quarz compactes qui sont alors pilés, soit les grès purs, soit encore le silex calciné et pilé, pour les poteries et les verreries ; qu'on employait les grès pour les meules à aiguiser les instrumens, ou même à tailler les pierres dures (Oberstein) ; que ces mêmes grès ou les sables quarzeux servaient à préparer diverses matières au poli, etc. Nous avons aussi fait remarquer, t. 1, page 742, l'emploi du silex molaire pour la confection des meules de moulin.

Le quarz hyalin limpide a été fort employé autrefois (quinzième et seizième siècles) comme un objet de luxe ; on en faisait des coupes, dont les plus grandes qu'on ait citées ont un pied de diamètre sur à-peu-près autant de profondeur, des petits vases, des gobelets, des boîtes, des lustres, etc., qui étaient d'un prix très-élevé à cause de la dureté de la pierre, qu'on avait dès-lors une grande difficulté à creuser et à tailler ; il y a eu des fabriques de ces objets à Milan, à Briançon, etc., et on en apportait de l'Inde et de la Chine. Ce genre de luxe est tombé depuis qu'on a inventé l'espèce de verre appelé cristal, parce qu'il remplaça le cristal de roche, qui est à-la-fois plus limpide, plus éclatant et plus facile à travailler, et on ne taille plus le quarz que rarement pour ces divers objets.

On emploie aujourd'hui le quarz limpide pour des verres de lunettes qui ont le grand avantage de ne pas se rayer ; mais il faut alors que les lames soient prises perpendiculairement à l'axe de cristallisation, à cause de la double réfraction de la substance qui détermine une seconde image plus ou moins distincte de l'objet, et qui gêne beaucoup la vision ; d'un autre côté cette double réfraction a fait employer le quarz pour faire des micromètres à double image, qui servent dans différens instrumens d'optique.

L'améthiste a aussi été employée pour former des coupes et des vases divers, ou en petites colonnes, en placages, surtout lorsque, mélangée avec du quarz blanc, elle produit des dessins en zigzags; on la travaille encore quoique rarement pour de semblables objets, aussi bien que le quarz rose. En général les quarz colorés sont travaillés en cachets, en anneaux, en pierre à facettes, que l'on monte en collier, en diadème, en bague, etc.; on emploie particulièrement alors l'améthiste, qui est une variété précieuse, d'un prix assez élevé lorsque la teinte est belle : on se sert aussi des quarz de couleur jaune plus ou moins enfumée, du quarz avanturiné, qui est encore recherché lorsqu'il est d'un bel effet, enfin des variétés opalisante et chatoyante; cette dernière est même fort chère lorsque la pierre est grande et belle.

Les différentes variétés de calcédoine sont aussi employées pour faire des coupes, des tabatières, des socles, des cachets. La sardoine, la cornaline, les agathes herborisées sont employés en pierres montées de diverses sortes, et il y a des variétés qui sont fort recherchées. La calcédoine chrysoprase fait très bien en parures, avec des entourages de perles ou de petits diamans. Les calcédoines onix ont été fort employés par les anciens pour les camées, et sont encore fort recherchés pour cet usage.

Un emploi très important de la calcédoine silex est pour la fabrication des pierres à fusil. Ce sont particulièrement les silex de la craie qu'on emploie pour cet objet, et il faut les tailler au sortir de la carrière. En France il y en a des exploitations dans les départemens de Loir-et-Cher (Meunes, Noyer et Couffy, canton de Saint-Aignan), de l'Indre (Lye), de l'Ardèche (Maysse), de l'Yonne (Cérilly), de Seine-et-Oise (Laroche-Guyon). On en exportait autrefois beaucoup à l'étranger, mais ce commerce est maintenant prohibé.

Enfin nous rappellerons, t. 1, page 742, les meules de moulin, que l'on confectionne autour de Paris avec la calcédoine carriée ou pierre meulière, et qui sont de meilleure qualité que toutes celles que l'on peut faire avec d'autres matières.

DEUXIÈME ESPÈCE. OPALE.

Substance tantôt hyaline, tantôt lithoïde, blanchissant au feu et donnant toujours de l'eau par calcination.

Ne donnant pas d'indice de cristallisation, et point de double-réfraction.

Naturellement incolore, mais susceptible d'offrir beaucoup de couleurs différentes par suite des mélanges, et des jeux de lumière très vifs.

Pesanteur spécifique 2,11 à 2,35.

Rayant le verre, mais ayant peu de ténacité et faisant dès-lors difficilement feu avec le briquet.

Impression de froid beaucoup moins sensible que dans le quarz.

Tous les autres caractères du quarz.

Composition. Hydrate de silice dont les proportions ne sont pas bien déterminées. Les analyses ont fourni les résultats suivans.

		Silice.	Eau.	Péroxide de fer.	Alumine.	Chaux
Opale hyalite de Frankfort, par Bucholz.	(1)	92,00	6,33			
Opale hyalite de Hongrie, par Beudant.	(2)	91,32	8,68			
Opale noble de Hongrie, par Klaproth	(3)	90,00	10,00			
Opale de feu du Mexique, par le même	(4)	92,00	7,75	0,25		
Opale commune de Hongrie, par le même. . . .	(5)	93,50	5,00	1,00		
Opale xiloïde, p. R. Brandes	(6)	93,00	6,125	0,375	0,125	
				protoxide de fer.	sous-sulf. de fer.	
Opale de Quegstein dans les Sept Montagnes, par id.	(7)	86,00	9,968	2,540	0,032	
Semi-opale de Moravie, par Klaproth	(8)	85,00	8,00	1,75	3,00	
Opale menilite de Paris, par Klaproth	(9)	85,50	11,00	0,50	1,00	0,50
Opale ferrugineuse de Hongrie, par le même. . . .	(10)	43,50	7,50	47,00		
Idem de Jasztraba en Hongrie, par Beudant. . . .	(11)	47,81	13,17	38,09	0,93	

On voit par ces analyses qu'il existe de l'eau dans toutes les variétés, ce qui porte à croire que l'opale est vraiment un hydrate de silice, car il serait bien difficile d'admettre que de l'eau hygrométrique se conservât constamment dans des pierres qui se trouvent depuis long-temps dans les collections; d'ailleurs toutes les pierres qui renferment de l'eau interposée la perdent par l'exposition de leur poussière dans un air sec pendant quelque temps, et il n'en est pas ainsi de l'opale: enfin il n'y a pas plus de raison pour admettre ici de l'eau interposée que dans beaucoup d'autres substances, que tout le monde considère comme des hydrates. A la vérité la quantité d'eau est un peu variable; cependant les analyses 2, 3, 7, 8, 9 s'accordent assez sensiblement, et sembleraient conduire à penser que l'opale est un hydrate de silice de la formule $\ddot{S}^2 \mathit{Aq}$, qui donnerait en poids

Eau.	9,04
Silice	90,96

Mon analyse (11) s'accorde aussi sensiblement avec la même formule, en admettant que le péroxide de fer est à l'état d'hydrate qui constitue l'ocre jaune.

Dans les autres analyses la quantité d'eau est un peu moins forte, ce qui peut jeter quelque doute sur la formule que nous avons admise; mais d'un côté il serait possible que l'opale fût quelquefois mélangée de calcédoine, car dans les mêmes lieux il existe fréquemment de véritable calcédoine, et l'on trouve même beaucoup de passages entre les deux substances. D'un autre côté, il pourrait bien se faire aussi qu'il y eût deux espèces d'hydrate de silice, car la formule $\ddot{S}^3 \mathit{Aq}$, qui donnerait

Eau.	6,10
Silice	93,90

s'accorderait assez avec les analyses 1, 4, 5, 6, et avec une analyse que j'ai faite d'une espèce d'opale, opaque, blanche, de Castella Monte, dans laquelle j'ai trouvé

Silice	93,2
Eau.	6,1
Magnésie.	0,3
Chaux	0,4
	100,0

Je crois pouvoir admettre que les variétés d'opale opaques, peu colorées, renferment moins d'eau que les variétés limpides; ces dernières, dans divers essais que j'ai faits, par calcination seulement, m'ont donné 8 à 10 pour 100 de perte, qu'on peut regarder comme de l'eau; et les autres ne m'ont donné que de 5 à 7. Je remarquerai que j'ai toujours retiré de l'eau de plusieurs échantillons de l'espèce de matière siliceuse, blanche, tendre, qu'on regarde comme de l'opale altérée; que je n'en ai pas obtenu moins de 5 pour 100 et jamais plus de 7. Je ferai voir qu'on ne peut pas toujours regarder ces matières tendres comme des résultats d'altération, et par cela même je serais porté à croire que ce sont des hydrates particuliers : c'est au temps à nous fournir les moyens d'apprécier ces divers résultats.

Nous devons ajouter encore quelques analyses qui pourraient peut-être indiquer une troisième combinaison de silice et d'eau; savoir : 1° l'analyse d'une substance limpide nommée *Wasser opal* (opale d'eau) par Schmitz, qui provient de Pfaffenreith, dans la contrée de Passau, et qui se trouvait en petits nids dans le graphite. 2° L'analyse d'une substance terreuse de l'Ile-de-France, qu'on a nommée *Kieselguhr*, et qui a été faite par Klaproth; ces matières ont donné :

Wasser Opal.		Kieselguhr.	
Silice	63,91	Silice	72,00
Eau	34,84	Eau	21,00
Oxide de fer, Alumine, Chaux	Traces.	Alumine	2,50
		Oxide de fer	2,50

VARIÉTÉS DE L'ESPÈCE.

Opale stalactitique ou *mamelonnée.* Le plus souvent limpide ou nacrée (Hyalite, Amiatite, Fiorite, Mulleriches Glass, Perlsinter), quelquefois opaque blanche ou colorée.

Opale réniforme. En rognons, quelquefois très volumineux, ordinairement colorée et souvent opaque.

Opale xiloïde (Holzopal). Ayant la forme et la structure du bois; quelquefois d'un jaune clair, ailleurs presque blanche, et dans quelques cas se délitant en fibres comme du bois naturel altéré.

Opale incrustante (Geyserite, Kieselguhr, Tuf du Geyser). Déposée sur des plantes ou sur des matières terreuses, et souvent avec des couches distinctes d'accroissement, les unes terreuses, les autres hyalines.

Opale semi-gelatineuse. Rayée facilement par l'ongle lorsqu'elle sort de la terre, fendillée par le desséchement dans les collections, et n'étant plus rayée que par une pointe d'acier.

Variétés de couleur, éclat, etc.

Opale diaphane. — *laiteuse.* — *translucide.* — *opaque* (opale commune, Halbopal, Menilite).

Opale résinoïde (Silex résinite, Quarz résinite). — *céroïde* à cassure esquileuse (Wachsopale). — *lithoïde* mate et opaque, et ressemblant assez à certains silex.

Opale incolore. — *bleuâtre.* — *verdâtre.* — *jaune* (opale de feu lorsqu'elle est diaphane et d'une teinte claire). — *brune.* Ces variétés étant tantôt diaphanes, tantôt translucides ou opaques.

Opale irisée (Opale noble). Présentant de belles iris de diverses couleurs.

Opale chatoyante (Girasol). Transparence laiteuse, ou simple translucidité lorsqu'elle est colorée, et de beaux reflets chatoyans.

Variétés par mélanges.

Opale ferrugineuse (Jaspe opale, Holzopal, Pechstein). Mélangée d'une grande quantité de péroxide de fer hydraté qui la colore en jaune, ou de simple péroxide de fer qui la colore en rouge. Ces variétés sont quelquefois panachées de blanc, de brun, de vert, etc.

Opale amphiboleuse. Le plus souvent opaque, quelquefois translucide, remplie d'une multitude de petits points verts qui paraissent être de l'amphibole actinote.

Opale calcifère. Mélangée de carbonate de chaux qui la rend blanchâtre, opaque et plus ou moins fusible.

Variétés altérées, etc.

Opale hydrophane. Happant à la langue, reprenant de la transparence et souvent des couleurs irisées dans l'eau; produite souvent par décomposition.

Opale terreuse. Matière très tendre, se délayant quelquefois dans l'eau.

GISEMENT.

L'opale n'appartient pas comme le quarz à tous les terrains; la plus grande partie se trouve dans les tufs trachytiques (pied des Monts-Dor, en Auvergne, Sept-Montagnes des bords du Rhin, Hongrie, Mexique, etc.). Les variétés limpides et irisées sont en petits nids, en petites veines, dans les parties les plus homogènes de ces dépôts, dans celles qui ont le plus de compacité et ont quelquefois repris des caractères porphyriques (Cservenitza, en Hongrie et tout le dépôt trachytique entre Eperies et Tokaj). Les variétés translucides diversement colorées se trouvent plutôt dans les perlites (Telkebanya, Glasshutte, etc., en Hongrie; Zimapan au Mexique), ou dans les porphyres compactes qui en dépendent. Les variétés xiloïde et ferrugineuse appartiennent à des débris trachytiques très altérés (Mont-Dor et Cantal, en Auvergne; bords du Rhin dans les Sept-Montagnes; tous les dépôts trachytiques de Hongrie (Sajba près Neusohl, Jasztraba, près Kremnitz, Borfô, au sud de Schemnitz, etc.), des monts Euganéens, des îles Ponce, Lipari et de l'archipel grec, de l'Amérique équatoriale, etc.). Enfin les variétés mamelonnées (hyalite, fiorite, etc.) paraissent se trouver dans les fissures mêmes des roches trachytiques ou basaltiques (Bohünicz, au sud de Schemnitz, Detwa, Gyöngyös, etc., en Hongrie; Francfort-sur-le-Mein; Santafiora, en Toscane; Kaisersthul), (où la roche basaltique se trouve en relation avec la Dolomie dans laquelle alors l'hyalite est quelquefois comme enchatonnée). Les variétés incrustantes, parmi lesquelles se trouvent quelquefois aussi les variétés mamelonnées, proviennent ou des sources thermales jaillissantes (Geyser d'Islande), ou des solfatares actives ou éteintes (soufrière de la Guadeloupe, Pouzole, île d'Ischia, Santiago à la Nouvelle-Espagne).

Quoique les dépôts trachytiques soient en quelque sorte les gîtes spéciaux de l'opale, on trouve cependant cette substance dans d'autres gisemens. Elle existe dans certaines roches amygdaloïdes ou basaltiques, qui sont encore d'origine évidemment ignée (îles Féroë, Islande, etc), dans des roches porphyriques qui se rattachent aux terrains intermédiaires et ont aussi des caractères analogues à ceux des dépôts trachytiques (îles d'Aran en Ecosse, vallée de Tribisch en Saxe). Il en existe, et ce sont des variétés blanches translucides ou opaques, dans des dépôts serpentineux et diallagiques (Baldissero, Castella-Monte, Mussinet en Piémont; île d'Elbe, etc.), dont nous avons cité quelques-unes comme se trouvant dans des positions particulières, qui sembleraient dénoter une origine ignée. On cite aussi en Silésie de l'hyalite dans des roches analogues (Zobtenberg), qui quelquefois couvre la surface même du quarz (Kosemuz, Domniz).

Il existe aussi diverses variétés d'opale dans les filons métallifères; on y cite l'opale de feu (Zimapan, au Mexique), des opales de diverses variétés (Freyberg, Schneeberg, en Saxe; Chatelaudren, en Bretagne; High Rosewarne et Huel Damsel en Cornwall).

Enfin diverses variétés opaques, tantôt blanches, tantôt diversement colorées, se trouvent dans les terrains secondaires les plus modernes et dans les terrains tertiaires. On en cite dans des dépôts de Lignite (Leimersdorf, près Ahrweiller, sur la Ahr), et il en existe en grande quantité dans les couches marneuses des formations tertiaires (Meuilmontant, Argenteuil, Saint-Ouen, près Paris; Mehun, Nièvre; Orléans: Gergovia, en Auvergne etc., etc.).

FORMATION DE L'OPALE.

L'absence de toute trace de cristallisation dans la plupart des variétés de calcédoine et de toutes les variétés d'opale, la disposition de ces matières en rognons dans le sein de la terre, leur aspect particulier, ont fait penser depuis long-temps qu'elles ne s'étaient pas formées par voie de cristallisation comme le quarz, mais qu'elles n'étaient que le résultat de dépôts gélatineux. Je ne sais ce que l'on en doit croire relativement à la calcédoine, mais, quant à l'opale, il me paraît évident que certaines variétés ont été produites de cette manière. En effet, j'ai trouvé en Hongrie, dans deux localités différentes et dans le gisement ordinaire des opales, des nids de matière tendre, onctueuse, qui se coupaient comme une pâte molle, qui étaient susceptibles de s'imbiber d'eau et de se pétrir alors entre les doigts. Ces matières que j'ai rapportées en France se sont durcies dans les collections, et en même temps se sont gercées précisément comme les précipités gélatineux qu'on laisse dessécher. Celui de ces échantillons que j'avais noté comme le plus remarquable par son apparence gélatineuse, et qui a éprouvé le plus de retrait dans la collection, a perdu 10 pour 100, s'est gercé de nouveau et a pris encore de la dureté, lorsque après trois ans je l'ai exposé à l'air; cette perte s'est effectuée dans l'espace d'un mois, et pendant près de six mois que la matière est restée ensuite à l'air elle n'a rien perdu; analysée depuis elle a fourni :

Silice	90,80
Eau	6,03
Alumine et péroxide de fer avec trace de chaux . .	3,17
	,00

Par conséquent c'est la même matière que les opales opaques, que l'on peut aussi soupçonner d'avoir été d'abord au même état gélatineux.

M. Guillemin a fait une observation analogue à Tortezais, dans le département de l'Allier; il y a trouvé dans des matières arénacées une substance tendre, d'un éclat résineux, absorbant facilement l'eau, qui avait la propriété de se dissoudre dans la potasse caustique, ce qui indique assez clairement un précipité gélatineux, et qui était composé de silice avec 11 pour 100 d'eau et quelques centièmes d'alumine.

Ces faits semblent devoir prouver que quelques variétés d'opale, surtout celles qui sont opaques, ne sont autre chose que des précipités gélatineux ; mais on ne peut pas dire qu'il en soit de même de la calcédoine, ni des autres variétés d'opale ; il paraît, au contraire, que les variétés stalactitiques et mamelonnées doivent, pour avoir pris ces formes, s'être trouvées en véritable solution ; il est difficile aussi d'imaginer que les variétés xiloïdes aient pu se former par des précipités gélatineux, et il semble que, pour se substituer au corps organique, il est nécessaire que la matière soit en solution et se dépose par une sorte de cristallisation confuse.

USAGES.

L'opale n'est d'usage que pour la joaillerie; on emploie les variétés irisées, quelquefois la variété jaune à reflets rouges, dite opale de feu.

DEUXIÈME GENRE. SILICATES.

PREMIÈRE DIVISION. SILICATES D'ALUMINE OU DE SES ISOMORPHES.

Substances, tantôt insolubles dans les acides, tantôt solubles, entrant toujours en fusion avec les alcalis, le carbonate de baryte, etc.

Solution privée de silice, donnant par l'ammoniaque un précipité abondant, attaquable par la solution de soude.

Résidu du traitement par la soude, quelquefois nul, quelquefois abondant, et renfermant dans quelques cas une assez grande quantité de péroxide de fer, qui remplace l'alumine en tout ou en partie, ou bien des bases à un atome d'oxigène.

PREMIÈRE ESPÈCE. STAUROTIDE (de σταυρος, croix).

Croisette, Granatite, Pierre de croix, Schorl cruciforme, Staurolite.

Substance cristallisée, en prisme rhomboïdaux de 129° 20′ et 50° 40′, dont la hauteur est au côté de la base à-peu-près comme 4 à 3.

Pesanteur spécifique 3,2 à 3,9.

Rayant le quarz, mais rayée par la topaze.

Couleur rouge, avec plus ou moins de translucidité, ou brune, noirâtre et opaque.

Infusible, ou très difficilement fusible en scorie noire.

Composition. M. Berzélius, dans sa nouvelle classification, l'exprime par (A^4, F^4) *Si.* J'ignore si c'est par suite de nouvelles analyses, mais les anciennes, peu d'accord entre elles, ne peuvent conduire à cette formule.

Staurotide rouge de St.-Gothard, par Klaproth.		*Oxigène.*	*Rapports.*	Staurotide noire du même lieu, par le même.		*Oxigène.*	*Rapports.*
Silice	27	14,02	1	Silice	37,50	19,48	3
Alumine	52,25	24,40	2	Alumine	41	18,15	4
Péroxide de fer	18,50	5,67		Péroxide de fer	18,25	5,49	
Oxide de manganèse	0,25			Oxide de manganèse	0,50		
				Magnésie	0,50		

Staurotide de Bretagne, par Vauquelin.		*Oxigène.*	*Rapports.*	Staurotide de Bretagne, par Descotils.		*Oxigène.*	*Rapports.*
Silice	33	17,14	3	Silice	48	24,93	8
Alumine	44	20,55	4	Alumine	40	18,68	7
Oxide de fer	13	3,98		Oxide de fer	9,50	2,91	
Oxide de manganèse	1			Oxide de manganèse	0,50		
Chaux	3,84			Chaux	1,00		

Il n'y a que la première analyse qui puisse conduire à quelque chose; elle donnerait la formule $A^2 S$ ou $\dddot{A}^2 \ddot{Si}$. Quant aux autres analyses, on ne sait absolument qu'en faire, et l'on voit qu'il serait fort utile de les recommencer sur des morceaux bien choisis.

Staurotide cristallisée. En prismes rhomboïdaux droits, tantôt simples, tantôt modifiées par une face sur les arêtes latérales aiguës ; quelquefois avec une modification à l'angle solide obtus, pl. VIII, fig. 25, 50, et pl. IX, fig. 15 *a* sur *b* 137^d 58'.

Staurotide croisée. Quatre cristaux réunis, tantôt à angle droit, tantôt obliquement, t. 1, pl. VIII, fig. 52, 53, 54.

Staurotide cylindroïde. En cristaux émoussés, cimentés fortement dans des gangues de schiste argileux, et à peine distincts de la roche.

GISEMENT.

Comme nous l'avons dit, t. 1, page 638, la staurotide ne s'est encore rencontrée que disséminée, d'une part dans le micaschiste (Saint-Gothard; Greiner, dans le Zillerthal en Tyrol; Bolton; Winthrop, Lichtfield, Germanstown, aux Etats-Unis d'Amérique; Wicklov, en Irlande, etc., etc.), de l'autre dans le schiste argileux (Quimper, Baud, Coadrix, Coray, en Bretagne; entre Hières et Saint-Tropez, département du Var; glaciers du Rhone, passage de Grassoney, dans les Alpes, etc.). Dans quelques cas (Bretagne), les cristaux sont détachés de ces roches et accumulés dans les terres ou sur les bords des ruisseaux. Dans tous les lieux cette substance est accompagnée de grenats; au Saint-Gothard elle est en même temps avec le disthène, auquel elle paraît ressembler sous le rapport de la composition.

DEUXIÈME ESPÈCE. DISTHÈNE.

Cyanyte, Rhetitzit, Sappare, Sapparite, Schorl bleu.

Substance en cristaux facilement clivables dans un sens, et dérivant d'un prisme oblique à base de parallélogramme obliquangle de 106° 15′ et 73° 45′. Inclinaison de la base sur les faces latérales 100° 50′, 79° 10′ et 93° 15′, 86° 45′ ?

Couleur naturellement blanche, mais fréquemment bleue, d'où le nom de cyanite, quelquefois rougeâtre, jaunâtre par suite de mélanges.

Pesanteur spécifique 3, 50.

Rayant le verre, mais rayée par une pointe d'acier suivant les stries du clivage. Infusible au chalumeau; blanchissant à un feu vif.

Composition. $A^2 Si$ ou $\dddot{Al}^2 \dddot{Si}$, d'après les analyses suivantes.

Disthène blanc du Zillerthal, par Beudant.

		Oxigène.	Rapports.
Silice	31,6	16,416	1
Alumine	67,8	31,667	2
Chaux	0,2	0,056	
Potasse	0,2	0,034	
Traces d'acide fluorique.			

Disthène de . . . . par Arfvedson.

		Oxigène.	Rapports.
Silice	36	18,70	1 ?
Alumine	64	29,89	2

Il y a aussi des analyses qui s'éloignent beaucoup de cette composition, soient qu'elles aient été faites sur des matières mélangées, soit que les substances qui en ont été l'objet appartiennent à une autre espèce.

Disthène de . . . . par Laugier.

		Oxigène.
Silice	38,50	20,00
Alumine	55,50	25,92
Oxide de fer	2,75	
Chaux	0,50	
Perte au feu	0,75	

Disthène d'Aschaffemburg, par Klaproth.

		Oxigène.
Silice	39	20,26
Alumine	53	24,75
Oxide de fer	3,50	
Perte au feu	2	

Disthène tendre du Saint-Gothard, par Th. de Saussure.

		Oxigène.
Silice	30,62	15,90
Alumine	54,50	25,45
Oxide de fer	6,00	
Chaux	2,02	
Magnésie	2,30	
Eau et perte	4,56	

Disthène dur du Saint-Gothard, par Th. de Saussure.

		Oxigène.
Silice	29,20	14,17
Alumine	55,00	25,69
Oxide de fer	6,65	
Chaux	2,25	
Magnésie	2,00	
Eau et perte	4,09	

Disthène cristallisé. En prismes ordinairement assez larges, à huit pans, terminés rarement par des modifications sur les arêtes des bases.

Disthène bacillaire ou *fibreux*. En cristaux agglomérés, tantôt droits, tantôt courbes, rarement parallèles.

Disthène laminaire. En lames plus ou moins épaisses, susceptibles de subdivisions.

GISEMENT.

Disséminé dans les roches de micaschiste (Saint-Gothard, Tyrol, Styrie), quelquefois dans les hyalomictes (Grainer, dans le Tyrol), dans la Dolomie (Gout au Simplon), dans le calcaire grenu (Kingsbridge, états de New-York), dans les Leptinites schisteuse et granitoïdes (Tschopau, Penig, en Saxe), dans la pegmatite (Breitenhof, près Johann Georgenstadt en Saxe). Il est fréquemment accompagné de staurotide, de grenat, de tourmaline, etc., quelquefois de graphite, par lequel il est coloré en gris (Tyrol).

USAGES. Le disthène, à cause de son infusibilité, est quelquefois employé comme support dans les essais au chalumeau.

APPENDICE.

Sous le rapport de la composition connue jusqu'à ce jour, on doit réunir au disthène la substance désignée sous le nom de *Pinite de Saxe* qui, d'après l'analyse de Klaproth, serait composée de

		Oxigène.	*Rapports.*
Silice	29,50	15,32	1
Alumine	63,75	29,77	2
Oxide de fer	6,75		

Elle se trouve à Schneeberg, en Saxe, dans la galerie de Pini; elle est en gros cristaux, mal conformés, feuilletés, d'un rouge sombre, et souvent nacrés.

TROISIÈME ESPÈCE. SILLIMANITE.

Dédiée par M. Bowen à M. Sillimane.

Substance grise ou brune, assez éclatante; en prismes rhomboïdaux obliques, dont les angles sont de 106° 30′ et 73° 30′; inclinaison de la base à l'axe 113°; un clivage parallèle à la grande diagonale.

Pesanteur spécifique 3, 41.

Rayant le quarz; infusible au chalumeau.

Composition. M. Bowen a trouvé cette substance composée de

		Oxigène.	*Rapport.*
Silice	42,666	22,16	1
Alumine	54,111	25,27	1
Oxide de fer	1,999		
Eau	0,510		

ce qui semble conduire à la formule *A Si* ou $\ddot{A}\,\dddot{Si}$; cependant il resterait une petite quantité d'alumine surabondante.

Sillimanite cristallisée. En prismes rhomboïdaux modifiés sur les arêtes aiguës.

Sillimanite cylindroïde. Les mêmes prismes oblitérés, groupés à côté les uns des autres.

Gisement. Ce minéral n'a été trouvé que dans une seule localité, dans une veine de quarz traversant le Gneiss, près de Saybrook, dans le Connecticut.

APPENDICE.

Kaolin (*argile à porcelaine*), matière terreuse, très tendre, tachante, ordinairement blanche, quelquefois jaunâtre ou grisâtre.

Pesanteur spécifique, 2,21.

Infusible au chalumeau.

Cette matière provient évidemment de la décomposition des feldspath de diverses espèces; mais, suivant les observations de M. Berthier, ce n'est pas seulement la potasse qui est enlevée par cette décomposition, comme on l'avait cru pendant long-temps, il s'échappe aussi de la silice, et l'alumine est alors en plus grande proportion que dans les feldspath. Il reste après la décomposition un silicate qui se rapproche plus ou moins de la formule *A Si*; mais comme la matière terreuse renferme presque toujours des feldspath non altérés, des grains de quarz et de mica, etc., les analyses sont très variables.

M. Rose à tiré d'un kaolin.

		Oxigène.	Rapport.	
Silice	52,00	27,01	1	*A Si.*
Alumine	47,00	21,95	1	
Oxide de fer	0,33			

Le kaolin de Saint-Yriex a fourni à M. Berthier

		ou bien		Oxigène.	
Silice	46,8	Silice	36,5	18,9	1
Alumine	37,3	Alumine	34,5	16,1	1
Potasse	2,5	Eau	13,0		
Magnésie	traces.	Feldspath potassique	15,6		
Eau	13,0				

où l'on voit à-peu-près le résultat annoncé.

M. Berthier a donné plusieurs autres analyses que nous transcrivons ici pour renseignement.

	Kaolin de Schneeberg.	Kaolin de Meissen.	Kaolin de Saint-Tropez.	Kaolin de Mende.	Kaolin de Normandie.
Silice	43,6	58,6	55,8	63,5	50,0
Alumine . .	37,7	34,6	26,0	28,0	25,0
Potasse . . .	non dosée.	2,4	8,2	1,0	2,2
Magnésie . .	. . . . .	1,8	0,5	8,0	0,7
Chaux . . .	. . . . .	. . . . .	. . . . .	. . . . .	5,5
Oxide de fer.	1,5	. . . . .	1,8	. . . . .	8,5
Eau.	12,6 avec l'alcali.	. . . . .	7,2	. . . . .	9,5

La BUCHOLZITE semblerait être un simple silicate d'alumine, d'après l'analyse de Brandes, et par conséquent devoir être placé auprès de la Sillimanite, à moins que l'on n'y découvre une plus grande quantité de potasse, ce qui la mettrait dans les silicates doubles, et peut-être auprès de l'Andalousite avec laquelle elle a aussi quelques analogies par les caractères extérieurs. L'analyse de M. Brandes présente :

		Oxigène.	*Rapports.*
Silice.	46	23,89	1
Alumine.	50	23,35	1
Potasse	1,50	0,35	
Oxide de fer	2,00		

Elle se trouve en Tyrol dans le même gisement que l'Andalousite.

La *fibrolite* du carnate semblerait avoir du rapport avec la Bucholzite, quoique l'analyse de Chenevix, sur laquelle on ne peut pas compter, ait donné

Silice.	38
Alumine.	58
Oxide de fer.	0,75

QUATRIÈME ESPÈCE. EUCLASE

(*Qui se brise facilement*).

Substance cristalline, très facilement clivable dans un sens. Cristaux dérivant d'un prisme oblique rectangulaire, dont là base est inclinée de 131° 49′ sur les faces latérales.

Pesanteur spécifique 3,06.

Rayant le quarz; très facilement électrique et conservant long-temps l'électricité.

Fusible au chalumeau en émail blanc. Précipité ammoniacal, attaquable par le carbonate d'ammoniaque ; sa solution ne précipite pas par la soude en excès, mais laisse après l'évaporation et la calcination une matière insoluble.

Composée, suivant l'analyse de M. Berzélius, de

		Oxigène.		*Rapports.*
Silice	43,22	22,45		1
Alumine	30,56	14,27	21,05	1
Glucine	21,78	6,78		
Oxide d'étain	0,70			
Oxide de fer	2,22			

On sait que la glucine a la plus grande analogie avec l'alumine par tous ses caractères chimiques, et comme elle est au même degré d'oxidation, il devient très probable que ces deux terres sont isomorphes. D'après cela, on voit, par l'analyse, que l'euclase se rapporte à la formule $(A, G)\ Si$ ou $(\dddot{A}, \dddot{G})\ \dddot{Si}$. Cette formule me paraît plus exacte que celle admise par M. Berzélius, $2\,AS + GS$ ou $2\,\dddot{Al}\,\dddot{Si} + \dddot{G}\,\dddot{Si}$.

A cela près de la présence de la glucine, il y a, comme on voit, identité de formule entre l'euclase et la sillimanite, et il est assez remarquable que cette dernière est également susceptible d'un clivage très net dans un seul sens et cristallise en prisme oblique.

Euclase cristallisée. En primes à plusieurs pans, formés de facettes qui appartiennent à différens prismes rhomboïdaux, terminés par diverses modifications qui sont quelquefois très compliquées, pl. XII, fig. 19, 20. Inclinaisons de L sur a'' $122^d\ 28'$, sur a' $112^d\ 50'$, sur d 124^d ; n' sur n'' $165^d\ 18'$, n sur n''' $169^d\ 45'$, n''' sur n^4 $162^d\ 20'$.

GISEMENT. Dans les hyalomictes schistoïdes de Minas-Geraes, au Brésil, et dans les débris de ces roches.

CINQUIÈME ESPÈCE. COLLYRITE (1)

Alumine hydratée. Aluminite.

Substance homogène ressemblant à de la gomme, ou opaline, plus ou moins translucide; à cassure conchoïde, d'un éclat vitro-résineux; tombant promptement en poussière au feu, et en partie aussi par l'exposition à l'air. Rayée par l'ongle, et prenant de l'éclat dans la coupure.

Infusible au chalumeau; donnant de l'eau par calcination; soluble en gelée dans les acides.

Collyrite de Schemnitz, par Klaproth.		Oxigène.		Collyrite d'Esquera, par Berthier.		Oxigène.	
Silice	14	7,27	1	Silice	15	7,79	1
Alumine	45	21,02	3	Alumine	44,5	20,78	3
Eau	42	37,33	5	Eau	40,5	36	5

Ce qui conduit à la formule $Aq^5\,A^3\,Si = A^3\,Si + 5\,Aq$ ou $\overset{\cdots}{A}^3\,\overset{\cdots}{Si} + 15\,Aq$.

En petits filons dans les Diorites porphyriques du Stephani Schact à Schemnitz, en Hongrie, et dans des travaux de recherches de minerai de plomb à la montagne d'Esquera, sur les bords de l'Oo, aux Pyrénées.

(1) On peut faire dériver ce nom de χόλλη, colle, gélatine, et il rappellera alors l'apparence gélatineuse de la substance.

SIXIÈME ESPÈCE. PHOLERITE (de φολὶς écailles).

Substance homogène, blanche, grisâtre ou verdâtre, formée de petites écailles ou de petites fibres nacrées, douce au toucher, friable dans les doigts, faisant pâte avec l'eau.

Infusible au chalumeau; donnant de l'eau par calcination. Insoluble dans les acides.

Pholerite de Fins, par Guillemin,

		Oxigène.	Rapport.
Silice.	41,65	21,63	3
Alumine	43,35	20,24	3
Eau.	15	13,33	2

D'où l'on tire la formule $A^3\ S^3\ Aq^2 = 3\ AS + 2\ Aq$, ou $\ddot{A}\ \dddot{S}i + 2\ Aq$, en sorte que c'est de la Sillimanite hydratée.

Se trouve dans les fissures des rognons de minerai de fer du terrain houiller (mines de Fins, Allier; Rives de Gier; Mons; Angleterre).

SEPTIÈME ESPÈCE. TRIKLASITE

Fahlunite tendre.

Substance brunâtre ou brun jaunâtre, en prismes rhomboïdaux d'environ 109° 30′ et 70° 30′, dont la base est inclinée à l'axe de 101° 30′.

Pesanteur spécifique 2, 62.

Rayé par une pointe d'acier.

Donnant de l'eau par la calcination. Difficilement fusible au chalumeau.

Hisinger en a retiré par l'analyse :

		Oxigène.	Rapports.
Silice.	46,79	24,30	2
Alumine	26,73	12,48	1
Eau	13,50	22,77	1
Magnésie	2,97	1,15	
Oxide de fer.	5,01	1,14	
Oxide de manganèse	0,43		

où l'on voit sensiblement la formule $A\ Si^2\ A\ q =$ $A\ Si^2 + Aq$ ou $\ddot{A}\ \dddot{S}i^2 + 3\ Aq$ avec quelque mélange de matière étrangère.

Cette substance se trouve en prismes rhomboïdaux, simples ou modifiés par une face sur les arêtes latérales aiguës, engagés dans des matières talqueuses, quelquefois dans la galène (différentes mines de la contrée de Fahlun, en Suède).

APPENDICE.

Nous rapprochons de la triklasite diverses substances, dont nous n'osons pas encore faire des espèces, mais qui paraissent appartenir à des composés définis; savoir:

1° *Terre à foulon du Hampsire.* Matière compacte, homogène, rougeâtre, infusible, donnant de l'eau par calcination, formée de:

		Oxigène.	Rapport.
Silice	51,80	26,91	2
Alumine	25	11,67	1
Oxide de fer	3,70	1,13	
Chaux	3,30		
Magnésie	0,70		
Eau	15,50	13,77	1

Ce qui est la même chose que la triklasite, surtout en considérant le fer comme étant à l'état de péroxide et le joignant à l'alumine.

2° *Lenzinite opaline.* Substance homogène, compacte, translucide, opaline, fragile, a cassure conchoïde, rayée par l'acier.

Pesanteur spécifique, 2,10. Elle a fourni à M. John:

		Oxigène.	Rapport.
Silice	37,5	19,48	1
Alumine	37,5	17,51	1
Eau	25	22,22	1

Où l'on voit à-peu-près la formule $AS + Aq$.

Trouvée en morceaux isolés à Kall, dans l'Eifeld.

Le *Bol de Sinopis* qui a fourni à Klaproth.

		Oxigène.	Rapport.
Silice.	32	16,62	1
Alumine.	26,50	12,38	1
Oxide de fer.	21	6,43	
Eau.	17	15	1
Sel commun.	1,50		

semblerait se rapprocher de cette substance, si l'on considère le fer comme étant à l'état de péroxide.

3° *Lenzinite de Saint-Sévère* ou *Séverite*. Substance homogène demi transparente jaunâtre ou bleuâtre, ou opaque, grisâtre jaunâtre ou blanche, à cassure conchoïdale. Une analyse de M. Pelletier a fourni :

		Oxigène.	Rapport.	
Silice.	50	25,97	2	?
Alumine.	22	10,27	1	
Eau.	26	23,11	2	
Perte.	2			

ce qui semble indiquer la formule $ASi^2 + 2Aq$.

Observée par M. Léon Dufour, à Saint-Sévère, dans des matières arénacées supérieures au gypse tertiaire.

4° *Cymolite*. Substance gris de perle ou rougeâtre, plus ou moins douce au toucher, se délayant facilement dans l'eau; a fourni à Klaproth

		Oxigène.	Rapport.
Silice.	63	32,72	3
Alumine.	23	10,74	1
Eau.	12	10,66	1
Oxide de fer.	1,25		

Ce qui donne la formule $AS^3 + Aq$.

5° *Terre à foulon de Riegate*. L'analyse de Klaproth a fourn

		Oxigène.	Rapport.
Silice.	53	27,53	4
Alumine.	10	4,67	1
Péroxide de fer.	9,75	2,98	
Eau.	24	21,33	3
Magnésie.	1,25		
Chaux.	0,50		
Sel commun.	0,10		
Potasse.	traces.		

Ce qui peut donner la formule $ASi^4 + 3Aq$.

En bancs réguliers au haut d'une colline de grès à Nutfiel près de Riegate, dans le comté de Surry, en Angleterre.

HUITIÈME ESPÈCE. ALLOPHANE.

Riemannit.

Substance opaline, demi transparente, à cassure conchoïdale; blanche, ou colorée accidentellement par l'hydroxide de fer, le carbonate bleu de cuivre, etc.

Pesanteur spécifique 1,88 à 1,9.

Rayée par le fluor et rayant seulement le gypse.

Infusible; donnant de l'eau par calcination. Soluble en gelée dans les acides.

Allophane de Græfenthal, par Stromeyer.

		Oxigène.	*Rapports.*
Silice	21,922	11,38	2
Alumine	32,202	15,04	3
Eau	41,301	36,71	6
Chaux	0,730		
Sulfate gypse	0,517		
Carbonate azurite	3,058		
Hydroxide de fer	0,270		

Ce qui donne la formule $A^3 S^2 Aq^6 = 2\, A\, Si + A\, Aq^6$ ou $2\, \dddot{A}\, \ddot{Si} + \dddot{A}\, Aq^{18}$.

L'allophane se trouve en nids irréguliers dans des matières argileuses remplies d'hydroxide de fer et de carbonate de cuivre (Græfenthal, près de Saalfeld), et dans des dépôts d'hydroxide de fer enclavés dans la sienite (Schneeberg, en Saxe).

M. Ficinus a tracé ainsi qu'il suit la composition de l'allophane de Schneeberg,

Silice	30,00	Carbonate de chaux	2,80
Hydrate d'alumine	34,30	Oxide de manganèse	1,80
Hydrate de cuivre	23,70	Eau	7,80

dont il est impossible de faire la comparaison avec l'analyse précédente.

NEUVIÈME ESPÈCE. HALLOYSITE.

(*Dédiée par M. Berthier à M. Omalius de Halloy.*)

Substance blanche ou légèrement colorée en gris bleuâtre ; compacte, à cassure conchoïde, cireuse; translucide sur les bords; se laissant rayer par l'ongle; happant à la langue; donnant de l'eau par calcination; soluble en gelée dans les acides.

Analyse de la matière à l'état naturel par Berthier:

		Oxigène.	*Rapports.*
Silice	39,3	20,4	4
Alumine	34,0	15,8	3
Eau	26,5	23,5	4

La matière desséchée à l'étuve a donné :

		Oxigène.	*Rapports.*
Silice	44,94	23,3	4
Alumine	39,96	18,2	3
Eau	16,00	14,2	2

La première analyse peut donner la formule: $S^4 A^3 Aq^4 = 2 A Si^2 + A Aq^4$ ou $2 \ddot{\bar{A}} \ddot{Si}^2 + \ddot{\bar{A}} Aq^{12}$.

La seconde donnerait seulement $A^3 Si^4 Aq^2 = 2 A Si^2 + A Aq^2$ ou $2 \ddot{\bar{A}} \ddot{Si}^2 + \ddot{\bar{A}} Aq^6$, et la petite erreur tiendrait à la difficulté de déterminer exactement la quantité d'eau qui peut être hygrométrique.

Cette substance se trouve en rognons dans les amas de minerais de fer, de zinc et de plomb, qui remplissent les calcaires des provinces de Liége et de Namur.

Cette substance serait, aussi bien que l'allophane, d'une grande importance pour la fabrication de l'alun, si on la trouvait en grande quantité.

APPENDICE.

Nous ajouterons encore ici plusieurs matières qui ont plus ou moins d'analogie avec la précédente, et dont on tirera certainement par la suite quelques nouvelles espèces.

1° *Lithomarge de Rochlitz*, en Saxe; Klaproth en a tiré :

		Oxigène.	*Rapports.*
Silice	45,25	23,50	4
Alumine	36,50	17,04	3
Eau	14	12,44	2
Oxide de fer	2,75.		

Composition analogue à celle de l'Halloysite desséchée à l'étuve.

2° *Lenzinite argileuse*, qui a fourni à M. John:

		Oxigène.	*Rapports.*
Silice	39.	20,26	4
Alumine	35,5	16,58	3
Eau	25.	22,22	4
Chaux	0,5		

d'où l'on tire la même formule que de l'analyse de l'Halloysite non desséchée.

En morceaux isolés à Kall, dans l'Eifeld.

3° *Savon de montagne (Bergseife, Bockseife, Mountain-soap)*. Substance très tendre, douce au toucher, prenant un éclat gras par le frottement; se délayant dans l'eau. L'analyse d'une variété de Thuringe a fourni à Bucholz:

		Oxigène.	*Rapports.*	
Silice	44.	22,85	3	?
Alumine	26,50	12,37	2	
Eau	20,50	18,22	3	
Oxide de fer	8			
Chaux	0,50.			

D'où l'on peut tirer la formule $A^2 Si^3 Aq^3 = A Si^3 + A Aq$.

Se trouve en couches alternantes avec des argiles de diverses espèces (en Thuringe). On en cite d'analogues dans plusieurs localités (Bilin, en Bohéme; île de Skye; Dillenburg, près Rabenschin, dans le pays de Nassau, etc.); mais il n'est pas certain qu'elles soient toutes de même composition.

4° *Argiles diverses*. Presque toutes les argiles sont des silicates d'alumine simples, la plupart hydratés, et renfermant aussi fréquemment de l'hydrate d'alumine. Ces matières sont fréquemment souillées par des particules étrangères en grains fins; mais on ne doit pas pour cela les regarder comme de simples mélanges qui ne doivent pas trouver place dans les systèmes de minéralogie. En effet, il n'y a pas une des argiles, et même des marnes, que j'ai essayées jusqu'ici, qui ne soit susceptible d'être attaquée par un acide, et dont la solution ne laisse précipiter de la silice en gelée. Il reste ensuite au fond du vase un amas de particules quarzeuses et micacées, incohérentes, qui sont évidemment les matières mélangées. La solution m'a toujours paru renfermer la silice et l'alumine en proportion définie. Malheureusement il est rare qu'on puisse tirer parti des analyses qui ont été faites, parce que l'on a toujours compris dans les résultats les matières qui se trouvaient mélangées avec le silicate alumineux; mais avec des soins, et en traitant par les acides, il est probable qu'on arrivera à faire un assez grand nombre d'espèces, dans les diverses matières que l'on confond sous le nom collectif d'argile.

On connaît de ces matières les analyses suivantes que nous citons pour renseignemens.

	Silice.	Alumine.	Eau.	Oxide de fer.	Magnésie.	Chaux.	Oxide de manganèse.	Soude.
Terre à foulon de Silésie, par Klaproth.	48,50	15 50	25,00	6,50	1.50	....	0,50	
Argile de Plomniz par John.	42	21,00	22,00	13,00	....	2,00		
Argile d'Abondant, par Vauquelin	43,50	33,00	18,00	1,00	....	3,50		
Argile de Forges, par *id*. . .	63	16,00	10,00	8,00	....	1,00		
Argile d'Arceuil, par Gazeran.	63	32	non recueillie	3,75	....	0,25		
Argile de Montmartre, par le même	66,25	19	*Id*	6.75	....	7,50		
Bol de Stalimène, par Klaproth.	66,00	14,50	8,50	6,00	0,25	0,25	....	3,50
Lithomarge de Flachenseifen, par Klaproth	58,00	32,00	7,00	2,00				
Argile de Montereau, par	(70,00	15,00	15,00	?				

Les argiles se trouvent dans toutes les positions possibles dans la série des terrains intermédiaires, secondaires et tertiaires, tantôt entre les couches de calcaires, tantôt au milieu des matières arénacées siliceuses dont elles forment la pâte.

Quelquefois elles sont homogènes, mais fréquemment elles renferment des particules fines de quarz, de mica, de feldspatz, etc.; ailleurs elles sont mélangées de carbonate de chaux, et souvent elles sont colorées en rouge par le péroxide de fer, ou en jaune par l'hydrate de cet oxide.

Les argiles sont des matières extrêmement importantes pour la fabrication des poteries; on se sert à Paris des argiles réfractaires de Montereau, d'Abondant dans la forêt de Dreux, pour les poteries fines, et des argiles fusibles d'Arcueil, de Vanvres, etc., pour les poteries grossières qui sont cuites à un plus petit feu.

Les argiles colorées qui constituent les ochres rouges et jaunes communs, sont employés pour la peinture commune; nous avons cité les argiles colorés désignés sous les noms de terre de Sienne, terre d'Italie, etc.

DIXIÈME ESPÈCE. EMERAUDE.

(*Smaragd, Beril, Aigue marine, Agustite.*)

Substance en prismes à base d'hexagone régulier dont la hauteur est à l'apothème dans le rapport de 2 à 3.

Pesanteur spécifique, 2,7.

Rayant difficilement le quarz; rayée par la topaze.

Fusible au chalumeau en verre bulleux. Précipité ammoniacal, attaquable par le carbonate d'ammoniaque; sa solution ne précipite pas par la soude en excès, mais laisse après l'évaporation et la calcination une matière insoluble.

Composition. Les analyses ont donné les résultats suivans:

Emeraude de Brodbo, par Berzélius.		*Oxig.*	*Rapp.*		Beril de Sibérie, par Vauquelin.		*Oxig.*	*Rapp.*
Silice	68,35	35,50	9	3	Silice	68	35,32	3
Alumine	17,60	8,22	2	1	Alumine	15	7,00	1
Glucine	13,13	4,09	1		Glucine	14	4,36	
Oxide de fer	0,72				Chaux	2		
Oxide de tantale	0,72				Oxide de fer	1		

Aigue-marine de Sibérie, par Dumenil.

		Oxig.	*Rapp.*
Silice. . . .	67	34,80	3
Alumine. . .	16,50	7,70	1
Glucine. . .	14,50	4,51	
Oxide de fer.	1,00		
Chaux. . . .	0,50		

Béril de sibérie, par Klaproth.

		Oxig	*Rapp.*
Silice	66,45	34,52	3
Alumine . . .	16,75	7,82	1
Glucine . . .	15,50	4,82	
Oxide de fer. .	0,60		

Emeraude du Pérou, par Klaproth.

		Oxigène.	*Rapports.*
Silice	68,50 . . .	35,58	3
Alumine.	15,75 . . .	7,35	1
Glucine.	12,50 . . .	3,89	
Oxide de chrome	0,30 . . .	0,08	
Oxide de fer	1,00 . . .	0,30	

En considérant la glucine comme isomorphe de l'alumine, ces analyses conduiraient à la formule $(A, G)\,Si^3$ ou $(\ddot{A}, \ddot{G})\,\dddot{Si}^3$; mais comme l'oxigène de la glucine est à-peu-près la moitié de l'oxigène de l'alumine, on a aussi les rapports 1, 2, 9, entre les trois matières, ce qui pourrait donner également la formule $2A\,Si^3 + G\,Si^3$ ou $2\,\ddot{A}\,\dddot{Si}^3 + \ddot{G}\,\dddot{Si}^3$. Cette formule est différente de celle qui a été adoptée par M. Berzélius $2\,AS^2 + GS^4$; mais elle me paraît être plus en rapport avec les analyses, et aussi avec les propriétés relatives de l'alumine et de la glucine.

Émeraude cristallisée. En prismes à base d'hexagone régulier, simples, ou modifiés sur les arêtes latérales par une face, sur les arêtes des bases par une ou plusieurs faces, pl. VI, fig. 8, 9, sur les angles solides, fig. 5, ou à la fois de ces diverses manières, fig. 10, 11, 14, 30, etc. Il est très rare que les facettes *b* se prolongent en pyramides et cachent les bases du prisme.

Inclinaisons de *b* sur *k* . . . . 150° 10′ ou 130° 40′
b ou *d* sur *k* . . . . 135° 14′

Émeraude cylindroïde. En cristaux prismatiques oblitères.
Emeraude fibreuse. En petites fibres parallèles, de Sibérie.
Emeraude compacte. Vitreuse ou lithoïde.

Transparence et couleurs. — *Emeraude transparente* — *opaque*. — *Emeraude incolore*, limpide ou opaque. — *bleue* de diverses teintes (aigue-marine). — *verte*, *jaunâtre* ou *jaune* (beril) *vert pur* (émeraude du Pérou). — *Emeraude chatoyante*, tissu fibreux ou lamelleux, avec reflets plus ou moins nacrés.

GISEMENT.

L'émeraude se trouve disséminée; elle appartient particulièrement aux dépôts de Pegmatite, t. 1, page 638 (Chanteloube, près Limoges, Nantes, Autun, en France; Fimbo, Brodbo, près de Fahlun, en Suède; Chattam, Haddam, etc., dans le Connecticut; Odon Tschelon, en Sibérie; monts Ourals et Altaï, etc., etc.); mais on la trouve aussi dans le gneiss (Salzburg; montagne de Zabara, au sud-ouest de Cosseir, en Egypte). La belle émeraude du Pérou est dans un schiste argileux plus ou moins mélangé de calcaire (vallée de Tunca, entre les montagnes de Grenade et de Popayan, au Mexique). Quelquefois elle est hors de place dans les détritus de ces roches.

USAGES.

On emploie l'émeraude verte du Pérou, les aigues-marines et les berils dans la bijouterie. La première variété est estimée et d'un prix assez élevé lorsqu'elle présente une belle teinte veloutée, qu'elle est exempte de fissure et assez grande: une pierre de 4 grains vaut de 100 fr. à 120 fr., de 8 grains 240 fr., de 15 grains et belle jusqu'à 1500 fr.; une belle pierre de 24 grains a été vendue 2,400 fr. chez M. de Drée.

ONZIÈME ESPÈCE. GEHLENITE. *Stylobate*.

Substance en prisme droit rectangulaire, ou peut-être carré; de couleur grisâtre ou verdâtre.

Infusible au chalumeau. Soluble par digestion dans les acides; solution précipitant abondamment par l'acide oxalique.

Pesanteur spécifique, 2,98 à 3,02.

Composition. Difficile à bien établir; on cite les analyses suivantes:

Gehlenite cristallisée, par Fuchs.

		Oxig.	*Rap.*
Silice	29,64	15,38	3
Alumine	24,80	11,58	2
Chaux	35,30	9,91	2
Protoxide de fer	6,56	1,49	
Eau	3,30		

Gehlenite compacte, par Kobell.

		Oxig.	*R.*
Silice	39,80	20,67	4
Alumine	12,80	5,97	1
Chaux	37,64	10,57	2
Magnésie	4,64	1,79	
Protoxide de fer	2,31	0,52	
Potasse	0,03		
Eau	2		

Gehlenite?? par Clarke.

		Oxigène.	*Rapports.*
Silice	29,50	15,32	5
Alumine	14,50	6,77	2
Chaux	27,55	7,73	4
Magnésie	0,25	0,09	
Protoxide de fer	12,20	2,77	
Potasse et perte	10,00	1,69	
Eau	6	5,33	

Ces analyses n'ont entre elles aucun rapport; celle de Fuchs conduit à la formule $A^2\,Si + 2\,Ca\,Si$; celle de Kobell donnerait $A\,Si^2 + 2\,Ca\,Si$; et enfin celle de Clarke annoncerait $2\,A\,Si^2 + Ca^4\,Si$. D'après cela il paraît évident que ces chimistes ont analysé des matières très differentes, ou des mélanges de diverses matières dont les élémens sont confondus dans le résultat. M. Berzélius a admis la première formule, ou en signes chimiques $\ddot{A}^2\dddot{Si} + 2\,\dot{Ca}^3\dddot{Si}$; mais en regardant le premier terme comme remplacé en partie par $\ddot{F}^2\dddot{Si}$, et par conséquent le fer comme étant à l'état de péroxide, ce que je ne crois pas possible.

GISEMENT.

La gehlenite cristallisée n'a encore été observée qu'à la montagne de Monzoni, à l'ouest de Vigo, dans la vallée de Fassa en Tyrol; elle est engagée dans du calcaire laminaire, dont on la débarrasse par les acides. On a regardé comme gehlenite compacte des matières verdâtres ou grisâtres de la même contrée dans laquelle on trouve des spinelles et de l'idocrase.

DOUZIÈME ESPÈCE. ANDALOUSITE.

(*Feldspath apyre, Spath adamantin, Stanzaïte, Micaphyllite, Macle, Jamesonite.*)

Substance en prisme droit à base carrée, de couleur grise, verdâtre, rougeâtre, ou rouge. Rayant le quarz; infusible au chalumeau; inattaquable par les acides.

Pesanteur spécifique, 3,10 à 3,16.

Composition. Probablement $9\,A^2\,Si + (K, Ca)\,Si^3$ ou $3\,\ddot{A}^2\,\dddot{Si} + (\dot{K}, \dot{Ca})\,\dddot{Si}$ d'après les analyses suivantes :

Andalousite d'Espagne par Vauquelin.

		Oxig.	*Rap.*
Silice	32	16,32	12
Alumine	52	24,28	18
Potasse	8	1,35	1
Oxide de fer	2		
Perte	6		

Andalousite du Tyrol par Brandes.

		Oxig.	*Rap.*
Silice	34	17,66	12
Alumine	55,75	26,04	18
Potasse	2	0,38	1 (Potasse, Chaux, Magnésie)
Chaux	2,125	0,59	
Magnésie	0,375	0,15	
Oxide de fer	3,375		
Oxide de manganèse	3,625		
Eau	1		

Andalousite cristallisée. En prismes carrés, simples, ou modifiés légèrement sur les angles solides.

Andalousite compacte. Servant de base aux cristaux.

Andalousite Macle. En prismes carrés, souvent oblitérés et ayant l'apparence de prismes rhomboïdaux, renfermant à l'intérieur une matière noire qui en occupe le centre, en affectant la forme prismatique, qui se propage quelquefois suivant les diagonales et forme une nouvelle tache à leur extrémité; quelquefois il y a plusieurs couches de matière noire séparées par des couches d'Andalousite.

L'Andalousite appartient aux terrains de cristallisation anciens. On la cite dans des granites dont on ne connaît pas bien l'âge (Imbert, près Montbrison en Forez), dans les roches liées à la protogyne (Lisens, en Tyrol), dans le gneiss (Lamerwinkel, en Bavière; Iglau en Moravie; Ecosse, etc.), dans le micaschiste (Braundorf, près de Freyberg, en Saxe; Landeck, en Silésie; Wicklow en Irlande; Cordoso et Tolède, en Castille; Lichtfield, dans le Connecticut).

SOUS-GENRE. GRENATS.

Substances vitreuses, du système cubique, présentant pour formes dominantes le dodecaèdre rhomboïdal et le trapezoèdre.

Pesanteur spécifique, 3,35 à 4,24.

Toutes fusibles au chalumeau.

Composées suivant la formule $R\,Si + r\,Si$. R représentant des bases à 3 atomes d'oxigène, et r des bases à 1 atome.

A. TREIZIÈME ESPÈCE. GROSSULAIRE.

(*Aplome? Colophonite, Essonite, Kanelstein, Topazolite? Succinite? Willuite, Erlane.*)

Substance verdâtre, jaunâtre ou rouge orangé. Rayant le quarz.

Pesanteur spécifique, 3,35 à 3,73.

Fusible en boule non métalloïde, rarement noire, très rarement magnétique.

Poussière soluble par digestion dans l'acide hydrochlorique; solution donnant un précipité blanc abondant par l'oxalate d'ammoniaque, peu par l'hydrocyanate ferruginé de potasse.

Composition. Les analyses qui ont été faites avec soin, et dont nous rapporterons seulement celle qui méritent le plus de confiance, conduisent à la formule $A\,Si^2\,Ca = A\,Si + Ca\,Si$ ou $\ddot{A}\,\ddot{Si} + Ca^3\,\ddot{Si}$; mais les matières sont quelquefois mélangées d'*Almandine*, de *Mélanite*, etc.

(1) Grossulaire de Csiklowa ; par Beudant.

		Oxig.	*Rapp.*
Silice	0,411	0,2135	2
Alumine	0,212	0,0990	1
Chaux	0,371	0,1042	} 1
Magnésie	0,006	0,0023	}

Autrement :

		Oxig.	*Rapp.*
Silice	0,394	0,204	2
Alumine	0,212	0,099	1
Chaux	0,358	0,099	1
Wollastonite	0,033		
Trémolite	0,021		

(2) Grossulaire de Willui, par Vachmester.

		Oxigène.	Rapports.
Silice	40,55	21,06	2
Alumine	20,10	9,38	1
Péroxide de fer	5,00	1,33	
Chaux	34,85	9,79	1
Protoxide de manganèse et magnésie	0,48	0,12	

Autrement :

		Oxigène.	Rapports.
Silice	39,79	20,67	2
Alumine	20.10	9.38	1
Péroxide de fer	3,10	0,95	
Chaux	34,86	9,79	1
Protoxide de fer	1,90	0,43	
Protoxide de manganèse	0.48	0,12	
Silice surabondante	0,78		

(3) Essonite de Malsjo, par Arfvedson.

		Oxigène.	Rapports
Silice	41,87	21,75	2
Alumine	20,57	9,60	1
Chaux	33,94	9,53	1
Protoxide de fer	3.93	0,89	
Protoxide de manganèse et magnésie	0,39	0,08	

Autrement :

		Oxigène.	Rapports
Silice	39.00	20,26	2
Alumine	20 57	9,60	1
Péroxide de fer	1,73	0,53	
Chaux	33.94	9.53	1
Protoxide de fer	2,20	0,50	
Protoxide de manganèse et magnésie	0,39	0,08 ?	
Silice en plus	1,87		

(4) Grenat rougeâtre du Zillerthal, par Beudant.

		Oxigène.	Rapports.
Silice	0.403	0,2093	2
Alumine	0,234	0,1093	1
Chaux	0.210	0,0264	1
Protoxide de fer	01.16	0,0264	
Magnésie	0,037	0,0143	
	1,000		

(5) Romanzovite de Kulla, par Nordenskiold.

		Oxigène.	Rapports.
Silice	41,21	21,41	2
Alumine	24,08	11,24	1
Chaux	24,76	6,95	1
Protoxide de fer	7,02	1,59	
Protoxide de manganèse	0,92	0,20	

On voit par ces analyses que l'oxigène de la silice est égal à l'oxigène des bases, et que l'oxigène des bases à trois atomes est égal à l'oxigène des bases à un atome. S'il arrive que ces rapports 2,1 et 1 ne soient pas tout-à-fait exacts, il est très facile de s'en rendre compte: cela tient souvent aux mélanges de silicates étrangers, comme on le voit dans l'analyse n° 1, dont la substance renferme 0,54 de wollastonite et de trémolite(1),

(1) La grossulaire de Csiklova était accompagnée de wollastonite, de trémolite, etc.; le grenat rougeâtre du Zillerthal était accompagné d'épidote, de disthène, etc. Leurs analyses correspondent exactement aux mélanges suivans.

Substance de Csiklova.

Grossulaire	0,946
Wollastonite	0,033
Trémolite	0,021
	1,000

Substance du Zillerthal.

Grossulaire	0,501
Almandine	0,247
Gr. magnésien	0,123
Epidote	0,129

ou dans l'analyse n° 4, où l'on trouve 0,129 d'épidote. Dans d'autres cas les erreurs tiennent à la difficulté de savoir à quel état d'oxidation se trouve le fer et à celle de fixer la quantité de péroxide et de protoxide de ce métal; aussi ramène-t-on quelques analyses à des rapports exacts, en rétablissant par le calcul les quantités de ces deux oxides qu'on avait confondus par l'opération: c'est ce qu'on voit à l'égard de la deuxième et de la troisième analyse.

On voit aussi que le grossulaire est quelquefois mélangé d'une certaine quantité des autres espèces de grenat. Ainsi les analyses 2 et 3 nous font voir du grossulaire almandinifère et mélanitifère; l'analyse 4 offre du grossulaire qui renferme de l'almandine et un grenat à base de magnésie. La romanzovite présente un mélange d'almandine et de grenat manganésien, dont les analyses 2 et 3 offrent elles-mêmes une petite quantité.

B. QUATORZIÈME ESPÈCE. ALMANDINE.

(*Pyrope, escarboucle, grenat syrien.*)

Substance d'un rouge violet, brune ou noire; rayant le quarz.

Pesanteur spécifique, 3,90 à 4,236.

Fusible en globule noir, mat ou métalloïde, ordinairement magnétique.

Insoluble dans les acides.

Solution, après la fusion avec la potasse, précipitant abondamment en bleu par l'hydrocyanate ferruginé de potasse, point ou peu par l'oxalate d'ammoniaque.

Composition. $AfSi^2 = A\,Si + f\,Si$ ou $\dddot{\bar{A}}\dddot{Si} + \dot{F}^3\dddot{Si}$.

(1) Grenat de Fahlun, par Hisinger.

		Oxigène.	
Silice.	39,66	20,60	2
Alumine.	19,66	9,18	1
Protoxide de fer. .	39,68	9,04	1
Protoxide de manganèse. . . .	1,80	0,39	

(2) Grenat d'Engso, par Vachmester.

		Oxigène.	
Silice.	40 60	21,09	2
Alumine.	19,95	9,31	1
Protoxide de fer. .	33,93	7,72	1
Protoxide de manganèse. . . .	6,69	1,46	

(3) Grenat de Bohème, par Vauquelin.

		Oxigène.	
Silice.	36.0	18,70	2
Alumine.	22,0	10,27	1
Protoxide de fer.	36,8	8,37	1
Chaux.	3,0	0,84	

(4) Grenat de New-York. par Vachmester.

		Oxigène.	
Silice.	42,51	22,08	2
Alumine.	19.15	8.94	1
Protoxide de fer.	33,57	7.64	
Protoxide de manganèse. . . .	5,49	1,10	1
Chaux.	1,07	0,28	

(5) Grenat de Halland, par Vachmester.

		Oxigène.	
Silice.	41,00	21,29	2
Alumine.	20.10	9,39	1
Protoxide de fer.	28,81	6,50	
Protoxide de manganèse.	2.88	0,63	1
Magnésie.	6.04	2.34	
Chaux.	1,50	0,42	

(6) Grenat schisteux de Halland, par le même.

		Oxigène.	
Silice.	42,00	21,82	2
Alumine. . . .	21.00	9,80	1
Protoxide de fer.	25,18	5 73	
Protoxide de manganèse.	2.375	0 52	1
Magnésie.	4,32	1,67	
Chaux.	4 98	1,39	

(7) Grenat noir d'Arandal, par Vachmester.

		Oxigène.	
Silice.	42,45	22,05	2
Alumine.	22,475	10.49	1
Protoxide de fer. .	9,292	2.85	
Protoxide de manganèse.	6,273	1,37	1
Magnésie.	13,273	5,20	
Chaux.	6,625	1.87	

		Oxigène.	
Silice	42,45	22,50	2
Alumine	22 475	10,49	1
Peroxide de fer .	0,150	0.04	
Protoxide de fer .	9,142	2,108	
Protoxide de manganèse.	6 273	1.37	1
Magnésie	13 273	5,20	
Chaux.	6.625	1 87	

Toutes ces analyses font voir que l'oxigène de la silice est égal à l'oxigène des bases, et l'oxigène des bases à trois atomes égal à l'oxigène des bases à un atome. Si ces rapports n'ont pas toujours l'exactitude entière, cela tient sans doute aux mêmes causes que pour le grossulaire, et c'est ce qu'on voit par le calcul que nous avons fait sur la 7e analyse.

On voit également que c'est le protoxide de fer qui est la base essentielle de l'Almandine; mais en même temps on remarque que cette espèce se trouve mélangée avec ses isomorphes, Grossulaire, Mélanite, Grenat à base de magnésie, Grenat manganésien. L'analyse 7 est remarquable par la quantité de magnésie.

C. QUINZIÈME ESPÈCE. MÉLANITE.

(*Allochroïte, Pyrénéite? Rothoffite*).

Substance jaunâtre, brune ou noire; rayée en général par le quarz, ou le rayant très difficilement.

Pesanteur spécifique, 3,55 à 3,96.

Fusible en boule noire vitreuse, ou lithoïde et magnétique.

Soluble en tout ou en partie dans l'acide hydrochlorique; solution précipitant abondamment en bleu par l'hydrocyanate ferruginé de potasse et par l'oxalate d'ammoniaque; ne donnant pas ou peu de précipité d'alumine.

Composition. $FSi^2\ Ca = FSi + Ca\ Si$ ou $\ddot{F}\ \dddot{Si} + \dot{Ca}^3\ \dddot{Si}$.

(1) Grenat jaune d'Altenau, par Wachmester.

		Oxigène.	
Silice	35,64	18,51	2
Péroxide de fer	30,00	9,24	1
Chaux	29,21	8,20	1
Protoxide de manganèse	3,02	0,66	
Potasse	2.35	0,39	

(2) Grenat brun d'Arandal, par Vachmester.

		Oxigène.	
Silice	40,20	20,88	2
Péroxide de fer	20,50	6,28	1
Alumine	6,95	3,24	
Chaux	29,48	8,28	1
Protoxide de manganèse	4	0,88	

(3) Grenat de Lindbo, par Hisinger.

		Oxigène.	
Silice	37,55	19,50	2
Péroxide de fer	31,35	9,61	1
Chaux	26,74	7,52	1
Protoxide de manganèse	4,78	1,13	

Autrement.

		Oxigène.	
Silice	34,88	18,12	2
Péroxide de fer	29,55	9,06	1
Chaux	26,74	7,52	1
Protoxide de manganèse	4,78	1,13	
Protoxide de fer	1,80	0,41	
Silice surabondante	2.67		

(4) Grenat brun d'Esselkula, par Vachmester.

		Oxigène.	
Silice	37,993	19'73	2
Péroxide de fer	28,525	9,74	1
Alumine	1,712	1,26	
Chaux	30,740	8,63	1
Protoxide de manganèse	1,615	0,13	

Autrement.

		Oxigène.	
Silice	37,993	19,75	2
Péroxide de fer	26,300	8,00	1
Alumine	2,712	1,26	
Chaux	30,740	8,63	1
Protoxide de fer	2,225	0,50	
Protoxide de manganèse	1 615	0,13	

(5) Rothofite de Langbanshytta, par

		Oxigène.	
Silice	35,00	18,00	2
Péroxide de fer	26,00	8,00	1
Alumine	0,20	0,05	
Chaux	24,70	6,30	
Protoxide de manganèse	8,01	1,90	1
Soude	1,24		
Acide carbonique	2,00		
Perte	2,25		

(6) Grenat vert de Sahla, par Bredberg.

		Oxigène.	
Silice	36,73	19,08	2
Péroxide de fer	25,83	7.91	1
Alumine	2,78	1,29	
Chaux	21,79	6,12	1
Magnésie	12,44	4.81	

---

(7) Grenat du Vésuve, par Vachmester.

		Oxigène.	
Silice	39,93	20.74	2
Alumine	13,45	6,28	1
Péroxide de fer	14,90	4,56	
Chaux	31,66	8,89	
Protoxide de manganèse	1,40	0,31	1

Autrement.

		Oxigène.	
Silice	39,93	20,74	2
Alumine	13,45	6,28	1
Péroxide de fer	11,80	3,61	
Chaux	8,89	8,89	
Protoxide de fer	3,10	0,70	1
Protoxide de manganèse	1,40	0,31	

(8) Allochroïte, par Rose.

		Oxigène.	
Silice	37,00	19,22	2
Péroxide de fer	18 5	5,67	1
Alumine	5	2.53	
Chaux	30	8.42	
Protoxide de manganese	6,25	1,37	1

(9) Grenat noir des Pyrénées (Pyrénéite), par Vauquelin.

Silice	43
Alumine	16
Oxide de fer	16
Chaux	20
Eau	4
Perte	1

Ces analyses font voir que dans les mélanites l'alumine est remplacée par le péroxide de fer, et que du reste ce sont toujours les mêmes rapports entre les quantités d'oxigène de la silice et des bases, ainsi que des bases entre elles. On voit aussi que quelques-unes des inexactitudes peuvent être corrigées en admettant la présence d'un peu de protoxide de fer. Enfin il est clair que la mélanite se mélange aussi d'Almandine, de Grossulaire, de Grenat à base de manganèse et de magnésie. L'analyse 6 est remarquable par la quantité de magnésie qu'elle contient.

L'*Allochroïte* a sensiblement la composition de la mélanite; mais il faut y admettre mélange d'une certaine quantité de silice ou d'un silicate particulier, ce que son état amorphe rend assez vraisemblable. Quant à la *Pyrénéite*, nous n'avons rapporté l'analyse de Vauquelin que pour faire voir qu'il est nécessaire de la recommencer.

D. SEIZIÈME ESPÈCE. SPESSARTINE.

Substance rouge ou brune, rayant le quarz.

Pesanteur spécifique, 3,6 à 4,109.

Donnant avec la soude une réaction très marquée de l'oxide de manganèse.

Composition. $A\,Si + Mn\,Si$ ou $\dddot{A}\dddot{Si} + \dot{M}^{3}\cdot\dddot{Si}$.

Nous en connaissons les analyses suivantes, dont les unes sont sensiblement exactes, en y admettant un peu de péroxide de fer, et dont les autres présentent beaucoup de silice surabondante, ce qui semble indiquer un mélange de silicate dont la nature ne peut être appréciée faute de renseignemens. Ces analyses nous font voir en outre des mélanges d'Almandine, de Grossulaire, même de Mélanite; la variété de Dannemora renferme à-peu-près autant de Grossulaire que de Spessartine, et peut être rangée à volonté dans une espèce ou dans l'autre.

(1) Grenat de .... par Seybert.

		Oxigène.	
Silice	35,83	18,61	
Alumine	18,06	8.43	1
Protoxide de manganèse	30,96	6,79	} 1
Protoxide de fer	14,93	3,39	
Eau	0,66		

Autrement.

		Oxigène.	
Silice	35,83	18,61	2
Alumine	18,06	8,43	} 1
Péroxide de fer	2.90	0,88	
Protoxide de manganèse	30,96	6,79	} 1
Protoxide de fer	11,02	2,51	
Eau	0,66		
Oxide de fer surabondant	1,01		

(2) Grenat de Spessart, par Klaproth.

		Oxigène.	
Silice	35	18,18	2
Alumine	14,25	6,63	} 1
Péroxide de fer	14	4,29	
Protoxide de manganèse	35	7,67	1

Silice	35	18,18	2
Alumine	14,25	6,63	} 1
Péroxide de fer	7,90	2,42	
Protoxide de manganèse	35	7,67	} 1
Protoxide de fer	6,10	1,38	

(3) Grénat de Brodbo, par Ohson.

Silice	39	20,26	2
Alumine.	14,30	6,67	1
Protoxide de fer . .	15,44	3,46	1
Protoxide de manganèse	27.90	6,12	

Autrement.

Silice	32,26	16,76	2
Alumine . . , ...	14,30	6,67	1
Péroxide de fer . . .	5,60	1,71	
Protoxide de manganèse	27,90	6,12	1
Protoxide de fer . .	9,84	2,24	
Silice surabondante	6,74		

(4) Grenat de Fimbo, par Arrhénius.

Silice	42.08	21,86	2
Alumine.	17,75	8.29	1
Protoxide de fer . .	19,26	4.38	1
Protoxide de manganèse	19.66	4.31	
Chaux	1 24	0,34	

Silice	33,55	17,42	2
Alumine	17,75	8,29	1
Péroxide de fer. . .	1,40	0,42	
Protoxide de fer . .	17,86	4,06	1
Protoxide de manganèse	19,66	4,31	
Chaux . . . . , ...	1,24	0,34	
Silice surabondante	8,55		

(5) Grenat de Dannemora par, Murray.

Silice	34,04	17,68	2
Alumine	18,07	8,44	1
Protoxide de manganèse	21,90	4,80	1
Chaux.	16,56	4,65	
Protoxide de fer . .	9,00	2,04	
Magnésie.	0,56	0,21	

Silice.	34.04	17.68	2
Alumine.	18,07	8,44	1
Péroxide de fer. . .	1,31	0,40	
Protoxide de manganèse.	18,14	3,98	1
Chaux	16,56	4,65	
Magnésie	0,56	0,21	
Oxide de fer surabondant	7,69		
Oxide de manganèse surabondant.	3,77		

VARIÉTÉS DE GRENATS.

Grenats cristallisés. En dodécaèdres rhomboïdaux ou en trapézaèdres, offrant quelquefois les deux genres de formes réunis, pl. II, fig. 75 à 78, 89, ou des modifications qui conduisent aux solides à 48 faces, fig. 79, 80.

Grenats sphéroïdes. En cristaux oblitères.

Grenats fibreux. Texture fibreuse à l'intérieur des cristaux (rares).

Grenats granulaires. A gros ou à petits grains, qui sont le plus souvent peu agrégés entre eux.

Grenats compacts. En masse informe vitreuse ou lithoïde.

Grenats résinoïdes. D'un éclat résineux dans la cassure, et alors très fragiles.

Ces modifications se présentent dans toutes les espèces, et les couleurs, dont nous avons déjà indiqué les principales dans chaque espèce, sont néanmoins très variables.

Sous le rapport des mélanges, il existe un très grand nombre de variétés que l'on ne peut placer que par appendice dans le genre.

GISEMENT.

Les grenats forment rarement des couches à eux seuls (vallée d'Alla, en Piémont); ils sont généralement disséminés et appartiennent à tous les dépôts de cristallisation depuis le gneiss jusqu'au schiste argileux, mais plus particulièrement au micaschiste et aux roches qui lui sont subordonnées. On en trouve partout où existent ces sortes de roches, et il est inutile à cet égard de citer aucune localité particulière. On trouve aussi des grenats dans les pegmatites, où ils sont quelquefois très abondans (Haddam, dans le Connecticut), dans les diorites porphyriques (Hongrie, Mexique), dans les serpentines, soit disséminées (Zœblitz, en Saxe; Bohême, etc.), soit dans les fissures de la roche (vallée de Mussa, en Piémont (topazolite, succinite), dans les euphotides, etc. On en trouve aussi dans les calcaires secondaires (pic d'Eredlitz, aux Pyrénées). On en connaît, mais en petite quantité, dans les trachytes ou leurs débris (Hongrie, monts Euganéens), dans les basaltes (Bellos, deux lieues de Lisbonne), dans les tufs basaltiques (Velay, Bohême, etc.), dans les tufs volcaniques modernes (Vésuve). Enfin il existe des grenats dans les filons ou les amas métallifères, principalement dans les dépôts ferrugineux (Neustadt, en Bohême, Fahlun, en Suède; Dramen, Arandal, en Norvège; Sibérie, etc.). On peut remarquer que ces substances se trouvent souvent en abondance dans les débris des différentes roches que nous venons de citer; dans quelques localités les sables des ruisseaux ne se composent que de grains de grenats.

USAGES.

On emploie les belles variétés d'Almandine et les variétés rougeâtres de Grossulaire (Essonite) dans la bijouterie; les premiers, sous le nom de grenat syrien, de grenat oriental; les autres sous le nom d'hyacinthe: ce sont des pierres d'un prix élevé lorsqu'elles sont exemptes de défaut, et qu'elles ont de belles teintes. On a beaucoup employé autrefois les variétés d'Almandine sous la forme de petites perles, à peine ébauchées par la taille, quelquefois polies simplement sur leur face de cristallisation, pour former des colliers qui étaient particulièrement en usage parmi les gens aisés des campagnes.

Dans quelques localités d'Allemagne, où les grenats sont abondans, on s'en sert comme de fondans avec divers minérais de fer. Quelquefois les sables grenatiques lavés, pilés, sont employés pour remplacer l'émeril.

DIX-SEPTIÈME ESPÈCE. SCOLEXEROSE.

Scolezite anhydre, Wernerite blanche.

Substance vitreuse, quelquefois d'un éclat gras, translucide ou opaque, verdâtre ou blanchâtre. Rayant le verre.

Fusible au chalumeau, ne donnant pas d'eau par calcination; attaquable par les acides.

Solution précipitant abondamment par l'oxalate d'ammoniaque.

Composition. $A^3\,Si^6\,Ca = 3\,A\,Si + Ca\,Si^3$ ou $\overset{\cdots}{A}\,\overset{\cdots}{Si} + \dot{Ca}\,\overset{\cdots}{Si}$.

Analyse de Nordenskiöld.

		Oxig.	Rapp.
Silice . . .	54,13	28,25	6
Alumine . .	29,23	13,61	3
Chaux . . .	15,45	4,35	1
Eau. . . .	1,07		

Wernerite blanche, par John.

		Oxig.	Rap.
Silice. . . .	50,25	26,10	6
Alumine. . .	30	14,01	3
Chaux . . .	10,45	2,93	1 (Chaux, Potasse, Oxide de fer)
Potasse. . .	2	0,33	
Oxide de fer .	3	0,68	
Oxide de manganèse . .	1,45	0,31	
Eau	2,85		

Si l'on joint à cette espèce la wernerite blanche de John, comme l'analyse semble l'indiquer, on voit que la scolexerose est susceptible de se mélanger avec une substance de même formule, à base de potasse.

Cette substance n'a encore été trouvée qu'à Pargas, en Finlande, avec les matières désignées sous les noms de Paranthine, Scapolite, etc., avec lesquelles elle a été confondue jusqu'au moment où M. Nordenskiöld en a fait l'analyse.

DIX-HUITIÈME ESPÈCE. SCOLEZITE (de σχωλης, cheveux).

Partie de la mésotype, Zeolite en aiguille, Zeolite radiée, Mésolite, Stiernstein, Nadelstein, OEdelite.

Substance ordinairement blanche, cristallisant en prisme droit à base carrée.

Pesanteur spécifique, 2,21 à 2,27.

Ne rayant pas le verre.

Donnant de l'eau par calcination; difficilement fusible en verre bulleux; soluble en gelée dans les acides; solution précipitant abondamment par l'oxalate d'ammoniaque.

Composition. $A^3 Si^6 CaAq^3 = 3\,AS + Ca\,Si^3 + 3\,Aq$ ou $\dddot{A}\dddot{S}i + Ca\ddot{S}i + 3\,Aq$. D'après l'analyse suivante.

Scolezite de Staffa, par Fuchs.

		Oxigène.	*Rapports.*
Silice	46,75 . . .	24,28	6
Alumine. . . .	24,82 . . .	11,59	3
Chaux.	14,20 . . .	3,99	1
Soude	0,39 . . .	0,10	
Eau.	13,64 . . .	12.13	3

Scolezite cristallisée. En prismes carrés terminés par des pyramides à quatre faces, pl. III, fig. 26, quelquefois modifiés sur les arêtes latérales, fig. 33; plus rarement sur les arêtes pyramidales, fig. 36.

Scolezite aciculaire. En cristaux très minces, groupés en gerbes, et de toutes les manières.

Scolezite capillaire. En petits filamens, tantôt isolés, tantôt entremêlés. C'est de cette variété, qui est assez commune, qu'on a tiré le nom de l'espèce.

GISEMENT.

La scolezite appartient principalement aux terrains d'origine ignée; elle se trouve en noyaux ou en rognons, quelquefois très considérables, tantôt pleins, tantôt géodiques, dans les amygdaloïdes qui se rattachent au basalte (Islande; îles Farô, Vagô, etc.), dans les basaltes (Vivarais; Staffa, Skye, etc., dans les Hébrides; Guadeloupe; île Bourbon), ou dans les roches feldspathiques (phonolites) qui en dépendent (Hauenstein, Aussig, en Bohême; Fassa en Tyrol), dans les tufs basaltiques (Puy Marmant, en Auvergne). Elle est rarement accompagnée d'autres substances dans les mêmes cavités; mais les cavités voisines renferment un grand nombre de substances différentes, telles que Mésotype, Thomsonite, Chabasie, Stilbite, etc.

On cite aussi la scolezite à Pargas, en Finlande, mais à ce qu'il paraît dans un gisement tout-à-fait différent, au milieu des calcaires saccharoïdes, où se trouvent toutes les variétés de Wernerite, la Scolezite anhydre, les Pyroxènes, etc.

APPENDICE.

Nous ajouterons ici quelques matières qui ont reçu des noms particuliers, et qui ne paraissent être que des Scolezites mélangées de diverses substances; telles sont:

Mésolite de Pargas et d'Islande. Substances fibreuses, blanches, qui ont donné les résultats suivans :

Mesolite d'Islande par Fuschs et Gehlen.		*Oxigène.*		*Scolezite.*		*Mésotype.*
Silice	47,46	24,65	=	16,92 (6)	+	7,73 (6)
Alumine . . .	25,35	11,84	=	8,46 (3)	+	3,38 (3)
Chaux	10,04	2,82	=	2,82 (1)		
Soude	4,87	1,24	=	. . . .	+	1,24 (1)
Eau	12,41	11,03	=	8,46 (3)	+	2,57 (2)

Mésolite de Pargas, par Berzélius.

		Oxigène.		*Scolezite.*		*Mésotype.*
Silice.	46,80	24,31	=	16,03 (6)	+	8,28 (6)
Alumine . . .	26,50	12,37	=	8,23 (3)	+	4,14 (3)
Chaux	9,87	2,77	=	2,77 (1)		
Soude	5,40	1,38	=	. . . . . .		1,38 (1)
Eau	13,50	10,93	=	8,17 (3)	+	2,76 (2)

M. Berzélius a adopté la formule $9 A Si + 2 Ca Si^3 + Na Si^3 + 8 Aq$, en concevant alors l'existence d'une espèce particulière; mais cette formule même se partage en 2 $(3 A Si + Ca Si^3 + 3 Aq)$ et $3 A Si + Na Si^3 + 2 Aq$, c'est-à-dire en scolezite et mésotype, précisément comme nous venons de l'établir par la division des quantités d'oxigène.

Mésolite de Hauenstein, dont M. Freysmuth a tiré par l'analyse :

		Oxigène.	Rapports.
Silice	44,562	23,15	12 ou 6
Alumine	27,562	12,87	6 3
Chaux	7,087	1,99	1 } 1
Soude	7,688	1,96	1 }
Eau	14,125	12,55	6 3

d'où M. Berzélius tire la formule $6 A Si + Ca Si^3 + Na Si^3 + 6 Aq$, pour en former une espèce; mais cette formule peut être partagée en $3 A Si + Ca Si^3 + 3 Aq$ et $3 A Si + Na Si^3 + 3 Aq$, c'est-à-dire que c'est un mélange de scolezite avec une substance de même formule, qui est à base de soude, et qui deviendra espèce lorsqu'on la trouvera isolée, ou du moins lorsqu'elle sera la partie dominante du mélange ; ici les deux matières sont à-peu-près en quantités égales.

Mésole. Substance fibreuse, blanche, composée de

		Oxig.	Rap.
Silice	42,60	22,13	17
Alumine	38	13,07	9
Chaux	11,43	3,17	2 } 3
Soude	5,63	1,44	1 }
Eau	12,70	11,29	8

d'où M. Berzélius tire la formule $9 A Si + 2 Ca Si^3 + Na Si^2 + 8 Aq$, en regardant la substance comme une espèce particulière; or cette formule se partage en deux autres, savoir : $2 (3 A Si + C Si^3 + 3 Aq)$ et $3 A Si + N Si^2 + 2 Aq$, c'est-à-dire que c'est encore une scolezite, mais mélangée avec une substance qui serait de la mésotype si l'on admettait un peu plus de silice de manière à avoir $N Si^3$ au lieu de $N Si^2$.

Les mésolites et les mésoles se trouvent dans les mêmes gisemens et dans les mêmes lieux que la scolezite. Celles que l'on connaît proviennent des roches amygdaloïdes d'Islande, d'Aussig et d'Hauenstein en Bohême, de Pargas en Finlande, et de Fassa, en Tyrol.

DIX NEUVIÈME ESPÈCE. MÉSOTYPE.

(*OEdelite, Zéolite radiée, Zéolite en aiguilles, Natrolite, Hôgauite, Nadelstein, Stiernstein, Crocalite ?*)

Substance ordinairement blanche, cristallisant en prismes rhomboïdaux de 91° 40′ (*a*), dont la hauteur et le côté sont à-peu-près comme les nombres 1 et 2.

Pesanteur spécifique, 2,24 à 2,256.

Ne rayant pas le verre.

Donnant de l'eau par calcination; se boursoufflant ou se délitant au feu; fusible en verre bulleux. Soluble en gelée dans les acides; solution ne précipitant pas ou peu par l'oxalate d'ammoniaque.

Composition. $A^3\,Si^6\,Na\,Aq^2 = 3\,A\,Si + Na\,Si^3 + 2\,Aq$ ou $\dddot{A}\dddot{S}i + \dot{N}a\dddot{S}i + 2\,Aq$, un atome de silicate d'alumine, 1 atome de trisilicate de soude et 2 atomes d'eau, d'après les analyses suivantes :

Mésotype de Féroé, par Smithson.

		Oxig.	Rap.
Silice	49	25,45	6
Alumine	27	12.61	3
Soude	17	4,35	1
Eau	9,6	8,45	2

Natrotite de Hohentwiel, par Fuchs et Gehlen.

		Oxig.	Rap.
Silice	47,21	24,52	6
Alumine	25,60	11,95	3
Soude	16,12	4,12	1
Eau	8,88	7,89	2
Oxide de fer	1,35		

Natrolite de Hohentwiel, par Klaproth.

		Oxig.	Rap.
Silice	48	22,93	6
Alumine	24,25	11,32	3
Soude	16,50	4,22	1
Eau	9	8	2
Oxide de fer	1,75		

Natrolite du Tyrol, par Fuchs et Gehlen.

		Oxig	Rap.
Silice	48,63	25,26	6
Alumine	24,82	11,59	3
Soude	15,69	4,01	1
Eau	9,60	8,53	2
Oxide de fer	0,21		

(*a*) Il n'est pas inutile, à cause de la petite différence entre 91° 40 et 90° de faire remarquer que la mésotype possède deux axes de double réfraction, ce qui exclut le prisme carré.

VARIÉTÉS.

Mésotype cristallisée. En prismes rhomboïdaux, terminée par une pyramide surbaissée, tantôt simple, tantôt modifiée, pl. X, fig. 65 et 72. Inclination de *a* sur *d* 146° 30′, sur *d′* 117°, sur *a′* 162° 30′.

Mésotype aciculaire. En cristaux très minces groupés les uns sur les autres, et ordinairement en faisceaux divergens.

Mésotype mamelonnée. En mamelons hémisphériques accolés les uns aux autres, tantôt blancs, tantôt jaunes (natrolite).

Mésotype fibreuse. En rognons composées de fibres, qui divergent d'un ou de plusieurs centres

GISEMENT.

La mésotype se trouve dans les mêmes lieux et les mêmes roches que la scolezite (Islande, îles Farô, Vagô; Hauenstein, Marienberg, en Bohême; Fassa, en Tyrol; Hôgau, colline de Hohentwiel, en Souabe).

VINGTIÈME ESPÈCE. PREHNITE.

(*Zéolite radiée, Chrysolite du Cap, Koupholite, Halbzeolith*).

Substance rarement cristallisée; cristaux dérivant d'un prisme droit rhomboïdal d'environ 102° 30′ et 77° 30′, dont la hauteur est au côté de la base dans le rapport de 7 à 5.

Pesanteur spécifique, 2,69 à 3,14.

Couleur variant du verdâtre au jaunâtre et blanchâtre. Rayant le verre.

Donnant de l'eau par calcination; fusible au chalumeau en verre blanc bulleux; réductible en gelée par les acides; solution précipitant abondamment par l'oxalate d'ammoniaque.

Composition. M. Berzélius a admis dans ces derniers temps la formule $3\,ASi + Ca^{2}Si^{3} + Aq = A^{3}\,Si^{6}\,Ca^{2}\,Aq$ ou $\dddot{\bar{A}}\;\dddot{Si} + \dot{Ca}^{2}\dddot{S} + Aq$, qui en effet représente assez bien quelques analyses, mais dont le second terme est contre les lois de composition connues, en ce que l'oxigène de l'acide n'est pas un multiple de l'oxigène de la base. Cette circonstance peut porter à croire que nous ne connaissons pas encore la composition de cette substance, ce qui doit tenir à ce qu'elle est le plus souvent à l'état fibreux et se trouve, dans toutes les localités, avec d'autres silicates de chaux dont elle est sans doute mélangée. Il est cependant fort remarquable que les analysès les plus récentes s'accordent toutes avec la formule indiquée, d'où il suit que, s'il y a mélange, il serait le même dans toutes les localités. Ces analyses ont donné les résultats suivans :

(1) Prehnite fibreuse de Dumbarton, par Walmstedt.

		Oxig.	*Rap.*
Silice	44,10	22,91	6
Alumine	25,26	11,33	3
Chaux	26,43	7,42	2
Oxide de fer	0,74	0,16	
Eau	4,18	3,71	1

(2) Koupholite des Pyrénées, par Walmstedt.

		Oxig.	*Rap.*
Silice	44,71	23,22	6
Alumine	24	11,21	3
Chaux	25,41	7,13	2
Oxide de fer	1,25	0,28	
Eau	4,50	4,00	1

(3) Prehnite de Ratsching, par Gehlen.

		Oxig.	*Rap.*
Silice	43	22,33	6
Alumine	23,25	10,86	3
Chaux	26	7,30	2
Oxide de fer	2	0,45	
Oxide de manganèse	0,25	0,05	
Perte (peut-être eau)	5.50	4,88	1

(4) Prehnite de Fassa, par Gehlen.

		Oxig.	*Rap.*
Silice	42,875	22,27	6
Alumine	21, 50	10,04	3
Chaux	26, 50	7,44	2
Oxide de fer	3		
Oxide de manganèse	0, 25		
Perte (eau ?)	5,875	5,17	1

(5) Prehnite d'OEdelfors, par Walmstedt.

		Oxig.	*Rap.*
Silice	43,03	22,35	6
Alumine	19,30	9,01	3
Oxide de fer (péroxide?)	6,81	2,09	
Chaux	26,28	7,38	2
Eau	4,43	3,93	1

(6) Prehnite bacillaire de Reichenbach, par Laugier.

		Oxig.	*Rap.*
Silice	42,50	22,07	4
Alumine	28,50	13,31	2
Chaux	20,40	5,73	1
Oxide de fer	3,00		
Potasse et soude	0,75		
Eau	2		

(7) Prehnite de Dumbarton, par Thomson.

		Oxig.	Rap.
Silice.	43,60	22,65	4
Alumine . . .	23	10,74	2
Chaux	22,33	6,27	1
Oxide de fer. .	2,00		
Eau	6,40	5,69	1

(8) Koupholite, par Vauquelin.

		Oxig.	Rap.
Silice.	48	24,95	4
Alumine . . .	24	11,21	2
Chaux	23	6,46	1
Oxide de fer. .	4		

(9) Prehnite du Cap, par Klaproth.

		Oxigène.	Rapports.
Silice	43,80	22,75	3
Alumine. . . .	30,88	14,42	2
Chaux.	18,33	5,14	1
Oxide de fer . .	5,66	1,28	
Eau.	1,83	1,62	

Les analyses 6 et 8, assez différentes des autres, donneraient la composition $A^2 S^4 Ca = 2\,\dddot{A}\,\dddot{S}i + \dot{C}a^3\,\dddot{S}i^2$ qui est celle que M. Berzélius avait adoptée dans son traité du chalumeau. L'analyse 7 donnerait $A^2 S^4 Ca\, Aq$.

VARIÉTÉS. *Prehnite cristallisée.* En lames rectangulaires, rhomboïdales ou hexagonales, modifiées quelquefois sur les arêtes, pl. VIII, fig. 1,3,25 à 27, 49,50.

Prehnite laminiforme (koupholite). En petites lames minces qui ne sont que des cristaux plus ou moins nets.

Prehnite conchoïde. En cristaux groupés, imitant une coquille à deux valves par leur réunion.

Prehnite mamelonnée. En petits groupes de cristaux globuliformes ou hémisphériques.

Prehnite fibreuse. Rarement à fibres droites, le plus souvent à fibres contournées et entrelacées.

Prehnite compacte. Variété extrême de la prehnite fibreuse, dont les fibres sont très fines.

GISEMENT. Les variétés de prehnite cristallisée, laminiforme, conchoïde, appartiennent à la protogyne ou à des roches qui en dépendent (environs du bourg d'Oisan, en Dauphiné; Saint-Sauveur, Luz, Baigorry, aux Pyrénées; Fahlun, OEdelfors, en Suède; cap de Bonne-Espérance (1), etc.). Les variétés mamelonnée et fibreuse appartiennent aux terrains d'amygdaloïde (Reichembach, près

(1) D'où elle a été rapportée par le colonel Prehn.

Oberstein; Ratsching, Fassa, en Tyrol; îles de Skye et de Mull, dans les Hébrides; Old Kilpatrick, Dumbarton, etc., en Ecosse; île Farö). Dans la première espèce de gisement, elle est accompagnée d'Epidote, d'Axinite, de Chlorite, etc. Dans la seconde, elle est, tantôt seule dans une cavité, tantôt avec la Chabasie, les Stilbites, etc., qui d'ailleurs existent dans les cavités voisines. Il est remarquable qu'elle soit accompagnée de cuivre natif dans plusieurs localités.

VINGT-UNIÈME ESPÈCE. CÉRINE.

Cérérine, Cérerite, Cérium oxidé siliceux noir.

Substance compacte opaque, noire brunâtre, rayant le verre.

Pesanteur spécifique, 3,77 à 3,8.

Ne donnant pas d'eau par calcination; infusible au chalumeau; attaquable par digestion dans les acides; solution donnant par l'oxalate d'ammoniaque un précipité qui devient brun par calcination, et donne avec le borax un verre rouge qui passe au jaune par refroidissement.

Composition. $A\,Si^3\,(Ce, Ca, f)^2 = A\,Si + 2\,(Ce, f, Ca)\,Si$ ou $\dddot{A}\,\ddot{\ddot{S}}i + 2\,(\dot{C}e, \dot{F}, \dot{C}a)^3\,\ddot{\ddot{S}}i$, d'après l'analyse d'Hisinger.

Cerine de Riddarhytta.

		Oxigène.	*Rapports.*
Silice	30,17	15,67	3
Alumine	11,31	5,28	1
Oxide de Cérium	28,19	4.17	2
Oxide de fer	20,72	4,71	
Chaux	9,12	2,56	
Oxide de cuivre	0,89		
Matière volatile	0,40		

Se trouve dans les mines de cuivre de Saint-Görans à Riddarhytta, avec amphiboles, mica, etc. et accompagnant la cérérite.

APPENDICE.

Allanite (du nom de M. Allan). Substance cristalline, en cristaux dérivans d'un prisme à bases carrées.

Pesanteur spécifique, 3,1 à 3,4.

Couleur noire, avec éclat vitreux tirant au métalloïde. Rayant le verre.

Ne donnant pas d'eau par calcination; difficilement fusible au chalumeau; attaquable par digestion dans les acides; solution présentant les mêmes caractères que la Cérine.

Composition. Peut-être semblable à celle de la Cérine; mais les analyses connues sont:

Allanite du Myssore, par Wollaston.		*Oxig.*	*Rap.*	Allanite du Grœnland, par Thomson.		*Oxig.*	*Rap.*
Silice	34	17,66	4	Silice	35,4	18,39	9
Alumine	9	4,20	1	Alumine	4,1	1,91	1
Oxide de cérium	19,8	2,93	2	Oxide de cérium	39,9	5,91	7
Oxide de fer	32,0	7,28		Oxide de fer	25,4	5,78	
				Chaux	9,2	2,53	

On voit que ces analyses ne sont d'accord ni entre elles, ni avec celles de la cérine par Hisinger; la première donnerait $ASi^2 + 2(Ce,f)Si$; la seconde donnerait $ASi^2 + 7(Ce,f,Ca)Si$; mais il serait possible qu'une partie du fer fut à l'état de péroxide, et que dès-lors remplaçant l'alumine on put avoir une formule analogue à celle de la cérine.

Les cristaux d'Allanite sont des prismes carrés, modifiés sur les angles solides par des facettes plus ou moins étendues, pl. III, fig. 8, 47, 48; ils ont la plus grande ressemblance avec certains cristaux d'oxide d'étain, que par cela même on a quelquefois mis dans le commerce sous le nom d'Allanite. Inclinaison de *p* sur *u* environ 150°.

Cette substance encore très rare a été découverte au Groenland par M. Giesecke, dans des roches micacées.

Orthite. Substance d'un brun noirâtre, en baguettes prismatiques engagées dans une roche feldspathique.

Donnant de l'eau par calcination; fusible avec boursouflement et bouillonnement en verre noir bulleux.

Attaquable par les acides et donnant comme la Cérine la réaction du cérium.

Composition. M. Berzélius admettait autrefois un mélange de 3 $A\,Si + Ca\,Si + 2\,Aq$ avec $Ce\,Si + f\,Si$, mais il ne donne plus de signe dans sa nouvelle classification. Les analyses que l'on doit à ce savant ont donné :

Orthite de Fimbo.

Silice	36,25	18,83	3
Alumine	14,00	6,54	1
Oxide de cérium	17,39	2,58	
Oxide de fer	11,42	2,60	
Oxide de manganèse	1,36	0,30	1 ?
Chaux	4,89	1,37	
Yttria	3,80	0,76	
Eau	8,70	7,73	1 ?

Orthite du Gottliebsgang.

Silice	32,00	16,62	7
Alumine	14,80	6,91	3
Oxide de cérium	19,44	2,88	
Oxide de fer	12,44	2,83	
Oxide de manganèse	3,40	0,74	4
Chaux	7,84	2,20	
Yttria	3,44	0,68	
Eau	5,36	4,76	2

On voit qu'il est bien difficile d'établir des rapports entre les matières que présentent ces analyses, qui d'ailleurs ne s'accordent pas l'une avec l'autre, en sorte qu'il y a nécessairement mélange de quelque matière étrangère. On pourrait peut-être exprimer la première par $A\,Si + (Ce, f, Ca, Yt)\,Si^{2} + 2\,Aq$; mais la seconde donnerait $3\,A\,Si + 4\,(Ce, f, Ca, Yt, mn)\,Si + 2\,Aq$. Il faudrait des renseignemens pour pouvoir discuter ces analyses avec succès.

PYRORTHITE. Substance bacillaire, noire ou brunâtre.

Pesanteur spécifique, 2,19. Rayée avec facilité par une pointe d'acier.

Donnant de l'eau par calcination : brûlant par l'action du chalumeau, par suite d'un contenu de beaucoup de matière charboneuse : attaquable par les acides; solution donnant les réactions du cérium.

Composition. M. Berzélius a tiré par l'analyse :

		Oxigène.	Rapports.
Silice	10,43	5,41	3
Alumine	3,59	1,67	1
Oxide de cérium.	13,92	2,06	
Oxide de fer	6,08	1,38	
Yttria	4,87	0,97	3
Chaux	1,81	0,51	
Oxide de manganèse.	1,39	0,30	
Eau	26,50	23,55	12?
Carbone et perte	31,41		

Dans le principe ce savant avait admis 3 $AS + CaS + xAq$ mélangé de $(Ce, f, Yt, mn) Si$; mais il ne donne plus de signe dans sa nouvelle classification. On pourrait peut-être tirer de l'analyse précédente $A Si^2 + (Ce, f, Yt, Ca, mn)^3 Si + 12 Aq$, mais il serait bien possible que la Pyrorthite ne fût autre chose que de la Cérérite $(Ce, f,$ etc.$) Si + Aq$, mélangé de matières argileuses et de charbon : il en serait peut-être de même de l'Orthite.

Ces substances se trouvent aux environs de Fahlun, à Fimbo, Korarf, etc., dans les mêmes roches que la Gadolinite, et toutes les combinaisons connues de l'oxide de cérium.

VINGT-DEUXIÈME ESPÈCE. IDOCRASE.

Vésuvienne, Wiluite, Frugardite, Sommervillite, Cyprine, Hyacinthe volcanique, Gemme de Vésuve, Chrysolite, Egerane? Loboïte.

Substance cristallisant dans le système prismatique à base carrée; cristaux dérivant d'un prisme dont la hauteur est au côté de la base dans le rapport de $\sqrt{8}$ à $\sqrt{7}$.

Pesanteur spécifique, 3 à 3,45.

Rayant difficilement le quarz.

Ne donnant pas d'eau par calcination; fusible au chalumeau. Le plus souvent soluble par digestion dans les acides; solution précipitant toujours abondamment par l'oxalate d'ammoniaque.

Composition encore mal établie, quant aux quantités relatives des silicates combinés. Les analyses connues sont les suivantes :

Idocrase de Frugord,
par Nordenskiöld.

		Oxig.	Rapp.
Silice	38,53	20,01	5
Alumine	17,40	8,12	2
Chaux	27,70	7,78	
Magnésie	10,60	4,10	
Protoxide de fer	5,90	0,88	3
Protoxide de manganèse	0,33	0,07	
Perte	1,54		

Idocrase de Gœkum (Loboïte),
par Berzélius.

		Oxigène.	Rapports.
Silice	36	18,70	5
Alumine	17,50	8,17	2
Chaux	37,65	10,57	
Magnésie	2,52	2,52	3
Protoxide de fer	5,55	1,19	
Matières volatiles	0,36		

Idocrase de Gœkum (Loboïte),
par Murray.

		Oxig.	Rapp.
Silice	35,87	18,65	5
Alumine	17,87	8,34	2
Chaux	34,32	9,64	
Magnesie	2,78	1,07	
Protoxide de fer	6,75	1,53	3
Protoxide de manganèse	0,31	0,07	
Matière volatile	0,25		

Idocrase de Sibérie,
par Klaproth.

		Oxigène.	Rapp.
Silice	42	21,81	5
Alumine	16,25	7,59	2
Chaux	34	9,55	3
Protoxide de fer	5,50	1,25	

Egerane,
par Dunin Borkowsky.

Silice	41
Alumine	22
Chaux	22
Magnésie	3
Oxide de fer	7
Oxide de manganèse	2
Potasse	1

Idocrase du Vésuve,
par Klaproth.

Silice	35,50
Alumine	33
Chaux	22,25
Oxide de fer	7,50
Oxide de manganèse	0,25

La première analyse est la seule qui donne des rapports assez exacts, par lesquels on voit que l'oxigène de la silice est, comme dans le grenat, en même quantité que l'oxigène des bases, mais qu'à l'égard des deux sortes de bases, les quantités d'oxigène sont comme les nombres 2 et 3. D'après cela la formule des idocrases pourrait être $A^2 Si^5 Ca^3 = 2 A Si + 3 Ca Si$ ou $2 \ddot{A} \dddot{Si} + 3 \dot{Ca}^3 \ddot{Si}$; mais elle est contre toutes les observations que nous possédons, parce que l'oxigène de la silice du second membre n'est pas un multiple de l'oxigène de la silice du premier. Les autres analyses ne conduisent pas à des résultats plus satisfaisans, et les deux dernières même sont tout-à-fait en opposition, ce qui doit y faire supposer des erreurs, soit d'opération, soit de dénomination des matières analysées. Quoi qu'il en soit, on voit par les quatre premières analyses que l'idocrase ne peut être qu'une combinaison de silicate d'alumine $A\,Si$ et de silicate de chaux $Ca\,Si$, quelquefois remplacés par des silicates d'oxides isomorphes. M. Berthier a supposé qu'elle pouvait être $A\,Si + 2(Ca, M, mn, f)\,Si$; c'est la composition des laitiers de Doulais, dans le pays de Galles, qui ont les caractères extérieurs et la cristallisation de l'idocrase.

VARIÉTÉS. *Idocrase cristallisée.* En prismes à huit pans, quelquefois simples, pl. III, fig. 2, le plus souvent modifiés au sommet, fig. 16, 21, et aussi par des doubles facettes sur les arêtes latérales, fig. 19, 20, 22, 23, 24.

Inclinaison, suivant Haüy, de i sur a 104° 9', 127° 7' ou 161° 42'; de p sur i 115° 5', de p sur d 118° 8', de p sur u 152° 3', de p sur u 144° 44', de p sur u' 133° 18', de p sur c 143° 27'.

Idocrase cylindroïde. En cristaux déformés.

Idocrase bacillaire. En cristaux groupés, donnant des masses à structure bacillaire.

Idocrase granulaire, — *compacte* et *lithoïde*.

Les variétés de couleur sont *verte* (la plus commune), *brune, noire, bleue* (cyprine), où il se trouve une certaine quantité d'oxide de cuivre.

GISEMENT. En petits filons dans les terrains anciens, dans le gneiss, le micaschiste, les roches serpentineuses (Alpes et Pyrénées), où elle est associée aux grenats, aux épidotes, aux pyroxènes, au sphène, etc.; quelquefois dans les dépôts calcaires de cette époque (Oravicza, au Bannat; Frugord et Gœkum), dans les dolomies (Somma), dans les laves (Vésuve). Il est très rare qu'elle forme des couches, qui sont toujours très minces, dans les micaschistes (vallée d'Ala, en Piémont); rarement aussi elle est disséminée (micaschistes du val Lesa, de Grassoney, en Piémont).

USAGES. Quelques variétés transparentes sont taillées pour la bijouterie, mais sont en général de peu de valeur.

SOUS-GENRE. ÉPIDOTE.

A. VINGT-TROISIÈME ESPÈCE. ZOISITE. *Épidote blanc.*

Substance grisâtre, très facilement clivable par deux plans parallèles, et aussi, suivant d'autres directions, inclinées sur les premières de 116°, 120°, 126°.

Cristaux en prisme oblique dont la base est inclinée à l'axe de 116° 40′.

Pesanteur spécifique, 3,269 à 3,334.

Rayé par le quarz, rayant le verre.

Ne donnant pas d'eau par calcination ; au chalumeau se boursoufle, s'exfolie dans le sens des clivages ; se fond sur les bords. Inattaquable par les acides.

Composition. $A^2 Si^3 Ca = 2 A Si + Ca Si$ ou $2 \ddot{A} \dddot{Si} + \dot{Ca}^3 \dddot{Si}$, d'après les analyses de Klaproth et de Bucholz.

Zoïsite de Carinthie, par Klaproth.		*Oxig.*	*Rapp.*	Zoïsite de Bareuth, par Bucholz.		*Oxig.*	*Rapp.*
Silice	45	23,37	3	Silice	40,25	20,91	3
Alumine	29	13,54	2	Alumine	30,25	14,13	2
Chaux	21	5,89	1	Chaux	22,50	6,32	1
Protoxide de fer	3	0,68		Protoxide de fer	4,50	1,12	

Mais on ne sait que penser de ce que l'on a nommé zoïsite du Vallais analysé par M. Laugier, ni du zoïsite tendre analysé par Klaproth, et qui ont fourni

Zoïsite du Vallais, par Laugier.		*Oxigène.*	Zoïsite tendre, par Klaproth.		
Silice	37	19,20	Silice	44	22,85
Alumine	26,6	12,42	Alumine	32	14,94
Chaux	20	5,61	Chaux	20	5,61
Protoxide de fer	13	2,96	Oxide de fer	2,5	0,56
Oxide de manganèse	0,6	0,03			

Dans la première il faudrait regarder presque tout l'oxide de fer comme provenant de mélange, et dans la seconde il y a surabondance de silice et d'alumine.

VARIÉTÉS.

Zoïsite cylindroïde et bacillaire. Offrant des prismes allongés perpendiculairement à l'axe du prisme rectangulaire oblique.

VINGT-QUATRIÈME ESPÈCE. THALLITE.

(*Épidote, Akanticone, Pistacite, Delphinite, Saualpite, Arendalite, Scorza, Stralite, Schorl vert.*)

Substance verte. Cristaux dérivant d'un prisme rectangulaire oblique, dont la base est inclinée à l'axe de 115° 30′.

Pesanteur spécifique, 3,42.

Rayant le verre, rayée par le quarz.

Ne donnant pas d'eau par calcination; au chalumeau se boursoufle, se ramifie et se fond sur les bords. Inattaquable par les acides. Solution précipitant abondamment en bleu par l'hydrocyanate ferruginé de potasse.

Composition. $A^2 Si^3 f = 2\,A\,Si + f\,Si$ ou $2\,\dddot{A}\,\dddot{Si} + \dot{F}^3\,\dddot{Si}$, plus ou moins mélangé de zoïsite.

Thallite du Dauphiné, par Descotils.

		Oxigène.	Rapports.
Silice	37	19,22	3
Alumine	27	12,61	2
Protoxide de fer	17	3,18	
Chaux	14	3,93	1
Oxide de manganèse	1,5	0,32	

Thallite bacillaire de l'île Saint-Jean, par Beudant.

		Oxigène.				Oxigène.	
Silice	40,9	21,2	3	Silice	38,97	20,24	3
Alumine	28,9	13,5	2	Alumine	28,90	13,50	2
Chaux	16,2	4,5		Chaux	16,20	4,55	
Protoxide de fer	14,0	3,2	1	Protoxide de fer	9,66	2,20	1
				Grossulaire	1,31		
				Almandine	0,63		

On voit dans la première analyse qu'il y a une petite erreur sur les oxides à 1 atome d'oxigène; mais la seconde analyse nous fait voir comment de telles erreurs peuvent avoir lieu; car la matière qui en a été l'objet était associée avec des grenats, et en cherchant par le calcul ce qu peut être mélangé de ces substances, on voit que les restes sont exactement dans le rapport 1, 2, 3, que donne la formule. Deux autres analyses de thallite m'ont donné des résultats analogues.

Il existe une analyse de la thallite d'Arendal par Vauquelin; mais les rapports des quantités d'oxigène sont ceux du grenat, et il est évident qu'il y a eu erreur sur l'espèce de matière analysée. Quant au scorza analysé par Klaproth, il n'est pas étonnant qu'on ne trouve pas les rapports que nous indiquons, puisque cette matière est un sable de thallite provenant de la désagrégation des roches, et qui est nécessairement mélangé de matières étrangères.

VARIÉTÉS.

Thallite cristallisée. En octaèdres rectangulaires allongés transversalement et modifiés de diverses manières sur les arêtes et sur les angles, quelquefois très compliqués aux extrémités, pl. XII, fig. 51 à 59; rarement en prisme rectangulaire, aussi allongé transversalement, et modifiés sur les arêtes aiguës, pl. XI, fig. 5 (du Dauphiné).

Inclinaisons de *P* sur *c* 116° 40′, *P* sur *B* 115° 30′, *P* sur *a* 121° 23 ou 140° 39′, B sur *d* 124° 57 ou 144° 25, *L* sur *n* 144° 55.

Thallite cylindroïde. En cristaux déformés et libres.

Thallite bacillaire et *fibreuse.* En cristaux déformés ou en petites aiguilles, agrégés.

Thallite fibro soyeuse. En fibres assez roides, de couleur verdâtre.

Thallite granulaire. En masses composées de petits grains souvent mal agrégés.

Thallite arénacée (Scorza). En sables verts plus ou moins mélangés de particules étrangères.

Thallite compacte. Lithoïde, variété extrême de thallite granulaire, fréquemment mélangé avec du quarz.

Les couleurs sont le *vert*, rarement le *brun*, le *rougeâtre.*

GISEMENT.

La Thallite appartient aux terrains de cristallisation; souvent elle remplit les fentes et les fissures du granite, du gneiss, du micaschiste, du schiste argileux (île d'Aran, en Ecosse), et surtout de la protogine ou des roches qui en dépendent (Alpes du Dauphiné, de la Savoie, etc.). Quelquefois elle constitue avec le quarz des dépôts assez épais au milieu de ces roches, et dans quelques cas elle y est simplement disséminée. Elle se trouve aussi en petits noyaux dans les siénites (Vosges, Hongrie), dans les amygdaloïdes (vallée du Drac en Dauphiné). Enfin elle se trouve dans les gîtes métallifères (Arendal, en Norwège).

On connaît la Thallite presque partout, mais les localités les plus remarquables par la quantité qui en a été tirée, par la beauté des échantillons, sont le Dauphiné (autour du bourg d'Oisan), la vallée de Chamouni (à la fontaine du Caillet), les mines de fer de Tornbio rusbo, Utrille, etc., à Arendal, en Norwège; enfin, celle de Langbanshytta, Persberg, Norberg, etc., en Suède, qui ont offert des cristaux du poids de plusieurs livres.

VINGT-CINQUIÈME ESPÈCE. MEIONITE.

Hyacinthe blanche de la Somma.

Substance blanche, en cristaux dérivant d'un prisme droit à base carrée, dont la hauteur est au côté de la base dans le rapport de 4 à 9.

Rayant le verre.

Pesanteur spécifique, 2,612.

Ne donnant pas d'eau par calcination; fusible au chalumeau avec bouillonnement; soluble en gelée dans les acides; solution précipitant abondamment par l'oxalate d'ammoniaque.

Composition. Les analyses conduisent à la formule $A^2 Si^3 Ca = 2 A Si + Ca Si$ ou 2 $\dddot{A}\dddot{Si} + \dot{Ca}^3\dddot{Si}$, la même que pour le zoïsite, dont la substance ne paraît différer alors que par le système de cristallisation.

Meïonite du Vésuve, par Stromeyer.

		Oxig.	Rap.
Silice	40,53	21,05	3
Alumine . . .	32,73	15,28	2
Chaux	24,24	6,80	1
Potasse et soude	1,81		
Oxide de fer .	0,18		

Meïonite de Sterzing, par le même.

		Oxig.	Rap.
Silice	39,92	20,73	3
Alumine . . .	31,97	14,93	2
Chaux	23,86	6,70	1
Potasse et soude.	0,89		
Oxide de fer .	2,24		
Oxide de manganèse . .	0,17		
Eau	0,95		

M. Gmelin avait trouvé pour la meïonite du Vésuve un résultat tout-à-fait semblable à celui de M. Stromeyer, et en tout très différent de celui que M. Arfvedson avait obtenu d'une substance analysée aussi sous le même nom, dont nous parlerons plus tard. (Voyez meïonite d'Arfvedson).

VARIÉTÉS.

Meïonite cristallisée. En prismes carrés, simples, pl. III, fig. 1, ou modifiés sur les arêtes latérales par une face, fig. 2, ou par deux faces, fig. 3. Ces prismes sont aussi modifiés au sommet par quatre faces, fig. 35, et souvent en outre par des facettes additionnelles, fig. 45. Inclinaison de *i* sur *a* 121° 45′, de *p* sur *d* 113° 34′, de *p* sur *n* 140° 11′, de *p* sur *c* 153° 26′.

Meïonite bacillaire. En cristaux groupés par les faces latérales.

Meïonite compacte. En petites masses fendillées.

GISEMENT. On n'a encore trouvé la meïonite que dans deux localités, dans les blocs de Dolomie de la Somma, au Vésuve, et dans une roche analogue à Sterzing, en Tyrol. On l'a citée à l'abbaye de Laach, près d'Andernach.

APPENDICE.

THULITE. Substance vitreuse, en prismes rhomboïdaux de 9° 30′ et 87° 30′; rose ou rouge.

Rayant le verre, rayée par le quarz. Composée de

		Oxigène	Rapports.
Silice	42,5	32,07	4
Alumine	25,1	11,72	2
Chaux	19,4	5,45	1
Magnesie	0,6	0,23	

Ce qui donne $Ca\,A^2\,Si^4 = 2\,A\,Si + Ca\,Si^2$, et par conséquent formerait une substance particulière à placer après la meïonite.

Cette substance encore peu connue dans les collections, se trouve à Suhland dans le Tellemark, en Norwège, avec quarz, fluor et idocrase bleu.

GIESECKITE. Substance en prismes rhomboïdaux ou à six pans; tendre, rayée par une pointe d'acier; verdâtre ou grisâtre. Pesanteur spécifique, 2,78 à 2,82. Composée suivant l'analyse de Stromeyer, de

		Oxigène.	*Rapports.*
Silice	46,07	23,93	9
Alumine	33,82	15,79	6
Potasse	6,20	1,05	1
Magnésie	1,20	0,46	
Oxide de fer	3,35	0,76	
Oxide de manganèse	1,15	0,25	

d'où l'on peut tirer la formule $A^6 Si^9 . K = 6 \, A\,Si + K\,S^3$, ce qui formerait une espèce particulière dont la place serait après la Meïonite.

On a rapproché la Gieseckite de la Pinite d'Auvergne; mais cette dernière présente une composition différente et ne peut être placée qu'après l'Anorthite.

Cette substance n'est encore connue que dans les roches porphyriques d'Akulliarasiarsuk, en Grœnland, d'où elle a été apportée par M. Giesecke.

VINGT-SIXIÈME ESPÈCE. WERNÉRITE.

(*Paranthine, Scapolite, Rapidolite, Arktizite, Micarelle?*)

Substance vitreuse ou lithoïde, blanchâtre, grisâtre, verdâtre ou rougeâtre. Cristaux dérivant d'un prisme à base carrée.

Pesanteur spécifique 2,5 à 2,7.

Rayant le verre.

Donnant un peu d'eau par calcination, sans perdre sa transparence; fusible au chalumeau; difficile à attaquer par les acides. Solution précipitant par l'oxalate d'ammoniaque.

Composition. Probablement $A^3\,Si^4\,Ca = 3\,A\,Si + Ca\,Si$ ou $2\,\ddot{A}\,\dddot{Si} + \dot{C}a^3\,\dddot{Si}$.

(1) Paranthine de Pargas par Nordenskiöld.

		Oxig.	Rapp.
Silice . . .	43,83	22,76	4
Alumine. .	35,43	16,58	3
Chaux. . .	18,96	5,32	1
Eau. . . .	1,03		

(2) Scapolite d'Arandal, par Laugier.

		Oxig.	Rapp.
Silice . . .	45	23,37	4
Alumine. .	33	15,41	3
Chaux. . .	17	4,77	1
Soude. . .	1,50	0,38	
Potasse . .	0,50	0,08	
Oxide de fer et de manganèse. .	1		
Perte . . .	1,40		

(3) Wernérite verte, par John.

		Oxig.	Rapp.
Silice	40	20,78	4
Alumine. . .	34	15,88	3
Chaux. . . .	16,6	4,66	1
Protoxide de fer	8	1,82	
Oxide de manganèse. . .	1,5		

(4) Scapolite aqueuse, de Nordenskiöl

		Oxig.	R.
Silice	41,25	21,42	4
Alumine. . .	35,58	16,61	3
Chaux. . . .	20,36	5,71	1
Magnésie et oxide de manganèse	0,54		
Eau	3,32		

Ces analyses sont à-peu-près d'accord; d'où l'on voit que l'oxigène de la silice est encore la somme des quantités d'oxigène des bases, mais que dans celles-ci les quantités d'oxigène sont comme 3 et 1, ce qui donne la formule citée.

Il y a plusieurs autres substances regardées comme appartenant à la même espèce et qui présentent des compositions différentes. Telles sont

Scapolite de Pargas, par Hartwall.

		Oxig.	Rap.
Silice	49,42	25,67	4
Alumine. . .	25,41	11,86	2
Chaux. . . .	15,59	4,37	1
Soude. . . .	6,05	1,54	
Magnésie . .	0,68	0,26	
Oxide de fer .	1,40		
Oxide de manganèse . .	0,07		
Perte	1,45		

$2 A Si + (Ca, Na) Si^2$

Wernérite blanche, par John.

		Oxig.	Rap.
Silice	50,25	26,10	6
Alumine . .	30	14,01	3
Chaux. . . .	10,45	2,93	1
Potasse . . .	2	0,33	
Oxide de fer .	3	0,68	
Oxide de manganèse . .	1,45	0,31	
Eau.	2,85		

$3 A Si + (Ca, K) Si^3$

Scapolite de Fâhus Grufva, par Berzélius.

		Oxig.	Rap.
Silice	61,50	31,94	16
Alumine . .	25,75	12,02	6
Chaux. . . .	3,00	0,84	1
Magnésie. . .	0,75	0,29	
Oxide de manganèse. . .	1,50	0,33	
Oxide de fer .	1,50	0 34	
Matières volatiles. . . .	5		

$6\ A\ Si_2 + (Ca, M, mn)\ Si^4$

Micarelle, par Simon.

		Oxig.	Rap.
Silice	53	27,53	4
Alumine. . .	15	7,00	1
Chaux. . . .	13,25	3,72	1
Magnésie . .	7	1,45	
Soude. . . .	3,50	0,89	
Oxide de fer .	2	0,45	
Oxide de manganèse. . .	4,15	0,91	
Perte	1,75		

$A\ Si + (Ca, M, Na, etc.)\ Si_3$

D'où il suit que si les analyses sont exactes, si elles ont été faites sur des matières homogènes, il y a ici quatre espèces différentes les unes des autres et des précédentes; seulement la Wernérite blanche ne serait autre chose qu'une Scolézite anhydre. La Scapolite de Pargas analysée par M. Hartwall est la seule qui corresponde à l'espèce Paranthine de M. Berzélius.

VARIÉTÉS.

Wernérite cristallisée. En prismes à huit pans terminés par des pyramides à quatre faces, mais en général mal conformés, pl. III, fig. 34. Inclinaison de *p* sur *d* 121° 28'.

Wernérite bacillaire. En prismes oblitérés plus ou moins groupés les uns sur les autres.

Wernérite compacte. En masses vitreuses d'un éclat gras (Arendal).

Micarelle. Matière écailleuse nacrée, blanchâtre, grisâtre ou verdâtre, rayée par une pointe d'acier. (d'Arendal en Norwège.)

GISEMENT.

Les substances dont nous venons de donner les analyses se trouvent en général dans les amas de minerais de fer qui traversent le gneiss (Arendal, Langsoe, en Norwège; Sjosa, en Sudermanie, Langbanshytha), dans des dépôts de cuivre pyriteux (Garpenberg, en Dalécarlie), dans des dépôts calcaires voisins de ces minérais (Pargas, en Finlande; Malsjo, en Wermeland). Partout elles sont accompagnées de grenat, d'épidote, de pyroxène, d'amphibole, etc. On les a citées dans plusieurs autres lieux (Klein Chursdorf, en Saxe; Franklin New-Jersey, Warwick Amérique septentrionale); mais on est loin d'être certain que les matières ainsi dénommées appartiennent à l'espèce Wernérite.

M. Berzélius pense que le Dipyre, malgré l'analyse de Vauquelin, qui le place dans les bisilicates alumineux, doit avoir beaucoup d'analogie avec les Wernérites.

Quelques minéralogistes rapprochent aussi de la Wernérite la substance nommée Gabronite, que l'analyse place aussi dans les bisilicates alumineux.

Ces substances ont besoin d'être examinées de nouveau.

VINGT-SEPTIÈME ESPÈCE. NÉPHÉLINE.

(*Sommite, Schorl blanc, Pinguite, Éléolite, Fettstein, Lytrode, Pseudo Néphéline? Pseudo Sommite?*)

Substance cristallisant en prisme à base d'hexagone régulier, dont la hauteur est à l'apothème dans le rapport de $\sqrt{2}$ à $\sqrt{7}$.

Pesanteur spécifique, 2,56 à 2,76.

Rayant le verre; fusible au chalumeau en verre blanc bulleux.

Soluble en gelée dans les acides; solution traitée par le carbonate d'ammoniaque et filtrée, laissant après l'évaporation et la calcination un résidu alcalin.

Composition. $Na\,A^3\,S^4 = 3\,A\,Si + Na\,Si$ ou $3\,\dddot{A}\,\dddot{Si} + \dot{Na}^3\dddot{Si}$, d'après les analyses suivantes :

Néphéline du Vésuve, par Arfvedson.

		Oxigène.	Rapp.
Silice	44,11	22,91	4
Alumine.	33,73	15,75	3
Soude.	20,46	5,23	1

Néphéline du Kazzenbukkel, par Gmélin.

		Oxigène.	Rapp.
Silice	43,36	22,52	4
Alumine.	33,49	15,66	3
Soude.	13,36	3,41	1
Potasse	7,13	1,20	
Oxide de fer et de manganèse.	1,50		
Eau	1,39		

Eléolite de Laurvig, par Gmélin.

		Oxigène.	Rapport.
Silice	44, 19	22,95	4
Alumine.	34,424	16,08	3
Soude	16,879	4,32	1
Potasse	4,733	0,80	
Chaux.	0,519	0,14	
Magnésie et oxide de manganèse.	0,687		
Oxide de fer	0 652		
Perte par le feu	0.600		

VARIÉTÉS.

Népheline cristallisée. En prismes hexagones, quelquefois simples, plus souvent modifiés sur les arêtes des bases, sur les arêtes latérales. et quelquefois de l'une et de l'autre manière, pl. VI, fig. 8, 9, 26, 28, Inclinaison de *r* sur *ô* 118° sur *ô'* 134° 20'.

Népheline lamellaire. En masse fendillée, ayant en apparence la structure lamellaire.

Népheline? aciculaire et capillaire (pseudo-népheline).

Népheline compacte (Eléolite). Vitreuse, d'un éclat gras, verdâtre ou rougeâtre.

GISEMENT.

La népheline paraît appartenir exclusivement aux terrains volcaniques; elle existe dans les blocs de Dolomie de la Somma, avec la Meïonite, l'Idocrase, etc. Il est probable que c'est elle qui forme la base de plusieurs laves des anciennes éruptions du Vésuve et de la Campagne de Rome. Elle se trouve dans les roches basaltiques du Kazzenbukkel, à quelques lieues de Heidelberg, et peut-être dans celle du Kaisersthul, en Brisgau.

La pseudo-népheline, que l'analogie de forme fait considérer comme appartenant à la même espèce, existe aussi dans les laves (Capo di Bove, près de Rome). On a soupçonné que la Breslakite, substance fibreuse brune, qui se trouve dans le même lieu, appartenait encore à la népheline. Quant à l'Éléolite que sa composition doit faire rapporter à la népheline, elle se trouve empatée dans la siénite (Laurvig, Stavern, Friedrichswarn, en Norwège), et accompagnée d'oxide de fer magnétique, d'amphiboles, etc.

ESPÈCES PROBABLES.

Nous réunirons ici quelques substances qui doivent être rapprochées de la népheline d'après leur composition; savoir:

Ittnérite *(Népheline, Sodalite, Scapolite du Kaiserstlul)*, substance en prisme hexagone régulier, ou peut-être en dodecaèdre rhomboïdaux, dont on ne voit que la coupe dans la fracture de la roche où les cristaux sont engagés.

Rayant le verre. Pesanteur spécifique, 2,3.

Donnant de l'eau par calcination; fusible en verre transparent; soluble en gelée dans les acides; solution précipitant un peu par l'oxalate d'ammoniaque, et laissant d'ailleurs un résidu alcalin après le traitement par le carbonate d'ammoniaque, l'évaporation et la calcination.

Composition. L'analyse de M. Gmelin a fourni les résultats suivans :

		Oxigène.	*Rapports.*
Silice	30,016	15,57	4
Alumine	28,400	13,26	3
Soude	11,288	2,88	
Chaux	5,235	1,47	1
Potasse	1,565	0 26	
Eau	10,759	9,56	2
Acide hydrosulfurique		Traces.	
Oxide de fer	0,616		
Gypse	4,891		
Sel commun	1,618		

Ce qui donne la formule $A^3\ Si^4\ (Na, Ca, K)\ Aq? = 3 A\ Si + (Na, Ca, K)\ Si + 2\ Aq$.

Ce serait une népheline hydratée, et par conséquent une espèce particulière; mais, je ne sais pourquoi M. Berzélius n'admet pas l'eau dans la composition, en sorte que la substance rentrerait immédiatement dans l'espèce Népheline.

L'Ittnérite a été trouvée dans les roches basaltiques du Kaiserstlull, en Brisgau.

Indianite. Il y a long-temps qu'on a considéré cette substance comme une matière feldspathique, et l'on avait regardé l'analyse de Chenevix comme très éloignée de l'exactitude. Cependant des analyses de M. Laugier ont donné des résultats fort analogues, à cela près qu'elles ont fourni une petite quantité de soude. Savoir:

Indianite blanche.

		Oxig.	Rapp.
Silice	43,0	22,33	4?
Alumine	34,5	16,11	3?
Chaux	15,6	4,38	1
Soude	2,6	0,66	
Oxide de fer	1,0		
Eau	1,0		

Indianite rose.

		Oxig.	Rapp.
Silice	42	21,81	4?
Alumiue	34	15,88	3?
Chaux	15	4,21	1
Souda	3,3	0,84	
Oxide de fer	3,2		
Eau	1,0		

Si ces analyses sont exactes, si elles ont été faites sur des matières homogènes, l'Indianite doit être rapprochée de la Népheline. En effet, à quelques divergences près qui peuvent faire soupçonner des mélanges, les quantités d'oxigène de la silice et des bases sont à-peu-près dans les rapports de 4, 3, 1; on aurait donc la formule $3 A Si + Ca Si$, qui serait une Népheline à base de chaux, et par conséquent une espèce particulière, mélangée de $3 A Si + Na Si$, qui est la Népheline ordinaire.

L'Indianite a d'ailleurs des caractères analogues à ceux de la Népheline, si ce n'est qu'elle fond peut-être plus difficilement, et que la solution précipite abondamment par l'oxalate d'ammoniaque.

On ne connaît encore cette substance qu'au Carnate, où elle paraît en amas ou en couches subordonnées au terrain de micaschistes. Elle est en masses finement saccharoides, presque compactes, de couleur blanche ou rosâtre.

Ekebergite (*Natrolite d'Hesselkula*, *Sodaïte*), substance compacte, ou finement fibreuse, ou composée de lames très minces appliquées les unes sur les autres; couleur verdâtre, grisâtre ou brunâtre; éclat gras ou nacré. Pesanteur spécifique, 2,746.

Blanchissant au feu et fondant en verre bulleux : difficilement attaquable par les acides.

Composition. Ekeberg a trouvé cette substance composée de

		Oxigène.	Rapports.
Silice	46	23,89	18
Alumine	28,75	13,43	10
Chaux	13,50	3,79	3
Protoxide de fer	0,75	0,17	
Soude	5,25	1,34	1
Eau	2,25	2	
Perte	3,50		

M. Berzélius avait d'abord représenté cette substance par la formule $9\,A\,Si + 3\,Ca\,Si^2 + Na\,Si^2$; mais dans sa nouvelle classification il a admis $8\,A\,Si + 3\,Ca\,Si^2 + Na\,Si^2$. La première formule serait plus rapprochée que la seconde des données de l'analyse et plus en harmonie avec les lois connues de composition ; mais les rapports que nous venons d'établir conduisent plutôt à $10\,A\,Si + 3\,Ca\,Si^2 + Na\,Si^2$. Il nous paraît évident qu'il y a ici un mélange de diverses matières, mais qu'il est difficile d'établir d'après des données positives ; tout ce que l'on peut faire est de se laisser guider par les divisions possibles de la formule. Or ces divisions nous conduisent à $3\,(3\,A\,Si + Ca\,Si^2) + (A\,Si + Na\,Si^2)$ ou bien $2\,(3\,A\,Si + Ca\,Si^2) + (4\,A\,Si + Na\,Si^2)$. Dans les deux cas, il y aurait ici mélange de deux substances, dont les analogues ne se trouvent pas dans les compositions connues, d'où il semble résulter que l'Ékebergite doit former une espèce particulière, qui, pour l'instant du moins, peut trouver sa place après la népheline.

VINGT-HUITIÈME ESPÈCE. CORDIÉRITE.

(*Dichroïte, Jolite, Steinheïlite, Fahlunite dure, Luch saphir, Peliom, Saphir d'eau, Sidérite.*)

Substance en prisme à base d'hexagone régulier ; violâtre ou bleuâtre.

Pesanteur spécifique, 2,56.

Rayant le verre, rayée par la topaze.

Ne donnant pas d'eau par calcination ; difficilement fusible ; insoluble dans les acides.

Composition. $A^3\,Si^5\,Ma = 3\,A\,Si + Ma\,Si^2$ ou $3\,\dddot{A}\,\dddot{Si} + \dot{M}a^3\,\dddot{Si}^4$.

Steinheïlite d'Orrijerfvi, par Bonsdorff.

		Oxig.	Rapp.
Silice	49,95	25,94	5
Alumine	32,88	15,35	3
Magnésie	10,45	4,04	1
Protoxide de fer	5,00	1,13	
Protoxide de manganèse	0,03		
Perte au feu	1,75		

Fahlunite dure, par Stromeyer.

		Oxig.	Rapp.
Silice	50,247	26,10	5
Alumine	32,422	15,14	3
Magnésie	10,847	4,19	1
Protoxide de fer	4,004	0,91	
Protoxide de manganèse	0,682	0,20	
Perte au feu	1,664		

Cordiérite de Simiutak, par Stromeyer.

		Oxig.	Rapp.
Silice	49,170	25,54	5
Alumine	33,106	15,46	3
Magnésie	11,454	4,43	1
Protoxide de fer	4,338	0,98	
Protoxide de manganèse	0,037		
Perte au feu	1,204		

Cordiérite de Bodenmais, par Stromeyer.

		Oxig.	Rapp.
Silice	48,352	25,11	5
Alumine	31,706	14,81	3
Magnésie	10,157	3,93	1
Protoxide de fer	8,316	1,89	
Protoxide de manganèse	0,333	0,07	
Perte au feu	0,595		

Cordiérite cristallisée. En prismes hexagones, simples ou modifiés sur les arêtes latérales ou sur les arêtes des bases, pl. VI, fig. 8, 28. Inclinaison de *r* sur *o* 137° ?

Cordiérite amorphe. En petits nids vitreux dans diverses roches.

Cordiérite irisée ou *avanturinée.* Présentant une multitude de points scintillans, comme des paillettes, de diverses couleurs.

GISEMENT. Disséminée dans les granites et les micaschistes (Bodenmais, en Bavière, au milieu de la pyrite magnétique; Simiutak, en Grœnland), dans les amas de cuivre pyriteux (Orrijerfvi, près d'Abo, en Finlande; Fahlun, en Suède). L'iolite que l'on rapporte à cette espèce se trouve particulièrement dans les trachytes, les tufs trachytiques, les tufs basaltiques (Granatillo, près Nijar, en Espagne, mont Saint-Michel, près de Puy, en Velay).

Les variétés d'une belle couleur bleue ou violâtre sont employées dans la bijouterie; ce sont les pierres que l'on désigne sous le nom de Saphir d'eau et Luch-saphir. On a poli dans ces derniers temps la variété irisée qui est d'un assez joli effet.

APPENDICE.

Nous avons indiqué l'expression *Peliom* comme synonyme de la Cordiérite; mais on a donné sous ce nom des matières bleues ou bleuâtres, qui sont peut-être différentes; telle est peut-être celle dont M. Brandes a donné l'analyse suivante :

Silice	54 . .	28,05	7
Alumine.	28,50 . .	13,51	3
Protoxide de fer. . . .	16,18 . .	3,68 }	1
Magnésie	0,50 . .	0,19 }	
Oxide de manganèse . .	0,25		
Eau.	0,25		

qui donne la formule $A^3 S^7 f\, Ma = 3\, AS + fS$, et se rapporterait plutôt à la Gabronite ou au Labradorite qu'à la Cordiérite, à moins qu'il n'y ait erreur dans les résultats de l'analyse.

VINGT-NEUVIÈME ESPÈCE. THOMSONITE.

Needlestone, Nadelstein, Mésotype.

Substance blanche cristallisant en prisme droit à base carrée, dont la hauteur et le côté sont à peu près comme les nombres 22 et 31.

Pesanteur spécifique, 2,37.

Ne rayant pas le verre.

Donnant de l'eau par calcination; se boursouflant au chalumeau, et se fondant difficilement; soluble en gelée dans les acides; solution précipitant abondamment par l'oxalate d'ammoniaque.

Composition. Peut-être $A^3\, Si^4\, Ca\, Aq^2 = 3\, A\, Si + Ca\, Si + 2\, Aq$ ou $3\,\dddot{A}\,\overset{\cdots}{\overset{\cdots}{Si}} + \dot{Ca}^3\,\overset{\cdots}{\overset{\cdots}{Si}} + 6\, Aq$, qui est la Wernérite hydratée.

Analyse de Berzélius.

		Oxig.	Rapp.	
Silice. . .	38,30	19,84	16	4
Alumine .	30,20	14,10	12	3
Chaux . .	13,54	3,80	3	
Soude . .	4,53	1,15	1	1
Magnésie .	0,40			
Eau.. . .	13,10	11,64	19	2,5

Analyse de Thomson.

		Oxig.	Rap.
Silice . . .	56,80	19,11	4
Alumine. .	31,36	14,64	3
Chaux. . .	15,40	4,32	1
Magnésie .	0,20	0,07	
Péroxide de fer. . .	0,60		
Eau . . .	13	11,55	2
Perte. . .	2,64	0,67	
regardée comme soude.			

M. Berzélius a admis la formule $12\,ASi + 3\,CaSi + NaSi + 10\,Aq$, qui s'accorde avec son analyse, mais dans laquelle la quantité d'oxigène de l'eau n'est pas un multiple de l'oxigène de la silice, comme l'ensemble des observations sur la composition des corps paraîtrait l'exiger. Or cette formule se partage en 3 $(3\,ASi + CaSi + 2\,Aq)$ et $3\,ASi + NaSi + 4\,Aq$, dont le premier membre est la formule que nous avons adoptée, et le second une substance particulière. L'analyse de M. Thomson s'accorde aussi avec la même supposition de mélange, qui serait en rapports différens en regardant la perte comme représentant de la soude, et elle ne peut pas donner la formule de M. Berzélius. Quoi qu'il en soit, on voit par les rapports entre les quantités d'oxigène des divers élémens que cette substance ne peut pas se rapporter à la Scolezite, seule matière à laquelle on puisse la comparer.

Thomsonite cristallisée. En prismes à bases carrées, simples ou modifiés sur les arêtes et les angles, pl. III, fig. 15, 18, 20. Inclinaison de p sur d 135° 20′, de a sur i 145°.

Se trouve dans les roches amygdaloïdes et basaltiques de Kilpatrick, près Dumbarton, en Ecosse; à Ferœ, etc.; quelquefois avec la Heulandite.

TRENTIÈME ESPÈCE. CARPHOLITE.

Strohstein, ou pierre de paille.

Substance fibreuse, jaune de paille, assez brillante; ne rayant pas le verre.

Pesanteur spécifique 2,93.

Donnant de l'eau par calcination. Difficilement fusible au chalumeau en verre brun opaque. Donnant fortement l'indice du manganèse avec le carbonate de soude.

Composition. $A^3 Si^4 Mn Aq^2 = 3 A Si + mn Si + 2 Aq$ ou $3 \dddot{A} \dddot{Si} + \dot{M}n^5 \dddot{Si} + 6 Aq$.

Analyse de Stromeyer.

		Oxigène.	*Rapports.*
Silice	36,154	18,78	4
Alumine	26,669	12,45	3
Protoxide de manganèse	19,160	4,20	1
Protoxide de fer	2,290	0,52	
Chaux	0,271		
Acide fluorique	1,470		
Eau	10,780	9,58	2

Se trouve dans le granit, avec fluor et quarz, à Schlackenwalde, en Bohême.

ESPÈCES PROBABLES. LATROBITE. *Diploïte.*

Substance en prismes rhomboïdaux d'environ 93° 30. Pesanteur spécifique, 2,8. Ne rayant pas le verre.

Blanchissant au feu et fondant difficilement sur les angles; composée suivant l'analyse de C. G. Gmélin de

		Oxigène.	*Rapports.*
Silice	44,633	22,18	5
Alumine	36,814	17,19	4
Chaux	8,281	2,32	1
Potasse	6,575	1,11	
Oxide de manganèse	3,160	0,69	
Magnésie	0,628	0,24	
Eau	2,041		

ce qui donne $A^4 Si^5 (Ca, K, M, mn) = 4 A Si + (Ca, K, M, mn) Si$. Par conséquent cette substance doit former une espèce particulière, qui trouverait sa place après la Carpholite.

Se trouve avec Feldspath, mica et calcaire spathique à l'île d'Amitok, sur la côte de Labrador.

Edingtonite. Substance d'un blanc grisâtre, en prisme rectangulaire. Pesanteur spécifique, 2,71.

Rayant seulement le spath calcaire.

Donnant de l'eau par calcination; fusible en verre limpide. Soluble en gelée dans les acides; solution précipitant par l'oxalate d'ammoniaque.

Composition. $A^4 Si^6 Ca Aq^4 = 4 A Si + Ca Si^2 + 4 Aq$, d'après l'analyse de M. Turner, qui a fourni:

Silice	35,09	18,23	6
Alumine	27,69	12,93	4
Chaux	12,68	3,56	1
Eau	13,32	11,84	4

Se trouve à Kilpatrik Hill, près Dumbarton, en Ecosse, où elle accompagne, dit-on, l'Harmotome (probablement la Gismondine) et la Thomsonite.

TRENTE-UNIÈME ESPÈCE. ANORTHITE.

Substance en cristaux dérivant d'un prisme oblique à base de parallélogramme obliquangle, dont les faces latérales sont inclinées entre elles de 117° 48′ et 62° 32′, et sur la base de 94° 12′ et 85° 48′, 110° 57′ et 69° 3′, Susceptible de deux clivages nets sous l'angle de 94° 12. et 85,48′.

Pesanteur spécifique, 2,763.

Rayant le verre. Ne donnant pas d'eau par calcination; fusible en émail blanc. Soluble par digestion dans l'acide hydrochlorique; solution précipitant abondamment par l'oxalate d'ammoniaque.

Composition. $A^8 Si^{11} Ca^2 Ma = 8 A S + 2 C S + M S$,

d'après l'analyse de M. G. Rose, ou peut-être $A^3 Si^4 (Ca, Ma)$ qui serait de la wernérite sous un autre système de cristallisation.

Silice. . . .	44,49 . .	23,11	11
Alumine . .	34,46 . .	16,09	8
Péroxide de fer.	0,74 . .	0,23	
Chaux . . .	15,68 . .	4,40	2
Magnésie . .	5,26 . .	2,04	1

Anorthite cristallisée. En prismes obliques, en apparence rhomboïdaux ou hexagones, modifiés sur leurs angles ou leurs arêtes, pl. XIII, fig. 18, 19 et 20. Inclinaison de B sur c, 137° 22′, sur d 133° 13′, sur i 138° 46′, sur c' 134° 46′, de P sur b 120° 30′.

Se trouve dans les blocs de Dolomie de la Somma, où elle a été confondue avec la Népheline, accompagnée de Pyroxène vert translucide, et de Mica.

TRENTE-DEUXIÈME ESPÈCE. PINITE.

Pinite d'Auvergne.

Substance en cristaux dérivant d'un prisme rectangulaire droit.

Pesanteur spécifique, 2,98.

Tendre, rayée facilement par une pointe d'acier et à poussière douce au toucher.

Blanchissant au feu; donnant à peine d'eau, et fondant sur les bords en verre blanc bulleux. Difficilement attaquable, et seulement en partie par l'acide hydrochlorique.

Composition. Peut-être encore douteuse. Une analyse de la pinite d'Auvergne par C. G. Gmélin a donné:

		Oxigène.	Rapports.
Silice	55,96 .	. 29,07	7
Alumine	25,48 .	. 11,90	3
Potasse	7,89 .	. 1,33	1
Soude	0,39 .	. 0,10	
Chaux, traces.			
Oxide de fer	5,51 .	. 1,25	
Magnésie et oxide de manganèse .	3,76		
Eau et matière animale	1,410		

$$A^3Si^7K = 3\,A\,Si^2 + K\,Si \text{ ou } 3\,\ddot{A}\,\dddot{Si}^2 + \dot{K}^3\,\dddot{Si}.$$

Pinite cristallisée. En prismes rectangulaires, modifiés sur les arêtes latérales par une ou plusieurs faces qui déterminent différens prismes rhomboïdaux, et donnent ainsi des prismes à 8, 12, 16 pans; rarement modifiés sur les arêtes des bases par de petites facettes.

Pinite cylindroïde. Les cristaux précédens, émoussés ou tellement chargés de facettes qu'ils en sont arrondis.

La pinite se trouve disséminée dans des roches granitiques, plus ou moins porphyriques, de position peu connue (Saint-Pardoux, etc. en Auvergne). On la cite dans un assez grand nombre de lieux (Chamouny en Savoie, Jægerhaus près Fribourg, pays de Bade, Invérary en Ecosse, Haddam dans le Connecticut, etc.); mais il n'est pas certain que dans tous ces lieux ce soit la même espèce. Nous avons déjà placé ailleurs la pinite de Saxe, p. 29, et aussi la Giésekite, page 73, que l'on a aussi rapportée à cette espèce.

TRENTE-TROISIÈME ESPÈCE. TRIPHANE.

Spodumène, Zéolite de Suède.

Substance verdâtre ou grisâtre, d'un éclat gras ou nacré, clivable parallèlement aux pans d'un prisme rhomboïdal d'environ 100° et 80°.

Pesanteur spécifique, 3,19.

Rayée par une pointe d'acier.

Se boursouflant, et fondant au chalumeau en verre incolore. Traité avec la soude sur une feuille de platine produit une tache brune sur le métal.

Composition. M. Berzélius admet la formule $A^3 Si^9 L = 3 A Si^2 + L Si^3$ ou $\dddot{A}\,\dddot{Si}^2 + \dot{L}\,\dddot{Si}$. Les analyses ont fourni :

à M. Arfvedson.				à M. Stromeyer.			
		Oxig.	*Rap.*			*Oxig.*	*Rap.*
Silice	66,40	34,49	6	Silice	63,29	32,87	13
Alumine. . .	25,30	11,81	2	Alumine . .	28,78	13,44	5
Lithine . . .	8,85	5,03	1	Lithine . . .	5,65	3,19	1
Oxide de fer. .	1,45	0,33		Oxide de fer .	0,79		
				Oxide de manganèse . . .	0,20		
				Perte au feu .	0,77		

La première analyse donnerait $2 A Si^2 + L Si^2$; la seconde conduirait à $4 A Si^2 + L Si^2$, et il me paraît assez difficile d'établir la composition avec quelque certitude. (1)

GISEMENT.

Le Triphane se trouve en nids dans des roches granitiques, quelquefois en petites couches (Utô en Sudermanie ; Valtigels près Sterzing, Sulzburg, Lysens en Tyrol ; Killiny près de Dublin, en Irlande ; Peterhead en Ecosse ; Sterling et Durfield dans le Massa Chusset.

APPENDICE.

M. Berzélius cite une substance qu'il nomme *Spodumène à base de soude*, pour laquelle il admet la formule $3 A Si^2 + (N, K, Ca . Ma) Si^3$. Cette substance, que je ne connais pas, devra former une espèce particulière, tant par suite de la nature de la base, que par la différence qu'on reconnaît aujourd'hui dans le signe comparé à celui que nous venons de trouver dans le triphane lithique.

---

(1) Nous avons admis ici les nouvelles données que l'on doit à M. Hermann, où la lithine renferme 56,8 d'oxigène.

TRENTE-QUATRIÈME ESPÈCE. CHABASIE.

Cuboïte, Zéolite cubique, Levyne.

Substance blanche, cristallisant sous des formes qui dérivent d'un rhomboëdre obtus de 94° 46′ et 85° 14′.

Pesanteur spécifique, 2,7.

Rayée par une pointe d'acier.

Donnant de l'eau par calcination; se boursouflant et fondant au chalumeau en verre écumeux. Soluble par digestion dans les acides; solution précipitant abondamment par l'oxalate d'ammoniaque.

Composition. $A^3 Si^9 Ca Aq^6 = 3 A Si^2 + Ca Si^3 + 6 Aq$ ou $\dddot{\underset{\text{—}}{A}}\,\ddot{Si}^2 + \dot{Ca}\,\ddot{Si} + 6\,Aq$.

Chabasie de Gustawsberg, par Berzélius.		*Oxig.*	*Rapp.*	Chabasie de Fassa, par Arfvedson.		*Oxig.*	*Rapp.*
Silice	50,65	26,31	9	Silice	48,38	25,13	9
Alumine	17,90	8,36	3	Alumine	19,28	9,01	3
Chaux	9,93	2,73	1	Chaux	8,70	2,44	1
Potasse	1,70	0,28		Potasse	2,50	0,42	
Eau	19,90	17,69	6	Eau	21,40	19,04	6

Levyne de Dalsnypen, par Berzélius.

		Oxigène.	*Rapports.*
Silice	48,60	25,24	9
Alumine	20,00	9,34	3
Chaux	8,36	2,34	1
Magnésie	0,40	0,15	
Potasse	0,40	0,06	
Soude	0,75	0,19	
Eau	19,30	17,16	6

Chabasie cristallisée. En rhomboèdres de 94° 46′ et 85° 14 simples, pl. IV, fig. 2, ou modifiés sur les arêtes supérieures, sur les angles latéraux, fig. 65, ou en dodécaèdres surbaissés, pl. V, fig. 7, plus ou moins modifiés sur les angles latéraux. Inclinaisons de *p* sur *x* 120° 5′, sur *i* 175° 30′, *i* sur *i* 173° 32′.

GISEMENT.

La chabasie appartient aux terrains d'amygdaloïde et de

basalte (Oberstein dans le Palatinat, Fassa en Tyrol, Aussig, Tschow en Bohême; îles Farô, Skye, Moll, Ulva, etc. dans les Hébrides, etc.) et peut être aux diorites porphyriques (Kiesbubel près Schemnitz en Hongrie), aux gîtes métallifères (Gustawsberg en Jemtland); c'est-à-dire dans le même gisement que les Scolézites, Mésotypes, Thomsonites, etc.; mais le plus souvent dans des cavités particulières, rarement avec ces diverses substances.

APPENDICE.

ZÉOLITE ROUGE D'ÆDELFORS. Substance lamellaire, grenue ou compacte, dans laquelle Hisinger a trouvé :

		Oxigène.	*Rapports.*
Silice	53,76	27,90	9
Alumine	18,47	8,62	3
Chaux	10,90	3,06	1
Eau	11,23	9,98	3

Ce qui donne $A^3 Si^9 Ca Aq^3 = 3 A Si^2 + Ca Si^3 + 3 Aq$, et par conséquent une chabasie avec moitié moins d'eau.

Il existe cependant une autre analyse d'une zéolite rouge d'Ædelfors, faite par Retzius, qui semble indiquer plutôt une Heulandite (voyez l'appendice à cette espèce).

MÉSOLINE de Berzélius, dans laquelle ce savant a trouvé :

		Oxigène.	*Rapport.*
Silice	47,50	24,67	8
Alumine	21,40	9,99	3
Chaux	7,90	2,22	1 (Chaux, Soude)
Soude	4,80	1,23	
Eau	16,19	14,40	4

Ce qui donne $A^3 S^8 (Ca, Na) Aq^4 = 3 A Si^2 + Ca Si^2 + 4 Aq$, et semble par conséquent indiquer une espèce particulière, qui ne va ni à la mésole ni aux mésolites, et qui ne peut être placée que vers la chabasie. J'ignore ce que M. Berzélius en a fait dans sa nouvelle classification.

LEVYNE. Substances en rhomboèdre de 100° 31′ et 79° 29′, qui sont des chabasie à base de soude, et doivent constituer une espèce particulière distincte de la chabasie par les angles, par la propriété de ne pas précipiter par l'oxalate d'ammoniaque. Elles peuvent se mélanger en toutes proportions avec la chabasie calcaire. On les trouve en Ecosse et à Férœ.

Nous joindrons encore ici quelques substances qui, d'après les analyses connues, doivent être rapprochées de la série des combinaisons qui va nous occuper, c'est-à-dire des matières qui renferment trois atomes de bisilicate d'alumine avec un atome de silicate, ou bisilicate, etc. de chaux ou de ses isomorphes; telles sont.

Labradorite (*feldspath opalin*). Belle substance à reflets vifs et changeans, bleus, rouges, verts, etc. Susceptible de clivages inclinés entre eux d'environ 93° 1/2 et 86° 1/2, dont un brillant et nacré.

Pesanteur spécifique, 2,70 à 2,75.

Rayant le verre.

Ne donnant pas d'eau par calcination; fusible au chalumeau en verre bulleux; soluble par digestion dans l'acide hydrochlorique; solution précipitant abondamment par l'oxalate d'ammoniaque.

Composition. L'analyse de Klaproth présente les résultats suivans :

Labradorite de la côte de Labrador.

		Oxigène.	*Rapp.*
Silice	55,75	28,96	7
Alumine	26,50	12,37	3
Chaux	11,00	3,08	
Soude	4,00	1,02	1
Oxide de fer	1,25		
Eau	0,50		

Labradorite d'Ingrie.

		Oxig.	*Rapp.*
Silice	55	28,57	7
Alumine	24	11,21	
Péroxide ? de fer	5,25	[illegible],60	5
Chaux	10,25	2,91	
Soude	3,50	0,89	1
Eau	0,50		

Ce qui conduit à la formule $3 A Si^2 + Ca Si$, et donnerait une espèce particulière à placer vers l'amphigène. M. Berzélius a tiré de ces analyses la formule $12 A Si + 3 C Si^3 + Na Si^3$ ou $3 A Si + (Ca, Na) Si^3$, ce qui rapporterait ces substances à la Scolexerose; mais les rapports que nous avons indiqués sont plus exacts. Au reste, il serait utile de faire de nouvelles analyses, avec les moyens de précision que l'on possède aujourd'hui.

Le Labradorite a d'abord été observé en morceaux roulés ou en amas dans des roches granitiques sur la côte de Labrador, dans la partie la plus septentrionale de l'Amérique; on l'a trouvée depuis sur les côtes de Finlande, sur les bords de la Néva.

On est conduit aujourd'hui à rapporter à la même substance la matière qui forme la base de certains Basaltes attaquables par l'acide hydrochlorique, les cristaux blanchâtres qu'on rencontre dans quelques pierres météoriques (surtout celle de Juvenas), et les cristaux qui se trouvent empâtés dans certaines sienites. Mais toutes ces présomptions ont besoin de vérification, surtout lorsqu'on observe qu'on ne connaît même pas bien la composition du Labradorite. Quoi qu'il en soit, M. Hessel a déjà annoncé que les Basaltes de la Hesse, du pays de Fulda, pouvaient être regardés comme composés de :

Labradorite.	65,2
Augite noir	15,6
Oxide de fer magnétique	16,4

J'ai admis la même opinion pour les Basaltes de Somoskó, qui sont attaquables par l'acide hydrochlorique, et m'ont fourni à l'analyse :

		Oxigène.
Silice	52,40 . . .	27,22
Alumine.	22,60 . . .	10,55
Chaux.	5,80 . . .	1,63
Magnésie	1,10 . . .	0,42
Soude	7,90 . . .	2,02
Protoxide de fer.	9,10 . . .	2,07
Oxide de manganèse . . .	Traces.	
Eau. . .	1,00	

D'où l'on peut tirer par le calcul, en adoptant la formule du labradorite admise par M. Berzélius,

Labradorite à base de chaux et de soude . . .	74,30
Albite	3,50
Pyroxènes de fer et de magnésie	16,50
Actinote	4,70
Eau hygrométrique	1,00

Mais, comme nous l'avons dit, la formule de M. Berzélius se rapporte à la Scolexerose, en sorte qu'il résulte seulement de cette analyse que les basaltes de Somoskô ne sont ni à base d'Orthose ni à base d'Albite.

Quant aux substances feldspathiques des siénites de Plaueu, de Halsbrücke, etc., des diorites porphyriques de Kernberg près de Stolpen, de Siebenlehn, etc., les présomptions sont encore plus vagues, puisqu'on ne les a point analysées.

Enfin la substance de Friedrichswarn en Norwège, qu'on a regardée comme du Labradorite, ne peut être que de l'Orthose, d'après ses clivages et son analyse, et les matières opalines du Carnate, qu'on regarde comme analogues à l'Indianite, ne me paraissent pas non plus se ranger ici, du moins d'après une analyse que je rapporterai plus loin.

Gabronite. Substance lithoïde jaunâtre, d'un éclat gras.

Pesanteur spécifique, 2,74.

Ne donnant pas d'eau par calcination; fusible au chalumeau en verre opaque; soluble par digestion dans l'acide hydrochlorique; solution précipitant très peu par l'oxalate d'ammoniaque.

Composée, d'après l'analyse de M. John, de

		Oxigène.	*Rapports.*	
Silice	54	28,05	7	6
Alumine	24	11,21	3	2
Soude	17,25	4,41	1	
Magnésie	1,50	0,48		1
Oxide de fer	1,25	0,28		
Eau	2			

et donnant les formules $3 A Si^2 + Na Si$ ou $2 A Si^2 + (Na, Ma, f) S^2$, la première analogue à celle du labradorite, et où seulement la soude remplacerait la chaux; la seconde indiquant une substance qui en serait encore voisine, mais différente par les proportions.

Plusieurs minéralogistes regardent la Gabronite comme une variété de Wernérite; mais comme elle est à base de soude, ce serait plutôt à l'Eleolite qu'il faudrait la comparer, et par conséquent dans l'espèce Népheline qu'il faudrait la ranger.

TRENTE-CINQUIÈME ESPÈCE. AMPHIGÈNE.

Leucite, Grenatite, Grenat du Vésuve, Grenat blanc, Leucolite.

Substance en dodécaèdres rhomboïdaux ou en trapézoèdre.

Pesanteur spécifique, 2,37 à 2,48.

Rayant difficilement le verre.

Ne donnant pas d'eau par calcination; infusible. Soluble par digestion dans les acides; solution ne précipitant pas par l'oxalate d'ammoniaque; mais traitée par le carbonate d'ammoniaque et filtrée, elle donne après évaporation et calcination une matière alcaline, qui précipite par l'hydrochlorate de platine.

Composition. $A^3Si^8K = 3\,ASi^2 + KSi^2$ ou $3\,\ddot{\ddot{A}}\ddot{S}i^2 + \dot{K}^3\ddot{S}i^4$.

Amphigène du Vésuve, par Arfvedson.		Oxigène.	Rapp.	Amphigène du Vésuve, par Klaproth.		Oxig.	Rap.
Silice	56,10	29,14	8	Silice	53,750	27,92	8
Alumine	23,10	10,79	3	Alumine	24,625	11,50	3
Potasse	21,15	3,58	1	Potasse	21,35	3,61	1
Oxide de fer	0,95						

Amphigène d'Albano, par Klaproth.

Silice	54	28,05	8
Alumine	23	10,74	3
Potasse	23	3,73	1

Amphigène cristallisé. En dodécaèdres, en trapézoèdres simples, pl. II, fig. 89, ou modifiés, fig. 94, 95 (rares).

L'amphigène ne se trouve que dans les dépôts d'origine ignée. D'une part dans les laves modernes (Vésuve), dans les laves anciennes (Capo di Bove, Frascati, Tivoli, Albano, etc, etc.) ou dans les tufs volcaniques (Rocca di Papa près d'Albano, Ponte Parente près de Bracciano, Lipari, Rietberg près l'abbaye de Laach sur les bords du Rhin), dans les roches modifiées par les agens volcaniques (Dolomie de la Somma); d'une autre dans les roches basaltiques (Kaisersthul, Eichenberg, Bischoffingen, Oberbergen dans le pays de Bade).

TRENTE-SIXIÈME ESPÈCE. ANALCIME.

Zéolite dure, Cubicite, Sarkolite.

Substance cristallisant dans le système cubique.

Pesanteur spécifique, 2,53.

Ne rayant pas le verre.

Donnant de l'eau par calcination; fusible sans boursouflement en verre transparent. Soluble dans les acides; solution traitée par le carbonate d'ammoniaque et filtrée, laissant après l'évaporation et la calcination un résidu alcalin qui ne précipite pas par l'hydrochlorate de platine.

Composition. $A^3 Si^8 Na Aq^2 = 3 A Si^2 + Na Si^2 + 2 Aq$ ou $3 \bar{A} \ddot{Si}^2 + \dot{Na}^6 \ddot{Si}^4 + 6 Aq$.

Analcime de Fassa, par H. Rose.

		Oxig.	Rapp.
Silice	55,12	28,63	8
Alumine. . .	22,99	10,74	3
Soude	13,53	3,46	1
Eau.	8,27	7,35	2

Analcime de Montechio Maggiore, par Vauquelin.

		Oxig.	Rapp.
Silice	58	30,13	9
Alumine. . .	18	8,41	3
Soude	10	2,56	1
Chaux . . .	2	0,56	
Eau	8,5	7,56	2

Analcime cristallisée. En cubes, tantôt simples, tantôt modifiés sur les angles solides, quelquefois sur les arêtes, ou en trapézoèdres, pl. II, fig. 49, 50, 53, 54, 89.

Analcime mamelonnée ou *globulaire?*

Analcime lamellaire. En gros cristaux dont la surface est nette, et dont l'intérieur est composé de cristaux jetés confusément qui produisent une structure lamellaire dans la cassure.

Analcime fibreuse?

Analcime capillaire?

L'analcime appartient aux roches amygdaloïdes ou basaltiques et se trouve dans un grand nombre de lieux (îles Cyclope, Montechio Maggiore dans le Vicentin, vallée de Fassa en Tyrol, Dumbarton en Ecosse, îles de Skye, de Mull, de Staffa, etc. dans les Hébrides, îles Farö, etc.). On l'a citée aussi dans les gîtes métallifères (Laurvig, Friedrichswarn, Arandal, en Norwège.

TRENTE-SEPTIÈME ESPÈCE. LAUMONITE.

Zéolite efflorescente, Zéolite de Bretagne.

Substance blanche, en prismes obliques rhomboïdaux d'environ 92° 30′ et 87° 30′, dont la base est inclinée à l'axe d'environ 125; clivable parallèlement à ses pans.

Pesanteur spécifique, 2,2.

Dureté difficile à établir; fragilité très grande par suite des clivages.

Tombant en poussière par l'exposition à l'air; donnant de l'eau par calcination; fusible en verre bulleux; soluble dans les acides; solution précipitant abondamment par l'oxalate d'ammoniaque.

Composition. Probablement $A^3\,Si^8\,Ca\,Aq^4 = 3\,A\,Si^2 + Ca\,Si^2 + 4\,Aq$ ou $3\,\ddot{A}\,\dddot{Si}^2 + Ca^3\,\dddot{Si}^4 + 12\,Aq$, suivant l'analyse de L. Gmelin.

		Oxigène.	Rapports.
Silice	48,3	25,09	8
Alumine	22,7	10,60	3
Chaux	12,1	3,39	1
Eau	16	14,22	4

M. Berzélius a admis la formule $A^4\,Si^{10}\,Ca\,Aq^6 = 4\,A\,Si^2 + Ca\,Si^2 + 6\,Aq$, en se fondant sur l'analyse de M. Vogel qui avait trouvé

		Oxigène.	Rapports.
Silice	49	25,45	10
Alumine	22	10,27	4
Chaux	9	2,52	1
Eau	17,50	15,55	6
Acide carbon.	2,50	1,81	

Mais il a fait abstraction de l'acide carbonique, et si l'on fait attention que la Laumonite est accompagnée de carbonate de chaux, on verra que l'acide doit provenir de la présence de ce sel, qu'il faut commencer par former;

dès-lors il reste la formule $A^6 Si^{15} Ca Aq^9 = 6 A Si^2 + Ca Si^3 + 9 Aq$, moins probable que celle que nous avons admise, parce que l'oxigène de la silice et l'oxigène de l'eau ne sont pas des multiples l'un de l'autre. Le résultat de M. Vogel est d'ailleurs opposé à une analyse de Gillet Laumont fils, qui est à-peu-près celle de M. Gmelin.

Laumonite cristallisée. En prismes rhomboïdaux obliques, simples ou terminés par deux facettes principales en biseau, modifiés quelquefois par diverses petites facettes surnuméraires.

La *Laumonite pulvérulente* n'est qu'un résultat d'altération dans nos collections.

La Laumonite, telle que nous venons de la décrire, ne s'est encore trouvée que dans les mines de plomb du Huelgoat en Bretagne.

OBSERVATION.

On rapporte à la Laumonite des substances cristallines qu'on trouve dans les fissures de la protogyne ou des roches qui en dépendent (Saint-Gothard, Cormayeur, Monzoni en Tyrol), qui ont une grande analogie de forme avec cette substance, et des matières plus ou moins pulvérulentes que l'on appelle effleuries, qui se trouvent en nids dans les diorites porphyriques (Schemnitz en Hongrie); mais d'après les différens essais, ces matières me paraissent renfermer moins d'eau que la Laumonite de Bretagne, même lorsqu'elle est effleurie, car alors elle ne perd pas de son eau. D'un autre côté, les cristaux des Alpes ne tombent pas en poussière à l'air, et enfin d'après les recherches de M. Soret, la forme en est différente.

En serait-il de même des Laumonites citées en différentes localités dans les amydaloïdes et les roches basaltiques? (Klausen en Tyrol; Paisley, Kilpatrick, île de Skye, etc. en Ecosse; Antrim, Portrush en Irlande; îles Faro, etc.)

TRENTE-NEUVIÈME ESPÈCE. HYDROLITE.

(*Gmelinite*, *Sarcolite*).

Substance en prismes hexagones réguliers, simples,

ou terminés par des pyramides à six faces, inclinées sur le prisme de 131° 48′.

Pesanteur spécifique, 2,05.

Ne rayant pas le verre.

Donnant de l'eau par calcination; fusible au chalumeau avec boursouflement en verre blanc. Soluble dans les acides; solution précipitant par l'oxalate d'ammoniaque, et donnant après l'addition du carbonate d'ammoniaque, la filtration, évaporation et calcination, un résidu alcalin.

Composition. Peut-être $A^4 Si^{11} (Ca, Na) Aq^8 = 4 A Si^2 + (Ca, Na) Si^3 + 8 Aq$ ou $4 \ddot{A} \dddot{Si}^2 + 3 (\dot{Ca}, \dot{Na}) \dddot{Si} + 24 Aq$, d'après les analyses suivantes :

Hydrolite de Montechio Maggiore, par Vauquelin.

		Oxigène.	Rapp.
Silice . . .	50	25,97	11
Alumine. .	20	9,34	4
Chaux. . .	4,5	1,26	1
Soude . . .	4,5	1.15	
Eau. . . .	21	18,67	8

Hydrolite de Castel, par Vauquelin.

		Oxigène.	Rap.
Silice . . .	50	25,97	11
Alumine . .	20	9,34	4
Chaux . . .	4,25	1,19	1
Soude . . .	4,25	1,09	
Eau	20	17,79	8

Hydrolite cristallisée. — Globulaire. En petits noyaux dans les roches amygdaloïdes.

Cette substance ne s'est encore rencontrée que dans les roches amygdaloïdes (Montechio Maggiore, Castel dans le Vicentin, Glanarm dans le comté d'Antrim en Irlande).

Le nom de Sarcolite a été primitivement donné à une substance en cristaux cubiques tronqués sur les angles, d'un rouge de chair, trouvée par Thomson dans les minéraux de la Somma, qu'on a cru reconnaître pour de l'analcime; il a été donné ensuite à une Analcime rosâtre de Montechio Maggiore, et enfin à la substance qui nous occupe. Celle-ci avait été reconnue par Leman dans les amygdaloïdes du Vicentin rapportées par Dolomieu, et la couleur rosâtre lui avait fait imaginer que c'était la sarcolite de Thomson; mais après l'analyse qu'en fit Vauquelin, et qu'on a mal-à-propos comparée à celle de l'analcime, après la réunion de la sarcolite de la Somma à l'analcime par Haüy, Leman distingua la substance qu'il avait observée, et lui donna le nom d'*hydrolite* dans la description du musée minéralogique de M de Drée.

QUARANTIÈME ESPÈCE. HARMOTOME.

(*Andréolite*, *Andreasbergolite*, *Hyacinthe blanche cruciforme*, *Ercinite*, *Kreustein*; *Pierre de croix*).

Substance blanche, cristallisant en prisme droit rectangulaire.

Pesanteur spécifique, 2,35 à 2,40.

Ne rayant pas le verre, ou difficilement.

Donnant de l'eau par calcination; fusible en verre limpide. Soluble dans les acides; solution précipitant abondamment par l'acide sulfurique.

Composition. Mal connue. M. Berzélius admet $4\,A\,Si + Ba\,Si^4 + 6\,Aq$. Mais aucune des analyses ne conduit à ce résultat.

Harmotome de Schiffenburg, par Wernekink.

		Oxigène.	Rapp.
Silice	44,79	23,27	11
Alumine	19,28	9,00	4
Baryte	17,59	1.84	1
Chaux	1,08	0,30	
Oxide de fer et de manganèse	0,85		
Eau	15,32	13,62	6

$$4\,A\,Si^2 + Ba\,Si^4 + 6\,Aq\,?$$

Harmotome d'Andreasberg, par Klaproth.

		Oxigène.	Rapp.
Silice	49	25,45	13
Alumine	16	7,47	4
Baryte	18	1,88	1
Eau	15	13,33	7

Harmotome d'Andreasberg, par Gmelin et Hepel.

		Oxigène.	Rapports.
Silice	56,30	29,25	12
Alumine	14,50	6,77	3?
Baryte	17,52	1,83	1
Chaux	1,00	0,28	
Soude	1,25	0,32	
Eau	11,69	10,39	4?

$$3\,A\,Si^3 + Ba\,Si^3 + 4\,Aq.$$

Harmotome d'Andreasberg, par Dumenil.

		Oxigène.	Rapp.
Silice	43,25	21,46	7
Alumine	15,25	7,12	2
Baryte	20,18	2,10	} 1
Chaux	3,55	0,99	
Potasse	1,08	0,18	
Eau	16	14,22	4

$2\,A\,Si^2 + Ba\,Si^3 + 4\,Aq.$

Harmotome d'Oberstein, par Tassert.

		Oxigène.	Rapp.
Silice	47,5	24,67	15
Alumine	19,5	1,10	5
Baryte	16	1,67	1
Eau	13,5	12,00	7

$5\,A\,Si^2 + Ba\,Si^5 + 7\,Aq.$

Ces divergences fort extraordinaires, surtout pour les analyses modernes, font desirer quelques nouvelles analyses comparatives des harmotomes barytiques et des substances analogues à base de chaux ou de potasse.

Harmotome cristallisé. En prisme rectangulaire terminé par des pyramides simples ou modifiées sur deux arêtes opposées, pl. X, fig. 61, 63.

Inclinaison de *P* sur *b* 125° 5', de *d* sur *d* 120°?

Harmotome cruciforme. En prisme comme les précédens réunis quatre ensemble, t. 1, pl. VIII, fig. 19.

GISEMENT.

L'Harmotome se trouve dans les roches amygdaloïdes (Oberstein dans le Palatinat; Schiffenburg près de Giesen, Hesse-Darmstadt) où il est accompagné de Chabasie, ou dans les gîtes métallifères (Andreasberg au Harz, Kongsberg en Norwége, Strontlian en Ecosse, etc.), et le plus souvent avec les minerais de plomb, où il est accompagné de Stilbite.

APPENDICE.

GISMONDINE (*Harmotome, Zéagonite, Abrazit*). Substance blanche cristallisant en prisme droit rectangulaire.

Rayant difficilement le verre.

Donnant de l'eau par calcination; fusible avec boursouflement en verre bulleux? soluble dans les acides; solution ne précipitant pas ou peu par l'acide sulfurique, et précipitant par l'oxalate d'ammoniaque.

Composition. Il est impossible de l'établir; on voit seulement par les analyses que la chaux ou la potasse remplacent la baryte dans une substance analogue à l'harmotome par ses caractères extérieurs, et qui renferme aussi un bisilicate d'alumine.

Harmotome de Marburg, par L. Gmelin.		*Oxigène.*	*Rapports.*	Harmotome d'Annerode, par Wernekink.		*Oxig.*	*Rapp.*
Silice	48,02	24,92	8	Silice	53,07	28,61	15
Alumine . .	22,61	10,55	3	Alumine . .	21,31	9,95	5
Chaux . . .	6,56	1,84	} 1	Chaux . . .	6,67	1,87	} 1
Potasse . . .	7,50	1,27		Baryte . . .	0,39	0,04	
Oxide de fer et de manganèse . . .	0,18			Oxide de fer et de manganèse	0,56		
Eau	16,75	14,90	5	Eau	17,09	15,20	8

$3 A Si^2 + (Ca, K) Si^2 + 5 Aq$. $5 A Si^2 + (Ca, Ba) Si^5 + 5 Aq$.

On pourrait soupçonner ici quelque mélange de Thomsonite ou d'Edingtonite.

Gismondine cristallisée. En prisme rectangulaire terminé par une pyramide, pl. X, fig. 61, qui paraît être un peu plus aiguë que dans l'harmotome.

Gismondine cruciforme. En prismes simples, sans pyramides, groupés quatre ensemble, t 1, pl. VIII, fig. 18.

Se trouve dans les roches amygdaloïdes ou basaltiques (Annerode près de Giesen, Hesse-Darmstadt; Stempel près Marburg Kur Hessen; Kilpatrik près Dumbarton en Ecosse), dans les anciennes laves du Vésuve et dans celles de la Campagne de Rome (Capo di Bove).

SOUS-GENRE. FELDSPATH.

A. QUARANTE-UNIÈME ESPÈCE. ORTHOSE.

(*Feldspath, Spath étincelant, Spath fusible, Petunze, Adulaire, Porcellan spath*).

Substance cristallisant en prisme oblique rhomboïdal, dont les angles sont d'environ 120° et 60°, et dont la base est inclinée sur les pans d'environ 112° et 68°. (1)

Susceptible de deux clivages, l'un suivant les bases, l'autre suivant le plan qui passe par deux diagonales obliques opposées, et qui font dès-lors entre eux un angle droit. (2)

Pesanteur spécifique, 2,39 à 2, 58.

Rayant le verre.

Ne donnant pas d'eau par calcination ; fusible au chalumeau en émail blanc ; inattaquable par les acides.

Liquide provenant de la matière traitée par le nitrate de Baryte, l'acide nitrique et le carbonate d'ammoniaque, laissant par l'évaporation un résidu alcalin qui précipite par l'hydrochlorate de platine, et donne peu ou point de cristaux efflorescens par l'acide sulfurique. (3)

Composition. $A^3 Si^{12} K = 3\, A Si^3 + K Si^3$, ou $\dddot{\mathrm{A}}\,\dddot{\mathrm{Si}}^3 + \dot{\mathrm{K}}\,\dddot{\mathrm{Si}}$.

Adulaire, par Berthier.

		Oxig.	*Rapp.*
Silice	64,20	33,35	12
Alumine . .	18,40	8,59	3
Potasse . . .	16,95	2,87	1
Chaux . . .	Traces.		

Feldspath lamellaire rouge de Cayenne, par Beudant.

		Oxig.	*Rapp.*
Silice . . .	65,03	33,78	12
Alumine . .	17,96	8,39	3
Potasse . . .	16,21	2,75	1
Chaux . . .	0,35	0,10	
Péroxide de fer	0,47		

Feldspath de Karlsbad, par Klaproth.

		Oxig.	*Rapp.*
Silice. . .	64,50	33,50	12
Alumine .	19,75	9,22	3
Potasse. .	11,50	1,94	1
Chaux . .	Traces.		
Oxide de fer	1,75	0,40	
Perte au feu	0,75		

Feldspath rouge de Lomnitz, par Rose.

		Oxig.	*Rapp.*
Silice. . .	66,75	34,67	12
Alumine .	17,50	8,17	3
Potasse . .	12	2,03	1
Chaux . .	1,25	0,35	
Oxide de fer	0,75		

(1) C'est la forme secondaire nommée *binaire*, par Haüy.

(2) C'est de là qu'est dérivé le nom d'Orthose, proposé par Haüy ; c'est par opposition que M. G. Rose a fait le nom d'Anorthite, p. 86.

(3) Il faut se rappeler l'essai des pierres alcalines insolubles, t. 1, page 169.

Domite de . . . , par Berthier.

		Oxigène.	Rapports.
Silice	61	31,69	12
Alumine	19,20	8,97	3
Potasse	11,50	1,95	1
Magnésie	1,60	0,62	
Oxide de fer	4,20		
Eau	2,00		

Feldspath vert de Sibérie, par Vauquelin.

		Oxig.	Rapp.
Silice	62,83	32,64	10 à 11
Alumine	17,02	7,95	2 à 3
Potasse	13	2,20	1
Chaux	3	0,84	
Oxide de fer	1		

Feldspath compacte de Passau, par Bucholz.

		Oxig.	Rapp.
Silice	60	31,17	12
Alumine	22	10,27	4
Potasse	14	2,37	1
Chaux	0,75	0,21	
Perte au feu	1		

Feldspath opalin de Friedrichswarn, par Klaproth.

		Oxig.	Rapp.
Silice	65	33,76	15
Alumine	20	9,34	4
Potasse	12	2,03	1
Chaux	Traces.		
Oxide de fer	1,25		
Perte au feu			

Les premières analyses donnent sensiblement les rapports de composition admis dans la formule; si l'on voit quelques différences dans les autres, et surtout dans les trois dernières, il est à présumer qu'elles proviennent de différens mélanges, qui doivent être très fréquens dans l'Orthose, puisque cette substance, si commune dans la nature, se trouve associée à un très grand nombre d'autres, en renferme de toutes espèces qui y sont disséminées et souvent en particules très fines. Mais si l'on est ainsi conduit à penser que toutes ces analyses appartiennent à une même espèce, il n'en est pas de même de beaucoup d'autres. Il est probable que les chimistes auxquels on les doit ont opéré sur les matières hétérogènes, ou sur des substances désignées vaguement sous le nom de feldspath, par suite de quelques caractères extérieurs, et fort différentes de celles dont nous nous occupons. Telles sont les analyses suivantes, et beaucoup d'autres que nous ne citerons pas ici :

Feldspath d'Elbogen, par Struve.

Silice . . .	67,61	35,12	20
Alumine. .	19,65	9,17	5
Potasse. . .	6,90	1,16	
Soude. . .	1,55	0,39	1
Oxide de fer.	1,13	0 26	
Perte au feu.	0,46.		

$5\,AS^3 + KS^6$

Feldspath compacte de Siebeulen, par Klaproth.

Silice . . .	51
Alumine.	30
Soude. .	4
Chaux . .	11,25
Oxide de fer.	1,75
Perte . . .	1,25.

Feldspath de Aue, par Rose.

Silice	52
Alumine. . .	47
Oxide de fer .	0,33.

Feldspath de Passau, par Fuchs.

Silice	45
Alumine. . .	32
Chaux. . . .	0,74
Oxide de fer .	0,90
Eau.	18,00.

Feldspath compact des collines de Pentland, par Ch. Makensie.

Silice	71,17	Oxide de fer.. . . .	1,40
Alumine.	13,60	Oxide de manganèse..	0,10
Potasse	3,19	Perte considérable.	
Chaux.	0,40		

VARIÉTÉS DE L'ESPÈCE.

Orthose cristallisée. En prismes obliques rhomboïdaux, rarement simples, pl. XI, fig. 18, le plus souvent modifiés sur les angles solides et sur les arêtes, fig. 19, 41 à 50, et fréquemment déformés par l'élargissement de certaines faces par rapport aux autres.

Inclinaison de a sur a' 150°, sur c, c', c'', c''', 145° 15', 128° 41', 115° 40', 99° 6'; de B sur a 153°.

Orthose maclé. Groupes de cristaux divers, réunis deux, trois, quatre, etc. ensemble, et présentant des angles saillans et rentrans de toute espèce; nous en avons donné des exemples t. 1, page 127, pl. VIII, fig. 33, 35.

Orthose? globulaire. En globules plus ou moins gros, engagés dans les variolites, dans différentes matières compactes dites feldspathiques, dans le porphyre orbiculaire de Corse, etc.

Orthose laminaire. En masses qui se divisent facilement en plaques plus ou moins épaisses.

Orthose lamellaire. A grandes ou à petites facettes, et passant au saccharoïde.

Orthose schisteux. Composé de feuillets plus ou moins épais, séparés par des enduits micacés (variété du Leptinite).

Orthose granulaire. Composé de grains et de lamelles très serrés, souvent avec de petits cristaux de quarz entremêlés.

Orthose compacte. Il y a certainement des variétés compactes d'Orthose, mais on désigne ainsi un grand nombre de matières qui très probablement n'appartiennent pas à l'espèce, et qu'on réunit aux matières feldspathiques par suite de la fusibilité en émail blanc, ce qui est fort insignifiant, ou bien parce que l'on ne sait qu'en faire.

Variétés par mélange ou décomposition.

Orthose amphiboleux, chloriteux, etc. Matière compacte renfermant des matières vertes en poussière fine qu'on regarde comme de l'actinote, de la chlorite, etc., mais qui pourraient bien appartenir à d'autres substances. J'ai trouvé un Trapp de Suède, qui d'après l'analyse devait être colorée par une sorte de chamoisite. Ces variétés forment la base des Diorites simples (1) ou porphyriques (porphyre vert).

Orthose ferrugineux. Coloré probablement par l'oxide rouge de fer; il fait la base du porphyre rouge antique, de plusieurs roches porphyriques d'origine ignée, etc.

Orthose pyroxénique. Renfermant des matières noires en poussière fine qu'on regarde comme des Pyroxènes Augite. Il forme la base des Dolérites et des Basaltes.

Orthose décomposé. Plus ou moins altéré jusqu'à former des matières terreuses (kaolin), dont nous avons déjà parlé page 30.

Variétés de couleur d'éclat, etc.

Orthose limpide. Eclat vitreux, plus ou moins transparent (adulaire).

Orthose opaque. Blanc ou coloré de différentes manières, fréquemment rougeâtre, rouge de chair, gris, etc.

Orthose vert (Pierre des Amazones). Du pied des monts Ourals, sur la rivière deOuï, près la forteresse de Troïtzka). En masse clivable de belle couleur verte.

---

(1) Une Diorite de Schemnitz m'a donné :

		Autrement.	
Silice	63,2	Orthose	67,2
Alumine	14.2	Albite	10,3
Chaux	2,5	Actinote et Trémolite	22,7
Magnésie	2,0	Eau	0,3
Protoxide de fer	5,8		
Potasse	11,2		
Soude	1,2		
Eau	0,3.		

Orthose opalisant (feldspath de Friedrichswarn). De beaux reflets bleus changeans, et de diverses couleurs.

Orthose chatoyant (pierre de lune). Blanc, semi transparent, avec reflets intérieurs nacrés, donnant une lumière douce comme la lune (de Ceylan, du Saint-Gothard).

Orthose nacré. D'un éclat nacré très vif (de Ceylan).

Orthose avanturiné (pierre de soleil). Matière translucide, parsemée de paillettes brillantes de couleur d'or ou de cuivre rouge, d'un très bel effet.

GISEMENT.

L'orthose appartient aux terrains de cristallisation. Il forme quelquefois à lui seul des couches plus ou moins épaisses compactes ou lamellaires au milieu du gneiss; mais le plus souvent il entre comme partie constituante de diverses roches composées. Il fait partie du gneiss, du leptinite, où il est associé au mica, qui se trouve disposé par feuillets dans la masse, et lui donne une structure schisteuse; quelquefois ces feuillets se réduisent à un simple enduit, et l'Orthose presque pur présente une masse schistoïde qui se divisent en plaques plus ou moins épaisses. Il fait aussi partie constituante essentielle des granites, des protogynes, des pegmatites, où il est associé à-la-fois avec du mica et du quarz, ou des sienites, où il est essentiellement associé à l'amphibole. Dans les pegmatites il est plus isolé et par conséquent plus distinct que dans toutes les autres roches, et c'est là particulièrement qu'il offre de belles variétés laminaire, lamellaire, granulaire. On regarde les variétés compactes comme formant la base de la plupart des roches porphyriques, des diorites et des dolerites, même de beaucoup de laves.

Les variétés cristallines se trouvent disséminées dans toutes les roches que nous venons de citer, tantôt en cristaux isolés, tantôt en petits groupes empâtés dans le reste de la masse, qui fréquemment se désagrége avec facilité autour d'eux et les laisse à nu. Ces cristaux se dessinent avec plus ou moins de netteté dans la plupart des porphyres, dont ils forment les taches rectangulaires, et où ils se distinguent par une couleur différente de celle de la pâte. Ailleurs ils tapissent des cavités ou des fentes dans l'intérieur de ces mêmes roches, où même y forment des filons.

On ne peut citer aucune localité pour l'orthose, parce qu'il se trouve partout. Les lieux les plus remarquables pour la beauté des cristaux sont le Saint-Gothard, aux monts Adula et Stella, où se trouvent les variétés dites adulaires, Baveno sur le lac Majeur, où ce sont des variétés opaques, rouge de chair, très nettement cristallisées et souvent maclées. Les granites d'Autun, des environs de Montbrison, de Saint-Pardoux en Auvergne, etc., en renferment aussi des cristaux nets que l'on détache avec facilité et qu'on trouve même tout détachés dans les roches altérées.

USAGES.

Nous avons déjà dit, t. 1, qu'on se sert des roches dont l'orthose fait partie pour la bâtisse, qu'on emploie des variétés de granite, de sienites, de porphyres pour la décoration des édifices; le feldspath vert, le feldspath opalin sont employés pour de petits objets, tels que boîtes, petits vases, pendules, etc. La variété chatoyante, ou pierre de lune, taillée en cabochon, est recherchée dans la bijouterie lorsqu'elle est belle, et c'est surtout celle de Ceylan qui est la plus estimée; on a taillée certaines variétés de l'adulaire du Saint-Gothard, mais qui produisent peu d'effet. La plus belle variété pour la bijouterie est l'orthose aventuriné qui se vend souvent à un prix très élevé.

B. QUARANTE-DEUXIÈME ESPÈCE. ALBITE.

(*Feldspath, Schorl blanc, Cleavelandite, Tetartine, Eisspath, Feldspath vitreux, Périkline, Kieselpath, Sanidine*).

Substance cristallisant dans le système prismatique oblique, à base de parallélogramme obliquangle; susceptible de trois clivages qui font entre eux des angles d'environ 118° et 62, 93° 30′ et 86° 30′, 115° et 65, dont le plus net, qui est très facile, est parallèle à la base.

Pesanteur spécifique, 2,61.

Rayant le verre.

Ne donnant pas d'eau par calcination; fusible en émail blanc; inattaquable par les acides. Donnant, lorsqu'on la traite comme l'orthose, un résidu alcalin qui produit des cristaux efflorescens avec l'acide sulfurique.

Composition. $A^3 Si^{12} Na = 3 A Si^3 + N Si^3$ ou $\ddot{A}\,\dddot{Si}^3\,\dot{Na}\,\dddot{Si}$.

Albite de Finlande, par Tengstrom.

Silice	67,99	35,32	12
Alumine	19,61	9,15	3
Soude	11,12	2,84	1
Chaux	0,66	0,18	
Oxide de manganèse	0,47		
Oxide de fer	0,23.		

Albite fibreuse de Fimbo, par Eggertz.

Silice	70,48	36,61	12
Alumine	18,45	8,62	3
Soude	10,50	2,68	1
Magnésie	0,55	0,21	

Albite (Péricline) de Zœblitz, par C. G. Gmelin.

Silice	67,94	35,29	12
Alumine	18,93	8,84	3
Soude	9,98	2,57	1
Potasse	2,41	0,40	
Chaux	0,15	0,04	

Albite d'Arendal, par G. Rose.

Silice	68,65	35,66	15
Alumine	19,91	9,29	3
Soude	9,12	2,33	1
Magnésie	traces.		
Oxide de fer et de manganèse	0,28.		

Albite de Chesterfield, par Stromeyer.

		Oxigène.	*Rapport.*
Silice	70,68	36,71	16
Alumine	19,80	9,24	
Soude	9,06	2,31	1
Chaux	0,23	0,06	
Oxide de fer et de manganèse	0,11		

Dans ces deux dernières les rapports sont un peu différens, ce qui peut tenir à des mélanges d'autres silicates dont la chaux et la magnésie feraient partie.

Albite cristallisée. En prismes modifiés sur les arêtes et sur les angles solides, pl. XIII, fig. 14 à 17. Inclinaison de *L* sur *a*, *a'* 119° 52', 149° 12'; *P* sur *a* 122° 15', *P* sur *b* 149° 23', *P* sur *f*, *f'* 110° 29, 134° 32'.

Albite maclée. Principalement en cristaux réunis par les plans parallèles à *L*, et formant un angle rentrant à la réunion des deux faces *B*.

Albite laminaire. En masse divisible en plaques plus ou moins épaisses, le plus souvent courbes.

Albite feuilletée. La même divisible en feuillets minces.

Albite lamellaire ou *saccharoïde.*

Albite granulaire (Pierre de sucre). Présentant une réunion de grains brillans et blancs, et ressemblant en effet au sucre en pain.

Albite fibreuse. En lames accumulées les unes sur les autres, et dont la réunion offre dans la cassure perpendiculaire à leur plan un tissu fibreux à fibres divergentes, quelquefois entrelacées.

Albite palmée (feldspath palmé de Johann Georgenstadt). En masses laminaires sur les lames desquelles se dessinent des stries disposées en palmes.

Albite compacte (Saussurite, Jade de Saussure).

L'albite est presque toujours *blanche*, quelquefois *jaunâtre*, *verdâtre*, *rougeâtre.* Il paraît qu'elle fait la base de certaines basaltes, de plusieurs laves, et l'on peut admettre des variétés *pyroxéniques* (1) et *ferrugineuses.*

L'albite appartient aussi aux terrains de cristallisation : elle se trouve dans les fissures de la protogyne ou des roches qui en dépendent (Bourg d'Oisan en Dauphiné, Barèges dans les Pyrénées), quelquefois disséminée dans ces roches (dans toutes les Alpes de la Savoie). Elle existe en petits amas dans les pegmatites (Kimito, près de Pargas en Finlande, Brodbo près de Fahlun en Suède, Chesterfield dans le Massachusset, Candie, Ceylan, etc.) On la cite dans les granites de différens lieux (Westmorland, Dartmoor, îles de Faira, de Tirée, Prudelberg, Stondorf en Silésie, Gastein en Salzburg). Elle se trouve avec l'orthose à Baveno, et elle en recouvre et en continue les cristaux. Elle est abondamment disséminée dans les trachytes (Mont-Dor en Auvergne, Siebenge-

(1) Un Basalte de Baulieu m'a donné :

		Autrement.	
Silice	59,5	Albite	50,8
Alumine	11,5	Orthose	9,7
Péroxide de fer	0,5	Actinote	12,0
Protoxide de fer	19,7	Pyroxène $\dot{F}^3\ddot{Si}^2$	25,7
Chaux	1,3	Aimant	1,9
Soude	5,9		
Potasse	1,6		

birge sur les bords du Rhin, Hongrie, Mexique, etc.), dans les basaltes en très petits cristaux, dans les laves modernes et anciennes (Vésuve, Campagne de Rome, Etna, etc.).

L'albite est aussi partie constituante essentielle de quelques roches, comme de l'euphotide (Alpes de la Savoie, cailloux roulés de cette roche sur le lac de Genève), peut-être de quelques variétés de variolites (variolite blanchâtre éparse dans les plaines de la Crau, avec la variolite ordinaire), de la roche hypersthénique de l'île de Skye.

APPENDICE.

Feldspath du Carnate. Nous avons fait remarquer, p. 79, que l'indianite qu'on a considérée comme du feldspath doit être rapprochée de la néphéline, d'après les analyses de M. Laugier; mais il se trouve dans le même gisement une substance verdâtre translucide d'un éclat gras, et quelquefois opaline, qui a aussi des caractères analogues à ceux des feldspaths, et que M. Breithaupt a considérée comme du Labradorite. Une substance analogue par ses caractères extérieurs et aussi par ses réactions aux essais chimiques, se trouve dans les mêmes lieux en petits cristaux rectangulaires dont j'ai tiré par l'analyse :

		Oxigène.	*Rapports.*
Silice	71,0	36,88	12
Alumine	18,0	8,40	3
Chaux	8,5	2,38	1
Soude	2,1	0,53	

D'où l'on voit que c'est la même composition que dans les feldspaths; mais comme la chaux domine beaucoup, il paraît en résulter une espèce particulière, qui se distingue d'ailleurs en ce que la matière est attaquable par les acides et que la solution précipite fortement par l'oxalate d'ammoniaque.

C'est sans doute cette propriété d'être attaquée par les acides qui a fait penser à M. Breithaupt que le feldspath verdâtre du carnate se rapportait au Labradorite. Or, ce feldspath verdâtre est tout-à-fait semblable par les caractères extérieurs aux petits cristaux que j'ai analysés, et il est probable qu'il a la même composition; il est également soluble dans les acides et sa solution précipite par l'oxalate d'ammoniaque : on voit que les proportions que je viens d'indiquer ne sont pas celles du Labradorite, du moins d'après l'analyse de cette substance par Klaproth.

Nous réunirons encore ici diverses matières homogènes, que l'on regarde comme ayant plus ou moins d'analogie avec les feldspaths, mais parmi lesquelles on formera probablement plusieurs espèces, lorsqu'on aura pu faire quelques recherches comparatives sur leur composition. Telles sont:

Pétrosilex. Substance compacte, à cassure conchoïde, ou d'un éclat gras à cassure esquilleuse.

Plusieurs minéralogistes rangent les pétrosilex parmi les feldspaths compactes et les regardent comme des roches composées. Mais plusieurs de ces pétrosilex sont visiblement homogènes et ont certainement des compositions définies; déjà on doit évidemment en soustraire le pétrosilex rouge de Salberg, dont nous ferons une espèce sous le nom d'Adinole, et il est probable qu'il y en a beaucoup d'autres, telles que

(1) Phonolite du Donnersberg, par Klaproth.

		Oxig.	Rap.
Silice	57,2	29,71	8 à 9
Alumine	23,5	10,97	3
Soude	8,1	2,07	1
Chaux	2,7	0,75	
Oxide de fer	3,2	0,68	
Eau	3		

(2) Phonolite de Sanadoire, par Bergmam jeune.

		Oxig.	Rap.
Silice	58.	30,13	8 à 9
Alumine	24,5	11,44	3
Soude	6	1,53	1
Chaux	18,33	0,98	
Oxide de fer	5,66	1,02	
Eau	2		

$$3\,A\,Si^2 + (Na, Ca, f)\,Si^2.$$

(3) Pétrosilex de Nantes, par Berthier.

		Oxigène.	Rapports
Silice	75,20	39,06	21
Alumine	15	7,00	4
Potasse	3,40	0,57	1
Chaux	1,20	0,34	
Magnesie	2,40	0,93	
Eau	1,50		

$$4\,A\,Si^5 + K\,Si.$$

Ces résultats ne peuvent conduire ni à l'albite ni à l'orthose. Il est clair qu'il y a des cristaux d'albite dans les phonolites; mais quelque calcul qu'on fasse pour les extraire de l'analyse, il ne restera pas une formule de feldspath. Le pétrosilex de Nantes ne conduira jamais non plus à une formule feldspathique.

Lave vitreuse du Cantal (Rétinite et obsidienne du Cantal). Substance vitreuse, verte, fusible au chalumeau en émail blanc. M. Berthier en a tiré :

		Oxigène.	*Rapports.*
Silice	64,40	33,45	12
Alumine	15,64	7,30	3
Potasse	5,40	0,91	} 1
Chaux	1,20	0,34	
Magnésie	1,20	0,46	
Oxide de fer	4,30	0,98	
Eau	7,10	6,31	3

Cette analyse peut conduire à regarder la substance comme de l'orthose, qui serait mélangée de matière étrangère, si l'on fait abstraction de l'eau; mais si l'on prend l'eau en considération on serait conduit à la formule $3\,A\,Si^3 + K\,S^3 + 3\,Aq$, qui en ferait une substance à placer auprès de la stilbite.

Obsidienne et Marekanite. Substances vitreuses, à large cassure conchoïdale, de couleur noire ou noirâtre, rarement verte, se boursouflant beaucoup avant de fondre en émail blanc.

Obsidienne de la Nouvelle-Espagne, par Descotils.

		Oxig.	*Rap.*
Silice	72	37,40	12
Alumine	12,50	5,83	2
Soude	10	2,56	} 1
Oxide de fer	2	0,45	

$2\,A\,Si^4 + Na\,Si^4$

Obsidienne du Cerro de Las Navajas, par Vauquelin.

		Oxig.	*Rap.*
Silice	78	40,52	19
Alumine	10	4,67	2
Potasse	6	1,01	} 1
Chaux	1	0,28	
Oxide de fer	3,6	0,82	

$2\,A\,Si^6 + K\,Si^6$.

Marekanite par Klaproth.

Variété opaque.

		Oxigène.	Rapports.
Silice	77,50	40,26	18
Alumine	11,75	5,49	3
Soude	7	1,79	1
Chaux	0,50	0,14	
Oxide de fer	1,25	0,28	
Perte au feu	0,50		

$3\ A\ Si^6 + Na\ Si^3$

Variété transparente.

		Oxigène.	Rapports.
Silice	81	42,27	23
Alumine	9,50	4,44	2
Soude	4,50	1,15	1
Potasse	2,70	0,46	
Chaux	0,33	0,09	
Oxide de fer	0,60	0,14	
Perte au feu	0,50		

$2\ A\ Si^9 + N\ Si^6$

On voit que ces substances ne se rapportent ni à l'albite ni à l'orthose, et que d'après ces analyses elles n'ont pas non plus de rapport entre elles.

Elles se trouvent dans les terrains de trachytes et dans les volcans modernes.

Retinite (*Pechstein*). Substance vitreuse, passant au lithoïde, fusible avec peu de boursouflement en émail blanc.

Retinite de Newry, par Knox.

		Oxig.	Rap.
Silice	72,80	37,81	16
Alumine	11,50	5,37	3
Soude	2,86	0,73	1
Chaux	1,12	0,31	
Oxide de fer	3,03	0,69	
Nicotime et Bilume	8,50		

$3\ A\ Si^4 + N\ Si^4$

Retinite de Meissen, par Klaproth.

		Oxig.	Rapp.
Silice	73,00	37,92	39
Alumine	14,50	6,77	7
Soude	1,75	0,44	1
Chaux	1,00	0,28	
Oxide de fer	1,10	[illegible],25	
Perte au feu	8,50		

$7\ A\ Si^6 + (Na\quad Ca, f)\ Si^4$

Retinite de Meissen, par Duménil.

		Oxigène.	Rapports.
Silice	73	37,92	34
Alumine	10,84	5,06	4
Soude	1,48	0,38	1
Chaux	1,14	0,32	
Oxide de fer	1,90	0,43	
Matière bituminale	9,40		

$4\ A\ Si^7 + N\ Si^6$.

Les retinites appartiennent aux terrains de grès houiller et de grès rouge (vallée de Tribisch près de Meissen en Saxe, Grantôla sur le lac Majeur, île d'Aran, etc., etc.).

Perlite (*Perlstein*). Substance vitreuse plus ou moins nacrée, à structure testacée:

Perlite de Telkebanya, par Klaproth.

		Oxig.	*Rap.*
Silice	75,25	39,09	6
Alumine	12,00	5,60	5
Potasse	4.50	0,76	1
Chaux	0,50	0,14	
Oxide de fer	1,60	0,26	
Perte au feu	4,50		

$$5\,A\,Si^6 + (K, f)\,Si^5$$

Perlite du Mexique, par Vauquelin.

		Oxig.	*Rap.*
Silice	77	40,00	30
Alumine	13	6,07	5
Potasse et soude	2,70	0,46	1
Chaux	1,50	0,42	
Oxide de fer	2	0,45	
Perte au feu	4		

$$5\,A\,Si^5 + (K, f)\,Si^5.$$

Le perlite appartient aux terrains trachytiques (monts Euganéens, Hongrie, Mexique, etc.).

Sphérolite. Substance lithoïde en globules striés du centre à la circonférence, engagée dans le perlite ou dans l'obsidienne.

Analyse par Ficinus.

		Oxigène.	*Rapports.*
Silice	79,12	41,10	35
Alumine	12	5,60	5
Potasse et soude	3,50	0,61	1
Protoxide de fer	2,45	0,56	
Eau	1,76		

$$5\,A\,Si^6 + (K, f)\,Si^5.$$

On voit que cette substance est de même composition que le perlite de Telkebanya, et se rapproche aussi du perlite du Mexique.

Ponce. Substance poreuse, légère, de nature vitreuse, à pores souvent allongés et donnant à la masse une structure fibreuse.

8.

Analyse par Berthier.

Silice	70	36,36	19
Alumine	16	7,47	4
Potasse	6,50	1,10	1
Chaux	2,50	0,70	
Oxide de fer	0,50	0,11	
Eau	3		

$4 A Si^4 + K Si^3$

Analyse par Brandes.

Silice	69,250
Alumine	12,750
Chaux	3,500
Potasse	0,875
Soude	0,875
Oxide de fer et de manganèse	4,500
Eau	7,000
Acide hydrochlorique et sulfurique	0,375

Ponce de Lipari, par Klaproth.

Silice	77,56
Alumine	17,50
Soude et potasse	3
Oxide de fer	1,75

QUARANTE-TROISIÈME ESPÈCE. PÉTALITE.

(*Berzelite*, *Arfvedsonite.*)

Substance blanchâtre, ou peu colorée, d'un éclat vitreux ou légèrement nacré ; clivable parallèlement aux pans d'un prisme rhomboïdal, d'environ 137° et 43°.

Pesanteur spécifique, 2,44.

Rayant difficilement le verre.

Ne donnant pas d'eau par calcination ; fusible au chalumeau en émail blanc ; inattaquable par les acides ; donnant une tache brune sur la feuille de platine lorsqu'on le fond avec la soude.

Composition. Probablement $3 A S^3 + L S^3 = \ddot{\ddot{A}} \dot{\dot{S}}^5 + \dot{Li} \dot{\dot{S}}$, formule analogue à celles des feldspaths. (1)

(1) En admettant les données de M. Hermann, où la lithine renferme 56,8 d'oxigène.

Analyse d'Arfvedson.		Oxig.	Rapp.	Analyse de C. G. Gmelin.		Oxig.	Rapp.
Silice . .	79,212	41,14	12 à 13	Silice . .	74,17	38,53	12 à 13
Alumine .	17,225	8,04	3?	Alumine .	17,41	8,13	3?
Lithine .	5,761	3,27	1	Lithine .	5,16	2,93	1
				Chaux . .	0,32	0,09	

Le pétalite n'est encore connu qu'en masse lamellaire; on ne l'a trouvé que dans une seule localité, en gros blocs dans la petite île d'Utö, en Sudermanie, où il paraîtrait appartenir aux dépôts de pegmatite; il est accompagné de Tourmaline, de Lépidolite, de Triphane, etc. On le cite sur la côte nord du lac Ontario, Amérique septentrionale.

QUARANTE-QUATRIÈME ESPÈCE. STILBITE.

(*Zéolite nacrée, feuilletée, lamelleuse.*)

Substance blanche, brillante, cristallisant en prisme rectangulaire droit, dont la hauteur et les côtés sont comme les nombres 2, 3 et 5. Clivage net parallèle aux faces *P*, et nacré.

Pesanteur spécifique, 2,16.

Ne rayant pas le verre. Peu fragile.

Devenant opaque au feu, s'exfoliant et fondant avec bouillonnement. Soluble dans les acides; y faisant difficilement gelée à froid; solution précipitant par l'oxalate d'ammoniaque.

Composition. $A^3\ Si^{12}\ Ca\ Aq^6 = 3\,A\,Si^3 + Ca\,Si^3 + 6\,Aq$ ou $\ddot{\ddot{A}}\,\ddot{S}i^3 + \dot{C}a\,\ddot{S}i. + 6\,Aq$. C'est la formule d'un feldspath calcaire avec de l'eau.

Stilbite de Rædefjords, par Hisinger.		Oxig.	Rapp.	Stilbite d'Osteröe, par Duménil.		Oxig.	Rapp.
Silice . .	58	30,13	12	Silice . .	59,25	30,78	12
Alumine .	16,10	7,52	3	Alumine .	15	7,01	3
Chaux . .	9,20	2,58	1	Chaux . .	5,35	1,50	1
Eau . . .	16,40	14,58	6	Potasse .	4,75	0,80	
				Eau . . .	16	14,23	6

Stilbite de Nalsöe, par Retzius.

		Oxigène.	Rapports.
Silice. . . .	56,08 . . .	29,13	12
Alumine . .	17,22 . . .	8,04	3
Chaux . . .	6,95 . . .	1,95	1
Soude . . .	2,17 . . .	0,55	
Eau	18,35 . . .	16,31	6

Stilbite cristallisée. En prismes rectangulaires, modifiés sur les arêtes par des faces de prismes rhomboïdaux, ou sur les angles solides; quelquefois très aplatis parallèlement à L, et offrant des lames hexagoles portant des biseaux sur quatre de leurs faces latérales, pl. VIII, fig. 2, 5, 9, 14, 18, 21, et pl. X, fig. 12, 62.

Inclinaison de *P* sur *d* 119° 50'.

Stilbite flabelliforme. En cristaux aplatis groupés les uns sur les autres par les faces *P* ou *L*.

Stilbite fibreuse, palmée. Provenant de la variété précédente dont les groupes sont brisés.

GISEMENT.

La stilbite appartient particulièrement aux dépôts de roches amygdaloïdes et basaltiques (Rœdefjords en Islande, îles Farö, Vagö, Saudö, Nalsö; Canna, Mull, Skye, etc., dans les Hébrides); mais elle existe aussi dans les roches granitiques des Alpes (Saint-Christophe en Oisan; Saint Gothard, sur l'Adulaire; Baveno aux bords du lac Majeur; Saint-Beat et Rioumaon aux Pyrénées); il est assez remarquable que dans ces localités elle accompagne, soit l'orthose, soit l'albite, dont elle offre les formules avec de l'eau en combinaison. Elle se trouve encore dans les filons métallifères (Saint-Andreasberg au Harz, Kongsberg et Arendal en Norwège).

QUARANTE-CINQUIÈME ESPÈCE. ÉPISTILBITE.

Substance blanche nacrée, en prisme rhomboïdal droit de 135° 20'. Clivage net parallèle aux faces *P*.

Pesanteur spécifique, 2,25.

Ne rayant pas le verre.

Devenant opaque, se boursouflant et fondant difficilement au chalumeau; faisant gelée avec les acides. Solution précipitant par l'oxalate d'ammoniaque.

Composition. $A^3 Si^{12} Ca Aq^5 = 3A Si^3 + Ca Si^3 + 5 Aq$ ou bien $\ddot{A}\, \ddot{S}i^3 + \dot{C}a\, \ddot{S}i + 5\, Aq$. C'est la même composition que pour la stilbite, mais avec moins d'eau.

Analyse de G. Rose.				En petites houppes nacrées de Faröe, par Beudant.			
		Oxig.	*Rapp.*			*Oxig.*	*Rapp.*
Silice	58,59	30,43	12	Silice	58,61	30,44	12
Alumine	17,52	8,18	3	Alumine	17,03	7,95	3
Chaux	7,56	2,12	1	Chaux	8,21	2,30	1
Soude	1,78	0,45		Soude	1,20	0,30	
Eau	14	12,44	5	Eau	13,80	12,26	5

Epistilbite cristallisée. En petits prismes rhomboïdaux, simples ou modifiés sur les angles.

Epistilbite aciculaire. En petits prismes très allongés, groupés entre eux et divergens en petites houppes.

L'épistilbite se trouve avec la Stilbite et avec la Heulandite sur lesquelles ses petites houppes ou ses cristaux sont implantés.

Les cristaux d'Épistilbite pourraient à la rigueur être rapportés à la forme adoptée pour la Stilbite; mais la différence dans la quantité d'eau qui paraît constante, la manière dont cette substance est placée sur les cristaux de Stilbite et de Heulandite, qui se trouve en rapport avec ce que nous allons voir dans les espèces suivantes, portent à croire qu'il en faut former une espèce particulière.

QUARANTE-SIXIÈME ESPÈCE. HYPOSTILBITE.

Substance blanche, mate ou peu éclatante, en globules lisses, composés de stries très fines, ou compactes, sans brillant dans la cassure.

Pesanteur spécifique, 2,14.

Ne rayant pas le verre.

Difficilement fusible sur les bords du fragment; se gonflant un peu, et devenant rude à la surface. Soluble dans les acides, sans faire gelée; solution précipitant par l'oxalate d'ammoniaque.

Composition. Probablement $A^3\,Si^{10}\,Ca\,Aq^6 = 3\,A\,Si^3 + CaSi + 6\,Aq$ ou $2\,\ddot{A}\ddot{S}i^3 + \dot{C}a^3\ddot{S}i + 18\,Aq$, d'après les analyses suivantes :

En globules mats, presque compactes, de Faröe, par Beudant.

		Oxig.	Rapp.
Silice . . .	52,43	27,23	10
Alumine. .	18,32	8,09	3
Chaux. . .	8,10	2,07	1
Soude . . .	2,41	0,62	
Eau. . . .	18,70	16,44	6

De Dalsnypen, par Duménil.

		Oxig.	Rapp.
Silice . . .	52,25	27,14	10
Alumine. .	18,75	8,75	3
Chaux. . .	7,36	2,06	1
Soude . . .	2,39	0,61	
Eau. . . .	18,75	16,67	6

Elle a été observée avec la Stilbite, l'Epistilbite et la Sphérostilbite, dans une géode de roches amygdaloïdes de l'île Faröe.

QUARANTE-SEPTIÈME ESPÈCE. SPHÉROSTILBITE.

Substance en globules striés du centre à la circonférence, d'un éclat nacré, très brillant dans la fracture.

Pesanteur spécifique, 2,31.

Surface des globules rayée par l'ongle ; fibres flexibles. Rayant le carbonate calcaire.

Fusible avec exfoliation et boursouflement.

Soluble en gelée dans les acides ; solution précipitant par l'oxalate d'ammoniaque.

Composition. $A^3\,S^{11}\,Ca\,Aq^6 = 3\,A\,S^3 + Ca\,S^2 + 6\,Aq$ ou $3\,\ddot{A}\ddot{S}i^3 + \dot{C}a^3\ddot{S}i^2 + 18\,Aq$, d'après les analyses suivantes :

de Faröe, par Vauquelin.

		Oxig.	Rap.
Silice	52	27,01	11
Alumine . .	17,50	8,17	3
Chaux, . . .	9	2,53	1
Eau	18	16,45	6

de Vagöe, par Duménil.

		Oxig.	Rap.
Silice	56,50	29,35	11
Alumine . .	16,50	7,71	3
Chaux . . .	8,48	2,38	1
Potasse . . .	1,50	0,25	
Eau.	18,50	16,45	6

de Dalsnypen à Faröe, par Duménil.

		Oxig.	Rapp.
Silice	56,50	29,35	11
Alumine. . .	16,50	7,71	3
Chaux. . . .	8,23	2,31	1
Potasse . . .	1,58	0,27	
Eau.	18,30	16,27	6

Autre de Dalsnypen, par le même.

		Oxig.	Rapp.
Silice	55,25	28,70	11
Alumine . .	17,25	8,06	3
Chaux. . . .	7,30	2,05	1
Soude. . . .	1,85	0,47	
Eau.	19,25	7,12	6

D'Islande, par Gehlen.

Silice	55,615	28,89	11
Alumine. . .	16,681	7,79	3
Chaux . . .	8,170	2,29	1
Soude . . .	1,536	0,39	
Eau	19,300	17,12	6

De Faröe, par Beudant.

Silice	55,91	29,04	11
Alumine. . .	16,61	7,76	3
Chaux. . . .	9,03	2,53	1
Soude. . . .	0,68	6,17	
Eau.	17,84	15,85	6

Cette substance se trouve dans le même gisement que les espèces précédentes.

APPENDICE.

M. Duménil, dans la série de ses analyses des matières nommées Stilbites, a trouvé les résultats suivans :

		Oxigène.	Rapports.
Silice	55,36 . . .	28,76	11
Alumine. . . .	14,27 . . .	6,66	2,5
Chaux.	7,93 . . .	2,23	1
Potasse	2,27 . . .	0,38	
Eau.	19,68 . . .	17,50	6,7

Il est difficile d'expliquer ce résultat autrement que par un mélange ; il serait possible que ce fût un mélange de Stilbite avec une substance de la formule $2 A S^4 + Ca S^2 + 7 Aq$. En effet, en doublant les rapports, on aurait à-peu-près 22, 5, 2, 13, qu'on peut partager en 12, 3, 1, 6 ou stilbite, 10, 2, 1, 7, qui donne la formule précédente ; on aurait :

Pour la Stilbite :		Pour l'autre substance :		
Oxigène de silice . . .	15,660	Reste oxigène de silice. .	13,100	10
— d'alumine . .	3,915	— d'alumine .	2,745	2
— de chaux et potasse . . .	1,305	— de chaux et potasse. .	1,305	1
— d'eau	7,830	d'eau . . .	9,670	7

C'est une des matières de Dalsnypne à Faröe.

Quelques minéralogistes qui se sont déjà élevés contre les divisions que l'on a faites dans l'espèce stilbite de Haüy, ne verront sans doute pas avec plus de satisfaction les deux espèces nouvelles que j'introduis. Or, comme je serais heureux de pouvoir les convaincre de la nécessité où l'on se trouve d'en agir ainsi, je placerai ici les observations qui m'ont déterminé.

Ayant moi-même quelques doutes sur les véritables distinctions qui pouvaient exister entre la Stilbite, la Heulandite et la Brewstérite, je cherchais à me rendre compte de toutes les analyses qui existaient. Le travail de M. Duménil (Journalde Schweiger) me présentait surtout des divergences qu'il m'était impossible de comprendre, et j'avais résolu de faire de nouvelles analyses d'un assez grand nombre d'échantillons des îles Farô, Vagô, Nalsô, etc., que je m'étais procurés. L'un de ces échantillons me frappa particulièrement par la disposition qu'il présentait. On y distinguait nettement quatre époques de dépôts cristallins tous différens par les caractères extérieurs. Celui qui supportait tous les autres avait tous les caractères que l'on connaît dans la Stilbite; il était recouvert de petits globules, qui dans quelques endroits se touchaient les uns les autres, composés de fibres ou petites lamelles flexibles, d'un éclat nacré très vif (Sphérostilbite). Sur ces globules se trouvaient çà et là de petites houppes nacrées, formées de petits cristaux rhomboïdaux réunis à un centre et distincts à leur extrémité libre (Épistilbite). Enfin il existait un quatrième dépôt de globules lisses et termes à la surface, compactes dans l'intérieur, qui recouvraient dans un endroit la Stilbite, dans un autre les globules nacrés, et en partie çà et là les petits houppes cristallines, sur les pointes desquelles ils s'élevaient. Je fis l'analyse de ces diverses matières après les avoir séparées le plus exactement possible, et ce sont les résultats que j'ai indiqués aux espèces Stilbite, Épistilbite, Hypostilbite et Sphérostilbite. Dès ce moment les analyses de M. Duménil devinrent claires pour moi, et il me parut évident qu'il avait opéré, tantôt sur l'une, tantôt sur l'autre de ces matières.

Les résultats que j'ai obtenus dans ces recherches me paraissent importans, en ce qu'ils démontrent une combinaison particulière des mêmes élémens à chaque cristallisation, par conséquent une sorte de solubilité différente pour chaque matière. Ils offrent ainsi des circonstances tout-à-fait semblables à celles que l'on peut observer avec beaucoup de sels, par exemple avec le nitrate de plomb, qui, à une première époque de dépôt, présente une combinaison différente de celle qui se fait à une seconde, peut-être même à une troisième et à une quatrième, où il ne reste plus qu'une matière en poudre: c'est ce qu'on voit encore dans la fabrication de l'alun au moyen des sous-sulfates naturels d'alumine et potasse, ou lorsqu'on fait cristalliser le sulfate de fer du commerce, le sulfate de magnésie, le sulfate de potasse, etc. Aux différentes époques de dépôts il se forme des cristaux différens par leur forme, par leur transparence, par leur éclat, ou des matières fibreuses, mamelonnées, etc., qui renferment constamment des proportions différentes et définies des mêmes élémens, et dont plusieurs étant redissous à part cristallisent de nouveau dans le même système, sans subir aucun changement.

Or, ce qui se passe dans nos laboratoires doit avoir lieu et plus facilement et plus habituellement dans la nature, d'autant plus qu'il doit se passer dans les roches quelques circonstances analogues à celles qui ont lieu dans les appareils électro-chimiques, t. 1, page 654, de M. Becquerel, où il se dépose aussi successivement des corps de diverses espèces, où des corps formés au premier moment se décomposent plus tard pour en former d'autres, etc. Mais si nous distinguons comme espèces les produits que nous formons nous-mêmes dans telles circonstances, parce que nous pouvons les étudier à loisir sous tous les rapports, il n'y a pas de raison pour ne pas distinguer aussi ceux que nous trouvons tout formés dans la nature et dans des circonstances qui paraissent tout-à-fait semblables. Pour moi, je suis persuadé que l'on établira par la même raison beaucoup d'espèces aux dépens de celles qui existent; et déjà, la Scolézite, la Mésotype, l'Analcime m'ont présenté des substances fibreuses, qui recouvrent ou accompagnent leurs cristaux, et qui m'ont paru en être différentes par les proportions, quoique je n'aie pu opérer que sur de très petites quantités.

QUARANTE-HUITIÈME ESPÈCE. HEULANDITE.

(*Stilbite accélérée, anamorphique, octoduodécimale de Haüy.*)

Substance éclatante en prisme rectangulaire oblique, dont la base est inclinée à l'axe de 130°; clivage net, très brillant, nacré, parallèle aux faces latérales *L*.

Pesanteur spécifique, 2,51.

Rayant facilement la stilbite; ne rayant pas le verre; assez fragile.

Devenant opaque au feu; fusible avec boursouflement; soluble dans les acides; faisant difficilement gelée; solution précipitant par l'oxalate d'ammoniaque.

Composition. $4\,AS^3 + Ca\,S^3 + 6\,Aq$ ou $4\,\ddot{A}\,\ddot{S}^3 + 3\,\dot{C}a\ddot{S} + 18\,Aq$, d'après l'analyse de Walmstedt.

		Oxigène.	Rapport.
Silice	59,90	31,11	15 ou 16
Alumine	16,83	7,88	4
Chaux	17,19	2,01	1
Eau	13,43	11,93	6

Heulandite cristallisée. En prismes obliques, simples ou modifiés sur leurs angles solides, pl. XI, fig. 1, 9, 10. Inclinaison de *P* sur *i* 148°.

Heulandite testacée. En cristaux très aplatis parallèlement à *L*, concaves sur cette face et appliqués les uns sur les autres.

La Heulandite se trouve dans les mêmes lieux et dans les mêmes gisemens que la Stilbite, mais rarement avec elle dans la même cavité.

APPENDICE.

Zéolite farineuse de Fahlun, dont Hisinger a tiré :

		Oxigène.	Rapp.	
Silice	60	31,17	14	$3\,A\,Si^4 + Ca\,Si^2 + 4\,Aq$.
Alumine	15,60	7,28	3	
Chaux	8	2,25	1	
Oxide de fer	1,80			
Eau	11,60	10,32	4	

Zéolite rouge d'OEdelfors. Nous l'avons déjà placée, d'après l'analyse d'Hisinger, auprès de la chabasie; mais une analyse de Retzius, faite sur une substance dénommée de même, la rapproche de la Heulandite. Cette analyse a fourni :

		Oxigène.	*Rapp.*	
Silice. . . .	60,280 .	31,31	14	$3\,A\,Si^4 + Ca\,Si^2 + 4\,Aq.$
Alumine. .	15,416 .	7,20	3	
Chaux. . .	8,180 .	2,29	1	
Eau. . . .	11,070 .	9,29	4	
Oxide de fer.	4,160			
Magnésie et oxide de manganèse.	0,420			

On voit que ces compositions se rapprochent de celle de la Heulandite, sans cependant offrir tout-à-fait les mêmes rapports, puisqu'il ne paraît y entrer qu'un bisilicate de chaux, et que l'oxigène de l'alumine n'est que trois fois l'oxigène de la chaux.

QUARANTE-NEUVIÈME ESPÈCE. BREWSTÉRITE.

Substance blanche, transparente ou translucide, en prisme rectangulaire oblique, dont la base est inclinée à l'axe d'environ 94°; clivage net et brillant parallèlement aux faces latérales *L*.

Pesanteur spécifique ; 2,4.

Rayant le verre.

Devenant opaque, puis se boursouflant et se fondant difficilement au chalumeau.

Soluble en gelée dans les acides. Solution précipitant abondamment par l'oxalate d'ammoniaque.

Composition. $4\,A\,S^3 + (C, N)\,S^3 + 8\,Aq = 4\,A\,\dddot{S}i^3 + 3\,\dot{C}a\,\dddot{S}i + 24\,Aq$, suivant M. Berzélius. Je n'en connais pas d'analyse.

Une analyse de Meyer d'une substance dite stilbite laminaire de Feroe a fourni

		Oxigène.	
Silice	58,30 . .	30,28	16
Alumine.	17,50 . .	8,17	4
Chaux.	6,60 .	1,85	1
Eau	17,50 . .	15,55	8

Brewstérite cristallisée. En prismes rectangulaires obliques, chargés de petites facettes sur les arêtes latérales, et présentant un sommet dièdre très surbaissé, pl. XI, fig. 22. Inclinaison de *d* sur *d* 173°, de *P* sur *a*, *a'*, *a''*, *a'''*, 92°, 112°, 114° 30', 119° 30'.

Se trouve à Stronthian, en Écosse, accompagnée de carbonate de chaux.

CINQUANTIÈME ESPÈCE. ADINOLE.

(*Pétrosilex de Salberg, Pétrosilex agathoïde, Feldspath compacte.*)

Substance homogène, compacte, rouge, à cassure esquilleuse, d'un éclat gras. Translucide sur les bords.

Rayant le verre. Pesanteur spécifique,

Difficilement fusible au chalumeau en émail blanc.

Composition. $3\,ASi^6 + NSi^3$ ou $\ddot{A}\,\dddot{Si}^6 + \dot{N}\,\dddot{Si}$, suivant l'analyse de M. Berthier.

		Oxigène.	Rapport.
Silice	79,5 . .	41,30	21
Alumine.	12,2 . . .	5,63	3
Soude.	6,0 . .	1,50	1
Magnésie.	1,1 . . .	0,43	
Oxide de fer	0,5		

Se trouve à Salberg, en Suède.

SILICIO-ALUMINATES.

CINQUANTE-UNIÈME ESPÈCE. SAPHIRINE.

Substance en masse cristalline, lamellaire, d'un bleu saphir, tirant plus ou moins au gris verdâtre et au vert noirâtre.

Pesanteur spécifique, 3,42. Rayant le quarz, rayée par la topaze.

Infusible au chalumeau.

Composée, suivant l'analyse de M. Stromeyer, de

		Oxigène.	*Rapport.*
Silice	14,51	7,53	1
Alumine	63,11	29,47	4
Magnésie	16,85	6,52	
Chaux	0,38	0,11	1
Oxide de fer	3,92	0,89	
Oxide de manganèse	0,53	0,11	
Eau	0,49		

Ce qui donne $A^4 Si (Ma, Ca, f) = A\ Si + (Ma, Ca, f)\ A^3$ ou $\ddot{A}\ \dddot{Si} + \dot{Ma}\ \dddot{A}$.

M. Berzélius a admis une formule très compliquée, que je n'ai pu comprendre.

Cette substance, rapportée par M. Giesecke, se trouve à Fiskenaes, en Grœnland, dans un micaschiste.

CINQUANTE-DEUXIÈME ESPÈCE. CHAMOISITE.

Substance compacte ou oolitique, d'un gris verdâtre, magnétique. Pesanteur spécifique, 3 à 3,4.

Rayée par une pointe d'acier.

Donnant de l'eau par calcination dans le tube fermé; devenant alors noire et plus magnétique.

Attaquable par les acides en laissant de la silice gélatineuse. Solution précipitant abondamment par l'hydrocyanate ferruginé de potasse.

Composition. $A\,Si^2 f^4 Aq^4 = 2fS + f^2 A + 4\,Aq$, plus ou moins mélangé de carbonate de chaux, de magnésie, etc., d'après l'analyse de M. Berthier.

		Oxigène.	*Rapports.*
Silice	14,3	7,42	2
Alumine	7,8	3,64	1
Protoxide de fer	60,5	13,70	4
Eau	17,4	15,50	4

Le minerai tel qu'il sort du sein de la terre a donné,

Silice	12	Chamoisite.
Alumine	6,6	
Protoxide de fer	50,5	
Eau et matières bitumineuses	14,7	
Carbonate de chaux	14,4	
Carbonate de manganèse	1,2	

Se trouve en couches peu étendues, mais très nombreuses, dans les dépôts calcaires de la montagne de Chamoison, arrondissement de Saint-Maurice, dans le Vallais. Elle est exploitée avec avantage comme minerai de fer, et donne des produits de très bonne qualité.

CINQUANTE-TROISIÈME ESPÈCE. BERTHIÉRINE.

Substance bleuâtre, grisâtre ou gris olivâtre; rayée par une pointe d'acier; magnétique. Attaquable par les acides et laissant de la silice en gelée; solution nitrique précipitant abondamment en bleu par l'hydrocyanate ferruginé de potasse.

Composition. $A\,Si^2 f^6 Aq = 2f\,Si + f^3\,A + Aq$, mélangée avec de l'hydrate de péroxide de fer, du carbonate de fer, etc., d'après l'analyse de M. Berthier:

Berthiérine supposée pure de Hayanges.

		Oxigène.	*Rapports.*
Silice	12,4	6,45	2
Protoxide de fer	74,7	17,00	5
Alumine	7,8	3,65	1
Eau	5,1	4,50	1

Le minerai dans lequel la matière est mélangée a donné:

Berthiérine	48,5
Carbonate de chaux	11,0
Carbonate de fer	40,3

La substance dont nous nous occupons est connue par un travail de M. Berthier sur les minerais de fer en grains. Ce savant a trouvé que plusieurs des minerais de la Champagne, de la Bourgogne, de la Lorraine, etc., renfermaient une plus ou moins grande quantité d'une substance à laquelle on n'avait fait aucune attention, et qui leur communiquait la propriété magnétique. Cette substance est en petits grains qui souvent ne diffèrent pas à l'extérieur de ceux d'hydrate de péroxide ou de carbonate de fer, qui constituent essentiellement ces minerais. Elle ne s'y trouve quelquefois qu'en très petite quantité; mais dans d'autres cas il y en a de 8 à 10 pour 100, et parmi les minerais de Hayanges (Moselle), il en est, comme celui dont nous avons rapporté l'analyse, qui en renferment près de moitié. Ce dernier est même remarquable en ce qu'il ne renferme que des carbonates à l'état de mélange, et aucune matière qui puisse faire naître des doutes sur la nature de la substance principale.

SILICATES ALUMINEUX MAL CONNUS.

SERPENTINE JAUNATRE TRANSPARENTE D'AAKER.

Nous verrons plusieurs substances fort différentes désignées sous le nom de serpentine; mais la variété présente paraît devoir encore constituer une espèce particulière, puisqu'elle renferme de l'alumine que l'on ne voit dans aucune autre. M. Lychnell y a trouvé :

		Oxigène.	*Rapports.*
Silice	35,28	18,32	3
Alumine	13,73	6,41	1
Magnésie	35,35	13,68	2
Protoxide de fer	1,79	0,41	
Bitume, acide carbonique	6,28		
Eau	7,33	6,51	1

d'où, en faisant abstraction de l'acide carbonique, on peut tirer $\dot{A}\,Si + 2\,M\,Si + Aq$, ce qui formerait évidemment une espèce particulière.

Cette serpentine se trouve dans du calcaire spathique à Aaker, en Sudermanie.

HISINGERITE.

Substance lamelleuse, noire, tendre, à poussière verdâtre. Fusible au chalumeau en scorie noire.

Pesanteur spécifique, 3,04.

Composée, d'après l'analyse d'Hisinger, de

		Oxigène.	*Rapports.*
Silice	27,50	14,28	5 à 6
Alumine	5,50	2,57	1
Protoxide de fer.	47,80	10,88	4
Oxide de manganèse	0,77	0,17	
Eau	11,75	10,44	4

d'où l'on peut tirer $ASi + 4fSi + 4Aq$ ou bien $ASi^2 + 4fSi + 4Aq$.

Se trouve disséminée dans des calcaires lamellaires à la mine de Gillinge, paroisse de Svarta, en Sudermanie.

CHLORITE.

Substances de couleur verte, composées de petites lamelles plus ou moins brillantes, agrégées avec plus ou moins de forces.

Se rapportant à des compositions assez rapprochées les unes des autres, d'après les analyses suivantes:

Chlorite écailleuse, par Berthier.

		Oxig.	*Rap.*
Silice	26,8	13,92	3
Alumine	19,6	9,15	2
Protoxide de fer.	23,5	5,33	2
Magnésie	14,3	5,33	
Potasse	2,7	0,45	
Eau	11,4	10,13	2

$2ASi + (M, K, f)^2 Si + 2Aq$.

Chlorite écailleuse, par Vauquelin.

		Oxig.	*Rap.*
Silice	26	13,50	3
Alumine	18,5	8,64	2
Protoxide de fer.	43	9,79	3
Magnésie	8	3,09	
Potasse	2	0,34	
Eau	2		

$2ASi + (M, K, f)^5 Si$.

Chlorite schisteuse, par Gruner.		Oxig.	Rap.	Chlorite lamelleuse, par Lampadius.		Oxig.	Rap.
Silice	29,50	15,32	2	Silice	35	18,18	4 à 5
Alumine	15,62	7,27	1	Alumine	18	8,40	2
Oxide de fer	23,39	5,32	} 2	Magnésie	29,9	11,57	} 3
Magnésie	21,39	8,28		Oxide de fer	9,7	2,20	
Chaux	1,50	0,42		Eau	2,7		
Eau	7,38	6,56	1				

$A\,Si + (M, f, Ca)^2\,Si + Aq.$ $2\,A\,Si + (M, f)^3\,Si^2$?

Ces analyses ont toutes cela de commun qu'elles présentent une silicate d'alumine avec un sous-silicate des bases à un atome d'oxigène; mais elles diffèrent les unes des autres par l'ordre des sous-silicates, par les relations entre les deux sels, et si elles sont toutes exactes il y a nécessairement plusieurs substances confondues sous le même nom.

NACHRITE.

Substances blanchâtres d'un éclat nacré, en grains réunis dont chacun se divise en petites écailles onctueuses. Les analyses de M. Vauquelin ont fourni :

Pour une :		Oxig.	Rap.	Pour une autre :		Oxig.	Rap.
Silice	50	25,97	6	Silice	56	29,09	9?
Alumine	26	12,24	3	Alumine	18	8,40	3?
Potasse	17,5	2,88	} 1	Potasse	8	1,35	} 1
Chaux	1,5	0,42		Chaux	3	0,84	
Oxide de fer	5	1,13		Oxide de fer	4	0,91	
Traces d'acide hydrochlorique.				Eau	6	5,33	2
				Perte	5		

La première analyse donnerait $3\,A\,Si + K\,Si^6$; ce serait une substance analogue à la Scolexerose, mais à base de potasse.

La seconde pourrait donner $3\,A\,Si^2 + K\,Si^3 + 2\,Aq$ et serait une substance particulière, s'il n'y a pas d'erreur.

Ces matières se trouvent dans les roches micacées ou talqueuses des Alpes.

GLAUKOLITE.

Substance vitreuse bleuâtre ou violâtre, d'un éclat gras, compacte, avec une légère tendance à la texture lamellaire. Pesanteur spécifique, 2,721 à 2,9, 3,2. Rayant difficilement le verre. Fusible au chalumeau en verre blanc bulleux.

Analyse par Bergemann.

		Oxigène.	*Rapports.*
Silice	50,583	26,27	6?
Alumine	27,600	12,89	3?
Chaux	10,2[illegible]6	2 88	1
Magnésie	3,733	1,44	
Potasse	1,266	0,21	
Soude	0,866	0,22	
Perte au feu	1,733		
Perte	0,887		

d'où l'on tire 3 $A\,Si + (Ca, Ma, K, Na)\,Si^3$. M. Berzélius a admis 12 $A\,Si + 3\,Ca\,Si^3 + Na\,Si^3$.

Cette matière se trouve dans des montagnes granitiquest calcaires sur les bords du Sliudianka qui débouche au lac Baïkal.

ISOPYRE.

Substance vitreuse, d'un noir grisâtre ou noir de velours, opaque, translucide sur les bords; agissant faiblement sur l'aiguille aimantée. Pesanteur spécifique, 2,9. Difficilement attaquable par les acides.

M. Turner en a tiré:

		Oxigène.	*Rapports.*
Silice	47,09	24,46	6
Péroxide de fer	20,07	6,15	3
Alumine	13,91	6,49	
Chaux	15,43	4,33	1
Oxide de cuivre	1,94		

ce qui paraît donner la formule $3(A, F)\,Si + Ca\,Si^3$.

Cette matière, qui a de l'analogie avec l'obsidienne par les caractères extérieurs, a été observée en petites masses amorphes dans le granite, dans la partie occidentale du Cornwall.

DAVYNE.

Substance cristalline blanche en prisme à six pans? Pesanteur spécifique, 2,3.

Faisant gelée avec les acides.

L'analyse y a démontré :

		Oxigène.	*Rapports.*
Silice	42,91	22,29	7?
Alumine	33,28	15,54	5?
Chaux	12,02	3,37	1
Oxide de fer	1.25	0,26	
Eau	7,43	6,60	2
Perte	3,11		

ce qui semblerait donner la formule $5\,A\,Si + Ca\,Si^{2} + 2\,Aq$,

La Davyne se trouve dans les laves du Vésuve.

COUZERANITE.

Substance noire, en prismes obliques rhomboïdaux de 84 d et 96 d. Base inclinée aux pans de 92° et 93 d. Pesanteur spécifique, 2,69 Rayant le verre. Fusible au chalumeau en émail blanc.

Analyse par Dufresnoy.

		Oxigène	*Rapports.*
Silice	52,37	26,20	14
Alumine	24,02	11,22	6
Chaux	11,85	3,33	2
Magnésie	1,40	0,54	
Potasse	5,52	0,94	1
Soude	3,96	1,03	

d'où l'on tire $6\,A\,Si + (K\,.\,Na)\,Si^{2} + 2\,(Ca\,,\,M)\,Si^{3}$.

Cette substance, observée par M. Charpentier, a été examinée de nouveau par M. Dufresnoy. Elle se trouve dans plusieurs lieux aux Pyrénées, dans la vallée de Vicdessos, principalement sur le chemin de Saleix, au passage d'Aulus, au pont de la Taule, etc.

SMARAGDITE.

Diallage vert, Verde di Corsica.

Substance d'un beau vert, fissile, d'un éclat nacré dans la cassure parallèle aux feuillets.

Pesanteur spécifique, 3.

Rayant presque le verre.

Fusible au chalumeau en verre grisâtre ou verdâtre.

Vauquelin en a tiré par l'analyse

		Oxigène.	Rapports.
Silice	50	25,97	4
Alumine	21	9,81	2
Oxide de chrome	7,5	2,24	
Chaux	13	3,65	1 ?
Magnésie	6	2,32	
Oxide de fer	5,5	1,25	
Oxide de cuivre	1,5	0,30	
Perte	4,5		

d'où l'on pourrait peut-être tirer la formule $2(A, Ch)Si + (Ca, M, f)Si^2$. Cependant comme il y a ici une perte assez considérable, et que la Smaragdite est disséminée dans une albite compacte, il serait possible qu'il eût échappé un alcali à l'analyse et que dès-lors le contenu d'alumine appartînt à une formule feldspathique.

M. Haidinger a cru pouvoir admettre que la smaragdite était un mélange d'amphibole et de pyroxène; cela est possible, mais il faut expliquer la présence de l'alumine qui ne se trouve qu'accidentellement dans ces deux substances.

La smaragdite se trouve comme partie constituante d'une roche à base d'albite, subordonnée aux dépôts de protogyne des Alpes.

BOMBITE.

Substance compacte, à grains très fins, d'un noir bleuâtre. Rayant le quarz.

Pesanteur spécifique, 3,21.

Fusible avec bouillonnement au chalumeau en verre jaunâtre.

M. Laugier en a retiré par l'analyse :

		Oxigène.
Silice	50	25,97
Alumine	10,5	4,90
Oxide de fer	25	5,69
Magnésie	3,5	1,35
Chaux	0,5	0,14
Charbon	3	
Soufre	0,3	

En regardant une portion du fer comme se trouvant à l'état de péroxide, on pourrait déduire de là la formule $(A, F)\ Si + (f, M)\ Si$; si l'on regardait tout le fer comme étant à l'état de péroxide, on aurait $8\,(A, F)\ Si^2 + MSi$.

On ne connaît pas le gîsement de cette substance; elle a été trouvée aux environs de Bombay, rapportée par M. Leschenault, et dénommée par feu le comte de Bournon.

M. Laugier, d'après son analyse, a regardé cette substance comme une pierre de touche; mais cette expression vague ne signifie rien en général, parce qu'il y a des pierres de touche de toute espèce. Elle est seulement relative à deux analyses de pierre de touche de Vauquelin, qui ont présenté

Pierre de touche très noire.

		Oxig.	Rapp.
Silice	69	35,84	10
Alumine	7,5	3,50	1
Oxide de fer	17	3,87	1
Chaux	traces.		
Charbon	3,8		
Soufre	traces.		

Pierre de touche noire.

Silice	85
Alumine	2
Oxide de fer	2,7
Chaux	1,0
Charbon	2,7
Soufre	0.6
Eau	2,5

Il n'y a d'analogie entre ces deux analyses et la précédente que par la présence du charbon, et ce sont du reste des matières fort différentes. La première analyse pourrait donner $A\,Si^6 + F\,Si^4$, en regardant le fer comme étant à l'état de protoxide, et elle donnerait, au contraire, $(A, F)\,Si^4$ si on admettait que le fer se trouve à l'état de péroxide.

Quant à la second analyse, il paraît que la matière qui en a été l'objet était tout simplement un silex charbonneux.

PIERRE DE SAVON (*Seifenstein*).

Substance grisâtre ou bleuâtre, très onctueuse, se coupant comme du savon. Une analyse de Klaproth présente

		Oxigène.	*Rapports.*
Silice	45	23,37	6
Alumine	9,25	4,32	1
Magnésie	24,75	9,58	2
Oxide de fer	1	0,23	
Eau	18	16	4

$$A\,Si^2 + 2\,M\,Si^2 + 4\,Aq.$$

Du cap Lizard en Cornwall; en veine dans la serpentine.

SIDEROSCHISOLITE.

Substance noire, à poussière verte, en petits prismes à six pans, brillante.

Pesanteur spécifique, 3.

Devenant magnétique par l'action du feu; fusible en verre noir. Soluble dans les acides.

M. Wernekinck, d'après un essai sur une très petite quantité, la croit composée de

Silice	16,3	8,47
Protoxide de fer.	70,16 (1)	15,97
Alumine	4,1	1,91
Eau	7,3	6,49

d'où l'on tirerait peut-être $2 f Si^4 + A Si^2 + 3 Aq$.

Trouvée à Conghonas do Campo, au Brésil, dans une pyrite magnétique.

PIMELITE.

Substance vert-pomme, douce au toucher; se laissant rayer ou couper par un instrument tranchant.

Donnant de l'eau par calcination; attaquable par digestion dans les acides. Liqueur ammoniacale, provenant de la séparation de l'alumine, offrant une teinte bleue violâtre.

Composition. Les recherches analytiques de Klaproth ont conduit au résultat suivant:

		Oxigène.	*Rapports.*
Silice	84	43,64	8
Alumine.	12	5,60	1
Oxide de Nikel	37,50	7,98	2
Oxide de fer.	11	2,50	
Magnésie.	3	1,16	
Chaux.	1	0,28	
Perte au feu.	91,50	81,34	15
	240,00		

d'où l'on tirerait peut-être $A Si^2 + 2 Ni Si_3 + 15 Aq$. Mais il est nécessaire d'examiner cette substance de nouveau, car il est possible qu'elle ne soit qu'un silicate de nikel hydraté, mélangé de matière étrangère alumineuse.

C'est évidemment à tort qu'on a regardé cette substance comme une serpentine, ou talc, colorée par l'oxide de nikel; car d'un côté la magnésie est en trop petite

(1) L'auteur indique 75,5 d'oxide noir de fer que nous avons converti en protoxide.

quantité pour former un talc ou une serpentine; d'un autre, l'oxide de nikel ne peût guère être à l'état libre et comme matière colorante. Il paraît évident que cet oxide est en combinaison, et dès-lors on doit le regarder comme suppléant la magnésie, dont il est isomorphe, dans un composé double alumineux, ou comme formant un silicate dont on ne peut guère fixer l'ordre, qui se trouve mélangé avec un silicate alumineux inconnu. Dans tous les cas, il est bien clair qu'on doit en former une espèce particulière, car il serait ridicule de placer du silicate de nikel dans la même espèce que du silicate de magnésie, ou de tout autre corps, quand bien même il serait de même formule.

MEÏONITE D'ARFVEDSON.

Nous avons déjà annoncé, page 73, que, sous le nom de Meïonite, M. Arfvedson avait analysé une substance particulière dans laquelle il a trouvé

		Oxigène.	*Rapport.*
Silice	58,70	30,49	9?
Alumine	19,95	9,31	3?
Potasse	21,40	3,62	1
Chaux	1,35	0,38	
Oxide de fer	0,40		

ce qui pourrait donner la formule $3\,A\,Si^2 + K\,Si^2$, admise par M. Berzélius, mais qui n'a aucun rapport avec notre Meïonite.

Trouvée au Vésuve, et présentant une analogie de forme avec la vraie Meïonite.

DIPYRE.

Substance en très petits prismes qui paraîtraient être à base d'octogone régulier.

Pesanteur spécifique, 2,63.

Rayant le verre.

Blanchissant au feu; fusible en verre blanc bulleux; attaquable par les acides. Solution précipitant par l'oxalate d'ammoniaque.

L'analyse de Vauquelin a fourni :

Silice	60	31,17	11	$4\,A\,Si^2 + Ca\,Si^3$.
Alumine	24	11,21	4	
Chaux	10	2,81	1	
Eau	2			

ce qui en ferait une Hydrolite anhydre; mais on suspecte cette analyse qui a été faite sur une très petite quantité de matière.

KILLINITE.

Substance d'un vert clair, ou jaune brunâtre, lamelleuse; donnant par clivage un prisme quadrilatère d'environ 135° et 45°.

Pesanteur spécifique, 2,70.

Ne rayant pas le verre.

Fusible en émail blanc.

Composée, suivant l'analyse de M. Barker, de

		Oxig.	Rap.
Silice	52,49	27,26	19 à 20
Alumine	24,50	11,44	8
Potasse	5	0,84	1
Oxide de fer	2,49	0,56	
Eau	5	4,44	3

ce qui donnerait $8\,A\,Si^2 + K\,Si^4 + 3\,Aq$.

Citée à Killiney, en Irlande, dans un filon de granite qui traverse le micachiste, et accompagnée de triphane, etc.

ANTHOPHYLLITE.

Substance lamellaire, brunâtre, d'un éclat métalloïde; divisible en prismes rhomboïdaux d'environ 116° et 74°.

Pesanteur spécifique, 2,3.

Rayant difficilement le verre; rayé par le quarz. Infusible au chalumeau.

Composée, suivant l'analyse de M. John, de

		Oxigène.	*Rapports.*
Silice	62,66	32,55	5
Alumine	13,33	6,22	1
Magnésie	4	1,54	1
Chaux	3,33	0,93	
Oxide de fer	12	2,73	
Oxide de manganèse	3,25	0,71	
Eau	1,43		

ce qui donnerait $ASi^3 + (M, f) Si^2$.

En couches dans le micaschiste à Kiernerudwasser, près de Kongsberg, en Norwège; à Ikertok, en Groënland.

NÉPHRITE.

Jade néphritique, Pierre de hache, Céraunite.

Substance verdâtre ou blanchâtre, compacte, d'un éclat gras.

Pesanteur spécifique, 2,95.

Rayant le verre; très tenace.

Fusible en émail blanc.

Formée, d'après l'analyse de Kastener, de

		Oxigène.	*Rapports.*
Silice	50,50	26,23	6
Alumine	10	4,67	1 ?
Magnésie	31	12,00	3
Oxide de fer	5,50	1,25	
Oxide de chrome	0,05		
Eau	2,75		

ce qui donnerait $ASi^3 + 3 MSi^2$.

Vient de la Chine, taillée de diverses manières.

TERRES VERTES ALUMINEUSES.

Substances vertes, terreuses ou plus ou moins agrégées, très tendres.

Fusibles ou infusibles ; donnant de l'eau par calcination ; plus ou moins attaquables par les acides ; solution précipitant abondamment par l'hydrocyanate ferruginé de potasse.

Composition difficile à établir d'une manière exacte ; il existe probablement diverses espèces qui diffèrent principalement les unes des autres par les proportions, mais elles renferment toutes une assez grande quantités de silicates de fer de divers ordres, qu'on peut considérer comme combinés avec des silicates d'alumine, ou peut-être mélangés avec ces silicates ; dans ces derniers cas, les terres vertes que nous réunissons ici se placeraient à côté de celles dont nous parlerons dans les silicates non alumineux. Nous rassemblerons ici les diverses analyses que nous connaissons.

Terre verte de Lossossna, par Klaproth.

		Oxigène.	*Rapports.*
Silice	51,50	26,75	9
Alumine	12,00	5,60	2
Oxide de fer	17	3,87	3
Magnésie	3,50	1,35	
Chaux	2,50	0,70	
Soude	4,50	1,15	
Eau	9,00	8	5

On peut tirer de cette analyse la formule $2\,A\,Si^3 + 3\,(f, M, Ca, Na)\,Si + 3\,Aq$; et si l'on regardait le fer comme se trouvant à l'état de péroxide, on pourrait avoir $3(A, F)\,Si^2 + (M, Na)\,Si^3 + Aq$, qui serait la formule de l'Achmite avec de l'eau.

Cette terre verte se trouve près de Lossossna, nouvelles provinces prussiennes, dans des matières sableuses avec lesquelles elle est mélangée.

Les analyses suivantes, que l'on doit à M. Berthier, nous offrent plusieurs autres combinaisons des mêmes principes, et semblent conduire vers les formules que nous avons placées au-dessous de chacune d'elles, sans cependant les adopter définitivement, parce qu'il serait possible que quelques nouvelles observations conduisissent à discuter les analyses autrement, et en faire diverses silicates de fer mélangés de silicates alumineux.

Terre verte de Timor.

		Oxigène.
Silice	46	23,89
Alumine	11,7	5,46
Protoxide de fer	17,4	3,96
Magnésie	8	3,09
Chaux	3,6	1,01
Eau	13,9	12,35

$(A, F) Si^2 + (f, m) Si^2 + 2 Aq.$

Terre verte entre les bancs de calcaire grossier.

		Oxigène.
Silice	46,3	24,05
Alumine	7,6	3,55
Protoxide de fer	22,3	5,07
Magnésie	6	2,32
Chaux	3	0,84
Eau	15	13,33

$A Si^2 + 2 (f, M, Ca) Si^2 + 3 Aq.$

Terre verte de la craie.

Silice	49,7	25,82	8
Alumine	6,9	3,22	1
Protoxide de fer	19,5	4,44	2
Potasse	10,6	1,79	
Eau	12	10,67	3

$A Si^2 + 2 (f, K) Si^3 + 3 Aq.$

Terre verte de Glaris.

Silice	52,3	27,17	10
Alumine	5,6	2,61	1
Protoxide de fer	23,0	5,23	
Magnésie	4,9	1,89	3
Potasse	3,0	0,51	
Eau	8,5	7,55	3

$A Si + 3 (f, M, K) Si^3 + 3 Aq.$

ZÉOLITE DE BORKHULT.

Substance violette, lamelleuse; rayant le verre; fusible au chalumeau en verre translucide.

Pesanteur spécifique, 2,28.

Formée suivant Hisinger de

		Oxigène.	Rapports.
Silice	51,50	26,75	12
Alumine	30	14,01	6
Chaux	8	2,25	1
Oxide de fer	0,75		
Matière volatile (eau) ?	5	4,44	2
Traces de manganèse.			

ce que l'on ne peut rapporter à aucune des matières nommées zéolite, et dont on ne peut faire que $4ASi^3 + Ca A^2 + 2Aq$: ce serait bien alors une espèce particulière à placer avec les silicio-aluminates. M. Berzélius avait autrefois distingué cette substance par la formule $3ASi + CaS^2$ qui ne s'accorde pas avec l'analyse; mais j'ignore ce qu'il en fait dans son nouveau système.

Trouvée dans une couche calcaire près de la mine de fer de Borkult, en Ostgœthland, accompagnée de sphène.

LÉELITE.

Substance rouge, compacte, à cassure conchoïde esquilleuse, translucide sur les bords.

Pesanteur spécifique, 2,71.

Formée, suivant M. Clarke, de

		Oxigène.	Rapports.	
Silice	75	38,96	4	AS^4
Alumine	22	10,27	1	
Oxide de manganèse	2,5			

Trouvée à Gryphytta, en Westmanie.

MINÉRAL DE FINLANDE.

Substance opaque d'un noir verdâtre d'un éclat gras.

Pesanteur spécifique, 1,70.

Composée, suivant M. Hess de Dorpat, de

		Oxigène.	Rapports.
Silice	43,78	22,74	8?
Alumine	6,20	2,89	1
Protoxide de fer	34,10	7,76	
Magnésie	5,00	1,93	4?
Oxide de cuivre	3,00	0,60	
Eau	7,02	6,24	2?

ce qui conduirait peut-être à la formule $ASi^4 + 4fSi + 2Aq$.

Se trouve en veines dans le cuivre pyriteux ou dans le calcaire en Finlande.

PAGODITE.

Talc glaphique, Agalmatolite, Pierre de lard, Lardite, Koreïte, Stéatite, Bildstein.

Substance compacte, d'un éclat gras, douce au toucher, de couleur blanc rougeâtre, rouge de chair, grisâtre, verdâtre. Se laissant facilement rayer par une pointe d'acier.

Pesanteur spécifique, 2,6.

Donnant de l'eau par calcination, devenant alors dure, luisante, écailleuse. Infusible.

Composition. Les analyses ont fourni les résulats suivans,

Pagodite jaune de Chine, par Vauquelin.		*Oxig.*	*Rapp.*
Silice	56	29,09	16
Alumine	29	13,54	8
Potasse	7	1,18	1
Chaux	2	0,56	
Oxide de fer	1		
Eau	5	4,44	3

Pagodite rouge de Chine, par John.		*Oxig.*	*Rapp.*
Silice	55,50	28,83	20
Alumine	31,00	14,48	10
Potasse	5,25	0,89	1
Chaux	2,00	0,56	
Oxide de fer	1,25		
Eau	5	4,44	3

Pagodite? de Nagyag, par Klaproth.

		Oxigène.	*Rapports.*
Silice	54,50	28,31	28
Alumine	34,00	15,88	16
Potasse	6,25	1,05	1
Oxide de fer	0,75		
Eau	4	3,55	3 à 4

La première analyse donnerait $4A\,Si^4 + K\,A^4 + 3Aq$; il manquerait seulement un peu d'eau pour arriver à $4\,Aq$ et rendre la formule régulière.

La seconde analyse donnerait $5\,A\,S^4 + K\,A^5 + 3\,Aq$, et la troisième pourrait conduire à $14\,A\,S^2 + K\,A^2 + 3\,Aq$. En tout on voit que les Pagodites sont des silicio-aluminates, qui ont peut-être besoin d'être examinés de nouveau.

Les vraies Pagodites nous viennent de la Chine, sous la forme de petites figures qu'on nomme magots. Celles de Nagyag paraissent se trouver en filons dans les roches trachytiques.

CYMOPHANE.

Chrysoberil, Chrysopal, Chrysolite orientale et chatoyante.

Substance vitreuse d'un vert jaunâtre, cristallisant dans le système prismatique rectangulaire; en cristaux dérivant d'un prisme rectangulaire, dont la hauteur et les côtés sont comme les nombres $\sqrt{2}$, $\sqrt{3}$, $\sqrt{6}$.

Pesanteur spécifique, 3,59 à 3,75.

Rayant facilement le verre, rayé par le Spinel. Ne donnant pas d'eau par calcination; infusible au chalumeau; difficilement attaquable par la fusion avec la soude. Insoluble dans les acides.

Composition. Les analyses de M. Seybert, à qui l'on doit la découverte de la glucine dans cette pierre, ont donné

Cymophane du Brésil.			Cymophane de Haddam.		
Silice	5,999 .	3,11	Silice	4 .	2,07
Alumine.	68,666 .	32,06	Alumine.	73,60 .	34,37
Glucine.	16 .	4,98	Glucine	15,80 .	4,92
Oxide de titane. .	2,666		Oxide de titane. .	1,00	
Protoxide de fer. .	4,723 .	1,07	Protoxide de fer. .	3,38	
Eau.	0,666		Eau.	0,40	
Perte	1,270		Perte	1,82	

Il est impossible de voir dans ces compositions les rapports $A^{12} S G^2 = 2 G A^4 + A^4 S$ indiqués par M. Seybert; M. Berzélius ne les a également adoptés qu'avec doute. D'un autre côté, il est bien difficile, ce me semble, d'admettre un aluminate de glucine à cause de la grande analogie qui existe entre la glucine et l'alumine, et qui tend à faire regarder ces deux substances comme isomorphes. Enfin, il paraît bien extraordinaire que les analyses de M. Seybert ne présentent que 4 à 6 de silice pour 100, lorsque M. Arfvedson en a trouvé 18,73; on comprend bien, en effet, que M. Arfvedson, ne pensant pas à chercher la glucine, ait pu confondre cette terre avec l'alumine, mais qu'il ait pris de la glucine ou de l'alumine pour de la silice, ce serait une circonstance fort singulière. Cette analyse de M. Arfvedson avait donné

Silice	18,73
Alumine	81,43

ce qui donnait $A^4 Si$, formule qui s'accordait bien avec les propriétés du cymophane.

VARIÉTÉS.

Cymophane cristallisé. En prismes rectangulaires simples, ou modifiés par des prismes rhomboïdaux et terminés par des sommets à deux, quatre, six faces, etc., pl. X, fig. 66 à 69. Inclinaison de P sur a, a' 136° 20', 154° 51', de L sur d, d' 110° 3', 126° 8'.

Cymophane roulé. En cristaux déformés par le roulis dans les sables des ruisseaux.

Cymophane amorphe. En petits nids vitreux dans les pegmatites.

Cymophane chatoyant. Offrant des reflets bleuâtres avec une teinte laiteuse.

GISEMENT.

Le cymophane se trouve disséminé dans les pegmatites (Haddam dans le Connecticut, Saratoga, dans les états de New-York), ou bien en cristaux roulés dans les dépôts arénacés ou les sables des rivières (Ceylan, Pégu, Brésil).

USAGES.

Les variétés transparentes du cymophane sont très éclatantes et d'un très bel effet en pierre taillée à facettes; elles sont alors recherchées et même d'un prix très élevé. On les désigne sous le nom de *Chrysolite orientale*, quelquefois sous celui de *Topaze orientale*, et on les confond alors avec les corindons jaunes, qui portent le même nom. Les variétés chatoyantes se taillent en cabochou, et n'ont de prix que quand les reflets sont très beaux et très vifs.

MARGARITE (*Perlglimmer*).

Substance nacrée, en petits prismes à huit pans, agglomerés, gris de perle ou rougeâtre.

Pesanteur spécifique, 3,03.

M. Duménil en a tiré

		Oxigène.	*Rapport.*
Silice	37	19,2	5
Alumine	40,50	18,91	5
Chaux	8,96	2,51	1
Soude	1,24	0,32	
Oxide de fer	4;50	1,02	
Eau	1		

$$A\,Si^5 + Ca\,A^4 ?$$

J'ignore s'il existe une autre analyse de cette substance; mais il est impossible de voir dans celle-ci la ressemblance que M. Breithaupt croit trouver avec le résultat d'Hisinger sur la substance nommée Pyrodmalite (voyez ce mot).

En nids dans les chlorites, ou mélangé avec ces substances, à Sterzing, en Tyrol.

RUBELLANE.

Substance d'un brun rougeâtre, tendre; cristaux en pyramides à base hexagone.

Pesanteur spécifique, 2,5 à 2,7.

A fourni à Klaproth :

Silice	45	Chaux	10
Alumine	10	Potasse et soude	10
Oxide de fer	20	Matière volatile	5

dont on ne peut établir les quantités relatives d'oxigène à cause du mélange des deux alcalis.

De Schima dans le Mittelgebirge, en Bohême.

EPIDOTE MANGANÉSIFÈRE.

On donne ce nom à une substance qu'on trouve sous forme de petites aiguilles cristallines, sous forme cylindroïde, ou en petites masses grossièrement bacillaires, d'un rouge brunâtre ou violâtre, au milieu d'un dépôt de silicate de manganèse, à Saint-Marcel, en Piémont. Cette substance est accompagnée de trémolite fibreuse tantôt blanche, tantôt colorée, en tout ou en partie, en violet plus ou moins foncé; c'est d'après cela qu'on l'a considérée elle-même comme n'étant que de l'amphibole manganésifère. M. Cordier l'a regardée comme une épidote manganésifère, et en a fait l'analyse suivante :

Silice	33,5
Alumine	15,0
Chaux	14,5
Oxide de fer	19,5
Oxide de manganèse	12

dont on ne peut rien tirer, parce qu'on ne sait pas à quel état se trouvent les oxides et surtout l'oxide de manganèse.

Nous pensons qu'il est impossible de prononcer sur cette substance, avant de l'avoir examinée de nouveau sous les rapports chimiques, avec les précautions convenables. Cela est d'autant plus nécessaire que nous savons aujourd'hui qu'il existe plusieurs silicates de manganèse dont la nature n'est pas parfaitement connue.

SILICATES ALUMINEUX FLUORIFÈRES.

MICAS.

Substances foliacées, divisibles en feuillets minces, élastiques, à surface brillante.

Confusion de toutes espèces de choses, probablement

très différentes les unes des autres, et dans lesquelles on ne peut encore établir de divisions que par les propriétés optiques, qui indiquent des systèmes de cristallisation différens, et même subdivisés de diverses manières.

A. *Micas à un axe de double réfraction.*

Feuillets laissant voir une croix noire, entourée de lignes circulaires colorées, lorsqu'on les place entre deux lames de tourmaline croisées.

Indications cristallines conduisant à adopter le système rhomboèdrique.

1° Axe attractif.

Mica cristallisé en petits prismes hexagones, verdâtres, un peu onctueux. De la vallée d'Ala, en Piémont. N'a pas été analysée.

2° Axe répulsif.

Les variétés analysées ont donné les résultats suivans:

Mica de Sibérie, par H. Rose.

		Oxig.	*Rapp.*
Silice	42,01	21,82	2
Alumine	16,05	7,49	1 ?
Péroxide? de fer	4,93	1,51	
Magnésie	25,97	10,05	1
Potasse	7,55	1,28	
Acide fluorique	0,68		

$(A, F)\,Si + (Ma, K)\,Si$?

Mica de Sibérie vert noir, par le même.

		Oxig.	*Rapp.*
Silice	40	20,78	3
Alumine	12,67	5,92	2
Péroxide? de fer	19,03	5,83	
Magnésie	15,70	6,08	1
Potasse	5,61	0,95	
Oxide de manganèse	0,63	0,14	
Acide fluorique	2,10		

$2\,(A, F)\,Si + (Ma, K)\,Si$.

Mica noir de Sibérie, par Klaproth

		Oxig.	*Rap.*
Silice	42,50	22,07	4 ?
Alumine	11,50	5,37	2
Péroxide? de fer	22	6,74	
Magnésie	9	3,47	1
Potasse	10	1,69	

$2\,(A, F)\,Si + (Ma, K)\,Si^2$

Mica nacré de Moscovie, par Vauquelin.

		Oxig.	*Rap.*
Silice	40	20,78	
Alumine	11	5,13	
Péroxide? de fer	8	2,45	
Magnésie	19	7,35	
Potasse	20	3,39	

$(A, F)\,Si + 2\,(Ma, K, f)\,Si$?

On voit qu'il est bien difficile de tirer de ces analyses une formule générale avec quelque certitude; cependant on peut remarquer qu'il y a un fond commun dans ces substances. M. Rose croit que tous les micas à un axe (sans doute répulsif) peuvent être représentés par la formule $(A, F) Si + (Ma, K, f, mn) Si$, en admettant que le fer est souvent partie à l'état de péroxide, partie à l'état de protoxide. On voit en effet le fond de cette formule dans toutes les analyses; mais il serait possible qu'il y eût des différences dans les quantités relatives des deux membres.

VARIÉTÉS.

Mica cristallisé. En prismes droits à base d'hexagone régulier : cristaux verdâtres, vitreux (à la Somma); cristaux noirs plus ou moins métalloïdes (basaltes et tufs basaltiques des bords du Rhin; trachytes de Hongrie). Aucun n'a été analysé.

Mica foliacé. En grandes feuilles noires ou vertes (Sibérie); en feuilles jaunâtres, nacrées, douces au toucher (mica de Moscovie); en lames rouges colorées par l'oxide de manganèse (Saint-Marcel en Piémont; n'a pas été analysé); en lames d'un vert sombre de divers lieux.

B. *Micas à deux axes de double réfraction.*

Feuillets laissant voir les indices de deux systèmes d'anneau colorés, elliptiques, lorsqu'on les place entre deux lames de tourmaline croisées, et offrant une ou plusieurs lignes noires qui traversent les anneaux. Axes toujours répulsifs. Indications cristallines conduisant au prisme rhomboïdal, droit ou oblique.

Il a été fait un assez grand nombre d'analyses dont les résultats sont assez variables.

Mica blanc, nacré, du Zillerthal, par Beudant.

		Oxigène.	*Rapports.*
Silice	51,3	26,65	8
Alumine	31,9	14,90	4
Potasse	6,2	1,05	
Chaux	5,2	1,46	1
Magnésie	3,1	1,20	
Acide fluorique	2,1		
Perte	0,2		

$$4\,A\,Si + (K, Ca, M.)\,Si^4$$

Cette variété était blanche, nacrée, en paillettes élastiques empilées les unes sur les autres. L'analyse ne s'accorde avec aucune autre, et il est probable que la matière formera une espèce particulière.

Mica vitreux de Moscovie, par Vauquelin.		Oxig.	Rap.	Mica de Zinwald, par le même.		Oxig.	Rap.
Silice	45	23,37	9	Silice	46,4	24,10	10
Alumine	33	15,41	6	Alumine	18,5	8,64	6
Péroxide? de fer	4	1,22		Péroxide? de fer	20,0	6,13	
Potasse	15	2,54	1	Potasse	11,2	1,89	1
				Oxide de manganèse	2,4	0,52	

$6(A, F)\,Si + K\,Si^3$ $\quad$ $6(A, F)\,Si + K\,Si^4$.

Ces deux micas paraîtraient se rapporter à-peu-près à la même formule, en admettant que le fer y est à l'état de péroxide, ce qui est loin d'être démontré. Pour le premier on pourrait bien regarder ce métal comme étant à l'état de protoxide, et il donnerait $3A\,Si^2 + (K, f)\,Si$; mais pour le second on aurait $4A\,Si^2 + 3(K, f)\,Si^2$, formule qui est contre les lois connues de composition, par suite du rapport 4 à 3 entre les quantités d'oxigène des bases.

Sous les rapports optiques, ces deux micas diffèrent considérablement; dans le premier, l'écart des axes de double réfraction est de 64°; dans le second il n'est que de 50°.

Mica de..... (1), par Vauquelin.		Oxig.	Rap.	Mica du Mexique, par le même.		Oxig.	Rap.
Silice	49	25,45	13 à 14	Silice	54	28,05	17
Alumine	26	12,14	7 à 8	Alumine	22	10,27	8
Péroxide? de fer	6,8	2,45		Péroxide? de fer	11	3,37	
Potasse	11,2	1,90	1	Potasse	10	1,69	1
Eau	5	4,44	2				

$7(A, F)\,Si + K\,Si^6 + 2\,Aq$. $\quad$ $8(A, F)\,Si + K\,Si$.

(1) Envoyé de Varsovie à M. Biot.

Mica violâtre des Etats-Unis, par Vauquelin.

		Oxigène.	Rapports.
Silice	48,5	25,21	12
Alumine	33,9	15,83	8
Potasse	11,3	1,91	1
Oxide de manganèse	1,3	0,28	
Eau	3	2,66	1

$$8\,A\,Si + K\,Si^4 + Aq.$$

Ces trois analyses diffèrent des précédentes par les quantités relatives de silicate d'alumine et par l'ordre du silicate de potasse; elles diffèrent également les unes des autres. Deux d'entre elles renferment de l'eau, et la dernière est remarquable par l'absence du fer. Si l'on regardait le fer comme à l'état de protoxide, on aurait :

1e analyse. . . . $4\,A\,Si + (K, f)\,Si^5 + Aq.$
2e analyse . . . . . $5\,A\,Si^2 + 2(K, f)\,Si^2.$

Mais la seconde formule paraît inadmissible à cause du rapport 5 à 2.

Dans la première sorte de mica, l'angle des deux axes de double réfraction est de 63°; dans la seconde, cet angle est de 66°; et enfin, dans la troisième, il est de 74 à 76°; ces différences peuvent, aussi bien que les analyses, faire soupçonner ici plusieurs espèces différentes.

Mica de Brodbo, par H. Rose.

		Oxig.	Rapp.
Silice	46,10	23,95	13 à 14
Alumine	31,60	14,76	10
Péroxide? de fer	8,65	2,65	
Potasse	8,39	1,46	1
Oxide de manganèse	1,40	0,30	
Acide fluorique	1,12		
Eau	1,00		

$$10\,(A, F)\,Si + K\,Si^5$$

Mica de Utö, par le même.

		Oxigène.	Rapp.
Silice	47,50	24,67	15
Alumine	37,20	17,37	9
Péroxide? de fer	3,20	0,98	
Potasse	9,60	1,62	1
Oxide de manganèse	0,90		
Acide fluorique	0,56		
Eau	2,63		

$$11\,(A, F)\,Si + K\,Si^4.$$

Mica de Kimito, par H. Rose.		Oxig.	Rapp.	Mica blanc d'Ochotzk, par le même.		Oxig.	Rapp.
Silice	46,56	24,08	15 à 16	Silice	47,19	24,51	17
Alumine	36,80	17,19	12	Alumine	33,80	15,78	12
Péroxide? de fer	4,53	1,39		Péroxide? de fer	4,47	1,37	
Potasse	9,22	1,56	1	Potasse	8,35	1,41	1
Oxide de manganèse				Chaux	0,13		
Acide fluorique	0,76			Oxide de manganèse et magnésie	2,58		
Eau	1,84			Acide fluorique	0,29		
				Eau	4,07		

$12\,(A, F)\,Si + K\,Si^5$. $12\,(A, F)\,Si + K\,Si^5$.

Mica de Fahlun, par H. Rose.

		Oxigène.	Rapport.
Silice	46,22	24,01	17
Alumine	34,52	16,12	12?
Péroxide? de fer	6,04	1,85	
Potasse	8,22	1,09	1
Magnésie et oxide de manganèse	2,11		
Acide fluorique	1,09		
Eau	0,98		

$$12\,(A, F)\,Si + K\,Si^5.$$

On voit encore des différences dans ces analyses, quoiqu'on puisse les regarder comme celles qui ont été faites avec le plus de soin; cependant on voit qu'elles se rapprochent beaucoup, et il serait possible que les substances qui en ont été l'objet se rapportassent à une même espèce. M. H. Rose pense qu'on peut toutes les exprimer par la formule $12\,(A, F)\,Si + K\,Si^5$.

La présence de l'acide fluorique dans tous les micas analysés par M. Rose, et qu'on a retrouvé depuis dans tous ceux que l'on a examinés, peut faire présumer qu'il en existe également dans les espèces dont nous devons les analyses à Vauquelin et à Klaproth.

Il y a aussi beaucoup de matières micacées dans lesquelles il existe de la lithine, et qui ont fourni les analyses suivantes :

Lepidolite de Rosena, par C. G. Gmelin.

Silice	49,060
Alumine	33,611
Potasse	4 186
Lithine	3,592
Magnésie	0,408
Oxide de manganèse.	1,402
Acide fluorique.	3,445
Acide phosphorique	0,112
Eau et perte	4,184

$4\,A\,Si + (K, L)\,Si^2$

Mica fleur de pêcher, de Chursdorff, par le même.

Silice.	52,254
Alumine	28,345
Potasse	6,903
Lithine.	4,792
Oxide de manganèse	3,663
Acide fluorique.	5,069

$3\,A\,Si + (K, L)\,Si^3$

Mica gris jaunâtre de Zinwald, par C. G. Gmelin.

Silice	46,233
Alumine.	14,141
Péroxide? de fer	17,963
Potasse.	4 900
Lithine	4,206
Oxide de manganèse	4,573
Acide fluorique	8,530
Eau.	0,831

$3\,(A, F)\,Si + (K, L)\,Si^3$

Mica gris de Cornwall, par E. Turner.

Silice.	50,82
Alumine.	21,33
Péroxide de fer.	9,08
Potasse	9,86
Lithine.	4,05
Acide fluorique.	4,81

$3\,(A, F)\,Si + (K, L)\,Si^3$?

Mica blanc d'argent de Zinwald par E. Turner.

Silice	44,28
Alumine	24,53
Oxide de fer	11,33
Potasse	9,47
Lithine	4,09
Oxide de manganèse.	1,66
Acide fluorique.	5,14

$3\,(A, F)\,Si + (K, L)\,Si^3$?

Mica verdâtre d'Altenberg, par le même.

Silice	40,19
Alumine.	22,72
Péroxide? de fer	19,78
Potasse	7,49
Lithine.	3,06
Oxide de manganèse	2,02
Acide fluorique.	3,99

$4\,(A, F)\,Si + (K, L)\,Si^4$

On voit que ces analyses présentent également des irrégularités, et qu'il est difficile d'établir une formule définitive pour les lépidolites; cependant la formule

$3(A, F)\,Si + (K, L)\,Si^3$ est celle qui se représente le plus fréquemment, et elle conduit à penser que les lépidolites constituent encore une substance particulière, distincte de toutes celles que nous avons vues dans les autres micas. On ne peut cependant rien dire de positif, jusqu'à ce qu'on sache quel est le rôle de l'acide fluorique dans ces matières.

M. Berzélius partage les matières micacées en trois; savoir :

Mica à base de magnésie, ce sont les micas à un axe.

Mica à base de potasse; mica à base de potasse et de lithine : ce sont tous micas à deux axes.

VARIÉTÉS DES MICAS A DEUX AXES.

Micas cristallisés. En prismes rhomboïdaux droits ou obliques, passant quelquefois au prisme hexagone.

Mica globulaire testacé. Composé d'écailles concaves, empilés les unes sur les autres et formant un tout à surface arrondie très brillante.

Mica foliacé. En feuillets plus ou moins étendus.

Mica lamellaire. En petites masses composées de lamelles entassées pêle-mêle et plus ou moins agrégées (lépidolite et autres espèces) formant souvent des masses schisteuses (variétés de schistes argileux).

Mica écailleux. Composé de petites écailles nacrées ou brillantes, qui se désagrègent assez facilement, et quelquefois sont disposées de manière à donner à la masse une structure grossièrement bacillaire.

Mica fibreux. En masses composées de petites écailles, arrangées de manière à former des fibres, tantôt droites, tantôt divergentes d'un centre, tantôt palmées.

Mica pailleté. En petites paillettes, tantôt libres, tantôt disséminées dans les sables, dans les grès, dans diverses sortes de roches, ou composant des roches schisteuses (schistes argileux).

Couleurs très variées, du noir au vert foncé, au vert clair, au brun, au rouge; du blanchâtre au grisâtre, jaunâtre, etc.; violet, rougeâtre, rouge de chair, etc.

Eclat métalloïde, nacré, vitreux.

GISEMENT.

Les micas appartiennent à tous les terrains de cristallisation. Ils sont d'une abondance extrême dans ceux que l'on nomme primitifs et intermédiaires; ils entrent dans la composition des granites, des gneiss, des micaschistes, des hyalomictes, des leptinites, et constituent en entier les schistes argileux. Ils font aussi partie essentielle de certaines roches calcaires schisteuses, où ils sont uniformément disséminés, ou en enduits entre les feuillets. Du reste les micas sont disséminés dans certains calcaires saccharoïdes ou lamellaires, dans les Dolomies, dans les diorites porphyriques, dans les trachytes, dans les basaltes ou les tufs basaltiques, dans quelques laves modernes. Dans les terrains secondaires et tertiaires ces substances ne se trouvent plus qu'en paillettes disséminées dans les sables, dans les matières arénacées.

USAGES.

Les micas en grandes feuilles servent en Russie pour vitrer les bâtimens de guerre; ils y ont l'avantage de ne pas se briser dans les explosions de l'artillerie; on s'en sert aussi pour le vitrage des maisons, pour les lanternes, etc., et cette substance est, sous ces rapports, l'objet d'exploitation assez considérable en Sibérie. Les sables micacés, et surtout les variétés nommées Lépidolite, sont employés comme poudre pour l'écriture. Ce sont des lames de mica qu'on emploie dans le colorigrade pour obtenir les diverses couleurs, suivant leur plus ou moins d'épaisseur et leur degré d'inclinaison sur le rayon lumineux.

SILICATES ALUMINEUX CHLORIFÈRES.

SODALITE.

Substance cristallisant en dodécaèdre rhomboïdal.

Pesanteur spécifique, 2,37 à 2,49.

Rayant le verre.

Ne donnant pas d'eau par calcination; fusible sur les bords des fragmens; soluble par digestion dans l'acide nitrique. Solution précipitant par le nitrate d'argent, et donnant d'ailleurs un résidu alcalin après le traitement par le carbonate d'ammoniaque, filtration, évaporation et calcination.

Composition. Difficile à établir en formule par suite de la présence du chlore, dont on ignore le rôle. Les analyses ont donné les résultats suivans :

Sodalite du Vésuve, par Arfvedson.

Silice	35,99
Alumine	32,59
Soude	26,55
Acide hydrochlorique	5,30

Sodalite du Vésuve, par Wachtmeister.

		Oxig.	*rapp.*
Silice	50,98	25,64	4
Alumine	27,64	12,91	2
Soude	20,96	6,70	1
Acide hydrochlorique	1,29		

Sodalite du Groënland, par Eckeberg.

Silice	36
Alumine	32
Soude	25
Oxide de fer	0,15
Acide hydrochlorique	6,75

Sodalite du Groënland, par Thomson.

Silice	38,52
Alumine	27,48
Soude et un peu de potasse	23,50
Chaux	2,10
Oxide de fer	1,00
Acide hydrochlorique	3,10

M. Berzélius admet la formule $2\,A\,Si + Na\,Si^2$, en faisant abstraction du chlore. L'analyse de M. Wachtmeister, où l'acide hydrochlorique est en très petite quantité, se rapporte bien mieux que toutes les autres à cette formule.

GISEMENT.

La sodalite du Vésuve se trouve en cristaux dans les cavités de la Dolomie de la *Fossa grande* au Vésuve. Celle du Groënland est citée en couches de six à douze pieds dans le micaschiste à la montagne de Nunasornausak. On l'a citée à l'abbaye de Laach, sur les bords du Rhin.

SILICATES ALUMINEUX RENFERMANT DE L'ACIDE BORIQUE.

TOURMALINE.

Schorl électrique, aimant de Ceylan. Aphrysite, Apyrite, Indicolite, Daourite, Rubellite, Sibérite.

Substances cristallisant dans le système rhomboèdrique et offrant des prismes hexagones non symétriquement modifiés sur leurs arêtes latérales ou à leurs sommets; pouvant être rapportées à des rhomboèdres de 133° 50′ ou 134° 47′.

Pesanteur spécifique, 3 à 3,42.

Rayant le quarz; rayées par la topaze.

Electricité par la chaleur plus marquée que dans aucune autre substance.

Ne donnant pas d'eau par calcination; difficilement fusible au chalumeau avec plus ou moins de boursouflement.

Composition. Difficile a établir. D'anciennes analyses avaient annoncé la soude dans plusieurs matières désignées sous le nom de Tourmaline, mais il paraît que ce que l'on a pris pour de la soude était de la lithine, substance découverte plus récemment. Les analyses modernes ont démontré dans toutes les variétés la présence de l'acide borique que l'on n'avait pas aperçu autrefois; mais elles laissent encore beaucoup à desirer sous tous les rapports. Les recherches les plus exactes ont donné les résultats suivans.

Tourmaline bleue d'Uto, par Arfvedson.		Tourmaline du Groënland, par Gruner.	
Silice	40,30	Silice	41
Alumine	40,50	Alumine	32
Lithine	4,30	Lithine	3
Oxide de fer	4,05	Oxide de fer	5
Oxide de manganèse	1,50	Magnésie	3
Acide borique	1,10	Oxide de manganèse	1
Substances volatiles	3,60	Acide borique	9

Tourmaline rouge de Rosena, par C. G. Gmelin.

Silice	42,127
Alumine	36,430
Potasse	2,450
Lithine	2,043
Chaux	1,200
Oxide de manganèse	6,320
Acide borique	5,744
Matière volatile	1,313

Tourmaline rouge de Perm en Sibérie, par G. Gmelin.

Silice	39,37
Alumine	44,00
Potasse	1,29
Lithine	2,52
Oxide de manganèse	5,02
Acide borique	4,18
Matières volatiles	1,58

Tourmaline verte du Brésil, par le même.

Silice	39,16
Alumine	40,00
Lithine et potasse	3,59
Oxide magnétique de fer	5,96
Oxide de manganèse	2,14
Acide borique	4,59
Matières volatiles	1,58

Tourmaline noire de Bowey en Devonshire, par le même.

Silice	35,20
Alumine	35,50
Soude	2,09
Chaux	0,55
Magnésie	0,70
Oxide magnétique de fer	17,86
Oxide de manganèse	0,43
Acide borique	4,11

Tourmaline verte de Chesterfield, par le même.

Silice	38,80
Alumine	39,61
Soude	4,95
Oxide de manganèse et traces de magnésie	2,88
Oxide magnétique de fer	7,43
Acide borique	3,88
Matières volatiles	0,78
Matières volatiles	0,24

Tourmaline noire du Saint-Gotard, par le même,

Silice	37,81
Alumine	21,61
Potasse	1,20
Chaux	0,98
Magnésie	5,99
Oxide magnétique de fer	7,77
Oxide de manganèse	1,11
Acide borique	4,18

Tourmaline noire de Rabenstein, par le même.

Silice	35,48
Alumine	34,75
Potasse	0,48
Soude	1,75
Magnésie	4,68
Oxide magnétique de fer	17,44
Oxide de manganèse	1,89
Acide borique	4,02

Tourmaline noire du Groënland, par le même.

Magnésie	5,86
Oxide magnétique de fer	5,81
Acide borique	3,63
Matières volatiles	1,86
Silice	38,79
Alumine	37,19
Potasse	0,22
Soude	3,13

Tourmaline noire d'Eibenstock, par le même.	
Silice	33,05
Alumine	38,23
Soude et potasse	3,17
Chaux	0,86
Protoxide de fer	23.86
Acide borique	1,89
Matières volatiles	0,45

Tourmaline noire de Kâringbrika, par le même.	
Silice	37,65
Alumine	33,46
Potasse et soude	2,55
Magnésie	10,98
Oxide de fer	9,38
Acide borique	3,83

Malgré ces nombreuses analyses, il est encore impossible d'établir des formules de composition, ce qui tient d'une part à ce qu'on ne voit pas quel est le rôle que l'acide borique joue dans ces composés, et de l'autre à ce qu'on ne sait pas précisément à quel état se trouvent les oxides de fer et de manganèse, et par conséquent s'ils sont dans la pierre comme remplaçant l'alumine ou comme remplaçant les bases à un atome : il est probable qu'ils y entrent de l'une et de l'autre manière. Il serait utile de faire quelques analyses de tourmaline incolore, qui est malheureusement fort rare, qui sans doute conduiraient à des formules au moyen desquelles on pourrait tirer parti des analyses que nous avons citées.

On voit par les analyses précédentes qu'il y a des tourmalines à base de lithine, à base de potasse, à base de soude, à base de magnésie, qui sont le plus souvent mélangées les unes avec les autres.

VARIÉTÉS.

Tourmaline cristallisée. Le plus souvent en cristaux non symétriques, soit par les sommets, soit par les prismes, pl. VI, fig. 12, 24, 36, 48, 60, 72; prismes à six pans ou à neuf pans, six d'une espèce et trois d'une autre, terminés par des rhomboèdres simples d'un côté et modifiés de l'autre, ou généralement modifiés de différentes manières aux deux extrémités.

Inclinaison de *a* sur *a* 133° 50′, 134° 47′; *a* sur *b* 141° 10′, 156° 50′; *a* sur *n* 138° 7′.

Tourmaline cylindroïde. Les cristaux oblitérés sur le prisme, arrondis au sommet ou brisés.

Tourmaline aciculaire. En petits prismes oblitères, très minces, agglomérés les uns avec les autres, souvent pêle-mêle.

Tourmaline? globuliforme. En globules ovoïdes, radiés du centre à la circonférence. Dans une roche porphyrique de Ménat, en Auvergne.

Tourmaline bacillaire ou *fibreuse.* A grosses ou à petites fibres parallèles? divergentes (variétés rouges) ou entrelacées (de Saint-Marcel en Piémont).

Tourmaline? capillaire.

Tourmaline schistoïde. En petites aiguilles couchées à plat, et donnant lieu à une masse divisible en plaque.

Tourmaline compacte, vitreuse ou *lithoïde.* En petites masses qui semblent avoir été roulées, et ne présentent aucune forme à l'extérieur.

VARIÉTÉS DE COULEURS. *Tourmaline incolore* (rare). — *rouge.* — *violâtre, indigo, bleue, verte, jaune, brune, noire.* Rarement transparente, souvent translucide et plus souvent encore opaque.

GISEMENT.

La tourmaline appartient aux terrains de cristallisation : elle se trouve dans des granites qui sont de divers âges, dans les gneiss, les micaschistes, les roches talqueuses, qui leur sont subordonnées (Saint-Gothard, Tyrol, etc.), dans la Dolomie (Saint-Gothard, où elle est d'une belle couleur verte et transparente), dans les pegmatites où sont les cristaux les plus nets et les plus gros et les variétés les plus remarquables par les couleurs; enfin on la trouve dans les débris de ces roches, au pied des montagnes qui en sont formées.

Cette substance existe presque partout; mais les localités les plus remarquables sont la Castille, d'où l'on a tiré les plus longues aiguilles de tourmaline, Roschna ou Rozéna, en Moravie, où se trouvent les variétés rouges avec la lépidolite; Sarapulsk, en Sibérie; Villa Rica, au Brésil; Massachuset, Konnecticut, etc., aux Etats-Unis d'Amérique.

USAGES. Les variétés rouges de tourmaline sont recherchées pour la joaillerie, lorsqu'elles sont transparentes, d'une belle teinte, et exemptes de glaces et de fibres, toutes qualités qui sont très rares, qui la rendent d'un prix très élevé, et mettent cette pierre au niveau du rubis. On taille beaucoup au Brésil les variétés verte et bleue qu'on emploie beaucoup en Angleterre; mais ce sont des pierres qui par leur teinte foncée et sombre ne produisent aucun effet.

AXINITE (de αξινη, hache).

(*Schorl violet*, *Yanolite*, *Thumit*, *Thumerstein.*)

Substance vitreuse, en cristaux tranchans, comme un fer de hache, dérivant d'un prisme oblique à base de parallélogramme obliquangle de 135° 10′ et 44° 50′, dont la base est inclinée sur les pans de 134° 40′ et 45° 20′, 115° 17′ et 64° 43′.

Pesanteur spécifique, 3,21.

Rayant le feldspath, rayée par la topaze.

Ne donnant pas d'eau par calcination; fusible au chalumeau avec boursouflement en verre sombre; inattaquable par les acides.

Composition. Nous avons trois analyses de cette substance, dont celle de Wiegmann est la seule qui ait été faite depuis qu'on a imaginé de chercher les acides étrangers dans les silicates; mais les essais indiquent suffisamment que l'acide borique existe dans toutes les variétés de la substance.

Axinite de Treseburg, par Wiegmann.

		Oxig.	*Rapp.*
Silice	45	23,37	3
Alumine	19	8,87	1
Chaux	12,50	3,51	1
Magnésie	0,25	0,09	
Oxide de fer	12,25	2,79	
Oxide de manganèse	9,00	1,97	
Acide borique	2,00	1,37	

Axinite du Dauphiné, par Vauquelin.

		Oxig.	*Rapp.*
Silice	44	22,85	3?
Alumine	18	8,41	1
Chaux	19	5,33	1
Oxide de fer	14	3,18	
Oxide de manganèse	4	0,87	

En négligeant l'acide borique, on tirerait de la première analyse la formule $AS^2 + (Ca, f, Mn) S$, qui s'accorderait aussi à-peu-près avec la seconde. On en approcherait encore plus si l'on joignait l'oxigène de l'acide borique à celui de la silice; il serait bien possible en effet que ces deux acides fussent susceptibles de se remplacer mutuellement, car ils sont de même formule de composition, puisque, admettre 2 atomes de base et 6 atomes d'oxigène, c'est bien dire 1 atome de l'un et 3 atomes de l'autre, comme dans la silice. Cette considération expliquerait les variations que présentent les analyses dans les quantités d'acide borique.

VARIÉTÉS.

Axinite cristallisée. En prismes très aplatis, rarement simples, pl. XIII, fig. 1 à 10, le plus souvent modifiés, soit sur quelques arêtes, soit sur les angles, ou de l'une et de l'autre manière.

Inclinaison de *B* sur *P* 134° 40′, sur *L* 115° 17′; *P* sur *L* 135° 10′; *B* sur *d* 143° 30′, *P* sur *a a′ a″* etc. 179° 20′, 174° 40′, 152° 25′, 142° 28′, 138° 10′.

Axinite lamellaire. Composée de cristaux aplatis jetés pêle-mêle, et formant une masse qui se brise suivant leurs jonctions.

Couleur violâtre plus ou moins foncée, ou verdâtre par suite d'un mélange de chlorite.

GISEMENT.

L'axinite appartient aux terrains de cristallisation granitique; elle est surtout abondante dans les dépôts de protogyne, ou ceux des roches qui s'y rattachent (Balme d'Auris, bords de la Romanche, rocher de l'Armentiere, Chalanche, etc., en Oisans; environs de Barèges aux Pyrénées, Monzoni en Tyrol). On la cite dans les roches amphiboliques, dans les diorites schisteuses (Thum, Schneeberg, Schwarzenberg en Saxe; Treseburg, Wormke au Harz, etc.). Il paraît qu'elle existe aussi dans les dépôts métallifères (Cornwall? Arandal). Elle est accompagnée de Thallite, de Prehnite, d'Albite, etc.

On ne fait pas usage de l'axinite; cependant certaines variétés étant taillées fournissent des pierres assez éclatantes qui ont quelques analogies avec les espèces de grenat nommé hiacinthe, et avec certains spinelles.

SILICATES ALUMINEUX RENFERMANT DE L'ACIDE PHOSPHORIQUE.

SORDAWALITE.

Substance noire passant au gris et au vert, opaque, compacte, à cassure conchoïdale.

Pesanteur spécifique, 2,58.

Ne rayant pas le verre; rayée par le feldspath.

Donnant de l'eau par calcination ; fusible au chalumeau en boule noire, qui prend un éclat métallique au feu de réduction.

Composition. Une analyse de M. Nordenskiöld a donné

		Oxigène.		*Rapports.*	
Silice	49,40	25,66	25,66	4	
Alumine	13,80	6,44	6,44	1	
Oxide de fer	18,17	4,13	4,13 }	1	
Magnésie	10,67	4,13	2,63 }	+ 1,50	1
Acide phosphorique	2,68	1,50	.....	1,50	1
Eau	4,38	3,89	.....	3,89	3

d'où l'on tirerait peut-être la formule $A\,Si^2 + (f, Ma)\,Si_2$, mélangé de $Ma\,Ph + 3\,Aq$, ou bien $3\,A\,Si^2 + 3(f, Ma)\,Si^2 + 2\,Aq$ mélangé de $Ma\,Ph$.

Cette substance a été observée en petites couches dans des roches argilo-ferrugineuses, à Sordawala en Finlande.

SILICATES ALUMINEUX RENFERMANT DE L'ACIDE SULFURIQUE OU DES SULFURES.

OUTREMER.

(*Lapis lazuli, Lazulite, Zéolite bleue.*)

Substance bleue, pierreuse, cristallisant en dodécaèdre rhomboïdal.

Pesanteur spécifique, 2,76 à 2,94.

Rayant le verre.

Donnant un peu d'eau par calcination; fusible en verre blanc; soluble, en perdant sa couleur, dans les acides. Solution laissant un résidu alcalin après traitement par le carbonate d'ammoniaqne, filtration, évaporation et calcination.

Composition. L'analyse de MM. Clément et Desormes a fourni.

Silice	35,8
Alumine	34,8
Soude	23,2
Soufre	3,1
Carbonate de chaux	3,1

On ignore quel est le rôle que peut jouer le soufre dans cette composition; M. L. Gmelin le soupçonne combinée avec de l'aluminium, et pense que c'est par suite de la décomposition de ce sulfure que la substance perd sa couleur dans les acides.

Outremer cristallisé (fort rare). En dodécaèdres rhomboïdaux simples, ou modifiés sur les angles solides composés de trois plans, ou sur les arêtes.

Outremer lamellaire et *compacte.* Renfermant alors fréquemment du sulfure de fer en cristaux disséminés ou en veines, et fréquemment mélangé de carbonate de chaux.

L'outremer appartient, à ce qu'il paraît, aux terrains granitoïdes. On le cite en Sibérie sur les bords de la Sljudänka, près de son embouchure dans le lac Baikal, dans la petite Bucharie, au Thibet et en plusieurs provinces de la Chine.

On emploie l'outremer comme objet d'ornemens qui sont toujours d'un très bel effet et d'un prix élevé. On l'emploie également en peinture après l'avoir broyé, et c'est une couleur précieuse par sa beauté et sa solidité; elle est encore fort chère, mais comme on a trouvé moyen de la fabriquer artificiellement, elle diminuera de prix, et l'on espère même qu'on pourra l'employer dans la peinture de décors.

HAUYNE.

(*Lazulite*, *Latialite*, *Saphirine.*)

Substance bleue, vitreuse, cristallisant en dodécaèdres rhomboïdaux.

Pesanteur spécifique 3,33, 2,47, 2,3.

Rayant le verre.

Ne donnant pas d'eau par calcination; fusible en verre

blanc. Soluble en perdant sa couleur dans les acides. Solution laissant un résidu alcalin après le traitement par le carbonate d'ammoniaque, filtration, évaporation et calcination.

Composition. Les analyses ont fourni les résultats suivans :

Haüyne de Marino, par L. Gmelin.		Haüyne de Laach, par Bergemann.	
Silice	35,48	Silice	37
Alumine	18,87	Alumine	27,50
Potasse	15,45	Soude	12,24
Chaux	12,00	Chaux	8,14
Acide sulfurique	12,39	Acide sulfurique	11,56
Oxide de fer	1,16	Oxide de fer	1,15
Eau	1,20	Oxide de manganèse	0,50
Traces d'hydrogène sulfuré.		Traces d'hydrogène sulfuré.	

Si les analyses de l'outremer et de la haüyne sont exactes, il n'y a pas de rapports entre ces substances, malgré les analogies de tous les autres caractères, car les relations entre l'alumine et la silice sont différentes de part et d'autre. Il paraîtrait aussi n'y avoir point de rapport entre la haüyne de Marino et celle de l'abbaye de Laach, d'un côté par les quantités relatives d'alumine et de silice, de l'autre parce que c'est la potasse qui se trouve dans l'une et la soude dans l'autre.

Il serait bien possible que plusieurs substances qui sont rangées dans la haüyne, par suite de la couleur et de l'analogie de gisement, fussent des matières fort différentes les unes des autres.

GISEMENT.

La haüyne, ou les matières bleues désignées sous ce nom, se trouvent en petites parties cristallines disséminées dans les laves (Niedermenich, sur les bords du Rhin; Albano, Marino, Capo di Bove), dans les roches basaltiques (Mont-Dor), dans les phonolites des terrains trachytiques (Falgoux, au Cantal), dans les débris ponceux du terrain trachytique (Cantal; Andernach, sur les bords du Rhin). Il en existe aussi dans la Dolomie de la Somma.

SPINELLANE.

(*Nosine, Nosiane.*)

Substance grisâtre, ou brun-noirâtre, quelquefois blanche? Cristallisant en dodécaèdre rhomboïdal? allongé parallèlement à une ligne qui passerait par deux angles tiédres opposés.

Pesanteur spécifique, 2,28.

Rayant le verre.

Donnant un peu d'eau acidule par calcination; fusible en verre blanc bulleux. Soluble dans les acides. Solution laissant un résidu alcalin après le traitement par le carbonate d'ammoniaque, la filtration, évaporation et calcination.

Composition. Il existe deux analyses qui ont donné :

à Klaproth :		à Bergemann :	
Silice	43	Silice	38,50
Alumine	29,50	Alumine	29,25
Soude	19	Soude	16,56
Chaux	1,50	Chaux	1,14
Oxide de fer	2,00	Oxide de fer	1,50
Acide sulfurique	1,00	Oxide de manganèse	1,00
Eau	2,50	Acide sulfurique	8,16
		Eau	3,00

Il paraîtrait y avoir, d'après la seconde analyse, assez d'analogie entre cette substance et la haüyne de Laach.

GISEMENT.

La spinellane, découverte par M. Nose, qui lui a donné le nom que nous conservons, se trouve disséminée dans une roche composée de petits cristaux feldspathiques, qu'on rencontre en bloc dans la contrée volcanique de Laach, sur les bords du Rhin.

HELVINE.

Substance en cristaux tétraèdres, de couleur jaune.

Pesanteur spécifique, 3,1.

Rayant le verre.

Donnant de l'eau par calcination; fusible avec bouillonnement en verre opaque, jaunâtre. Donnant avec la soude la réaction du manganèse. Attaquable par les acides avec dégagement d'hydrogène sulfuré. Précipité ammoniacal attaquable en partie par le carbonate d'ammoniaque.

Composition. Une analyse de C. G. Gmelin a donné,

Silice	35,271
Glucine	8,026
Alumine contenant de la glucine	1,445
Protoxide de manganèse	29,344
Protoxide de fer	7,990
Sulfure de manganèse	14,000
Perte par calcination	1,155

Si c'est là la composition de l'helvine, nous avons le premier exemple d'un sulfure faisant fonction de base dans les silicates. Nous en avons un autre où le sulfure d'antimoine est combiné avec l'acide antimonique, et nous connaissons quelques exemples analogues dans les laboratoires.

L'helvine a été trouvé par M. Freisleben à Bermansgrün, près Schwarzenberg, en Saxe, dans une gangue de chlorite qui traverse le gneiss. Elle est accompagnée de blende, de fluor, etc.

Nous avons placé l'helvine à la suite des silicates alumineux, en considérant la glucine comme isomorphe de l'alumine.

DEUXIÈME DIVISION. SILICATES NON ALUMINEUX.

Substances tantôt insolubles dans les acides, tantôt solubles, entrant toutes en fusion avec les alcalis, etc.

Solution privée de silice, ne donnant pas de précipité alumineux (1) par l'ammoniaque, ou du moins très peu, mais précipitant du reste abondamment par les divers réactifs, suivant la nature des bases.

CINQUANTE-QUATRIÈME ESPÈCE. ZIRCON.

(*Zirconite, Hyacinthe, Jargon, Ceylanite.*)

Substance cristalline, en cristaux dérivant d'un prisme droit à base carrée, dont la hauteur est au côté dans le rapport de 67 à 74.

Pesanteur spécifique, 4,4.

Rayant le quarz; rayée par la topaze.

Infusible au chalumeau; perdant sa couleur par l'action du feu. Inattaquable par les acides; difficile à attaquer par la soude.

Composition. *Zr Si* ou $\ddot{Z}r\ \dddot{S}i$, d'après les analyses suivantes :

Zircon de Ceylan, par Vauquelin.		Oxig.	Rapp.	Zircon d'Expailly, par Berzélius.		Oxig.	Rapp.
Silice	32	16,62	1	Silice	33,48	17,39	1
Zircone	64,5	16,96	1	Zircone	67,16	17,66	1
Oxide de fer	2						

(1) C'est-à-dire de précipité attaquable par la soude caustique.

VARIÉTÉS.

Zircon cristallisé. Rarement en octaèdres surbaissés, pl. III, fig. 51 : ordinairement en prismes carrés terminés par des sommets à quatre faces, qui correspondent, tantôt aux faces, tantôt aux arêtes des prismes, qui sont, tantôt simples, tantôt modifiés à leur base, pl. III, fig. 27 à 29, 31, 41 à 44.

Inclinaison de *p* sur *i* 118° 12′, sur *u* 147° 50′ ; *a* sur *i*, *i′* 132° 10′, 159° 35′.

Zircon granuliforme. En cristaux émoussés par le roulis des eaux, et constituant les sables de certains ruisseaux,

Couleurs. Brun rougeâtre, verdâtre, jaune brunâtre, jaune pâle, bleuâtre, incolore. Toutes ces variétés sont transparentes ou au moins translucides.

GISEMENT.

Le zircon se trouve disséminé dans les sienites (Norwège, Suède, Groënland, Egypte, états de Maryland et New-York, etc.) ou dans des gneiss qui en dépendent (New-Jersey, Ceylan), peut-être dans les pegmatites (environs de Fahlun). Il existe aussi dans les trachytes (buttes trachytiques du pied du Puy-de-Dôme, en Auvergne), dans les basaltes, les tufs basaltiques (Expailly et environs du Puy, en Vélay ; Brendola, près de Vicence ; bords du Rhin) dans les roches de la Somma. On ne l'a connue pendant longtemps qu'en cristaux roulés dans les sables des ruisseaux, où il est souvent très abondant (Riou Pezouliou, à Expailly ; Ceylan, Pegu, etc.), et où il provient de la décomposition des matières où nous l'avons cité en place.

USAGES.

Le zircon est quelquefois employé par les joailliers ; mais c'est en général une pierre de peu d'effet, et par cela même peu estimée. Les variétés blanches bien choisies ont un certain éclat qui rappelle un peu celui du diamant ; les variétés rouges ont une certaine analogie avec les variétés de grenat qu'on désigne aussi sous le nom d'hyacinthe.

CINQUANTE-CINQUIÈME ESPÈCE. EUDIALITE.

Substance lamelleuse, d'un violet rougeâtre ; cristallisant en rhomboèdres de 73° 40′.

Peanteur spécifique, 2,89.

Rayant le verre avec difficulté.

Fusible au chalumeau en globules vitreux. Soluble en gelée dans les acides; solution dégagée de la silice, donnant par l'ammoniaque un précipité soluble dans les acides dont on obtient par l'oxalate d'ammoniaque un nouveau précipité qui donne un verre blanc opaque avec le borax.

Composition. Il n'existe qu'une seule analyse de ce minéral, par laquelle M. Stromeyer a trouvé:

Silice	53,325	27.70	9
Zircone	11,102	2,91	1
Chaux	9,785	2,75	3?
Soude	13,822	3,53	
Oxide de fer	6,754	1,57	
Oxide de manganèse	2,062	0,45	
Acide hydrochlorique	1,034		
Eau	1,801		

D'où l'on tirerait peut-être la formule $\dot{Z}r\,Si^3 + 3(Na, Ca, f)\,Si^3$.

Cette substance ne peut être une sodalite mélangée de zircone, comme Haüy l'a soupçonné, puisque d'une part il n'y a point d'alumine et que, d'une autre, l'eudialite étant facilement soluble dans les acides et le zircon isoluble, celui-ci resterait intact au fond de la solution, si c'était un simple mélange. Enfin, si l'on voulait extraire du zircon de l'analyse que nous venons de citer, il resterait $(Na, Ca, f, Mn)\,Si^3$, qui ferait encore une substance particulière.

L'eudialite a été observée au Groënland, dans les dépôts de gneiss avec la sodalite, l'amphibole, etc.

CINQUANTE-SIXIÈME ESPÈCE. THORITE.

Substance vitreuse, noire, brillante dans la cassure.

Pesanteur spécifique, 4,8.

Rayant le verre; donnant de l'eau par calcination, et prenant une couleur jaune.

Analyse par M. Berzélius.

		Oxigène.	Rapport.
Silice	18,90	7,82	4
Thorine	57,91	6,85	3
Chaux	2,58		
Oxide de fer	3,40		
Oxide de manganèse	2,39	0,52	
Magnésie	0,36	0,14	
Oxide d'urane	1,57		1
Oxide de plomb	0,80		
Oxide d'étain	0,01		
Potasse	0,14	0,02	
Soude	0,09	0,02	
Alumine	0,06		
Eau	9,50	8,44	4

Il est évident qu'il y a ici un silicate de thorine qui est hydraté ; mais on ne peut pas encore dire si la substance est un sel simple qui renfermerait accidentellement des silicates d'autres bases, ou si c'est un sel double ; on pourrait peut-être en tirer 3 *Th Si* + (*Ca*, *f*, *mu*, etc.) *Si* + 4 *Aq*.

Cette substance a été découverte par Esmarck, en 1828, à l'île de Lœeven, près la petite ville de Brevig en Norwège, sur la côte méridionale de la mer du Nord, engagée en petits nids dans des siénites. M. Berzélius y a découvert la présence d'un nouveau métal auquel il a appliqué le nom de *Thorium*, qu'il avait donné autrefois à un corps dont il avait cru reconnaître l'oxide dans une substance qu'il a reconnue depuis pour du phosphate d'Yttria. L'oxide de thorium ou *thorine* renferme 86,16 de métal et 11,84 d'oxigène; il a beaucoup d'analogie avec l'alumine et aussi avec la zircone.

CINQUANTE-SEPTIÈME ESPÈCE. GADOLINITE.

(*Yttrite, Itterbite.*)

Substance noire, brunâtre ou jaunâtre, à structure granulaire, ou compacte, et alors vitreuse, à cassure conchoïde ou esquilleuse.

Cristaux très rares, en prismes obliques rhomboïdaux d'environ 115° et 60° ?

Pesanteur spécifique, 4,23 ?

Rayant le verre avec facilité.

Fusible au chalumeau en verre opaque, quelquefois avec boursouflement. Attaquable par les acides; solution donnant par la soude caustique en excès un précipité qui se redissout en partie dans le carbonate d'ammoniaque.

Composition. Silicate d'Yttria de la formule *Y Si* ou $\dot{Y}^3 \dddot{Si}$, mélangé de silicate de cérium de même formule et de cérérite, etc., d'après les analyses suivantes :

Gadolinite de Fimbo, par Berzélius.

		Oxig.	Rapp.
Silice	25,80	13,40	1
Yttria	45	8,96	1
Oxide de cérium	17,92	2,65	
Oxide de fer	11,43	2,60	

Y Si, (Ce, f) Si.

Gadolinite de Brodbo, par le même.

		Oxig.	Rapp.
Silice	24,16	12,55	1
Yttria	45,93	9,15	1
Oxide de cérium	18,20	2,69	
Oxide de fer	12,63	2,87	

Y Si, (Ce, f) S, F.

Gadolinite du Koraf, par Berzélius.

		Oxigène.	Gadolinite.	Cérérite.	G Si³
Silice	29,20	15,17	= 9,49	+ 4,09	+ 1,59
Yttria	47,62	9,49	9,49		
Oxide de fer	8,30	1,89		1,89	
Chaux	3,47	0,97		0,97	
Oxide de cérium	3,40	0,50		0,50	
Oxide de manganèse	1,42	0,31		0,31	
Glucine	1,70	0,53			0,63
Eau	9,20	4,62		4,62	

(Oxide de fer, Chaux, Oxide de cérium, Oxide de manganèse : 3,67)

YSi, (Fe, Ce, Ca, M) Si + Aq, G Si³

On voit qu'en isolant les mélanges, toutes ces analyses se rapportent à la même formule : partout on voit que le silicate d'Yttria domine, et qu'il est mélangé de silicates de diverses bases qui paraissent être isomorphes, tantôt anhydres, tantôt hydratés et constituant la cérérite, et aussi de trisilicate de glucine; à l'égard de cette dernière combinaison, nous remarquerons que c'est la formule de l'émeraude qu'on trouve dans le même terrain, et qui peut-être ici ne renfermerait que de la glucine. (Voyez page 42 les observations sur la composition de l'émeraude.)

Il existe une analyse de la gadolinite d'Ytterby par Ekeberg, qui présente

		Oxigène.	*Rapports.*
Silice	23	11,95	1
Yttria	55,5	11,06	1
Oxide de fer	16,5	3,75	
Glucine	4,5	1,40	

où l'on trouverait encore *YSi*, mais en laissant l'oxide de fer et la glucine à l'état libre, ce qu'il est difficile d'admettre.

Gadolinite cristallisée. Très rare en prismes obliques rhomboïdaux modifiés sur les arêtes latérales aiguës, et aussi sur les angles solides par des facettes très surbaissées.

Gadolinite amorphe. En petits nids dans les roches.

La gadolinite appartient aux dépôts de pegmatites; elle n'a encore été observée qu'en Suède, aux environs de Fahlun et à Ytterby. C'est dans les variétés de cette dernière localité que le professeur Gadolin a découvert l'yttria.

CINQUANTE-HUITIÈME ESPÈCE. CÉRÉRITE.

(*Cérium oxide silicifère rouge*, *Cérine*, *Cérite*, *Cérinstein*, *Ochroïte*, *Ferricalcite.*)

Substance rosâtre ou violâtre, tirant au brunâtre ou au gris de perle; très pesante.

Pesanteur spécifique, 4,93.

Rayant difficilement le verre.

Donnant de l'eau par calcination; infusible au chalumeau.

Soluble par digestion dans les acides ; solution donnant par l'oxalate d'ammoniaque un précipité qui devient brun par calcination, et forme avec le borax un verre rouge qui passe au jaune par refroidissement.

Composition. Silicate de cérium hydraté $Ce Si + Aq$ ou $\dot{C}e^3 \ddot{S}i + 3 Aq$, mélangé de silicates de fer et de chaux, de même formule.

Cérérite de Riddarhytta, par Hisinger.		Oxig.	Rapp.	Cérérite du même lieu, par Vauquelin.		Oxig.	Rapp.
Silice	18,00	9,35	1	Silice	17	8,83	1 ?
Oxide de cérium	68,59	10,16	1	Oxide de cérium	67	9,92	1
Oxide de fer	2,00	0,45		Oxide de fer	2	0,45	
Chaux	1,25	0,35		Chaux	2	0,56	
Eau	9,60	8,53	1 ?	Eau	12	10,66	1

Il semble par conséquent que cette substance peut être représentée par la formule $(Ce, f, Ca) Si + Aq$; cependant il y a quelques petites différences qui auraient besoin d'être éclaircies par de nouvelles recherches. M. Berzélius avait d'abord admis cette même formule, mais il a négligé l'eau dans sa nouvelle classification. J'ignore si c'est une faute d'impression, ou s'il a fait de nouvelles recherches à cet égard ; mais il est certain que la substance donne de l'eau par calcination et qu'elle change tout-à-fait d'aspect, ce qui semble annoncer de l'eau en combinaison.

Le cérérite se trouve avec la cérine dans les mines de cuivre de Saint-Gôrans, à Ryddarhytta, en Suède.

CINQUANTE-NEUVIÈME ESPÈCE. ILVAITE.

(*Yénite, Liévrite, Fer calcareo-siliceux.*)

Substance noire, cristallisant en prismes droits rhomboïdaux d'environ 111° 30′ et 68° 30′.

Pesanteur spécifique, 3,82 à 4,06.

Rayant le verre, rayée par le quarz.

Ne donnant pas d'eau par calcination; fusible en globule noir. Soluble en gelée dans les acides; solution précipitant plus ou moins par l'oxalate d'ammoniaque, et toujours fortement en bleu par l'hydrocyanate ferrugine de potasse.

Composition. $3f\,Si + Ca\,Si$ ou $3\dot{F}^3\,\ddot{S}i + \dot{C}a^3\,\ddot{S}i$, ou peut-être tout simplement $(f,\,Ca)\,Si$ ou $(\dot{F}^3,\,\dot{C}a^3)\,\ddot{S}i$.

Analyse par Stromeyer.		Oxig.	Rapp.	Analyse par Descotils.		Oxig.	R.
Silice	29,278	15,21	4	Silice	28	14,53	5?
Protoxide de fer	52,542	11,96	3	Protoxide de fer	55	12,52	4
Protoxide de manganèse	1,587	0,35		Protoxide de manganèse	3	0,65	
Chaux	13,777	3,87	1	Chaux	12	3,37	1
Alumine	0,614			Alumine	0,6		
Eau	1,268						

On voit que ces deux analyses donnent des compositions fort analogues, quoiqu'elles conduisent à des rapports différens; mais dans la première les rapports sont sensiblement exacts, tandis que dans la seconde ils présentent des incertitudes. La première analyse donne la formule $3f\,Si + Ca\,Si$ que nous avons adoptée. La seconde pourrait conduire à $4f\,Si + Ca\,Si$, adoptée par M. Berzélius; mais il faudrait admettre qu'il y a de la silice perdue: en tout cas il ne peut y avoir ici de difficulté que sur le coëfficient du premier terme, et cette difficulté disparaît lorsqu'on remarque que le protoxide de fer et la chaux étant isomorphes, il serait possible que la composition fût seulement $(f,\,Ca)\,Si$.

VARIÉTÉS.

Ilvaïte cristallisée. En prismes rhomboïdaux de 111° 30′, terminés par des sommets dièdres qui proviennent de modifications sur l'angle obtus, ou des sommets à quatre faces qui proviennent des modifications sur les arêtes des bases. Ces deux sortes de sommets sont fréquemment combinés entre eux, et le prisme est le plus souvent modifié sur les arêtes obtuses par des facettes plus ou moins nombreuses, pl. IX, fig. 13, 26, 28; pl. VIII, fig. 63, 66 à 71.

Inclinaison de a sur d 128° 50′; de a sur a' 164° 35′; de B sur b 146 30

Ilvaïte bacillaire. Prismes rhomboïdaux plus ou moins émoussés, réunis en faisceaux divergens.

Ilvaïte fibreuse. Petites masses composées de fibres divergentes ou entrelacées.

Ilvaïte compacte. Ilvaïte terreuse?

GISEMENT.

L'ilvaïte appartient à des roches micacées chloriteuses, talqueuses, qui paraissent se rattacher à la formation de la protogyne. Elle est accompagnée de matières vertes cristallines, fibreuses ou compactes, que l'on regarde comme appartenant au groupe pyroxénique, mais qui pourraient bien être une substance particulière. La localité bien évidente est l'île d'Elbe (Rio la Marina); mais on cite plusieurs autres lieux (Skeen, en Norwège; Serdapol, dans le gouvernement d'Olonez; Kangerdluluk, au Groenland, etc.), sans que l'on sache bien positivement si les substances observées appartiennent à cette même espèce.

APPENDICE.

J'indiquerai ici un résultat analytique que j'ai obtenu d'une substance verte, compacte, peu solide, qu'on a dégagée d'un groupe de cristaux d'ilvaïte, et qu'on a rejetée comme peu propre à figurer dans une collection. Elle m'a donné :

		Oxigène.	Rapports
Silice	25	12,99	1
Protoxide de fer	48	10,93	1
Chaux	8	2,24	
Magnésie	2	0,77	
Alumine	0,5		
Eau	16	14,22	1

Ce qui conduit à la formule $(f, Ca\ Ma)\ Si + Aq$, ce serait par conséquent une substance particulière, qui trouverait sa place auprès de l'ilvaïte, et surtout de la cérérite, dont elle a la formule, et avec laquelle elle paraît être mélangée dans les échantillons qui ont été analysés.

Je signale cette matière à laquelle je n'ai pas fait une grande attention au moment où elle a été jetée, et dont je n'ai pris que quelques fragmens pour l'essayer, dans la supposition que c'était du pyroxène à l'état terreux. Je n'en ai pas revu depuis d'analogue dans les collections.

KNEBELITE.

Substance grisâtre, verdâtre ou brunâtre, compacte, tenace. Infusible au chalumeau, dont M. Dœbereiner a donné l'analyse suivante :

		Oxigène.	*Rapp.*
Silice	32,5	16,88	2
Protoxide de fer	32	7,28	1
Protoxide de manganèse	35	7,67	1

d'où l'on doit tirer probablement la formule $fSi + mnSi$, ou simplement $(f, mn)\, Si$.

On en ignore la localité.

CRONSTEDTITE. *Chloromélane.*

Substance noire, à poussière verte; en petits prismes à six pans ou en petits nids fibreux. Soluble en gelée dans les acides.

Pesanteur spécifique, 3,348.

M. Steinmann en a tiré

		Oxigène.
Silice	22,452	11,66
Oxide de fer	58,853	13,40
Oxide de manganèse	2,885	0,63
Magnésie	5,078	1,96
Eau	10,700	9,51

M. Berzélius admet $6fSi + mnSi + 9Aq$ pour la Cronstedtite; mais cette formule ne peut pas résulter de l'analyse précédente, et j'ignore s'il en a été fait une autre.

Cette substance nommée à Cronstedt, ancien minéralogiste très distingué, se trouve près de Pzibram, en Bohême, avec de l'oxide de manganèse, du carbonate de chaux et de fer et de la pyrite. On l'a indiquée également à Wheal Mandlin, en Cornwall.

TERRES VERTES NON ALUMINEUSES.

CHLOROPALE. *Terre verte d'Unghvar.* Substance vert-pré, compacte ou terreuse. Fusible au chalumeau en verre noir.

Donnant de l'eau par calcination.

M. Bernardi en a fait les analyses suivantes :

Chloropale conchoïde.		Oxig.	Rap.	Chloropale terreuse.		Oxig.	Rap.
Silice	45	23,37	3?	Silice	45	23,37	3
Oxide de fer	35,3	8,03	} 1	Oxide de fer	32	7,28	} 1
Magnésie	2,0	0,77		Magnésie	2	0,77	
Alumine	1			Alumine	0,75		
Potasse, oxide de manganèse	Traces.						
Eau	18	16	2	Eau	20	17,78	2

d'où l'on tirera peut-être $fSi^3 + 2Aq$. M. Berzélius, sans doute pour rendre la formule régulière, a adopté $fSi^3 + 3Aq$.

Se trouve à Unghvar dans les matières terreuses qui proviennent de la désagrégation des trachytes.

Terre verte en petits grains disséminés dans les calcaires grossiers des assises inférieures des dépôts marins des environs de Paris. Elle a fourni à M. Berthier

		Oxigène.	Rapports.
Silice	40,0	20,78	3
Protoxide de fer	24,7	5,62	} 1
Chaux	3,3	0,92	
Magnésie	16,6	6,42	1
Alumine	1,7		
Eau	12,6	11,20	2?

D'où l'on pourrait tirer $fSi^2 + MSi + 2Aq$ ou $(f,M)Si^3 + MAq^2$.

Terre de Chypre. Klaproth en a tiré

Silice	51,5	26,75	3
Oxide de fer	20,5	4,66	1
Potasse	18	3,05	
Magnésie	1,5	0,58	
Eau	8	7,11	1

Ce qui donnerait peut-être $(f, K, M) Si^3 + Aq$.

SOIXANTIÈME ESPÈCE. NONTRONITE.

Substance jaune de paille ou jaune serin un peu verdâtre; onctueux au toucher; se laissant rayer facilement par l'ongle; à cassure inégale et mate.

Donnant de l'eau par calcination, et prenant une couleur rouge. Soluble avec facilité par l'acide hydrochlorique avec précipité gélatineux de silice. Solution précipitant abondamment en bleu par l'hydrocyanate ferruginé de potasse.

Composition. $F\,Si^2 + Aq$ ou $\ddot{\ddot{F}}\,\ddot{Si}^2 + 3\,Aq$, d'après l'analyse de M. Berthier, qui a fourni :

		Oxigène.	*Rapports.*
Silice	44,0	22,9	4
Péroxide de fer	29,0	8,9	2
Alumine	3,6	1,7	
Magnésie	2,1		
Eau	18,7	16,6	3
Argile	1,2		

La Nontronite se trouve en petits rognons, composés de rognons plus petits encore et enveloppés d'une pellicule de péroxide de manganèse, au milieu des amas de péroxide de manganèse du village de Saint-Pardoux, arrondissement de Nontron, dans la Dordogne.

SOIXANTE-UNIÈME ESPÈCE. ACHMITE.

Substance d'un vert sombre, en prismes droits rhomboïdaux, susceptible de clivage parallèlement à leurs faces.

Pesanteur spécifique, 3, 24.

Rayant le verre.

Ne donnant pas d'eau par calcination; fusible en globules noirs; inattaquable par les acides

Composition. $F^3 Si^9 Na = 3 F Si^2 + Na Si^3$ ou $\ddot{F}\, \ddot{Si}^2$ $\dot{Na}\, \ddot{Si}$, d'après l'analyse de M. Berzélius.

		Oxigène.	*Rapports.*
Silice	55,25	28,70	9
Péroxide de fer	31,25	9.58	3
Soude	10,40	2,66	
Chaux	0,72	0,20	1
Protoxide de manganèse	1,08	0,24	

Achmite cristallisée. En prismes rhomboïdaux, modifiés par une face sur l'arête latérale obtuse, et sur les arêtes des bases par des faces très inclinées, qui concourent quelquefois en un sommet très aigu.

Se trouve engagée dans du quarz près de Kongsberg en Norwège.

SOIXANTE-DEUXIÈME ESPÈCE. RHODONITE.

(*Manganèse oxidé silicifère, Hydropite? Hormangan, Kieselmangan, Manganèse rose.*)

Substance rose, ou rose violâtre; quelquefois en masse cristalline dans laquelle M. H. Rose a observé des clivages inclinés entre eux de 87° 5′; le plus souvent compacte ou finement granulaire.

Pesanteur spécifique, 3,6 à 3,9.

Rayant le verre; donnant des étincelles par le choc du briquet.

Ne donnant pas d'eau par calcination; fusible en émail rose au feu de réduction, et en globule noir métalloïde au feu d'oxidation.

Donnant avec la soude la réaction très apparente de l'oxide de manganèse.

Composition. $mnSi^2$ ou $\dot{M}a^3\ddot{S}i^2$, quelquefois mélangé de carbonate de manganèse et de silicate hydraté.

Rhodonite lamellaire de Langbansbytta, par Berzélius.

		Oxigène.	Rapports.
Silice	48,00	24,95	2
Protoxide de manganèse	49,04	10,75	
Chaux	3,12	0,87	1
Magnésie	0,22	0,08	
Oxide de fer	traces.		

Hormangan conchoïde, par Brandes.

		Oxigène.	Rhodonite.	Dialogite.
Silice	34	17,66	= 17,66 . . . (2)	
Oxide de manganèse	54,857	12,03	9,25 . . . (1) +	2,89 . . 1
Oxide de fer	0,500	0,11		
Chaux	traces.			
Acide carbonique	8	5,78		5,78 . . 2
Eau	2			

Idem à cassure inégale, par le même.

		Oxigène.	Rhodonite.	Dialogite.
Silice	31	16,10	= 16,66 . . . (2)	
Oxide de manganèse	54,929	12,05	8,83 . . . (1) +	3,61 . . 1
Chaux	1	0,28		
Oxide de fer	0,500	0,11		
Acide carbonique	10	7,23		7,23 . . 2
Eau	1,500			

Idem écailleux, par le même.

		Oxigène.	Rhodonite.	Dialogite.
Silice	35	18,18	= 18,18 (2)	
Oxide de manganèse	57,162	12,54	10,74 . . . (1) +	1,80 . . 1
Oxide de fer	0,250	0,05		
Acide carbonique	5,000	3,61		3,61 . . 2
Eau	2,500			

Dans la première analyse la matière est pure, et l'on voit sensiblement le rapport 2 à 1 entre l'oxigène de la silice et l'oxigène des bases isomorphes réunies. Dans les autres, si l'on emploie l'acide carbonique pour faire du carbonate de manganèse, ou Diallogite, on voit qu'il reste encore sensiblement les mêmes rapports.

Il existe une autre analyse de M. Brandes, par laquelle ce chimiste a trouvé :

		Oxigène.		*Dialogite.*		$2\ mn\ Si^2 + Aq.$	
Silice	39	20,26	=			20,26	4
Oxide de manganèse	49,87	10,93	=	1,44	+	9,54	2
Oxide de fer	0,25	0,05					
Alumine	0,125						
Acide carbonique	4	2,89	=	2,89			
Eau	6	5,33	=			5,33	1

Où l'on voit qu'après la séparation du carbonate de manganèse, il reste encore à-peu-près du bisilicate de la même base; mais il y a de l'eau, et en prenant cette substance en considération, on aurait $2\,mn\,Si^2 + Aq$: ce serait alors une espèce particulière, dont peut-être il faudrait admettre une petite quantité à l'état de mélange dans les autres analyses. Cependant il ne faut pas se hâter d'admettre cet hydrate, et il faut attendre que de nouvelles observations nous indiquent si l'eau est hygrométrique ou combinée.

VARIÉTÉS.

Rhodonite cristallisée. Indices de cristallisation en prisme oblique rhomboïdal de 87° 5', observés par M. H. Rose.

Rhodonite lamellaire. Petites masses composées de lames assez larges susceptibles de se diviser en prismes rhomboïdaux.

Rhodonite granulaire. Composée de lamelles très fines à peine perceptibles dans la fracture.

Rhodonite compacte. Souvent souillée de matière étrangère.

GISEMENT.

Le Rhodonite se trouve dans les gîtes métallifères, soit avec l'oxide de fer magnétique (Langbanshytta, en Suède), soit dans les mines de plomb argentifères (Kapnik, Nagyag, en Transylvanie), soit en couches avec des matières siliceuses et accompagnée d'oxide de fer, de manganèse, etc., dans des schistes argileux, des diorites schisteuses, etc. (Schebenholz, Stalberg, Ilefeld, au Harz). On l'a indiqué avec l'oxide de manganèse, à la Romanèche, près de Mâcon.

USAGES.

Les variétés compactes de cette substance, dont les plus belles proviennent de la mine d'Orlez, près d'Ekatherinenburg, en Sibérie, sont travaillées comme objets d'agrément; on en fait des boîtes, des coffrets, etc.

APPENDICE.

Nous réunirons ici plusieurs silicates de manganèse qui, d'après les analyses, paraîtraient devoir constituer des espèces particulières; savoir:

Manganèse rose de Kapnik. Substance laminaire, d'un rouge violâtre, qui, d'après l'analyse de Ruprecht, renfermerait:

		Oxigène.	*Rapports.*
Silice	55,06	28,60	3
Oxide de manganèse	35,15	7,71	1
Oxide de fer	7,04	1,60	
Alumine	1,56		
Eau	0,78		

et serait par conséquent un trisilicate de manganèse. Le *Kiesel-Mangan* compacte serait encore dans le même cas, d'après les analyses de M. Duménil et de M. Brandes, qui ont donné:

Par Duménil:

		Oxigène.	*Rapp.*
Silice	54,37	28,24	3
Oxide de manganèse	41,25	9,05	1
Chaux	1,25	0,33	

Par Brandes:

		Oxig.	*Rapp.*
Silice	53,500	27,79	3
Oxide de manganèse	41,332	9,06	1
Oxide de fer	1,000		
Alumine	1,242		
Eau	3,000		

Photizite. Substance compacte, rayant le rhodonite; de couleur rose passant au jaunâtre et au verdâtre, rubanée, tachetée, panachée. Pesanteur spécifique, 2,8. Très difficilement fusible.

Photizite jaune isabelle, par Brandes.

		Oxigène.
Silice	39	20,26
Oxide de manganèse	46,13	10,12
Oxide de fer	0,50	0,11
Acide carbonique	11	7,95
Eau	3	

Photizite gris, par le même.

		Oxigène.
Silice	36,000	18,70
Oxide de manganèse	37,393	8,20
Oxide de fer	0,500	0,11
Alumine	6,000	
Acide carbonique	14	10,12
Eau	6	5 33

Photizite, par Duménil.

		Oxigène.	Rapports.
Silice	71	36,88	6
Oxide de manganèse	26,34	5,78	1
Oxide de fer	1,50	1,50	

Cette dernière analyse donnerait $mnSi^6$ et indiquerait une espèce particulière. Les autres analyses donneraient la même formule, mais avec un mélange de carbonate de manganèse $mn\ C^2$; la seconde semblerait indiquer un hydrate du même corps de la formule $mn\ Si^6 + 2\ Aq$, dont il y aurait aussi une partie dans la première.

Allagite. Substance verdâtre, passant au noir et au gris, ou brun rougeâtre, passant au gris de perle; ordinairement compacte, quelquefois fibreuse. Pesanteur spécifique, 3,7.

Les analyses, que l'on doit à M. Duménil, ne donnent que la formule irrégulière $mn^3\ Si^2$, mélangé de $mn\ C^2$.

Allagite verte.

		Oxigène.
Silice	16	8,31
Oxide de manganèse	73,31	16,08
Acide carbonique	7,50	5,42

Allagite brune.

		Oxigène.
Silice	16	8,31
Oxide de manganèse	75	16.45
Chaux	traces.	
Acide carbonique	7,50	5,42

Manganèse de Pesillo. Substance compacte d'un noir grisâtre, d'un éclat approchant du métallique.

Attaquable par l'acide hydrochlorique avec dégagement de chlore, et précipité de silice gélatineuse.

M. Berthier l'a trouvé formé de

Silice	6,8
Oxide rouge de manganèse . .	84,2
Oxigène et un peu d'eau. . .	6,7
Péroxide de fer	2,8
Oxide de cobalt	0,8

qu'il croit, d'après les propriétés du minéral, pouvoir transformer en

		Oxigène.	*Rapports.*
Silice	6,8	3,53	1
Protoxide de manganèse .	32,8	7.19	2
Péroxide de manganèse . .	55,6		
Oxide de fer	2,8		
Oxide de cobalt	0,8		

de sorte qu'il paraîtrait que c'est un sous-silicate de manganèse $mn^2 Si$, mélangé avec du péroxide de manganèse, un peu d'oxide de fer et de cobalt : ce serait alors une espèce particulière.

Cette substance compose un gîte particulier à Pesillo, en Piémont ; elle est intimement mélangée de carbonate de chaux magnésien blanc et cristallin.

Torrelite. On a désigné sous ce nom, et dédié au docteur John Torrey, une substance rouge, rayant le verre, infusible, a-t-on dit, au chalumeau, qui, suivant une analyse de M. Renwick, renfermerait :

Silice.	32,60
Péroxide de cérium	12,32
Protoxide de fer.	21,00
Chaux.	24,08
Alumine.	3,68
Eau.	3,50

J'ai eu dans les mains deux échantillons qui m'ont été donnés sous ce nom, l'un vitreux, l'autre lithoïde. Le premier ne renfermait, d'après l'essai que j'en ai fait, que de la silice, de l'oxide de manganèse, de l'oxide de fer et de la chaux, dont je ne connais pas les proportions. Le second était un carbonate de manganèse.

M. Children et M. Faraday ont également annoncé que la

Torrelite ne renfermait pas de cérium, mais bien une quantité notable d'oxide de manganèse.

D'après cela et d'après sa couleur, il paraît que la Torrelite appartient, soit au Rhodonite, soit à la Diallogite, ou du moins qu'on a fait passer l'une et l'autre de ces substances sous ce nouveau nom spécifique.

La Torrelite a été trouvée disséminée dans les minerais de fer d'Andover, dans le New-Jersey.

SOIXANTE-TROISIÈME ESPÈCE. OPSIMOSE.

(Comme qui dirait espèce adoptée tardivement.)

(*Manganèse oxidé hydraté en partie; Manganèse de Klaperude; Hydro-silicate de manganèse; Schwarzer mangankiesel; Schwarz Braunsteinerz.*)

Substance noire, métalloïde, à poussière brun jaunâtre; donnant de l'eau par calcination, et une odeur empyreumatique, en même temps qu'elle devient d'un gris clair. Fusible en verre qui est vert au feu de réduction et devient noir au feu d'oxidation. Donnant avec la soude la réaction de l'oxide de manganèse.

Attaquable par les acides; ne donnant pas de chlore par l'acide hydrochlorique.

Composition. Silicate de manganèse hydraté $mn\,Si + Aq$ ou $\dot{M}n^3\,\ddot{S}i + 3\,Aq$, d'après l'analyse de Klaproth.

		Oxigène.	*Rapports.*
Silice	25	12,98	1
Protoxide de manganèse	60	13,16	1
Eau	13	11,55	1

Cette substance se trouve à Klaperude, en Dalécarlie.

SOIXANTE-QUATRIÈME ESPÈCE. MARCELINE.

(*Manganèse du Piémont; Manganèse oxidé hydraté en partie; Silicate tri-manganésien; Schwarzer Braunstein? Pyramydales manganerz?*)

Substance noire grisâtre, d'un éclat légèrement métalloïde ou vitreux; cristallisant en octaèdre à base carrée dont les faces sont inclinées entre elles à la base de 117° 30'?

Pesanteur spécifique, 3,8.

Rayant difficilement le verre.

Ne donnant pas d'eau par calcination; fusible au chalumeau sans changement de couleur; donnant avec la soude une réaction très marquée de l'oxide de manganèse. Attaquable avec dégagement de chlore par l'acide hydrochlorique, et laissant de la silice en gelée.

Composition. Il est difficile de dire positivement quelles sont les proportions que l'on doit admettre dans la composition de la Marcelline; mais il est évident que cette matière est un silicate de deutoxide de manganèse, sans eau, qui ne ressemble en rien aux substances manganésiennes précédentes, et dont il faut nécessairement faire une espèce dont on ignore seulement l'ordre. Le manganèse de Saint-Marcel, analysé par M. Berzélius et par M. Berthier, a donné les résultats suivans :

à M. Berzélius :

		Oxig.	*Rapp.*
Silice.	15,17	7,88	1
Oxide manganique	75,80	22,48	3
Oxide de fer (péroxide de?)	4,14	1,27	
Alumine.	2,80	1,31	

à M. Berthier :

		Oxig.	
Silice.	26,00	13,61	13,61
Oxide manganique (1)	67,23	19,94	21,71
Oxide de fer.	1,23	0,37	
Alumine.	3,00	1,40	
Chaux.	1,40	0,39	0,93
Magnésie.	1,40	0,54	

(1) M. Berzélius indique 65 d'oxide rouge de manganèse, que nous avons converti en oxide manganique.

Dans l'analyse de M. Berzélius on voit que l'oxigène de la silice est à-peu-près à la somme des quantités d'oxigène des bases comme 1 à 3; seulement il manquerait une petite quantité de silice, ce qui annoncerait le mélange d'un sous-silicate d'un ordre moins élevé. Dans l'analyse de M. Berthier ce serait le contraire, si l'on admettait aussi le rapport de 1 à 3; la silice serait alors en trop grande quantité.

Il est clair, d'après ces résultats, que l'on ne connaît pas la composition de cette substance, ce qui tient sans doute à ce que les matières qu'on a pu analyser sont mélangées de substances étrangères, de grenats à base de manganèse, de matières blanches fibreuses, qui paraissent être de la trémolite, peut-être de matière feldspathique.

Il serait possible aussi qu'il y eût dans ces mêmes dépôts de l'*Hausmanite*, ou de la *Braunite*, dont la présence romprait nécessairement les rapports analytiques. M. Haïdinger a en effet considéré les cristaux que l'on trouve dans cette localité comme de la Braunite, et l'analyse de M. Turner semblerait confirmer ces résultats; cependant il y a encore quelque chose à desirer à cet égard, car j'ai récolté moi-même à Saint-Marcel des cristaux octaèdres, et d'un côté ces cristaux présentent l'angle de 117° 30′ environ pour l'inclinaison des deux pyramides, ce qui indiquerait de l'Hausmanite et non de la Braunite, tandis que de l'autre ils donnent à l'essai chimique de la silice gélatineuse, ce qui indique un silicate et non un deutoxide ou un manganite de protoxide. C'est au temps à nous éclairer sous ces différens rapports. (Voyez d'ailleurs les mots Hausmanite et Braunite.)

GISEMENT.

La marceline forme des amas assez considérables au milieu des micaschistes ou des roches subordonnées; elle n'est encore connue que dans le haut de la vallée de Saint-Marcel, en Piémont. On connaît dans la masse même de cette substance des grenats à base de manganèse, de la trémolite, de la tourmaline et une substance bacillaire que l'on désigne depuis longtemps sous le nom d'Epidote manganésifère, page 148.

SOIXANTE-CINQUIÈME ESPÈCE. CALAMINE.

(*Zinc oxidé; Zinc oxide hydraté siliceux; Hopéite, Pierre calaminaire; Zinkglas; Galmei.*)

Substance blanchâtre ou jaunâtre. Cristaux dérivant d'un prisme rhomboïdal de 102° 30′ et 77° 30′, dont la hauteur et les diagonales sont dans le rapport des nombres 7, 14 et 12.

Pesanteur spécifique, 3,42.

Rayant le fluor, rayé difficilement par une pointe d'acier. Donnant de l'eau par calcination; infusible au chalumeau, mais se gonflant. Soluble en gelée dans les acides; solution donnant par l'ammoniaque un précipité blanc qui se redissout bientôt par un excès de l'alcali.

Composition. $Zn\,Si + x\,Aq$. Silicate dont la quantité d'eau est difficile à établir d'après les analyses existantes.

Calamine de Rezbanya, par Smithson.

		Oxig.	Rap.
Silice	25	12,98	3
Oxide de zinc	68,3	13,57	3
Eau	4,4	3,91	1

Calamine de Limburg, par Berzélius.

		Oxig.	Rap.
Silice	24.893	12,93	2
Oxide de zinc	66,837	13,28	2
Eau	7,460	6,63	1
Acide carbonique	0,450		
Oxide de plomb et d'étain	0,276		

Calamine de Limburg, par Berthier.

		Oxig.	Rapp.
Silice	25	12,98	3
Oxide de zinc	66	13,11	3
Eau	9	8	2

Calamine du Briesgau, par le même.

		Oxig.	Rap.
Silice	25,5	13,24	3
Oxide de zinc	64,5	12,81	3
Eau	10	8,89	2

Dans toutes ces analyses on voit que la silice et l'oxide de zinc renferment la même quantité d'oxigène, mais que les quantités d'eau sont variables. La première analyse donnerait peut-être 3 $ZnSi + Aq$; la seconde donne 2 $ZnSi + Aq$, formule que M. Berzélius a admise généralement; les deux autres donneraient 3 $ZnSi + 2 Aq$.

Il est à remarquer que parmi les silicates de zinc de Franklin, dans le New-Jersey, il en est qui sont tout-a-fait anhydres; d'après cela il serait possible qu'il y eût fréquemment mélange de silicate anhydre et de silicate hydraté, et que ce fût à cette circonstance que fussent dues les variations qu'on observe dans la quantité d'eau. Il serait possible aussi qu'il y eût deux espèces de calamine, car il existe à Limburg des cristaux qui ne paraissent pas se rapporter au même système de cristallisation, et dont les uns donnent plus d'eau que les autres à la calcination.

VARIÉTÉS.

Calamine cristallisée. Le plus souvent en tables rectangulaires bisilées sur les quatre côtés, et qui se modifient de différentes manières sur les arêtes et sur les angles solides, pl. IX, fig. 31 à 38.

Inclinaison de a sur L 128° 40', sur b 132° 35', de L sur c 116° 40'.

Calamine stalactitique. — mamelonnée. — globuliforme.

Calamine fibreuse. A fibres droites, divergentes, palmées ou à fibres contournées et entrelacées.

Calamine lamellaire. Formée de cristaux lamiliformes empilés les uns sur les autres.

Calamine compacte. — caverneuse. La variété compacte criblée de cavités irrégulières.

Calamine terreuse. Matière tendre plus ou moins agrégée et presque toujours mélangée de matières étrangères.

Calamine malachitifère (mines de laiton). Colorée en vert par la malachite.

GISEMENT.

La calamine se trouve dans divers dépôts métallifères, principalement dans ceux de plomb et de cuivre (Leadhills, Wanlockhead, en Écosse; Rutland au Derbyshire, Holywel en Flintshire, etc. en Angleterre; Hoffsgrund, près Fribourg, en Brisgau;

Raibel, Bleiberg, en Carinthie; Rezbanya, au Banat; Gazimour; Nertschinky, etc., en Sibérie, etc.); mais elle forme des amas ou des couches dans les dépôts calcaires qui forment la base du terrain houiller, dans le calcaire pénéen et dans le lias, t. 1, page 635. Elle accompagne partout le carbonate de zinc.

USAGES. La calamine, dans ses gisemens en amas, est exploitée pour la fabrication du laiton (alliage de cuivre et zinc) et aussi pour la préparation du zinc.

SOIXANTE-SIXIÈME ESPÈCE. CHRYSOCOLE.

(*Cuivre hydraté siliceux; Cuivre hydro-siliceux; Kiesel-Malachite; Hydrophane cuivreuse.*)

Substance verte ou vert bleuâtre, compacte, à cassure irrégulièrement conchoïdale, d'un éclat résineux, passant à l'état vitreux.

Pesanteur spécifique, 2,031 à 2,159.

Rayant le verre avec difficulté; rayée par une pointe d'acier. Très fragile.

Donnant de l'eau par calcination et noircissant. Infusible au chalumeau. Attaquable par les acides, quelquefois avec effervescence, et laissant un résidu siliceux. Solution devenant d'un beau bleu par l'addition de l'ammoniaque.

Composition. $Cu\,Si^2 + 2\,Aq$ ou $\dot{C}u^3\,\ddot{S}i^2 + 6\,Aq$, plus ou moins mélangé de carbonate bleu de cuivre (azurite).

Chrysocole de Sibérie, par Klaproth.

		Oxigène.	*Azurite.*	*Chrysocole.*
Silice	26	13,50 =		13,50 (2)
Oxide de cuivre	50	10,08	3,78 (3)	6,30 (1)
Eau	17	15,11	1,26 (1) +	13,85 (2)
Acide carbonique	7	5,06	5,06 (4)	

Le même, par John.

		Oxigène.	Azurite.	Chrysocole.
Silice	28,37	14,73 =		14,73
Oxide de cuivre	49,63	10,01	1,62 +	8,39
Eau	17,50	15,55	0,54 +	15,01
Acide carbonique	3	2,17	2,17	
Sulfate de chaux	1,50			

Chrysocole de New-Jersey, par Bowen.

		Oxigène.	Rapports.
Silice	37,250	19,35	2
Oxide de cuivre	45,175	9,11	1
Eau	17,000	15,11	2
Perte	0,575		

Ces analyses s'accordent toutes assez bien ; seulement dans la dernière il y a sans doute une erreur dans la quantité d'eau, ou peut-être l'acide carbonique aura-t-il été négligé ; du reste, les quantités de silice et d'oxide de cuivre sont entre elles pour former un bisilicate.

GISEMENT.

Cette substance se trouve en petits amas dans les dépôts cuivreux. On en cite dans un grand nombre de lieux : en Sibérie (mine de Turschink) ; à Saalfeld, en Thuringe ; Lauterberg, au Harz ; Schwarzenberg, en Saxe ; Joachimsthal, en Bohême ; Sommerville, dans le New-Jersey, etc.

APPENDICE.

Nous mettrons ici par appendice des silicates de cuivre qui devront peut-être former des espèces particulières, lorsqu'on les connaîtra mieux. Savoir :

Dioptase (Achirite, Kupfersmaragd). Substance verte, vitreuse, cristallisée en prisme hexagone terminé par un rhomboèdre, pl. VI, fig. 37. Inclinaison de *p* sur *p* 95° 33′, de *p* sur *r* 133°.

Pesanteur spécifique, 3,3.

Rayant le verre avec difficulté.

Donnant de l'eau par calcination et noircissant ; infusible

au chalumeau. En partie attaquable, mais avec difficulté, par les acides. Solution donnant l'indice du cuivre par l'ammoniaque.

Nous en avons deux analyses qui ne sont pas d'accord, et dans chacune desquelles il y a probablement des erreurs.

Analyse de Lowitz.		Oxigène.	Analyse de Vauquelin.		Oxigène.
Silice	33	17,12	Silice	43,181	22,43
Oxide de cuivre	55	11,09	Oxide de cuivre	45,455	9,16
Eau	12	10,66	Eau	11,364	10,10

Il est fâcheux que ces analyses ne soient pas plus régulières; car la rareté de cette substance fait craindre que de long-temps on ne les recommence. La moyenne des deux analyses, si l'on peut se fier à une telle manière de procéder, donnerait la formule $Cu\, Si^{2} + Aq$, qui ne différerait de celle de la Chrysocole que par la quantité d'eau.

La Dioptase provient du pays des Kirgis, d'où elle a été apportée pour la première fois par un marchand nommé Achir-Malmed, dont on lui a donné le nom.

Silicate de cuivre de Dillenburg. Substance compacte d'un bleu verdâtre, qui a fourni à M. Ullmann :

		Oxigène.		Azurite.		Oxig.	Rapp.
Silice	40	20,78	=			20,78	6
Oxide de cuivre	40	8,06	=	4,33	+	3,73	1
Eau	12	10,66		1,44	+	9,22	3
Acide carbonique	8	5,78		5,78			

ce qui semblerait indiquer un silicate de la formule $Cu\, Si^{6} + 3\, Aq$, mélangé de carbonate bleu de cuivre.

Cette matière a été trouvée dans les mines de cuivre près de Oberschelden, dans le Dillenburg.

SILICATES MAGNÉSIENS DIVERS.

Substances la plupart tendres, si ce n'est le péridot; se laissant rayer facilement par une pointe d'acier; souvent douces ou onctueuses au toucher, fréquemment à cassure compacte et esquilleuse, au moins dans quelques sens, et alors d'un éclat gras ou céroïde.

Rarement attaquables par les acides. Solution une fois faite par une opération quelconque, et privée de fer par l'hydro-sulfate d'ammoniaque; donnant toujours par la soude un précipité abondant, qui devient lilas lorsqu'on le chauffe après l'avoir humecté d'une goutte de nitrate de cobalt.

SOIXANTE-SEPTIÈME ESPÈCE. PÉRIDOT.

(*Chrysolite; Chrysolite des volcans; Olivine; Hyalo-sidérite? Limbilite; Chusite; Sidéroclepte.*)

Substance vitreuse le plus souvent verdâtre, cristallisant dans le système prismatique rectangulaire droit. Cristaux pouvant être dérivés d'un prisme dont la hauteur et les côtés sont à-peu-près comme les nombres 25, 14, 11.

Pesanteur spécifique, 3,3 à 3,4.

Rayant fortement le verre, et presque le quarz.

Ne donnant pas d'eau par calcination. Infusible au chalumeau. Inattaquable par les acides.

Composition. MSi, fSi, ou $\dot{M}^3\ddot{Si}, \dot{F}^3\ddot{Si}$; mélange en toutes proportions de silicate de magnésie et de silicate de fer, d'après les analyses suivantes que nous devons à M. Walmstedt.

Péridot de Bohême.

		Oxig.	Rap.
Silice	41,42	21,52	1
Magnésie	49,61	19,20	1
Protoxide de fer	9,14	2,08	
Protoxide de manganèse	0,15	0,03	
Alumine	0,15		

Péridot de la Somma.

		Oxig.	Rap.
Silice	40,08	20,82	1
Magnésie	44,24	17.12	1
Protoxide de fer	15,26	3,47	
Protoxide de manganèse	0,48	0,10	
Alumine	0,18		

Péridot de Silésie.

		Oxig.	Rapp.
Silice	41,54	21,58	1
Magnésie	50,04	19,37	1
Protoxide de fer	8,66	1,97	
Protoxide de manganèse	0,25	0,05	
Alumine	0,06		

Péridot du Vivarais.

		Oxig.	Rapp.
Silice	41,44	21,53	1
Magnésie	49,19	19,04	1
Protoxide de fer	9,72	2,21	
Protoxide de manganèse	0,13		
Chaux	0,21		
Alumine	0,61		

Substances du fer de Pallas.

		Oxigène.	Rapports.
Silice	40,83	21,21	1
Magnésie	41,74	16,16	1 ?
Protoxide de fer	11,53	2,62	
Protoxide de manganèse	0,29	0,06	

On voit que les quatre premières présentent sensiblement égalité entre l'oxigène de la silice et l'oxigène des bases, ce qui donne la formule que nous avons adoptée. La substance qui remplit les cavités du fer de Pallas est encore à-peu-près dans le même cas, mais il faut admettre une petite quantité de silice surabondante.

Il existe aussi une matière, qu'on a nommée Hyalosidérite, dont les cristaux, d'après les observations de M. Mitscherlich, sont identiques avec ceux du Péridot, mais dont l'analyse, que l'on doit à M. Walchner, ne se rapporte pas aux précédentes; cette analyse présente :

		Oxigène.
Silice	31,634	16,43
Magnésie	32,403	12,54
Oxide de fer	29,711	6,76
Oxide de manganèse	0,480	0,10
Potasse	2,788	0,47
Alumine	2,211	1,03
Traces de chrome.		

Si cette matière est un Péridot, comme l'indique sa cristallisation, il est évident qu'il faut y admettre des mélanges de matière étrangère, dont la potasse et l'alumine font sans doute partie, et qui doivent être des sous-silicates.

VARIÉTÉS DE L'ESPÈCE.

Péridot cristallisé. En prismes rectangulaires modifiés sur les arêtes latérales par une ou plusieurs faces, ainsi que sur les arêtes des bases et sur les angles solides, pl. VIII, fig. 62 à 65.

Inclinaison de *L* sur *a*, *a'* 132° 50', 115°; de *B* sur *b* 130°, sur *c* 131° ?

Péridot granuliforme. En petits nids irréguliers, ou en cristaux déformés disséminés dans les roches.

Péridot granulaire (olivine). En noyaux plus ou moins volumineux, à structure granulaire, et quelquefois d'apparence lamellaire, ce qui tient à la forme des cristaux qui composent la masse.

Péridot altéré (limbilite, chusite). Péridot cristallisé ou granulaire, devenu terreux et présentant des couleurs jaunâtre, brunâtre, rougeâtre, qui tiennent au passage du protoxide de fer à l'état de péroxide anhydre ou hydraté. On trouve tous les degrés d'altération entre l'état vitreux et l'état terreux.

GISEMENT.

Le Péridot appartient aux terrains basaltiques, et se trouve dans toutes les localités où ces terrains se sont épanchés (Auvergne, Velay, Vivarais, bords du Rhin, Souabe, Saxe, Bohême, Irlande, etc., etc.); il est disséminé dans les roches de ces terrains, en petits cristaux, en grains, ou en rognons à structure granulaire qui sont quelquefois assez volumineux. Il est rare dans les laves, ou produits volcaniques d'écoulement, cependant on en connaît des exemples (laves d'Amalfi, au Vésuve; Capo di Bove, près de Rome; Lancerote, îles Canaries), et il se trouve dans les sables formés de débris volcaniques (sables d'Amalfi, d'Albano, de Bracciano, de Nemi, etc.), où il est quelquefois en petits cristaux assez nets; mais dans aucune des laves modernes il n'existe en rognons granulaires comme dans les basaltes. L'hyalosidérite n'a pas d'autres gisemens, car les roches du Kaisersthul, des collines de Saasbach, de Limbourg, etc., où elle se trouve, sont encore des formations basaltiques, qui offrent seulement quelques caractères particuliers.

Il est à remarquer qu'on n'a jamais trouvé de péridot dans

les dépôts trachytiques; il n'en existe pas non plus dans les roches qui font partie des terrains primitifs, et c'est par erreur que de Born en a cité dans des serpentines, qu'il dit venir de Leutschau, en Hongrie, où il n'y en a pas. Cependant on ne sait pas quel est le gisement des péridots qu'on emploie dans la joaillerie; on ignore même de quel lieu on les tire, et tout ce qu'on sait c'est que le commerce s'en fait par Constantinople, ce qui fait présumer qu'ils viennent du Levant.

Une des manières d'être les plus remarquables du péridot est son gisement dans les cavités du fer météoriques de Sibérie, désigné sous le nom de fer de Pallas; il paraît que quelques grains vitreux des diverses pierres météoriques appartiennent aussi à la même espèce.

USAGES.

On emploie les variétés transparentes du péridot en pierres taillées à facettes; mais c'est en général une pierre peu estimée, qui par conséquent n'est jamais d'un prix élevé. Cependant sa couleur vert jaunâtre est très agréable, et il est possible que le peu de cas qu'on en fait généralement tienne à ce qu'on ne voit ordinairement dans le commerce que des pierres mal taillées; celles que l'on fait retailler à Paris sont réellement d'un bel effet.

SOIXANTE-HUITIÈME ESPÈCE. MARMOLITE.

(*Serpentine; Talc.*)

Substance grisâtre ou verdâtre, à texture foliée; lames parallèles aux pans d'un prisme quadrilatère, et non flexibles. Eclat nacré ou métalloïde.

Pesanteur spécifique, 2,47.

Rayée par une pointe d'acier; poussière douce et onctueuse au toucher.

Donnant de l'eau par calcination, prenant alors de la dureté; infusible au chalumeau. Attaquable par l'acide nitrique.

Composition. Peut-être $MSi + Aq$ ou $\dot{M}^3 \ddot{Si} + 3 Aq$, d'après l'analyse de M. Nuttall.

		Oxigène.	Rapport.
Silice	36	18,70	3
Magnésie	46	17,80	3
Chaux	2	0,56	
Oxide de fer et de chrome.	0,5		
Eau	15	13,33	2

ce qui donne par le fait la formule $3\,MSi + 2\,Aq$; mais cette formule n'étant pas régulière, on peut penser que la substance est un mélange de silicate de magnésie hydraté $MSi + Aq$ et de silicate anhydre MSi, la première matière étant beaucoup plus abondante que l'autre.

La serpentine de Norberg, analysée par Hisinger, paraît appartenir à la même espèce et renfermer aussi du silicate de magnésie anhydre, qui serait seulement dans d'autres proportions que dans la substance d'Amérique. Son analyse présente :

		Oxigène.		Marmolite.		MSi.
Silice	32	16,62	=	12,59	+	4,03
Magnésie	37,24	14,41	=	12,59	+	4,79
Chaux	10,60	2,97				
Oxide de fer	0,60					
Alumine	0,50					
Matière volatile (eau?)	14,16	12,59		12,59		

La substance analysée par M. Nutall se trouve en veines étroites dans des roches serpentineuses à Hobocken et Barre-Hill, près de Baltimore, et souvent avec la Brucite (hydrate de magnésie).

Observation. On voit que la marmolite ne serait autre chose que du péridot hydraté. Cette circonstance tendrait à confirmer une opinion admise par quelques minéralogistes, que le péridot olivine qui se trouve dans certains basaltes n'est autre chose qu'une matière talqueuse fortement calcinée ou fondue. En effet, dans quelques basaltes du Vivarais, il est impossible de ne pas se laisser aller à cette idée; ces basaltes renferment de l'olivine bien caractérisée et des matières granitoïdes, dont les parties constituantes offrent des passages à l'olivine; de plus, les granites du Forez, qui sont voisins, renferment des rognons de matière verte que l'on est conduit à regarder comme talqueuse ou serpentineuse. D'après cela on est tenté de considérer les basaltes comme produits aux dépens de ces granites, et à regarder les rognons d'olivine comme représentant les rognons de matières talqueuses.

APPENDICE.

Pierre ollaire de Chiavenna. Si l'on en croit l'analyse de Wiegleb, cette substance formerait une espèce particulière, qui serait un simple silicate de magnésie, MSi, mélangé de silicate de fer, fSi et d'un peu de sous-silicate d'alumine $A^3 Si$, qui devrait être placée auprès de la marmolite dont elle ne diffère que par l'absence de l'eau. Cette analyse a fourni:

		Oxigène.	*Rapports*
Silice	38,12	19,80	1
Magnésie	38,54	14,94	
Oxide de fer	15,62	3,55	1
Chaux	0,41	0,11	
Alumine	6,66	3,08	
Acide fluorique	0,41		

SOIXANTE-NEUVIÈME ESPÈCE. SERPENTINE.

(*Ophite; Néphrite; Pierre ollaire?*)

Substance compacte, quelquefois douce au toucher; tendre, mais tenace, à cassure mate ou d'un éclat céroïde.

Pesanteur spécifique, 2,64?

Donnant de l'eau par calcination, prenant alors de la dureté. Infusible au chalumeau; attaquable en partie par les acides.

Composition. Probablement $2\,MSi^2 + MAq$ ou $2\dot{M}^3\ddot{S}i^2 + 3\dot{M}Aq^2$, d'après les analyses suivantes:

Serpentine incolore de Gulsjo, par Mosander.

		Oxig.	Rapp.
Silice	42,34	21,99	4
Magnésie	44,20	17,10	3
Protoxide de fer	0,18	0,04	
Eau	12,38	11,00	2
Acide carbonique	0,87		

Serpentine jaune de Finlande, par Lychnell.

		Oxig.	Rapp.
Silice	42,01	21,82	4
Magnésie	38,14	14,76	3
Chaux	3,22	0,90	
Protoxide de fer	1,30	0,29	
Protoxide de cérium	2,24	0,33	
Eau	12,15	10,80	2
Bitume et acide carbonique	0,19		

Serpentine de Germantown, par Nutall.

		Oxig.	Rapp.
Silice	42,00	21,81	4
Magnésie	33,00	12,77	3
Chaux	3,50	0,98	
Oxide de fer	7,00	1,59	
Eau	13,00	11,55	2

Néphrite de Smithfield, par Bowen.

		Oxig.	Rap.
Silice	44,68	23,21	4
Magnésie	34	13,16	3
Chaux	4,25	1,19	
Oxide de fer	1,74	0,39	
Alumine	0,56		
Eau	13,41	11,92	2

Serpentine de Skyttgrufa, par Hisinger.

		Oxigène.	Rapports.
Silice	43,07	22,37	4
Magnésie	40,37	15,33	3
Oxide de fer	1,17	0,.6	
Chaux	0,50	0,14	
Alumine	0,25		
Eau	12,45	11,06	2
Perte	2,17		

M. Berzélius a admis la formule que nous avons adoptée, mais seulement pour la serpentine de Gulsjö, et il en a jugé autrement pour celle de Skyttgrufa analysée par Hisinger; il adopte alors $MSi^3 + MAq$, en désignant la matière comme serpentine noble. Cette analyse présente cependant les mêmes rapports que les précédentes, et je ne vois pas pourquoi on admettrait de l'eau hygrométrique dans celle-ci plutôt que dans toutes les autres, qui me paraissent appartenir à la même espèce.

GISEMENT.

Les serpentines ne présentent de variétés que dans les couleurs, le plus ou moins de translucidité et l'espèce d'éclat. Elles paraissent toutes appartenir aux dépôts de micaschistes et se rattacher particulièrement aux couches ou amas calcaires qui y sont subordonnés; elles forment même au milieu de ces calcaires des nids, des amas ou des veines. Il existe dans ces gisemens des dépôts considérables qu'on désigne sous le nom de serpentine, mais il n'est pas certain qu'ils se rapportent tous à l'espèce que nous venons d'établir.

Il est difficile d'indiquer d'autres localités que celles que nous avons citées dans les analyses, car on risquerait beaucoup de commettre des erreurs d'espèces. En effet toutes ces substances magnésiennes ayant entre elles les plus grands rapports extérieurs, et ne différant que par les proportions des élémens réunis, qui paraissent être extrêmement variées et devoir constituer un grand nombre d'espèces, on ne peut prononcer avec quelque certitude que sur celles qui ont été analysées. Si on se conduit autrement on perpétuera toutes les erreurs dont fourmillent les ouvrages de minéralogie, car il suffit que l'on soupçonne qu'une pierre compacte, tendre, est magnésienne, ou même qu'elle ait certains caractères empyriques qu'il est impossible de définir, pour qu'on lui impose le nom de serpentine, comme il suffit qu'elle soit douce au toucher pour qu'on en fasse un talc ou une stéatite : on se donne même toute latitude, en admettant des serpentines dures, des talcs ou des stéatites endurcies, lieux communs de la vieille école dans lesquels on se jette encore pour ne pas se donner la peine d'étudier avec plus de précision.

USAGES.

On emploie certaines serpentines (ou plutôt des matières qu'on nomme ainsi sans trop savoir ce qu'elles sont) en tables, en plaques, en colonnes, qui sont d'un assez joli effet lorsqu'on les choisit convenablement, surtout lorsqu'on prend les variétés diallagiques. Ces matières sont d'autant plus avantageuses qu'elles ont quelquefois les tons de couleurs des roches dures, et qu'elles sont beaucoup plus faciles à travailler.

La pierre ollaire, dont nous avons parlé ci-dessus, et qu'on nomme aussi communément serpentine, est une matière très précieuse sous un autre rapport; elle possède naturellement toutes les qualités qu'on cherche à obtenir dans les poteries, et il suffit de la tailler, de la creuser, pour en faire toute espèce d'ustensiles d'un très bon usage. On en fait des marmites, des poellons, etc. qui sont à très bon compte, et qui ont un très grand débit dans certaines localités. C'est ainsi qu'on emploie cette pierre dans le val Leza, au pied du mont Rose, dans le val Chiavenna, en Corse, à Zœblitz en Saxe, au Groënland, à la baye d'Hudson, en Chine. Les variétés les plus fines sont employées en cafetières, en théières, etc.

APPENDICE.

Pikrolite de la mine de Brattfor. Substance compacte d'un vert glauque, à cassure esquilleuse, et comme striée. M. Stromeyer en a tiré

		Oxigène.	*Rapports.*
Silice	41,66	21,64	3
Magnésie	37,159	14,34	2
Oxide de fer magnétique	4,046		
Oxide de manganèse	2,247		
Eau	14,723	13,08	2

Si, en partant de l'observation que cette substance se trouve dans un dépôt de fer magnétique, on admet que le fer qu'elle renferme est à l'état magnétique, et par conséquent en simple mélange, on arrive sensiblement aux rapports 3,2 et 2 entre les quantités d'oxigène de la silice, de la magnésie et l'eau; par conséquent on a la formule $MSi^3 + MAq^2$, ce qui constituerait une espèce particulière. Cependant la couleur verte de la pierre semble indiquer du protoxide de fer en combinaison, et dès-lors il faut traduire l'analyse en

		Oxigène.	*Rapports.*
Silice	41,660	21,64	4
Magnésie	37,159	14,34	3
Protoxide de fer	3,73	0,83	
Oxide de manganèse	2,247	0,49	
Eau	14,723	13,08	2?

et si l'on regarde en même temps le manganèse comme étant à l'état de protoxide, on arrive au rapport 4, 3 et 2 en admettant un peu d'eau hygrométrique : dès-lors au lieu de faire une espèce particulière, la Pikrolite ne serait qu'une variété de Serpentine, renfermant une certaine quantité d'eau hygrométrique.

Cette substance se trouve à la mine de Brattfor, près de Philippstadt, en Vermeland ; elle est accompagnée de calcaire spathique et de fer magnétique.

Pikrolite de Taberg, en Smolande. Nous parlons ici de cette substance à cause de l'identité de nom avec la précédente, et aussi de l'analogie des caractères extérieurs ; mais il est possible qu'elle n'appartienne pas à la même espèce. M. Almroth en a donné l'analyse suivante :

		Oxigène.		$(M, f)\,C^2$		
Silice	40,04	20,80	=			20,80
Magnésie	38,80	15,02	=	1,70	+	15,20
Protoxide de fer	8,28	1,88				
Eau	9,08	8,07				8,07
Acide carbonique	4,70	3,40		3,40		

Après avoir soustrait l'acide carbonique pour en faire un carbonate de magnésie, on voit qu'il est difficile d'établir des rapports simples entre les restes, ce qui conduirait à penser qu'il y a ici mélange de diverses matières ; or la supposition de $M\,Si^3$ mélangé de $M\,Aq$ satisfait complètement à ces restes, car on a

			$M\,Si^3$		$M\,Aq.$	
Oxigène de silice	20,80	=	20,80			
Oxigène de magnésie et d'oxide de fer	15,20	=	6,93	+	8,27	1
Oxigène d'eau	8,07	=	....		8,07	1

S'il en est ainsi, cette Pikrolite se rapporterait à notre espèce Talc, qui, comme il arrive fréquemment, serait mélangée de Brucite.

OBSERVATIONS.

M. Berzélius a admis une Serpentine de la formule de $M\,Si^3$, mais j'ignore sur quelles analyses cette formule est établie.

S'il existe une pierre compacte analogue aux Serpentines qui offre cette composition, elle ne sera qu'une variété de notre espèce Talc.

SOIXANTE-DIXIÈME ESPÈCE. DIALLAGE.

Substance verdâtre ou brunâtre; clivable par deux plans parallèles; chatoyante sur les faces de clivages, mate et à cassure compacte ou esquilleuse dans les autres sens.

Rayée par une pointe d'acier, quelquefois même par l'ongle.

Donnant de l'eau par calcination. Fusible en verre blanchâtre qui brunit au feu d'oxidation; difficilement attaquable par les acides.

Composition. Difficile à établir lorsqu'on admet sous le nom de diallage toutes les substances qui sont ainsi désignées par les minéralogistes. Nous nous bornerons pour former une espèce à une analyse faite par M. Berthier sur un diallage de la Spezia, et qui a fourni :

		Oxigène.	*Rapport.*
Silice	47,2	24,52	8
Magnésie	24,4	9,44	
Chaux	13,1	3,67	5
Protoxide de fer	7,4	1,68	
Alumine	3,7	1,73	
Eau	3,2	2,84	1

En admettant ici une très petite quantité de silicate d'alumine $A\,Si$, les autres matières fournissent exactement les rapports 1, 5, 8 entre les quantités d'oxigène, d'où l'on tire la formule $4M\,Si^2 + M\,Aq$.

Cette substance se trouve sur les bords de la Spezia, dans une pierre compacte, blanche, qui pourrait bien être une variété d'albite.

APPENDICE. *Espèces probables*

Le Diallage (Schillerspath) de Baste au Harz, analysé par Köhler, ne paraît différer de celui de la Spezia que par l'ordre de l'hydrate de magnésie qui s'y trouve combiné. L'analyse a fourni :

		Oxigène.	*Rapports.*
Silice	43,900	28,80	8 ?
Magnésie	25,856	10,00	5
Protoxide de fer	13,021	2,96	
Protoxide de manganèse	0,535	0,11	
Chaux	2,642	0,74	
Eau	12,426	11,04	4

et semble donner la formule $4\,(M, f, Ca)\,Si^2 + MAq^4$; c'est le terme MAq^4, qui forme seule la différence avec l'espèce analysée par Berthier, dans laquelle on ne trouve que MAq.

Diallage métalloïde. Substance d'un éclat métalloïde dans les fractures de clivage, qui a fourni à M. Drapier

		Oxigène.		*A Si+Aq.*			*Rapp.*
Silice	41	21,29	=	1,40	+	20,89	5
Magnésie	29	11,22	=			14,68	2
Oxide de fer	14	3,18					
Chaux	1	0,28					
Alumine	3	1,40	=	1,40			
Eau	10	8,89	=	1,40	+	7,49	1
Perte	2						

d'où l'on tire avec probabilité la formule $MSi^3 + MAq$, mélangée d'une petite quantité de $ASi + Aq$. Ce serait alors une substance assez analogue à la précédente, mais qui en différerait par l'ordre du silicate.

Anthophyllite (Bronzite ?). Substance brune, d'un éclat métalloïde bronzé, d'où M. L. Gmelin a tiré

		Oxigène.	*Rapports.*
Silice	56	29,09	6
Magnésie	23	8,90	2
Oxide de fer	13	2,96	1
Oxide de manganèse	4	0,87	
Chaux	2	0,56	
Alumine	3	1,40	

Ce qui peut donner la formule $2 M Si^2 + (f, Ca) Si^2$, ou plus simplement $(M, f. Ca) Si^2$, mélangée avec une petite quantité de $A Si$. Ce serait une substance analogue à la Serpentine et au Diallage de la Spezia, mais sans hydrate de magnésie.

Bronzite de Styrie. Substance d'un éclat métalloïde bronzé d'où Klaproth a tiré :

		Oxigène.	Rapports.
Silice	60 . . .	31,17	13 ?
Magnésie	27,5 . . .	10,64	4 ?
Oxide de fer.	10,5 . . .	2,39	1
Eau	0,5		

La formule la plus approchée serait $4 M S^3 + f Si$; mais il se pourrait que ce fût encore un bisilicate mélangé de trisilicate, et dès-lors ce serait la même substance que la précédente.

OBSERVATION.

On peut remarquer qu'il serait possible, jusqu'à un certain point, d'identifier toutes ces matières et les réunir en une seule espèce de la formule $(M, f, Ca) Si^2$; il suffirait de supposer des mélanges, tantôt d'hydrate de magnésie, tantôt de Talc, ou même de Serpentine; mais rien ne nous autorise encore à admettre ces mélanges avec un degré suffisant de probabilité.

On a indiqué des Diallages cristallisés en petits cristaux noirâtres ou grisâtres, enfermés dans un schiste argileux des Ardennes; mais cette indication n'est fondée sur aucune donnée positive.

GISEMENT.

Les matières désignées sous le nom de Diallage appartiennent toutes aux dépôts que l'on désigne par l'épithète serpentineux ou à des roches à base d'albite qui font partie des gneiss et micaschistes alpins. Elles sont disséminées dans ces dépôts, et les petits nids qu'elles forment dans les serpentines sont tellement empâtés qu'il est souvent impossible de les distinguer.

SOIXANTE-ONZIÈME ESPÈCE. TALC.

Substance feuilletée, écailleuse, ou compacte? grisâtre, verdâtre ou blanche, douce au toucher; non élastique; se laissant rayer facilement par l'ongle.

Donnant peu d'eau par calcination; infusible au chalumeau ou fondant très difficilement sur les bords.

Composition. Probablement MSi^3 ou $\dot{M}\,\dddot{Si}$, plus ou moins mélangé de MAq (Brucite), d'après les analyses suivantes:

Talc écailleux du petit Saint-Bernard, par Berthier.

		Oxigène.	*Brucite.*		*M Si³.*	
Silice	58,2	30,23	=		30,23	3
Magnésie	33,2	12,85	= 3,11	+	10,79	1
Protoxide de fer	4,6	1,05				
Traces d'alumine.						
Eau	3,5	3,11	= 3,11			

Talc feuilleté de Sainte-Foix, par Berthier.

		Oxigène.	*Brucite*		*M Si³.*	
Silice	55,6	28,88	=		28,88	3
Magnésie	19,7	7,62				
Protoxide de fer	11,7	2,66	= 2,31	+	10,24	1
Chaux	8,1	2,27				
Alumine	1,7					
Eau	2,6	2,31	= 2,31			

On voit par ces analyses non-seulement que les quantités d'eau sont variables, mais encore qu'elles ne sont ni dans l'une ni dans l'autre en proportions définies: le seul moyen de discuter ces analyses est donc d'admettre que l'eau ne fait pas partie de la substance principale, et comme d'ailleurs la magnésie est en trop grande quantité par rapport à la silice, il est naturel de supposer un mélange d'hydrate de magnésie.

Le *Talc laminaire* du Saint-Gothard paraîtrait devoir se rapporter à la même espèce; cependant l'analyse de Klaproth qui a donné

		Oxigène.	
Silice	62	. . . 32,21	
Magnésie	30,50	. . . 11,80	12,83
Oxide de fer	2,50	. . . 0,57	
Potasse	2,75	. . . 0,46	
Perte au feu	0,50		

ne peut fournir le rapport 1 à 3 entre l'oxigène des bases et celui de la silice, qu'en supposant des matières étrangères dont il est difficile d'imaginer la nature.

On indique fréquemment des *Talcs cristallisés*; mais la plupart des matières qu'on désigne sous ce nom paraissent avoir une toute autre composition; je ne connais pas de véritable Talc cristallisé. Les seules variétés qu'on puisse établir sont le *Talc laminaire*, ordinairement verdâtre, qui se divise facilement en feuillets minces; le *Talc écailleux*, composé de petites lamelles très douces, accumulées les unes sur les autres, qui est blanc, nacré, quelquefois légèrement verdâtre. Peut-être existe-t-il des *Talcs compactes* que l'on confond avec les serpentines.

Les Talcs ne paraissent pas former de dépôts considérables; ils appartiennent comme les Serpentines aux terrains de micaschistes et particulièrement aux couches ou amas calcaires subordonnés (Alpes de la Savoie, de la Suisse, du Piémont). Les terrains granitoïdes des Alpes renferment beaucoup de matières douces au toucher, que l'on désigne communément sous le nom de talcs; mais beaucoup de ces matières paraissent être fort différentes de celles que nous rapportons à l'espèce dont nous nous occupons.

APPENDICE.

Pyrallolite. Substance indiquée en prisme oblique rhomboïdal de $140° 49'$ et en petites masses à texture écailleuse; composée d'après M. Nordenskiöld de

		Oxigène.	$M Aq^3$	$M Si^3$.	
Silice	56,62	29,41	=	29,41	3
Magnésie	23,38	9,05			
Chaux	5,58	1,56	= 1,06	+ 9,96	1
Oxide de fer	0,99	0,21			
Oxide de manganèse	0,99	0,20			
Alumine	3,38				
Eau	3,58	3,18	3,18		

M. Berzélius a admis pour cette matière la formule $M Si^2$, qui serait du péridot, mais l'analyse que nous venons de citer ne s'accorde pas avec cette supposition ; ce qu'elle offre de plus probable, à moins qu'on ne trouve d'autres données de discussion, est la supposition d'un trisilicate de magnésie mélangé d'hydrate de cette base, et par conséquent une variété de l'espèce Talc.

Cette substance se trouve à Stôrgard, paroisse de Pargas, en Finlande, dans des dépôts calcaires, avec Feldspath, Pyroxène, Wernérite, etc.

Cuir de montagne (liége de montagne). Substance blanche ou jaunâtre, composée de fibres simples, très fines, entremêlées comme dans les tissus organiques cutanés, légères, coriaces, impossibles à casser et se déchirant avec difficulté. Bergmann en a donné l'analyse suivante :

		Oxigène.	Rapports.
Silice	62	32,20	
Magnésie	22	8,51	
Chaux	10	2,81	12,05
Oxide de fer	3,2	0,73	
Perte	2,8		

En remarquant que cette substance renferme fréquemment du carbonate Dolomie, on pourrait supposer que la perte est de l'acide carbonique qui renfermerait 2,02 d'oxigène, et en employant cet acide pour un carbonate de la formule $(M, Ca) C^2$, il resterait les nombres 32,20 et 11,04 pour les quantités d'oxigène de la silice et des bases; dès-lors il serait à présumer que la formule de composition est $M Si^3$, ce qui rapporterait la substance à l'espèce Talc.

Cette matière se trouve en petits amas dans les dépôts de micaschistes ou dans les roches subordonnées; il en existe dans un grand nombre de lieux, dans les Alpes du Dauphiné et de la Savoie, dans les Pyrénées, etc.

SOIXANTE-DOUZIÈME ESPÈCE. STÉATITE.

Talc-Stéatite; Craie de Briançon; Spekstein.

Substance compacte ou finement écailleuse, douce et grasse au toucher, se laissant rayer très facilement.

Pesanteur spécifique, 2,6 à 2,8.

Donnant de l'eau par calcination, blanchissant et prenant de la dureté; très difficilement fusible au chalumeau, sur les bords du fragment.

Composition. $2MSi^3 + Aq$ ou $2\dot{M}\ddot{Si} + Aq$, d'après les analyses suivantes:

Craie de Briançon, par Vauquelin.

		Oxig.	*Rapp.*
Silice	61,25	31,82	6
Magnésie	26,25	10,16	
Oxide de fer	1.00	0,22	2
Chaux	0,75	0,21	
Alumine	1,00		
Eau	6	5,33	1

Stéatite de Baireuth, par Bucholz et Brandes.

		Oxig.	*Rapp.*
Silice	60,12	31,23	6
Magnésie	30.15	11,67	2
Protoxide de fer	3 02	0,68	
Oxide de cuivre	0,58		
Eau	5,63	5,00	1

Vauquelin a fait l'analyse d'une matière laminaire désignée sous le nom de Talc, qui donne exactement les mêmes rapports, savoir:

		Oxigène.	*Rapport.*
Silice	62	32,21	6
Magnésie	27	10,45	2
Oxide de fer	3,50	0,79	
Alumine	1,50		
Eau	6	5,33	1

Il est probable que c'est une variété schisteuse de Stéatite.

Une analyse de Stéatite d'Ingeris par M. Tengström, qui a fourni :

		Oxigène.	Rapports.
Silice	63,95	33,22	6
Magnésie	28,25	10,93	2
Oxide de fer	0,60	0,13	
Alumine	0,78		
Eau	2,71		x.
Matière volatile	3,94		

paraît encore se rapporter à l'espèce qui nous occupe, si l'on considère les matières volatiles comme de l'eau. Au reste cette substance pourraît être un Talc mélangé de Stéatite.

On voit par ces analyses que les Stéatites ne diffèrent des Talcs que par la présence de l'eau. Aussi ces substances se trouvent-elles ensemble et exactement dans les mêmes gisemens. Elles paraissent même se mélanger en toutes proportions, et dans certains échantillons il semble qu'il y ait passage d'une substance à l'autre.

Il y a peu de variétés à établir dans les stéatites; on peut distinguer seulement la *Stéatite pseudomorphique*, sous la forme de cristaux de quarz, de carbonate de chaux (de Bareuth); les *Stéatite écailleuse. fibro-schisteuse*, *schistoïde* et *compacte*.

Les Stéatites, à cause de leur onctuosité, sont employées en poudre pour adoucir le frottement des machines dont les rouages sont en bois; ce sont les mêmes matières qu'on emploie pour faire glisser les bottes. Les tailleurs s'en servent en morceaux pour tracer la coupe des habits, et c'est dans ce genre d'emploi que la matière est surtout désignée sous le nom de craie de Briançon, du nom du lieu d'où on le tire particulièrement.

APPENDICE.

Une substance pseudomorphique, analysée par M. Dewey, a fourni :

		Oxigène.	Rapports.
Silice	50,60 . .	26,28	
Magnésie	28,83 . .	11,16	11,98
Oxide de fer.	2,59 . .	0,58	
Oxide de manganèse . .	1,10 . .	0,24	
Alumine	0,15		
Eau	15 . .	13,34	
Perte	1,73		

ce qui semblerait conduire à la formule $M\,S^2 + Aq$, et serait une substance distincte de toutes celles dont nous avons parlé; mais on ignore jusqu'à quel point on peut se fier à cette analyse qui jusqu'ici est tout-à-fait isolée.

Picrosmine. Substance indiquée en prisme rectangulaire dont l'analyse a donné à M. C. Magnus:

		Oxigène.	Rapports.
Silice	54,886 . .	28.51	9
Magnésie.	33,348 . .	12,90	4
Protoxide de manganèse.	0,420		
Péroxide de fer	1,399		
Eau	7,301 . .	6,49	2

Cette composition qui donnerait la formule $3\,M\,S^3 + M\,Aq^2$ semblerait indiquer une substance particulière à placer près de la Stéatite; mais les rapports 2 et 9 entre l'oxigène de l'eau et de la silice ne présentent pas la simplicité que l'on admet dans les compositions de ce genre.

On indique la Picrosmine près de Presnitz, en Bohême, dans des minerais de fer magnétique.

SOIXANTE-TREIZIÈME ESPÈCE. MAGNÉSITE.

Écume de mer; Magnésie carbonatée silicifère.

Substance blanche, plus ou moins terreuse, toujours assez tendre; sèche au toucher.

Pesanteur spécifique, 2,6 à 3,4.

Donnant de l'eau par calcination. Très difficilement

fusible au chalumeau en émail blanc. Attaquable par les acides.

Composition. $MSi^3 + 2Aq$ ou $\dot{M}\ddot{S}i + 2Aq$, d'après les analyses de M. Berthier qui ont fourni:

Magnésite de Vallecas.

		Oxig.	Rapp.
Silice	53,8	27,94	3
Magnésie	23,8	9,21	1
Alumine	1,2		
Eau	20	17,78	2

Magnésite de Coulommiers.

		Oxig.	Rap.
Silice	54	28,05	3
Magnésie	24	9,29	1
Eau	20	17,78	2
Alumine	1,4		

Magnésite de l'Asie-Mineure.

		Oxigène.
Silice	50	25,97
Magnésie (1)	25	9,67
Eau	25	22,25

Magnésite de Salinelle.

		Oxig.
Silice	51	26,49
Magnésie	19,8	7,66
Alumine et oxide de fer	4,4	2,05
Eau	22	18,57
Sables	2,8	

De ces analyses il n'y a que celle qui se rapporte à la variété de l'Asie-Mineure qui s'éloigne des rapports 1, 2, 3; il y a de la magnésie et de l'eau surabondantes, et la matière semblerait être mélangée d'un hydrate de magnésie de la formule MAq^6. Quant à la magnésite de salinelle, il est clair qu'elle est mélangée de matière argileuse.

On ne connaît la magnésite qu'en rognons ou en masses informe compacte ou terreuse, qui offrent quelquefois une structure schisteuse, probablement produite par retrait.

Cette substance se trouve en veines ou en rognons dans des matières serpentineuses (Baldissero, en Piémont, où elle est mélangée avec du carbonate de magnésie), ou bien dans des calcaires compactes, renfermant des rognons de silex, dont on ne connaît pas bien l'âge (Egribos, dans l'île de Négrepont; Eski Schehir, en Anatolie; Brussa, au pied du mont Olympe). Elle forme

(1) Avec un peu de fer et d'alumine.

aussi des couches ou des amas, renfermant des silex, qui alternent avec des argiles verdâtres placés au-dessus de certains dépôts gypseux peu connus de position (Vallecas, près de Madrid), dans des dépôts de calcaire fluviatile (Salinelle, entre Alais et Montpellier); enfin dans les dépôts de calcaires marins fluviatiles inférieurs au gypse parisien (Saint-Ouen Montmartre, Coulommier, Crécy).

La matière désignée sous le nom d'argile schisteuse happante (Klebschiefer) n'est qu'un mélange de magnésite avec des matières argileuses dont on ne peut pas fixer la composition et qui sont plus ou moins abondantes.

USAGES.

On emploie les variétés de magnésite, homogènes, blanches ou jaunâtres, qu'on tire de l'Asie-Mineure, pour en fabriquer des pipes dites d'écume de mer; il s'en fait pour cet usage une assez grande consommation dans le Levant, d'où nous arrivent toutes façonnées le peu de pipes dont le commerce français a besoin.

APPENDICE.

Quincyte. Substance d'un rouge carmin, perdant sa couleur au feu; difficilement fusible au chalumeau; attaquable par digestion dans les acides. Elle a fourni à M. Berthier

		Oxigène.	*Rapports.*
Silice	54	28,05	5
Magnésie	19	7,35	1
Protoxide de fer	0	1,80	
Eau	17	15,11	2?

Les quantités d'oxigène de la silice et des oxides, sont assez sensiblement dans le rapport de 3 à 1, et si l'on admet qu'il y ait un peu d'eau perdue, on arrivera à la formule $(M, f)\,Si^3 + 2\,Aq$; de sorte que la Quincyte ne serait qu'une Magnésite: On pourrait cependant admettre aussi $4\,MSi^3 + f\,Si^3 + 8\,Aq$, et cette matière serait alors une espèce particulière.

Cette substance est disséminée en grains très fins dans des calcaires fluviatiles qu'elle colore en rose. On l'a trouvée à Mehun, à Quincy, dans le département du Cher.

Il est à remarquer que ce gisement est aussi celui de la magnésite.

SILICATES CALCAIRES.

Substances blanches attaquables par les acides. Solution précipitant abondamment par l'oxalate d'ammoniaque, et ne donnant généralement rien par les autres réactifs.

SOIXANTE-QUATORZIÈME ESPÈCE. EDELFORSE.

Pierre calcaire d'OEdelfors; Trémolite; Wollastonite en partie.

Substance blanche ou grisâtre, qui cristallise peut-être en prismes rhomboïdaux.

Pesanteur spécifique, 2,584, pour la variété compacte. Rayant le verre.

Ne donnant pas d'eau par calcination. Fusible au chalumeau en verre blanc transparent.

Composition. Trisilicate de chaux $Ca\,Si^{3}$ ou $\dot{Ca}\,\dddot{Si}$.

Pierre blanche phosphorescente d'OEdelfors, par Hisinger.				Edelforse de Csiklova, par Beudant.			
		Oxig.	*Rap.*			*Oxig.*	*Rap.*
Silice	57,77	30,01	3	Silice . . .	61,6	31,99	3
Chaux. . . .	35,50	9,97	1	Chaux. . .	36,1	10,14	1
Alumine. . .	1,83			Magnésie .	2,3	0,89	
Oxide de fer mélangé d'oxide de manganèse . . .	1,00						
Matière volatile.	0,75						
Perte	3,15						

La substance à laquelle se rapporte la seconde analyse était accompagnée de Trémolite, de Wollastonite, et ce sont ces matières qui dérangent légèrement les proportions; on peut rétablir facilement les rapports par le calcul, et l'on trouve que cette analyse correspond exactement à

Trisilicate de chaux pur, ou Edelforse	90,7
Trémolite pur	8,4
Wollastonite	0,9

La trémolite de Gjelleback, analysée par Hisinger, appartient très probablement encore à cette substance, en admettant un mélange de silicate de manganèse et de fer $(Mn, f)\,Si$, et du carbonate de chaux qui provient de la gangue. Cette analyse a fourni :

				Oxigène.	*Rapp.*
Silice	43,37	ou bien Silice	43,37	22,53	16
Chaux	38,42	Chaux	23,72	6,66	5
Protoxide de manganèse	4,96	Protoxide de manganèse .	4,96	1,09	1
Protoxide de fer.	1,43	Protoxide de fer	1,43	0,32	
Acide carbonique	11,36	Carbonate de chaux . . .	26,06		

d'où l'on peut tirer la formule $5\,Ca\,Si^3 + (mn, f)\,Si$, ce qui serait une substance particulière; mais on peut aussi regarder $(mn, f)\,Si$ comme matière mélangée, et dès-lors considérer la substance comme du silicate de chaux. L'analyse peut être transformée en

Trisilicate de chaux	63,50
Silicate de manganèse et fer	9,92
Carbonate de chaux	26,07

VARIÉTÉS.

Édelforse aciculaire et *fibreuse*. En petites fibres d'un blanc mat, roides, cassantes, divergentes, isolées vers le sommet, où l'on croit distinguer des prismes rhomboïdaux. De Csiklova, dans le Bannat, avec la Wollastonite dans du carbonate de chaux.

Edelforse compacte. A cassure lisse, brillante, translucide sur les bords. Se trouve en petites couches près d'OEdelfors, en Smolande.

SOIXANTE-QUINZIÈME ESPÈCE. WOLLASTONITE.

(Dédiée au docteur Wollaston.)

Spath en table; Tafelspath; Schaalstein; Grammite.

Substance blanche ou jaunâtre, fréquemment d'un éclat nacré. Clivable parallèlement aux pans d'un prisme rhomboïdal, droit ou oblique, de 95° 20′ et 84° 40′.

Pesanteur spécifique, 2,86.

Rayant faiblement le verre.

Ne donnant pas d'eau par calcination; fusible avec difficulté en verre blanc.

Composition. $CaSi^2$ ou $\dot{C}a^3 \ddot{S}i^2$.

Wollastonite de Csiklova, par Stromeyer.

		Oxig.	Rapp.
Silice	51,445	26.70	2
Chaux	47,412	13,32	1
Oxide de manganèse	0,257		
Oxide de fer	0,401		
Eau	0,076		

Wollastonite de Pargas, par Bonsdorff.

		Oxig.	Rapp.
Silice	52,58	27,31	2
Chaux	44,45	12,48	1
Magnésie	0,68	0,26	
Oxide de fer	1,13	0,26	
Matière volatile	0,99		

Wollastonite du lac de Champlain, par Wanuxem.

		Oxig.	Rapp.
Silice	51,67	26,84	2
Chaux	47,00	13,20	1
Oxide de fer	1,35		

Wollastonite de Perhenieni, par Rose.

		Oxigène.	Rapp.
Silice	51,60	26,80	2
Chaux	46,41	13,03	1
Oxide de fer	Traces,		

Les légères irrégularités que l'on peut remarquer dans les rapports des quantités d'oxigène, proviennent sans doute de quelques centièmes de matières étrangères, que l'on pourrait isoler par le calcul si l'on avait des renseignemens précis, comme dans l'analyse suivante, dont la substance était accompagnée de Trémolite et d'Edelforse.

Wollastonite de Csiklova, par Beudant.

	Orig.		Trémolite.		Edelforse.		Wollastonite.		
Silice . .	53,1	27,58 =	2,07	+	1,89	+	23,62	2. Wollastonite	87,6
Chaux. .	45,1	12,67 =	0,23	+	0,63	+	11,81	1. Trémolite .	6,6
Magnésie	1,8	0,69 =	0,69						

GISEMENT.

La Wollastonite ne se trouve qu'en petites masses d'un éclat nacré, clivables, quelquefois grossièrement bacillaires ou lamellaires, dans des dépôts de calcaires lamellaires qui paraissent appartenir au micaschiste (Csiklova, dans le Banat; Fargas, en Finlande; Massachusset et Pensylvanie). Elle est accompagnée de Grenat, de Trémolite, de Cuivre pyriteux, de Sphène, etc. On la cite dans les dolerites (Castle Hill, Salisbury Craigs, en Ecosse). Elle existe aussi dans les laves de Capo di Bove; mais il n'y a que les parties lamellaires, clivables, de cette localité qui se rapportent à l'espèce Wollastonite, et les cristaux vitreux, blancs, à surface rugueuse, qu'on a donnés sous le même nom, constituent certainement une substance différente.

SILICATES DOUBLES.

A base de chaux, de magnésie, de protoxide de fer, etc.

SOUS-GENRE. PYROXÈNE.

Substances blanches, vertes ou noires. Cristallisant dans le système prismatique rectangulaire oblique. Cristaux clivables parallèlement aux pans d'un prisme rectangulaire, ou bien d'un prisme rhomboïdal de 92° 55′ et 87° 5′, et aussi parallèlement aux bases de ces prismes. Inclinaison des bases à l'axe variant de 106° 6′ à 106° 30′, et des mêmes bases aux pans du prisme rhomboïdal, de 100° 10′ à 100° 40′.

Composition. Réunion de deux bisilicates des bases à un atome d'oxigène, qui entrent chacun pour un atome dans le composé.

Si l'on venait à reconnaître que les pyroxènes ne sont que des bisilicates mélangés entre eux de toutes les manières, il faudrait comprendre la Wollastonite dans le sous-genre.

La différence que l'on remarque dans l'inclinaison de la base à l'axe du prisme, ou aux pans du prisme rhomboïdal, paraît tenir aux mélanges des diverses espèces; mais on ne peut encore fixer positivement les véritables angles pour chacune d'elles, par la difficulté de trouver des faces assez lisses dans les variétés qui paraissent les plus pures. Toutefois les plus grands angles paraissent se rapporter aux espèces dont les bases dominantes sont la chaux et la magnésie, et les plus petits à celles dont les bases sont la chaux et le protoxide de fer. Si la Pyrodmalite appartient, comme il est à présumer, au groupe pyroxénique, et se trouve essentiellement formée de protoxide de fer et de protoxide de manganèse, on aura à remarquer que c'est à elle que se rapportent les plus petites inclinaisons de la base aux pans du prismes.

A. SOIXANTE-SEIZIÈME ESPÈCE. DIOPSIDE.

Pyroxène blanc. Allalite; Mussite; Sahlite; Salaïte; Fassaïte; Baikalite (1)*; Malakolite; Maclurite; Pyrgome.*

Substance blanche ou verdâtre, souvent clivable parallèlement aux pans et aux bases d'un prisme rectan-

(1) Tout porte à croire que sous le nom de Baïkalite on a mis dans les collections de véritable Diopside, mais qu'on a aussi confondu beaucoup d'autres matières. L'analyse de Lowitz, si elle est exacte, pourrait bien se rapporter à autre chose; ce chimiste a trouvé:

gulaire oblique, ou bien parallèlement aux pans du prisme rhomboïdal de 92° 55′ et 87° 5′. Base inclinée à l'axe de 106° 25′ à 106° 30′, et aux faces du prisme rhomboïdal de 100° 25′ à 100° 40′.

Pesanteur spécifique, 3,25 à 3,34.

Rayant difficilement le verre; rayée par le quarz.

Ne donnant pas d'eau par calcination; fusible au chalumeau en verre incolore ou presque incolore. Inattaquable par les acides. Solution donnant les réactions de la chaux et de la magnésie, et précipitant peu ou point par l'hydrocyanate ferruginé de potasse.

Composition. $CaSi^2 + MSi^2$ ou $\dot{C}a^3 \ddot{S}i^2 + \dot{M}^3 \ddot{S}i^2$ plus ou moins mélangé de $Ca\,Si^2 + f\,Si^2$.

Parmi les nombreuses analyses que nous possédons, nons choisirons seulement les suivantes.

Malacolite blanche d'Orrijervi, par H. Rose.

		Oxig.	Rapp.
Silice	54,64	28,34	4
Chaux	24,94	7,00	1
Oxide de fer	1,08	0,24	
Magnésie	18,00	6,96	1
Oxide de manganèse avec magnésie	2,00	0,43	

Malacolite blanche de Tamara, par Bonsdorff.

		Oxig.	Rapp.
Silice	54,83	28,48	4
Chaux	24.76	6,94	1
Oxide de fer	0,99	0,22	
Magnésie	18,55	7,18	1
Alumine	0,28		
Perte au feu	0,32		

Malacolite jaunâtre de Langbanshytta, par H. Rose.

		Oxig.	Rapp.
Silice	55,32	28,73	4
Chaux	23,01	6,46	1
Oxide de fer	2,16	0,47	
Magnésie	16,99	6,57	1
Oxide de manganèse	1,59	0,35	

Malacolite blanche de Tioten, par Wachmeister.

		Oxig.	Rapp.
Silice	57,210	29,72	4?
Chaux	24,945	7,00	1
Magnésie	16,750	6,48	1
Oxide de fer	0,200	0,05	
Alumine	0,436		

		Oxigène.	Rapport.
Silice	44	22,86	3 à 4
Magnésie	30	11,61	2
Chaux	20	5,62	1
Oxide de fer	6	1,36	

$2\,MSi + Ca\,Si$ ou $2\,MSi + Ca\,Si^2$.

Cocoolite par Vauquelin.		Oxig.	Rapp.	Pyroxène vert bleuâtre de Pargas, par Nordenskiöld.		Oxig.	Rapp.
Silice	50	25,97	4	Silice	55,40	28,78	2?
Chaux	24	6,74	1	Chaux	15,70	4,41	1
Magnésie	10	5,87	1	Magnésie	22,57	8,73	
Oxide de fer	7	1,59		Oxide de fer	2,53	0,57	
Oxide de manganèse	3	0,66		Oxide de manganèse	0,43	0,09	
Alumine	1,50			Alumine	2,83		

On voit par ces analyses que les pyroxènes blancs sont sensiblement à base de chaux et de magnésie, et ne renferment que très peu de protoxide de fer; à mesure qu'ils se colorent la quantité de protoxide de fer devient plus grande, c'est-à-dire qu'alors le Diopside se trouve plus ou moins mélangé d'Hedenbergite. Lorsque la couleur verte devient très foncée, et passe même au noir, l'Hedenbergite domine et les matières doivent être rangées à la suite de cette espèce; mais il est impossible d'établir des limites tranchées dans ces sortes de mélanges qui se font dans toutes les proportions.

Ces analyses nous montrent encore que les bases de nature différente sont dans de tels rapports que la quantité d'oxigène de l'une est égale à la quantité d'oxigène de l'autre; d'où il suit que le Diopside peut être regardé comme un sel double dans lequel les silicates composant entrent chacun pour un atome : on trouve toujours à compléter ces rapports dans les cas de mélange, en réunissant les oxides accessoires à l'un ou à l'autre des oxides principaux. Cependant si le plus grand nombre des analyses présentent ces rapports, il n'en est pas toujours ainsi, car dans la dernière l'oxigène de la magnésie est double de l'oxigène de la chaux, et en même temps l'oxigène de la silice est double des quantités réunies d'oxigène qui appartiennent aux bases. D'après cela il faut admettre pour cette analyse la formule $CS^{2} + 2MS^{2}$ ou bien regarder tout simplement les pyroxènes comme n'étant des bisilicates de chaux, de magnésie, de protoxide de fer ou de manganèse, qui se mélangent entre eux de toutes les manières et se rapportent à la formule générale (Ca, M, f, mn, etc.) Si^2; les mélanges sont plus faciles à calculer dans cette hypothèse que lorsqu'on admet un sel double.

On reconnaît aussi dans ces analyses une petite quantité d'alumine que nous avons négligée; or il paraît que cette substance provient du mélange de quelques silicates alumineux que l'on peut isoler par le calcul, t. 1, page 416, lorsqu'on a des renseignemens suffisans, comme, par exemple, dans l'analyse suivante, où l'on peut corriger en même temps les petites erreurs qu'on observe dans les rapports.

Pyroxène vert de Sahla ; par H. Rose.

		Oxig.		Trémolite.		Grenats.		Pyroxène.	Rap.
Silice	54,86	28,49	=	2,61	+	0,196	+	25.685	4
Chaux	23,57	6,62		0,29	+	......		6,330	1
Magnésie	16,49	6,38		0,87	+	......		5,510	1
Protoxide de fer	4,44	1,01	=	....		0,008	+	1,002	
Protoxide de manganèse	0,42	0,09		......		0,090			
Alumine	0,21	0,098		.....		0,098			
	99,99								

Ce qui donne sensiblement :

Pyroxènes divers	90,61
Trémolite	8,30
Grenats	1,04
	99,95

Pyroxène d'Alla, par Beudant.		qui correspond à	
Silice	52,3	Diopside et Hedenbergite	94,1
Chaux	24,2	Almandine	3,5
Protoxide de fer	12,8	Trémolite	2,4
Magnésie	9,9		

D'autres analyses, même bien plus éloignées des rapports 4,1 et 1 que celles que nous avons citées, peuvent être soumises au calcul et ramenées à l'espèce dont elles paraissaient d'abord fort différentes ; tels sont par exemple les pyroxènes stéatiteux de Sahla qui renferment de 30 à 60 pour 100 de matières étrangères, tout en conservant les formes ou les clivages propres au Diopside. M. Rose en a analysé trois variétés dans lesquelles il a trouvé.

Première variété.		Oxigène.	Rapp.	Dont on tire par le calcul :	
Silice	58,30	30,286	30	Pyroxènes	65,37
Chaux	9,89	2,780	13	Stéatite	26,23
Magnésie	24,22	9 370		Talc	8,58
Protoxide de fer	4,24	0,960		Almandine	0,52
Oxide de manganèse	0,68	0,149			
Alumine	0,11	0,051			
Eau	3,11	2,766			

Deuxième variété.		Oxig.	Dont on tire par le calcul :	
Silice	58,08	30,17	Pyroxènes	59,70
Chaux	11,24	3,16	Stéatite	37,60
Magnésie	22,28	8,62	Almandine	1,90
Protoxide de fer	5,30	1,20	Eau hygrométrique	0,80
Alumine	0,47	0,219		
Eau	3,11	2,766		

Troisième variété.		Oxigène.	Rapp.	Dont on tire par le calcul :	
Silice	60,65	31,50	13	Pyroxène	37,40
Chaux	4,97	1,39	5	Stéatite	62,30
Magnésie	25,20	9,75		Eau hygrométrique	0,40
Protoxide de fer	4,18	0,95			
Oxide de manganèse	0,78	0,17			
Eau	4,38	3,89			

B. SOIXANTE-DIX-SEPTIÈME ESPÈCE. HEDENBERGITE

(Du nom du chimiste Hedenberg).

Pyroxènes noirs; Euchysiderite; Vulcanite? Augite? Basaltine? Lherzolite? Jeffersonite?. (1)

Substance verte, tirant plus ou moins sur le noir et à poussière verte, ou bien décidément noire et à poussière brune; quelquefois rouge. Clivage facile suivant les pans du prisme rhomboïdal, mais difficile et souvent nul parallèlement aux bases. Bases inclinées à l'axe de 106° 12′ à 106° 15′, et aux pans du prisme rhomboïdal de 100° 10′ à 100° 12′.

Pesanteur spécifique, 3,10 à 3,15.

Rayant difficilement le verre.

Ne donnant pas d'eau par calcination; fusible au chalumeau en verre noir ou vert sombre. Solution donnant les réactions de la chaux et de l'oxide de fer, peu ou point celles de la magnésie.

Composition. $CaSi^2 + fSi^2$ ou $\dot{C}a^3 \ddot{S}i^2 + \dot{F}^3 \ddot{S}i^2$ plus ou moins mélangée de Diopside.

Hédenbergite de Tunaberg, par H. Rose.

		Oxig.	Rap.
Silice	49,01	25,46	4
Chaux	20,87	5,86	1
Protoxide de fer	26,08	5,93	1
Magnésie et protoxide de manganèse	2,98	0,65	

Pyroxène noir de Taberg, par le même.

		Oxig.	Rap.
Silice	53,36	27,72	4
Chaux	22,19	6,23	1
Protoxide de fer	17,38	3,95	
Magnésie	4,99	1,95	1
Protoxide de manganèse	0,09	0,02	

(1) Il est bien certain que toutes les matières désignées sous les noms que nous venons d'indiquer appartiennent au groupe pyroxénique; mais il est souvent difficile de dire précisément à quelle espèce de ce groupe on doit les rapporter, et il serait possible que quelques-unes formassent encore des espèces particulières.

Pyroxène vert émeraude d'Amérique, par Seibert.

		Oxig.	Rap.
Silice	50,333	26,14	4
Chaux	19,333	5,43	2
Oxide de fer	20,400	4,64	
Magnésie	6,833	2,64	
Alumine	1,533		
Eau	0,666		

Malacolite rouge sombre de Degerö, par Berzélius.

		Oxig.	Rap.
Silice	50	25,97	4
Chaux	20	5,62	2
Oxide de fer	21	4,78	
Magnésie	4,5	1,74	
Oxide de manganèse	3	0,66	
Matière volatile	0,9		
Perte	0,6		

Pyroxène asbestoïde du petit Saint-Bernard, par Berthier.

		Oxigène.	Rapports.
Silice	48,7	25,29	4
Magnésie	9,9	3,83	2
Chaux	14,6	4,10	
Protoxide de fer	20,3	4,61	
Alumine	1,6		
Eau	2,2		

On voit que ce sont ici les mêmes rapports que dans l'espèce précédente ; mais la magnésie est remplacée par du protoxide de fer, auquel la couleur verte est due. Cependant comme il reste partout un peu de magnésie, il en résulte que la substance est toujours mélangée d'une petite quantité de Diopside. Il est probable aussi qu'il y a mélange d'une petite quantité de matières étrangères qui dérangent un peu les proportions, mais qu'on ne peut guère extraire faute d'avoir les renseignemens suffisans.

C'est à l'Hédenbergite qu'on doit rapporter tous les pyroxènes d'un vert foncé, tous ceux qui paraissent noirs et peut-être tous ceux qui sont effectivement noirs et dont la poussière est brune. En effet l'augite des volcans, d'après les analyses de Klaproth et de Vauquelin, présente encore une composition analogue.

Augite de Frascati, par Klaproth.

		Oxig.	Rap.
Silice	48	24 93	4
Chaux	24	6,75	2?
Oxide de fer	12	2,73	
Magnésie	8,75	3,39	
Oxide de manganèse	1	0,22	
Alumine	5	2,53	

Augite de l'Etna, par Vauquelin.

		Oxig.	Rap.
Silice	52	27,01	4?
Chaux	13,20	3,70	2
Oxide de fer	14,66	3,34	
Magnésie	10	3,87	
Oxide de manganèse	2	0,44	
Alumine	3,34	1,55	

Augite de Rhöngebirge, par Klaproth.

		Oxigène.	Rapport.
Silice	52	27,01	4
Chaux	14	3,93	2?
Oxide de fer	12,25	2,79	
Magnésie	12,75	4,93	
Oxide de manganèse	0,25	0,05	
Alumine	5,75	2,68	

Il y a cependant ici un peu plus de différence dans les rapports que dans les analyses précédentes; dans la première analyse, l'oxigène de la silice est plus faible que ne le comporte la somme des quantités d'oxigène que renferment les bases, en sorte qu'après avoir extrait la formule des pyroxènes il reste un aluminate; mais c'est le contraire dans la seconde analyse où l'oxigène de la silice est plus grande qu'il ne faut relativement à l'oxigène des bases, en sorte qu'on serait conduit à admettre un mélange de silicate d'alumine. Il est clair qu'il y a ici des matières étrangères mélangées, mais on manque de renseignemens pour les isoler par le calcul: toutefois il paraît évident que l'alumine ne fait pas fonction d'acide, ou du moins qu'elle ne remplace pas plus la silice dans la composition de l'Augite, que dans celle des Diopsides de Sahla, d'Ala, etc.

SOIXANTE-DIX-HUITIÈME ESPÈCE. PYRODMALITE

(de πυρ, *feu*, et οδμη, *odeur*, donnant de l'odeur au feu). *Pyrosmalite.*

Fer muriaté.

Substance brune, passant au gris et au vert, cristallisant en prismes obliques à six pans, offrant un clivage facile parallèlement à la base. Inclinaison de la base sur la face antérieure d'environ 96°.

Pesanteur spécifique, 3,08.

Rayée fortement par le verre.

Donnant d'abord de l'eau par calcination, puis une matière jaune (chlorure de fer) qui se dissout dans cette eau, et dont la solution rougit le papier de tournesol et précipite abondamment par l'hydrocyanate ferruginé de potasse. Donnant sur le charbon une odeur de chlore et fondant en boule noire brillante. Donnant avec la soude la réaction très marquée de l'oxide de manganèse.

Composition. Probablement $mnSi^2 + fSi^2$ ou $\dot{M}n^3 \dddot{S}i^2 + \dot{F}^3 \dddot{S}i^2$ mélangé de chlorure de fer. Nous n'avons qu'une analyse que l'on doit à Hisinger, et qui a fourni :

		Oxigène.	*Rapports.*
Silice	35,85	18,62	4
Protoxide de fer	21,81	4,96	1
Protoxide de manganèse	21,14	4,63	1
Chlorure de fer	14,095		
Chaux	1,210		
Eau, acide carbonique, perte	5,895		

GISEMENT.

Cette substance paraît appartenir aux amas de minerais de fer magnétique; elle a été observée dans un bloc isolé de ces minerais de la mine de Bjelke, près de Nordmark, en Vermeland.

M. Breithaupt a annoncé qu'il l'avait reconnue avec les minerais de fer de l'île d'Elbe, et comme nous l'avons dit, page 147, a cru pouvoir y rapporter la Margarite trouvée près de Sterzing, en Tyrol.

VARIÉTÉS DE PYROXÈNES.

Pyroxènes cristallisés. En prismes obliques rectangulaires (Baikalite), modifiés sur les arêtes et sur les angles, pl. XI, fig, 2, 4, 7, 43. En prismes obliques hexagones ou octogones (Diopside blanc), quelquefois modifiés sur les angles ou les arêtes (Diopside, Augite), fig. 31 à 39. En prismes rhomboïdaux terminés par des sommets dièdres (Hédenbergite, Augite) passant au prisme hexagone ou octogone, pl. XII, fig. 3, 4, 5, 7, 10, 11, 13, 14. En prismes du même genre terminés par des sommets à quatre faces, fig. 24 à 27 (fassaïte, pyrgome). En octaèdres irréguliers plus ou moins modifiés fassaïte), fig. 29, 30.

Inclinaisons de a sur P 133° 33′, sur L 136° 15′, de a' sur P 162° 30′, de d sur B 150° 2′, sur d 120° 38′, de i sur i 87° 18′, 95° 25′, de u sur u 88° 96′ environ.

Ces angles varient un peu dans les différentes variétés, ce qui dépend probablement du mélange des diverses espèces.

Pyroxènes maclés (augite). En cristaux groupés deux à deux, parallèlement aux faces, t. I, pl. VIII, fig. 27.

Pyroxènes cylindroïdes. En cristaux émoussés sur les arêtes.

Pyroxènes bacillaires (mussite, allalite). En petites masses à structure bacillaire.

Pyroxènes laminaires (malacolite, sahlite, mussite, Diopside blanc). En petites masses susceptibles de se diviser grossièrement en lames, et présentant d'ailleurs une structure largement bacillaire.

Pyroxènes fibreux, capillaire, asbestiforme.

Pyroxènes granuleux (coccolite). Composé de grains assez gros plus ou moins adhérens les uns aux autres.

Pyroxènes compactes. En masse verdâtre très finement granulaire ou tout-à-fait compacte.

Pyroxènes décomposés. Cristaux d'augite altérés par les vapeurs volcaniques, et réduits en matière jaunâtre peu solide (du Puy-de la-Vache, en Auvergne, des solfatares de Pozzole et de la Guadeloupe, etc.). Cristaux à l'état de matière terreuse verte (des amygdaloïdes du Vicentin, de Fassa, etc.).

GISEMENT.

Les pyroxènes (Diopside) forment quelquefois de petites couches peu épaisses subordonnées au micaschiste (Alla, etc., en Piémont), où ils se présentent en masse granulaire, lamellaire ou plus ou moins compacte; mais le plus souvent ils sont disséminés. On les trouve ainsi dans le micaschiste, ou dans des schistes argileux et des roches de grenat qui lui sont subordonnées (vallée d'Alla, de Grassoney, etc., en Piémont), dans certains calcaires rouges, qui approchent aussi de cette même époque de formation (île de Thirey), dans des calcaires bleus lamellaires (port de Lherz, dans la vallée de Suc, aux Pyrénées; New-York et Lichtfied, dans le Connecticut) subordonnés au gneiss, dans des diorites ou des dépôts calaires subordonnés (Fassa, Monzoni, etc., en Tyrol), dans les dolomies (Fassa, Monte Somma, etc.), dans des amas de fer magnétique, de cuivre pyriteux, de Galène, etc. (Arandal, en Norwège; Sahla, Langbanshytta, Tunaberg, Orijervi, etc., en Suède; Franklin, dans le New-Jersey; île d'Elbe, etc.), qui sont aussi dans des roches calcaires, serpentineuses, etc., subordonnées au gneiss. Enfin les variétés des pyroxènes noirs nommées depuis long-temps Augite par les minéralogistes allemands, sont particulièrement disséminées dans les dépôts ignés : on les voit en abondance dans les courans des laves ou dans les scories qui les accompagnent (Vésuve, Etna, etc., etc.), dans les basaltes et les tufs basaltiques (Auvergne, Velay, Vivarais, Rhôngebirge, Saxe, Bohême, etc.), et aussi dans les amygdaloïdes de diverses époques (Fassa, en Tyrol; amygdaloïdes diverses du Vicentin; Oberstein, dans le Palatinat, etc.). Les volcans en ont rejeté quelquefois avec profusion des cristaux isolés qui retombent sur leurs flancs avec les scories légères (Vésuve, Etna, Puy de la Vache, en Auvergne), et fréquemment les scories ne paraissent être que des amas de cristaux de cette substance. Enfin nous rappellerons que le pyroxène augite fait partie essentielle des roches composées que nous avons désignées sous le nom de dolérite, et qu'il paraît être dans beaucoup de cas la partie colorante des basaltes.

Dans leur gisement au milieu des calcaires, les pyroxènes sont accompagnés de Trémolite, d'Actinote, de Grenats, de Wernérite, d'Epidote, etc. Dans les dépôts des laves, de basalte, etc., ils sont plus isolés et accompagnés seulement d'amphibole hornblende avec lequel on les confond quelquefois.

APPENDICE.

Bustamite. Substances en globules à structure radiée, d'un gris pâle légèrement verdâtre ou rosâtre, opaque.

Pesanteur spécifique. 3,12 à 3,23.

Rayant le feldspath.

Composée, d'après l'analyse de M. Dumas, de

		Oxigène.	*Rapports.*
Silice	48,90	25,50	6
Protoxide de manganèse	36,06	7,91	2
Protoxide de fer	0,81	0,18	
Chaux	14,57	4,09	1
Perte	0,34		

d'où l'on tire la formule $Ca\,Si^2 + mn\,Si$. On voit que cette composition, qu'on peut mettre sous la forme $(Ca, mn)\,Si^2$, a beaucoup d'analogie avec celle des pyroxènes, lorsqu'on vient à considérer ces matières comme des mélanges de bisilicates; mais comme ici on ne possède qu'une analyse, il est impossible de dire si le rapport 1 à 2 qu'on observe dans la formule est un rapport défini ou un résultat accidentel: dans le premier cas il faudrait admettre une espèce particulière qui viendrait après la Pyrodmalite. Nous remarquerons que le pyroxène de Pargas, analysé par M. Nordenskiöld, et que nous avons cité ci-dessus, est tout-à-fait dans le même cas, à cela près qu'il est à base de magnésie au lieu d'être à base de protoxide de manganèse, sa formule étant $Ca\,Si^2 + 2\,M\,Si^2$.

La Bustamite a été remarquée par M. Bustamente, auquel M. Brongniart a ensuite consacré l'espèce. Elle provient de Real de Minas de Fetela, de Jonotla, dans l'intendance de Puebla au Mexique; mais jusqu'ici on ignore son gisement.

SOIXANTE-DIX-NEUVIÈME ESPÈCE. HYPERSTÈNE.

Paulite; Labrador schillerspar; Labradorisch hornblende.

Substance pierreuse, noire, d'un éclat métalloïde bronzé; divisible en prismes rhomboïdaux d'environ 98° et 82°.

Pesanteur spécifique, 3,38.

Rayant difficilement le verre.

Ne donnant pas d'eau par calcination; fusible au chalumeau en verre noir. Inattaquable par les acides.

Composition mal connue. L'analyse de Klaproth sur la variété qui vient de la côte de Labrador a présenté:

Silice	54,25	28,18
Magnésie	14	5,41
Oxide de fer	24,50	5,57
Chaux	1,50	0,42
Alumine	2,25	
Eau	1,00	

M. Berzélius, qui avait admis la formule $3 MSi^2 + fSi^2$ pour représenter l'hypersthène, ne donne plus que $MSi^2 + fSi^2$ dans sa nouvelle classification. J'ignore si c'est d'après de nouvelles analyses, ou si c'est par suite de l'idée que j'ai moi-même émise dans ma première édition sur l'analyse de Klaproth; mais il est nécessaire de remarquer que pour tirer cette formule, qui serait celle d'un pyroxène, il faut supposer une assez grande quantité de silice surabondante dans l'analyse que nous venons de citer, et admettre qu'elle n'est pas exacte.

Haüy a indiqué l'hypersthène en prisme octogone, à sommets dièdres, très surbaissés, dont les faces sont inclinées entre elles de 133° 12'; mais il se présente ordinairement en petites masses cristallines laminaires.

Cette substance se trouve dans des roches siénitiques sur la côte de Labrador, et principalement à l'île Saint-Paul. On l'indique aussi au Grœnland, et on a cru la retrouver au cap Lizard, en Cornwall, et dans plusieurs autres lieux; mais on peut suspecter ces localités à cause de la ressemblance de certaines pierres nommées diallage avec l'hypersthène.

On a taillé les variétés les plus métalloïdes en cabochons qui produisent en bague un assez joli effet.

SOUS-GENRE. AMPHIBOLE.

Substances susceptibles de cristalliser dans le système prismatique rectangulaire oblique. Cristaux susceptibles de se cliver parallèlement aux pans d'un prisme rhomboïdal de 124° 30′ à 127°. Base inclinée à l'axe de 105 à 106°.

Pesanteur spécifique, 2,8 à 2,45.

Rayant les feldspaths; rayées par le quarz.

Composées suivant la formule $3R\,Si^2 + R'\,Si^3$, R et R', représentant des bases à un atome d'oxigène.

La variation des angles doit encore tenir ici à la variété des bases à un atome d'oxigène, et aux mélanges des différentes espèces les unes avec les autres.

QUATRE-VINGTIÈME ESPÈCE. TRÉMOLITE.

Grammatite; Asbeste et Amiante en partie.

Substance blanche ou verdâtre, peu colorée; cristallisant en prismes obliques rhomboïdaux de 126° à 127°

Pesanteur spécifique, 2,9 à 3,15.

Rayant difficilement le verre.

Ne donnant pas d'eau par calcination; fusible au chalumeau avec plus ou moins de facilité, quelquefois avec boursouflement, en verre blanc, tantôt translucide, tantôt opaque. Très difficilement attaquable par les acides. Solution précipitant abondamment par l'oxalate d'ammoniaque, puis par le carbonate, peu ou point par l'hydrocyanate ferruginé de potasse.

Composition: $Ca\,Ma^3\,Si^9 = 3M\,Si^2 + Ca\,Si^3$ on $\dot{M}^3\dddot{Si}^2$

+ $\dot{C}a\,\ddot{S}i$. Parmi les nombreuses analyses de cette matière nous nous bornerons aux suivantes.

Trémolite blanche translucide de Gullsjo, par Bonsdorff.

		Oxig.	Rap.
Silice	59,75	31,04	9
Magnésie	25	9,67	3
Chaux	14,11	3,95	1
Oxide de fer et alumine	0,50		
Acide fluorique	0,94		
Eau	0,10		

Trémolite jaunâtre de Fahlun, par le même.

		Oxig.	Rapp.
Silice	60,10	31,22	9
Magnésie	24,31	9,41	3
Chaux	12,73	3,57	1
Protoxide de fer	1,00	0,23	
Protoxide de manganèse	0,47	0,10	
Alumine	0,42	0,19	
Acide fluorique	0,83		
Eau	0,15		

Trémolite de Csiklova, par Beudant.

		Oxig.	Rapp.
Silice	59,5	30,9	9
Magnésie	26,8	10,37	3
Chaux	12,3	3,45	1
Alumine	1,4	0,65	
Péroxide de fer	traces		

Asbeste de la Tarentaise, par Bonsdorff.

		Oxig.	Rap.
Silice	58,20	30,23	9
Magnésie	22,10	8,55	4 (Magnésie, Chaux, Protoxide de fer, Protoxide de manganèse)
Chaux	15,55	4,37	
Protoxide de fer	3,08	0,71	
Protoxide de manganèse	0,21	0,05	
Alumine	0,14	0,06	
Acide fluorique	0,66		
Eau	0,14		

On voit que dans ces analyses les quantités d'oxigène de la silice et des bases sont sensiblement dans les rapports de 9, 3 et 1, qui deviennent encore plus exacts lorsqu'on prend une portion de la chaux pour en former du fluor. Les petites quantités d'alumine proviennent du mélange de quelques silicates alumineux, que l'on parvient à isoler lorsqu'on peut avoir quelques renseignemens sur les substances qui accompagnent les variétés de la Trémolite analysée: c'est ainsi que, sachant que la Trémolite de Csiklova est accompagnée de grenat, on tire de son analyse :

Trémolite.	92,2
Grenat grossulaire et magnésien . . .	5,8
	100,0

Les Trémolites d'un gris clair ou d'un gris brunâtre d'Aker, analysées par M. Bonsdorff, qui renferment beaucoup plus d'alumine, se laissent aussi assez bien calculer, en remarquant que ces substances sont accompagnées de Spinelle, de Wernérite, etc.

Trémolite d'un gris brunâtre.		*Oxigène.*	Correspondant à :	
Silice	47,21	24,52	Trémolite pure	70,4
Magnésie	21,86	8,46	Actinote manganésienne.	6,6
Chaux.	12,73	3,57	Diopside	2,6
Protoxide de fer. .	2,28	0,52	Spinelle	16,7
Protoxide de manganèse.	0,57	0,12	Fluor	3,2
Alumine	13,94	6,51	Eau hygrométrique . .	0,44
Acide fluorique. . .	0,90			99,94
Eau.	0,44			
	99,93			

Trémolite d'un gris clair.		*Oxigène.*	Correspondant à :	
Silice	56,74	29,21	Trémolite pure. . . .	85,40
Magnésie.	24,13	9,34	Wernérite.	8,63
Chaux.	12,95	3,64	Spinelle.	1,33
Protoxide de fer. . .	1,00	0,23	Fluor.	2,81
Protoxide de manganèse.	0,26	0,06	Eau hygrométrique. . .	0,50
Alumine	4,32	0,02		
Acide fluorique. . .	0,78			
Eau	0,50			

B. QUATRE-VINGT-UNIÈME ESPÈCE. ACTINOTE.

Schorl vert; Stralite; Stralstein; Rayonnante; Amphibolite; Asbeste; Bissolite; Hornblende; Pargassite; Carinthine; Kératophyllite.

Substance d'un vert plus ou moins intense, passant quelquefois au noir; à poussière verte ou brune. Cristallisant en prismes obliques rhomboïdaux de 124° 30′ à 125° 40′.

Pesanteur spécifique, 3 à 3,35.

Rayant le verre.

Ne donnant pas d'eau par calcination; fusible au chalumeau en verre brunâtre ou noir. Difficilement attaquable par les acides; solution précipitant par l'oxalate d'ammoniaque, et toujours fortement par l'hydrocyanate ferruginé de potasse.

Composition. $Caf^5 Si^9 = 3fSi^2 + Ca Si^5$ ou $\dot{F}^3 \ddot{Si}^2 + \dot{Ca} \ddot{Si}$ plus du moins mélangé de trémolite.

Actinote bacillaire du Zillerthal, par Beudant.

		Oxig.	*Rapp.*
Silice	53,1 .	27,58	9
Chaux. . . .	11,4 .	3,20	1
Protoxide de fer	25,6 .	5,82	
Magnésie. . .	7,8 .	3,02	
Protoxide de			3
manganèse .	0,2? .	0,04	
Alumine . . .	1,7 .	0,79	
Potasse . . .	traces.		
Acide fluorique.	traces.		
Perte	0,2		

Actinote prismatique de. . . . . par le même.

		Oxig.	*Rapp.*
Silice	53,1 .	27,58	9
Chaux . . .	10,6 .	2.97	1
Magnésie . .	10,4 .	4,02	
Protoxide de			3
fer	21,8 .	4,96	
Alumine. . .	4,1 .	1,91	

On voit que dans ces analyses les rapports sont encore 9, 3 et 1; mais une grande partie de la magnésie est remplacée par du protoxide de fer. Dans l'Actinote pur le remplacement devrait être total; mais nous n'en avons pas d'exemple dans la nature, où il y a toujours mélange d'une certaine quantité de Trémolite. On retrouve encore ici une petite quantité d'alumine; mais la substance qui a été l'objet de la première analyse était accompagnée de Grenat et de matière micacée de composition connue; celle qui était l'objet de la seconde était accompagnée de Thallite : on peut donc par le calcul isoler les silicates alumineux, et on trouve les résultats suivans :

Pour l'actinote de Zillerthal :		Pour l'actinote prismatique :	
Actinote	64,7	Actinote.	47,9
Trémolite pure	28,5	Trémolite.	38,4
Grenat.	4,3	Thallite, Zoïsite	13,6
Matière micacée (1).	2,4		

La facilité avec laquelle ces analyses se discutent peut faire présumer qu'on en ferait autant sur toutes celles que l'on connaît, si l'on avait des renseignemens précis sur la nature des substances accompagnantes, et sans que l'on ait besoin de recourir à l'hypothèse que l'alumine remplace la silice. L'analyse de l'Actinote de Nordmarck se prête assez bien à cette discussion, en faisant attention que la substance est accompagnée de Chlorite; cet Actinote a donné :

				Qu'on peut partager en :			
		Oxigène.		$2 A Si$	+	$(M, f, Ca)^2 Si$. *Trémolite actinotifère.*	
Silice	43,83	25,36	=	5,23	+	20,13	9
Chaux	10,16	2,84	=	0,60	+	2,24	1
Magnésie . . .	13,61	5,27	=	1,14	+	4,13	3
Protoxide de fer.	18,75	4,27	=	1,74	+	2,63	
Protoxide de manganèse .	1,15	0,25	=	. . . .		0,25	
Alumine . . .	7,48	3,49	=	3,49			
Acide fluorique .	0,41						
Eau	0,50	. . . .		0,50			

(1) Voyez mes *Recherches sur les analyses chimiques*, Mémoires de l'Académie des sciences, t. VIII.

ainsi il y aurait mélange d'une espèce de Chlorite analogue à celle dont M. Berthier a fait l'analyse page 130 mais en partie anhydre.

Il est probable que si l'on avait des renseignemens suffisans, on rétablirait les rapports dans les analyses suivantes, et dans beaucoup d'autres que nous ne présenterons pas ici.

Actinote lamellaire noire à poussière verte de Nora, par Klaproth.

		Oxigène.
Silice	42	21,81
Chaux	11	3,08
Magnésie	2,25	0,87
Protoxide de fer	30	6,83
Protoxide de manganèse	0,25	0,05
Alumine	12	5,60
Potasse	Traces.	
Perte au feu	0,75	

Actinote de Pargas, par Bonsdorff.

		Oxig.
Silice	46,26	24,03
Chaux	13,96	3,92
Magnésie	19,03	7,36
Protoxide de fer	3,48	0,79
Protoxide de manganèse	0,36	0,08
Alumine	11,48	5,36
Acide fluorique	1,60	
Eau	0,61	
Matières mélangées	1,60	

Actinote noir (Hornblende) de Pargas, par Bonsdorff.

		Oxigène.
Silice	45,69	23,73
Chaux	13,83	3,88
Magnésie	18,79	7,27
Protoxide de fer	7,32	1,67
Protoxide de manganèse	0,22	0,05
Alumine	12,18	5,69
Acide fluorique	1,50	

Actinote noir (Hornblende) du Vogelsberg, par Bonsdorff.

		Oxigène.
Silice	42,24	21,94
Chaux	12,24	3,44
Magnésie	13,74	5,32
Protoxide de fer	14,59	3,32
Protoxide de manganèse	0,37	0,07
Alumine	13,92	6,49
Acide fluorique	Traces.	

M. Bonsdorff a admis pour ces Actinotes aluminifères la formule générale $CaSi^3 + 3(M,f)(Si^2, A^x)$, en regardant l'alumine comme suppléant la silice; mais cette hypothèse même ne satisfait pas exactement, et il paraît plus probable, d'après les analyses ci-dessus, que l'alumine appartient à des silicates alumineux mélangés.

VARIÉTÉS D'AMPHIBOLES.

Amphiboles cristallisés. En prismes rhomboïdaux terminés par des sommets dièdres, tantôt simples, tantôt modifiés sur les arêtes diverses, pl. XII, fig. 1, 2, 6, 8, 9; sur les angles solides, fig. 12; sur les arêtes de la base, fig, 15 à 18, ou à-la-fois de ces diverses manières et sous différens angles. L'actinote est l'espèce qui se présente le plus fréquemment cristallisée; la trémolite est rare en cristaux, qui sont toujours très simples, fig. 1.

Inclinaison de d sur d ou n sur n 147° 55′ à 148° 23′.

Amphiboles maclés. En cristaux groupés deux à deux, et dont la réunion offre d'un côté un sommet dièdre, et de l'autre un sommet tétraèdre, t. 1, pl. VIII, fig. 29.

Amphiboles cylindroïdes. En cristaux déformés au sommet et présentant seulement des prismes rhomboïdaux, ou bien déformés dans toutes leurs parties.

Amphiboles bacillaires. A grosses fibres droites et divergentes, quelquefois courbes et plus ou moins parallèles.

Amphiboles fibreux. A fibres plus ou moins fines, droites et divergentes, formant quelquefois des groupes étoilés, ou courbes et alors entrelacées.

Amphiboles asbestoïdes (asbeste, amiante). En fibres très fines, peu adhérentes les unes aux autres, se détachant facilement, tantôt roides, tantôt flexibles, et formant des masses souples, douces et brillantes comme de l'étoupe de soie.

Il faut bien remarquer que les matières qui présentent ces caractères n'appartiennent pas toutes à l'amphibole; nous en avons vu dans les Pyroxènes; il y en a dans les matières que l'on nomme Diallage, et peut-être dans beaucoup d'autres substances.

Amphibole lamellaire. En petites masses informes susceptibles de clivage, et présentant soit des lames entremêlées, soit des lames situées toutes sur le même plan : dans ce cas il y a toujours une tendance à la structure bacillaire.

Amphibole fibroschisteux (Hornblendschiefer). Composé de petites aiguilles couchées à plat les unes sur les autres, et formant de petites masses qui se divisent en plaques plus ou moins épaisses.

Amphibole granulaire. Composé de cristaux plus ou moins agrégés entre eux, et formant des masses, tantôt à gros grains, tantôt à petits grains.

Amphiboles? compactes. En petites masses presque vitreuses engagées dans diverses roches.

Amphibole manganésifère. Amphibole fibreux, coloré en violet par une substance manganésienne dont on ignore la composition. On trouve tous les passages depuis les variétés les plus colorées jusqu'aux variétés blanches, et c'est par suite de ces passages qu'on a pensé que la substance désignée depuis long-temps sous le nom d'Epidote manganèsifère, page 148, que l'on trouve avec celle dont nous parlons, était elle-même un Amphibole (de Saint-Marcel, en Piémont, au milieu d'un gîte de manganèse).

GISEMENT.

Les amphiboles appartiennent à tous les terrains de cristallisation. Ils forment des amas ou des petites couches dans le gneiss; mais c'est particulièrement à l'état disséminé qu'on les rencontre. Ils sont quelquefois en cristaux, mais le plus souvent en petits amas bacillaires, dans le gneiss, dans les micaschistes ou les roches dites talqueuses qui en dépendent, dans les dépôts calcaires, la Dolomie (particulièrement la Trémolite). L'Actinote constitue même avec le quarz des espèces de roches qui forment de petites couches subordonnées aux micaschistes, et nous avons déjà dit qu'il est partie constituante essentielle des siénites et des diorites.

Il est presque inutile d'indiquer des localités pour ces substances, car on les trouve partout où se présentent les roches que nous avons citées; il y a seulement quelques lieux plus connus que les autres : tels sont, pour la Trémolite, les Dolomies des environs du Saint-Gothard, les calcaires de Gullsjô, d'Aaker, etc., en Suède et de Senjen, Giellebak, etc., en Norwège, de Dognaska, au Banat, etc. Pour l'Actinote, on peut citer tous les dépôts de micaschistes des environs du Saint-Gothard, des Grisons, du Tyrol, une multitude de localités en Saxe, en Bohême, en Suède, en Norwège, en Amérique, etc. Les Amphiboles noirs, à poussière brune, qu'on nomme plus particulièrement hornblende basaltique, se trouvent dans les dépôts ignés, dans les laves (Vésuve, Etna, volcans éteints d'Auvergne), dans les basaltes (partout où ces roches existent), dans les dépôts d'amygdaloïdes basaltiques (Kaiserstuhl et collines environnantes dans le pays de Bade), dans les trachytes des diverses variétés (Auvergne, Hongrie, Mexique). Dans ces différens cas, les Amphiboles sont accompagnés de Pyroxène noire (augite); mais dans les autres gisemens ils se trouvent avec des Grenats, des Pyroxènes Diopsides et Hedenbergites, des Spinelles, etc., etc.

USAGES.

Les Amphiboles ne sont d'aucun usage; seulement on a employé dans le Fichtelberg des roches amphiboliques (diorites) nommées alors *Paterlenstein*, pour obtenir, par la fusion, des verres noirs ou verts, souvent panachés, quelquefois lithoïdes, dont on a fait des boutons, à très bon compte, des dessus de table, etc., d'un effet assez agréable.

APPENDICE.

Il paraîtrait qu'on doit placer ici la substance désignée sous le nom d'*Humboldtilite*, dans le prodrome de la minéralogie du Vésuve de M. Monticelli. Cette matière est annoncée comme cristallisant en prismes droits à base carrée, ayant 3,104 pour pesanteur spécifique, susceptible de rayer le verre, faisant gelée avec les acides, et composée de

		Oxigène.	*Rapports.*
Silice	54,16	28,13	9
Chaux	31,67	8,89	3
Protoxide de fer	2,00	0,45	
Magnésie	8,83	3,42	1
Alumine	0,50		
Perte	2,84		

ce qui donne la formule $3\,Ca\,Si^2 + M\,Si^3$. Cette matière serait donc l'inverse de la Trémolite qui est exprimée par $3\,M\,Si^2 + Ca\,Si^3$. Je ne puis donner aucun autre renseignement sur elle, et il est à desirer qu'elle soit étudiée de nouveau pour qu'on puisse la classer convenablement.

QUATRE-VINGT-DEUXIÈME ESPÈCE. APOPHYLLITE,

Ichtyophthalme, Albine, Tessélite, Zéolite d'Hellesta, Fischaugenstein.

Substance blanche, souvent nacrée; cristallisant dans le système prismatique à base carrée.

Pesanteur spécifique, 2,335 à 2,46.

Rayant très difficilement le verre.

Donnant de l'eau par calcination; fusible au chalumeau avec boursouflement en verre bulleux incolore. Soluble en gelée dans les acides; solution précipitant abondamment par l'oxalate d'ammoniaque et laissant ensuite un résidu alcalin après l'évaporation et la calcination.

Composition. $8\,Ca\,Si^{3} + K\,Si^{6} + 16\,Aq$ ou $8\,\dot{C}a\,\dddot{S}i + \dot{K}\,\dddot{S}i^{2} + 16\,Aq$, d'après les analyses suivantes:

Apophyllite d'Utö, par Berzélius.

		Oxig.	Rapp.
Silice	52,900	27,48	30
Chaux	25,207	7,08	8
Potasse	5,266	0,89	1
Eau	16	14,22	16

Apophyllite (Tesselite, de Farö, par Berzélius.

		Oxig.	Rapp.
Silice	52,38	27,21	30
Chaux	24,98	7,01	8
Potasse	5,37	0,91	1
Eau	16,20	14,40	16
Acide fluorique	0,64		

Apophyllite de Fassa, par Stromeyer.

		Oxig.	Rapp.
Silice	51,86	26,94	30
Chaux	25,20	7,08	8
Potasse	5,14	0,87	1
Eau	16,04	14,26	16
Oxide de fer et alumine	Traces.		

Apophyllite de Karasrat, par Stromeyer.

		Oxig.	Rapp.
Silice	51,86	26,94	30
Chaux	25,22	7,08	8
Potasse	5,31	0,90	1
Eau	16,90	15,02	16
Oxide de fer et alumine.	Traces.		

VARIÉTÉS.

Apophyllite cristallisée. En prismes carrés, ordinairement courts, simples ou modifiés sur les angles; en prismes octogones réguliers ou irréguliers; en prismes carrés terminés par des pyramides à quatre faces correspondantes aux arêtes, en prismes à seize pans terminés de même, ou en lames rectangulaires diversement modifiées, pl. III, fig. 1, 7, 17, 30, 38, 65, 72.

Inclinaison de *c* sur *c* 161°? 140′? *i* sur *i* 104° 18′, *i* sur *b* 120° 5′.

Apophyllite lamellaire. En cristaux laminiformes groupés les uns sur les autres, de manière à donner à la masse la structure lamellaire.

Apophyllite fibreuse. Cristaux laminiformes très minces, groupés en masses divergentes qui présentent la structure fibreuse lorsqu'elles sont cassées perpendiculairement aux lames.

GISEMENT.

L'Apophyllite se trouve dans les dépôts de minerais de fer magnétique (Utö, Nordmark, Hellesta, en Suède; Nordenfjölds, en Norwège), dans les matières calcaires qui accompagnent les minerais de cuivre? (Orawizca et Csiklova au Bannat), ou les minerais de plomb? (Harz). Elle existe aussi dans les cavités des roches amygdaloïdes et basaltiques (Mariaberg, près de Aussig, en Bohême; Fassa, en Tyrol; île de Skye; île Farö, etc.), où elle est accompagnée d'Analcime, de Stilbite, etc.

APPENDICE.

Oxaverite. Substance grisâtre, verdâtre ou brun-rougeâtre. En cristaux octaèdres aigus, à base carrée, groupés entre eux, ou en petites masses amorphes.

Pesanteur spécifique, 2,218.

Composée, suivant M. Turner, de

		Oxigène.	*Rapports.*
Silice	50,76	26,37	30
Chaux	22,39	6,28	
Potasse	4,18	0,71	9
Oxide de fer	3,39	0,77	
Alumine	1,10		
Eau	17,36	15,43	16 à 18

C'est à-peu-près la composition des Apophyllites, si ce n'est qu'il paraîtrait y avoir quelque erreur dans les quantités relatives de chaux et de potasse, dont il faut réunir les quantités d'oxigène pour avoir les rapports des bases à l'acide. Il faudrait y admettre aussi de l'eau hygrométrique.

Cette matière, dont nous devons la connaissance à MM. Brewster et Turner, a été trouvée à Oxaver, en Islande, dans des bois pétrifiés qui proviennent des bords d'une source chaude.

DEUXIÈME FAMILLE. BORIDES.

Corps formés d'acide borique, soit seul, soit combiné avec divers oxides.

Donnant immédiatement à l'alcool la propriété de brûler avec flamme verte, ou bien donnant par l'action de l'acide nitrique un résidu qui en est susceptible.

Les caractères que nous donnons ici ne sont applicables qu'aux substances que nous avons réunies dans la famille. Si l'on vient à y joindre la Tourmaline et l'Axinite, il faudra ajouter que ces corps ont besoin d'être fondus préalablement avec un alcali; le résultat de la fusion attaquée par l'acide nitrique laisse alors un résidu qui donne à l'alcool la propriété de brûler avec flamme verte.

Il n'y a encore que très peu de substances à placer dans la famille des Borides; mais comme il y a peu de temps qu'on recherche l'acide borique dans les minéraux, il est probable qu'on le trouvera dans beaucoup d'autres que ceux que nous connaissons, et que dès-lors, le nombre des espèces, surtout dans les Borosilicates, s'augmentera considérablement. Telle qu'elle est actuellement, elle ne se compose que des corps que l'on voit dans le tableau suivant:

Genre BOROXIDE.

Sassoline . . . . $Bo\ Aq$.

Genre BORATE.

Borax . $Na\ Bo^6 + 10\ Aq$.

Boracite . . . $M\ Bo^4$.

Borate de chaux.

Borate de fer.

Genre BOROSILICATE.

Datholite. $Ca\ Bo^3 + Ca\ Si^4 + Aq$.

Botryolite. $Ca\ Bo^3 + 3\ Ca\ Si^2 + 2\ Aq$.

Humboldite.

Il y a peu de généralités à donner sur cette famille; tout ce que l'on peut dire c'est qu'aucune des matières qu'elle renferme ne forme de dépôt considérable à la surface de la terre : les unes sont en solution dans les eaux; d'autres sont disséminés, ou en nids, dans les amas métallifères, ou dans les cavités des roches amygdaloïdes.

PREMIER GENRE. BOROXIDE.

ESPÈCE UNIQUE. SASSOLINE.

Acide borique hydraté.

Substance en paillettes blanches, nacrées, ou en petites masses formées de semblables paillettes.

Peu soluble dans l'eau; inattaquable par l'acide nitrique; donnant immédiatement à l'alcool la propriété de brûler avec flamme verte.

Pesanteur spécifique, 1,479.

Se liquéfiant à une très légère chaleur dans son eau de composition. Donnant beaucoup d'eau par calcination, et fondant en verre incolore.

Composition. $\ddot{B}o\,Aq = \dddot{B}o\,Aq^6$ ou en poids

Acide borique.	56,37
Eau	43,63

La Sassoline se trouve d'une part en dissolution dans les eaux de certains lacs de Toscane, et principalement auprès de Sasso, dans le Siennois, d'où est dérivé le nom de Sassoline : elle y provient des eaux qui s'échappent des terrains environnans sous formes de jets de vapeur à 100°, et qui constituent le phénomène des *fumarolles*. Elle cristallise sur les bords de ces petits lacs et avec les efflorescences salines qui couvrent le sol environnant. D'un autre côté la sassoline se trouve dans le cratère de Vulcano où elle paraît être aussi déposée par des jets de vapeur et par les sources chaudes: dans cette position elle est en petites masses souvent mélangées de soufre.

L'acide borique hydraté est employé aujourd'hui pour la fabrication du Borax.

DEUXIÈME GENRE. BORATES.

Substances attaquables par l'acide nitrique, en laissant un résidu d'acide borique. Solution laissant une matière alcaline après l'évaporation et la calcination, ou précipitant par divers réactifs.

PREMIÈRE ESPÈCE. BORAX.

Tinkal, Sous-borate de soude, Soude boratée.

Substance saline blanche, d'une saveur douceâtre; cristallisant dans le système prismatique rectangulaire oblique; cristaux dérivant d'un prisme dont la base est inclinée sur deux faces opposées de 106° 30′ et 73° 30′.

Pesanteur spécifique, 1,74.

Soluble dans l'eau; solution saturée donnant immédiatement des cristaux d'acide borique hydraté par l'addition d'un acide.

Solution nitrique ne précipitant pas par les réactifs; donnant après l'évaporation et une bonne calcination une matière alcaline soluble.

Se liquéfiant dans son eau de composition à une faible chaleur; se boursouflant ensuite considérablement, puis se fondant en verre incolore.

Composition. $Na\ Bo^6 + 10\ Aq$ ou $\dot{N}a\ \dddot{B}o + 10\ Aq$, ou en poids

Acide borique	36,52
Soude	16,37
Eau.	47,10

Borax cristallisé. En prismes à six pans, simples ou modifiés sur les arêtes postérieures des bases, pl. XI, fig. 31, 35, 36. En octaèdres prismés, fig. 8, ou simples, pl. XII, fig. 41.

GISEMENT.

Le borax est en solution dans les eaux de certains lacs de l'Inde, à quinze jours de marche de Teschoü Lombou, ou des montagnes du Thibet, canton de Sumbul. On l'indique aussi en petites couches cristallines, qui ne sont peut-être que des cristallisations au fond de ces lacs, à quelques pieds de profondeur dans des terres meubles. On le cite à Ceylan, en Perse, dans la Tartarie méridionale, en Chine : on assure qu'il existe en abondance dans les eaux des mines de Viquintipa et d'Escapa, dans le Potosi.

Le borax nous est venu pendant assez long-temps de l'Inde, en masse cristalline dont la surface était couverte d'une matière grasse particulière, et on le raffinait en Europe; aujourd'hui on le fabrique au moyen de l'acide borique qu'on tire des lacs de Toscane.

USAGES.

Le borax sert de fondant dans une multitude d'opérations. Les orfèvres et les bijoutiers s'en servent pour préserver les soudures de l'oxidation, et faciliter leur fusion, dans la réunion de leurs diverses pièces.

DEUXIÈME ESPÈCE. BORACITE.

Spath boracique; Borate de magnésie; Magnésie boratée; Würfelstein.

Substance pierreuse, cristallisant en rhomboèdres très voisins du cube.

Présentant les phénomènes de double réfraction entre deux lames de tourmaline.

Pesanteur spécifique, 2,56.

Rayant le verre.

Fusible au chalumeau en globule vitreux, qui se hérisse de petits cristaux par refroidissement, et devient blanc et opaque.

Solution nitrique donnant par la soude un précipité blanc qui prend une couleur lilas lorsqu'on le chauffe après l'avoir humecté de nitrate de cobalt.

Composition. $M\,Bo^4$ ou $\dot{M}a^3\,\overset{\vdots}{B}^2$, d'après l'analyse de la Boracite de Lunebourg par M. Arfvedson.

		Oxigène.	Rapports.
Acide borique	69,7	47,96	4
Magnésie	30,3	11.73	1

M. Berzélius, qui avait d'abord adopté le rapport 1 à 4 entre l'oxigène de la base et celui de l'acide, a adopté celui de 1 à 3 dans sa nouvelle classification; mais je ne connais pas d'analyse sur laquelle cette modification puisse être fondée. Les analyses connues sont les suivantes, et aucune ne conduit à ce résultat.

	Acide borique.	Magnésie.	Chaux.	Silice.	Alumine	Oxide de fer.
Boracite par Stromeyer	67	33	...			
B. de Schildstein par Duménil.	64,14	31,11	...	0,50	. .	1,50
B. de Segeberg par Pfaff	54,55	30,68	...	2,27	. .	0,57
B. de Kalkberg par Westrumb	68	13,50	11,00	2,00	1,00	0,75

On voit par ces analyses que la Boracite se mélange quelquefois de borate de chaux, qu'on trouvera peut-être à l'état libre, et qu'il s'y trouve quelquefois aussi une petite quantité de silice dont on ne peut guère assigner le rôle. Il serait bien possible que la silice et l'acide borique fussent isomorphes, et se remplaçassent mutuellement dans les combinaisons ; s'il en était ainsi on pourrait changer le poids atomique du bore et admettre que l'acide borique est $\overset{\cdots}{Bo}$ au lieu de $\overset{\vdots\vdots\vdots}{\bar{B}}o$.

VARIÉTÉS.

Boracite cristallisée. En cristaux rhomboèdres, simples, ou modifiés sur les arêtes, sur les angles solides, ou en espèce de dodécaèdres rhomboïdaux. On a regardé ces cristaux comme des cubes et des dodécaèdres rhomboïdaux qui n'étaient pas modifiés symétriquement, t. 1, pl. VII, fig. 14 à 18 ; mais il pourrait bien se faire qu'ils appartinssent au système rhomboèdrique, car M. Brewster a annoncé depuis long-temps qu'ils possédaient un axe de double réfraction, et j'ai reconnu dernièrement que les petits cristaux simples transparens avaient la double réfraction : l'électricité polaire dont cette espèce est susceptible semblerait aussi conduire au même résultat. Il serait cependant possible qu'il y eût deux espèces de borate, confondues sous la même dénomination, et que l'une fût cubique et l'autre rhomboèdre ; mais les cristaux ordinaires ne sont pas assez nets pour se prêter à des mesures qui pourraient lever l'incertitude dans laquelle il est encore prudent de rester.

Boracite? mamelonnée. En petits mamelons blancs, opaques, rares, qui accompagnent les cristaux. Ces petits globules sont des borates, mais à base de magnésie et de chaux, car leur solution précipite à-la-fois par la soude et par l'oxalate d'ammoniaque.

La Boracite se trouve en cristaux isolés, disséminés dans des gypses dont on ne sait pas bien l'âge ; d'une part au Kalkberg, à Schildstsin, près de Luneburg en Brunswick ; de l'autre à Segeberg, près de Kiel dans le Holstein.

APPENDICE.

Borate de chaux. On peut déjà soupçonner l'existence du borate de chaux par l'analyse de Westrumb, quoiqu'on ait supposé que cette matière provenait de la gangue du minéral ; mais j'en ai aussi reconnu l'existence sur des pierres calcaires qui proviennent des environs du monte Rotondo, en Toscane. Ce sont des pellicules d'un blanc sale, qui recouvrent des fragmens de carbonate de chaux, et qu'on a prises probablement pour des tufs calcaires ; ces pellicules ne renferment que de la chaux et de l'acide borique, mais je ne puis pas dire dans quelles proportions, n'en ayant pas eu assez pour les analyser. La solution nitrique précipite par l'oxalate d'ammoniaque.

Borate de fer. L'existence du borate de chaux m'a fait rechercher s'il n'existait pas d'autres combinaisons du même acide parmi les matières terreuses que l'on m'avait remises des environs des Lagonis de Toscane, et j'ai reconnu une matière jaune, terreuse, que j'avais d'abord prise pour de l'ocre, et qui se trouva être du borate de fer, dont la solution nitrique précipite abondamment par l'hydrocyanate ferruginé de potasse.

TROISIÈME GENRE. BORISILICATES.

Substances attaquables par les acides avec résidu d'acide borique et de silice.

PREMIÈRE ESPÈCE. DATHOLITE.

Esmarkite; Natrochalcite; Chaux boratée siliceuse.

Substance vitreuse, blanchâtre ; cristallisant en prisme droit rhomboïdal de 103° 42′ et 76° 58′.

Pesanteur spécifique, 2,98.

Rayant le verre avec difficulté.

Donnant de l'eau par calcination et blanchissant ; fusible avec boursouflement en verre transparent. Solution précipitant abondamment par l'oxalate d'ammoniaque.

Composition. $Ca^2 Bo^3 Si^4 Aq = Ca Bo^3 + Ca Si^4 + Aq$ ou bien $3\dot{C}a^2 \overset{\vdots\vdots\vdots}{B}o + 2 \dot{C}a^3 \dddot{S}i^4 + 6 Aq$, si l'on s'en rapporte aux analyses suivantes :

Datholite d'Arendal, par Vauquelin.		Oxig.	Rapp.	Datholite d'Andreasberg, par Stromeyer.		Oxig.	Rapp.
Silice	36,66	19,04	4	Silice	37,36	19,41	4?
Acide borique.	21,67	14,91	3	Acide borique.	21,26	14,63	3?
Chaux	34,00	9,55	2	Chaux	35,67	10,02	2
Eau	5,50	4,89	1	Eau	5,71	5,07	1

M. Berzélius n'admet cependant pas ces rapports, et il donne une formule chimique équivalente à $Ca^4 Bo^{12} Si^6 Aq$, dont j'ignore l'origine.

L'analyse de Klaproth qui a fourni

		Oxigène.	Rapports.
Silice	36,50	18,56	5 à 6
Acide borique	24	16,51	4 à 5
Chaux	35,50	9,97	3?
Eau	4	3,55	1

offre des rapports très irréguliers, dont on ne peut pas tirer de formule.

Datholite cristallisé. En prismes rhomboïdaux modifiés de différentes manières sur les arêtes et les angles, pl. VIII, fig. 34 à 37. Inclinaison de *a* sur *a'* 160° 45', de *B* sur *b* 112° 25', sur *c* 128° 15' ou 147° 25', sur *d* 140° 55'.

Datholite amorphe. En masses vitreuses blanches, quelquefois cariées.

GISEMENT.

Le datholite a d'abord été trouvé à Arendal, en Norwège, dans les dépôts d'oxide de fer magnétique de la mine de Nôdebro; on l'a reconnu plus tard à Theis, près de Clausen, en Tyrol; dans des géodes d'Agath, au Seisser Alpe; dans les cavités des basaltes, à Salisbury Craigs, et dans le New-Jersey, accompagnant l'Apophillite, la Prehnite, la Stilbite, etc.; mais il n'est pas certain que les matières ainsi dénommées appartiennent à la même substance.

DEUXIÈME ESPÈCE. BOTRYOLITE.

Chaux boratée siliceuse concrétionnée.

Substance blanchâtre, grisâtre, etc., pierreuse plutôt que vitreuse; en petites masses mamelonnées ou botryoïdes.

Présentant d'ailleurs les caractères chimiques du Datholite.

Composition. $Ca^4 Bo^3 Si^6 Aq^2 ? = 3\,CaSi^2 + CaBo^3 + 2\,Aq$, si l'on s'en rapporte à l'analyse de Klaproth, qui a fourni :

		Oxigène.	*Rapports.*
Silice	36	18,70	6
Acide borique	13,5	9,28	3
Chaux	39,5	11,09	4
Eau	6,5	5,78	2

M. Berzélius a admis une formule chimique qui correspond à $Ca^4 Bo^6 Si^6 Aq$. J'ignore sur quelle analyse elle peut être calquée.

La Botryolite se trouve dans la mine de fer magnétique de OEstre-Kjeulie, près d'Arendal, en Norwège.

APPENDICE.

HUMBOLDTITE. M. Levy a nommé ainsi une substance qui cristallise en prismes obliques rhomboïdaux de 115° 45′, dont la base est inclinée sur les pans de 91° 41′ 30″, et dans laquelle Wollaston a reconnu un borosilicate de chaux.

Elle a été trouvée au Geisalpe, près Sonthofen, dans les Alpes du Tyrol.

Il est possible qu'on range par la suite dans le genre Borosilicate les Tourmalines, l'Axinite, etc., que nous avons décrites pages 158 et suivantes, et dès-lors il faudra modifier le caractère du genre comme nous l'avons indiqué.

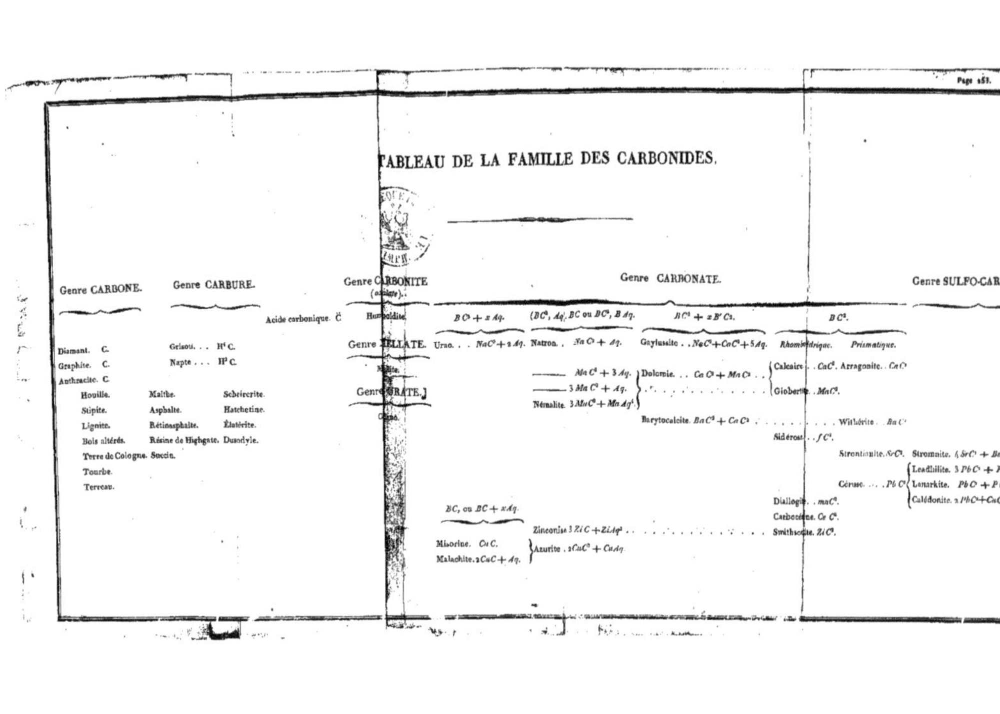

TABLEAU DE LA FAMILLE DES CARBONIDES.

Genre CARBONE.

Diamant. C.
Graphite. C.
Anthracite. C.

Houille.	Malthe.	Scheirerite.
Stipite.	Asphalte.	Hatchetine.
Lignite.	Rétinasphalte.	Élatérite.
Bois altérés.	Résine de Highgate.	Dusodyle.
Terre de Cologne.	Succin.	
Tourbe.		
Terreau.		

Genre CARBURE.

Grisou. . . H^4C.
Napte . . . H^2C.

Acide carbonique. $\ddot{C}$

Genre CARBONITE (oxalate).

Humboldite.

Genre MELLATE.

Mellite.

Genre URATE.

Guano.

Genre CARBONATE.

$BC^2 + xAq.$

Urao. . . $NaC^2 + 2Aq.$

$(BC^2, Aq), BC$ ou $BC^2, BAq.$

Natron. . $NaC^2 + Aq.$
——— $MaC^2 + 3Aq.$
——— $3MaC^2 + Aq.$
Némalite. $3MaC^2 + MaAq^4.$

$BC^2 + xB'C^2.$

Gaylussite . . $NaC^2 + CaC^2 + 5Aq.$
Dolomie. . . $CaC^2 + MaC^2$ . .
Barytocalcite. $BaC^2 + CaC^2$ . . . .

$BC^2.$

Rhomboïdrique.

Calcaire . . CaC^2.
Giobertite. . MaC^2.
Sidérose . . fC^2.
Diallogite. . mnC^2.
Carbocérine. CeC^2.
Smithsonite. ZiC^2.

Prismatique.

Arragonite. . CaC^2
Withérite . . BaC^2
Strontianite. SrC^2.
Céruse. . . . PbC^2

BC, ou $BC + xAq.$

Misorine. CuC.
Malachite. $2CuC + Aq.$
Zinconise $3ZiC + ZiAq^3$ . . . .
Azurite . $2CuC^2 + CuAq$

Genre SULFO-CARB[…]

Stromnite. $4SrC^2 + Ba$[…]
Leadhilite. $3PbC^2 + Pb$[…]
Lanarkite. $PbC^2 + Pb$[…]
Calédonite. $2PbC^2 + CuC^2$[…]

Genre SULFO-CARBONATE.

$B\,C^2$.

...édrique. *Prismatique.*

. . CaC^2. Arragonite. . $Ca\,C^2$

...e. . MaC^2.

. . . . . Withérite . . $Ba\,C^2$

. . $f\,C^2$.

Strontianite. SrC^2. Stromnite. $4\,SrC^2 + Ba\,Su^5$.

Céruse. . . . . $Pb\,C^2$ { Leadhilite. $3\,Pb\,C^2 + Pb\,Su^5$. Lanarkite. $Pb\,C^2 + Pb\,Su^3$. Calédonite. $2\,PbC^2 + CuC^2 + 3\,Pb\,Su^5$. }

...e. . mnC^2.

...rine. $Ce\,C^2$.

...ite. $Zi\,C^2$.

TROISIÈME FAMILLE. CARBONIDES.

Substances renfermant du carbone, soit pur, soit combiné avec d'autres corps.

Donnant du carbonate de potasse (1) par le traitement au feu et à l'air libre, avec une petite quantité de nitrate de potasse; ou bien donnant de l'acide carbonique par l'action d'un acide; ou enfin se trouvant immédiatement à l'état d'acide carbonique, gazeux, ou dissous dans l'eau.

Nous réunissons ici toutes les matières charbonneuses, depuis le diamant, ou carbone pur, jusqu'aux végétaux altérés qui constituent la tourbe; non que nous regardions la plupart de ces matières comme des espèces définies, mais parce qu'elles jouent un rôle remarquable à la surface du globe, qu'elles sont importantes dans les arts, et par conséquent doivent, sous ce double rapport, faire partie des systèmes de minéralogie. Nous plaçons à la suite les carbures d'hydrogène et les matières grasses, bitumineuses, résineuses, dont quelques-unes, peut-être, ne sont encore que des carbures d'hydrogène et les autres des composés de carbone d'hydrogène et d'oxigène. Quelques sels à acides organiques, dont le carbone est partie constituante, nous ont paru ne pouvoir être placés que dans ce groupe de corps, et former, par les carbonites (oxalates), un passage aux carbonates, genre le plus nom-

---

(1) Que l'on reconnaît à ce que le résidu du traitement fait effervescence dans l'acide nitrique.

breux et le mieux caractérisé de la famille. Nous avons présenté l'ensemble de tous ces corps dans le tableau ci-joint, où nous les avons disposés suivant les relations que l'on peut aujourd'hui établir des uns avec les autres, et que l'on reconnaît, surtout pour les carbonates, dans les lignes horizontales et dans les colonnes verticales.

PREMIER GENRE. CARBONE.

Corps solides, fusant et détonant avec le nitrate de potasse; brûlant avec plus ou moins de facilité, quelquefois sans flamme ni fumée, souvent avec l'une et l'autre, et dégageant alors une odeur particulière.

ESPÈCE UNIQUE. DIAMANT.

Corps vitreux, en cristaux plus ou moins parfaits qui offrent un clivage facile parallèlement aux faces d'un octaèdre régulier.

Pesanteur spécifique, 3,52.

Rayant tous les corps et n'étant rayé par aucun. Très fragile par suite de la facilité des clivages.

Se dépolissant à la surface au feu d'oxidation du chalumeau, mais se consumant difficilement ainsi; détonant lorsqu'il est réduit en poudre, avec le nitrate de potasse.

Composition. Carbone pur sans aucune portion d'hydrogène.

VARIÉTÉS.

Diamant cristallisé. En octaèdre régulier, en cube (rare), en tétraèdre régulier, en dodécaèdre rhomboïdal.

Diamant maclé. En octaèdres, simples ou modifiés sur leurs arêtes, réunis deux à deux, et presque toujours avec un très grand élargissement des faces de jonction, t. I, pl. VIII, fig. 38, 40, 41.

Diamant sphéroïde. En cristaux dont les arêtes sont curvilignes, t. I, pl. VII, fig. 59, 62, 63, 65, 68, 71, 74. 76. Ce sont les variétés les plus communes.

Diamant groupé. Réunion de cristaux groupés de manière à offrir l'apparence d'un cristal sur les faces duquel se trouveraient placées des lames cristallines, ou cristaux très aplatis, qui laissent entre elles des angles rentrans de toute espèce.

Le diamant est *incolore*, ou *jaunâtre*, *enfumé*, *brun*, *noir* et *opaque*; rarement avec des couleurs vives, *jaune*, *jaune verdâtre*, *vert*, *rouge hyacinthe*, *rose*.

GISEMENT.

Le diamant n'a encore été trouvé que dans des dépôts de transport, dont on ne connaît pas l'âge d'une manière positive, mais qui paraissent assez modernes, et à-peu-près de même nature dans toutes les localités. Ce sont en général des dépôts formés de fragmens et de cailloux roulés quarzeux, liés entre eux par une matière argilo-ferrugineuse, sableuse, plus ou moins abondante. Ces dépôts portent au Brésil le nom de *Cascalho*, et y renferment accidentellement du fer oligiste, de l'oxide de fer magnétique, de l'oxide rouge métalloïde, des fragmens de kieselschiefer, de grunstein granitoïde, compacte et schisteux, diverses variétés de quarz coloré, etc.: on y a également rencontré du bois pétrifié. Ils s'étendent sur de très grands espaces, et partout sont absolument à découvert, ce qui est cause de l'incertitude où l'on est sur leur âge relatif. On cite dans l'Inde (Wassergerrée, Munnemung, Largumboot) des couches solides au-dessus des matières terreuses qui renferment le diamant, mais on ignore quelle en est la nature, et rien ne prouve que ce ne soit pas encore le même dépôt consolidé. C'est absolument sans aucune raison qu'on a prétendu, relativement aux Indes surtout, que ces dépôts diamantifères étaient des détritus de terrains trappéens, expression vague qui indique le plus souvent des roches d'origine ignée; on peut croire avec plus de fondement que ce sont des débris de montagnes primitives, ou tout au plus intermédiaires, comme nous verrons plus loin en parlant de l'or. Ces dépôts reposent sur des roches granitiques, des roches amphiboliques, on des roches schisteuses, quelquefois sur des calcaires qui ne paraissent pas très anciens (Santorita, capitainerie de Saint-Paul).

Les diamans se trouvent toujours en très petite quantité dans ces dépôts, disséminés çà et là, et généralement très écartés les uns des autres; ils sont presque toujours enveloppés d'une croûte terreuse qui y adhère avec plus ou moins de force et empêche de les reconnaître avant qu'ils aient été lavés. On a cru remarquer au Brésil que c'était en général dans le fond et sur les bords des larges vallées, plutôt que sur la croupe des collines, et à très peu de profondeur au-dessous de la surface du sol, que se trouve le diamant; les parties les plus riches sont celles où il existe beaucoup d'oxide de fer, surtout en grains lisses.

On n'a encore découvert le diamant que dans un petit nombre de lieux à la surface du globe, et l'Inde est à cet égard le pays le plus anciennement connu, quoiqu'on ait peu de renseignemens sur les véritables points où se trouvent les exploitations. Il en existe principalement dans les provinces de Visapour, de Hidrabad (Golconde), Orissa, Allahabad, qui font partie du Decan, et au Bengale. On cite particulièrement les contrées de Raolkunda à cinq journées de Golconde, de Outare, Carore, dans la partie septentrionale du Visapour, de Gaudjicota, dans la vallée de Pennar, sur les frontières de Missore, de Sumbelpour, sur les bords de la rivière de Mahameddy, de Parna dans le Allahabad, etc., etc. On trouve aussi des diamans dans l'île de Bornéo, où les principales mines sont à Ambauwang et à Sandak, suivant les auteurs.

On a trouvé cette précieuse substance au Brésil vers le commencement du dix-huitième siècle, dans la province de Minas Geraès. Il y existe aujourd'hui plusieurs exploitations sur un terrain dont l'étendue est de seize lieues du nord au sud, sur huit lieues de l'est à l'ouest, autour de la ville de Téjuco. La plus considérable est celle de Mandanga, sur le Jigitonhonha, dans le district de Serro do Frio, à dix ou douze lieues au nord de Téjuco. Il en existe plusieurs autres, telles que celles de Saint-Gonzalès, de Montero, de Rio-Pardo, de Carolina, de Canjeca. Le Serro San Antonio, l'arrondissement de Rio-Plata, celui d'Abatje, sont aussi très riches en diamans, mais qui ne sont nulle part exploités, si ce n'est par quelques contrebandiers.

On vient de trouver aussi cette substance en Sibérie sur la pente occidentale des monts Ural, près de Keskanar, à 250 verstes à l'O. de la ville de Pern, et 25 verstes au N. E. de la mine de fer de Bissersk. Il paraît qu'elle y est exactement dans le même gisement qu'au Brésil, dans des dépôts aurifères et platinifères.

EXTRACTION.

La recherche du diamant a lieu par lavage et triage des matières dans lesquelles il est renfermé. Si ces matières sont solides, on commence par les briser; on les lave ensuite pour les débarrasser des parties terreuses que l'eau peut entraîner, et après avoir enlevé les cailloux grossiers, on cherche dans le reste les diamans qui peuvent s'y trouver.

Il paraît qu'aux Indes la recherche du diamant est à-peu-près libre, qu'il existe seulement un droit pour les chefs des contrées où elle a lieu. Au Brésil, le gouvernement se l'est réservée, mais il emploie à ce travail des nègres que lui louent des particuliers qui en obtiennent le privilège. Ce mode de location est, à ce qu'on assure, la principale source de la contrebande, qui est très considérable, et par laquelle entrent dans le commerce les diamans les plus gros et les plus beaux. Ces nègres sont cependant surveillés très rigoureusement par des inspecteurs, qui ne les perdent de vue dans aucun de leurs mouvemens; ils sont aussi encouragés par des primes, suivant la grosseur des diamans qu'ils trouvent; celui même qui a trouvé un diamant de 17 carats 1/2 est mis solennellement en liberté, et son maître est indemnisé.

Le lavage se fait ici sous un hangar, sur une espèce de plancher incliné, partagé dans sa longueur en différens compartimens ou *caisses*, dans chacune desquelles est un nègre: un courant d'eau est amené vers la partie supérieure, où se trouve un tas de cascalho, dont chaque laveur fait tomber successivement quelque partie pour la bien laver, et chercher ensuite dans le gravier qui reste les diamans qui peuvent s'y trouver. Il y a ordinairement vingt nègres dans chaque atelier, et plusieurs inspecteurs, qui sont assis sur des banquettes élevées, placées vers la partie supérieure des caisses.

Aussitôt qu'un nègre a trouvé un diamant, il doit en avertir en frappant des mains, et le remettre à un inspecteur, qui le dépose dans une gamelle suspendue au milieu de l'atelier; chaque soir cette gamelle est portée à l'officier principal, qui compte et pèse les diamans et les enregistre.

Les mines de diamant exploitées au Brésil ont rapporté au gouvernement depuis 1730 jusqu'en 1814, 3023000 carats, ce qui produit un revenu annuel de 36000 carats, un peu plus de 15 livres; mais ce produit a considérablement diminué dans les dernières années, car M. Maw assure que de 1801 à 1806, il n'a été que de 115675 carats, ce qui ne porte la moyenne annuelle qu'à 19279 carats. La dépense réelle du gouvernement pour les employés pendant ce même intervalle de temps a été de 4419700 fr.; en en défalquant le produit en or de ces mêmes lavages, il en résulte que le carat de diamant brut coûte 38 fr. 20 c. de frais d'exploitation.

La contrebande, que nous avons déjà dit être très considérable, est évaluée au tiers du produit des exploitations.

C'est le Brésil qui fournit aujourd'hui tout le commerce de diamans; il en parvient en Europe de 25 à 30000 carats par an, c'est-à-dire de 10 à 15 livres, qui sont réduits par la taille à 8 ou 900 carats.

USAGES.

Tout le monde sait le prix qu'on attache en général au diamant; sa dureté, son éclat, sa force de réfraction, qui décompose la lumière et la fait jaillir en faisceau de mille couleurs, l'ont fait rechercher dans tous les temps et le mettront toujours au premier rang des pierres précieuses qu'on emploie dans la joaillerie. On estime surtout celui qui est d'une parfaite limpidité, et il perd beaucoup de son prix lorsqu'il a quelque teinte jaunâtre, ce qui arrive fréquemment. Ce n'est que quand les couleurs deviennent franches et vives qu'il reprend sa valeur, et quelquefois même une plus considérable.

Jusqu'à la fin du quinzième siècle on a employé les Diamans

bruts; les plus recherchés étaient alors ceux qui présentaient naturellement une forme pyramidale, que l'on nommait pointes naïves. Ce ne fut qu'en 1576 que Louis de Berguem découvrit l'art de tailler cette pierre, au moyen de sa propre poussière, et ce fut alors seulement qu'on connut toute sa beauté. On a taillé le Diamant de diverses manières, mais on a renoncé successivement à la plupart des formes imaginées, et l'on se tient aujourd'hui à la taille en rose pour les pierres plates et à la taille en brillant pour les pierres épaisses, t. 1, page 714.

Le Diamant est toujours d'un prix très élevé; nous avons vu qu'il revient à 38 fr. 20 c. le carat (4 grains) au gouvernement brésilien pour les frais d'exploitation. Aussi les pierres brutes défectueuses, reconnues pour ne pas pouvoir être taillées, se vendent-elles encore à raison de 30 ou 36 fr. le carat. On les emploie pour faire la poudre de diamant ou *égrisée*, qui sert à tailler, polir, graver les différentes pierres dures.

Les petits Diamans bruts de bonne forme pour la taille valent, lorsqu'on les achète en lots, 48 fr. le carat; mais lorsqu'ils sont au-dessus d'un carat, on les estime par le carré de leur poids multiplié par 48; c'est-à-dire qu'un Diamant brut de 2 carats vaut 4 × 48 ou 192 fr.

On conçoit que le Diamant taillé est d'un prix beaucoup plus élevé, parce que d'une part il a coûté du temps, et que, de l'autre, on aperçoit des défauts qu'on n'avait pas vus dans la pierre brute, qui en font rejeter beaucoup. Les très petits Diamans en rose, dont on se sert pour des entourages de peu de valeur, dont il se trouve jusqu'à 40 au carat, valent de 60 à 80 fr. le carat; plus gros ils valent 125 fr., et même beaucoup plus, quoique le peu d'épaisseur les tienne toujours beaucoup au-dessous du Brillant.

Le Brillant de $\frac{1}{2}$ à 3 grains de belle qualité, acheté par parties de 10 à 50 carats, vaut de 168 à 192 fr. le carat; ceux de 3 grains, qui sont très recherchés, valent en lots jusqu'à 216 fr. A 4 grains (1 carat) un Brillant vaut de 216 à 240 et même 288 fr., lorsqu'il est très beau; mais au-dessus d'un carat le prix augmente beaucoup et hors de proportion, et il est sujet à quelques variations, suivant le besoin du commerce. Une pierre de 5 à 6 grains vaut de 312 à 336 fr.; à 6 grains de 400 à 480 fr. A 12 grains ou 3 carats, où elles sont très recherchées pour des centres de collier, elles vont de 1680 à 1950 fr.; à 16 grains de 2400 à 3120 fr., et pour un seul grain de plus, elle peut aller à 3800 fr.

On estime en général le Diamant taillé au-dessus d'un carat par le carré de son poids multiplié par 192 fr., prix du carat; mais de cette manière on n'arrive pas toujours à des prix exacts pour des pierres de grande dimension; par exemple, un Diamant de 49 carats ou 196 grains vaudrait, suivant cette estimation, 49 × 49 × 192 ou 460,992 fr., et une telle pierre a été payée par le vice-roi d'Egypte 760,000 fr.

Lorsque le Diamant a des couleurs vives bien décidées, ce qui est en général très rare, il prend encore une valeur plus considérable que lorsqu'il est limpide, quoiqu'il soit généralement moins recherché. Un Diamant de 8 grains d'un beau vert a été poussé à la vente de M. de Drée jusqu'à 900 fr., et un diamant rose de 11 grains l'a été jusqu'à 2000 fr. Les couleurs jaune et hyacinthe sont beaucoup moins recherchées. Un Diamant jaune de chrysolite de 10 grains n'a été à la même vente qu'à 600 fr., et un couleur hyacinthe de 15 grains à 1560 fr., par conséquent au-dessous de la valeur des diamans limpides du même poids.

Les Diamans de 5 à 6 carats sont déjà de fort belles pierres; ceux de 12 à 20 carats sont rares, et à plus forte raison ceux d'un poids plus élevé: on n'en connaît que quelques-uns qui dépassent 100 carats.

Le plus gros Diamant connu est celui du Raja de Matun, à Bornéo; il est évalué à plus de 300 carats (plus de deux onces). Celui de l'empereur du Mogol était de 279 carats, et avait été évalué par Tavernier à 11723,000 fr.; il le compare à un œuf coupé par le milieu. Celui de l'empereur de Russie pèse 193 carats; il est de la grosseur d'un œuf de pigeon, et de mauvaise forme; il a été acheté 2,160000 fr., et 96000 fr. de pension viagère. Le Diamant de l'empereur d'Autriche pèse 139 carats; il a une teinte jaunâtre, est taillé en rose et de mauvaise forme; il est estimé 2600000 fr. Le Diamant du roi de France, qu'on nomme le *régent*, pèse 136 carats; il pesait 410 carats avant d'être taillé. On assure qu'il a coûté deux années de travail. Il est remarquable par sa belle forme, ses belles proportions et sa parfaite limpidité, et il est regardé comme le plus beau diamant de l'Europe. Il fut acheté par le duc d'Orléans, alors régent, 2250000 fr., et il est estimé plus du double. Tous ces beaux diamans viennent de l'Inde; le plus gros qu'on ait trouvé au Brésil, et que possède le roi de Portugal, est, suivant les plus fortes estimations, de 120 carats; mais M. Maw n'en porte le poids qu'à 95 carats $\frac{3}{6}$: il n'a pas été taillé, et il porte la forme octaèdre naturelle.

La dureté extrême du diamant le fait aussi employer dans les arts; on en arme des forets qui servent à percer les pierres, des espèces de burins pour les graver, etc. Les vitriers s'en servent habituellement pour couper le verre, et emploient à cet usage le diamant cristallisé à arêtes curvilignes; mais suivant les justes observations de Wollaston, c'est moins la dureté de la pierre que sa forme curviligne, qui fait ici le principal mérite: les diamans taillés, ou à arêtes trop vives, ne font que rayer le verre sans le couper, et au contraire toutes les substances capables de rayer le verre acquièrent la propriété de le couper, lorsqu'on les taille à faces bombées et à arêtes curvilignes.

APPENDICE.

Nous réunirons ici plusieurs sortes de matières, dont quelques-unes ne paraissent être que du carbone à un état particulier d'agrégation moléculaire; dont quelques autres peuvent être considérées comme du carbone mélangé de matières bitumineuses, et dont enfin il en est qui ne sont que des matières végétales altérées, charbonnées, bituminisées dans le sein de la terre. Il est possible que quelques-unes de ces matières constituent un jour des espèces particulières de corps formés à la manière des substances organiques; mais nos connaissances ne nous permettent pas de les définir aujourd'hui sous le rapport de la composition, et par conséquent de les caractériser d'une manière convenable.

GRAPHITE.

Plombagine; Mine de plomb; Carbure de fer; Fer carburé.

Substance gris de plomb ou gris de fer, d'un éclat métallique; douce au toucher, tachant les doigts en gris de plomb.

Pesanteur spécifique, 2,08 à 2,45.

Rayée avec facilité par une pointe d'acier; se coupant avec un instrument tranchant, et présentant l'éclat métallique dans la raclure ou la coupure.

Fusant avec le nitrate de potasse; brûlant très difficilement par l'action de la flamme extérieure du chalumeau.

Composition. Carbone sali par une très petite quantité d'oxide de fer, et quelquefois mélangé de matière terreuse.

Cette matière a été regardée pendant long-temps comme un carbure de fer; mais aujourd'hui on pense que le fer, qui est très variable, dont on n'a jamais trouvé plus de 10 à 11 pour 100, qui est même nul dans le Graphite qui se forme quelquefois dans nos fourneaux, est tout-à-fait accidentel. Il en résulte que la matière n'est que du carbone, qui se trouve seulement à un autre état d'agrégation moléculaire que dans le Diamant.

On a indiqué du Graphite cristallisé en petites lames hexagonales; mais les échantillons que j'ai eus sous ce nom entre les mains ne m'ont offert que du sulfure de molybdène.

Graphite écailleux. Composé de petites lames ou écailles entassées pêle-mêle les unes sur les autres.

Graphite schistoïde. Composé de feuillets ordinairement courbes, qui se détachent difficilement, mais provoquent cependant la rupture des masses parallèlement à leurs plans.

Graphite compacte. Variété extrême du graphite écailleux.

Graphite terreux. Noir sans éclat à la surface, mais prenant l'éclat métallique par le frottement ; il est fréquemment mélangé de matière terreuse.

GISEMENT.

Le Graphite se trouve dans le gneiss, le micaschiste, les schistes argileux et les calcaires qui en dépendent. Il y forme des amas, des filons (montagnes du Labour, dans les Pyrénées ; vallées de Stura et Lucerna, en Piémont ; Passau, en Bavière, etc.) ; dans d'autres cas il est en rognons ou même disséminé, et semble prendre la place du mica. Il se trouve aussi dans les schistes des terrains intermédiaires (Pluffier, près de Morlaix ; Borrodale, en Cumberland, le plus beau gisement connu, tant par l'étendue que par la pureté de la masse, etc.) : tantôt il y forme des amas volumineux, tantôt il est disséminé dans toute la roche à laquelle il donne une couleur noire, un éclat plus ou moins métalloïde et la propriété de tacher. On le cite aussi dans les siénites (état de New-York), dans les roches calcaires intemédiaires et enfin dans le grès houillier (Cumnock dans l'Ayrshire). Enfin il existe dans la formation des schistes alpins dans le même gisement que les anthracites (col du Chardonet, Hautes-Alpes, Grand-Saint-Bernard).

USAGES.

Le principal usage du Graphite est pour la confection des crayons dits de mines de plomb. Celui d'Angleterre qui est d'une finesse et d'une douceur extrêmes est la variété la plus propre à cet usage, ou plutôt la seule qu'on puisse employer pour les crayons fins. On ne lui fait subir aucune préparation, et l'on se contente de diviser la masse, au moyen d'une scie, en petites baguettes que l'on enchasse ensuite dans du bois. Ces crayons simples sont extrêmement rares et fort chers, et la plupart de ceux que l'on trouve dans le commerce sont composés. Les uns sont formés avec la poussière qui provient du sciage des précédens dont on fait une pâte avec une gomme particulière ; ils sont encore assez bons lorsqu'ils sont bien confectionnés, et il ne leur manque qu'un peu de ténacité. Les autres qui sont inférieurs sont formés avec cette même poussière, ou avec des Graphites de moindre qualité, de divers lieux, qu'on mélange avec des matières terreuses, avec du sulfure d'antimoine, etc.: ils sont toujours durs et ne présentent jamais cette finesse que l'on recherche dans les premiers. Après les crayons de Graphite anglais, qu'on ne fabrique même qu'en Angleterre, ceux qui méritent la préférence se fabriquent avec les variétés que l'on tire de Passau en Bavière.

On emploie aussi la Graphite pour adoucir les frottemens dans les machines en bois; on en frotte la fonte, la tole, etc. pour la préserver de la rouille; enfin on le mêle avec des matières argileuses pour en former des creusets, dits *creusets de mine de plomb*, qui sont très réfractaires et qui servent particulièrement aux fondeurs en cuivre. C'est à Passau que ces creusets se fabriquent particulièrement.

ANTHRACITE.

Geanthrace; Houille éclatante; Glanzkohle; Kohlenblende.

Substance noire, opaque, tendre, sèche au toucher, dont la poussière a l'odeur du charbon.

Pesanteur spécifique, 1,5 à 1,8.

Brûlant avec difficulté, sans flamme ni fumée, et se couvrant à peine d'un enduit de cendre blanche en se refroidissant.

Composition. Carbone avec quelques traces d'hydrogène, et mélangé de 3 à 5 pour cent de matière terreuse.

VARIÉTÉS.

Anthracite réniforme. En rognons plus ou moins volumineux.

Anthracite polyédrique. En morceaux de différentes formes qui, au premier abord, paraissent avoir quelques régularités, et qui sont produits par retrait.

Anthracite compacte. En masses solides très brillantes, sonore, à cassure irrégulièrement conchoïdale.

Anthracite feuilletée ou *schistoïde.* Se divisant en plaques. Produite probablement par retrait.

Anthracite granulaire. Masse en apparence composée de fragmens réaglutinés.

Anthracite fibreuse (charbon fossile, mineralische Holzkohle). Matière fibreuse brillante et comme soyeuse, tachant les doigts, assez ressemblante à du charbon de fusin. En petites couches minces dans les Anthracites ou les Houilles de diverses localités. (Fraisnes près de Valenciennes : Eisenach en Thuringe, Zwichau, près Planitz, en Saxe, Plauen près de Dresde, New-Castle en Angleterre, etc.)

Anthracite terreuse. Matière d'un noir mat, qui ne prend pas d'éclat par le frottement.

L'anthracite est quelquefois d'un noir mat, mais le plus souvent elle présente un éclat très vif, metalloïde.

GISEMENT.

L'Anthracite commence à se montrer dans les terrains intermédiaires, où elle se trouve le plus souvent au milieu des roches arénacées désignées sous le nom de Grauwacke (Vosges, Harz, Saxe, Bohême, etc.), quelquefois entre des couches de rohes amygdaloïdes ou porphyriques. Mais il s'en trouve aussi plus haut dans la série des formations; d'abord avec la Houille au milieu de laquelle elle forme des veines, des rognons, ou même des couches (exploitation de la Bleuse Borne à Anzin); puis, et plus particulièrement encore, dans le lias alpin (Dauphiné, Tarentaise, Faucigny, Valais, etc.). Il pourrait bien se faire que cette substance n'eût pas de gisement particulier, et qu'elle ne fût qu'une modification soit de la Houille, soit des Stipites et Lignites, par des circonstances diverses qui ont fait dégager le bitume ou les matières volatiles quelconques que ces combustibles renferment. En effet, on peut remarquer que l'Anthracite se trouve en général dans des terrains où l'on rencontre fréquemment des amygdaloïdes, des dolérites, des porphyres diverses, des gneiss, des schistes argileux ou talqueux, etc., en relation intime avec les matières arénacées qui renferment le combustible. Or, si ces roches peuvent être regardées comme ayant une origine ignée, il est clair qu'elles ont dû, au moment de leur épanchement, exercer une influence considérable sur toutes les matières des terrains qu'elles ont traversés: elles auront par conséquent modifié les couches combustibles comme toutes les autres, et cela dans les terrains intermédiaires comme dans les terrains secondaires.

Les matières arénacées qui accompagnent l'Anthracite renferment assez fréquemment des débris organiques; mais ils sont en général très altérés, et l'on ne peut guère en déterminer les espèces: on voit seulement que ce sont des débris de plantes qui doivent se rapporter à la famille des fougères et à celle des équisétacés. Ce n'est que dans les dépôts d'Anthracite du lias alpin qu'on a trouvé des débris susceptibles de détermination, et ce qu'il y a de remarquable, c'est qu'ils appartiennent aux mêmes espèces de plantes que celles qu'on trouve dans le terrain houiller qui est beaucoup plus ancien.

USAGES.

L'Anthracite peut être et est en effet employée comme matière combustible. A la vérité elle est difficile à allumer et il faut la mêler, soit avec du bois, soit avec la Houille, et surtout disposer les fourneaux de manière à ce qu'il puisse y entrer une grande quantité d'air; mais une fois qu'elle est allumée elle donne une grande chaleur et brûle avec flamme courte, blanche, que le jeu des soufflets rend longue et très brillante: on peut ensuite ajouter de nouvelles portions de combustibles, que les premières allument alors facilement.

Ce combustible est employé avec succès dans les fonderies; il est très avantageux dans toutes les opérations où l'on a besoin d'une haute température; on l'emploie de préférence, partout où il existe, pour la cuisson des pierres calcaires très denses, dont la réduction en chaux exige une grande chaleur. Mais on ne peut l'employer que pour des travaux en grand; car il ne brûle qu'autant qu'il est en grande masse, et l'on ne peut parvenir à en allumer une petite quantité; si l'on vient même à en retirer un morceau d'un brasier où la combustion est en pleine activité, il s'éteint à l'instant en se recouvrant de cendre. Par suite de cette circonstance, on ne peut employer l'Anthracite ni dans les appartemens ni à la forge du maréchal; elle serait d'ailleurs peu propre à ce dernier usage qui exige une matière dont les morceaux s'agglutinent pendant la combustion (voyez la Houille).

Un des grands inconvéniens que présente l'Anthracite est d'éclater au feu, de s'y briser en petits fragmens, même en poussière, qu'il n'est plus possible d'allumer par aucun moyen; et il faut alors de toute nécessité en débarrasser les fourneaux.

HOUILLE.

Charbon de terre ; Charbon de pierre ; Houille grasse ; Steinkohle; Blätterkohle ; Schifferkohle.

Substance noire, opaque, tendre, s'allumant et brûlant avec facilité, avec flamme, fumée noire et odeur bitumineuse. Fondant, se gonflant pendant la combustion, de manière à ce que les morceaux se collent entre eux ; donnant, lorsqu'elle a cessé de flamber, un charbon poreux, léger, solide, dur, d'un éclat métalloïde, à surface largement mamelonnée.

Donnant à la distillation des matières bitumineuses, de l'eau, des gaz, souvent de l'ammoniaque, et laissant un charbon brillant, celluleux, qui a pris la forme du vase distillatoire.

Composition. La manière dont la Houille se conduit à la distillation a fait penser que cette substance était une matière charbonneuse, peut-être analogue à l'Anthracite, qui se trouvait mécaniquement mélangée de matière bitumineuse en plus ou moins grande quantité. Mais cette manière de voir pourrait bien ne pas être vraie, et il pourrait se faire que les Houilles fussent des composés analogues aux matières organiques, et dont les différentes variétés renfermassent des principes immédiats différens. Malheureusement il n'a été fait que très peu de recherches à cet égard, qui nous indiquent des différences notables dans les diverses variétés, mais qui ne suffisent pas pour établir une discussion sur des bases solides. M. Thomson qui s'est occupé de cet objet est parvenu aux résultats analytiques suivans :

	Charbon.	*Matière volatile.*	*Matière terreuse.*
Houille collante de New-Castle	75,90	22,60	1,50
Houille esquilleuse de Glascow	55,23	35,27	9,50
Houille molle de Glascow	42,25	47,75	10,00
Caunel Coal de Coventry	29	60	11,00

par où l'on voit que ces matières sont fort différentes par les quantités relatives de charbon et de substance volatile; mais cherchant en outre les quantités relatives des principes élémentaires dans ces corps, le même chimiste a trouvé es rapports suivans, en faisant abstraction des matières terreuses :

	Carbone.	*Hydrogène.*	*Oxigène.*	*Azote.*
Houille collante de New-Castle	75,28	4,18	4,58	15,96
Houille esquilleuse de Glascow	75,00	6,25	12,50	6,25
Houille molle de Glascow	74,45	12,40	2,93	10,22
Cannel Coal	64,72	21,56	0,00	13,72

On voit par ces résultats que les trois premières espèces renferment à-peu-près la même quantité de carbone, mais que l'hydrogène, l'oxigène et l'azote sont en quantités relatives fort différentes dans chacune d'elles. Le Cannel Coal est encore plus remarquable, car, outre qu'il s'y trouve une quantité d'hydrogène beaucoup plus grande, on voit que l'oxigène y manque totalement.

Ces résultats sont sans doute fort intéressans; mais aujourd'hui on ne sait réellement qu'en faire, faute de renseignemens suffisans; d'ailleurs il est probable que ces quatre substances élémentaires ne sont pas unies immédiatement entre elles dans les proportions données, et que l'ensemble résulte de la combinaison de deux ou d'un plus grand nombre de principes immédiats organiques. On sait aujourd'hui que le goudron qu'on retire des Houilles donne une matière particulière, la *Naphtaline*, qui paraîtrait y être toute formée et que l'on est conduit à regarder comme se trouvant déjà dans la Houille. Peut-être cette matière serait-elle un des principes immédiats de ces combustibles.

La présence de l'azote dans la Houille est un fait assez remarquable sous un autre rapport. On pense en général que les Houilles, aussi bien que les autres combustibles minéraux, sont dues à des végétaux enfouis à diverses époques dans le sein de la terre, et qui y ont subi une décomposition particulière ; mais on sait aussi que l'azote est peu abondant dans le règne végétal, et que c'est dans les produits du règne animal qu'il se trouve principalement; par conséquent la supposition d'une origine végétale pourrait bien ne pas être aussi fondée que l'on paraît le croire en général, et peut-être devrait-on admettre que les animaux ont concouru à cette formation autant que les végétaux, à moins qu'on ne soit conduit à considérer les houilles comme purement inorganiques.

VARIÉTÉS.

Houille réniforme. En rognons plus ou moins volumineux qui se trouvent au milieu des matières terreuses du terrain houiller.

Houille polyédrique. En fragmens de diverses formes, en apparence réguliers, qui proviennent du retrait des masses.

Houille schisteuse. (Schiefferkohle) Divisible en plaques ou en feuillets dans un sens et à cassure inégale, ou conchoïde dans l'autre.

Houille lamelleuse (Blætterkohle). Lamelleuse dans un sens et à cassure inégale dans l'autre.

Houille granulaire ou *grossière* Groobkohle). Comme composée de fragmens réunis, présentant une cassure inégale dans tous les sens.

Houille compacte. A cassure conchoïde plus ou moins marquée, tantôt d'un éclat vitreux ou résineux, tantôt à-peu-près mate (Cannel Coal).

Houille terreuse (houille fuligineuse, Russkohle). Matière pulvérulente, d'un gris noirâtre, fortement tachante.

GISEMENT.

Les Houilles ne commencent à se montrer que dans les dépôts arénacés désignés sous le nom de terrain houiller. Ce terrain qui forme des collines plus ou moins élevées, quelquefois de très hautes montagnes, et qui s'étend sur des espaces souvent très considérables, est composé de détritus de roches diverses, quelquefois en morceaux roulés assez gros pour qu'on puisse en reconnaître la nature, le plus souvent réduits en matières sableuses et terreuses. Dans le premier cas on reconnaît des cailloux roulés de granite, de gneiss, de micaschistes, de schiste argileux, de calcaire compacte, etc.; dans le second on ne distingue plus que le mica par l'éclat de ses paillettes, le quarz en petits grains qui forme souvent la base des dépôts, quelquefois des parcelles de matières feldspathiques qui se trouvent fréquemment à l'état de kaolin. Ces matières sont agrégées entre elles par de l'argile ou par un ciment calcaire; il en résulte des espèces de grès assez généralement de couleur terne, grise ou jaunâtre, mais qui varient beaucoup dans l'étendue et dans l'épaisseur du dépôt. Quelquefois ces grès sont tout-à-fait blancs, dans d'autres cas ils prennent une teinte verte, due à une multitude de petits grains verts. Dans le voisinage des dépôts de combustibles ils deviennent charbonneux, bitumineux et prennent des teintes noirâtres plus ou moins foncées. Ils ont une grande tendance à la structure schisteuse, surtout dans les parties micacées, et la masse des dépôts est en général plus ou moins distinctement stratifiée.

Ces grès renferment des couches subordonnées de différentes matières. Les unes ne sont réellement que des modifications de la masse générale; telles sont des couches de matières argileuses plus ou moins fines. Les autres sont des matières particulières; ce sont des couches calcaires souvent noires et fétides, des couches ou amas horizontaux de carbonate de fer plus ou moins argileux, qui tantôt se trouvent çà et là dans le grès même, tantôt accompagnent les couches de Houille. Il s'y trouve aussi des roches compactes, simples ou porphyriques, d'un vert sombre ou même noires, qui sont des diorites ou des dolérites compactes; tantôt ces roches sont en couches qui suivent la stratification générale du dépôt, tantôt elles sont en filons, ou *Dykes*, qui traversent toutes les couches du terrain, dont l'épaisseur va jusqu'à 150 pieds, et qui se prolongent quelquefois sur plusieurs lieues d'étendue.

Les dépôts de grès houiller sont fréquemment à découvert sur de grands espaces; mais dans différens lieux ils sont surmontés, et cachés aux yeux de l'observateur, par des dépôts, souvent très considérables, d'une autre espèce de matière arénacée que l'on désigne sous le nom de *grès rouge*, parce qu'ils offrent fréquemment cette couleur, surtout lorsqu'on les considère en grande masse. Ces grès sont quelquefois assez grossiers, et présentent alors des cailloux roulés de toute espèce, quelquefois même des débris de véritable grès houiller, qui sont empâtés par une matière argileuse plus ou moins fine. Dans quelques endroits, cette pâte est presque entièrement formée de kaolin, et réunit des grains de quarz; c'est ce qui a particulièrement lieu lorsque le dépôt est appuyé immédiatement sur le granite et sans apparence de véritable grès houiller. Dans d'autres cas, toutes les parties composantes sont réduites en particules fines, et le grès est alors fin, quelquefois fort terreux, et souvent affecte la structure schisteuse.

Ces sortes de grès renferment, comme couches ou amas subordonnés, des roches feldspathiques porphyriques, le plus souvent rouges, des rétinites, et des amygdalites dont les cellules sont tantôt vides, tantôt remplies de diverses substances.

Les porphyres se trouvent quelquefois en amas horizontaux plus ou moins étendus, mais fréquemment ils couronnent les collines de grès sous la forme de plateau. Les amygdaloïdes affectent les mêmes manières d'être; mais les rétinites se trouvent seulement en amas ou bien en filons.

Nous avons fait connaître, t. 1, page 602, la disposition de la Houille au milieu des dépôts de grès auxquels elle appartient, la forme, l'étendue des couches, leurs divers accidens, les débris végétaux qu'on y trouve, et il serait superflu de revenir sur ces détails; mais il est utile de donner quelques notions sur les principales localités où l'on connaît ce précieux combustible.

Partout où l'on reconnaît les terrains dont nous avons étudié les caractères, on peut espérer de rencontrer de la Houille, quoiqu'elle y soit quelquefois peu abondante et de mauvaise qualité. Ces terrains occupent des étendues considérables à la surface de la terre, et dans un grand nombre de lieux ils assurent pour long-temps au pays une source de richesses, si l'on sait en profiter.

En France, les mines les plus importantes sont dans le département du Nord, autour de Lille et de Valenciennes. C'est là que se trouvent les mines d'Anzin, les plus considérables et les plus remarquables par les travaux et les machines qu'on y a exécutés. Ces dépôts houillers font partie de la grande zone, de 2 lieues de large sur plus de 50 de long, qui s'étend de l'O. $\frac{1}{4}$ S. O. à l'E. $\frac{1}{4}$ N. E., depuis le département du Pas-de-Calais jusqu'au-delà d'Aix-la-Chapelle; elle semble se rattacher aux terrains houillers des duchés de Luxembourg et de Deux-Ponts, du département de la Moselle, où nous avons encore beaucoup d'exploitations, aux environs de Sar-Louis, et enfin à ceux du département du Haut-Rhin.

Hors de cette zone, nous retrouvons de grands dépôts de terrains houillers dans le centre et le midi de la France : on les voit d'abord dans le département de Saône-et-Loire, où ils sont particulièrement exploités au Creusot: plus ou moins interrompus par des montagnes qui les recouvrent, et par d'autres sur lesquelles ils sont adossés et autour desquelles ils tournent, ils se prolongent dans le département de la Nièvre, où l'on exploite de la Houille à Decise, dans celui de l'Allier, où ils se trouvent principalement dans la vallée de la Queune, dans laquelle on exploite les mines de Noyant, de Fins, etc.; et enfin dans le département de la Creuse. Ils se prolongent aussi par Roanne, Montbrison, Saint-Etienne, Rive-de-Giers, dans les départemens de la Loire et du Rhône. Autour de Saint-Etienne et de Rive-de-Giers, il se fait une exploitation considérable de Houille, qui alimente les nombreuses usines de cette contrée, et en fournit en outre une très grande quantité au commerce. A partir de Rive-de-Giers, le terrain houiller se continue au pied oriental de la chaîne de montagnes qui forment au loin la droite de la grande vallée du Rhône, et on le suit dans les départemens de l'Ardêche, du Gard, de l'Hérault, de l'Aude, jusqu'au pied des Pyrénées; il existe sur cette ligne plusieurs mines exploitées, particulièrement aux environs d'Alais, de Lodève, etc. Il se représente également sur la pente occidentale de la même chaîne, parcourt les départemens du Tarn, de l'Aveyron, du Lot, de la Dordogne et va finir dans le Cantal. Il paraît renfermer encore, dans cette partie, une grande quantité de Houille, que l'on grapille çà et là; on y trouve les mines des environs d'Aubin (Aveyron), qui offrent des gîtes très considérables de combustibles et qui suffiraient seules pour l'approvisionnement de la France, si l'on facilitait le transport par quelques canaux de navigation; plus loin sont les mines des environs de [illegible] (Dordogne), etc. On doit voir que ces dépôts entourent partout le groupe de montagnes anciennes qui s'élèvent au centre de la France.

Au-delà de ces grands dépôts, on trouve un espace immense où il n'existe plus d'indice de terrain houiller : ce n'est plus que dans les départemens de Maine-et-Loire, de Loire-Inférieure qu'il se présente; on y exploite les mines de Saint-George-Chatelaison, à peu de distance de Saumur, et de Montrelaix, à 5 lieues au nord de Nantes. Plus loin, on reconnaît encore ce même terrain dans les départemens de la Manche et du Calvados, où l'on exploite surtout les mines de Litry, à 6 lieues de Caen.

Telles sont, en France, la position et l'étendue des terrains houillers : nous avons cru devoir en parler avec quelques détails, parce que ce combustible étant d'une haute importance pour nous, il n'est pas inutile de connaître quelles sont les contrées où l'on peut espérer de ne pas faire des recherches vaines. Nous n'avons pas besoin d'avoir autant de détails sur les pays étrangers; et puisque nous avons déjà parlé des mines de la Belgique et des provinces prussiennes sur les bords du Rhin, nous nous contenterons d'observer qu'on en retrouve aussi en plusieurs endroits, au Harz, en Saxe, en Bohême, en Autriche, en Hongrie, sur les frontières de Croatie, etc. Toutes ces contrées sont, comparativement, beaucoup moins riches que la France, et il n'y a que l'Angleterre qui puisse être mise en comparaison sous ce rapport; elle possède de très grandes richesses, qui sont partout exploitées avec une prodigieuse activité. Le Portugal, l'Espagne, l'Italie, renferment très peu de Houille connue; en Suède, il n'en existe que dans la province de Scanie; il paraît qu'il n'en existe pas du tout ni en Norwège ni en Russie; on en connaît quelques exploitations en Sibérie. La Chine et le Japon paraissent en renfermer une très grande quantité. On en a découvert à la Nouvelle-Hollande, près de la ville de Sidney; il en existe aussi en Amérique, et particulièrement aux Etats-Unis, etc.

USAGES.

La Houille est susceptible de beaucoup plus d'applications

aux arts et aux usages de la vie que l'Anthracite et que tous les autres combustibles minéraux; elle peut suppléer le bois dans presque tous les cas, et elle a sur lui l'avantage de donner à poids égal une chaleur beaucoup plus intense. Les salines, les fonderies de toute espèce, les verreries, les poteries, les fours à chaux, pour lesquels on emploie les qualités inférieures, les savonneries, et une multitude d'ateliers de tout genre, en font journellement une consommation prodigieuse dans toutes les contrées où on l'extrait, et dans toutes celles où elle peut arriver à bon compte. Les machines à vapeur, moteur si puissant, et par lequel on remplace ou l'on supplée si avantageusement les machines hydrauliques et les manèges, doivent en quelque sorte à la Houille leur existence, ou tout au moins la propagation de leur emploi.

La Houille est aussi employée dans un très grand nombre de lieux pour le chauffage des appartemens, et son usage va sans cesse croissant, à mesure qu'on peut parvenir à déraciner le préjugé qui attribue une influence délétère à la légère odeur bitumineuse qu'elle dégage, et qu'il est d'ailleurs si facile d'empêcher en disposant les foyers convenablement. Lorsqu'on a soin de choisir les Houilles qui ne renferment pas de sulfure de fer, l'odeur bitumineuse qui s'exhale pendant la combustion est plutôt saine que nuisible; on lui attribue même des propriétés salutaires aux poitrines faibles, comme à la fumée des résines et des baumes. On croit encore que la fumée de Houille arrête la propagation des maladies contagieuses, et on remarque que depuis qu'on a employé ce combustible à Londres, on n'a plus vu paraître les fièvres qui désolaient cette ville.

La faculté que possèdent les bonnes qualités de Houille de se fondre en brûlant, en vertu du bitume qu'elle renferme, et de manière que les morceaux se collent les uns aux autres, la fait rechercher par les serruriers, les maréchaux, préférablement à tout autre combustible. Il résulte de cette propriété qu'il se forme au-devant des soufflets une petite voûte sous laquelle le fer est chauffé de toutes parts, et peut être placé facilement. On concentre en quelque sorte la chaleur sous cette voûte, en mouillant la surface du combustible, et l'empêchant ainsi de brûler. Mais cette qualité, précieuse pour les petites forges de divers ouvriers, devient fort incommode, parce que les morceaux en se collant interceptent le courant d'air, dans les fourneaux dont on se sert pour une multitude d'opérations, comme dans les fourneaux à reverbère, et même assez souvent dans les fourneaux de fusion et de raffinage: aussi préfère-t-on fréquemment les houilles moins bitumineuses, qu'on trouve souvent dans les mêmes lieux que la première.

Pour remédier à ces inconvéniens, on carbonise la houille, ce que mal-à-propos on nomme quelquefois la désoufrer, par une opération semblable à celle par laquelle on réduit le bois en charbon, et qui la débarrasse de tout son bitume. On obtient alors pour résultat une matière purement charbonneuse, solide, celluleuse, d'une teinte grise, avec éclat métallique, qu'on désigne en général sous le nom de *Coak*, emprunté aux Anglais. Cette carbonisation de la houille se fait à l'air libre, ou dans des fours, dans des fourneaux fermés. Dans la première méthode, on profite souvent de la chaleur qui se dégage pendant l'opération, pour *griller* des minerais qu'on mélange avec la houille. Lorsqu'on emploie les fourneaux fermés, on peut recueillir une espèce de goudron qui sert avec avantage pour la marine, et dont on peut, par une nouvelle distillation douce, retirer du bitume et de l'huile empyreumatique. Dans quelques cas, on fabrique du *noir de fumée* en même temps que l'on carbonise la houille; c'est ce qui se pratique aux environs de Sarrebruck, mais le coak qu'on en retire est un peu plus brûlé que dans les autres manières d'opérer.

Enfin, c'est par une carbonisation dans des appareils clos que l'on obtient le gaz hydrogène carboné, dont on a imaginé de se servir pour l'éclairage. L'idée première de cette application est due à Lebon, ingénieur français; elle est aujourd'hui exécutée en grand dans plusieurs pays, et notamment en Angleterre, où plusieurs villes, un grand nombre d'ateliers, sont éclairés de cette manière. Elle est aussi exécutée à Paris, dans divers établissemens; mais le bas prix des huiles, joint à la cherté de la houille, a empêché de donner à ce procédé l'extension qu'il a prise en Angleterre. On conçoit que les Houilles les plus propres à ce genre de préparation sont celles qui renferment le plus d'hydrogène; ainsi le

Cannel-coal d'Angleterre est, de toutes les variétés de Houilles examinées, celle qu'il conviendrait le mieux d'employer, si l'on pouvait se la procurer en quantité suffisante.

Le coak, obtenu par les divers procédés que nous avons indiqués, brûle plus facilement que l'Anthracite, auquel il ressemble beaucoup ; mais il a besoin, pour s'allumer, d'un courant d'air très fort. Il donne une très grande chaleur, beaucoup plus que le charbon, et est employé à un grand nombre d'opérations, et surtout pour celles auxquelles le bitume, que la houille brute renferme, peut nuire d'une manière quelconque. Il est aussi employé avec avantage pour les appartemens, soit seul, auquel cas il produit un feu agréable et d'une chaleur très intense, soit concurremment avec le bois qu'il soutient pendant la combustion.

On emploie aussi la Houille dans les appartemens d'une autre manière. On se sert pour cela des parties menues, du poussier de Houille, que l'on pétrit avec de la terre, pour en former des *briquetes*, des *bûches économiques*, qui sont d'un très bon usage et aujourd'hui fort employées à Paris. On fait ordinairement pour cela un mélange de différentes espèces de Houille, pour avoir un corps qui ne brûle ni trop lentement ni avec trop de vivacité. On emploie dans ces mélanges les Houilles grasses d'Anzin ou de Saint-Etienne, et la Houille des mines de Fraisnes, qui est une véritable Anthracite.

STIPITE.

Houille sèche ou maigre ; Houille limoneuse ; Lettenkohle.

Matière noire, opaque, tendre, s'allumant et brûlant avec plus ou moins de facilité, avec flamme, fumée noire, odeur bitumineuse et souvent fétide. Se ramollissant, se gonflant plus ou moins pendant la combustion, mais de manière à ce que les morceaux prennent peu d'adhérence entre eux. Donnant, lorsqu'elle a cessé de flamber, un charbon celluleux peu dur, mat, à surface rugueuse.

Donnant à la distillation des matières bitumineuses, de l'eau, des gaz, de l'ammoniaque et un résidu charbonneux qui ne prend qu'imparfaitement la forme du vase distillatoire.

Composition. Probablement assez analogue à celle de la Houille, mais tout aussi mal connue. Il serait curieux de savoir si le goudron qu'on obtient par la distillation donne ou ne donne pas de la Naphtaline.

Les caractères que nous venons de tracer, déjà très rapprochés de ceux de la Houille, sont pris dans les variétés extrêmes, en sorte qu'il existe des variétés intermédiaires que l'on ne sait où placer, et qui ne peuvent être distinguées que par leur position dans l'ordre des formations.

Stipite polyédrique. — schisteux. — lamellaire. — granulaire. — compacte. — terreux. Ce sont les mêmes variations que dans la Houille, mais il y a dans toutes moins d'éclat, et souvent même les matières sont tout-à-fait mates. La couleur noire n'est pas non plus aussi intense, et il y a fréquemment une teinte grisâtre particulière.

GISEMENT.

On ne trouve guère dans les dépôts de Houille, des substances qui aient les caractères que nous venons de donner aux Stipites. Ces matières ne commencent à se montrer que dans le grès bigarré (Wasselonne, Soultz-les-Bains, en Alsace; Bâle, Tubingen, etc.). On les retrouve plus haut dans les marnes irisées, dans les grès du Lias (Deister, Wefersleben près de Quedlinburg, en Allemagne), dans la partie inférieure de la formation jurassique (plateau de Larzac, dans l'Aveyron, Neuwelt près Bâle, Witby dans le Yorkshire, etc.); peut-être même en existe-t-il plus haut (Entreverne près d'Annecy, en Savoie). Ces matières forment en général des couches, ou des amas couchés, entre des bancs de matières solides qui les renferment de toutes parts, et ils ne donnent pas, comme la houille, l'idée de dépôts formés dans des bassins préexistans.

Les matières arénacées qui avoisinent les couches de Stipites renferment aussi beaucoup de débris végétaux. On y trouve encore des fougères; mais les espèces sont différentes de celles qu'on trouve dans le terrain houiller. On commence à y trouver des débris de plantes de la famille des conifères, dont le terrain houiller est jusqu'ici dépourvu; enfin dans les couches de la partie inférieure du Jura, on commence à trouver des débris de plantes de la famille des cycadées, dont la présence a fourni à M. Brongniart la dénomination de *Stipite*, d'après l'expression stipe par laquelle on désigne les tiges des Cycas.

USAGES.

Les Stipites peuvent servir à beaucoup des usages auxquels on emploie la Houille; il n'y a réellement qu'à la forge de maréchal qu'ils sont beaucoup moins propres, parce que les fragmens ne s'aglutinent pas aussi bien entre eux. Cependant ces combustibles ont partout une grande défaveur, et l'on préfère souvent faire venir de la Houille à grands frais que de se servir des dépôts que l'on a sous la main: il est probable qu'il y a en cela beaucoup de préjugés.

LIGNITE.

Bois bitumineux; Houille compacte; Houille sèche; Braunkohle; Pechkohle; Moorkohle; Jayet.

Matière noire ou brune, opaque, s'allumant et brûlant avec facilite, avec flamme, fumée noire, odeur bitumineuse, souvent fétide, et sans boursouflement. Donnant, lorsqu'elle a cessé de flamber, un charbon semblable à la braise qui conserve la forme des fragmens.

Donnant à la distillation des matières bitumineuses, de l'eau chargée d'acide acétique (acide pyroligneux) et laissant un charbon brillant, compacte, qui conserve la forme des fragmens employés.

Composition. On ne sait pas quelle est la nature de l'espèce de matière qui s'est produite ici par la décomposition des bois. Il est seulement remarquable que le goudron qu'on obtient par la distillation ne donne pas de Naphtaline, ce qui distingue éminemment ces matières de la houille.

VARIÉTÉS.

Lignite xiloïde. Offrant la forme extérieure de branches de bois, ou le tissu des plantes dicotylédones.

Lignite polyédrique. Matière compacte divisée en fragmens polyédriques.

Lignite bacillaire (Stangenkohle). En baguettes polyédriques produites par retrait et souvent en partie débituminisée. Se trouve au Meisner en contact avec du basalte qui a traversé les couches combustibles.

Lignite compacte. Matière homogène ne présentant aucune apparence de tissu organique.

Lignite schistoïde. La même matière compacte se divisant en plaques plus ou moins épaisses.

Lignite lamellaire ou *granulaire.* Ressemblant beaucoup à la Houille lamellaire et granulaire.

GISEMENT.

Les Lignites commencent à se montrer dans les couches terreuses et sableuses qui préludent à la Craie (île d'Aix, Charente; Havre; Anzin, dans les matières nommées Tourtia, etc.); mais c'est surtout dans les terrains tertiaires qu'ils deviennent abondans et forment des dépôts considérables. On les trouve d'abord au-dessous des calcaires grossiers parisiens ou dans les parties inférieures de ces dépôts (Bagneux, Auteuil, Marly; environs de Soissons, de Laon, Reims, etc.; Voreppe, Isère; Saint-Paulet près le pont Saint-Esprit; Piolen près d'Orange; Gardanne, Roquevaire, etc., Bouches-du-Rhône; Sisteron, Forcalquier, etc.; Meisner, Habichtwald en Hesse; Saxe, Bohême, Hongrie, etc.). Ils existent également dans les dépôts supérieurs au gypse parisien (Vevay, Lausanne et tous les dépôts de la Suisse, Lobsan près Vissenburg, Hæring en Tyrol; Vandorf près OEdenburg en Hongrie, Sarisap entre Gran et Bude, etc.).

Les grands dépôts de Lignites se trouvent en général, comme ceux de Houilles, dans des bassins particuliers, dans les gorges et les vallées que les montagnes plus anciennes laissaient entre elles. Ils se composent de plusieurs couches séparées les unes des autres par des matières pierreuses, qui sont aussi très mélangées de charbon et de bitume, tantôt en masses terreuses, tantôt schisteuses. Ces couches sont fréquemment ondulées, mais jamais repliées en zigzag, comme celles de Houilles, et elles sont moins sujettes aux failles.

Les matières qui accompagnent les dépôts de Lignites sont fréquemment remplies de débris de coquilles, dont le test devenu blanc se dessine agréablement sur le fond coloré de la pâte qui les enveloppe. On y distingue clairement des Lymnées et des Planorbes, qui sont des coquilles fluviatiles, mêlées avec des coquilles turriculées, des coquilles bivalves, dont l'habitation est plus douteuse. On y trouve aussi des débris végétaux, et il est remarquable qu'ils appartiennent à des plantes dicotylédones; ces sont des branches et des troncs d'arbres, des feuilles de diverses sortes, qu'on est toujours tenté de comparer à des feuilles de peupliers, de bouleaux, d'ormes, de châtaigniers, etc.

USAGES.

L'emploi des Lignites est beaucoup moins étendu que celui de la Houille, mais c'est encore un combustible extrêmement précieux, qui peut servir, et sert en effet, dans une multitude de circonstances. Les variétés qui ne répandent aucune mauvaise odeur par la combustion, sont d'un usage très agréable pour les appartemens, et me paraissent avoir un avantage marqué sur la Houille, par suite de leur flamme claire, par leur réduction en braise semblable à celle du bois, qui, comme elle, continue à brûler lentement, lorsque la flamme et la fumée sont passées. Elles ont encore sur la Houille l'avantage de ne pas répandre une fumée aussi épaisse, et surtout de ne pas remplir les appartemens d'une poussière fine, dont rien ne peut être à l'abri, même dans les meubles les mieux fermés.

Tous les Lignites peuvent être employés dans les usines où il s'agit de chauffer ou d'évaporer des liquides, pour la cuisson de la chaux, des poteries communes, etc. Ils donnent, à ce qu'il paraît, une chaleur plus forte que celle du bois, mais moins forte pourtant que celle de la Houille, ce qui, dit-on, empêche de les employer dans les fonderies. Cette dernière assertion est cependant loin d'être prouvée, car puisqu'on emploie fréquemment le bois en pareil cas, on pourrait évidemment se servir d'un combustible plus actif, si aucune autre raison ne s'y opposait. Le fait est qu'on a fait à cet égard plusieurs essais qui ont, en général, mal réussi, sans qu'on ait pu en donner d'explication bien positive; mais il ne me paraît pas démontré qu'il soit inutile de faire de nouvelles tentatives, surtout avec les excellens Lignites que nous possédons dans le midi de la France, avec ceux de la Hongrie, et les variétés qu'on a confondues avec la Houille, sous le nom de Houille maigre, ou Houille des terrains calcaires.

On a aussi essayé de carboniser le Lignite, mais on n'en a obtenu qu'un très mauvais combustible. Les Lignites des terrains calcaires ont produit une espèce de coak très léger; les autres, une braise analogue à celle de nos fourneaux. Peut-être cependant tout tient-il encore à la manière d'opérer, car en soumettant le Lignite à la distillation il reste une matière charbonneuse fort analogue à l'Anthracite, qui produit une chaleur très considérable par la combustion, sans présenter de très grandes difficultés à s'allumer, sans exiger de trop grands tirages d'air.

Les variétés de Lignites compactes, denses, brillantes, sont employées sous le nom de jayet pour faire diverses sortes de bijoux de deuil, des boutons, des croix, des pendans d'oreilles, des colliers, des garnitures de robes, des chapelets, etc. Cette fabrication a fourni autrefois un revenu pour la petite ville de Sainte-Colombe, sur l'Hers, dans le département de l'Aude; mais aujourd'hui elle est considérablement diminuée.

Les Lignites pyriteux sont employés dans diverses localités pour préparer de l'alun et du sulfate de fer. On laisse ces substances effleurir à l'air, ou bien on les calcine lentement, et on lessive ensuite les matières terreuses qui se sont formées; on évapore les liquides pour en tirer les sels, en ayant soin d'ajouter des matières potassées ou ammoniacales pour former le sel double qui constitue l'alun: c'est ainsi qu'on emploie les Lignites du département de l'Aisne. Les cendres qui proviennent de cette fabrication, qu'on nomme *cendres rouges*, sont très recherchées pour l'agriculture, et ont produit des résultats extrêmement avantageux dans les terres stériles de la Tiérache et de la Champagne. On emploie aussi avec succès le lignite même, qui est alors connu sous le nom de *cendres noires*.

BOIS ALTÉRÉS.

Bois bitumineux; Lignite fibreux; Holzkohle.

Matière brunâtre, à tissu ligneux, s'allumant avec facilité, même à la flamme d'une bougie; brûlant avec flamme comme le bois ordinaire, et donnant une fumée piquante qui fatigue les yeux. Dégageant quelquefois alors une odeur bitumineuse, quelquefois une odeur fétide et souvent une odeur balsamique. Résidu charbonneux semblable à la braise, continuant à brû-seul, et se couvrant de cendres blanches comme la braise de bois.

Pesanteur spécifique presque toujours inférieure à l'eau.

Les variétés de bois altérés sont cel'es qu'on pourrait établir dans les bois naturels. Il y a diverses sortes de tissus, mais qui sont en général ceux des plantes dicotylédones. Il y a des variétés vermoulues, d'autres qui semblent être à demi pouries, quelques-unes qui sont composées d'une multitude de petits grains, etc. Il y a des parties qui se divisent comme le liber de certains arbres, et qui produisent de grands rubans minces, que l'on peut en quelque sorte subdiviser à l'infini.

GISEMENT

Les bois altérés se montrent d'abord dans quelques dépôts de véritables lignites, auxquels ils passent par toutes les nuances; mais c'est en général dans les parties les plus superficielles des terrains tertiaires, ou plutôt dans les alluvions qui ont recouvert en dernier lieu nos continens qu'il faut les chercher. Nous avons donné des détails relatifs à leur manière d'être, tome I, page 614.

USAGES.

Les bois altérés peuvent servir plus ou moins aux mêmes usages que les bois ordinaires; il en est qui sont si bien conservés qu'on les a même employés dans la bâtisse; d'autres ont été tournés, et on en a fait des écuelles, des vases divers, etc. Ils peuvent tous être employés comme combustibles, quoique, à ce qu'on assure, ils donnent en général moins de chaleur que le bois. On s'en sert pour la cuisson de la chaux et des poteries, et pour chauffer et évaporer des liquides. La plupart ne peuvent cependant pas être employés pour chauffage, même dans les maisons les plus pauvres, par suite de l'odeur infecte qu'ils laissent dégager en brûlant; les usines même sont quelquefois forcées, à cause de cela, de se placer à de grandes distances des habitations.

TERRE DE COLOGNE.

Terre d'ombre; Erdkohle; Terre de Cassel.

Matière terreuse brune; s'allumant avec facilité et brûlant sans flamme, comme le bois pourri, et sans fumée. Produisant des cendres blanches ou rouges.

Cette matière, qui a tous les caractères organiques, et qui paraît provenir de végétaux entièrement décomposés, se trouve aux environs de Cologne, principalement à Brühl et à Liblar. Il paraît qu'elle forme des dépôts considérables, qui ont jusqu'à quarante pieds d'épaisseur et plusieurs lieues d'étendue. On y reconnaît une grande quantité de bois, parmi lesquels on en distingue qui ont le tissu des monocotylédones, et d'autres celui des dicotylédones, des fruits de diverses sortes; mais tous ces débris sont entièrement décomposés, et se réduisent en poudre lorsqu'ils sont à l'air.

On ne peut pas trop assigner la position géologique de ces dépôts : on sait seulement que tout le sol des environs de Cologne appartient à la craie tufaux, et que la matière combustible est recouverte de cailloux roulés.

La terre de Cologne est exploitée avec activité, et principalement comme combustible, dont on fait une grande consommation dans le pays. On la moule, après l'avoir humectée, dans des vases en forme de cône tronqué, pour pouvoir la transporter plus facilement. On l'emploie aussi en peinture, tant à l'huile, qu'en détrempe, après l'avoir pulvérisée avec plus ou moins de soin, suivant la délicatesse des ouvrages. On assure qu'en Hollande on la mélange avec le tabac, pour lui donner de la finesse et du moelleux.

Les cendres de cette matière sont aussi recherchées pour l'agriculture, et on en transporte jusqu'en Hollande; on en brûle même exprès sur les exploitations pour cet usage.

TOURBE.

Matière brune plus ou moins foncée; quelquefois assez homogène, le plus souvent remplie de débris visibles d'herbes sèches. Brûlant facilement avec ou sans flamme; donnant une fumée analogue à celle des herbes sèches ou du tabac, et laissant une braise très légère.

Donnant à la distillation de l'acide pyroligneux, une matière huileuse et des gaz.

Suivant une analyse de M. Bergsma la tourbe compacte noire renfermerait :

Matière ligneuse.	49,20
Ulmine	12
Substance résineuse	3,80
Substance analogue à la cire . . .	1,30
Eau	12,50
Matière terreuse (1)	9,42

Tourbe compacte (tourbe limoneuse, tourbe piciforme). Brune, solide, homogène, à cassure terreuse, quelquefois à cassure luisante, résineuse.

Tourbe grossière (bousin, tourbe fibreuse). Composée de fragmens

---

(1) Elles consistent en

Sulfate de chaux	4,50
Chaux et acide phosphorique . . .	2,70
Sables siliceux	0,80
Oxide de fer	0,42
	9,42

de plantes visibles. On peut y établir un assez grand nombre de divisions d'après l'espèce des végétaux composant : la *tourbe ordinaire*, renfermant des fragmens distincts de diverses plantes des marais d'eau douce ; la *tourbe de Warec, la tourbe de feuille*, etc., etc.

Nous avons donné, tome I, page 615, les détails relatifs au gisement de la Tourbe et des diverses particularités qu'elle présente. Cette substance est extrêmement abondante à la surface de la terre dans tous les endroits bas et marécageux ; il en existe dans toutes les parties de la France, et dans quelques-unes elle forme des dépôts très considérables et d'une grande importance pour le pays.

Les plus grandes tourbières que nous possédons sont celles de la vallée de la Somme, entre Amiens et Abbeville ; il en existe aussi de considérables dans les environs de Beauvais, dans la vallée de l'Ourcque, dans les environs de Dieuze, dans la vallée d'Essone, entre Corbeil et Villeroy ; il s'en trouve aussi dans la vallée de Bièvre ; en Normandie, un grand nombre de prairies sont sur la Tourbe ; il en existe beaucoup aussi en Bretagne, sur les bords de la Loire, près de son embouchure. Dans le midi de la France, il en existe encore dans quelques vallées, comme dans celles de la rivière de Vaucluse, dans plusieurs îles du Rhône, etc., etc.

Hors de France, la Hollande est un des pays les plus riches en Tourbes ; elles y sont l'objet de grandes exploitations très soignées. En Westphalie et dans le Hanovre, elles couvrent des espaces immenses, et il en est de même en Prusse, en Silésie, etc., etc. En Écosse, on cite particulièrement les tourbières de Kinkardine et de Flanders, dans le Pertshire, et de Dalmaly. Sans doute il en existe dans un grand nombre d'autres lieux, soit en Europe, soit dans les autres parties du monde.

La Tourbe est encore un combustible précieux dans tous les lieux où elle se trouve, et particulièrement dans ceux où le bois manque entièrement, comme, par exemple, dans la Hollande, qui, privée de cette importante production, serait absolument inhabitable. On peut l'employer à presque tous les usages auxquels le bois pourrait servir ; pour le chauffage dans l'intérieur des appartemens, où elle produit un feu qui n'est pas sans agrément ; dans les ateliers, pour toutes les opérations où l'on a besoin de chauffer, d'évaporer, pour la cuisson de la chaux, des briques, des tuiles, etc. On a même tenté plusieurs fois de l'employer brute dans les fonderies, mais les essais ont en général assez mal réussi.

On carbonise aussi la Tourbe dans des fourneaux construits exprès, et qui permettent de récolter divers produits dont on a vanté l'emploi dans la teinture; elle donne un charbon léger dont on peut se servir à la cuisine, dans une foule d'opérations où le charbon et la braise pourraient être employés; on s'en est même servi avec succès pour la fusion et l'affinage des métaux, et l'on assure que, bien préparé, le charbon que l'on obtient peut donner autant de chaleur que le meilleur charbon de bois.

L'Anthracite, la Houille, la plupart des Lignites, s'exploitent quelquefois à ciel ouvert, par tranchées plus ou moins considérables, et le plus souvent par puits et galeries, au moyen desquels on va les chercher quelquefois à de grandes profondeurs; mais l'exploitation de la Tourbe est beaucoup plus facile, et ne demande qu'un peu de raisonnement pour être faite avec tous les avantages que comportent les diverses localités, avec le moins de frais possible, et en conservant le plus d'étendue aux terrains où elle se trouve. Lorsque la surface est desséchée et couverte de végétation, on enlève d'abord à la bèche le limon ou la terre végétale; quand elle est couverte d'eau on l'assèche autant que possible par des canaux d'écoulement disposés convenablement, et qui peuvent même servir ensuite au transport de la Tourbe par bateaux.

La première Tourbe étant, comme nous l'avons dit, grossière et de mauvaise qualité, est encore enlevée avec la bèche, et on en forme de grands parallélipipèdes qu'on met sécher à part; elle est vendue à très bon marché ou livrée aux ouvriers. Lorsqu'on est parvenu à la Tourbe compacte, on emploie une bèche particulière, nommée *louchet* aux environs d'Amiens, et qui présente sur le côté une aile tranchante, placée à angle droit, de manière à ce qu'on peut couper la tourbe de deux côtés à-la-fois. On enlève par ce moyen des parallélipipèdes qui ont la largeur et la hauteur du fer de la bèche, c'est-à-dire dix à douze pouces de longueur sur cinq à six de largeur et d'épaisseur. On emploie aussi des espèces de boîtes, tranchantes à la partie inférieure, et garnies intérieurement de lames tranchantes qui la divisent en compartimens. On laisse tomber cette caisse de haut comme un *mouton*, dans la masse de Tourbe, et à chaque coup elle rapporte un grand parallélipipède divisé en plus petits : l'avantage de cet instrument est de pouvoir servir encore à d'assez grandes profondeurs.

Lorsqu'en employant le louchet on est parvenu au point que l'eau ne peut plus être épuisée, on a recours à la *drague*, ou pelle de tôle creuse, percée de trous, fixée à angle aigu sur un long manche, que l'ouvrier, placé sur les bords de la fosse ou dans un bateau, promène au fond. Après l'emploi de la drague on fait encore usage d'un sac de toile claire, dont l'ouverture est adaptée à un cercle fixé à un long manche. On ramasse par ce moyen toutes les parcelles de Tourbe qui peuvent nager dans les eaux.

Après avoir été tirée de son gite, la Tourbe doit être séchée aussi complètement que possible, ce que l'on fait en rangeant les parallélipipèdes extraits les uns sur les autres, de manière à ce que l'air puisse facilement circuler entre eux. Ces parallélipipèdes éprouvent alors un retrait plus ou moins considérable : plus le retrait est fort, meilleure est la Tourbe. La matière qui est tout-à-fait en bouillie est jetée et étendue sur le terrain environnant, jusqu'à ce qu'elle ait acquis une consistance suffisante; on la divise ensuite en parallélipipèdes, ou bien on la comprime fortement dans des moules, ce qui lui donne une qualité supérieure, en rassemblant sous le même volume plus de parties combustibles. Les Tourbes ainsi comprimées sont souvent très compactes, et présentent même quelquefois la cassure conchoïdale avec l'éclat résineux. En Hollande on moule et on comprime presque toute la Tourbe où les végétaux sont suffisamment décomposés; on réduit même en bouillie les parties qui ont naturellement de la solidité, pour les pétrir ensuite. Ces Tourbes comprimées forment d'excellens combustibles, qui produisent une très grande chaleur, et peuvent être employées jusqu'à un certain point dans les fonderies; le charbon qu'on en obtient par la carbonisation est lui-même très compacte, et ne le cède en rien au meilleur charbon de bois.

Comme la Tourbe retient l'eau avec une très grande force, on l'a employé pour rendre des digues imperméables; pour cela il faut construire deux murs espacés l'un de l'autre, et remplir l'intervalle de Tourbes bien tassées.

TERREAU.

Matière brune ou noire, terreuse; brûlant avec facilité lorsqu'elle est desséchée, en dégageant une odeur végétale ou animale.

Donnant par distillation de l'eau, des gaz, une matière huileuse.

Composition peu connue. Nous ne possédons que les recherches de Saussure sur le Terreau végétal, qui ne nous indiquent pas même quels sont les principes dont il est formé. Il resterait à faire beaucoup de recherches sur tous les Terreaux en général.

Si la Tourbe nous présente le résultat de la décomposition des végétaux sous les eaux, le Terreau nous présente celui de leur décomposition à la surface de la terre dans les endroits humides, où l'air est peu renouvelé, ou bien le résultat de la décomposition des matières animales.

Le Terreau ne se présente jamais qu'en très petite quantité à la surface de la terre, parce que, exposé continuellement aux influences atmosphériques, les élémens réagissent les uns sur les autres, et se dissipent en matières gazeuses. Cependant on en trouve çà et là de petits dépôts dans les endroits qui ne sont pas continuellement remués par la main des hommes, et surtout dans les cavités des rochers. Le Terreau animal existe en assez grande quantité dans les cavernes à ossemens, où il provient de la putréfaction des animaux, et aussi de l'accumulation de leurs excrémens.

DEUXIÈME GENRE. CARBURE.

Substances gazeuses, liquides, ou solides, mais se ramollissant et fondant au feu; s'enflammant facilement, et brûlant avec flamme plus ou moins vive, souvent avec fumée; laissant peu ou point de résidu charbonneux.

PREMIÈRE ESPÈCE. GRIZOU.

Proto-carbure d'hydrogène; Hydrogène semi carboné; Hydrogène carboné; Grioux; Grieu; Brisou; Terrou.

Substance gazeuse, incolore, s'enflammant à l'approche d'un corps en combustion et détonnant fortement lorsqu'il est mélangé d'air atmosphérique. Donnant de l'eau et de l'acide carbonique par la combustion.

Pesanteur spécifique, 0,559, l'oxigène étant pris pour unité.

Composition. Carbone et hydrogène réunis, suivant la formule $H\ C$, ou en poids

Carbone.	75,38
Hydrogène	24,62;

mais, à ce qu'il paraît, cette matière n'est jamais pure dans la nature; elle est plus ou moins mélangée avec d'autres combinaisons des mêmes principes.

Nous avons indiqué, tome 1, page 660, l'existence de ce gaz, et les phénomènes qu'il présente à la surface de la terre. Il nous reste ici à parler de son emploi et de ses inconvéniens.

Dans les lieux où le proto-carbure d'hydrogène se dégage du sein de la terre par des crevasses; on l'utilise, en l'enflammant, pour la cuisson de la chaux, de la brique et des poteries, ou pour évaporer des liquides. Les habitans des lieux utilisent quelquefois les feux naturels pour faire cuire leurs alimens. C'est le même gaz que l'on emploie aujourd'hui pour l'éclairage, en le préparant, soit avec la houille, soit avec des huiles, des graines oléagineuses, etc.

Si l'hydrogène carboné présente quelques avantages à l'homme sous certains rapports, il devient fort dangereux sous d'autres; nous avons remarqué que ce gaz se dégageait souvent en abondance de la Houille, et d'autant plus que ce combustible est de meilleure qualité, et qu'il remplissait les galeries des mines; or, en se mélangeant avec l'air de ces galeries, il devient susceptible de détonation à l'approche d'un corps enflammé, et peut produire les accidens les plus graves. La dilation subite de l'air au moment de l'explosion provoque un courant d'une vitesse prodigieuse, qui lance les ouvriers avec violence contre les murs ou le sol des galeries, où ils peuvent être grièvement blessés, et même tués.

Pendant long-temps on n'a connu d'autres moyens de se préserver des effets de ces explosions, désignées sous le nom de *feu grisou*, *feu terrou*, que de les provoquer soi-même, en choisissant le moment où les ouvriers étaient hors de la mine, ou du moins dans une retraite sûre. Mais cette précaution n'empêchait pas un autre genre d'accidens, produits par la détonation, la rupture des boisages, l'éboulement des galeries, qui devenaient aussi funestes que l'explosion elle-même. Aujourd'hui on prévient les accidens, d'abord en établissant un bon système d'airage, provoqué, s'il est nécessaire, par des fourneaux d'appel, et ensuite en employant la lampe de sûreté dont on doit la découverte à Davy. Cette lampe consiste en une lampe à l'huile, dont la flamme est enfermée de toutes parts par une toile métallique. Davy a été conduit, par une série d'expériences ingénieuses, à prouver qu'un mélange détonant enfermé dans une telle enveloppe peut bien y détoner, mais que la flamme ne pouvait pas se communiquer au-dehors; par conséquent, un tel appareil peut être porté dans les travaux infectés de grizou, sans crainte d'aucune explosion.

DEUXIÈME ESPÈCE. NAPHTE.

Substance liquide à la température ordinaire, blanche lorsqu'elle est purifiée et alors peu odorante; mais ordinairement jaunâtre et d'une odeur forte de goudron.

Extrêmement inflammable et prenant feu, par l'intermède de sa vapeur, en présence d'un corps en ignition placé à distance.

Soluble en toute proportion dans l'alcool; dissolvant les résines, le bitume, etc.

Pesanteur spécifique, 0,758, lorsqu'il est pur.

Composition. M. Th. de Saussure, après avoir préparé du naphte au plus grand état de pureté possible, l'a trouvé composé de

		Rapports atomiques.	
Carbone	87,60	1,14	1
Hydrogène	12.40	1,98	2

C'est par conséquent un carbure d'hydrogène de la formule $H^2 C$, le même que la combinaison gazeuse qu'on désigne en chimie sous le nom d'hydrogène percarburé: l'état liquide du Naphte paraît donc tenir à un arrangement moléculaire différent.

On ne trouve pas de Naphte pur dans la nature; ce liquide tel qu'il sort du sein de la terre renferme une matière bitumineuse non volatile qui semblerait en être la partie odorante. Celui qui en renferme le moins est de couleur jaune, mais la teinte devient de plus en plus foncée, et finit par être tout-à-fait brune; le liquide qui devient alors plus ou moins visqueux prend le nom de *pétrole*; il donne du Naphte à une distillation douce, et laisse pour résidu une matière visqueuse qui prend de la consistance par l'exposition à l'air.

GISEMENT.

Le Naphte et le pétrole accompagnent le gaz hydrogène carboné dans les différens lieux où il se dégage de l'intérieur de la terre, et ils manifestent leur présence à l'état de vapeur par l'odeur qui leur est propre; ces vapeurs s'enflamment comme le gaz hydrogène.

On assure que ces matières sont fort communes sur les bords de la mer Caspienne, et principalement autour de Bakou, et qu'il suffit de percer un trou dans le sol sablonneux de ces contrées pour qu'il s'en dégage des vapeurs de Naphte en abondance. Lorsqu'on creuse des puits de huit à dix pieds de profondeur, le Naphte s'y rassemble, et l'on peut en extraire une grande quantité. Il en existe aussi assez abondamment près du village d'Amiano, dans le duché de Parme, d'où l'on en extrait une grande quantité, et sur toute la pente des Apennins, dans le Modenois. On en cite également en Sicile des sources abondantes. En France, on n'en connaît qu'au village de Gabian, près de Pézenas, dans le département de l'Hérault, et toutes les autres localités que l'on a pu citer n'offrent que du goudron minéral dans lequel il existe fréquemment une petite quantité de Naphte qu'on peut extraire par distillation.

USAGES.

Les vapeurs de Naphte qui s'échappent des crevasses de la terre sont utilisées comme le gaz hydrogène carboné. Le Naphte liquide d'Amiano est employé pour l'éclairage de la ville de Parme. En Perse, le peuple ne se sert que du pétrole pour se procurer de la lumière, depuis Mossul jusqu'à Bagdad. On le fait entrer dans la composition des vernis dans les lieux où il est abondant. On l'emploie aussi en médecine, d'une part comme vermifuge, et le pétrole de Gabian, sous le nom d'*Huile de Gabian*, a eu une grande renommée sous ce rapport; d'une autre part, on le regarde en Perse comme un antidote très puissant pour les douleurs rhumatismales. Enfin, dans les laboratoires, il est fort utile pour la conservation du potassium, à l'abri du contact de l'air et en général des corps oxigénés.

APPENDICE.

Nous réunirons à la suite du genre carbure diverses sortes de matières dont les unes paraissent devoir être des composés simples de carbone et d'hydrogène, et les autres des composés dans lesquels il entre à-la-fois ces deux corps et de l'oxigène. Ces derniers sont plus ou moins analogues aux résines, et ne sont pas mieux connus qu'elles : ce sont des matières grasses, diverses sortes de bitume, et des résines désignées sous différens noms.

SCHEIRERITE.

Substance cristalline, fusible à la température de 36° et répandant alors une odeur aromatique et empyreumatique; cristallisant en aiguilles par refroidissement; brûlant avec flamme, sans laisser de résidu, et en dégageant une faible odeur. Soluble dans l'alcool.

Composition inconnue; M. Stromeyer pense que c'est une combinaison d'hydrogène et de carbone, et croit que cette matière est analogue à la Naphtaline, qui elle-même est formée, à ce qu'il paraît, d'un atome de carbone et d'un atome d'hydrogène, *H C*.

On annonce qu'elle a été trouvée dans une couche de lignite aux environs de Saint-Gall. Peut-être est-ce la même substance qu'on a observée dans les matières schisteuses et bitumineuses qu'on trouve dans les mines de mercure du Palatinat.

HATCHETINE.

Adypocire minéral.

Substance blanchâtre ou jaunâtre, d'un éclat gras et nacré, translucide ou opaque; très fusible; donnant à la distillation une odeur bitumineuse et une substance butyreuse jaune verdâtre ; laissant du charbon dans la cornue.

Cette matière, qui est peut-être la même que la précédente, a été observée par M. Conybeare, dans un minerais de fer argileux à Merthyr-Tydvil, dans le sud du pays de Galles.

ÉLATÉRITE.

Caoutchou minéral ; Bitume élastique ; Dapèche.

Substance brunâtre, tirant quelquefois sur le verdâtre ; compressible entre les doigts ; extensible et élastique, surtout lorsqu'elle a été chauffée dans l'eau bouillante. Fusible à une faible température et réductible en matière visqueuse qui conserve sa viscosité. Donnant par la combustion une odeur particulière qui tient de celle de la cire ou du suif et de celle du bitume.

Pesanteur spécifique, 0,9 à 1,2.

Composition. M. Henry fils a fait l'analyse de l'Elatérite de France et d'Angleterre et en a tiré

Elatérite de France.		Elatérite d'Angleterre.	
Carbone	58,26	Carbone	52,250
Hydrogène	4,89	Hydrogène	7,496
Oxigène	36,746	Oxigène	40,100
Azote	0,104	Azote	0,154

Mais on n'a pas les données suffisantes pour tirer parti de ces élémens ; la première analyse conduirait peut-être à $Ox\,C^2H^2$, et la seconde à $Ox^2\,C^3H^6$ en négligeant l'azote. Les deux matières seraient dès-lors différentes, mais il faut des recherches nouvelles pour pouvoir se former une opinion à ce sujet ; il est d'ailleurs probable que ce corps, comme beaucoup d'autres dans lesquels il entre plus de deux principes, est le résultat de la combinaison de deux corps binaires, ou même plus, qu'il serait nécessaire de rechercher. A la distillation on obtient un liquide jaunâtre très léger, très combustible; par l'alcool on enlève une matière poisseuse, amère; et il reste une substance sèche, grisâtre ou noirâtre.

L'élatérite a été trouvée d'une part en Angleterre, dans la mine de plomb d'Odin, au nord de Castleton, dans le Derbyshire, dans les matières calcaires qui encaissent le dépôt métallifère. M. Olivier d'Angers l'a trouvée en France dans les mines de houille de Montrelais, dans des veines de quarz et de carbonate de chaux.

L'élatérite d'Angleterre est souvent accompagnée d'une substance résinoïde, friable, qui ne se ramollit pas par la chaleur, tantôt brunâtre, tantôt verdâtre, qu'on a regardée comme une modification de la même substance, à laquelle, en effet, on croit apercevoir des passages; mais il est à présumer que cette matière, si différente de l'autre, est d'une nature particulière, et il serait intéressant de l'examiner sous le rapport de sa composition.

DUSODYLE.

Houille papyracée; Terre bitumineuse feuilletée; Stercus Diaboli.

M. Cordier a donné ce nom à une matière rapportée de Sicile par Dolomieu, qui se présente en masses feuilletées, à feuillets minces, papyracés, tendres et flexibles, d'un gris jaunâtre ou verdâtre, combustible, brûlant facilement en répandant une odeur infecte, qui lui a valu le nom de *Stercus Diaboli* ou *Merda di Diavolo*, qu'il porte vulgairement en Sicile, et laissant un résidu terreux très considérable.

Cette matière mériterait d'être examinée : elle ne peut être rapportée à aucun des combustibles qu'on indique ordinairement dans les traités de minéralogie;

l'odeur particulière qu'elle produit par la combustion, et qui se rapproche seulement de celle qu'on observe dans quelques lignites, semble indiquer un composé différent de tous les autres.

GISEMENT.

Le Dusodyle se trouve à Melili près de Syracuse, en Sicile, en couches minces, entre des bancs calcaires qui paraissent appartenir aux formations tertiaires; il renferme quelquefois entre ses feuillets des empreintes de poissons et aussi de plantes qui paraissent appartenir à la division des dicotylédones. On a cité une matière analogue à Châteauneuf, près Viviers, département du Rhône.

MALTHE.

Bitume glutineux; Poix minéral; Goudron minéral; Pétrole tenace; Pissalphatte.

Substance molle, glutineuse, d'une odeur de goudron se durcissant dans les temps froids, et se ramollissant ordinairement pendant l'été; se durcissant cependant quelquefois de manière à résister à la température ordinaire, mais se fondant toujours dans l'eau bouillante.

Soluble dans l'alcool, quelquefois avec un résidu bitumineux, dans le naphte, dans l'huile de thérébentine, etc.

Composition inconnue. Cette substance paraîtrait être la même que celle qui est dissoute dans le naphte et qui constitue le pétrole; du moins la matière qui reste à la distillation de ces liquides a-t-elle exactement les caractères physiques que nous venons d'indiquer.

GISEMENT.

La Malthe se trouve quelquefois à-peu-près pure; elle s'écoule par les fissures des roches et en couvre la surface, et le sol environnant, soit de pélicules onduleuses, soit de mamelons ou de stalactites; mais, en général, elle impreigne des matières terreuses ou arénacées dont elle réunit les fragmens et les grains, et constitue ce qu'on nomme *grès bitumineux, argile bitumineuse.*

Il serait possible que cette espèce de bitume commençât à se rencontrer dans les terrains secondaires, et même dans le grès houiller; mais dans les localités les plus connues il appartient aux terrains tertiaires. Il forme des gîtes assez considérables dans la Molasse, dont certaines couches en sont fortement impreignées (Orthès et Caupenne, près de Dax; Begrède, près d'Ausou en Languedoc; Gabian, près de Pézenas; Seissel, près la perte du Rhône; Neufchâtel en Suisse; Lobsan, Lamperslock, etc., Bas-Rhin; Bavière, Banat, Transylvanie, Galicie). Il impreigne aussi des tufs basaltiques de la même époque (Pont-du-Château, en Auvergne). Il sort quelquefois de terre avec une grande quantité d'eau, à la surface de laquelle il se rassemble, et on cite un grand nombre de lieux à cet égard, en Grèce, au Japon, au royaume d'Ava, etc.; dans ce cas, la Malthe est beaucoup plus mélangée de Naphte que dans tous les autres. Il en existe également dans toutes les localités où nous avons cité le Naphte.

La Malthe est exploitée dans un grand nombre de localités. Celle qui s'écoule des roches n'a besoin que d'être recueillie immédiatement; celle qui impreigne les sables et les argiles n'offre pas beaucoup de difficultés de travail. On exploite ces matières, et on les jette dans de grandes chaudières d'eau bouillantes, à la surface desquelles le bitume vient bientôt se rassembler; dans d'autres cas, on amoncelle ces terres bitumineuses, on y met le feu vers le centre, et la Malthe devenant plus fluide, s'écoule de toutes parts dans des bassins où on la recueille.

USAGES.

Cette sorte de bitume est employée à un grand nombre d'usages : d'une part, pour enduire les cordages et les bois qui doivent servir dans l'eau, comme le goudron végétal artificiel. On s'en sert pour graisser les voitures, en Auvergne, en Suisse, dans toute l'Allemagne et la Hongrie; on la mélange avec des sables, des calcaires en poudre, pour faire des tuyaux de conduite, des dalles qu'on emploie à couvrir les terrasses, à garnir les réservoirs; on en imprègne des toiles pour faire des auvens des couvertures légères; on la fait entrer dans la composition des vernis dont on recouvre le fer, et dans des peintures grossières qui présentent beaucoup de solidité.

ASPHALTE.

Bitume de Judée; Poix minérale scoriacée; Karabé de Sodome; Beaume de momie.

Substance noire solide, à cassure vitreuse conchoïdale; sans odeur; infusible à la température de l'eau bouillante; fusible à une température plus élevée; insoluble dans l'alcool.

Pesanteur spécifique, 1 à 1,6.

Composition inconnue; mais probablement formée de carbone, d'hydrogène et d'oxigène, d'après les phénomènes que la matière présente à la distillation.

GISEMENT.

Cette substance est connue de temps immémorial sur les bords du lac de Judée, ou lac Asphaltique. Elle se porte continuellement à la surface des eaux de ce lac, et elle est poussée par le vent dans les anses et les golfes où on la recueille. On cite à la surface des mers un grand nombre de lieux où le bitume se trouve de la même manière.

On trouve aussi des matières solides analogues dans plusieurs localités, et ordinairement en petits globules noires, brunâtres, rougeâtres, qui accompagnent diverses substances cristallisées, la barytine, le calcaire, le quarz, etc., ou avec des matières métalliques, la galène, le cuivre pyriteux (Violemberg, Iberg, Staufenburger au Harz; Kamsdorf en Thuringe; plusieurs mines de plomb du Derbyshire; la mine de cuivre de Carbarrack en Cornwall; Kongsberg en Norwège, etc. etc.). Mais plusieurs de ces matières présentent des caractères extérieurs particuliers, et pourraient bien ne pas être exactement de même nature que l'Asphalte de Judée.

USAGES.

Les anciens Égyptiens ont employé l'Asphalte de Judée pour embaumer les corps, et en faire ce que nous nommons aujourd'hui des *momies* ; toutes les parties du cadavre en étaient pénétrées, toutes les cavités en étaient remplies. Il paraît qu'ils se sont servis aussi de bitume, mais sans qu'on puisse dire positivement de quelle espèce, pour les constructions, et l'on assure que les murs de Babylone étaient construits en briques cimentées par du bitume fondu.

Aujourd'hui, le principal usage de l'Asphalte est pour la confection de la couleur qu'on nomme *momie*, parce que la matière dont on se sert a été quelquefois extraite des cadavres embaumés tirés d'Égypte, et que l'on a cru être de meilleure qualité. On le fait aussi entrer dans des vernis noirs, et quelquefois dans la cire à cacheter noire.

RÉTINASPHALTE. *Rétinite.*

Matière solide, d'un brun clair, d'un éclat résineux ou terreux; fusible à une faible température; combustible en donnant d'abord une odeur agréable, puis une odeur bitumineuse, et laissant un résidu charbonneux.

Soluble en partie dans l'alcool, et y donnant un résidu insoluble bitumineux.

Composition. M. Hattchett, qui a analysé cette matière, y a trouvé

Résine soluble dans l'alcool	55
Matière bitumineuse insoluble	41
Matières terreuses	3
Perte	1

Cette substance a été trouvée en rognons isolés dans les terrains de lignite de Bowey-Tracey en Devonshire. On y a rapporté une matière analogue qui se trouve en petits lits très minces dans la formation de houille de la partie sud du Staffordshire.

Il existe des matières analogues qui ne sont peut-être pas entièrement semblables dans diverses localités. M. Troost en a fait connaître une qui se trouve au cap Sable, rivière Magoshy en Maryland, dans laquelle il a trouvé :

Résine soluble dans l'alcool.	42,5
Matière bitumineuse insoluble	55,5
Oxide de fer et alumine	1,5
Perte.	5,5

Elle se trouve en petits rognons composés de couches concentriques jaunes et grises, à cassure conchoïde.

Une autre matière de Langenbogen, près de Halle, sur la Saale, a donné à Bucholz :

Résine soluble dans l'alcool.	91
Matière insoluble ressemblant à l'ambre . .	9

Certains rognons des matières résineuses qu'on trouve dans les lignites de Saint-Paulet (Gard), qui sont opaques, d'un jaune rougeâtre, formées de couches concentriques, et que j'ai regardées depuis long-temps comme analogues au rétinasphalte, m'ont donné :

Résine soluble dans l'alcool	22,55
Matière brune jaunâtre insoluble et substance terreuse.	77,45

On voit que ces diverses matières sont fort différentes les unes des autres par la proportion de la partie soluble, et par le caractère des résidus. Il est fort difficile de dire si elles appartiennent ou n'appartiennent pas à une même espèce de produits, et il y a à cet égard beaucoup de recherches à faire.

On doit citer ici provisoirement un grand nombre de substances qu'on trouve à Mortendorf, près des salines de Rosen, aux environs de Nauenburg en Thuringe; à Wildshut, près de Salzachstrome en Autriche; à Uttigshof en Moravie; à Walkow et Litetzko dans le Banat, etc.

Toutes ces matières se trouvent dans les terrains tertiaires dans le voisinage des dépôts de Lignite, et quelquefois au milieu même de ces combustibles. On en cite cependant dans des minerais de fer argileux dans les montagnes de Bavière.

RÉSINE DE HIGHGATE.

Copal fossile.

Substance résineuse, jaune ou brunâtre, très fragile, facilement fusible en matière limpide, en donnant une odeur aromatique; ne donnant pas, ou du moins très peu, d'acide succinique à la distillation.

GISEMENT.

Elle a été trouvée en grande quantité dans des argiles bleues à la colline de Highgate, près de Londres. On y a rapporté aussi des matières résineuses trouvées en plusieurs autres localités (Walchow eu Moravie, Saint-Paulet près le Pont-Saint-Esprit), et à-peu-près tous les Succins qui ne donnent pas d'acide succinique à la distillation. Il y a probablement plusieurs sortes de matières fort différentes rangées sous ce nom. Il paraît qu'elles se rapportent toutes à des terrains modernes, et que, comme les Succins, elles se trouvent dans les dépôts de Lignites, ou du moins dans les mêmes terrains.

SUCCIN.

Karabé; Ambre jaune; Bernstein.

Substance résineuse, jaunâtre, rougeâtre ou brunâtre, tantôt transparente, tantôt opaque. Fondant facilement en donnant une odeur aromatique; brûlant avec flamme et fumée et laissant très peu de résidu charbonneux.

Insoluble dans l'alcool; donnant de l'acide succinique par la distillation.

Pesanteur spécifique, 1,08.

On a réuni sous le nom de Succin une quantité de substances qui ont toutes à l'extérieur les caractères des résines, mais qui probablement appartiennent à des espèces fort différentes. Les unes donnent à la distillation un acide que l'on considère comme y étant tout formé; d'autres n'en donnent pas de traces; il en est qui donnent de l'ammoniaque. Certaines variétés sont insoluble dans l'alcool, et d'autres s'y dissolvent en partie, en laissant un résidu résineux qui n'a pas, comme dans le Rétin-asphalte, les caractères extérieurs de l'Asphalte. Il en est qui dégagent en brûlant une odeur aromatique; d'autres qui donnent une odeur nauséabonde ou fétide. Cette diversité de caractères semble indiquer des substances fort différentes les unes des autres.

Il paraîtrait que les Succins sont en général des composés de carbone, d'oxigène et d'hydrogène. Une variété analysée par M. Drapiez a fourni:

Carbone	80,59
Hydrogène	7,31
Oxigène	6,73
Chaux	1,54
Alumine	1,10
Silice	0,63

Le Succin ne présente guere de variétés que par les teintes de couleurs et les différens degrés de transparence, car du reste il se présente toujours en rognons ou en petits nids. Les couleurs varient du jaune topaze au jaune verdâtre, jaune orangé, jaune brunâtre dans les variétés transparentes. Dans les variétés opaques elles varient du jaune d'œuf au blanc jaunâtre, et quelquefois les différentes teintes sont associées par zones, ou mélangées irrégulièrement. Fréquemment cette substance a un certain degré de ténacité; mais quelquefois elle est très friable, et dans quelques cas elle est terreuse.

Il y a des variétés de Succins qui renferment une assez grande quantité d'insectes de diverses espèces et des débris de végétaux. Les insectes sont des hymenoptères, des dyptères, des arachnoïdes; on reconnaît quelques coléoptères, mais rarement des lépidoptères. Ces insectes ne sont pas de même espèce que ceux qui vivent actuellement sur les lieux où se rencontrent les Succins, et on a cru reconnaître qu'ils avaient plus d'analogie avec ceux des climats chauds qu'avec ceux des climats tempérés. Il paraît qu'on a quelquefois introduit artificiellement des corps organisés dans le Succin; du moins existe-t-il des morceaux de cette matière qui ont été divisés et recollés à l'endroit où on voit l'animal qui en fait tout le prix. C'est ainsi qu'il existe deux morceaux de Succin au cabinet du collège de France : dans l'un se trouve une *courtillière* (*gryllo-talpa vulgaris*), et dans l'autre un très petit lézard.

GISEMENS.

Les Succins appartiennent aux mêmes formations que les Lignites ; il en existe dans les dépôts de ce combustible qu'on trouve dans les sables qui préludent à la craie (île d'Aix), et, à ce qu'il paraît, dans tous les terrains tertiaires où le Lignite lui-même abonde. Tantôt ils se trouvent en rognons dans la matière arénacée qui renferme le combustible, et tantôt dans le Lignite lui-même. Le nombre des localités où l'on connaît ces corps est considérable. En France ils existent dans un grand nombre de lieux (Auteuil près Paris, Villers-en-Prayer près Soissons, et dans tous les dépôts de lignites du département de l'Aisne ; Noyer près de Gisors ; Saint-Paulet, Gard ; Sisteron et Forcalquier, Basses-Alpes, etc.). On en cite de même en plusieurs lieux de l'Angleterre, de l'Allemagne, en Sicile, en Espagne, etc. Mais c'est sur les bords de la mer Baltique, depuis Memel jusqu'à Dantzig, que sont les gisemens les plus renommés, parce que le Succin s'y trouve plus abondamment, en morceaux plus volumineux, et offre les plus belles variétés. Il est l'objet de recherches assez actives dans ces contrées ; tantôt on le recueille sur les bords des ruisseaux, où il est entraîné par les eaux, sur les côtes de la mer où il est poussé par les vents ; tantôt on cherche dans les escarpemens de la côte, au moyen d'embarcations légères, les dépôts de Lignites où ils se trouvent, on les fait ébouler, on les brise à la drague, et l'on se procure ainsi les rognons de Succins qu'ils renferment.

USAGES.

On emploie le Succin en petits ornemens ; on le taille en perle à facettes de différentes grosseurs pour en faire des colliers, qui ont été en vogue il y a une vingtaine d'années en France. On en fait des chapelets, des croix, des poignées de couteau et de poignard, des embouchures de pipe, des boîtes, des coffrets, etc. Ces objets sont fort estimés dans le Levant, et presque tous ceux qui sont fabriqués passent en Turquie. On s'en sert pour la préparation de l'acide succinique, qui est fort utile dans les laboratoires; on le fait entrer dans la composition des vernis gras, blancs et transparens, auxquels il donne beaucoup de dureté et d'éclat. On l'emploie en médecine comme antispasmodique, et il entre dans la composition du sirop de Karabé.

TROISIÈME GENRE. MELLATE.

ESPÈCE UNIQUE. MELLITE.

Honygstein; Mellate d'alumine; Succin cristallisé.

Substance jaunâtre ou rougeâtre, résinoïde; cristallisant en octaèdre à base carrée, dont les faces sont inclinées entre elles à la base de 93°.

Pesanteur spécifique, 1,58.

Rayée fortement par une pointe d'acier; très fragile.

Donnant de l'eau par calcination. Se charbonnant, puis brûlant sous l'action du chalumeau; laissant un résidu blanc, qui devient bleu, lorsqu'on le calcine après l'avoir humecté d'une goutte de nitrate de cobalt.

Composition. Ce sel doit être composé comme il suit, d'après les analyses de

Klaproth :		Wohler :	
Acide mellitique	46	Acide mellitique	41,4
Alumine	16	Alumine	14,5
Eau	38	Eau	44,1

Le Mellite appartient comme le Succin aux dépôts de Lignites. On ne l'a encore trouvé d'une manière positive qu'à Artern en Thuringe. On l'a aussi cité en Suisse.

QUATRIÈME GENRE. URATE.

ESPÈCE UNIQUE. GUANO.

Substance d'un jaune foncé, d'une odeur forte et ambrée; noircissant au feu et exhalant une odeur ammoniacale; soluble avec effervescence dans l'acide nitrique à chaud. Résidu de l'évaporation séché avec précaution, prenant une belle couleur rouge (caractères de l'acide urique).

Vauquelin et Fourcroy ont reconnu dans cette matière, acide urique, acide oxalique, acide phosphorique, chaux, ammoniaque, matière grasse, etc., composition analogue à celle de la fiente des oiseaux.

GISEMENT ET USAGES.

Cette matière se trouve sur les côtes du Pérou, aux îles de Chinche, près de Pisco, et dans plusieurs autres plus méridionales, telles que Ilo, Iza, Arica, etc., où elle a été observée par M. de Humboldt dans son important voyage aux régions équinoxiales. Elle forme dans ces îles des dépôts de 50 à 60 pieds d'épaisseur et d'une étendue considérable; et il paraît qu'elle est le résultat de l'accumulation des excrémens d'une multitude innombrable d'oiseaux, surtout de hérons et de flamands, par lesquels ces îles sont habitées. Elle est employée avec un très grand succès comme engrais, surtout pour la culture du maïs, et M. de Humboldt observe que c'est à elle que les côtes stériles du Pérou doivent la fertilité qu'on leur procure par le travail. On l'exploite par tranchées à ciel ouvert, et elle fait l'objet d'un grand commerce pour les habitans de Chancay, petite ville au nord de Lima: une cinquantaine de petits bâtimens vont et viennent sans cesse pour transporter cette matière sur la côte.

Le Guano a une grande analogie avec l'engrais nommé *urate*, que l'on prépare en absorbant les urines des voieries par la chaux, le plâtre, le sable, etc.

CINQUIÈME GENRE. CARBONITE ou OXALATE.

ESPÈCE UNIQUE. HUMBOLDITE.

Mellate de fer; Oxalate de fer; Oxalite; Eisen résin.

Substance jaune, en petites masses cristallines ou terreuses. Insoluble dans l'eau.

Pesanteur spécifique, 1,3.

Rayée facilement par l'ongle.

Donnant une odeur végétale sur le charbon, devenant noire et attirable à l'aimant, et ensuite rouge par une plus forte calcination.

Composition. Suivant M. Mariano de Rivero

Acide oxalique	46,14
Protoxide de fer	53,86

Cette substance, encore rare dans les collections, et au lieu de laquelle on a souvent donné de l'argile ocreuse, a été trouvée par M. Breithaupt dans les lignites de Kolovserux, près de Billin, en Bohême. On l'a indiquée depuis à Potschappel, près de Dresde, et à Gross Almerode, en Hesse.

SIXIÈME GENRE. CARBONOXIDE.

ESPÈCE UNIQUE. ACIDE CARBONIQUE.

Substance gazeuse, incolore, inodore, non inflammable; soluble dans l'eau à laquelle elle communique une saveur aigrelette, la propriété de mousser et celle de précipiter par l'eau de chaux, l'eau de baryte, etc.

Pesanteur spécifique, 1,524, celle de l'air etant 1.

Composition. $\dot{\dot{C}}$, 1 atome de carbone, 2 atomes d'oxigène, ou en poids

Oxigène. 72,34
Carbone. 27,65

Nous renverrons pour la manière d'être de ce gaz dans la nature à ce que nous avons dit t. 1, p. 659, et pour les eaux gazeuses au tableau p. 673.

SEPTIÈME GENRE. CARBONATE.

Corps solides, solubles dans les acides, les uns à froid, les autres à chaud, et dégageant alors du gaz acide carbonique avec une effervescence plus ou moins vive.

La plupart des substances que renferme le genre carbonate ont entre elles de très grands rapports et constituent le groupe le plus naturel du système minéralogique.

Les formes de ces substances ne se rapportent jamais ni au système cubique, ni au système prismatique à base carrée, ni au système de prisme oblique, à base de parallélogramme obliquangle. Dans la moitié des espèces la cristallisation se rapporte au système rhomboédrique, et presque toutes les substances de cette division sont susceptibles de se cliver en rhomboèdres, qui sont très rapprochés les uns des autres et tous compris entre les angles de 103° et 107° 48′. Les autres espèces se rapportent au prisme rhomboïdal droit dont elles conservent presque toujours les traces dans leurs diverses modifications ; celles de ces espèces qui ne renferment pas d'eau affectent des prismes qui sont aussi très rapprochés les uns des autres, et dont les angles sont compris entre 116° 5′ et 120° 45′. Trois espèces seulement parmi celles qu'on trouve cristallisées se rapportent au système rectangulaire oblique.

On conçoit, d'après ces observations générales, combien il doit y avoir d'analogie entre les diverses variétés cristallines des espèces qui se rapportent aux deux principales divisions; aussi faut-il souvent le plus grand soin pour reconnaître les diverses espèces par ce moyen. La ressemblance se manifeste jusque dans les formes accidentelles et les variétés de structure; toutes les espèces clivables présentent en effet les structures lamellaire et saccharoïde de tous les degrés de grosseur, et si les autres n'en sont pas susceptibles, elles offrent comme les premières toutes les espèces de structures fibreuses et compactes.

Sous le rapport des propriétés optiques, les mêmes analogies se présentent. D'abord les formes seules nous indiquent que tous les carbonates ont la double réfraction: les uns sont à un axe, qui dans tous s'est trouvé répulsif; les autres présentent deux axes qui sont plus ou moins écartés, suivant les espèces ou leur mélange. Les couleurs sont peu variées, parce que la plupart des espèces sont naturellement blanches et les mélanges qui peuvent les colorer peu diversifiés, si ce n'est dans les calcaires compactes qui présentent toutes les nuances et tous les assortimens de couleurs. Il n'y a que trois substances qui aient des couleurs propres, qui sont le vert et le bleu. L'éclat n'est jamais métallique ni même métalloïde; c'est toujours l'éclat vitreux dans les variétés cristallines, ou lithoïde dans les variétés compactes; ce n'est que dans peu de cas qu'on observe l'éclat nacré et l'éclat soyeux.

La dureté présente aussi peu de différence dans les diverses espèces; aucune d'elles n'est susceptible de rayer le verre; toutes se rayent facilement par une pointe d'acier et même par le fluor.

Sous le rapport de la composition, les analogies ne sont pas moins remarquables; le plus grand nombre des espèces sont de la formule $B\,C^2$, B exprimant la base quelconque; la plupart sont anhydres, quelques-unes seulement sont hydratées. Il n'y en a que trois de la formule $B\,C$, une seule de la formule BC^3, et deux dans lesquelles il entre un hydrate de la même base.

Sous le rapport du gisement, deux espèces seules constituent de grandes masses à la surface de la terre; c'est le Calcaire et la Dolomie, qu'on trouve à toutes les époques de formation. Une autre forme des filons, des amas, de légères couches, dans les terrains primitifs, intermédiaires, et à la base des terrains secondaires; c'est le carbonate de fer. Toutes les autres sont des matières subordonnées aux gîtes métallifères, ou se trouvent dans les fissures de diverses roches, très rarement disséminées. Il n'y a que le Natron et l'Urao qui échappent à ces généralités et qui se trouvent en solution dans les eaux, ou en petits lits très minces dans des dépôts sableux à la surface des plaines.

PREMIÈRE ESPÈCE. NATRON.

Soude; Alcali minéral; Soude carbonatée; Sous-carbonate de soude.

Substance saline, en poudre plus ou moins agglomérée, d'une saveur urineuse, caustique; soluble dans l'eau et susceptible de donner par cristallisation des octaèdres à base rhombe tronqués au sommet, pl. X, fig. 50, dont les faces sont inclinées entre elles à la base d'environ 114°, qui retombent promptement en poussière par l'exposition à l'air.

Composition. Les recherches analytiques que j'ai faites

sur des Natrons de différens lieux m'ont donné les résultats suivans :

Natron des bords du Lac Blanc en Hongrie.

		Oxig.	*Rapp.*
Acide carbonique	35,1	25,39	2
Soude. . . .	50,2	12,84	1
Eau.	14,7	13,06	1
Acide sulfurique	traces.		

Natron du commerce de Debretzin en Hongrie.

		Oxig.	*Rapp.*
Acide carbonique	30,4	21,99	2
Soude. . . .	43,2	11,05	1
Eau.	13,8	12,26	1
Sulfate de soude sec. .	10,4		
Chlorure de sodium. . . .	2,2		

Natron d'Egypte.

		Oxig.	*Rap.*
Acide carbonique	30,9	22,35	2
Soude	43,8	11,20	1
Eau.	13,5	12,00	1
Sulfate de soude sec .	7,3		
Chlorure de sodium . . .	3,1		
Matière terreuse.	1,4		

Natron du Vésuve.

		Oxig.	*Rap.*
Acide carbonique	32,3	23,36	2
Soude. . . .	46,7	11,94	1
Eau.	14,0	12,44	1
Acide sulfurique	traces.		
Chlorure de sodium . . .	2,7		
Matière terreuse.	5,3		

Natron de Barbarie, en petites couches dans du chlorure de sodium.

		Oxig.		NaC^3		*+2Aq. Natron.*	*Rap.*
Acide carbonique . .	35,5	25,68	=	10,14	+	15,54	2
Soude . . .	43,6	11,15	=	3,38	+	7,77	1
Eau. . . .	16,7	14,84	=	6,76	+	8,08	1
Chlorure de sodium. .	4,2						

ou bien :

Natron. . .	59,7
Urao . . .	35,8
Chlorure de sodium . .	4,2
Eau hygrométrique .	0,2

Les quatre premières analyses nous montrent d'un côté que les quantités d'oxigène de l'acide et de la base sont dans le rapport de 2 à 1, et de l'autre que la quantité d'eau, sensiblement constante, est telle que l'oxigène qu'elle renferme est égal à l'oxigène de la soude; s'il y a quelque légères erreurs on peut l'attribuer à de l'eau hygrométrique, dont les matières s'imbibent facilement, et aussi au sulfate de soude que nous avons toujours calculé à l'état anhydre. Dans la dernière analyse il y a quelque différence; mais on reconnaît, par le calcul dont nous avons présenté le résultat, qu'il y existe une certaine quantité de carbonate de l'espèce suivante, qui se trouve dans les mêmes lieux, et qu'après l'avoir extrait les restes sont encore dans les rapports présentés par les quatre autres analyses.

Il résulte de là que les quantités d'oxigène de l'acide carbonique, de la base et de l'eau, sont entre elles comme les nombre 2,1 et 1, et par conséquent qu'on a la formule $Na\,C^2\,Aq = Na\,C^2 + Aq$ ou $\dot{N}a\,\ddot{C} + Aq$; le Natron tel que nous le trouvons en efflorescence n'est donc ni le sous-carbonate de soude des laboratoires, dont la formule à l'état cristallin est $Na\,C^2 + 10\,Aq$, ni ce sel devenu complètement anhydre. Au reste, les matières qu'on trouve ainsi dans la nature sont tout-à-fait semblables à celles qui résultent de l'efflorescence des cristaux artificiels de sous-carbonate de soude; car cette espèce de décomposition du sel artificiel m'a fourni les mêmes élémens à l'analyse, et il est très remarquable que la perte d'eau s'arrête ainsi à une proportion fixe.

On pourrait croire, d'après ces observations, que le Natron, tel que nous le trouvons en efflorescence à la surface de la terre, provient de la décomposition du sel $Na\,C^2 + 10\,Aq$, qui se trouve dans les eaux des lacs voisins et qui cristallise sur leurs bords; en effet, en évaporant l'eau qui provenait des lacs de Debretzin, j'en ai obtenu, entre autres matières, des cristaux de carbonate de soude ordinaire qui sont tombés peu de temps après en efflorescence. Cependant on pourrait aussi penser précisément tout le contraire et regarder le sel qui se trouve dans les eaux comme provenant de la solution de celui qu'on trouve en efflorescence. Ce dernier proviendrait alors de la décomposition de l'espèce suivante par l'action de la chaleur solaire.

GISEMENS ET USAGES.

Quoi qu'il en soit, le Natron, tel que nous venons de le décrire, se trouve à la surface de la terre dans les plaines basses de nos continens, aux environs de certains lacs dont les eaux en renferment toujours une certaine quantité, avec le carbonate de l'espèce suivante et des sels de diverses espèces. C'est surtout pendant les chaleurs de l'été qu'il est abondant, et il couvre alors la terre d'efflorescences qui ressemblent à des dépôts de neige (plaines de Hongrie, vallées des lacs Natron en Egypte, Arabie, Inde, etc.). On connaît aussi le Natron, mais en petites quantités, en efflorescence, dans les produits des volcans (Vésuve, Etna, Guadeloupe), où il se trouve à la surface des laves et des scories.

Cette espèce de carbonate de soude est récoltée, comme la suivante, pour être livrée au commerce, et le principal usage qu'on en fait est pour la fabrication des savons et pour les verreries. On ne s'en sert plus aujourd'hui que dans les pays voisins des lieux d'extraction; mais avant qu'on ne fût parvenu à le faire artificiellement par la décomposition du sel marin, il s'en faisait un commerce très considérable des lieux d'extraction à ceux qui en étaient privés.

DEUXIÈME ESPÈCE. URAO.

Trona; Natron; Sesqui carbonate de soude.

Substance saline, cristallisant dans le système prismatique rectangulaire oblique. Peu altérable à l'air, soluble dans l'eau, d'une saveur acre et urineuse.

Composition. $Na\,C^3\,Aq^2 = Na\,C^3 + 2\,Aq$ ou $\dot{N}a^2\,\ddot{C}^3 + 4\,Aq$, d'après les analyses suivantes :

Urao de Barbarie, en cristaux agglomérés, par Beudant.

			Natron.	Eau libre.	Urao.	Rap.
Acide carbonique.	39,274	28,41	= 0,60 +	. . . . . .	27,81	3
Soude	37,428	9,57	= 0,30 +	. . . . . .	9,27	1
Eau	23,287	20,70	= 0,30 +	1,86 +	18,54	2

Urao à grosses fibres radiées de Barbarie, par Beudant.

			Natron.	Urao.	Rapp.
Acide carbonique . . .	40,13	29,03	= 1,16 +	27,87	3
Soude	38,62	9,87	= 0,58 +	9,29	1
Eau.	21,24	18,88	= 0,58 +	18,30	2

Urao de Lagunilla, par Boussingault.

			Natron.	Urao.	Rapp.
Acide carbonique . . .	39	28,21	= 6,84 +	21,37	3
Soude.	41,22	10,54	= 3,42 +	7,12	1
Eau.	18,80	16,71	= 3,42 +	13,29	2

Urao des murs du Cassar en Egypte, par Beudant.

		Oxigène.	Natron.	Eau libre.	Urao.	Rapp.
Acide carbonique . .	33,53	24,25	= 1,60 +	. . . . . .	22,65	3
Soude. . .	32,67	8,35	= 0,80 +	. . . . . .	7,55	1
Eau. . .	20,55	18,26	= 0,80 +	2,36 +	15,10	2
Sulfate de soude sec.	1,96					
Chlorure de sodium. .	3,95					
Matière terreuse. . .	7,33					

Dans ces diverses analyses on voit sensiblement les rapports 3,1 et 2 entre les quantités d'oxigène de l'acide, de la base et de l'eau, et les petites différences que l'on remarque paraissent tenir au mélange d'une certaine quantité de l'espèce précédente, comme on le voit en cherchant par le calcul à partager les quantités d'oxigène. Dans la première analyse, il y aurait une certaine quantité d'eau hygrométrique; dans la seconde et la troisième, il y aurait, au contraire, une certaine quantité d'eau en moins, ce qui pourrait tenir à la présence d'une petite quantité d'Urao à l'état anhydre. Quant à la quatrième analyse, on y voit un mélange semblable, et en outre du sulfate de soude et du chlorure de sodium. Les mêmes mélanges se présentent dans des analyses que l'on doit à Klaproth et à M. Laugier.

Il n'est pas inutile de remarquer que parmi les échantillons que je me suis procurés chez les marchands, lorsque je me suis occupé de l'étude des carbonates de soude, il s'est trouvé du sulfate de soude et du Borax en petits cristaux groupés. Il est probable qu'il existe de pareilles erreurs dans les collections.

Urao granulaire. Formé de cristaux oblitérés accumulés les uns sur les autres.

Urao saccharoïde.

Urao fibreux. A fibres grossières divergentes d'un ou de plusieurs centres.

Urao compacte.

GISEMENT.

MM. Boussingault et Mariano de Rivero ont observé l'Urao au village de Lagunilla, à une journée de Mérida, en Colombie, dans un terrain argileux qui contient de gros fragmens de grès secondaire, et qui est par conséquent assez moderne. Il y forme un banc peu épais recouvert par une couche argileuse remplie de cristaux de Gaylussite. Il paraît que c'est dans une position semblable que se trouve ce sel en Afrique, dans le Fezzan, sur les bords du grand désert, et l'on peut présumer qu'il en est de même dans la vallée des lacs de natron à vingt lieues du Caire, puisqu'il y en a des masses assez considérables pour qu'on en ait bâti des murailles; peut être que partout où l'on a indiqué le Natron, se trouve aussi de l'Urao, en couches plus ou moins épaisses, que les pluies dissolvent, entraînent à la surface du terrain, dans les lacs et les eaux des sources, etc., et dont il se décompose une grande partie par l'action de la chaleur solaire.

En outre de ces dépôts dont l'existence est aujourd'hui constatée, il paraît que l'espèce de carbonate de soude qui nous occupe se trouve en solution avec l'espèce précédente dans tous les lacs que l'on nomme lacs natrifères. Ces lacs sont fort nombreux à la surface de la terre, au milieu des grandes plaines ou plutôt des vastes déserts de nos continens. En Europe nous connaissons de ces lacs dans les vastes plaines qui forment en quelque sorte le centre de la Hongrie, particulièrement autour de Debretzin, et dans les plaines qui bordent la mer Noire. Il paraîtrait qu'ici c'est le natron qui est le sel le plus abondant dans les eaux, à en juger du moins par la nature des matières que ces localités livrent au commerce. On cite un grand nombre de ces lacs dans les plaines qui bordent la mer Caspienne; il en existe en Arabie, en Perse, dans l'Inde, au Thibet où les caravanes vont s'approvisionner. En Afrique, nous avons déjà cité les lacs de la vallée de Natron, à vingt lieues du Caire, et les natrons de Trona, dans le Fezzan, sur les bords du grand désert; on en cite aussi dans le pays des Bochimans. Il en existe aussi en Amérique, aux environs de Buénos-Ayres, au Mexique, dans la vallée de Mexico, etc.

Les carbonates de soude se trouvent aussi dans un grand nombre d'eaux minérales, dont les plus connues en France, et peut-être celles qui en renferment le plus, sont les eaux de Vichy en Auvergne. Cette circonstance a fait soupçonner que dans un grand nombre de localités ces sels sont amenés à la surface du terrain par des eaux qui viennent d'une grande profondeur et qui en sont plus ou moins chargées, en sorte qu'il a pu s'en faire des dépôts plus ou moins considérables dans les temps anciens. Voyez les observations sur les carbonates de soude naturels, t. 1, page 646.

USAGES.

L'urao est employé comme le natron pour la préparation du savon, pour les verreries, etc. En Colombie on le récolte particulièrement, suivant l'observation de M. Boussingault, pour donner du mordant à un extrait de tabac et former un bechique qu'on nomme *Chimo* ou *Moo*. En Angleterre on se sert du même sel, qu'on prépare artificiellement, pour la confection du *Soda Water*.

TROISIÈME ESPÈCE. GAY-LUSSITE.

Substance insoluble dans l'eau, à cassure vitreuse; cristallisant en prismes rhomboïdaux obliques d'environ $109^{\circ} \frac{1}{2}$ et $70^{\circ} \frac{1}{2}$. (1)

Pesanteur spécifique, 1,928 à 1,950, suivant M. Boussingault.

Rayant le Gypse, rayé par le carbonate calcaire.

Donnant de l'eau par calcination; solution nitrique, précipitant par l'oxalate d'ammoniaque, et laissant un résidu alcalin après filtration, évaporation et calcination.

Composition. Peut-être $Na\ Ca\ C^4\ Aq^5 = Na\ C^2 + Ca\ C^2 + 5\ Aq$ ou $\dot{Na}\ \ddot{C} + \dot{Ca}\ \ddot{C} + 5\ Aq$, d'après l'analyse suivante que l'on doit à M. Boussingault.

		Oxigène.	*Rapports.*	
Acide carbonique	28,66	20,73	8	4
Soude	20,44	5,23	2	1
Chaux	17,70	4,97	2	1
Eau	32,20	28,62	11	5
Argile	1,00			

En adoptant la formule citée, il faudrait admettre une erreur dans la quantité d'eau, ou regarder une portion de cette substance comme étant à l'état hygrométrique, ou comme appartenant à l'argile. Dans tout état de cause nous aurions encore un exemple de combinaison où l'oxigène de l'eau n'est pas un multiple de l'oxigène de l'acide.

La Gay-lussite ne s'est encore montrée qu'en cristaux mal conformés, qui paraissent être des octaèdres obliques à base rhombe, du genre de ceux pl. XII, fig. 37, 38, modifiés par des faces qui appartiennent à des prismes rhomboïdaux et rectangulaires. D'après M. Cordier on a les inclinaisons suivantes : *i* sur *i* 109° 1/2, *a* sur *a* 70° 1/2, *B* sur *P* 128° 1/2.

(1) Suivant l'observation de M. Cordier.

M. Boussingault a observé cette substance en cristaux isolés, disséminés en abondance dans la couche d'argile qui recouvre l'Urao à Lagunilla. Ayant reconnu par ses caractères qu'elle devait former une espèce particulière, il lui a donné le nom de Gay-lussite, que nous adoptons comme un faible hommage de la minéralogie au savant chimiste auquel les sciences doivent tant de découvertes.

QUATRIÈME ESPÈCE. CARBONATE DE CHAUX.

Substance donnant une matière caustique (chaux) par calcination; soluble à froid, avec une vive effervescence, dans l'acide nitrique; solution précipitant abondamment par l'oxalate d'ammoniaque, peu ou point par les autres réactifs.

PREMIÈRE SOUS-ESPÈCE. CALCAIRE.

Carbonate de chaux rhomboédrique; Chaux carbonatée; Pierre calcaire; Spath d'Islande; Kalkspath; Kalkstein.

Substance susceptible de cristalliser dans le système rhomboédrique. Cristaux clivables en rhomboèdres de 105° 5′ et 74° 55′ dans les variétés pures.

Réfraction double à un haut degré, à un seul axe répulsif.

Pesanteur spécifique, 2,7231.

Rayant le Gypse, rayé par l'Arragonite.

Electricité facile, dans les variétés cristallines, par la simple pression entre les doigts, et se conservant longtemps.

Ne se réduisant pas en poussière au feu, et se convertissant simplement en chaux vive sans gonflement.

Composition. $Ca\,C^2$ ou $\dot{C}a\,\ddot{C}$, comme on le voit par les analyses dont nous choisirons les suivantes.

Calcaire spathique d'Islande, par Stromeyer.

		Oxig.	Rap.
Acide carbonique	43,70	31,61	2
Chaux	56,15	15,57	1
Protoxide de manganèse et trace de protoxide de fer	0,15	0,03	

Calcaire rhomboédrique d'Andreasberg, par le même.

		Oxig.	Rap.
Acide carbonique	40,5635	31,51	
Chaux	55,9802	1572	1
Protoxide de manganèse et trace de protoxide de fer	0,3563	0,07	
Eau	0,1000		

Calcaire saccharoïde des Pyrénées, par Beudant.

		Oxig.	Rap.
Acide carbonique	43,4	31,39	2
Chaux	54,7	15,36	1
Magnésie	0,9	0,35	
Eau	0,8		

Calcaire fibreux, par Bucholz.

		Oxig.	R
Acide carbonique	43	31,10	2
Chaux	56	15,73	1
Eau	1		

Calcaire greune de Krotendorf, par Bucholz.

		Oxig.	Rapp.
Acide carbonique	43	31,10	2
Chaux	56,5	15,87	1
Eau	0,5		

Calcaire craie, par le même.

		Oxig.	Rap.
Acide carbonique	43	31,10	2
Chaux	56,5	15,87	1
Eau	0,5		

Mais il est rare que le Calcaire ait toujours le degré de pureté des variétés dont nous venons de présenter l'analyse; il est, au contraire, très fréquemment mélangé tantôt de matières étrangères disséminées, tantôt de carbonate de diverses bases de même formule, qui s'y trouvent en toutes proportions, comme on le voit dans les tableaux suivans, où nous avons rassemblé quelques analyses, choisies, comme exemples, dans une cinquantaine que nous connaissons.

Calcaires mélangés de matières étrangères disséminées.

	Carbonate de chaux.	Silice.	Argile, Mica, etc.	Hydrate de péroxide de fer
Calcaire compacte de Tihany en Hongrie, par Beudant . . .	89,75	10,25		
Calcaire saccharoïde de Tisshols en Hongrie, par Beudant . .	93,89	. . .	6,11	
Calcaire spathique jaune opaque de. . . ., par Beudant . . .	69,94	. . .	7,35	22,71

Calcaires mélangés de différens carbonates.

	Carbonate de chaux.	Carbonate de magnésie.	Carbonate de fer.	Carbonate de manganèse.	Argile.
Calcaire rhomboédrique du Mexique, par Beudant	91,27	8,73	. . .	. . .	
Calcaire compacte des Ardennes, par Berthier.	88,00	8,00	. . .	. . .	5,00
Calcaire grenu, terreux, de Quincy, par Berthier.	83,50	13,70	. . .	. . .	2,80
Calcaire spathique rouge de chair de Moustier, par Berthier. . .	96,00	. . .	3,00	1,00	
Calcaire rhomboédrique de Brosso, par Beudant.	84,77	9,57	5,66	. . .	
Calcaire compacte de Rancié, par Berthier.	52,10	23,00	18,00	. . .	6,9
Calcaire lamellaire brun de Moustier, par Berthier	63,20	11,40	17,50	6,50	1,40
Calcaire oolitique du Devonshire, par Berthier.	61,50	14,10	9,30	14,70	
Calcaire lamellaire de Villefranche, par Berthier.	60,90	30,30	6,00	3,00	
Calcaire lamellaire violacée de Notre-Dame des-Près, près Moustier, par Berthier	56,80	14,90	23,0	2,30	2,30
Calcaire rhomboédrique de Pezay, par Berthier.	53,20	25,00	14,00	5,80	0,40

On voit par ces analyses que les matières mélangées

avec le Calcaire sont quelquefois en quantité considerable; mais dans aucune on ne peut reconnaître de rapports simples entre les différens carbonates, même en les réunissant d'une ou d'autre manière comme corps isomorphes; en sorte qu'on ne peut guère y voir de sels doubles. Cependant le carbonate de magnésie étant fort abondant dans plusieurs de ces corps, on pourrait peut-être les considérer comme des Dolomies mélangées de carbonates de chaux, de fer et de manganèse; mais les variations sont telles qu'il est bien difficile d'établir des limites qui soient un peu fondées, et qu'il convient de laisser subsister des variétés produites par mélange, qui n'ont pas de place fixe entre les espèces qu'on est conduit à adopter.

VARIÉTÉS DE L'ESPÈCE.

Aucune substance dans la nature ne se présente sous autant d'aspects différens que le Calcaire, ce qui tient sans doute à son extrême abondance à la surface de la terre, dans toutes les positions imaginables. Ses formes régulières et accidentelles sont extrêmement nombreuses; les structures, les mélanges, les couleurs, les odeurs, etc., etc., donnent également lieu à une multitude de distinctions, dont on peut encore augmenter le nombre par des considérations de gisement.

Variétés cristallines.

Le Calcaire offre en quelque sorte tout ce que peut produire le système cristallin rhomboédrique; toutes les modifications de chaque espèce de forme possible dans ce système, toutes les combinaisons imaginables de formes les unes avec les autres semblent être en quelque sorte réalisées dans cette espèce. Il n'y a qu'un seul genre de solide, qu'on ne peut pas dire précisément exclus du Calcaire, mais qui y est extrêmement rare; c'est le dodécaèdre à triangles isocèles, et par suite toutes les combinaisons, si communes dans d'autres substances, des diverses variétés de ce solide, soit entre elles, soit avec les prismes à base d'hexagone régulier. On ne connaît jusqu'ici que cinq sortes de solides de ce genre dans le calcaire, et encore en est-il dont je n'oserais pas assurer l'existence, les cristaux que j'en ai vus n'étant pas assez nets pour en mesurer exactement les angles, et se convaincre qu'ils n'appartiennent pas à des dodécaèdres à triangles scalènes, très près seulement d'être isocèles.

Les variétés cristallines de Calcaire qu'on a pu étudier jusqu'ici s'élèvent à près de 1400; mais dans l'impossibilité, je dirais même l'inutilité, de les décrire avec détail, je les partagerai en quatre divisions d'après les formes dominantes, savoir : 1° les cristaux rhomboédriques, 2° les cristaux en prisme hexagone régulier, 3° les dodécaèdres à triangles scalènes, 4° les dodécaèdres à triangles isocèles.

1°. *Calcaire rhomboédrique.* Il existe au moins vingt-cinq rhomboèdres, qui diffèrent les uns des autres, soit par les inclinaisons des faces, soit par la position de ces faces relativement à celles du rhomboèdre de clivage. Ce dernier est le seul dont les angles soient rigoureusement connus ; dans les autres ces angles n'ont été mesurés qu'avec le goniomètre ordinaire, soit parce que les naturalistes ne se sont pas occupés à les soumettre à l'examen du goniomètre réflecteur, soit parce que leur netteté n'est pas suffisante pour cet objet.

Nous donnons les angles reconnus dans le tableau suivant, où nous avons distingué la position des faces par rapport à celle de clivage.

		ANGLES DIÈDRES		EXEMPLES.	DÉSIGNATION de Haüy et de Bournon.
		Entre les faces culminantes.	D'une face, d'un sommet sur l'autre.		
Clivages parallèles aux faces. . . .		105° 5′ *a*	74° 55′	Pl. IV, fig. 2	Rhomboèdre primitif.
CLIVAGE à l'angle de la base du rhomboèdre, dirigé	Vers les arêtes comme fig. 64, planche IV.	152°	28° . .	. . . . . .	5e modific. de Bournon.
		134° 30′	45° 30′ .	. fig. 10. .	Equiaxe de Haüy.
		129°	51° . .	. . . . .	*d* ? de H. 6e modification de B.
		115°	65° . .	. . . . .	*l* de H. 7e modification de B.
		105° *a′*	75° . .	. fig. 9. .	ε de H.
	Vers les faces.	156°	24° . .	. fig. 1. .	8e modification de B.
CLIVAGE à l'angle du sommet, et dirigé	Vers les arêtes comme fig. 29, 43.	95° *b*	85° . .	. . . . .	φ de H.
		88°	92 . . .	. fig. 8. .	Cuboïde de H. 14e modification de B.
		85°	95° . .	. . . . .	15e modification de B.
		82° 30′	98° 30′	. . . . .	16e modification de B.
		78° 30′	101° 30′	. fig. 7. .	Invers de Haüy.
		75° 30′	104° 30′	. . . . .	18e modification de B.
		71°	109° . .	. . . . .	19e modification de B.
		67° 30′	112° 30′	. . . . .	x de H. } 21e modification de B?
		66° *c*	114 . .	. . . . .	η de H. }
		63° 1/2	115 1/2	. fig. 6. .	Mixte de H.
		60° 30′ *d*	119° 30′	. . . . .	*k* de H. 23e modif. de B.
	Vers les faces comme fig. 36.	95° *b′*	85 . . .	. fig. 3. .	9e modification de B.
		73	107 . .	. fig. 4. .	Contrastante de H.
		66° *c′*	114 . .	. fig. 5. .	11e modification de B.
		60° 30′ *d′*	119° 30′	. . . . .	ι de H. 13e modif. de B.

On remarquera, dans ce tableau, que plusieurs rhomboèdres sont semblables par leurs angles, savoir *a* et *a'*, *b* et *b'*, *c* et *c'*, *d* et *d'*; mais ils diffèrent entre eux par la position de leurs faces relativement à celles du clivage, en sorte qu'ils sont inverses l'un de l'autre sous ce rapport. Il en résulte qu'étant combinés ils pourraient donner des dodécaèdres à triangles isocèles; mais on n'en connaît encore qu'un, pl. VII, fig. 62, qui résulte de la réunion de *a* et *a'*. Si la matière n'était pas susceptible de clivages, ces rhomboèdres se confondraient entièrement entre eux.

Les rhomboèdres que nous venons de citer sont rarement simples, et ce sont le plus souvent ceux auxquels Haüy avait imposé des noms particuliers, *primitif*, *equiaxe*, *cuboïde*, *inverse*, *mixte* et *contrastant*; presque toujours ils sont modifiés de diverses manières sur leurs arêtes et sur leurs angles solides, comme on le voit pl. IV. Plusieurs n'ont encore été observés que comme modifications de divers autres solides dominans, pl. V et VI.

2°. *Calcaire prismatique.* Forme dominante en prisme à base d'hexagones réguliers, qui sont de deux sortes: dans les uns le clivage correspond aux arêtes, pl. VI, fig. 5; dans les autres le clivage correspond aux faces, pl. VII, fig. 7.

Ces prismes se trouvent modifiés sur les arêtes latérales, soit par une seule face, pl. VI, fig. 26, où ils sont alors combinés l'un avec l'autre, soit par deux faces, fig. 25, ce qui est rare. Ils sont aussi modifiés sur les arêtes des bases, pl. VII, fig. 2, 3, 4, 5; sur les angles solides, pl. VI, fig. 2 à 7, ou terminés par des rhomboèdres ou des dodécaèdres, tantôt seuls, tantôt réunis plusieurs ensemble, pl. VI, fig. 37 à 52; pl. VII, fig. 15 à 59.

Toutes ces variétés de formes sont fort communes dans les mines du Harz et du Derbyshire. Elles présentent en quelque sorte toutes les réunions imaginables de formes secondaires; mais il est extrêmement rare d'y trouver les modifications par des pyramides à triangles isocèles, qui sont si communes dans d'autres substances du système rhomboèdrique.

3°. *Calcaire dodécaèdre à triangles scalènes.* Il existe encore plus d'espèces de formes de ce genre que de rhomboèdres, et elles se distinguent aussi les unes des autres par les inclinaisons mutuelles des faces et la position relative des clivages, comme le présente le tableau suivant.

		ANGLES DIÈDRES.		EXEMPLES.	DÉSIGNATION de Haüy et de Bournou.
CLIVAGES à la base, inclinés sur les arêtes.	les moins obtuses.	171°	103°		33e modif. de Bournou.
		169°	140°	Pl. V, fig. 6	24e modification de B.
		155°	124°		32e modification de B.
	les plus obtuses.	169°	123°	fig. 8, *i*.	*q* de Haüy. 30e m. de B.
		164°	130°	fig. 9, *n*.	ω de H. 28e mod. de B.
		159°	137°	fig. 31 à 34, *i*	*t* de H. 27e mod. de B.
		154°	145°. . .	. . . .	26e modification de B.
CLIVAGES au sommet, inclinés sur les arêtes.	les moins obtuses.	172°	85°. . . .	. . . .	*e* de H. 42e mod. de B.
		171°	67° 30′ .	. . . .	*w* de H. 51e mod. de B.
		164°	84°. . . .	. . . .	θ de H. 47e modif. de B.
		159° 30′	86° 30′. .	. . . .	49e modification de B.
		158°	96° 30′	fig. 5 et 45.	43e modification de B.
		153°	92°	fig. 4, 43.	*x* de H. 48e bis de B.
		150°	97° . . .	. . . .	48e modification de B.
		145° 30′	107°	fig. 28. *o*.	*b* de H. 45e mod. de B.
		144° *a*	104°	P. IV, f. 60, *o*	θ de H.
		140° 30′	112° 30′.	. . . .	44e modification de B.
		134° *b*	109°. . .	. . . .	Ψ de H.
		124°	118°. . .	. . . .	50e modification de B.
	les plus obtuses.	168°	102°	P. V, fig. [illegible], n 4.	*ν* de H. 34e mod. de B
		167°	74° 30′	. . . .	54e modification de B.
		165° 30′	101° 30′	fig. 12.	σ de H.
		161° 30′	101° 30′	fig. 10, n_2.	*n* de H. 35e mod. de B.
		158°	84°. . . .	. . . .	53e modification de B.
		155° 30′	114°	P. IV. f. 66, n_3	λ de H.
		152° 30′	89°	P. V, f. 34, o_7.	υ de H.
		151°	102° 30′	fig. 22, *n*. 4.	4 de H.
		145°	98°	fig. 27, o_7.	52e modification de B.
		144° *a′*	104°	fig. 1.	Métastatique de H.
		143°	101°	fig. 29, *o*5.	*z* de H.
		142° 30′	115°	P. IV, f. 56, *o*. 4.	γ de H.
		140°	106°	Pl. V, f. 22, *n*. 6.	2 de H. 37e mod de B.
		134° *b′*	109°	f. 2, 36, etc.	*γ* de H. 39e mod. de B.
		128°	113°	fig. 3 et 35.	Axigraphe de H.

On doit encore remarquer qu'il existe ici plusieurs solides de mêmes angles: savoir: *a* et *a′*, *b* et *b′*, qui diffèrent les uns des autres par la position relative des faces de clivage.

Les dodécaèdres sont rarement simples; ceux que l'on trouve à cet état sont les variétés désignées par Haüy sous le nom de *métastatique* et *axigraphe*. Presque toujours ils sont modifiés de diverses manières par le prisme ou par des rhomboèdres, ou réunis les uns avec les autres, comme on en voit des exemples pl. V. Toutes ces variétés produites par des réunions 2 à 2, 3 à 3, etc., sont extrêmement nombreuses; on en connaît aujourd'hui plus de 800 qui peuvent s'augmenter prodigieusement par la suite.

4°. *Calcaire dodécaèdre à triangles isocèles.* Ces solides peu nombreux et dont plusieurs, comme nous l'avons dit, présentent quelques incertitudes, peuvent être classés comme il suit :

	ANGLES DIÈDRES.	
Clivage parallèle à trois des faces dans chaque pyramide	140° 30'	Primitif et ε de Haüy.
Clivage à la base vers trois arêtes alternes	139° 20' 151°	31e modification de B. π de H. 25e mod. de B.
Clivage au sommet vers trois arêtes alternes.	121° 122° 30'	δ de H. ξ de H. 55e mod. de B.

Le premier de ces solides est le seul qui résulte de la réunion de deux rhomboèdres, qui sont ceux de 105° 5'. Aucun d'eux ne se trouve isolé et on ne les connaît jusqu'à présent que combinés avec divers solides qu'ils modifient, pl. VII, fig. 49, et pl. VI, fig. 33 *o* 6, 43, 44 *i*, 82, 63.

Calcaire maclé. La plupart de ces groupes, qui sont des transpositions, se font perpendiculairement à l'axe du rhomboèdre de clivage. Ce sont des groupemens de rhomboèdres deux à deux, t. 1, pl. IX, fig. 13, 23 et 24, de dodécaèdres, fig. 9, 19, 22, de prismes modifiés au sommet, fig. 26, 27, de dodécaèdres modifiés par le prisme, fig. 30.

Il existe aussi quelques groupemens obliquement à l'axe, soit de prismes modifiés au sommet, fig. 2 à 4, soit de dodécaèdres, fig. 6, 7, 8. Le rhomboèdre de clivage présente quelquefois aussi un groupement par un plan oblique à l'axe, fig. 21.

Quelques-uns de ces groupemens offrent des angles rentrans, et les autres n'en offrent aucune trace, de sorte qu'on ne peut les reconnaître que par la dissymétrie des sommets.

Calcaire groupé régulier. Gros cristaux formés par la réunion de cristaux plus petits, tantôt de mêmes formes, tantôt de formes différentes. On connaît des rhomboèdres formés de dodécaèdres d'une forme ou d'une autre, pl. VIII, fig. 17, et des dodécaèdres formés de rhomboèdres de diverses sortes, ou d'autres dodécaèdres, fig. 16, 15.

Formes cristallines oblitères.

Calcaire sphéroïde. Rhomboèdres ou dodécaèdres obtus dont toutes les faces et les arêtes sont arrondies.

Calcaire lenticulaire. Rhomboèdres ou dodécaèdres très obtus à face convexe et présentant d'une manière plus ou moins nette la forme d'une lentille.

Calcaire squammiforme. En rhomboèdres très aplatis parallèlement à deux faces opposées, très contournées et le plus souvent appliquées les unes sur les autres comme des écailles, et formant ainsi des mamelons cristallins, des plaques plus ou moins épaisses. Ce sont ordinairement des variétés mélangées de carbonate de fer, de manganèse, de magnésie.

Calcaire cylindroïde. Provenant de prismes hexagones oblitères sur les arêtes latérales (du Harz).

Calcaire radiiforme. En forme de navettes, de grains d'orge, etc., et provenant de cristaux dodécaèdres oblités sur leurs arêtes (d'Angleterre et du Mexique).

Carbonate de chaux doliiforme. En forme de petits tonneaux et provenant de dodécaèdres tronqués profondément au sommet et oblitérés. Quelquefois ces formes sont dues à des groupemens de petits cristaux oblitérés (du Harz et du Mexique).

Calcaire lamelliforme. Formes rares, qui ne sont que des rhomboèdres tronqués profondément au sommet, et réduits ainsi à des lames très minces, sur les bords desquelles on aperçoit à peine les facettes rhomboédriques (du Saint-Gothard).

Calcaire aciculaire. Ce sont des rhomboèdres ou des dodécaèdres très aigus, dont les faces alors très étroites ne se distinguent pas au premier coup-d'œil.

Calcaire spiculaire. En forme de lance. Ce sont quelquefois des dodécaèdres aigus dont deux faces opposées sont élargies par rapport aux quatre autres, qui forment alors des biseaux sur les côtés des premiers et produisent une sorte de lames à deux tranchans. Le plus souvent ce sont des groupes irréguliers de petits cristaux qui tendaient à former des rhomboèdres aigus, dont les faces se trouvent alors mal conformées, creusées en gouttières, d'où résulte une sorte de pointes ressemblant à une épée.

Calcaire réticulaire. Composé de petites bandelettes étroites groupées de manière à laisser entre elles des espaces en forme de triangle équilatéral (du Mexique).

Calcaire globaire. En boules isolées, ou en portions de boules groupées sur un corps, à surface hérissée de pointes cristallines, et dont l'intérieur présente une structure à fibres divergentes (du Mexique).

Formes accidentelles.

Calcaire stalactitique. Formé dans les cavités souterraines par la stillation des eaux. On peut distinguer :

a. Les *stalactites tubuleuses,* offrant un cylindre creux à l'intérieur, peu épais, quelquefois transparent ou translucide, et ressemblant à un tuyau de plume; elles se terminent alors par un cristal qui souvent est lui-même percé.

b. Stalactite pleine. Conique ou cylindrique sur une partie plus ou moins considérable de leur longueur; outre les couches d'accroissement la masse présente les structures lamellaire, bacillaire, fibreuse, etc.

c. Stalactite exfoliée. A couches concentriques minces, toutes séparées les unes des autres par un espace vide, et se brisant au moindre choc.

d. Stalactites fongiformes. Présentant à leur extrémité un renflement ovoïde ou une espèce de chapeau hémisphérique, à surface tuberculeuse ou hérissée d'aiguilles cristallines.

Calcaire panniforme. En forme de draperies. Cette variété ne se fait bien remarquer qu'en grand, sur les parois des cavités souterraines où les eaux forment des dépôts saillans, isolés, de peu d'épaisseur, ondulés, plissés, festonnés de mille manières, qui représentent des guirlandes, des draperies, etc. La structure est fibreuse, à fibres perpendiculaires à un plan commun de jonction qui se trouve au milieu de l'épaisseur.

Calcaire tuberculeux. En expensions arrondies plus ou moins allongées, produites comme la variété précédente, mais épaisses, et offrant aussi le plan de jonction et la structure fibreuse (Montmartre).

Calcaire mamelonné (stalagmite). En masses formées aussi par la stillation des eaux et composées de couches parallèles contournées comme la surface.

Calcaire réniforme. En rognons dont la grosseur varie depuis quelques lignes jusqu'à un pied de diamètre; ils sont lamellaires ou compactes à l'intérieur, quelquefois avec des couches d'accroisses distinctes; tantôt pleins, tantôt géodiques; offrant souvent à l'intérieur des retraits qui divisent la masse en prismes, en pyramides, etc. L'intervalle laissé par ces retraits est tantôt vide, tantôt rempli de calcaire lamellaire ou d'autres substances, et il en résulte ce qu'on nomme *Ludus Helmontii.*

Calcaire globuliforme (pisolite, dragées de Tivoly, Erbsenstein). En globules isolés, de petites dimensions, composés de couches concentriques dont le centre est fréquemment occupé par un petit grain de matière étrangère. La surface est tantôt lisse, tantôt couverte d'aspérités. La matière est ordinairement blanche.

Il existe des concrétions qu'on peut rapprocher de cette variété, mais qui sont plus volumineuses. Ce sont des cylindres de plusieurs pouces de longueur, d'un pouce et plus de diamètre, arrondis aux deux bouts, tantôt droits, tantôt courbes, à couches concentriques, dont le centre offre fréquemment du calcaire lamellaire. Il n'est guère probable que cette configuration soit produite par le roulis des eaux comme les pisolites; mais on ne peut guère les placer qu'ici dans les collections, ou avec les variétés reniformes.

Calcaire filiforme. En filets plus ou moins allongés, placés à la surface de diverses matières dont ils semblent être sortis par pression; ils sont tantôt libres, tantôt réunis en nombre plus ou moins considérable; presque toujours ils sont un peu courbes, mais quelquefois ils sont contournés en crosses à leur extrémité.

Calcaire cotoneux (moelle de pierre, agaric minéral, Bergmilch des Allemands). Ce n'est qu'une modification de la variété précédente, mais à filamens très fins, très nombreux à la surface d'un même échantillon, et très serrés les uns sur les autres, de manière à ce que leur ensemble imite une étoffe plucheuse de coton. Se trouve à la surface des pierres calcaires poreuses des environs de Paris.

Lorsque par la pression, ou simplement par l'action de l'eau qui a pu filtrer sur cette variété, ou enfin par le desséchement à l'air libre, les filamens se trouvent aplatis, brisés, il en résulte une sorte de matière terreuse qu'on a autrefois désignée sous le nom de *lait de lune*, *farine fossile*.

Calcaire incrustant (Kalktuff, Sinter, Kalksinter des Allemands). Formant un enduit plus ou moins épais sur des matières étrangères, dont il présente alors extérieurement la forme. Sur des animaux, sur des végétaux et même sur des fragmens de minéraux, dans les tuyaux qui conduisent des eaux où il se trouve du carbonate de chaux en solution.

On a particulièrement nommé *Osteocole* des incrustations calcaires, tubuleuses, faites sur des roseaux, sur des petites branches d'arbres dont la matière végétale s'est par la suite détruite.

On nomme *Tufs calcaires*, travertino des Italiens, les matières en grands dépôts formés à la surface de la terre, dans toutes espèces de position, par les eaux chargées de carbonate de chaux; ils renferment fréquemment des débris de plantes et d'animaux; les uns sont compactes, solides, les autres sableux, poreux, de peu de consistance.

Calcaire pseudomorphique. Sous des formes empruntées aux mollusques testacés, aux echinides, aux zoophites, au bois.

a. Conchylioïde. Modelé dans les cavités des coquilles univalves ou bivalves, marines, fluviatiles, ou terrestres. Il existe aussi des moules formés dans les cavités laissées libres, dans quelques matières pierreuses, par la destruction des coquilles qui y étaient enfouies, et qui présentent alors la configuration extérieure de ces productions naturelles. Enfin il y a des cas où la coquille étant détruite, l'épaisseur du test est remplacée par du carbonate de chaux lamellaire.

Il ne faut pas confondre ces configurations avec les coquilles mêmes qui se trouvent enfouies dans le sein de la terre et qui ont conservé leur test; car celui-ci, naturellement calcaire, est formé par l'animal et il n'y a plus forme empruntée.

b. Echynoïde. Quelquefois il y a moulage de carbonate de chaux dans la cavité des Echinides ; mais le test de ces animaux, naturellement poreux, se trouve, non pas remplacé par le carbonate de chaux, mais infiltré de cette substance, qui l'a rempli et converti à l'état spathique, et rendu susceptible de clivage régulier. Il en est de même des pointes d'Echinides, de formes très variées, que l'on rencontre fréquemment.

c. Madréporoïde. Je joins cette configuration aux formes empruntées du carbonate du chaux, quoique je sois loin d'être persuadé qu'il y ait ici pseudomorphose. Les madrépores solides ont naturellement des structures analogues à celles que présente le carbonate de chaux, et il me paraît probable que les masses saccharoïdes à forme de madrépores, qu'on trouve dans certains dépôts de calcaire compacte, sont des productions animales qui n'ont subi aucune modification après avoir été enfouies dans le sein de la terre, par conséquent il n'y aurait point ici une forme empruntée telle que nous l'entendons, et il en serait de ces madrépores comme des coquilles qui ont conservé leur test.

d. Xiloïde. Sous la forme et avec la structure du bois. C'est le plus souvent du carbonate de chaux compacte ou plus ou moins terreux, qui a remplacé le végétal ; mais quelquefois aussi c'est du carbonate de chaux spathique ou saccharoïde. Une variété, remarquable par l'odeur de truffe qu'elle exhale lorsqu'on la gratte avec un instrument tranchant, avait été prise d'abord pour un madrépore et désignée sous le nom de *madrépore à odeur de truffe.*

Calcaire pseudopolyédrique. Sous des configurations produites par retrait et qui présentent des apparences de rhomboèdres (en carbonate de chaux finement saccharoïde, et micacé) de prismes hexagones, pentagones, etc., de pyramides à trois et quatre faces, etc. (carbonate chaux compacte, pur ou argileux). Les *Ludus* de carbonate de chaux peuvent aussi être rapportés à cette variété ; ils présentent des réunions de polyèdres séparés les uns des autres par du carbonate de chaux lamellaire, fibreux, etc., ou par d'autres substances.

Variétés de structure.

Calcaire laminaire. En masses susceptibles de se cliver en plaques plus ou moins épaisses, qui ne sont que des rhomboèdres dont deux faces opposées sont très larges.

Calcaire schisto-spathique (Schieferspath). Composé de cristaux rhomboèdres tronqués très profondément au sommet, et réduits en lames minces appliquées les unes sur les autres et se détachant avec plus ou moins de facilité. Ces lames sont quelquefois courbes ou ondulées, le plus souvent opaques, blanches et nacrées.

Calcaire lamellaire. A grandes ou à petites lames, et *saccharoïde.*

Calcaire grenu. Blanchâtre, à grains fins cristallins qui ont peu d'adhérence entre eux.

Calcaire bacillaire. Composé de cristaux accolés, tantôt parallèles, tantôt divergens. Il y en a une variété noire (anthraconite, madréporite) dont le clivage présente une surface courbe.

Calcaire fibreux. Composé de fibres plus ou moins serrées les unes contre les autres, tantôt d'un éclat nacré ou soyeux, tantôt mattes, parallèles, divergentes ou entrelacées.

Calcaire schistoïde. En masse saccharoïde ou compacte, susceptible de se diviser en plaques, en feuillets, qui sont souvent séparés par un enduit micacé ou terreux.

Calcaire stratoïde. Offrant une apparence de diverses couches, qui résultent de l'accroissement de la masse, et qui se détachent rarement les unes des autres. Ces couches se distinguent par le degré d'opacité, de finesse, par les couleurs, par la structure, etc. On peut distinguer les sous-variétés suivantes.

a. Polyédrique, dans les cristaux;

b. Sphérique, dans les rognons, les globules, etc.;

c. Cylindrique, dans les stalactites, les incrustations des tuyaux de conduite;

d. Plane ou *ondulée*, dans les dépôts formés à la surface du sol, dans les aqueducs, les cavités souterraines. C'est cette structure qu'on remarque souvent dans les albâtres.

Calcaire oolitique. Composé de globules accumulés les uns sur les autres, le plus souvent sans ciment apparent. Il y a des variétés où les globules sont assez gros et d'autres où ils sont très fins. Souvent on reconnaît que ces globules sont formés de couches concentriques, dans d'autres cas ils sont compactes ou striés du centre à la circonférence, et constituent le *Roogenstein* des minéralogistes allemands.

Calcaire encrinitique. Composé de petites portions d'encrinite, tantôt circulaire, tantôt en losange, sans ciment apparent et assez semblable au premier coup-d'œil au calcaire oolitique.

Calcaire alvéolitique. Encore assez semblable à la variété oolitique à petits globules, mais composés de petits corps ovoïdes, formés de couches celluleuses, striés à la surface, qui appartiennent au genre de polypier nommé Alvéolite, et qui sont réunies par du carbonate de chaux terreux. Cette variété appartient aux dépôts de calcaire marin parisien.

Calcaire milliolitique. Entièrement composé de petites coquilles ovoïdes ou subtrigones, multiloculaires, du genre Milliole, fréquemment réunies par du calcaire plus ou moins terreux. De la base des dépôts de Calcaire marin parisien, où ils sont souvent mélangés de terre verte, p. 179.

Calcaire-compacte. a. lamello-compacte. b. fibro-compacte.

c. granulo-compacte. d. ooliti-compacte. Offrant des passages aux structures lamellaire, fibreuse, granulaire et oolitique.

e. Compacte. A cassure conchoïdale, esquilleuse, plate ou terreuse et n'offrant jamais de passage aux structures cristallines. On peut en distinguer un grand nombre de sous-variétés par l'éclat et la forme de la cassure, les mélanges et leur disposition, la présence ou l'absence des coquilles, des madrépores, etc.

1° *Compacte homogène.*

2° *Compacte tubulaire.* Présentant des tubulures plus ou moins irrégulières, qui proviennent du dégagement des gaz à travers leur masse.

3° *Compacte carié.* Présentant des cavités irrégulières plus ou moins nombreuses.

4° *Compacte madréporique.* Renfermant des madrépores de divers genres.

5° *Compacte conchylifère.* Renfermant de nombreux fragmens de coquilles (marbres lumachelles) ou des coquilles entières, qu'on peut distinguer en *marines*, *fluviatiles* ou *terrestres*; on doit rapporter ici un grand nombre de calcaires secondaires et tertiaires, la plupart des calcaires marins parisiens, des variétés de craie tufaux, etc.

6° *Cristallifère.* Renfermant des cristaux disséminés de feldspath (col du Bonhomme, en Tarentaise), de sahlite (marbre de Tirey, en Ecosse), de grenat, de sulfure de fer, etc.

7° *Chlorité.* Renfermant une multitude de grains verts (page 179) et passant à la craie chloritée, au calcaire sableux chlorité.

8° *Silicifère* (calcaire siliceux). Homogène, tubulaire ou carié, renfermant de la silice très disséminée, quelquefois en assez grande quantité pour rayer le verre, et laissant après l'action des acides des fragmens spongieux, siliceux. Elle est grisâtre, jaunâtre ou bleuâtre, et appartient particulièrement aux terrains tertiaires; elle renferme des lymnées, des planorbes, des hélices, etc.

9° *Argilifère* (Marnes calcaires, marnes endurcies, Calp). Mélangé de matières argileuses qui se déposent à l'état pulvérulent par la solution dans un acide, passant au calcaire terreux argilifère.

10° *Bituminifère.* Brun ou noirâtre, imprégné de matière bitumineuse qui manifeste sa présence par l'odeur immédiate, par le frottement ou par la combustion.

On peut distinguer encore beaucoup de sous-variétés par les couleurs, qui sont extrêmement variées : le blanc, blanc jaunâtre, gris de divers nuances, noir, rouge très varié dans les teintes, jaune, verdâtre, etc., et aussi par leurs dispositions, uniformes, veinées, tachetés, dendritiques, ruiniformes, etc.

Calcaire terreux. Se laissant rayer par l'ongle, ayant toujours peu de solidité, offrant de nombreux passages à la variété compacte, où on peut distinguer plusieurs sous-variétés.

a. Crayeux (craie). Blanc ou légèrement jaunâtre, très tendre, tachant les doigts, écrivant, se délayant dans l'eau en laissant alors déposer plus ou moins de sable.

b. Sableux. Blanc sale ou jaunâtre, tachant peu les doigts, n'écrivant pas, ne se délayant pas dans l'eau; offrant un tissu lâche comme du sable aglutiné, offrant des passages au calcaire compacte à cassure terreuse. On peut rapporter ici la plus grande partie de ce qu'on appelle *craie tufau*, et toutes les variétés tendres des dépôts marins des environs de Paris. Les autres rentrent dans les calcaires compactes.

c. Chlorité (craie chloritée, calcaire chlorité). Rempli de petits grains verts qui lui donnent une teinte générale de cette couleur.

d. Argilifère (marnes calcaires tendres). Jaunâtre, grisâtre ou verdâtre, laissant un résidu argileux par la solution dans les acides; passant au calcaire compacte argilifère, renfermant fréquemment des coquilles, marines, fluviatiles ou terrestres.

Variétés de couleur et d'éclat.

Le carbonate de chaux est naturellement incolore, mais les matières étrangères dont il peut être mélangé mécaniquement, ou chimiquement, lui donnent des couleurs très variées, qu'on observe dans toutes les variétés et plus particulièrement dans les variétés saccharoïdes, compactes et terreuses.

Les variétés cristallines présentent fréquemment des teintes jaunes de diverses nuances, quelquefois de rose, de rouge, de gris et même de noir, de verdâtre et de bleuâtre. Les variétés en grandes masses offrent les mêmes couleurs, mais beaucoup plus variées dans les nuances, et leurs mélanges forment une multitude de dessins plus ou moins agréables qui les font souvent rechercher dans les arts.

Quant à l'éclat, il est vitreux dans la plupart des variétés cristallines; il est nacré dans un grand nombre de cristaux modifiés perpendiculairement à l'axe, et il devient soyeux dans certaines variétés fibreuses. On peut reconnaître l'éclat gras dans certaines variétés fibro-compactes ou compactes, et l'absence d'éclat, ou le *mat*, se fait remarquer dans beaucoup de Calcaires compactes et dans toutes les variétés terreuses.

Variétés d'odeur.

Le Calcaire présente accidentellement diverses odeurs parmi lesquelles on peut distinguer :

L'odeur de pétrole qui se manisfeste immédiatement ou par une très faible chaleur et qui se conserve très long-temps; elle tient à la présence de cette matière dont certaines variétés de calcaire sont imprégnées.

L'odeur bitumineuse qui se manifeste par calcination et qui est insensible à la température ordinaire.

L'odeur bitumineuse animale se manifeste par le frottement et la raclure, dans la plupart des Calcaires compactes conchylifère, et particulièrement dans la variété de marbre dont nous nous servons le plus habituellement sous le nom de petit granite. Quelques parties sont tellement fétides qu'elles donnent de l'odeur par la simple chaleur de la main continuée pendant quelques instans.

L'odeur d'hydrogène sulfuré qui se dégage au moindre frottement des variétés de Calcaire lamellaire et compacte qui accompagnent le soufre dans ses gisemens au milieu des terrains secondaires.

L'odeur d'hydrogène arseniqué, ou une odeur fade analogue à celle de ce composé, que j'ai remarquée dans des carbonates de chaux lamellaire de Kapnik, qui accompagnent le sulfure rouge d'arsenic, et dans des variétés compactes qui accompagnent le sulfure jaune à Tajova, en Hongrie. Cette odeur est fugace.

L'odeur de carbure de soufre, que j'ai cru reconnaître dans des Calcaires lamellaires grisâtres en veines dans les schistes très carbonés des Alpes. Elle est très fugace.

L'odeur de truffe qu'on observe par la raclure dans la variété de Calcaire xiloïde désignée sous le nom de madrépore à odeur de truffe.

GISEMENS.

Nous avons vu, t. 1, p. 578, les positions relatives des grands dépôts calcaires qui se trouvent à la surface du globe et les caractères qui les distinguent aux différens étages de formation. Il serait superflu de s'appesantir sur des détails de position géographique, puisque ces matières constituent la plus grande partie de nos continens et qu'on les retrouve dès-lors partout en collines, en montagnes, en chaînes de montagnes plus ou moins considérables. Nous nous contenterons de tracer rapidement l'emplacement des dépôts de diverses époques sur le sol de la France qui nous intéresse plus particulièrement. Les dépôts des environs de Paris peuvent être cités comme exemples des formations tertiaires de toutes espèces, des Calcaires marins de diverses époques comme des Calcaires fluviatiles dont on distingue aussi plusieurs formations. Ces dépôts, ou leurs différentes parties, constituent tout ce qu'on appelait l'Ile-de-France (Bauvaisie, Laonois, Gâtinois), la Bauce et l'Orléanais. Tantôt ce sont les Calcaires marins qui dominent (Laonais, Bauvaisie, environs de Paris), tantôt au contraire ce sont les Calcaires fluviatiles (Orléanais). des Dépôts analogues se représentent dans une grande partie de la Guyenne, de la Gascogne, du Languedoc jusqu'aux pieds des Pyrénées, ou ce sont encore en général des dépôts marins, dans la Provence, le Comtat, le Bas-Dauphiné, sur les bords du Rhône, où l'on rencontre tantôt des dépôts marins, tantôt des dépôts fluviatiles. Ces derniers se représentent par lambeaux plus ou moins étendus dans les départemens de l'Allier, du Puy-de-Dôme, de la Haute-Loire, et on les retrouve çà et là sur les bords du Rhin depuis Bâle jusqu'à Mayence.

Les dépôts de craie sont aussi extrêmement abondans sur le sol de la France; ils entourent partout le grand dépôt tertiaire dont Paris est en quelque sorte le centre, et couvrent la Champagne, l'Artois, la Picardie, la Normandie, le Maine, la Touraine, une partie du Berry et la partie septentrionale du Poitou. On les retrouve plus loin dans l'Angoumois, la Saintonge, la partie méridionale du Périgord. Des côtes de la Manche où elle forme toutes les falaises depuis Calais jusqu'à Honfleur, elle se prolonge sur les côtes de l'Angleterre où elle forme aussi des dépôts considérables.

Les autres Calcaires secondaires couvrent la Lorraine, la Franche-Comté, la partie orientale du Dauphiné, la Provence, une partie de la Bourgogne, du Berry, du Poitou, de l'Angoumois, du Périgord, du Languedoc; ils se retrouvent entre la craie et les terrains primitifs dans l'Anjou, le Maine, et se prolongent par Argentan et Caen jusqu'à Valognes. Presque partout ce sont les formations jurassiques qui constituent la plus grande partie du sol, et ce n'est que çà et là qu'on rencontre les dépôts inférieurs de lias et de Calcaire pénéen.

Les autres parties de la France occupées par des terreins de cristallisations ne présentent plus que çà et là des couches subordonnées de diverses sortes de Calcaires saccharoïdes et compactes (Dauphiné, Pyrénées, etc.).

Quant aux variétés du carbonate calcaire qui ne forment pas de grands dépôts, elles présentent dans leurs manières d'être quelques circonstances particulières que nous allons tâcher de réduire en généralités.

Le Calcaire cristallisé se trouve dans les filons et les amas métallifères, dans les fentes de divers roches, dans les petites cavités qu'on observe çà et là dans les dépôts de Calcaire compacte, etc.; rarement il est disséminé. C'est dans les filons métallifères que se trouvent la plus grande partie des variétés que nous avons indiquées, en sorte que ce sont surtout les pays de mines qui fournissent nos collections, et le Harz, le Derbyshire, le Cumberland sont les contrées qu'on trouve le plus souvent indiquées sur les échantillons. Il est remarquable que le Harz a fourni surtout les variétés prismatiques simples ou modifiées, terminées par des rhomboèdres; presque tous les anciens échantillons du Derbyshire présentent le dodécaèdre à triangle scalène de 144° et 104. Des travaux plus récens de cette contrée et du Cumberland ont fourni des dodécaèdres d'autres espèces et des rhomboèdres très variées.

Dans les fissures et les cavités des roches des terrains anciens ce sont des rhomboèdres de clivages, des rhomboèdres obtus, des dodécaèdres à triangles scalènes, surbaissés. Ceux que nous connaissons des Alpes, du Dauphiné, sont particulièrement des fig. 2, 8, 41, pl. IV, et 9, 10, 11, 23, pl. V. Il est très rare de rencontrer les variétés prismés, les rhomboèdres aigus et leurs différentes modifications.

Dans les terrains secondaires on rencontre particulièrement le rhomboèdre de 78° 30′ et 101° 30′, pl. IV, fig. 7, tantôt simple, tantôt modifié de différentes manières, fig. 59, 60, 63, ou bien le dodécaèdre de 153° et 92°, pl. V, fig. 4, le plus souvent modifié, fig. 43, 44.

Dans les terrains tertiaires, les cristaux, toujours rares et très petits, sont encore les rhomboèdres, pl. IV, fig. 7, presque toujours simples.

Les variétés stalactitiques, panniformes, tuberculeuses, mamelonnées, tapissent l'intérieur des cavernes ou grottes des pays calcaires. Les stalactites sont fixées a la voûte de ces cavités, d'où elles descendent verticalement en se pressant les unes contre les autres. Ici elles finissent en pointes à des hauteurs différentes suivant qu'elles se sont plus ou moins accrues: là elles se joignent aux dépôts ondulés que les eaux ont formés sur le sol, et présentent alors des espèces de colonnes, des piliers qui semblent placés tout exprès pour soutenir les parties supérieures, et qui, se liant aux stalactites plus courtes, forment des espèces de portiques par lesquels la caverne se trouve partagée en plusieurs salles. Les variétés panniformes tapissent les parois latérales où elles forment des draperies ondulés, des guirlandes festonnées, qui ornent les colonnades formées par les stalactites. Ce sont ces dépôts qui donnent aux cavernes des terrains calcaires cet intérêt particulier qui y attire les curieux de toutes les classes; la variété, la bizarrerie de leur forme, la blancheur des uns, l'éclat éblouissant des autres, les accidens de toute espèce de leur assemblage offrent toujours un spectacle imposant, relevé souvent par tout ce que l'imagination peut y ajouter et tout ce que la crédulité superstitieuse a suggéré aux gens du pays qui servent de conducteurs. Plusieurs grottes ont sous ce rapport une grande célébrité; telles sont celles d'Antiparos où Tournefort cru voir les pierres végéter à la manière des plantes, celles d'Auxelle, en Franche-Comté, de Pool's Hole, en Derbyshire, etc., etc.

Les variétés filiformes et cotonneuses se trouvent dans les fissures des matières poreuses, et particulièrement des calcaires secondaires et tertiaires, où elles sont le résultat d'une exudation lente des eaux chargées de carbonate de chaux. La variété cotonneuse ne s'est encore trouvée que dans les fissures des calcaires sableux parisiens, à Vaugirard, Nanterre, Grignon, etc.

Les variétés fibreuses, à fibres parallèles, sont encore produites de la même manière et se trouvent le plus souvent dans les fissures de différentes roches, dans les schistes argileux, les calcaires compactes, etc. Ce sont de petits filets formés par exudation de chaque côté de la fente, qui se sont accumulés les uns sur les autres, se sont joints au milieu de la fente en se déformant par leur pression mutuelle, et ont formé un plan de jonction plus ou moins irrégulier où l'on trouve quelquefois une pellicule de matières étrangères.

Les variétés globuliformes se trouvent dans certaines localités où il existe des sources d'eau calcarifères; il s'en trouve particulièrement à Karlsbad en Bohême, à Saint-Philippe en Toscane, à Tivoli, à Vichy en Auvergne, et elles se forment continuellement sous nos yeux.

Les variétés incrustantes se trouvent encore partout où il existe des eaux calcarifères; en France on cite particulièrement la fontaine de Saint-Alyre, près de Clermont, en Auvergne, qui doit sa réputation à ce que l'ancienne source a formé un dépôt qui, en se prolongeant successivement, a jeté un pont naturel sur le petit ruisseau où ses eaux viennent se rendre : on connaît de ces sortes de ponts dans plusieurs localités. Les eaux d'Arcueil incrustent journellement les aqueducs et engorgent les tuyaux de conduite qui les distribuent dans les quartiers Saint-Jacques, du Luxembourg, etc.

Ces eaux calcarifères, probablement plus abondantes autrefois, ont formé des dépôts considérables dans un très grand nombre des localités, où on les exploite fréquemment comme pierre à bâtir.

USAGES.

Nous avons indiqué les usages essentiels des différentes variétés de Calcaire dans le premier volume de cet ouvrage, et nous n'avons autre chose à faire ici que de renvoyer à ce volume page 678, pour l'emploi dans la bâtisse, 686 pour la préparation des mortiers, 692 pour les diverses variétés de marbres, 696 pour l'albâtre calcaire, 713 pour l'emploi des variétés fibreuses nacrées, 716 pour l'agriculture, 737 pour la lithographie et 744 pour les instrumens d'optique.

DEUXIÈME SOUS-ESPÈCE. ARRAGONITE.

Igloïte; Chaux carbonatée dure; Carbonate de chaux prismatique.

Substance cristallisant en prismes rhomboïdaux de 116° 5′ et 63° 55′; non clivable, à cassure vitreuse.

Deux axes de double réfraction.

Pesanteur spécifique, 2,9466.

Rayant le Calcaire, rayée par l'Apatite.

Se délitant et tombant en poussière au feu.

Composition. $Ca\,C^2$ ou $\dot{C}a\,\ddot{C}$. La même que le Calcaire, dont l'Arragonite ne diffère que par le système de cristallisation; mais toutes les analyses ont offert un peu d'eau et de carbonate de strontiane, dont la quantité est variable, comme on le voit dans le tableau dressé par M. Stromeyer.

	Carbonate de chaux.	Carbonate de strontiane.	Eau.
Arragonite bacillaire de Waltsch, en Bohême.	99,2922	0,5090	0,1988
Arragonite bacillaire de Leogang, en Salsburg	99,1254	0,7202	0,1544
Arragonite bacillaire de Kanniak en Groenland	99,1023	0,7342	0,1635
Arragonite bacillaire de Topschau, près Aussig, en Bohême.	98,7620	1,0224	0,2156
Arragonite bacillaire de Nertschinsky, en Sibérie	98,6398	1,1006	0,2596
Arragonite bacillaire de Vertaison, en Auvergne	97,7443	2,0557	0,2000
Arragonite bacillaire du Blauenkuppe près Eschwege en Hesse.	97,4205	2,2678	0,3117
Arragonite du Kaiserthul, en Brisgau	97,1279	2,4619	0,4102
Arragonite de Bastène, près Dax.	95,2965	4,1043	0,5992
Arragonite de Molina, en Arragon.	95,6833	4,0138	0,3092

VARIÉTÉS.

Arragonite cristallisée. Rarement en prismes rhomboïdaux, le plus souvent en prismes à 6 ou 8 pans terminés par des sommets dièdres, pl. IX, fig. 54, 55, quelquefois en octaèdres simples ou modifiés, fig. 45, 47, 48, 50, rarement en dodécaèdres aigus, pl. VIII, fig. 60.

Arragonite maclée. Offrant des groupemens de deux cristaux comme fig. 54, 55, ou des groupemens divers de prismes rhomboïdaux qui constituent des cristaux à 6 pans, t. 1, pl. VIII, fig. 7 à 11, 20, 21.

Arragonite aciculaire et *cylindroïde.* En cristaux mal conformés, groupés entre eux, mais isolés par une extrémité.

Arragonite coralloïde. (flos ferri).

Arragonite bacillaire et *fibreuse.* Les fibres tantôt parallèles, tantôt divergentes et tantôt contournées et entrelacées.

Arragonite fibro-compacte. Fibres droites ou entrelacées, à peine visibles, qui constitue des masses à cassures vitreuses ou d'un éclat gras.

L'Arragonite est blanche, mais elle offre aussi des teintes jaunes, verdâtres, bleuâtres, brunes, rosâtres, rouges et violâtres qui sont produites par des matières étrangères.

GISEMENT.

L'Arragonite ne constitue jamais de masses comme le Calcaire; elle se trouve dans divers dépôts métallifères, et le plus souvent dans ceux de minerais de fer, soit en cristaux, soit sous la forme coralloïde (Framont, Sainte-Marie, Vosges; Vizille, Isère; Vic-de-sos, Baigorry, aux Pyrénées; Leogang, en Salzburg; Kamsdorff, en Saxe; Joachimstal, en Bohême; Iglo, en Hongrie; Eisen-Erz, en Styrie; Lead-Hills, en Ecosse; Guanaxuato, au Mexique, etc.). dans les fissures des roches serpentineuses (Mont-Rose, Monte-Ramazzo, Baldissero, Chambave, en Piémont). Elle est disséminée dans les argiles qui accompagnent les Gypses (Molina, en Arragon; Mingranilla, dans le royaume de Valence; Bastène, près Dax, dans le département des Landes) où ce sont particulièrement les groupes en prismes hexagones de diverses espèces. Elle forme des nids dans les basaltes (Vivarais, Auvergne, Pays de Bade, Saxe, Bohême, etc.) ou dans les Calcaires fluviatiles intercalés (Gergovia, près de Clermont, en Auvergne); enfin elle remplit les fentes des tufs basaltiques, auxquels elle sert quelquefois de ciment. (Vertaison, près de Clermont en Auvergne; Velay, Vivarais; Cziczow, près de Bilin en Bohême, d'où proviennent les cristaux les plus réguliers, etc.). On la cite dans les laves du Vésuve, de l'Etna, de l'île Bourbon.

CINQUIÈME ESPÈCE. DOLOMIE.

Chaux carbonatée magnésifère; Chaux carbonatée lente; Spath perlé; Miémite; Tharandite; Morochite; Gurofiane; Bitterkalk; Talkspath.

Substance cristallisant dans le système rhomboédrique. Cristaux clivables en rhomboèdres de 106° 15′ et 73° 45′.

Pesanteur spécifique, 2,859 à 2,878.

Rayant le Calcaire, rayée difficilement par l'Arragonite.

Electricité moins facile que dans le Calcaire pur.

Ne tombant pas en poussière par l'action du feu, mais se convertissant en chaux vive.

Se dissolvant lentement à froid, et sans effervescence remarquable, dans l'acide nitrique. Solution précipitant par l'oxalate d'ammoniaque, puis par la potasse, même après avoir été traitée par un hydro-sulfate.

Composition. D'après ce que nous avons fait remarquer à l'égard du Calcaire, qui se mélange en toute proportion de carbonate de magnésie, de fer, etc., il paraît bien difficile d'admettre l'existence d'un sel double, formé de carbonate de chaux et de carbonate de magnésie dans des proportions déterminées. Cependant il est à remarquer que des matières de localités fort éloignées, ont donné sensiblement les mêmes rapports à l'analyse; toutes celles qui donnent ces rapports ont la propriété de se dissoudre lentement à froid sans effervescence sensible, et toutes celles qui donnent des rapports différens, où le carbonate de chaux domine, commencent par faire une effervescence vive qui s'arrête en quelques instans, après quoi la solution marche lentement. Il semblerait résulter de là qu'il existe une composition déterminée, qui a ses propriétés particulières, et avec laquelle une certaine quantité de carbonate de chaux peut être mélangée mécaniquement.

Quoi qu'il en soit, on peut établir la formule $CaMC^4 = CaC^2 + MC^2$ ou $\dot{C}a\,\ddot{C} + \dot{M}\ddot{C}$, d'après les analyses suivantes, où quelquefois la magnésie est remplacée par du protoxide de fer.

Dolomie en rhomboèdre de 106° 12' du Mexique, par Beudant.

		Oxig.	*Rapp.*
Acide carbonique	47,0	34,0	4
Chaux	30,4	8,54	1
Magnésie	21,5	8,32	1
Protoxide de fer	0,9	0,20	

Miémite de Toscane, par Klaproth.

			Rapp. atom.
Carbonate de chaux	53	0,084	1
Carbonate de magnésie	42,5	0,079	1
Carbonate de fer	3	0,004	

Dolomie saccharoïde des Alpes, par Berthier.

		Oxig.	Rapp.
Acide carbonique	46,6	33,71	4
Chaux	30	8,42	1
Magnésie	21	8,13	1
Matières siliceuses	2,4		

Dolomie compacte de Martin-Balatre près Namur, par Berthier.

		Rapp. atom.	
Carbonate de chaux	51,5	0.081	1
Carbonate de magnésie	43,7	0,081	1
Carbonate de fer	1,8		

Dolomie compacte de Bourbonne-les-Bains, par Berthier.

		Oxig.	Rapp.
Acide carbonique	47,0	34,0	4
Chaux	30,0	8,4	1
Magnésie	22,4	8,6	1

Dolomie ferrifère de Schams, par le même.

		Oxig.	Rapp.
Acide carbonique	41,4	29,95	4
Chaux	27,0	7,58	1
Magnésie	14,0	5,42	1
Protoxide de fer	8,4	1,91	
Protoxide de manganèse	0,2	0,04	

Nous pourrions citer plusieurs autres analyses, qui présenteraient absolument les mêmes faits que les précédentes, et par conséquent justifieraient encore l'espèce et la formule que nous avons adoptées; mais nous ne devons pas passer sous silence celles qui peuvent y jeter quelques doutes, et nous les transcrirons pour renseignemens.

Dolomie secondaire compacte de Hongrie, par Beudant.

Carbonate de chaux	59,4
Carbonate de magnésie	39,7
Péroxide de fer	0,9

Dolomie compacte d'Épinac (Saône-et-Loire), par Berthier.

Carbonate de chaux	62,1
Carbonate de magnésie	35,5
Carbonate de fer	0,7
Matières insolubles et eau	0,6

Dolomie compacte des Apennins, par Klaproth.

Carbonate de chaux	65
Carbonate de magnésie	35

Calcaire compacte de Gurof (Gurofian), par Klaproth.

		Rapp.
Caabonate de chaux	70,50,	11
Carbonate de magnésie	29, 50,	05

Calcaire rhomboèdre de Hall en Tyrol, par Klaproth.		Rapports.	Calcaire rhomboèdre de Taberg en Wermeland, par Klaproth.	
Carbonate de chaux	68	0,10 . 2	Carbonate de chaux	73
Carbonate de magnésie	25,5	0,05 . 1	Carbonate de magnésie	25
Carbonate de fer	1,0		Oxide de fer manganésien	2,25
Eau	2			
Argile	2			

Calcaire lenticulaire du Mexique, par Beudant.

		Rapp. atomiq.	
Carbonate de chaux	76,13	0,12	3
Carbonate de magnésie	23.87	0,04	1

Ces diverses analyses nous montrent des proportions fort différentes de celles que nous avons d'abord citées. Dans les trois premières on ne peut guère voir que des mélanges, car on n'y aperçoit aucune proportion définie; mais comme les matières auxquelles elles se rapportent sont en masse, on expliquerait assez facilement cette irrégularité, surtout dans l'hypothèse, t. 1, p. 593, d'une transformation du carbonate calcaire par les agens souterrains: en effet on concevrait alors facilement une sorte de cémentation, tantôt plus, tantôt moins forte, qui pourrait donner des variétés infinies de composition.

Quant aux autres analyses, il n'en est pas tout-à-fait de même: plusieurs des substances étant cristallines, il ne paraît guère possible d'y admettre une transformation de matières préexistantes, et de plus on reconnaît dans les nombres des relations qui semblent indiquer des compositions définies. Ainsi le Calcaire rhomboèdre du Tyrol se rapporte à la formule $2\,Ca\,C^2 + M\,C^2$, et le Gurofiane s'en rapproche beaucoup; le Calcaire lenticulaire du Mexique se rapporterait à $3\,Ca\,C^2 + M\,C^2$; et le Calcaire rhomboèdre de Wermeland s'en rapprocherait également. On ne peut cependant pas admettre, du moins quant à présent, ces combinaisons comme constituant des espèces; car il est possible que les rapports qu'on remarque ne soient qu'un accident dans les nombreuses variations que l'on connaît. Toutes ces circonstances jettent quelques doutes sur la constance de la formule $Ca\ C^2 + Ma\ C^2$, que nous avons adoptée comme type d'espèce, et l'on pourrait être tenté de penser que toutes les variétés que nous réunissons ici ne sont que des Calcaires magnésifères. La valeur des angles que présentent les rhomboèdres de clivages ne peut pas donner plus de certitude, parce que ces angles varient comme les mélanges même et sont constamment en rapport avec eux.

VARIÉTÉS.

Dolomie cristallisée. En rhomboèdres, le plus souvent simples, et quelquefois modifiés sur leurs arêtes ou leurs angles. Ces rhomboèdres sont semblables à ceux de clivages et leurs angles qui sont fréquemment de 106° 15′ et et 73° 45′, varient cependant en plus ou en moins suivant que la substance renferme plus ou moins de carbonate de magnésie ou de carbonate de fer.

Dolomie incrustante. En incrustations cristallines, très brillantes, sur des cristaux de Calcaires de diverses formes (du Mexique).

Dolomie doliiforme ou cylindroïde. En groupes de cristaux plus ou moins distinctes, sous la forme de baril, de cylindre, etc.

Dolomie mamelonné et *semi globulaire.* Tantôt à texture compacte ou écailleuse, tantôt à texture fibreuse.

Dolomie stalactitique. En petites stalactites cylindriques, le plus souvent couvertes d'aspérités cristallines.

Dolomie globulaire ou *pseudopolyédrique.* En globules de la grosseur d'une noisette, agrégés, déformés par leur pression mutuelle, et présentant grossièrement la forme d'un cristal; la structure est fibreuse et radiée.

Dolomie lamellaire. — granulaire. — compacte. — pulvérulente.

La Dolomie est ordinairement blanche ou peu colorée; elle offre fréquemment un éclat nacré très vif.

GISEMENT.

Nous avons fait remarquer, t. 1, page 592, que la Dolomie en couches se trouve dans les terrains anciens, dans diverses parties des terrains secondaires, et souvent en relation avec des produits ignés. Cette substance, à l'état cristallin, se trouve dans les gîtes métallifères (Guanaxuato, au Mexique), dans les roches talqueuses, où elle est disséminée, ou en petits filons (Alpes de la Savoie, du Piémont, du Tyrol). La variété en globule polyédrique se trouve en Syrmie, en petits filons au milieu des roches qui paraissent appartenir à des formations d'euphotides.

APPENDICE.

M. Lassaigne a analysé une substance en rhomboèdre, recueillie à Tinzen, dans les Grisons, dont la pesanteur spécifique était 2,927, dans laquelle il a trouvé :

		Rapp. atomiq.	
Carbonate de chaux. . . .	47,46 . .	0,075	} 1 ?
Carbonate de magnésie. . .	19,33 . .	0,036	
Carbonate de fer	11,08 . .	0,015	
Eau	32,13 . .	0,285	2 ?

Serait-ce un carbonate hydraté de la formule $(Ca,M,f)^2 + 2Aq$, ou doit-on regarder l'eau comme accidentelle? ce serait une circonstance remarquable que la conservation du système rhomboédrique, malgré la présence de l'eau. Je ne puis m'empêcher de concevoir du doute sur ces résultats, où l'on ne voit aucun rapport net.

SIXIÈME ESPÈCE. GIOBERTITE.

Magnésie carbonatée; Magnésite; Chaux carbonatée magnésifère; Dolomie; Baudisserite; Walmstedite; Breunérite.

Substance cristallisant dans le système rhomboédrique; cristaux clivables en rhomboèdres de 107° 25′ et 82° 35′ à l'état de pureté.

Pesanteur spécifique, 2,56 à 2,88.

Rayant le Calcaire, rayée difficilement par l'Arragonite.

Electricité moins facile que dans le Calcaire.

Ne tombant pas en poussière par l'action du feu; donnant par calcination une matière qui manifeste peu d'alcalinité par la saveur, mais sensiblement sur les papiers réactifs.

Soluble lentement à froid, et avec peu d'effervescence, dans l'acide nitrique. Solution précipitant peu ou point par l'oxalate d'ammoniaque; mais bien par la potasse, même après avoir été traitée par un hydrosulfate.

Composition. $M C^2$ ou $\dot{M} \ddot{C}$, d'après les analyses suivantes :

Giobertite de Baumgarten, par Stromeyer.

		Oxig.	*Rapp.*
Acide carbonique	50,75	36,71	2
Magnésie	47,63	18,43	1
Oxide de manganèse	0,21		
Eau	1,40		

Giobertite des Indes-Orientales, par Henry.

		Oxig.	*Rap.*
Acide carbonique	51	36,89	2
Magnésie	46	17,80	1
Silice	1,50		
Eau	0,50		
Perte	1,50		

Giobertite de Hrubschiz, par Bucholz.

		Oxig.	*Rapp.*
Acide carbonique	51	36,89	2
Magnésie	46,59	18,03	1 (Magnésie, Chaux, Oxide de manganèse)
Chaux	0,16	0,04	
Oxide de manganèse	0,25	0,05	
Argile	1,00		
Eau	1,00		

Giobertite de Baldissero, par Berthier.

		Oxig.	*R.*
Acide carbonique	41,80	30,23	1
Magnésie	39,00	15,09	1
Magnésite (Silice 9,4; Magn. 5,0; Eau 4,8)	19,20		

Giobertite noire du Salzburg, par Berthier.		Oxig.	Rapp.	Giobertite (Walmstedite) du Harz, par Walmstedt.		Oxig.	Rapp.
Acide carbonique.	50,6	36,60	2	Acide carbonique	48,58	35,14	2
Magnésie	44,5	17,22	1	Magnésie	40,84	15,81	1
Protoxide de fer.	4,9	1,11		Oxide de fer.	6,16	1,40	
Bitume.	traces.			Oxide de manganèse.	1,99	0,43	
				Silice	0,30		
				Eau.	10,51	9,31	

Ces analyses nous font voir que les Giobertites compactes se trouvent fréquemment mélangées de matières étrangères, et surtout de Magnésite, ce qui est assez facile à concevoir, puisque ces substances se trouvent ensemble; on voit aussi que le protoxide de fer et le protoxide de manganèse remplacent la magnésie, mais que la chaux y est rare et en très petite quantité. La dernière analyse nous présente une circonstance particulière, c'est la grande quantité d'eau qu'elle a fourni; si on ne considère pas cette eau comme hygrométrique, on aura la formule $2MC^2 + Aq$, ce qui semblerait indiquer une espèce particulière.

VARIÉTÉS.

Giobertite cristallisée. En rhomboèdres simples engagées dans des roches talqueuses, ou dans la substance qu'on désigne sous le nom de cuir fossile, page 210.

Giobertite lamellaire. En masse cristalline lamellaire, noire, du pays de Salzburg, analysée par Berthier.

Giobertite compacte. A grains très fins et très serrés, à cassure conchoïdale, ou à texture lâche et terreuse.

Giobertite terreuse. En masse, mal agregée et se réduisant facilement en matières terreuses.

GISEMENT.

La Giobertite se trouve disséminée en cristaux dans des matières magnésiennes (Alpes du Piémont, du Tyrol), où en filons dans les roches serpentineuses, où elle accompagne souvent la Magnésite. (Baldissero, Castella-Monte, en Piémont; Hrubschitz, en Moravie, etc.)

APPENDICE.

Nous avons déjà fait remarquer que l'analyse de la Giobertite du Harz semblait indiquer un carbonate hydraté de la formule $2\,MC^2 + Aq$. L'analyse d'une substance terreuse de Hoboken, faite par M. Wachtmeister, a donné :

		Oxigène.	Rapports.	
Acide carbonique	36,82	26,63	3 ou	6
Magnésie	42,41	16,41 }	2	4
Oxide de fer	0,27	0,06 }		
Eau	18,53	16,47	2	4
Silice	0,57			

Ce qui donnerait par conséquent la formule $MC^3 + MAq$. ou $3\,MC^2 + MAq^4$; c'est-à-dire un carbonate mélangé d'hydrate qui serait tout-à-fait analogue au *Magnesia alba* des pharmaciens. Cette substance se trouve à Hoboken, dans le New-Jersey en Amérique, avec l'hydrate de magnésie ou Brucite. Il existe des matières terreuses analogues à Baldissero et Castella-Monte en Piémont.

M. Berzélius a admis encore une autre espèce à laquelle il donne pour formule $MC^2 + 3\,Aq$, qui fournirait en poids :

Acide carbonique	31,50
Magnésie	29,58
Eau	39,91

mais je ne connais ni l'analyse directe, ni la localité du minéral.

SEPTIÈME ESPÈCE. SIDÉROSE.

Carbonate de fer ; Fer carbonaté ; Chaux carbonatée ferrifère ; Fer oxidé carbonaté ; Fer spathique ; Sphérosidérite ; Mine d'acier ; Spath eisenstein ; Stahlstein ; Flinz ; Braunkalk.

Substance cristallisant dans le système rhomboédrique. Cristaux clivables en rhomboèdres de 107° et 73° lorsque la matière est pure.

Pesanteur spécifique 3, à 3, 8.

Rayant le Calcaire. Rayé par l'Arragonite. Electricité difficile.

Ne tombant pas en poussière au feu, donnant par calcination une matière noire ou rouge, fusible en globules attirables à l'aimant.

Soluble lentement à froid sans effervescence sensible, faisant une vive effervescence à chaud. Solution précipitant abondamment par l'hydro-cyanate ferruginé de potasse, peu ou point par les autres réactifs.

Composition. fC^2 ou $\dot{F}\ddot{C}$ plus ou moins mélangé de carbonate de chaux, de magnésie, de manganèse, etc.

Sidérose en prisme hexaèdre d'Angleterre, par Beudant.

		Oxig.	*Rap.*
Acide carbonique	38,72	28,01	2
Protoxide de fer	59,97	13,65	1
Protoxide de manganèse	0,39	0,08	
Chaux	0,92	0,26	

Sidérose en rognons de Rancié, par Berthier.

		Oxig.	*Rap.*
Acide carbonique	39,2	28,35	2
Protoxide de fer	53,5	12,18	1
Protoxide de manganèse	6,5	1,43	
Magnésie	0,7	0,27	

Sidérose lamellaire de Baigory, Berthier.

		Oxig.	*Rap.*
Acide carbonique	41,0	29,65	2
Protoxide de fer	53,0	12,08	1
Protoxide de manganèse	0,6	0,13	
Magnésie	5,4	2,09	

Sidérose lamellaire de Bogota, par Berthier.

		Oxig.	*Rap.*
Acide carbonique	38,7	27,99	2
Protoxide de fer	53,0	12,08	1
Protoxide de manganèse	0,8	0,17	
Magnésie	4 5	1,74	
Chaux	1,0	0,28	

Sidérose lamellaire de Pierre-Rousse près Vizille, par Berthier.

		Oxig.	*Rapp.*
Acide carbonique	37,2	26,91	2
Protoxide de fer	52,6	11,98	1
Protoxide de manganèse	1,7	0,37	
Magnésie	3,6	1,39	
Chaux	1,0	0,28	

Sidérose lamellaire d'Autun, par Berthier.

		Oxig.	*Rapp.*
Acide carbonique	40,4	29,22	2
Protoxide de fer	45,2	10,29	1
Protoxide de manganèse	0,6	0,15	
Magnésie	12,2	4,72	

Sidérose lamellaire de Stahlberg, par Berthier.

		Oxig.	Rap.
Acide carbonique	37,0	26,76	2
Protoxide de fer	44,9	10,22	1
Protoxide de manganèse	10,3	2,26	
Magnésie	1,6	0,62	
Chaux	1,0	0,28	

Sidérose de Grande-Fosse, près Vizille, par Berthier.

		Oxig.	Rap.
Acide carbonique	42,6	30,81	2
Protoxide de fer	43,6	9,93	1
Protoxide de manganèse	1,0	0,22	
Magnésie	12,8	4,95	

Sidérose lamellaire d'Allevard, par Berthier.

		Oxig.	Rapp.
Acide carbonique	38,00	27,49	2
Protoxide de fer	43,00	9,79	1
Protoxide de manganèse	11,00	2,41	
Magnésie	2,30	0,89	
Silice et argile	5,70		

Autre d'Allevard, par le même.

		Oxig.	Rapp.
Acide carbonique	41,80	30,24	15
Protoxide de fer	42,80	9,74	5
Magnésie	15,40	5,96	3

Ces analyses justifient la formule que nous avons adoptée, mais elle nous montrent en même temps que la substance n'est jamais pure et que le protoxide de fer, quoique toujours dominant de beaucoup, est souvent remplacé par ses isomorphes. Dans la moitié d'entre elles ces remplacemens ont lieu d'une manière irrégulière, mais dans les autres les proportions offrent des rapports assez simples; ainsi les minerais d'Autun et de la Grande-Fosse, près de Vizilles, présentent sensiblement la formule $2fC^2 + (M, mn) C^2$ et les minerais de Pierre-Rousse, de Baigorry, de Bogota, donnent la formule $6fC^2 + (M, mn, Ca) C^2$. D'autres analyses connues conduiraient à $3fC^2 + 2mnC^2$ ou $2fC^2 + 3mnC^2$, etc.; mais ces variations même dans les proportions qui paraissent définies, l'irrégularité de plusieurs autres analyses, et le rapprochement plus ou moins clair que quelques-unes nous présentent avec des formules intermédiaires, semblent conduire définitivement à penser que ces mélanges sont accidentels.

Si nous pouvons nous borner minéralogiquement à ces analyses pour établir l'espèce minérale, il n'est pas inutile, vu l'importance de la substance comme minerais de fer, de rassembler ici une partie des nombreuses analyses que nous possédons, en nous bornant toutefois aux minerais de France analysés par M. Berthier. Le tableau suivant nous fera voir en outre combien la matière est susceptible de mélange, surtout dans les variétés compactes des terrains secondaires.

	Carbonate de fer.	Carbonate de manganèse.	Carbonate de magnésie.	Carbonate de chaux.	Silice et Argile.	Oxide de fer.	Oxide de manganèse.	Eau et Bitume.
Sidérose lamellaire de St.-George de Heurtière en Savoie	81,00	13,00	1,50	3,50	1,00			
S. compacte de Fins (Allier) par Guillemin	82.00	. . . .	. . . .	[illegible],60	6,80	. . . .	. . .	Houill 8,40
S. en globules dans l'ocre, de Pourain.	81,20	5,50	. . . .	. . . .	11,00	. . . .	. . .	Eau, 2
S, réniforme de Chaillaud (Mayenne).	80,61	. . . .	1,65	7.09	8,70	1.95		
S. réniforme dans la houille de l'Allier.	80,00	1.60	2,00	0,50	. . . .	. . . .	. . .	1,30
Sidérose compacte de Brassac (Haute-Loire).	74,80	2,10	. . . .	1,80	16,00	. . . .	. . .	4.30
S. compacte de St.-Etienne.	74,50	1,50	. . . .	6,30	13,10	. . . .	. . .	4,60
S. lamellaire d'Autun. . . .	73.50	1,00	25,20					
S. lamellaire d'Allevard en Dauphiné.	71,00	18,30	5,00		5,70			
S. réniforme des Martigues (Bouches du Rhône) . . .	70.92	2,63	4,13	7,86	9,10	. . . .	4,36	
S. lamellaire d'Allevard. . .	69,50	. . . .	31,60					
S. compacte de Rives-de-Gier	68,60	4,20	. . .	4.30	14.30	. . . .	. . .	7.30
S. *idem idem*	66,00	4,30	. . . .	0,50	25,00	. . . .	. . .	3,10
S. compacte de Barthes (Haute-Loire)	65,00	0,30	4,30	. . .	23,20	. . . .	. . .	7,00
S. compacte de St.-Etienne	61,50	6,00	. . . .	0,40	15,50	. . . .	. . .	16,60
S. réniforme de l'Allier. . .	55,30	2,20	4,00	11,00	25,9	. . . .	. . .	2,10
S. compacte de la Voulte (Arriège).	55,88	5,77	2.47	19,50	17,0	0,88		
Sidérose compacte de Brassac (Haute-Loire).	52,00	0,40	3,80	. . . .	38,30	. . . .	. . .	6,20
S. compacte du puit de l'Espérance à Rives-de-Giers.	49,20	2,40	. . . .	3,70	33,70	. . . .	. . .	11.50
S. compacte de la mine du Mouillon *idem*.	42,20	1,50	10,50	5.40	42,00	. . . .	. . .	Acide phos. 0,30
S. compacte *idem idem*. . . .	30,00	0.90	0,60	7,60	50,70	. . . .	. . .	8,20
S. compacte micacé du puit de l'Espérance à R.-de-G.	21.90	0,40	1,80	13,30	53,40	. . . .	. . .	9.20

VARIÉTÉS.

Sidérose cristallisée. Le plus souvent en rhomboèdres semblables à ceux de clivage, presque toujours simple; rarement en rhomboèdres aigus, quelquefois en prismes hexagones.

Sidérose lenticulaire. En rhomboèdres obtus, oblitérés par l'arrondissement des arêtes et des faces, tantôt isolés, tantôt groupés et constituant ce qu'on a nommé quelquefois variété en crête de coq.

Sidérose réniforme. En rognons plus ou moins gros, engagés dans les argiles schisteuses, les grès des houillères, quelquefois dans la houille.

Sidérose mamelonnée (Spherosidérite). En mamelons dans les cavités des basaltes.

Sidérose phytoïde. Sous la forme de plantes, qui se rapprochent des fougères, des licopodes, des équisétacées: dans les dépôts des terrains houillers.

Sidérose pseudo-polyédrique. En morceaux de formes diverses, qui sont en apparence réguliers et sont produits par retrait.

Sidérose lamellaire. Tantôt à grandes lames, tantôt à petites lames.

Sidérose granulaire. Composée de grains irréguliers et assez semblables à un grès.

Sidérose oolitique. Tout-à-fait semblable à ce qu'on nomme minérais de fer en grains.

Sidérose compacte. En couche ou en rognons, dans les dépôts houillers, et toujours plus ou moins mélangée de matières étrangères.

Sidérose terreuse. Dans le même gisement que la variété compacte.

Sidérose décomposée. Plus ou moins altérée et réduite en tout ou en partie à l'état de péroxide de fer. Ces décompositions ne peuvent être placées ici que pour mémoire, et appartiennent à l'espèce péroxide de fer.

Les couleurs sont le blanc jaunâtre, le jaune plus ou moins foncé, le rougeâtre, souvent le rouge d'ocre, mais seulement à la surface où il provient de la décomposition.

GISEMENT.

Le carbonate de fer cristallisé ou lenticulaire se trouve dans les filons métallifères de divers genres, dont quelques localités offrent de très beaux groupes (Brosso, en Piémont; Baigorry, Pyrénées; Sait-Agnes, Lostwithiel, Lands End, en Angleterre, etc.). Les variétés mamelonnées appartiennent particulièrement aux dépôts de basalte, d'amygdalites de diverses époques, et se trouvent dans presque toutes les localités où l'on rencontre ces dépôts. Les autres variétés de formes appartiennent toutes aux terrains secondaires.

Les variétés lamellaires, qui se trouvent accidentellement avec les variétés cristallines, les variétés compactes et oolitiques, constituent des dépôts considérables, des filons, des amas, des couches, dans les diverses sortes de formation. Nous avons déjà fait remarquer, t. 1, page 626, que les premières appartiennent aux terrains primitifs, et les autres aux terrains secondaires et particulièrement aux terrains houillers, où le carbonate lithoïde forme des couches étendues ou des séries de rognons dont l'ensemble constitue des couches. Cette variété présente, comme les grès houillers, des débris de plantes de diverses espèces qui sont passées à l'état de carbonate de fer. Les variétés oolitiques se trouvent quelquefois par petites parties dans le terrain houiller, mais particulièrement dans les dépôts de l'époque du Calcaire jurassique, comme l'a observé M. Berthier. Quelquefois c'est du carbonate pur comme dans les minerais de Hayanges (Moselle), mais le plus souvent ce carbonate est mêlé en plus ou moins grande quantité avec l'hydroxide de fer, comme dans les minerais de Châtillon (Côte-d'Or), les minerais de Narcy, près Saint-Dizier (Marne), etc.

USAGES.

Le carbonate de fer est un minerai important pour la préparation du fer, comme nous l'avons déjà vu, t. 1, page 721. On a employé de temps immémorial les variétés spathiques, mais on s'est ensuite servi avec le même succès des variétés lithoïdes qui avaient été d'abord méconnues, et qui sont les seules qu'on emploie en Angleterre. Cette espèce de minerais de fer est particulièrement propre au traitement dit à la Catalane, qui n'exige que des fourneaux de petite dimension, peu dispendieux, et par le moyen desquels on obtient immédiatement du fer sans passer par l'état préalable de fonte.

HUITIÈME ESPÈCE. DIALLOGITE.

Carbonate de manganèse; Manganèse oxidé carbonaté; Chaux carbonatée manganésifère; Rhodochrosite.

Substance cristallisant dans le système rhomboédrique; cristaux clivables parallèlement aux faces d'un rhomboèdre d'environ 103°.

Pesanteur spécifique 3, 2 à 3,592.

Rayé par l'Arragonite. Couleur fréquemment rose.

Donnant une fritte verte bien prononcée par la fusion avec le carbonate de soude. Soluble avec peu d'effervescence dans l'acide nitrique; solution évaporée à siccité, reprise par l'eau et traitée par le succinate d'ammoniaque, donnant par l'hydrocyanate ferruginé de potasse un précipité blanc abondant, qui forme de même une fritte verte par la fusion avec la soude.

Composition. $mn\,C^2$ ou $Mn\,\ddot{C}$ plus ou moins mélangé de carbonate de fer, de chaux, de magnésie.

Diallogite de Nagy-Ag, par Berthier.

		Oxig.	*Rapp.*
Acide carbonique	38,6	27,92	2
Protoxide de manganèse	56,0	12,28	1
Chaux	5,4	1,51	

Diallogite de Freyberg, par le même.

		Oxig.	*Rap.*
Acide carbonique	38,7	27,99	2
Protoxide de manganèse	51,0	11,19	1
Protoxide de fer	4,5	1,02	
Chaux	5,0	1,40	
Magnésie	0,8	0,31	

Diallogite de Buchemberg, par Duménil.

		Oxig.	Rap.
Acide carbonique	33,75	24,41	2
Protoxide de manganèse	49,45	10.84	1
Protoxide de fer	1,87	0,42	
Chaux	2,50	0,72	
Rhodonite	9,52		

Diallogite brune de Bohême, par Descotils.

		Oxig.	Rap.
Acide carbonique	35,60	25,75	2
Protoxide de manganèse	48,27	10,58	1
Protoxide de fer	8,00	1,82	
Chaux	2,40	0,67	
Rhodonite	8,73		

On voit par ces analyses que la Diallogite est mélangée de matières étrangères, d'un côté de différens carbonates, d'un autre de bisilicate de manganèse. Les variétés de Freyberg et de Bohême pourraient indiquer des sels doubles de la formule $4\ mn\ C^2 + (f, Ca, M)\ C^2$; mais une analyse que j'ai faite et qui m'a fourni:

		Oxigène.	Rapports.
Acide carbonique	41,43	29,97	6
Protoxide de manganèse	22,80	5,00	1
Chaux	35,77	10,05	2

donnerait une formule contraire $mn\ C^2 + 2\ Ca\ C^2$, et cette multiplicité de formule semble indiquer ici, comme dans les autres espèces, qu'il y a simplement mélange des divers carbonates, qui quelquefois se trouvent accidentellement en proportions définies.

VARIÉTÉS.

Diallogite cristallisée. En rhomboèdres, en dodécaèdres à triangles scalènes, dont il est difficile de mesurer les angles, parce que les faces sont arrondies et les cristaux groupés.

Diallogite lamellaire. A lames plus ou moins grandes, quelquefois entremélées de quarz.

Diallogite compacte. Toujours plus ou moins mélangée de silicate de manganèse.

La couleur la plus ordinaire est le rose plus ou moins intense; mais il y a aussi des variétés blanches, jaunâtres et brunes.

GISEMENT.

La Diallogite est une matière de filons, peu abondante, et qui n'a encore été trouvée que dans quelques localités (Schebenholz, près d'Elbingerode au Harz; Freyberg en Saxe; Kapnik en Hongrie; Nagy Ag en Transylvanie, etc.)

NEUVIÈME ESPÈCE. CARBOCÉRINE.

Carbonate de cérium.

Substance indiquée par M. Berzélius, ayant la formule $\mathit{Ce}\,\mathit{C}^2$ ou $\dot{Ce}\,\ddot{C}$, mais dont les caractères et le gisement n'ont point été donnés.

On reconnaîtra la présence du cérium à ce que la solution donne par l'oxalate d'ammoniaque un précipité qui brunit par calcination, et qui forme avec le borax un verre rouge ou orange foncé à chaud, qui devient jaune par le refroidissement.

DIXIÈME ESPÈCE. SMITHSONITE.

Zinc carbonaté; Zinc oxidé; Calamine; Galmeï; Zinkspath.

Substance cristallisant dans le système rhomboédrique. Cristaux clivables en rhomboèdres obtus de 107° 40′ et 72° 20′.

Pesanteur spécifique 3,60 à 4,44.

Rayant l'Arragonite, rayé par l'Apatite.

Donnant par calcination sur le charbon un éclat assez vif et une fumée blanche qui se dépose autour de la pièce d'essai. Soluble avec effervescence dans l'acide nitrique; solution donnant par l'ammoniaque un précipité blanc qui se redissout par un excès d'alcali.

Composition. $Zn\ C^2$ ou $\dot{Zn}\ \ddot{C}$ rarement mélangé de matières étrangères, lorsque la substance est cristalline.

Smithsonite du Sommersetshire, par Smithson.

		Oxig.	*Rap.*
Acide carbonique	35,2	25,46	2
Oxide de zinc	64,8	12,87	1

Smithsonite du Derbishyre, par le même.

		Oxig.	*Rap.*
Acide carbonique	34,8	25,17	2
Oxide de zinc	65,2	12,95	1

Smithsonite de l'Altai, par John.

		Oxig.
Acide carbonique	36	26,04
Oxide de zinc	62,50	12,41

Smithsonite par Bergmann.

		Oxig.
Acide carbonique	28	20,25
Oxide de zinc	65	12,91
Oxide de fer	1	
Eau	6	

Ces analyses nous font voir le rapport indiqué par la formule entre l'acide et la base du sel; il n'y a d'erreur que dans l'analyse de M. John et surtout dans celle de Bergmann; mais celle-ci étant fort ancienne, il ne serait pas étonnant que les quantités respectives de matières ne fussent pas dosées exactement; d'ailleurs la présence de l'eau indiquerait peut-être un mélange de l'espèce suivante.

Nous voyons dans ces analyses le carbonate de zinc à l'état de pureté; mais cette substance est fréquemment aussi mélangée de matières étrangères, comme on le voit dans le tableau suivant qui résulte des analyses de M. Berthier.

	Carbonate de zinc.	Carbonates étrangers.	Matières étrangères.
Smithsonite concrétionnée du pays de Galles.	97. .	. . . .	Oxide de fer. . . 3,00
Smithsonite caverneuse de Sibérie.	95. .	de fer . . 1,50 de manganèse . 3,00	
S. concrétionnée d'Aulus dans les Pyrénées.	94,50	. . . .	. . 5,50
Smithsonite mamelonnée de Sibérie. . .	93,00	de fer . . 7,00	
Smithsonite cristallisée de Limbourg . . .	88,00	. . . .	Calamine. 12,00
S. concrétionnée de St.-Sauveur (Manche).	69,00	. . . .	Gangue et oxide de fer. . 30
Smithsonite de Sauxais (Vienne)	43,00	de fer . . 7,00 de magn. 6 de chaux. 22,00	Argile et eau. . . 22,00

VARIÉTÉS.

Smithsonite cristallisée. En petits rhomboèdres aigus et en dodécaèdres à triangles scalènes, peu susceptibles de mesures.

Smithsonite stalactitique. En stalactites toujours peu volumineuses, ou en concrétions stalactitiques.

Smithsonite speudomorphique? En carbonate de chaux cristallisé et lenticulaire. Ces prétendues speudomorphoses sont peut-être tout simplement des cristaux de carbonate de zinc.

Smithsonite lamellaire. — fibreuse. — compacte.

Smithsonite cuprifère (mine de laiton). Colorée en bleu ou en verdâtre par le carbonate de cuivre.

Les couleurs ordinaires sont le blanc et le jaunâtre.

Le carbonate de zinc, dont nous nous occupons, a été pendant long-temps confondu avec le silicate sous le nom de Calamine, et c'est à M. Smithson que nous devons la distinction. Ayant conservé le nom de Calamine au silicate, il nous a paru nécessaire de prendre une dénomination particulière pour le carbonate, et d'autant plus que l'expression chimique devient insuffisante, parce qu'il existe deux espèces de la même base. Nous espérons que le nom de *Smithsonite*, qui rappelle un savant auquel nous devons plusieurs faits importans, manifestés dans un temps où la science était très peu avancée sous le rapport chimique, n'éprouvera aucune contradiction.

GISEMENT ET USAGES.

Les Smithsonites cristallisées, stalactitiques, fibreuses, se trouvent dans divers gites métallifères (Aulus, Pyrénées; Holywall, Allonhead, Mendips-Hill, etc., en Angleterre; Hofsgrund et Sulzburg, pays de Bade; Bleiberg en Carinthie; Rezbanya au Banat; Gazimour; Nertschinsk en Sibérie, etc.); mais les variétés compactes forment des couches plus ou moins considérables dans les terrains secondaires, où elles accompagnent fréquemment la Calamine, comme nous l'avons déjà indiqué, t. 1, page 635.

Cette substance est exploitée avec la Calamine, soit pour la préparation du laiton (alliage de zinc et de cuivre), soit pour la préparation même du zinc, qu'on emploie fréquemment aujourd'hui dans les arts.

ONZIÈME ESPÈCE. ZINCONISE.

(Du mot *Zinc* et de Κονις, poussière.)

Zinkblüthe; Calamine terreuse; Fleur de zinc; Cadmie native.

Substance terreuse ou pulvérulente.

Pesanteur spécifique, 3,59.

Donnant de l'eau par calcination et du reste se conduisant comme la Smithsonite.

Composition. Carbonate de zinc formé de deux atomes d'oxide et un d'acide, ZC ou $\dot{Z}^2\ddot{C}$, avec de l'hydrate de zinc, d'après les analyses suivantes, de la variété tirée de Bleiberg en Carinthie.

Par Smithson :		Oxig.	Rapp.	Par Berthier :		Oxigène.	Rapp.
Acide carbonique	13,50	9,76	3	Aicde carbonique	13	9,40	3
Oxide de zinc .	71,40	14,18	4	Oxide de zinc.	67	13,31	4
Eau.	15,10	13,42	4	Eau, au moins	20	17,78	5

La première analyse donnerait la formule $3ZC + ZAq^4$; la seconde donnerait $3ZC + ZAq^5$. Elles sont toutes deux irrégulières, parce que l'oxigène de l'eau n'est pas un multiple de l'oxigène de l'acide. C'est sans doute par cette raison que M. Berzélius a admis $3ZC + ZAq^3$; mais on serait plus près de la dernière analyse en admettant $3ZC + ZAq^6$. Il est cependant à observer, que M. Berthier en précipitant une solution de sulfate de zinc par du carbonate de potasse saturé, a obtenu une substance qui renfermait

		Oxigène.	Rapports.
Acide carbonique	13,50	9,76	3
Oxide de zinc	67	13,31	4
Eau	19,50	17,33	5

résultat tout-à-fait semblable à celui de la seconde analyse, et qui semblerait par conséquent confirmer la formule que nous en avons déduite.

Quoi qu'il en soit, on voit que la quantité d'acide carbonique est telle qu'il est impossible d'en tirer la formule ZC^2 et qu'on ne peut en faire que ZC, première différence avec la Smithsonite. D'un autre côté il reste de l'oxide de zinc et de l'eau, et par conséquent un hydrate de zinc dont l'ordre n'est peut-être pas rigoureusement déterminé; mais dont la quantité paraît être en proportion définie. Il résulte de là que cette matière n'a aucune analogie avec la Smithsonite, et qu'il faut nécessairement en faire une espèce particulière. Nous lui avons donné le nom de Zinconise (*poussière de zinc*), qui correspond à l'expression *zinkblüthe*, par laquelle cette matière a été désignée par Karsten.

Cette espèce de carbonate de zinc n'est encore connu d'une manière claire qu'en petites masses terreuses dans les mines de plomb de Bleiberg en Carinthie.

DOUZIÈME ESPÈCE. WITHÉRITE.

Baryte carbonatée; Carbonate de baryte; Barolite; Spath pesant aéré.

Substance blanche, cristallisant dans le système prismatique rectangulaire droit. Cristaux dérivant d'un prisme rhomboïdal de 118° 57′ et 61° 3′.

Pesanteur spécifique 4, 29. Produisant dans la main la sensation d'un poids beaucoup plus considérable que les carbonates précédens.

Rayant le Calcaire; rayée par le Fluor.

Poussière phosphorescente sur un charbon ardent.

Donnant une matière légèrement caustique par calcination.

Soluble lentement avec effervescence dans l'acide nitrique; solution précipitant abondamment par l'acide sulfurique ou un sulfate, quelque étendue qu'elle soit; ne précipitant pas par un barreau de zinc.

Composition. $Ba\,C^2$ ou $\dot{B}a\,\ddot{C}$ d'après les analyses suivantes :

Withérite en cristaux très nets d'Angleterre, par Beudant.

		Oxig.	Rapp.
Acide carbonique	22,5	16,27	2
Baryte. . . .	77,1	8,05	1
Chaux. . . .	0,4	0,11	

Withérite de Styrie, par Klaproth.

		Oxigène.	Rapports
Acide carbonique	22	15,91	2
Baryte . . .	78	8,15	1

Withérite d'Anglesark, par Klaproth.

Carbonate de baryte. . .	98,246
Carbonate de strontiane .	1,703
Carbonate de cuivre. . .	0,008
Alumine et oxide de fer .	0,043

Withérite de Snailbach en Shropshire, par Aikin.

Carbonate de baryte. . .	96,30
Carbonate de strontiane .	1,10
Sulfate de baryte. . . .	0,90
Silice.	0,50

Les deux premières analyses nous indiquent le rapport que nous avons adopté pour formule, et les autres nous font voir que la substance est quelquefois mélangée de matière étrangère.

VARIÉTÉS.

Withérite cristallisée. Assez rare. En prisme à base d'hexagone, rarement simples, pl. VIII, fig. 51, mais portant le plus souvent des facettes de prismes rhomboïdaux secondaires, ou bien des facettes annulaires, fig. 53, 54, ou enfin une pyramide, fig. 56. Quelquefois ce sont des cristaux simples en dodécaèdres à triangles isocèles, fig. 58.

Inclinaison de a sur d, d', d'', 145° 30′, 126° 16′, 110° 30′.

Withérite aciculaire. En cristaux très déliés, très brillans (du Cumberland).

Withérite fibreuse. Composée de fibres divergentes très fines et très serrées les unes sur les autres.

Withérite compacte. N'est le plus souvent qu'une variété extrême de la variété fibreuse.

L'éclat est presque toujours gras dans les variétés fibreuses et compactes; le même éclat se présente dans les variétés cristallines opaques.

GISEMENT.

La Withérite est une substance de filon; elle se trouve particulièrement dans les mines de plomb et accompagnée de toutes les substances que renferment ces dépôts. Elle est plus commune en Angleterre que dans toute autre contrée (Arkendale,

Walhope, etc., en Cumberland; Alstone Moor, comté de Durham; Anglesark en Lancashire; Snailbach en Schropsire; Mertonfell en Westmoreland; Saint-Asaph en Flintshire); on la trouve en Styrie (Neuberg, près Mariazell); en Salzburg (Leogang); en Sibérie (Schlangenberg), et on la cite en Sicile (Azaro et Radussa).

USAGES.

Cette substance n'est encore employée, lorsqu'on peut se la procurer, que pour préparer les sels de Baryte dont on se sert dans les laboratoires.

TREIZIÈME ESPÈCE. BARYTOCALCITE.

Substance cristallisant en prisme oblique à bases rhombes de 106° 54′ et 73° 6′ dont la base est inclinée sur les pans de 102° 54′ suivant M. Brooke.

Pesanteur spécifique 3, 66.

Rayant le Calcaire; rayée par l'Apatite.

Donnant une matière caustique par calcination. Soluble avec effervescence dans l'acide nitrique. Solution étendue, précipitant d'abord par l'acide sulfurique ou un sulfate, et ensuite par l'oxalate d'ammoniaque.

Composition. $Ba\,C^2 + Ca\,C^2$ ou $\dot{B}a\,\ddot{C} + \dot{C}a\,\ddot{C}$ d'après l'analyse de M. Children qui a fourni

		Rapports atomiques.	
Carbonate de baryte.	65,9 . .	0,053 .	1
Carbonate de chaux	33,6 . .	0,053 .	1

Cette substance n'a encore été trouvée qu'à Alstone Moor, dans le comté de Durham.

QUATORZIÈME ESPÈCE. STRONTIANITE.

Carbonate de strontiane; Strontiane carbonatée.

Substance cristallisant dans le système prismatique rectangulaire droit; cristaux dérivant d'un prisme rhomboïdal de 117° 32′ et 62° 28′.

Pesanteur spécifique, 3,65.

Rayant le Calcaire; rayée par le Fluor.

Poussière phosphorescente sur les charbons ardens.

Donnant une matière légèrement caustique par calcination. Soluble avec effervescence dans l'acide nitrique. Solution cessant de précipiter par l'acide sulfurique ou un sulfate, lorsqu'elle est très étendue; ne précipitant pas par un barreau de zinc.

Composition. $Sr\,C^2$ ou $\dot{Sr}\,\ddot{C}$ plus ou moins mélangé de carbonate de chaux et de manganèse.

Strontianite de Braunsdorff, par Stromeyer.

		Oxig.	*Rapp.*
Acide carbonique	29,9452	20,21	2
Strontiane	67,5178	10,43	1
Chaux	1,2000	0,36	
Oxide de manganèse	0,0912		
Eau	0,0727		

Strontianite d'Écosse, par le même.

		Oxig.	*Rap.*
Acide carbonique	30,3100	21,92	2
Strontiane	65,6026	10,13	} 1
Chaux	3,4713	0,97	}
Oxide de manganèse	0,0680		
Eau	0,0753		

VARIÉTÉS.

Strontianite cristallisée. Rare. En petits prismes hexagones simples ou modifiés sur les arêtes des bases pl. VIII, fig. 51, 55.

Inclinaison de *a* sur *d*, *d′*, 129° ? 139° ? de *L* sur *c*, *c′*, 126° 5′, 143 20′; *a* sur *L* 121° 14′.

Strontianite aciculaire. En petites pointes cristallines très fines.

Strontianite fibreuse. A fibres divergentes, fines, plus ou moins agrégées, et formant une masse le plus souvent d'une teinte verdâtre.

La Strontianite est encore une matière de filon, qu'on a trouvée particulièrement à Stronthian en Écosse, Braunsdorff en Saxe, Leogang dans le Salzburg?

APPENDICE.

Le docteur Traill a fait l'analyse d'une subtance dans laquelle il a trouvé

		Rapports atomiques.	
Carbonate de strontiane. . . .	68,6 . .	0,074 .	4
Sulfate de baryte.	27,5 . .	0,019 .	1
Carbonate de chaux.	2,6		
Oxide de fer.	0,1		
Perte.	1,2		

On l'a considéré comme une espèce particulière à laquelle on a donné les noms de *Stromnite* du nom de lieu Stromness dans les Orcades où elle a été trouvée, et de *Barystrontianite*. Il n'est pas bien clair qu'on puisse regarder cette matière comme une espèce ; mais le carbonate de Strontiane et le sulfate de Baryte sont entre eux dans des rapports simples qui pourraient le faire soupçonner et donneraient la formule $4\ Sr\ C^2 + Ba\ Su^3$.

Suivant l'auteur la pesanteur spécifique est 3,703.

Cette substance s'est trouvée en veines ou nids, et accompagnée de galène, dans un schiste argileux.

QUINZIÈME ESPÈCE. CÉRUSE.

Plomb carbonaté; Plomb blanc; Céruse native; Bleispath; Bleiglas, Minium natif.

Substance cristallisant dans le système prismatique rectangulaire droit. Cristaux dérivant d'un prisme rhomboïdal de 117° et 63°.

Pesanteur spécifique 6,729.

Rayant difficilement le Calcaire; très fragile.

Eclat très vif et adamantin dans les cristaux.

Facilement réductible au chalumeau sur le charbon.

Soluble avec effervescence dans l'acide nitrique. Solution laissant précipiter des lamelles brillantes métalliques sur un barreau de zinc.

Composition. $Pb\ C^2$ ou $\dot{Pb}\ \ddot{C}$ plus ou moins mélangé de matières étrangères.

Céruse de Leadhill, par Klaproth.

		Oxig.	Rapp.
Acide carbonique	16	11,57	2
Protoxide de plomb	82	5,88	1
Eau et perte	2		

Céruse de Zellerfeld, par Westrumb.

		Oxig.	Rapp.
Acide carbonique	16	11,57	2
Protoxide de plomb	81,2	5,82	1
Chaux	0,9		
Oxide de fer	0,3		
Eau et perte	1,6		

Céruse diaphane de Nertschinsk, par John.

		Oxig.	Rapp.
Acide carbonique	15,5	11,21	2
Protoxide de plomb	84,5	6,06	1

Céruse translucide de Nertschinsk, par le même.

		Oxig.	Rap.
Acide carbonique	15,00	10,85	2
Protoxide de plomb	73,50	5,27	1
Silice	8,00		
Alumine et oxide de fer	2.66		

Céruse terreuse d'Eschweiller, par John.

		Oxig.	Rap.
Acide carbonique	14,25	10,31	2
Protoxide de plomb	69,75	5,00	1
Oxide de fer	0,25		
Matières insolubles	14,25		
Eau et perte	1,50		

Céruse terreuse de Tarnowitz, par le même.

		Oxig.	Rap.
Acide carbonique	12	8,68	2
Protoxide de plomb	66	4,77	1
Alumine et oxide de fer	7		
Silice	10,50		
Eau	2,25		

Minium de Kall, par John.

		Oxigène.	Rapport.
Acide carbonique. . . .	10	. . . 7,23	2
Protoxide de plomb . . .	48,25	. . . 3,46	1
Chaux et oxide de fer . .	0,50		
Matières insolubles . . .	37,25		
Eau.	4		

Toutes ces analyses donnent sensiblement les rapports indiqués; mais on voit que les variétés terreuses sont très mélangés de matières étrangères qui forment jusqu'aux 3/5 de la masse.

VARIÉTÉS.

Céruse cristallisée. Les cristaux souvent très brillans. En tables bisalées sur les bords et modifiées de diverses manières, pl. IX, fig. 31 à 33, 37, 38, 42. En prismes hexagones simples ou modifiés sur les arêtes des bases pl. VIII, fig. 51 à 55, ou terminés par des pyramides, fig. 56, 57, ou en dodécaèdres à triangles isocèles, fig. 58, 59. En octaèdres de diverses espèces, pl. IX; fig. 34 à 36, 39, 40; pl. X, fig. 13, 24, 47, 48.

Inclinaison de L sur a, a', 121° 26', 151° 21'; L sur c, c', c'', 109° 16', 125° 43', 145° 16'; de a sur d, d', d'', 124° 42', 144° 15', 146° 12'.

Céruse maclée. En cristaux groupés par les pans des prismes rhomboïdaux, t. 1, pl. VIII, fig. 22, et offrant d'ailleurs des groupemens assez semblables à ceux de l'Arragonite, fig. 7 à 11, ordinairement terminés par des arêtes de pyramides.

Céruse aciculaire. — bacillaire. — fibreuse.

Céruse mamelonnée. — stalagmitique.

Céruse compacte. Quelquefois ce sont des variétés extrêmes de la Céruse fibreuse; mais on trouve aussi à cet état des matières terreuses plus ou moins solides et qui renferment souvent beaucoup de substances étrangères.

GISEMENS.

La Céruse ne forme jamais de dépôts à elle seule; c'est une matière de filons et qui se trouve particulièrement dans les dépôts de Galène. On ne peut pas citer de localités particulières, parce qu'il s'en trouve partout. Les plus beaux échantillons proviennent des mines de Lacroix, Vosges, de Geroldseck en Souabe, de Badenweiller, du Derbyshire, du Cumberland, de Durham en Angleterre, de Leadhills en Ecosse, des mines de Gazimour en Sibérie, etc.

Ces matières sont traitées avec la Galène pour la préparation du plomb.

SEIZIÈME ESPÈCE. LEADHILLITE.

Plomb carbonaté rhomboédrique ; Plomb sulfo-carbonaté.

Substance cristalline, en cristaux dérivant d'un rhomboèdre aigu de 72° 30′ et 107° 30′ (Brooke).

Pesanteur spécifique, 6,3 à 6,5.

Rayée par le Calcaire.

Réductible au chalumeau sur le charbon. Soluble avec effervescence dans l'acide nitrique, avec un résidu qui présente les caractères du sulfate de plomb ; solution précipitant des lamelles métalliques sur un barreau de zinc.

Composition. $3\ Pb\ C^2 + Pb\ Su^2$ d'après les analyses suivantes :

Par Brooke :			Par Stromeyer :		
		Rapp. atomiq.			*Rapp. atomiq.*
Carbonate de plomb . . .	72,5 . 0,042	. 3	Carbonate de plomb . . .	72,7 0,043	. 3
Sulfate de plomb . . .	27,5 . 0,014	. 1	Sulfate de plomb . . .	27,3 . 0,014	. 1

En petits cristaux verdâtres, jaunâtres ou brunâtres, où domine le rhomboèdre, tantôt simple, tantôt modifié de diverses manières.

Cette substance se trouve à Leadhills, dans le comté de Lanark en Écosse ; elle est accompagnée de phosphate de plomb jaunâtre en petites aiguilles.

DIX-SEPTIÈME ESPÈCE. LANARKITE.

Plomb carbonaté rhomboédrique ; Sulfato-carbonate de plomb ; Plomb sulfo-carbonaté.

Substance cristallisée; en cristaux dérivant d'un prisme droit? rhomboïdal d'environ 120° 45′ et 59° 15′ (Brooke).

Pesanteur spécifique, 6,8 à 7,0.

Rayée par le Calcaire.

Réductible au chalumeau sur le charbon. Soluble avec une faible effervescence dans l'acide nitrique, avec un résidu qui présente les caractères du sulfate de plomb.

Solution précipitant des lamelles métalliques sur un barreau de zinc.

Composition. $Pb\ C^2 + Pb\ Su^3$ ou $\dot{P}b\ \ddot{C} + \dot{P}b\ \dddot{S}u$ d'après l'analyse présentée par M. Brooke.

		Rapports atomiques.	
Carbonate de plomb	46,9	0,028	1
Sulfate de plomb	53,1	0,028	1

En petits prismes blanchâtres, grisâtres, bleuâtres, verdâtres, accompagnant le phosphate de plomb à Leadhills en Ecosse.

DIX-HUITIÈME ESPÈCE. CALÉDONITE.

Substance cristalline. Cristaux en prismes rhomboïdaux d'environ 95° et 85° (Brooke).

Pesanteur spécifique, 6,4.

Rayant le Calcaire.

Couleur verdâtre passant au bleuâtre.

Réductible au chalumeau sur le charbon. Soluble avec une faible effervescence dans l'acide nitrique, en laissant un résidu qui offre les caractères du sulfate de plomb. Solution devenant bleu par l'addition de l'ammoniaque, donnant des lamelles de plomb sur une lame de zinc et en même temps un précipité cuivreux.

Composition. $Cu\ C^2 + 2Pb\ C^2 + 3Pb\ Su^2$ d'après l'analyse donnée par M. Brooke.

		Rapports atomiques.
Carbonate de plomb	32,8	0, 02
Carbonate de cuivre	11,4	0, 01
Sulfate de plomb	55,8	0, 03

On pourrait peut-être transformer l'expression précédente en $(Pb, Cu)^2 + P\ Su^3$ et par conséquent rapporter cette substance à l'espèce Lanarkite, mais on ne peut guère faire cadrer les formes entre elles. L'on ne trouve pas plus de facilité dans la comparaison de cette substance avec le sulfate de plomb, et de là il paraît résulter qu'on en doit faire une espèce distincte.

On connaît peu de formes de cette substance, et ce sont des tables rectangulaires, rhomboïdales, hexagonales, modifiées de diverses manières, et en général différemment du carbonate et du sulfate de plomb, pl. VIII, fig. 42, 23, 24, 36.

Inclinaisons de *L* sur *a*, 132° 30′, de *L* sur *c*, 144° 30′; de *a* sur *d*, *d′*, *d″*, 123° 12′? 143° 47′? 155° 9′? On peut remarquer que ces angles approchent de leurs analogues dans la Céruse, mais en diffèrent de manière à ce que le type de cristallisation doit avoir des dimensions différentes.

GISEMENT.

Cette matière se trouve encore avec les espèces précédentes; les cristaux qu'elle présente sont des prismes rectangulaires modifiés sur toutes leurs arrêtes par des faces dont les inclinaisons ne se trouvent ni dans le carbonate de plomb ni dans le sulfate.

OBSERVATIONS.

On a été tenté, et j'ai moi-même partagé cette opinion, de considérer la Leadhillite comme étant à la Céruse ce que l'Arragonite est au Calcaire, c'est à dire comme étant le même carbonate sous deux formes différentes, en regardant alors le sulfate de plomb comme accidentel; mais lorsqu'on voit ce sel en si grande quantité, lorsque deux analyses d'auteurs différens, le présentent dans les mêmes proportions, et que ces proportions donnent des rapports définis, il est bien difficile de ne pas admettre l'existence d'un sel double, ce qui achève d'établir la substance comme une espèce distincte, puisqu'il y a à-la-fois différence de forme et différence de composition.

Quant à l'espèce Lanarkite, on ne peut non plus la confondre avec aucune autre; sa forme n'appartient ni au sulfate ni au carbonate de plomb, et on ne pourrait tout au plus la rapporter qu'à la Leadhilite, en regardant les deux substances comme cristallisant en prisme oblique rhomboïdal; mais la symétrie des modifications ne peut guère permettre de rapporter les formes de la Leadhilite à un autre système que le système rhomboèdrique, et la Lanarkite au contraire s'en éloigne. D'un autre côté, les proportions des deux sels sont différentes et définies de part et d'autre, en sorte qu'il semble bien qu'il y ait encore ici une espèce particulière.

Enfin la Calédonite est encore dans le même cas; les formes ne peuvent être rapportées à aucune de celles des espèces précédentes, ni à celles du sulfate de plomb, car tous les angles sont intermédiaires à ceux qui existent dans ces substances; d'où il résulte qu'il faut admettre des dimensions différentes dans la forme type dont on peut faire dériver toutes les autres. Enfin les parties composantes sont aussi en proportions définies et différentes de tout ce qui existe.

D'après ces considérations, il m'a paru impossible de ne pas établir ces trois matières comme espèces distinctes; dès-lors pour suivre les principes que j'ai exposés tome 1, page 522, j'ai dû leur donner des noms univoques. J'ai nommé l'une *Leadhilite,* du nom du lieu où on les trouve toutes les trois, une autre *Lanarkite*, parce que cette localité fait partie du comté de Lanark, et enfin la troisième *Calédonite* de l'ancien nom de l'Ecosse.

DIX-NEUVIÈME ESPÈCE. MYSORINE.

Carbonate de cuivre anhydre.

Substance d'un brun noirâtre foncé, à l'état de pureté, mais généralement salie de vert, de rouge, de brun, par suite des mélanges de Malachite et de péroxide de fer; à cassure conchoïde à petite cavité; tendre et se laissant couper au couteau.

Pesanteur spécifique 2,620.

Ne donnant pas d'eau par calcination. Soluble dans les acides, avec dépôt de matière insoluble rouge, si elle est impure. Solution précipitant du cuivre sur une lame de fer.

Composition. *Cu C* ou $\dot{C}u^{2}\ddot{C}$ d'après l'analyse suivante que l'on doit à M. Thomson.

		Oxigène.	*Rapports.*
Acide carbonique	16,70 .	. 12,08	1
Deutoxide de cuivre. . . .	60,75 .	. 12,25	1
Péroxide de fer	19,50		
Silice	2,10		
Perte	0.95		

Cette matière, très rare dans les collections, a été observée par le docteur Heyne dans la péninsule de l'Indostan, près de la frontière orientale du pays de Mysore; elle est indiquée comme s'y trouvant en nids dans des roches anciennes.

Nous remarquerons que la Malachite compacte, en perdant son eau à une douce chaleur, prend des caractères extérieurs assez semblables à ceux qu'on a indiqués pour cette substance, qui peut-être est due à une semblable décomposition.

VINGTIÈME ESPÈCE. MALACHITE.

Cuivre carbonaté vert; Vert de montagne; Cendre verte; Cuivre hydro-siliceux cristallisé.

Substance verte, cristallisant en prismes droits rhomboïdaux, d'environ 103° et 77°. (1)

Pesanteur spécifique, 3,5.

Rayant le Calcaire, rayée par le Fluor.

---

(1) Haüy, qui dans sa dernière édition s'était décidé à rejeter l'espèce Malachite et à la confondre avec l'Azurite, l'a adoptée sans s'en apercevoir, par suite d'une fausse étiquette portée sur un échantillon qui lui avait été donné par le docteur Chrichton et qu'il a regardé comme le type cristallin de *son cuivre hydrosiliceux*, pour lequel il a admis un prisme rhomboïdal droit de 103° 20'. Or ce prétendu cuivre hydrosiliceux n'est autre chose qu'un carbonate de cuivre, et se rapporte complètement à la Malachite. Cette erreur de ce savant est une preuve de l'importance des essais chimiques pour la distinction des espèces minérales.

Donnant de l'eau par calcination, et noircissant. Solution précipitant du cuivre sur une lame de fer.

Composition. $Cu^2 C^2 Aq = 2 Cu C + Aq$ ou $\dot{C}u^2 \ddot{C} + Aq$. Les analyses ont fournies les données suivantes :

Malachite de Sibérie, par Klaproth.

		Oxig.	Rapp.
Acide carbonique	20,5	14,83	2
Deutoxide de cuivre	71,7	14,46	2
Eau	7,8	6,93	1

Malachite terreuse de Sibérie, par Beudant.

		Oxig.	Rap.
Acide carbonique	7,3	5,28	2
Deutoxide de cuivre	25,2	5,08	2
Eau	3,2	2,93	1
Matières insolubles	64,4		

Malachite de Chessy, par R. Phillips.

		Oxig.	Rap.
Acide carbonique	18,5	13,38	2
Deutoxide de cuivre	72,2	14,57	2
Eau	9,3	8,26	1 ?

Malachite de Sibérie, par Vauquelin.

		Oxig.	Rapp.
Acide carbonique	21,25	15,37	2
Deutoxide de cuivre	70,10	14,12	2
Eau	8,65	7,69	1

Malachite silicifère, par Klaproth.

		Oxig.	$CuSi^5 + 3Aq$		Rapp.
Acide carbonique	7,00	5,06	=	5,06	2
Deutoxide de cuivre	50,10	10,00	= 4,94	+ 5,06	2
Silice	26	13,50	= 13,50		
Eau	16,90	15,02	= 12,69	+ 2,53	1

Ces analyses nous montrent sensiblement les rapports que nous avons adoptés dans la formule; s'il y a quelques petites différences dans les analyses de M. Phillips et de Vauquelin, on pourrait les attribuer à ce que la Malachite, étant fréquemment le résultat de la décomposition de l'Azurite, il reste une petite portion de cette dernière substance qui augmente les quantités de cuivre et d'eau. La Malachite silicifère de Klaproth nous présente encore les mêmes proportions, mais avec un reste qui annonce un silicate de cuivre hydraté, dont on formera peut-être par la suite une espèce, page 194.

VARIÉTÉS.

Malachite cristallisée. En prismes rhomboïdaux, à sommets dièdres, simples ou modifiés sur les arêtes latérales, pl. IX, fig. 13, 15 et 16.

Inclinaison de a sur b, 112° 30′; de b sur b, 56° 23′.

Malachite pseudomorphique. En cube, en octaèdre, en dodécaèdre rhomboïdal, provenant de la décomposition du protoxide de cuivre; en prismes rhomboïdaux obliques diversement modifiés, provenant de la décomposition de l'Azurite. Dans les premières pseudomorphoses la matière est terreuse; dans les secondes les cristaux sont fibreux à l'intérieur et présentent des fibres qui divergent de différens centres.

Malachite aciculaire. En petits cristaux recouvrant diverses matières.

Malachite mamelonnée, stalactitique, stalagmitique. Offrant des masses concrétionnées, tantôt pleines et cristallines, tantot testacées, ou composées de couches terreuses souvent séparées les unes des autres, et constituant ce qu'on a quelquefois nommé *Malachite scoriacée.*

Malachite fibreuse. A fibres droites, parallèles, divergentes ou entrelacées.

Malachite compacte. Variété extrêmement fine de la Malachite fibreuse, ou modification de la variété terreuse offrant plus de solidité.

Malachite terreuse. Quelquefois pure, le plus souvent mélangée avec des matières sableuses.

La couleur générale est le vert, mais qui varie considérablement de nuances dans les variétés qui ne sont pas cristallines : celles-ci présentent un beau vert pré très brillant.

GISEMENT.

La Malachite est ordinairement une matière subordonnée aux gîtes métallifères et particulièrement aux minerais de cuivre, où elle forme, tantôt des enduits cristallins dans les cavités, tantôt de petits dépôts concrétionnés. Les variétés terreuses sont fréquemment mélangées avec des matières sableuses et argileuses de la base des terrains secondaires, et c'est aussi au milieu d'elles qu'on trouve les modifications compactes de cette variété.

Cette substance se trouve presque partout, mais les plus beaux échantillons proviennent des mines des monts Oural, en Sibérie, et du Banat; du reste on en cite partout, en Tyrol, en Saxe, en Bohême, en Angleterre, etc., etc.

La Malachite, lorsqu'elle est abondante dans les travaux des mines, est jetée dans les fourneaux avec les autres minerais pour la préparation du cuivre; mais on en tirerait un meilleur parti pour la préparation du sulfate de cuivre. Les variétés fibreuses solides sont employées comme nous l'avons dit, tome 1, p. 701, pour des objets d'ornemens que l'on compose de pièces de rapports, et qui sont d'un bel effet.

VINGT-UNIÈME ESPÈCE. AZURITE.

Cuivre carbonaté bleu; Cuivre azuré; Azur de cuivre; Bleu de montagne; Cuivre bleu; Pierre d'Arménie; Kupferlazur.

Substance bleue; cristallisant en prismes obliques rhomboïdaux de 98° 50′ et 81° 10′, dont la base est inclinée sur les pans de 91° 30′ et 88° 30′.

Pesanteur spécifique 3 à 3,83.

Rayant le Calcaire; rayé par le Fluor.

Donnant de l'eau par calcination et noircissant.

Solution précipitant du cuivre sur une lame de fer.

Composition. $Cu^3\ C^4\ Aq = 2\ Cu\ C^2 + Cu\ Aq$ ou $2\ \dot{C}u\ \ddot{C} + \dot{C}u\ Aq$.

Azurite de Chessy, par R. Phillips.

		Oxig.	Rapp.
Acide carbonique	25,46	18,41	4
Deutoxide de cuivre	69,08	13,93	3
Eau	5,46	4,85	1 ?

Azurite du Banat, par: . . .

		Oxig.	Rap.
Acide carbonique	25,72	18,61	4
Deutoxide de cuivre	69,08	13,95	3
Eau	5,20	4,62	1

Azurite de Sibérie, par Klaproth.

		Oxigène.	Rapports.
Acide carbonique	24	17,36	4
Deutoxide de cuivre	70	14,12	3 ?
Eau	6	5,33	1 ?

Les deux premières analyses, et la seconde surtout, dont je ne connais pas l'auteur, donnent sensiblement les rapports indiqués; s'il y a quelque petites erreurs, et dans la troisième analyse surtout, elles tiennent à la difficulté de doser exactement l'eau et l'acide carbonique lorsqu'on opère par les acides.

VARIÉTÉS.

Azurite cristallisé. En prismes obliques, simples ou modifiés de différentes manières sur les arêtes et sur les angles, pl. XI, fig. 11 à 13, 19 à 21, 23, 25, 26, 31 à 36, 40.

Inclinaison de a sur a, 98° 50′; B sur b, 135° 15′ sur i, 112° 15′, sur n, 19°30, 138° 12′, 149° 20′.

Azurite globuleux. Formé de cristaux agglomérés en boules, et présentant leurs pointes à l'extérieur.

Azurite fibreux. Le plus souvent à grosses fibres, divergentes. Ce sont des fragmens de la variété globuleuse.

Azurite compacte (pierre d'Arménie). D'une compacité terreuse, et mélangé de matières étrangères.

Azurite terreux (cendre bleue, bleu de montagne).

GISEMENT.

L'Azurite est aussi en général une matière subordonnée aux gîtes métallifères et principalement à ceux de minerais de cuivre; cependant il forme des dépôts assez considérables, où il est souvent la partie dominante, dans la formation du grès rouge (Chessy près de Lyon, plusieurs lieux de la Thuringe, et probablement sur le revers occidental de la chaîne des monts Ourals) où il est accompagné de protoxide de cuivre, quelquefois de Malachite. Il s'en trouve dans un très grand nombre de lieux, mais les localités qui ont fourni les plus beaux échantillons sont les mines de Chessy et du Banat.

Dans les localités où cette substance est abondante on l'emploie pour la préparation du cuivre; mais il est mieux de s'en servir pour la fabrication du sulfate de cuivre comme on le fait aujourd'hui à Chessy.

APPENDICE AU GENRE CARBONATE.

CARBONATE D'ARGENT.

M. Selb a trouvé en 1788 dans la mine de Venceslas, près de Altwolfach, dans le pays de Bade, une substance d'un gris cendré, facile à entamer avec le couteau, prenant de l'éclat dans la coupure, facilement réductible au chalumeau, dans laquelle il a indiqué.

		Oxigène.		Ag $\dddot{S}$b		Ag C̈	Rapp.
Acide carbonique	12	8,68	=			8,68	2
Oxide d'argent	72	4,96	=	0,66	+	4,34	1
Oxide d'antimoine avec traces d'oxide de cuivre	15,5	3,66	=	3,66			

Ce serait par conséquent un carbonate d'argent de la formule AgC^2 ou ÀgC̈ que l'on pourrait considérer comme mélangé d'un antimoniate d'argent de la formule Ág $\dddot{S}$b.

Cette substance intéressante, qui fournit l'indication de deux espèces minérales, n'a pas été retrouvée depuis, de sorte qu'on n'a pas pu l'examiner de nouveau et qu'elle est excessivement rare dans les collections. Elle était dans une gangue de sulfate de Baryte et se trouvait accompagnée d'argent, de sulfure d'argent, de sulfure de plomb et de cuivre gris.

CARBONATE DE BISMUTH.

Substance terreuse annoncée comme ressemblant à la Stéatite, et comme venant de Saint-Agnès, en Cornwall, ayant une pesanteur spécifique de 4,31, et renfermant d'après M. W. Macgregor :

Acide carbonique	51,50
Oxide de Bismuth	28,80
Oxide de fer	2,10
Alumine	7,50
Silice	6,70
Eau	3,60

C'est une analyse fort singulière, qui ne peut être rapportée à aucune loi de combinaison connue; elle indiquerait 18 atomes d'acide carbonique avec 1 atome d'oxide de Bismuth. Il est probable qu'il y a là quelque grande erreur, et par conséquent l'espèce est fort douteuse.

FAMILLE DES HYDROGÉNIDES.

Corps gazeux, inodores, donnant de l'eau par la combustion; ou liquides, et donnant de l'hydrogène par l'action d'un alliage de potassium, ou bien par l'action du fer, du zinc, etc., à l'aide de l'acide sulfurique; ou enfin solides, et donnant de l'eau par la calcination dans un tube.

PREMIER GENRE. ESPÈCE UNIQUE. HYDROGÈNE.

Corps gazeux, incolore, inodore, combustible, donnant de l'eau pure par la combustion.

Pesanteur spécifique, 0,0688.

Composition. Corps simple de la chimie.

GISEMENT.

Le gaz hydrogène pur est assez rare dans la nature, mais il se dégage en abondance pendant les phénomènes volcaniques, et se trouve presque aussitôt brûlé par suite de l'élévation de la température et du contact de l'air. Il est toujours mêlé aux vapeurs de Naphte, au carbure ou au sulfure d'hydrogène, qui se dégagent des salzes, ou des fissures de la terre dans les lieux voisins de ceux où se passent ces phénomènes. Enfin, il se dégage de l'intérieur de la terre par les fentes et crevasses qui se manifestent pendant les tremblemens de terre.

DEUXIÈME GENRE. ESPÈCE UNIQUE. EAU.

Substance liquide à la température moyenne ; insipide, inodore, incolore lorsqu'elle est pure. Se solidifiant au-dessous de 0^d et cristallisant alors en prismes hexagones réguliers.

Pesanteur spécifique, 1. Servant de commune mesure pour le poids spécifique des corps solides et liquides.

Donnant de l'hydrogène par l'action d'un alliage de potassium, et de la potasse à l'état de solution.

Composition. $\dot{H}y$, ou en poids d'après MM. Berzélius et Dulong.

		Rapports atomiques.	
Oxigène	88,9	0,89	1
Hydrogène	11,1	1,78	2

1 volume d'oxigène et 2 volumes d'hydrogène, condensés en 2 volumes.

VARIÉTÉS.

a. A L'ÉTAT SOLIDE. *Eau cristallisée.* En prismes hexaèdres, presque toujours évidés à l'intérieur, et composés de couches concentriques placées à distance, réunies par des filets qui vont du centre aux angles.

Eau dendritique. En dendrites superficielles ou saillantes, comme sur les vitres pendant l'hiver, et sur tous les corps dans les momens de givres.

Eau stalactitique et mamelonnée. En tout temps dans les cavernes, ou glacières naturelles, et dans tous les écoulemens d'eau pendant l'hiver.

Eau globulaire. A couches testacées, dans les grêlons.

Eau granulaire, lamellaire, fibreuse, compacte. En tout temps dans les glaciers, et pendant l'hiver dans les différens amas d'eau congelée.

b. A L'ÉTAT LIQUIDE. *Eau pure. Eaux minérales.* Celles-ci sont chargées de différens sels ou acides ; elles sont froides ou chaudes, et quelquefois bouillantes.

Eau nébuliforme. En petits globules disséminés dans l'air, et constituant les nuages et les brouillards.

c. A L'ÉTAT GAZEUX. Mélangée avec l'air atmosphérique à toutes les températures, ou sortant de l'intérieur de la terre (phénomène des Fumarolles) à la température de 100°.

GISEMENT.

Nous avons donné, t. 1, p. 664, un exposé des différentes manières dont l'Eau se trouve dans la nature, et nous y renvoyons.

TROISIÈME GENRE. HYDRATES.

Corps solides, de diverses sortes, dégageant tous de l'eau par la calcination dans le tube fermé, avec des résidus solides de diverse nature.

Nous pourrions décrire ici tous les hydrates d'oxide ou de sel; mais leurs différentes espèces se placent bien plus naturellement auprès des différens corps anhydres qui leur servent de base. Nous ne pouvons dès-lors que les indiquer pour mémoire, et nous renverrons aux différens oxides, aux silicates, carbonates, sulfates, etc., qui sont hydratés.

FAMILLE DES NITRIDES.

Corps gazeux, n'offrant que de l'azote pure, ou laissant de l'azote libre lorsqu'on y a fait séjourner du phosphore pendant quelque temps.

Corps solides, et solubles dans l'eau; donnant du gaz nitreux par l'action de l'acide sulfurique sur leur mélange avec la limaille de cuivre.

Cette famille peu importante dans le règne minéral ne nous offre que l'azote, l'air atmosphérique, et quelques nitrates. Ceux-ci sont des corps qui se trouvent çà et là en efflorescence à la surface de la terre, ou en solution dans les eaux ; rarement on a vu les plus solides constituer des couches minces qui paraissent être à très peu de profondeur.

PREMIER GENRE. ESPÈCE UNIQUE. AZOTE.

Substance gazeuse, incolore, inodore, insipide ; n'entretenant ni la combustion ni la respiration ; incombustible.

Pesanteur spécifique, 0,9757, l'air étant pris pour unité.

Corps simple de la chimie.

Cette substance se dégage du sein de la terre pendant les phénomènes volcaniques, ou des crevasses qui se manifestent dans diverses parties du globe pendant les tremblemens de terre.

APPENDICE.

AZOTE OXIGÉNIFÈRE. *Air atmosphérique.*

Substance gazeuse, entretenant la combustion et la respiration, mais laissant de l'azote après avoir séjourné pendant quelque temps sur du phosphore.

Pesanteur spécifique, 1. Servant de terme de comparaison aux autres gaz.

Composition. Environ 78 d'azote et 22 d'oxigène.

On a pu penser pendant quelque temps que la réunion de ces deux gaz était en proportions définies et donnait un composé de la formule $Ox + 4\,Az$; mais les expériences de M. Dulong sur la réfraction des gaz indiquent positivement qu'il n'y a ici qu'un simple mélange.

L'air atmosphérique enveloppe le globe terrestre de toute part, et fait équilibre, au niveau de la mer, à une colonne de mercure de 761 millimètres à la température 0_d. Sa densité décroît, à mesure qu'on s'élève, en progression géométrique, de sorte que, mathématiquement parlant, la hauteur de cette masse aériforme est infinie; mais comme, arrivée à un certain point, la densité est infiniment faible, on est porté à conclure qu'il y a réellement une limite au-delà de laquelle l'atmosphère devient tout-à-fait nulle pour nos sens. Toutefois, cela ne peut arriver qu'à une distance considérable; car nous savons par les phénomènes du crépuscule, qu'à des hauteurs de 60 à 90 mille mètres (13 à 20 lieues), l'air a encore une densité assez considérable pour réfléchir la lumière du soleil à la surface de la terre.

L'atmosphère est le théâtre d'une foule de phénomènes dont un grand nombre exercent une très grande influence à la surface de la terre, mais dont la plupart sont décrits ordinairement dans les ouvrages de physique auxquels nous renvoyons.

L'air pénètre partout; il remplit les pores de la plupart des substances minérales qui sont à la surface de la terre; il est absorbé journellement par les eaux courantes, et ce qu'il y a de remarquable dans ce phénomène, c'est qu'il paraît que l'eau dissout plus d'oxigène que d'azote : du moins, l'air qu'on retire de l'eau renferme 32 pour 100 d'oxigène, tandis que l'air atmosphérique n'en renferme que 22. C'est à la présence de l'air que l'eau des rivières, et plus encore celle des cascades, doit sa saveur particulière et sa légèreté sur l'estomac.

DEUXIÈME GENRE. NITRATES.

Corps solides, mais solubles dans l'eau, et par conséquent doués de saveur; fusant sur le charbon; dégageant du gaz nitreux par l'action de l'acide sulfurique sur leur mélange avec la limaille de cuivre.

PREMIÈRE ESPÈCE. SALPÊTRE.

Nitre ; Nitrate de potasse ; Potasse nitratée ; Kali-salpeter.

Substance non déliquescente, susceptible de cristallisation. Cristaux dérivant d'un prisme rhomboïdal d'environ 60 et 120°, dont la hauteur est à la petite diagonale dans le rapport de 32 à 47.

Pesanteur spécifique, 1,93.

Solution aqueuse précipitant par l'hydrochlorate de platine.

Composition. $K\,Ni^5$ ou $\dot{K}\,\dddot{N}i$, ou en poids d'après l'analyse de Wollaston :

		Oxigène.	*Rapports.*
Acide nitrique	53,54 . .	39,54	5
Potasse	46,46 . .	7,87	1

VARIÉTÉS.

Salpêtre cristallisé. En cristaux obtenus par l'art, et présentant des prismes hexagones, simples ou pyramidés, ou des tables rectangulaires biselées, pl. VIII, fig. 51, 56 à 58, et pl. IX, fig. 37, 38, 42.

Inclinaison de a sur a et sur L 120° ? de a sur d, d', d'', environ 144°, 124°, 109 ? de L sur c, c^e, c'', de même ?

Salpêtre aciculaire. En petites houppes cristallines à la surface des sables, des roches calcaires, des murailles.

GISEMENT.

Le Salpêtre se trouve en efflorescence dans un grand nombre de lieux à la surface de la terre ; tantôt au milieu des plaines sableuses et calcarifères (Rive gauche du Rhône, près Saint-Paul-Trois-Châteaux ; Villeneuve-lès-Avignon ; dans les Landes de Gascogne ; plaines de Bihar, de Sabolcz et de Szathmar en Hongrie ; dans l'Ukraine, la Podolie, les plaines de la mer Caspienne ; en Perse, en Arabie, au Bengale, à la Chine, dans les déserts de l'Egypte ; dans les environs de Lima, le Tucuman et la province de Kentucky en Amérique), tantôt dans des cavernes calcaires ou feldspatiques (petites cavernes et carrières de la Touraine ; la roche Gyon sur les bords de la Seine; Molfetta, dans la Pouille; Latera, etc. dans le royaume de Naples; Ceylan), et sur les murailles, particulièrement dans les étables, les écuries, les caves. Il se trouve quelquefois aussi en solution dans les eaux (sources et puits des plaines de Hongrie). Presque partout il paraît se former journellement, mais il est bien difficile d'assigner les causes de cette formation. Dans les étables, les écuries, dans tous les lieux habités, il paraîtrait y être un résultat de la décomposition des matières animales, dont l'azote donne lieu à l'acide nitrique qui se porte ensuite sur différentes bases; mais dans les cavernes non habitées, à la surface des plaines sableuses, il paraît bien difficile d'admettre un pareil genre de formation, et il est impossible, dans l'état actuel de la science, d'établir une théorie à cet égard. Tout ce que l'on sait, c'est que les circonstances nécessaires à cette production sont un sol poreux, calcarifère, le contact de l'air et l'humidité.

USAGES.

Le principal usage du Salpêtre est pour la fabrication de la poudre à canon; c'est en très grande partie pour cela qu'on le récolte dans presque tous les lieux que nous avons cités, et qu'on le fabrique artificiellement au moyen des plâtras imprégnés de nitrate calcaire, mêlés avec des matières potassées. On en tire l'acide nitrique qui sert à un grand nombre d'usages; on l'emploie, mélangé avec le soufre, pour produire l'acide nitreux qui sert d'intermédiaire pour la préparation de l'acide sulfurique. On le prescrit en médecine comme diurétique; enfin, on s'en sert comme de fondant, surtout lorsqu'il a été préalablement fondu, auquel cas il porte le nom de *Cristal minéral*.

DEUXIÈME ESPÈCE. NITRATE DE SOUDE.

Nitre cubique.

Substance non déliquescente, susceptible de cristalliser dans le système rhomboédrique, en rhomboèdre de 106° et 74°.

Pesanteur spécifique, 2,096.

Solution aqueuse ne précipitant par aucun réactif.

Composition. $Na\,Ni^5$ ou $\dot{N}a\,\overset{\cdot\cdot\cdot\cdot\cdot}{N}i$, ou en poids d'après l'analyse de Gmelin :

		Oxigène.	*Rapports.*
Acide nitrique.	62,8. . .	46,38	5
Soude	37,2. . .	9,62	1

Nitrate de soude cristallisé. En cristaux rhomboèdres obtenus par l'art.

Nitrate de soude granulaire. C'est ainsi qu'il se trouve en couches dans la nature.

GISEMENT.

Le Nitrate de Soude a été découvert au Pérou par M. Mariano de Rivero, dans les environs de la baie de Yquique. Il forme une couche de deux à trois pieds d'épaisseur, recouverte par une couche d'argile, quelquefois à nu, et souvent mêlée de sable. Il occupe une étendue de plus de 40 lieues dans les districts de Tarapaca et d'Atacama. On l'exploite aujourd'hui avec avantage, et il peut servir, soit pour la préparation de l'acide nitrique, soit comme intermédiaire pour l'acide sulfurique. Il paraît que pour la fabrication de la poudre il présente quelques inconvéniens, parce qu'il est plus déliquescent que le nitrate de potasse.

TROISIÈME ESPÈCE. NITRATE DE CHAUX.

Nitre calcaire; Salpêtre terreux.

Substance déliquescente, susceptible de cristalliser en prismes hexagones terminés par des pyramides, surtout par le moyen de la solution dans l'alcool.

Solution précipitant par les oxalates.

Composition. $Ca\,Ni^5$ ou $\dot{C}a\,\overset{\cdot\cdot\cdot\cdot\cdot}{N}i$, ou en poids d'après l'analyse de Wenzel :

		Oxigène.	*Rapports.*
Acide nitrique	66,2 . .	48,89	5
Chaux.	33,8 . .	9,49	1

GISEMENT.

Le Nitrate de chaux se trouve dans la nature presque toujours mêlé avec le nitrate de potasse, et presque toujours en solution qui imbibe les matières terreuses, les plâtras, etc., à la surface desquels elle produit des croûtes terreuses, même des houppes cristallines dans les temps secs.

USAGES.

On emploi ce sel, ou plutôt les matières imprégnées de sa solution, pour en préparer du salpêtre, en fournissant la base potassique. C'est sa présence, plus encore que celle du salpêtre, qui fait rechercher les décombres des vieux murs, des écuries, des caves, etc., par les salpêtriers de nos contrées.

QUATRIÈME ESPÈCE. NITRATE DE MAGNÉSIE.

Substance très déliquescente, susceptible cependant de cristalliser, avec des précautions, en prismes rhomboïdaux.

Solution précipitant par l'addition de l'ammoniaque, et mieux encore de la potasse.

Composition. MN^5 ou $\dot{M}\overset{\cdot\cdot\cdot\cdot\cdot}{N}$i d'après l'analyse de Wenzel :

		Oxigène.	*Rapports.*
Acide nitrique	72 . .	53,17	5
Magnésie	28 . .	10,83	1

Cette espèce de nitrate se trouve aussi avec les nitrates de potasse et de chaux, et, comme ce dernier, il sert à la préparation du salpêtre.

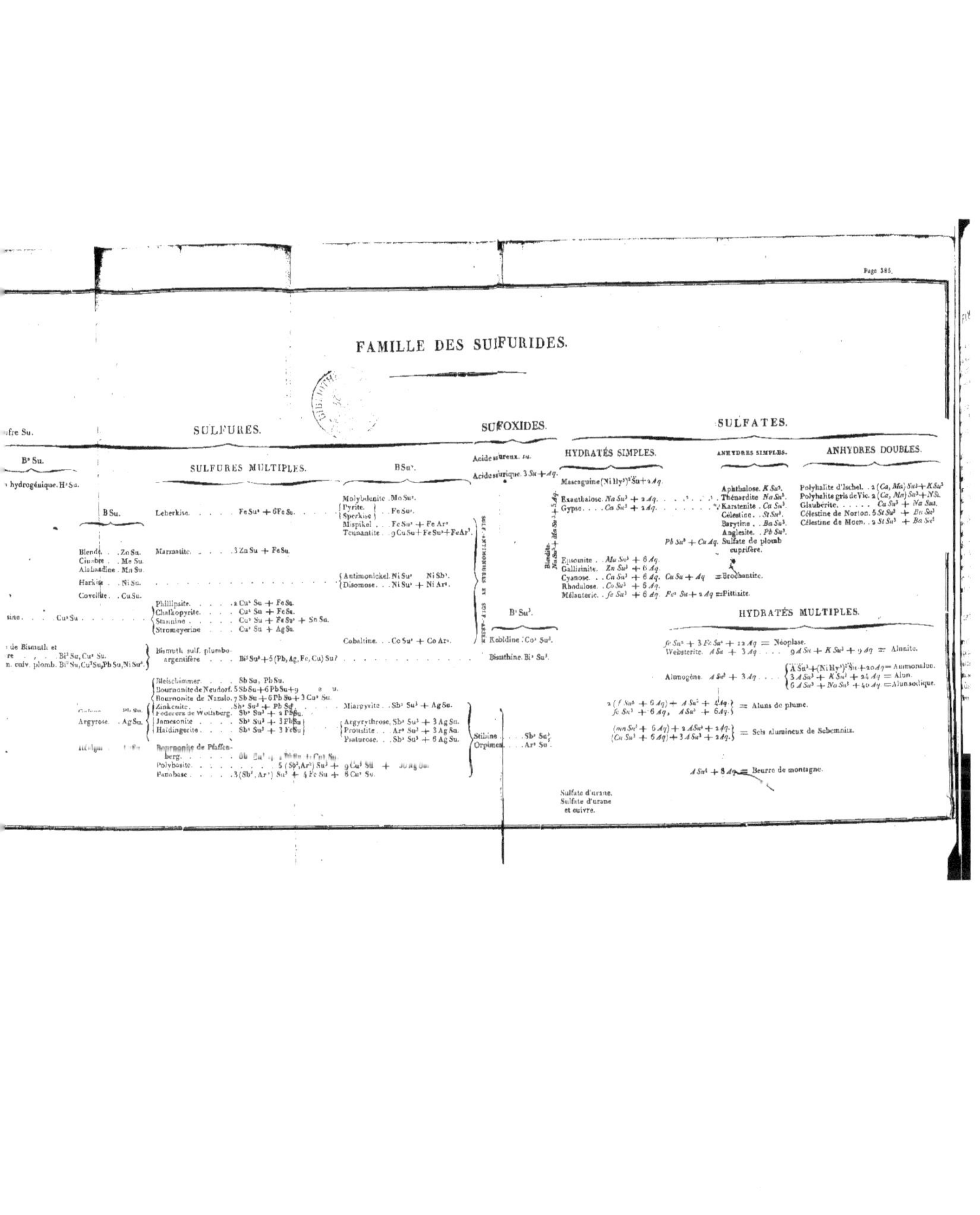

FAMILLE DES SULFURIDES.

SULFURES.

…ufre Su.

$B^2 Su$.

…hydrogénique. $H^2 Su$.

B Su.

- Blende. . . $Zn Su$.
- Cinabre . . $Me Su$.
- Alabandine . $Mn Su$.
- Harkise . . $Ni Su$.
- Covellite. . $Cu Su$.
- …sine. . . . $Cu^2 Su$ . . . .
- …de Bismuth et …re . . . $Bi^2 Su, Cu^2 Su$. / …n. cuiv. plomb. $Bi^2 Su, Cu^2 Su, Pb Su, Ni Su^2$.
- Galène . . $Pb Su$.
- Argyrose. . $Ag Su$.
- Hélgite . . $\ldots Su$

SULFURES MULTIPLES.

- Leberkise. . . . . $Fe Su^2 + 6 Fe Su$. . . . .
- Marmatite. . . . . $3 Zn Su + Fe Su$.
- Phillipsite. . . . . $2 Cu^2 Su + Fe Su$.
- Chalkopyrite. . . . $Cu^2 Su + Fe Su$.
- Stannine . . . . . $Cu^2 Su + Fe Su^2 + Sn Su$.
- Stromeyerine . . . $Cu^2 Su + Ag Su$.
- Bismuth sulf. plumbo-argentifère . . . $Bi^2 Su^3 + 5 (Pb, Ag, Fe, Cu) Su$? . . . .
- Bleischimmer. . . . $Sb Su, Pb Su$.
- Bournonite de Neudorf. $5 Sb Su + 6 Pb Su + 9$ … e … u.
- Bournonite de Nanslo. $7 Sb Su + 6 Pb Su + 3 Cu^2 Su$.
- Zinkenite. . . . . $Sb^2 Su^3 + Pb Su$. . . . . .
- Federerz de Wolfsberg. $Sb^2 Su^3 + 2 Pb Su$.
- Jamesonite . . . . $Sb^2 Su^3 + 3 Pb Su$
- Haidingerite. . . . $Sb^2 Su^3 + 3 Fe Su$
- Bournonite de Pfaffenberg. . . . . . $Sb\ Su^3 + 2 Pb Su + Cu^2 Su$.
- Polybasite. . . . . $5 (Sb^2, Ar^2) Su^3 + 9 Cu^2 Su + 30 Ag Su$.
- Panabase . . . . . $3 (Sb^2, Ar^2) Su^3 + 4 Fe Su + 8 Cu^2 Su$.

$B Su^2$.

- Molybdenite . $Mo Su^2$.
- Pyrite. / Sperkise . . $Fe Su^2$.
- Mispikel . . . $Fe Su^2 + Fe Ar^2$
- Tennantite . . $9 Cu Su + Fe Su^2 + Fe Ar^2$.
- Antimonickel. $Ni Su^2$ … $Ni Sb^2$.
- Disomose. . . $Ni Su^2 + Ni Ar^2$.
- Cobaltine. . . $Co Su^2 + Co Ar^2$.
- Miargyrite . . $Sb^2 Su^3 + Ag Su$.
- Argyrythrose. $Sb^2 Su^3 + 3 Ag Su$.
- Proustite . . . $Ar^2 Su^3 + 3 Ag Su$.
- Psaturose. . . $Sb^2 Su^3 + 6 Ag Su$.

SULF-ANTIMONIURES ET SULF-ARSENIURES.

$B^2 Su^3$.

- Kobldine . $Co^2 Su^3$.
- Bismuthine. $Bi^2 Su^3$.
- Stibine . . . . $Sb^2 Su^3$.
- Orpiment. . . . $Ar^2 Su^3$.

SULFOXIDES.

- Acide sulfureux. Su.
- Acide sulfurique. $3 Su + Aq$.

SULFATES.

HYDRATÉS SIMPLES.

- Mascaguine $(Ni Hy^3)^2 Su + 2 Aq$.
- Exanthalose. $Na Su^3 + 2 Aq$. . . . .
- Gypse. . . . $Ca Su^3 + 2 Aq$. . . . .
- Blœdite. $Na Su^3 + Ma Su^3 + 5 Aq$.
- Epsomite . . $Ma Su^3 + 6 Aq$.
- Gallizinite. $Zn Su^3 + 6 Aq$.
- Cyanose. . . $Cu Su^3 + 6 Aq$.
- Rhodalose. . $Co Su^3 + 6 Aq$.
- Mélanterie. . $fe Su^3 + 6 Aq$.
- $Pb Su^3 + Cu Aq$. Sulfate de plomb cuprifère.
- $Cu Su + Aq$ = Brochantite.
- $Fe^2 Su + 2 Aq$ = Pittizite.
- Sulfate d'urane.
- Sulfate d'urane et cuivre.

ANHYDRES SIMPLES.

- Aphthalose. $K Su^3$.
- Thénardite $Na Su^3$.
- Karstenite . $Ca Su^3$.
- Célestine. . $St Su^3$.
- Barytine . . $Ba Su^3$.
- Anglesite. . $Pb Su^3$.

ANHYDRES DOUBLES.

- Polyhalite d'Ischel. . $2 (Ca, Ma) Su^3 + K Su^3$
- Polyhalite gris de Vic. $2 (Ca, Mn) Su^3 + N Su$.
- Glaubérite. . . . . . $Ca Su^3 + Na Su^3$.
- Célestine de Norton. $5 St Su^3 + Ba Su^3$
- Célestine de Moen. . $2 St Su^3 + Ba Su^3$

HYDRATÉS MULTIPLES.

- $fe Su^3 + 3 Fe Su^3 + 12 Aq$ = Néoplase.
- Websterite. $A Su + 3 Aq$ . . . . $9 A Su + K Su^3 + 9 Aq$ = Alunite.
- Alunogène. $A Su^3 + 3 Aq$ . . . .
  - $A Su^3 + (Ni Hy^3)^2 Su + 20 Aq$ = Ammonalun.
  - $3 A Su^3 + K Su^3 + 24 Aq$ = Alun.
  - $6 A Su^3 + Na Su^3 + 40 Aq$ = Alun sodique.
- $2 (f Su^3 + 6 Aq) + A Su^3 + 4 Aq$. / $fe Su^3 + 6 Aq$, $A Su^3 + 6 Aq$. = Aluns de plume.
- $(mn Su^3 + 6 Aq) + 2 A Su^3 + 2 Aq$. / $(Cu Su^3 + 6 Aq) + 3 A Su^3 + 2 Aq$. = Sels alumineux de Schemnitz.
- $A Su^3 + 8 Aq$ = Beurre de montagne.

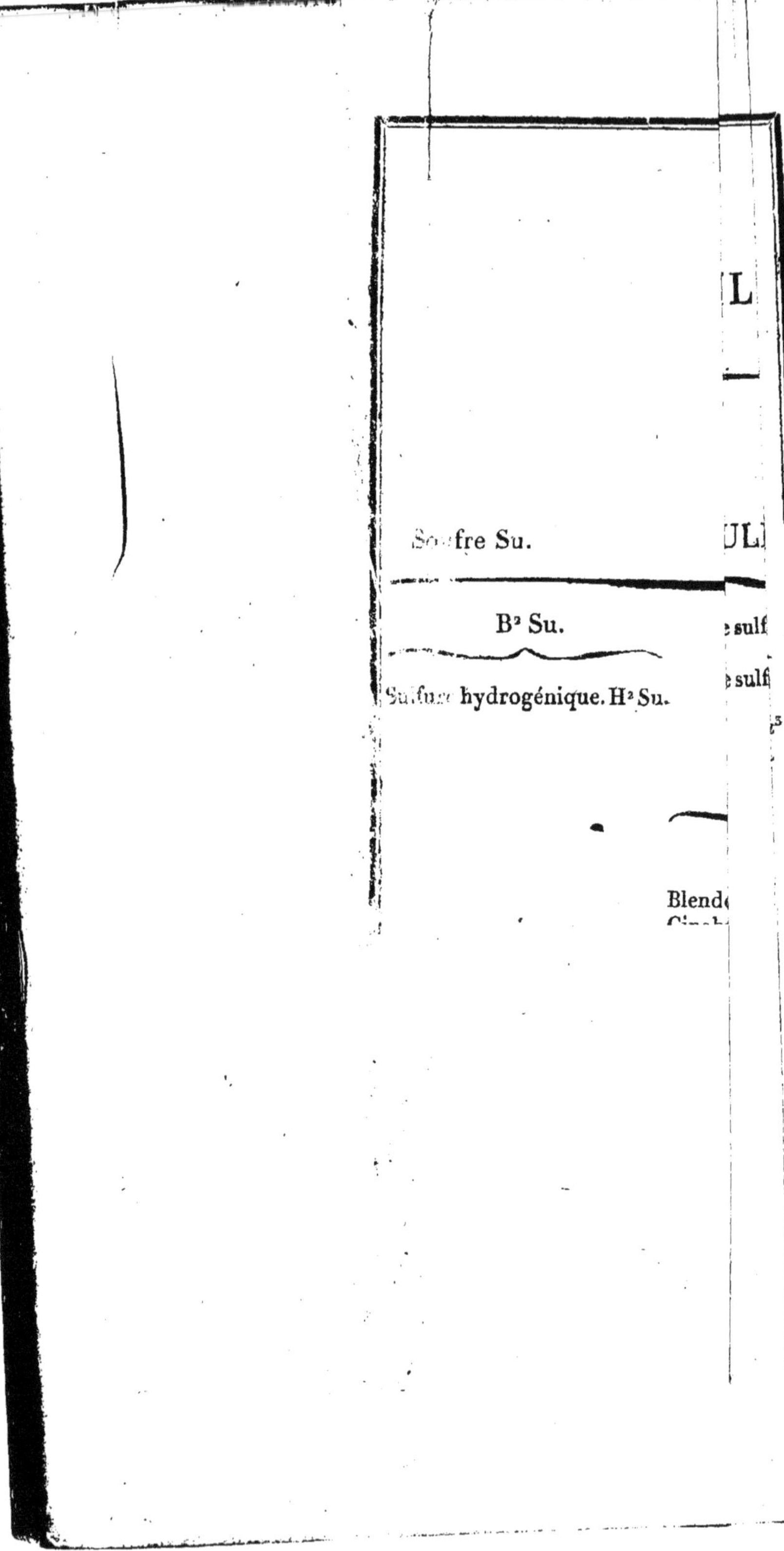
fre Su.
B² Su.
hydrogénique. H² Su.
Blend

FAMILLE DES SULFURIDES.

Corps solides, liquides ou gazeux, dégageant des vapeurs d'acide sulfureux, soit immédiatement, soit par la combustion, soit par l'action de la poussière de charbon à l'aide de la chaleur; ou bien donnant de l'hydrogène sulfuré lorsque après les avoir traités par le carbonate de potasse et la poussière de charbon, on fait agir de l'acide nitrique étendu sur le résidu.

La famille des Sulfurides est une des plus importantes du règne minéral, quoiqu'elle ne présente que deux grands genres, le genre sulfure et le genre sulfate, dont les espèces sont détaillées et disposées d'après leurs rapport dans le tableau suivant. C'est à cette famille que se rapportent la plupart des corps les plus utiles aux arts et aux usages de la vie, tous les minerais dont on tire le plomb, le cuivre, l'argent, l'antimoine, etc., beaucoup de sels importans, ou des matières qui servent à les préparer. Sous les rapports purement minéralogiques, les diverses espèces n'offrent pas moins d'intérêt, soit par leur cristallisation, soit par les différens genres de combinaison qu'elles présentent.

PREMIER GENRE. ESPÈCE UNIQUE. SOUFRE.

Corps solide, non métalloïde, naturellement jaune, mais quelquefois verdâtre, brunâtre, rougeâtre, par suite des mélanges.

Cristallisant dans le système prismatique rectangulaire droit. Cristaux dérivant d'un octaèdre à base rhombe;

dont les angles sont de 106° 38′ et 84° 58′ entre les plans d'un même sommet, et de 143° 17′ d'une face d'un des sommets sur l'autre.

Pesanteur spécifique, 2,07 à 2,10. Il est à remarquer que la pesanteur spécifique est un peu plus faible dans le soufre qui a été fondu ; elle n'est que de 1,99.

Très facilement fusible (à la température de 170°), et même volatile; très combustible, s'enflammant avec facilité; brûlant avec flamme bleue, en se résolvant en gaz acide sulfureux, et ne donnant ni résidu ni aucune matière volatile lorsqu'il est pur.

Composition. Corps simple dans l'état actuel de nos connaissances chimiques, mais quelquefois mélangé de bitume qui le colore en brun, de sulfure de selenium qui le colore en rouge, et quelquefois de matières terreuses. Très fréquemment, en sortant de la terre, les échantillons offrent une odeur d'hydrogène sulfuré dont par conséquent ils renferment quelques portions dans leurs pores.

VARIÉTÉS.

Soufre cristallisé. En octaèdres, simples ou modifiés au sommet et sur les arêtes, pl. X, fig. 49, 51 à 53, 57.

Inclinaison de *d* sur *d*, 106° 38′ ; *d* sur *d′*, 143° 17′ ; *d* sur *a*, 161° 38′; *d* sur *c*, 132° 29′.

Soufre aciculaire. En cristaux très déliés, qui n'appartiennent peut-être pas au même système de cristallisation (dans les cratères des volcans).

Soufre dendritique. En cristaux groupés et formant des masses peu solides à structure dentritique.

Soufre stalactitique. — mamelonné.

Soufre granulaire. — compacte.

Soufre terreux. — pulvérulent. Provenant l'un et l'autre de la décomposition de l'hydrogène sulfuré et des hydro-sulfates que renferment les eaux minérales hépatiques.

GISEMENT.

Le Soufre ne forme pas de gîtes à lui seul, mais il est en nids et en amas plus ou moins volumineux dans des roches de diverses natures. Les belles observations de M. de Humboldt et de M. Eschwege nous le montrent d'abord dans les terrains primitifs, dans des roches de Quarz de 200 toises de puissance subordonnée aux micaschistes (Ticsan, cordillières de Quito), dans des Calcaires liés à un schiste argileux du même âge que celui auquel est superposée la roche d'Itacolumi (Serro do Frio, près de San-Antonio Pereira, au Brésil). Il s'en trouve au milieu des terrains intermédiaires, dans des roches de Quarz que M. de Humboldt a observés sur la limite des porphyres intermédiaires et des alcaires Calpins (Andes de Caxamarka, au Pérou) et dans une roche que j'ai signalée vers les terrains de diorite porphyrique (Kalinka, sur la pente septentrionale de l'Osztroszky en Hongrie).

On connaît depuis long-temps le Soufre dans les terrains secondaires, et principalement avec les différens dépôts de sulfate de chaux et de sel commun qu'on trouve aux divers étages de cet ordre de formation. Il en existe au milieu des terrains secondaires alpins (glacier de Gebrulaz, près de Pesay en Tarentaise), comme dans ceux qui sont éloignés des épanchemens cristallins. Il est en nids plus ou moins étendus qui n'ont parfois que quelques lignes d'épaisseur, mais qui dans d'autres cas sont de véritables amas de plusieurs pieds de puissance. C'est des terrains secondaires que proviennent les plus beaux groupes de cristaux (Conilla, près Gibraltar; Val di Noto et di Mazara, Girgenti, en Sicile; Césenne, à 6 lieues de Ravenne, sur l'Adriatique, etc.)

Les terrains tertiaires ne sont pas non plus dépourvus de Soufre: on le cite dans les Lignites (Artern en Thuringe) et dans la pierre à plâtre de Paris (Maux), dans les marnes argileuses (Montmartre).

On connaît aussi du Soufre, mais rarement et en petite quantité, dans certains filons métallifères; on le cite dans les filons métallifères de Chalanches en Dauphiné, dans les mines de cuivre pyriteux de Rippoltsan en Souabe, qui traversent le granite, dans des filons de plomb du pays de Siegen, dans les filons aurifères d'Ekatherinenburg, etc.

Tous les volcans en activité fournissent du Soufre en très grande abondance (Vésuve, Etna, volcans d'Islande, de Java, etc.), et les solfatares en présentent peut-être encore plus (Pouzzole, Guadeloupe, Islande, etc.); mais cette substance est très rare dans les anciens terrains ignés, et il n'y en a pas même dans les volcans éteints qui paraissent les plus rapprochés de notre âge. On n'en connaît qu'un seul exemple dans les Basaltes (île Bourbon), et les terrains trachytiques n'en offrent que dans des points où l'on peut soupçonner d'anciens solfatares (Budos-Hegy en Transylvanie; Mont-Dor en France, etc.)

Les eaux sulfureuses déposent journellement du Soufre terreux ou pulvérulent autour des lieux d'où elles sortent : ce sont probablement des eaux de même nature qui donnent lieu à des dépôts de Soufre qu'on a observés dans des ruisseaux, des mares, des lacs, comme ceux que Pallas a fait connaître en Sibérie.

Enfin, il se forme journellement du Soufre, par la décomposition des sulfates, dans les endroits où se trouvent des matières organiques en putréfaction.

USAGES.

Le Soufre est employé à différens usages qui offrent plus ou moins d'intérêt. On s'en sert pour la fabrication des alumettes, qui forme à Paris une branche importante d'industrie. On l'emploie pour former, par la combustion, l'acide sulfureux dont on se sert pour le blanchiment des tissus, principalement de la soie, pour la désinfection des endroits où l'air est vicié par des exhalaisons organiques. Il peut être utile dans les incendies de cheminée, car il suffit de jeter une poignée de Soufre en poudre dans le foyer pour qu'il se développe une quantité de gaz acide sulfureux, qui, ayant la propriété d'éteindre subitement les corps enflammés, étouffe en un instant le feu. Mais de tous les usages auxquels on emploie le Soufre, les principaux sont la préparation de l'acide sulfurique et celle de la poudre à canon, pour lesquels il s'en fait une consommation très considérable. On s'en sert aussi en médecine, soit à l'extérieur, pour les maladies de la peau, où on l'emploie à l'état naturel en le mêlant avec des onguens, ou à l'état d'acide sulfureux, d'acide hydro-sulfurique; soit à l'intérieur, sous la forme de pastilles ou d'eau chargé d'hydrogène sulfuré.

DEUXIÈME GENRE. SULFURES.

Corps solides (un seul dans la nature à l'état de gaz), le plus souvent doués de l'éclat métallique; donnant l'odeur de soufre par le grillage, soit lorsqu'ils sont seuls, soit lorsqu'on les a mêlés avec de la limaille de fer ; laissant alors un résidu fixe, ou dégageant des vapeurs qui décèlent les substances avec lesquelles le soufre est combiné.

Donnant par la fusion avec la soude une matière qui, projetée dans l'eau acidulée, laisse dégager de l'hydrogène sulfuré.

Attaquable par l'acide nitrique ou l'eau régale, avec dégagement de gaz nitreux. Solution précipitant toujours abondamment par le nitrate de Baryte, et en même temps par divers réactifs, suivant la nature des bases du sulfure lorsqu'elles ne sont pas précipitées immédiatement.

Tous les sulfures, à l'exception de l'hydrogène sulfuré, ont entre eux beaucoup d'analogie; presque tous ont l'éclat métallique (sept seulement en sont privés). Un grand nombre cristallisent dans le système cubique; les autres dans le système rhomboédrique et dans le système prismatique rectangulaire droit : trois seulement de ceux que l'on connaît bien, cristallisent en prisme oblique, et un seul cristallise dans le système prismatique à base carrée.

Presque tous sont pesans ; un très petit nombre offre un poids spécifique au-dessous de 3, et la plupart se trouvent compris sous ce rapport entre 4 et 8.

La plupart sont opaques; quelques-uns seulement sont transparens, et cependant rarement assez pour observer les phénomènes de réfraction.

La composition se rapporte à quatre formules principales, $R^2 Su$, $R Su$, $R Su^2$, $R^2 Su^3$ (R représentant la base) dans les sulfures simples, et à la combinaison de ces mêmes formules, deux à deux, trois à trois, en proportions diverses, dans les sulfures doubles ou triples ; on n'en connaît pas d'un ordre plus élevé.

Sous le rapport du gisement, les Sulfures, quoique abondans dans la nature, ne se trouvent jamais en masses très considérables ; quelques-uns des plus abondans forment des couches, mais la plupart se trouvent en amas, et surtout en filons. C'est à ces amas, à ces filons de quelques sulfures, qu'appartiennent tous les autres, comme substances accidentelles ou subordonnées. Quelques Sulfures, mais en très petit nombre, se trouvent aussi disséminés dans les roches.

C'est particulièrement aux terrains de cristallisation nommés primitifs et intermédiaires, que les Sulfures appartiennent ; c'est là qu'ils constituent les dépôts les plus importans, les plus considérables. Mais il s'en trouve encore abondamment dans la partie inférieure des terrains secondaires (grès houiller et Zechstein) ; quelques-uns se prolongent même jusque dans la partie moyenne de ces dépôts (dans le lias), et ce sont plus particulièrement les sulfures de plomb et de zinc. Il s'en trouve aussi, mais en petit nombre, en dépôts peu considérables, dans les terrains trachytiques. Enfin, il n'y a guère que le sulfure de fer (Pyrite et Sperkise) qui se trouve partout, et surtout disséminé, depuis les terrains de cristallisation quelconques jusqu'aux derniers dépôts de sédimens tertiaires.

Les Sulfures sont fort utiles dans les arts et les usages de la vie. C'est en grande partie de ces composés qu'on tire les métaux les plus connus, l'argent, le cuivre, le plomb, le zinc, l'antimoine ; c'est par leur décomposition qu'on forme le sulfate de fer, souvent le sulfate de cuivre, le sulfate d'alumine, etc. L'oxide de cobalt ou les émaux de cobalt en proviennent encore en grande partie : aussi les Sulfures sont-ils l'objet d'exploitations très considérables dans toutes les parties du monde.

PREMIÈRE ESPÈCE. HYDROGÈNE SULFURÉ.

Air puant; Air hépatique; Gaz hépatique; Acide hydro-sulfurique; Acide sulphydrique; Acide hydrotionique.

Substance gazeuse, incolore, d'une odeur d'œuf pourri; soluble dans l'eau, à laquelle elle communique la même odeur.

Pesanteur spécifique, 1,1912, l'air atmosphérique étant 1.

Combustible par l'approche d'un corps enflammé, et se convertissant en eau et en acide sulfureux.

Composition. H^2 Su, ou en poids :

		Rapports atomiques.	
Soufre	94.176	0,46	1
Hydrogène	5,824	0,93	2

GISEMENT.

L'Hydrogène sulfuré se dégage dans les phénomènes volcaniques, et par les crevasses produites pendant les tremblemens de terre; mais il existe principalement à l'état de solution, dans les eaux minérales qu'on nomme hépatiques, ou eaux sulfureuses (eaux de Barèges, de Bagnères, de Bourbon, de Montmorency, les boues de Saint-Amand, etc.). Il existe aussi dans certaines eaux qui se trouvent en contact avec des matières organiques dont l'action décompose les sulfates qu'elles peuvent contenir (rivière de Bièvre). C'est ce même gaz, produit aussi par la décomposition des sulfates, qui se dégage des fosses d'aisance, et en rend la vidange si dangereuse.

Quelquefois l'hydrogène sulfuré est renfermé dans les pores de quelques matières minérales; c'est ainsi que certains calcaires, et particulièrement ceux dans lesquels se trouvent des gîtes de soufre, renferment de l'hydrogène sulfuré qui s'en dégage par le frottement.

USAGES.

Les eaux qui renferment l'Hydrogène sulfuré sont administrées avec avantage en médecine, principalement comme bains, dans un assez grand nombre de maladies. On les emploie aussi à l'intérieur, mais en les rendant plus faibles, et avec des précautions particulières.

DEUXIÈME ESPÈCE. ARGYROSE (de Αργυρος, argent).

Argent sulfuré; Argent vitreux; Silberglanz; Glanzerz; Weich Gewächs.

Substance métalloïde, compacte, gris d'acier ou gris de plomb. Cristallisant dans le système cubique. Non clivable.

Pesanteur spécifique, 6,9 à 7,2.

Se coupant par petits coupeaux avec un instrument tranchant. Légèrement ductile.

Fusible au chalumeau, avec boursouflement, dégagement de vapeurs sulfureuses et formation de scories. Réductible à un bon coup de feu. Soluble dans l'acide nitrique. Solution précipitant des grains d'argent sur une lame de cuivre, et donnant par l'acide hydrochlorique un précipité soluble dans l'ammoniaque.

Composition. Ag Su; souvent mélangée de sulfure de fer, de cuivre, d'antimoine, etc. Les analyses de Klaproth, en suivant les données de ses opérations plutôt que son calcul en pour cent, ont fourni :

Argyrose d'Himmelfurst.		*Rapp. atom.*		Argyrose de Joachimsthal.		*Rapp. atom.*	
Soufre	13,5	0,067	1	Soufre	13,61	0,68	1
Argent	86,5	0,065	1	Argent	86,39	0,64	1

VARIÉTÉS.

Argyrose cristallisée. En cubes, en octaèdres, tantôt simples, tantot modifiés sur les arêtes ou sur les angles, ou en dodécaèdre rhomboïdal, pl. I et II, fig. 17 à 19, 22, 30, 31, 49, 50, 52, 75, 76, 78.

Argyrose dendritique. En petits cristaux groupés sous la forme de dendrites.

Argyrose filiforme. En filets plus ou moins alongés, et d'un diamètre plus ou moins grand.

Argyrose mamelonné.

GISEMENT ET USAGES.

Nous avons déjà indiqué, tome I, page 630, le gisement du Sulfure d'argent, et nous avons cité, page 723, cette matière comme le principal minerai dont on a tiré, et dont on tire encore, la plus grande partie de l'argent du commerce : nous renverrons donc à ces indications.

TROISIÈME ESPÈCE. GALÈNE.

Plomb sulfuré ; Bleiglanz.

Substance métalloïde, gris de plomb. Cristallisant dans le système cubique. Cristaux susceptibles de clivage parallèlement aux faces du cube.

Pesanteur spécifique, 7,7592.

Non susceptible de se couper ; aigre.

Fusible au chalumeau, avec dégagement de vapeurs sulfureuses. Facilement réductible. Soluble dans l'acide nitrique avec précipité blanc de sulfate de plomb. Solution précipitant d'ailleurs des lamelles brillantes sur un barreau de zinc, et non sur une lame de cuivre, à moins que la matière ne renferme de l'Argyrose.

Composition. Pb Su d'après les analyses suivantes :

Galène de. . . ., par Thomson.		Rapp. atom.		Galène de Schemnitz, par Beudant.		Rapp. atom.	
Soufre	13,02	0,064	1	Soufre	13,4	0,066	1
Plomb	85,13	0,065	1	Plomb	79,6	0,061	1
Fer	0,50			Argent	7,0	0,005	

On voit par la seconde de ces analyses que la Galène est quelquefois mélangée de sulfure d'argent de même formule ; mais il arrive fréquemment en outre qu'il y a des mélanges de cuivre pyriteux, de sulfure d'antimoine, etc., et quelquefois d'une assez grande quantité de matières terreuses.

Il n'est peut-être pas inutile de remarquer qu'il existe plusieurs anciennes analyses par Vauquelin, dont la plupart présentent beaucoup plus de soufre que ne le comporte la formule que nous avons adoptée ; mais dans aucune d'elles on n'aperçoit de proportion définie, en sorte qu'il est probable qu'il y a eu quelques erreurs.

VARIÉTÉS.

Galène cristallisée. En cubes et en octaèdres, tantôt simples, tantôt modifiés de différentes manières, pl. I et II, fig. 17 à 19, 22, 26, 30 à 36, 49, 50, 52, 56.

Galène pseudomorphique. En prismes hexagones qui proviennent de la décomposition du phosphate de plomb ; en prismes rectangulaires, en octaèdres irréguliers, provenant de la décomposition du carbonate.

Galène globuleuse. En petites masses mamelonnées avec cristaux saillans à la surface.

Galène stalactitique. Rare, et provenant quelquefois de la décomposition du phosphate.

Galène incrustante. En petits cristaux groupés sur des cristaux de calcaire, de fluor, etc., qui sont quelquefois détruits, et laissent le sulfure en carcasses plus ou moins solides.

Galène lamellaire. — saccharoïde. — compacte.

Galène ? terreuse (Bleimulm). Il n'est pas certain que les matières noires, terreuses, composées de soufre, de plomb, etc., qu'on regarde comme de la Galène, soient des sulfures du même ordre de composition.

GISEMENS ET USAGES.

Comme nous l'avons dit, tome 1, page 629, la Galène appartient à presque tous les terrains, depuis les primitifs jusqu'à la fin des secondaires, et forme tantôt des filons ou des amas, tantôt des couches. Elle est presque partout accompagnée de sulfure de zinc, de différens sels de plomb, de sulfate de Baryte, de Fluor, etc. Quelquefois ce sulfure est disséminé, et souvent en parties très fines, dans les matières arénacées de diverses époques de formation ; il constitue alors les matières qu'on désigne sous les noms de *Knot, Knotenerz, Bleisanderz*, principalement dans l'Eiffel. On donne aussi le nom de *Wascherz* au mélange intime de Galène et de matières pierreuses, en particules si fines qu'il en résulte un tout homogène. Enfin, on donne le nom de *Schattznerz* à un mélange intime de Galène et de Blende qu'on cite particulièrement à l'île d'Yley en Écosse.

C'est de la Galène qu'on extrait tout le plomb versé journellement dans le commerce, et nous avons vu, t. 1, p. 722, 725, la quantité de ce métal qu'on extrait annuellement des mines de l'Europe.

On emploie la Galène réduite en poudre, sous le nom d'*Alquifoux*, pour former la couverture des poteries grossières. Seule elle produit les vernis jaunes; mais mêlée avec le cuivre, le manganèse, etc., elle forme les vernis verts, bruns, etc. C'est avec cette même poudre qu'on fabrique les papiers métallifères brillans dont on couvre des boîtes, des coffrets, etc.; après avoir enduit ces papiers de colle, on les saupoudre de poussière de Galène plus ou moins fine.

QUATRIÈME ESPÈCE. BLENDE.

Zinc sulfuré; Mine de zinc sulfureuse; Granatblende; Zincblende.

Substance non métalloïde, jaunâtre ou brune. Cristallisant dans le système cubique, et clivable en tétraèdre, octaèdre et dodécaèdre rhomboïdal.

Pesanteur spécifique, 4,16.

Aigre, non susceptible de se couper.

Infusible au chalumeau. Non réductible. Ne donnant par le grillage qu'une très faible odeur d'acide sulfureux.

Solution nitrique difficile, donnant par l'ammoniaque un précipité blanc qui se redissout par un excès d'alcali.

Composition. Zn Su. Plus ou moins mélangé de protosulfure de fer F Su, ou d'une matière dont ce sulfure est partie constituante.

Blende d'Angleterre, par Berthier.

			Rapp. atom.
Soufre	33	0,164	1
Zinc	61,5	0,152	1
Fer	4	0,012	

Blende de Luchon (Pyrénées), par le même.

			Rapp. atom.
Soufre	33,6	0,167	1
Zinc	63,0	0,156	1
Fer	3,4	0,010	

Blende de Cogolin (Var), par le même.

			Rapp. atomiq.
Soufre	30,2	0,150	1
Zinc	50,2	0,124	1
Fer	10,8	0,031	
Gangue	6,8		

On voit par ces analyses que toutes les Blendes renferment une certaine quantité de proto-sulfure de fer; or, cette espèce de sulfure est magnétique, et comme aucune espèce de Blende ne présente cette propriété, il paraîtrait qu'il y a une combinaison des sulfures, et que c'est cette combinaison qui est à l'état de mélange variable avec le sulfure de zinc pur. Il n'est pas inutile de remarquer, sans en tirer cependant de conséquence, que dans la troisième analyse tous les élémens sont en proportions définies, et donneraient la formule 4 Zn Su + Fe Su.

Nous remarquerons que plusieurs Blendes renferment aussi du proto-sulfure de cadmium, mais dont la quantité ne paraît pas s'élever au-dessus de 2 ou 3 pour 100.

VARIETÉS.

Blende cristallisée. En octaèdres et en tétraèdres, quelquefois simples, mais le plus souvent modifiés sur les arêtes ou sur les angles; quelquefois en dodécaèdres plus ou moins modifiés, pl. I et II, fig. 1, 2, 3, 5, 12, 17, 22, 31, 52, 75 à 77.

Blende mamelonnée. — globuliforme.

Blende lamellaire. A lamelles plus ou moins fines.

Blende fibreuse. Ordinairement à fibres divergentes.

Blende grenue. N'est qu'une variété à structure lâche de la Blende lamellaire.

Blende testacée. Cette matière mérite d'être examinée de nouveau. On voit dans sa masse une alternative de couches convexes d'arsenic et de matières brunes analogues à la Blende; mais il n'est pas certain que parmi ces couches il n'y en ait pas qui soient d'une composition particulière.

Il y a des Blendes transparentes d'un jaune verdâtre ou brunâtre, et d'autres qui sont opaques et brunes, quelquefois très foncées; quelques-unes ont un éclat métallique à la surface.

Certaines variétés, surtout parmi les transparentes, sont très facilement phosphorescentes par frottement; d'autres, au contraire, le sont à peine.

GISEMENT ET USAGES.

La Blende ne compose pas de gîtes à elle seule; elle se trouve principalement avec la Galène, où elle est quelquefois en quantité considérable. Elle existe aussi en très petits nids dans les Dolomies (Saint-Gothard), dans des roches granitiques (Lacour; vallée de Sallat dans les Pyrénées), dans le Gypse (Hall en Tyrol). Elle a été pendant long-temps rejetée sur les Haldes avec les gangues; mais on l'emploie aujourd'hui pour la préparation du zinc et aussi du laiton.

CINQUIÈME ESPÈCE. CINABRE.

Mercure sulfuré; Vermillon; Zinnober; Bergzinnober.

Substance non métalloïde, rouge ou brune. Cristallisant dans le système rhomboédrique. Clivable en prismes hexagones.

Pesanteur spécifique, 8,09.

Aigre; facilement réductible en poussière d'un beau rouge.

Volatile sans résidu sur le charbon, avec vapeur sulfureuse. Volatile sans décomposition dans le tube fermé, et donnant des globules de mercure lorsqu'on le traite ainsi avec la soude.

Attaquable seulement par l'eau régale. Solution précipitant sur une lame de cuivre une poussière grise qui en argente la surface.

Composition. Me Su. Nous ne possédons que les analyses de Klaproth, qui ont fourni :

Cinabre de Carniole.		Rapp. atom.		Cinabre du Japon.		Rapp. atom.	
Soufre	14,25	00,70	1	Soufre	14,75	0,073	1
Mercure	85	0,067	1	Mercure	84,50	0,067	1

Cinabre charbonneux d'Idria.

		Rapp. atom.	
Soufre	13,75	0,058	1
Mercure	81,80	0,063	1
Carbone	2,30		
Silice, alumine, oxide de fer, etc.	2,15		

VARIÉTÉS.

Cinabre cristallisé. En prismes hexagones réguliers (de la Chine), et plus souvent (cristaux d'Europe) en petits cristaux qui sont des combinaisons plus ou moins compliquées de rhomboèdres ordinairement tronqués très profondément au sommet, pl. IV, fig. 15, 17, 21, 22, et pl. VII, fig. 1.

Cinabre mamelonné, ou peut-être en petits cristaux arrondis groupés les uns sur les autres.

Cinabre granulaire. A grains plus ou moins fins, et assez souvent mélangé de matières terreuses.

Cinabre compacte. Modification extrême de la variété granulaire.

Cinabre testacé (vulgairement cinabre bituminifère). En petites masses noirâtres, testacées, qui renferment des matières terreuses et charbonneuses, comme on le voit par l'analyse de Klaproth. Il y en a des variétés où les matières étrangères sont beaucoup plus abondantes.

Cinabre pulvérulent. Matière rouge, très éclatante lorsqu'elle est pure, mais souvent mélangée avec des matières terreuses, argileuses, etc.

GISEMENT ET USAGES.

Nous avons indiqué le gisement de ce minéral, t. 1, p. 633. On l'exploite pour en retirer le mercure, ce qui se fait en soumettant la matière à une distillation en grand, après l'avoir mélangée avec de la chaux. On l'emploie dans la peinture, mais le plus souvent c'est du cinabre artificiel, pour éviter les matières étrangères que le cinabre naturel renferme, et qui pourrait altérer la couleur.

SIXIÈME ESPÈCE. ALABANDINE.

Manganèse sulfuré; Manganblende; Braunsteinblende; Alabandina sulfurea.

Substance métalloïde, noire, ou gris d'acier foncé. Cristallisation mal connue. Non clivable.

Pesanteur spécifique, 3,95.

Aigre; non susceptible d'être coupée.

Infusible au chalumeau. Difficile à griller. Donnant avec la soude la réaction très prononcée de l'oxide de manganèse après le grillage.

Soluble dans l'acide nitrique. Solution précipitant abondamment en blanc par l'hydrocyanate ferruginé de potasse.

Composition. Les analyses de Klaproth et de Vauquelin indiquent du protoxide de manganèse et du soufre, combinaison qui n'existe pas; mais, en évaluant l'erreur que ces chimistes ont pu commettre, on tire des analyses :

de Vauquelin :		*Rapp. atom.*		de Klaproth :		*Rapp. atom.*	
Soufre.	33,65	0,17	1	Soufre.	27,18	0,13	1
Manganèse . . .	66,35	0,18	1	Manganèse	57,54	0,16	1
				Carbonate de manganèse ou gangue.	15,28		

On voit alors que ces analyses présentent sensiblement un atome de soufre et un atome de manganèse, et par conséquent conduisent à admettre la formule Mn Su, qui est celle du sulfure de manganèse que l'on sait former dans les laboratoires.

GISEMENT.

On cite cette substance en cristaux mal conformés, en petites masses cristallines, et en enduits sur diverses matières.

On la connaît principalement avec les manganèses roses, les différentes matières tellurifères, etc. de Nagy-Ag en Transylvanie. On l'a citée au Mexique dans un gisement analogue, et aussi en Cornwall.

SEPTIÈME ESPÈCE. HARKISE

(de Haar kies, Pyrite capillaire).

Nikel sulfuré ; Nikel natif, Pyrite capillaire ; Haarkies.

Substance métalloïde d'un vert jaunâtre ; en petites houppes composées d'aiguilles fines.

Réductible sur le charbon en fritte métalloïde, magnétique.

Soluble dans l'acide nitrique. Solution devenant violâtre par l'addition de l'ammoniaque.

Composition. Ni Su d'après l'analyse de M. Arfwedson, qui a fourni :

		Rapp. atom.	
Soufre	35,2	0,174	1
Nikel	64,8	0,175	1

Cette substance, assez rare, a été trouvée dans les filons à Johann-Georgenstadt en Saxe, Joachimsthal en Bohême, Saint-Austle en Cornwall, etc. Elle est accompagnée de cobalt arsenical, de Blende, de Galène, de divers minerais d'argent, etc.

SULFURES FERRUGINEUX.

Substances métalloïdes jaunes ou brunes ; attaquables par l'acide nitrique. Solution précipitant abondamment en bleu par l'hydrocyanate ferruginé de potasse, et ne donnant d'ailleurs l'indice d'aucune autre base.

HUITIÈME ESPÈCE. SULFURE DE FER, $FeSu^2$.

PREMIÈRE SOUS-ESPÈCE. PYRITE.

Fer sulfuré; Pyrite martiale; Marcassite; Eisenkies; Schwefelkies.

Substance d'un jaune d'or, ne se décomposant pas à l'air, cristallisant dans le système cubique.

Pesanteur spécifique, 4,6 à 5.

Donnant dans le matras, à la fin de la calcination, un léger sublimé rouge (réalgar).

Composition. Fe Su^2, avec une très petite quantité variable de Réalgar, Ar Su.

Analyse de Berzélius :		*Rapp. atom.*		Analyse de Hatchett :		*Rapp. atom.*	
Soufre	54,26	0,270	2	Soufre	52,70	0,26	2
Fer	45,74	0,135	1	Fer	47,30	0,14	1

VARIÉTÉS.

Pyrite cristallisée. En cubes, lisses, ou striées sur les faces suivant trois directions différentes ; en octaèdre, en dodécaèdre pantagonal, en icosaèdre ; ces formes étant tantôt simples, tantôt modifiées de différentes manières, pl. I et II, fig. 17, 22, 25, 27 à 29, 38 à 48, 49, 52, 53, 54, 58.

Pyrite stalactitique. — mamelonnée.

Pyrite dendritique. En dendrites superficielles sur différens corps, et principalement sur le schiste ardoise.

Pyrite pseudomorphique. Conchylioïde, et principalement sous la forme d'ammonite.

Pyrite bacillaire et fibreuse. A fibres parallèles ou divergentes.

Pyrite compacte. A cassures conchoïdales plus ou moins larges.

Pyrite décomposée. En cristaux passés en tout ou en partie à l'état d'hydroxide de fer, et qu'on nomme souvent, quoique très improprement, *Pyrite hépatique.* Nous n'indiquons cette décomposition que pour mémoire, car la substance qui en résulte doit trouver place dans l'espèce hydroxide de fer.

Pyrite aurifère (Goldkies) et *argentifères* (Silberkies). Renfermant des paillettes d'or ou d'argent disséminées, qu'on aperçoit surtout dans les variétés décomposées.

GISEMENT.

La Pyrite est une des substances les plus répandues à la surface du globe; il n'est point de terrains dans lesquels on n'en trouve, quoique nulle part elle ne soit en grandes masses. On en cite quelques amas ou filons dans les terrains anciens; mais en général, elle est disséminée en cristaux, en veinules, etc., dans tous les dépôts, depuis les plus anciens jusqu'aux plus modernes, et se rencontre dans tous les gîtes métallifères, où elle offre souvent alors de belles cristallisations : on cite surtout à cet égard les mines de Brosso en Piémont, qui ont offert des cristaux de la plus grande beauté. C'est à la Pyrite, si commune dans la nature, que se rapportent toutes les prétendues découvertes d'or dont le peuple s'entretient dans un grand nombre de localités, et dont on berce souvent la crédulité des voyageurs

Dans les lieux où la Pyrite est abondante, on en rassemble les parties pour la fabrication du sulfate de fer, en aidant sa décomposition par un grillage. Les variétés aurifères sont exploitées pour en tirer l'or (Macugnaga en Piémont, environ de Freyberg, Bérézof en Sibérie), soit par lavage, soit par l'amalgamation. On a travaillé autrefois cette substance sous le nom de Marcassite, et on l'a taillée en rose comme le diamant, pour la monter ensuite en boutons de diverses manières, où elle produit un assez bel effet à cause de l'éclat de son poli. On en a trouvé des plaques taillées et polies dans les tombeaux des anciens Péruviens, et on a supposé qu'elle leur servait de miroir; de là le nom de *miroir des Incas*.

Dans les premiers temps de l'invention des armes à feu, on s'est servi de la Pyrite au lieu de la pierre à fusil, par laquelle on l'a ensuite remplacée; aussi la trouve-t-on désignée quelquefois sous le nom de *pierre d'arquebuse*.

DEUXIÈME SOUS-ESPÈCE. SPERKISE

(de Speer, lance, et Kies, pyrite).

Fer sulfuré blanc ; Pyrite blanche ; Pyrite rayonnée ; Speerkies ; Kammkies ; Wasserkies ; Strahlkies.

Substance métalloïde, jaune livide ou jaune verdâtre ; se décomposant facilement à l'air ; cristallisant en prismes rhomboïdaux de 106° 2' et 73° 58'.

Pesanteur spécifique, 4,84.

Ne donnant pas de sublimé rouge dans le matras.

Composition. Fe Su^2, la même que la Pyrite, d'après les recherches les plus exactes.

Analyse de Berzélius :

		Rapp. atom.	
Soufre	53,35	0,265	2
Fer	45,07	0,132	1
Manganèse . . .	0,70	0,001	

Analyse de Hatchett :

		Rapp. atom.	
Soufre	53,60	0,266	2
Fer	45,66	0,134	1

VARIÉTÉS.

Sperkise cristallisée. En prismes rhomboïdaux simples ou à sommets dièdres, ou en octaèdres surbaissés à base rectangle ou à base rhombe, pl. VIII, fig. 25, 28, 30, 32 ; pl. IX, fig. 35, 40, 41, 46, 49 ; pl. X, fig. 2, 3, 6, 9, 11, 13, 56, 60.

Inclinaison de *a* sur *a*, 106° 2' ; *c* sur *B*, 160° 48' ; *b* sur *c*, environ 111° ; *d* sur d, environ 116°.

Sperkise maclée. Réunions diverses d'octaèdres plus ou moins oblitérés, t. 1, pl. VIII, fig. 43 à 47.

Sperkise dendritique (Pyrite lancéolée, Sperkies). En dendrites superficielles, ou en groupes dendritiques.

Sperkise cretée (Pyrite dentelée, lancéolée, Kammkies, Sperkies). Groupes dendritiques de cristaux dont les bords sont découpés comme une crête de coq.

Sperkise globuleuse. En boules calcitrapoïdes altérées plus ou moins profondément.

Sperkise stalactitique. — *mamelonnée.*

Sperkise pseudomorphique. Conchylioïde et xiloïde.

Sperkise bacillaire et *fibreuse* (Strahlkies).

Sperkise compacte. A cassure irrégulière.

GISEMENT.

Cette espèce de sulfure de fer affecte en général les mêmes gisemens que la précédente, mais elle est moins abondante dans les terrains anciens, et ne se présente pas partout dans les filons. Elle est rarement disséminée en cristaux, et se trouve plutôt en rognons, en boules, dans les matières argileuses et marneuses de la fin des terrains secondaires, et principalement dans la craie. Elle se trouve souvent, et surtout disséminée en particules presque invisibles, dans les matières terreuses qui accompagnent différens dépôts de combustibles, dans des argiles charbonneuses des terrains secondaires, dans les lignites, quelquefois aussi dans la houille, et c'est à sa présence qu'on attribue souvent l'inflammation spontanée de ces combustibles.

USAGES.

On profite de la facile décomposition de cette matière en sulfate, lorsqu'elle est exposée à l'air, pour en fabriquer du sulfate de fer et de l'alun, et c'est par suite de sa présence qu'on emploie à cet usage les matières terreuses, les lignites, etc. de certaines localités, qu'il suffit de laisser effleurir spontanément à l'air, et de lessiver, en y ajoutant toutefois des sels de potasse lorsqu'il s'agit d'en former l'alun.

NEUVIÈME ESPÈCE. LEBERKISE

(de Leberkies, Pyrite brune).

Pyrite magnétique; Pyrite hépathique; Magnetkies; Leeberkies.

Substance métalloïde, brun de Tombac; magnétique. Cristallisant en prismes hexagones réguliers, dont la hauteur est à l'apothème dans le rapport de 23 à 10.

Pesanteur spécifique, 4,62.

Caractères chimiques des espèces précédentes, mais laissant surnager du soufre par la solution dans l'acide hydrochlorique.

Composition. $Fe\,Su^2 + 6\,Fe\,Su$ d'après les analyses suivantes :

Leberkise de Treseburg, par Stromeyer.		Rapp. atom.		Leberkise de . . . , par Rose.		Rap. atom.	
Soufre.	40,15	0,199	8	Soufre.	38,78	0,192	8
Fer.	59,85	0,176	7	Fer.	60,32	0,177	7

VARIÉTÉS.

Leberkise cristallisée. En prismes à six pans ou à douze, avec des facettes annulaires, ou terminés par une pyramide, pl. VI, fig. 8, 26, 28, 50.

Inclinaison de *o* sur *o* 127° 25′, de *o* sur ***k*** 116° 54′.

Leberkise lamellaire. En petites masses composées de cristaux minces qui se séparent par la fracture, et donnent alors l'apparence de la structure lamellaire.

Leberkise compacte. Passant à la structure granulaire.

GISEMENT.

La Pyrite magnétique se trouve en petits amas, en petits filons, en petits nids, et quelquefois en cristaux, dans le micaschiste (Bodenmais en Bavière), dans les calcaires subordonnés (Auerbach en Hesse-Darmstadt), dans les diorites (Nantes; Treseburg au Harz, Schemnitz en Hongrie, etc.), dans les roches talqueuses (Derbyshire), et aussi dans les gîtes métallifères (Kongsberg, Eger, etc., en Norwège; Ekdale, Fahlun, etc., en Suède). M. G. Rose l'a reconnue dans quelques pierres météoriques, et notamment dans celle de Juvenas.

APPENDICE.

Nous avons cité des analyses de Pyrite magnétique qui se rapportent à la formule que nous avons adoptée pour l'espèce; mais il en est d'autres qui donnent des résultats différens: telle est, par exemple, l'analyse que M. Stromeyer a faite d'une Pyrite magnétique de Barèges, dans laquelle il a trouvé :

		Rapp. atomiq.	
Soufre.	43,63	0,216	4
Fer	56,37	0,165	3

On tire de là la formule $Fe\ Su^2 + 2\ Fe\ Su$, où les quantités relatives des deux sulfures sont fort différentes.

Il serait fort possible qu'il y eût plusieurs espèces de Pyrite magnétique, et, à cet égard, nous ferons observer que dans celle dont nous venons de donner l'analyse, comme dans plusieurs autres (de Johann-Georgenstadt, Freyberg, etc., en Saxe), la couleur n'est pas le brun de Tombac, que nous avons indiqué comme caractéristique, mais un jaune verdâtre, terne, assez analogue à la couleur de la Sperkise, avec laquelle on serait tenté de confondre ces matières, si elles n'avaient la propriété magnétique, et si elles ne se conservaient parfaitement à l'air.

SULFURE DE MOLYBDÈNE.

DIXIÈME ESPÈCE. MOLYBDÉNITE.

Molybdène sulfuré; Molybdanglanz; Molybdankies; Wasserblei; Molybdénit.

Substance métalloïde, gris de plomb, onctueuse au toucher, composée de lamelles flexibles. Cristaux rares, en prismes à base d'hexagone.

Pesanteur spécifique, 4,5 à 4,7.

Infusible au chalumeau; donnant une fumée blanche, et laissant un petit dépôt blanc sur le charbon.

Attaquable par l'acide nitrique, et donnant immédiatement un précipité blanc qui bleuit lorsqu'on le place humide sur une lame de zinc.

Composition. $Mo\ Su^2$ d'après les analyses suivantes :

Par Bucholz :		Rapp. atom.		Par Brandes :		Rap. atom.	
Soufre.	40	0,198	2	Soufre.	40,4	0,200	2
Molybdène. . . .	60	0,100	1	Molybdène . . .	59,6	0,099	1

Molybdénite de Pensylvanie,
par Bowen.

		Rapp. atomiq.	
Soufre	39,68	0,197	2
Molybdène	59,42	0,099	1

VARIÉTÉS.

Molybdénite cristallisée. En petits prismes très courts, simples ou modifiés sur les arêtes des bases.

Molybdénite feuilletée ou *lamelleuse.* Tantôt à lamelles planes, tantôt à lamelles convexes.

Molybdénite pailletée. En petites lamelles isolées, disséminées dans diverses matières.

GISEMENT.

La Molybdénite forme des amas ou des filons dans les granites, les micaschistes, les siénites, etc; on l'y trouve disséminée (Alpes du Dauphiné, de la Savoie, du Piémont, du Tyrol; Pyrénées, Bohême, Norwège, etc. etc.). Elle se trouve aussi, mais en petite quantité, dans les amas métallifères, principalement dans ceux d'étain (Altenberg, Zinwald, Schneeberg, Geyer, en Saxe; Cornwall), dans les dépôts d'oxide de fer magnétique (Arendal en Norwège), rarement dans les minerais de cuivre.

Cette substance n'est employée que dans les laboratoires, pour en tirer le molybdène, ou en former l'acide molybdique.

SULFURES CUIVREUX.

Substances métalloïdes de diverses couleurs; attaquables par l'acide nitrique; solution devenant bleue par l'addition de l'ammoniaque, donnant un précipité de cuivre abondant sur une lame de fer, et diverses réactions suivant la nature des sulfures combinés.

ONZIÈME ESPÈCE. CHALKOSINE

(de χαλκος, cuivre).

Cuivre sulfuré ; Cuivre vitreux ; Kupferglanz ; Kupferglass ; Lecherz.

Substance métalloïde, gris d'acier; cristallisant dans le système rhomboédrique. Cristaux dérivant d'un prisme hexagone régulier dont la hauteur est à l'apothème dans le rapport de 2 à 1.

Pesanteur spécifique, 5,69.

Se laissant en partie couper par un instrument tranchant; mais néanmoins fragile.

Fusible avec bouillonnement au chalumeau, et donnant des grains de cuivre lorsqu'on fond la matière grillée avec de la soude.

Soluble dans l'acide nitrique. Solution devenant bleue par l'addition de l'ammoniaque en excès; précipitant alors peu ou point d'oxide de fer; donnant d'ailleurs un précipité de cuivre sur une lame de fer.

Composition. $Cu^2 Su$, mais mélangé d'une petite quantité de cuivre pyriteux, de sulfure de la formule $Cu Su$, de cuivre à l'état métallique qu'on y voit quelquefois en lamelles, et probablement de Phillipsite.

Chalkosine de Sibérie, par Gueniveau.		Rapports atomiques et division.					
				Chalkopyrite.		Chalkosine.	
Soufre	20,5	101	=	10	+	91	1
Cuivre	74,5	188	=	5	+	183	2
Fer	1,5	5	=	5			

Chalkosine de Rothemburg, par Klaproth.		Rapports atomiques et division.					
				Cu Su.		Chalkosine.	
Soufre	22	109	=	25	+	84	1
Cuivre	76,50	193	=	25	+	168	2
Fer	0,50						

Chalkosine de Siegen, par Ullmann.

			Rapp. atomiq.	
Soufre	19	ou peut-être 19	. . 0,094	1
Cuivre.	79,50	 75	. . 0,189	2
Fer	0,75	 0,75		
Silice.	1,00	 1		
Cuivre métallique		4,50		

VARIÉTÉS.

Chalkosine cristallisée. En prismes hexagones, simples ou modifiés sur les arêtes et les angles des bases, ou en pyramides à triangles isocèles le plus souvent tronqués au sommet, et d'ailleurs modifiés de différentes manières, pl. VI, fig. 1, 8, 9, 28, 29, 54, 59, 61, 64 à 66.

Inclinaison de o, o', o'', o''' sur k 116° 40', 135° 30', 137° 40', 146° 50'.

Chalkosine mamelonnée.

Chalkosine pseudomorphique (Argent en épis, cuivre gris spiciforme, Kornähren, Korngraupen). En espèce d'épis ou de petites pommes de pin, que l'on regarde comme des branches du genre *Cuprassus*.

Chalkosine compacte. Souvent mélangée avec de l'oxide rouge de fer.

GISEMENT.

Le Sulfure de cuivre est en général une substance accidentelle des différens gîtes de cuivre pyriteux (Cornwall, Hesse et Mansfeld, Moldava au Banat, etc.), où il est toujours en petite quantité. Ce n'est que dans les monts Ourals, en Sibérie, où le cuivre pyriteux manque presque entièrement, que cette substance devient abondante et l'objet d'exploitations particulières. Elle paraît tout au plus appartenir aux terrains intermédiaires, autant qu'on en peut juger par la description de Patrin. Le gîte, suivant cet auteur, est en filons remplis d'argile et de gravier, dans lesquels le sulfure est disséminé en rognons plus ou moins volumineux.

APPENDICE.

Sulfure de cuivre du Vésuve. M. Covelli a découvert dans les fumarolles du cratère du Vésuve, des enduits de couleur noire, ternes, quelquefois bleu foncé ou bleu verdâtre, qui tapissent les cellules ou la surface des laves, et qu'il regarde comme produits par l'action de l'hydrogène sulfuré sur les sulfate et chlorure de cuivre. Il en a tiré par l'analyse :

		Rapports atomiques.	
Soufre	32	. 0,16 .	1
Cuivre	66	. 0,17 .	1
Perte.	2		

Ce serait donc un sulfure de la formule Cu Su, et par conséquent une espèce distincte, de même nature que celle que nous trouvons mélangée dans la seconde des analyses précédentes. Si ce résultat intéressant se vérifie, je proposerais le nom de *Covelline*, de celui de l'auteur qui a imaginé le premier d'examiner les productions des fumarolles.

DOUZIÈME ESPÈCE. STROMEYERINE.

Sulfure d'argent et cuivre ; Silberkupferglanz.

Substance métalloïde, gris d'acier, éclatante ; très fragile, à cassure imparfaitement conchoïdale.

Fusible au chalumeau, sans boursouflement ni formation de scorie. Soluble dans l'acide nitrique. Solution donnant l'indice de cuivre sur une lame de fer, et l'indice de l'argent sur une lame de cuivre; donnant d'ailleurs par l'acide hydrochlorique un précipité abondant, soluble dans l'ammoniaque.

Composition. $Ag\,Cu^2\,Su^2 = Ag\,Su + Cu^2\,Su$ d'après l'analyse de M. Stromeyer, qui a donné :

		Rapp. atomiq.	
Soufre	15,96 . . .	0,079	2
Argent.	52,87 . . .	0,039	1
Cuivre	30,83 . . .	0,077	2
Fer.	0,34 . . .	0,001	

Cette substance n'est encore connue qu'en petites masses compactes qui proviennent des mines de Schlangenberg, en Sibérie. Sa composition ne peut la rapprocher que de l'espèce Chalkosine, qu'on pourrait considérer comme mélangée accidentellement de sulfure d'argent ; mais les proportions définies de ce dernier, les caractères extérieurs, qui ne sont ni ceux de l'Argyrose, ni ceux de la Chalkosine, conduisent à la regarder comme une espèce particulière, déjà établie depuis long-temps par M. Hausmann et par Bournon. J'espère qu'on adoptera le nom univoque de *Stromeÿerine*, en l'honneur du savant chimiste dont nous avons tant de fois cité les analyses.

TREIZIÈME ESPÈCE. PHILLIPSITE.

Cuivre pyriteux panaché ; Buntkupfererz ; Mürbes kupferglass ?

Substance métalloïde, rougeâtre ou brun rougeâtre, souvent bleuâtre ou violâtre à la surface. Cristallisant dans le système cubique.

Pesanteur spécifique, 5.

Fusible au chalumeau en globules attirables à l'aimant. Donnant ensuite des globules de cuivre lorsqu'on fond la matière avec la soude.

Soluble dans l'acide nitrique; solution devenant bleue par l'ammoniaque, en donnant un précipité d'oxide de fer, et donnant l'indice de cuivre sur une lame de fer.

Composition. $Fe\,Cu^4\,Su^3 = Fe\,Su + 2\,Cu^2\,Su$ d'après l'analyse d'une substance de Ross-Island, par M. R. Phillips, qui a fourni :

		Rapp. atomiq.	
Soufre	23,75	0,118	3
Cuivre	61,07	0,154	4
Fer	14	0,041	1
Silice	0,50		
Perte	0,68		

Cette substance, par suite de sa forme et de sa composition, doit évidemment constituer une espèce particulière. Il y a long-temps que dans mes cours je l'ai décrite sous le nom de *Phillipsite*, que je lui conserve ici en l'honneur du chimiste qui en a reconnu la composition.

VARIÉTÉS.

Phillipsite cristallisée. En cubes modifiés sur les angles solides ou sur les arêtes; en octaèdres simples ou passant au cube, pl. I et II, fig. 17, 18, 49, 50, 52.

Phillipsite maclée. En octaèdres groupés, t. 1, pl. VIII, fig. 38.

Phillipsite réniforme. En petits rognons dans les schistes bitumineux.

Phillipsite incrustante. Recouvrant des cristaux de Chalkosine d'un enduit plus ou moins épais, et se présentant alors en prismes hexagones, en pyramides tronquées plus ou moins surbaissées, etc.

Phillipsite compacte. En petites masses amorphes.

Phillipsite laminiforme. En petits feuillets à la surface des schistes bitumineux.

GISEMENT.

La Phillipsite est une substance accidentelle des différens gîtes cuivreux, où elle est associée à la Chalkosine, avec laquelle on l'a souvent confondue. On la connaît dans un assez grand nombre de lieux, mais toujours en petite quantité (Hesse et Mansfeld, Saxe, Cornwall, etc.), et à-peu-près dans les mêmes gisemens que le cuivre pyriteux.

Le *mürbes kupferglass* de M. Freisleben, qui provient du Morgenstern, près de Freyberg, n'est pas autre chose que de la Phyllipsite, du moins dans les échantillons que j'ai pu voir, et qui ne m'ont nullement paru être des pseudomorphoses.

QUATORZIÈME ESPÈCE. CHALKOPYRITE.

(Pyrite cuivreuse).

Cuivre pyriteux; Pyrite cuivreuse; Mine de cuivre jaune; Kupferkies; Gelferz; Nierenkies.

Substance métalloïde, jaune de bronze; cristallisant en octaèdre à base carrée, passant au tétraèdre.

Pesanteur spécifique, 4,16.

Fusible au chalumeau en globules attirables à l'aimant, et qui donnent ensuite des globules de cuivre avec la soude. Soluble dans l'acide nitrique; solution devenant bleue par l'ammoniaque, en donnant un précipité abondant d'oxide de fer; donnant d'ailleurs l'indice du cuivre sur une lame de fer, et précipitant abondamment en bleu par l'hydrocyanate ferruginé de potasse.

Composition. $\dot{Fe}\,Cu\,Su^2 = Fe\,Su + Cu^2\,Su$, plus ou moins mélangée de matières étrangères.

Chalkopyrite cristallisée de Ramberg, par H. Rose.

		Rapp. atom.	
Soufre	35,87	0,178	2
Cuivre	34,40	0,088	1
Fer	30,47	0,089	1

Chalkopyrite de Furstemberg, par le même.

		Rapp. atom.
Soufre	36,52	0,181
Cuivre	33,12	0,084
Fer	30	0,088
Matières étrangères	0,39	

Chalkopyrite d'Orrijerfvi, par Hartwall.

		Rapp. atom.
Soufre	36,33	0,180
Cuivre	32,20	0,081
Fer	30,03	0,088
Silice	0,93	
Oxide de manganèse et matières terreuses	1,30	

Chalkopyrite d'Allevard, par Berthier.

		Rapp. atom.
Soufre	36,3	0,180
Cuivre	32,1	0,081
Fer	31,5	0,092

Chalkopyrite de Sainbel, par Gueniveau.

		Rapp. atom.
Soufre	37	0,183
Cuivre	30,2	0,076
Fer	32,3	0,094

Chalkopyrite cristallisée, par R. Phillips.

		Rapp. atom.
Soufre	35,16	0,179
Cuivre	30	00,76
Fer	32,20	0,094

Chalkopyrite mamelonnée, par R. Phillips.

		Rapp. atom.
Soufre	34,46	0,171
Cuivre	31,20	0,078
Fer	30,80	0,090
Matière terreuse	1,10	
Plomb et arsenic	2,44	

Chalkopyrite d'Allagne, par Berthier.

		Rapp. atom.
Soufre	32	0,159
Cuivre	32,6	0,083
Fer	29,2	0,086
Gangue	3.2	

Chalkopyrite de Saxe,
par Berthier.

Soufre	32	0,159
Cuivre	33,3	0,084
Fer.	30	0,088
Gangue.	2,6	

La première de ces analyses donne sensiblement les rapports atomiques 2,1 et 1 entre le soufre, le cuivre et le fer, comme nous l'admettons dans la formule. Les autres analyses se rapprochent de ces rapports, sans cependant s'y rattacher immédiatement : dans les unes on trouve plutôt les rapports 18, 8 et 9; dans d'autres on voit 17, 8 et 9, et enfin dans les dernières, 16, 8 et 9. Or, il est possible qu'il y ait quelques erreurs dans l'évaluation des matières fournies par l'analyse; mais il est probable aussi que ces divergences tiennent à des mélanges qu'il est difficile d'assigner. Si l'on s'en rapporte aux nombres atomiques que l'on observe, on est conduit à penser, pour les rapports 18, 8 et 9, qu'il y a mélange de pyrite $FeSu^2$, car on en tirerait 8 ($FeSu + CuSu$), $+ FeSu^2$; les nombres 17, 8 et 9 indiqueraient surabondance de sulfure de fer de la formule FeSu, car on aurait 8 ($FeSu + CuSu$) $+ FeSu$. Quant aux derniers rapports 16, 8 et 9, on n'en peut tirer la formule que nous avons admise, qu'en admettant le mélange d'une substance de la formule $3 FeSu + Cu^2 Su$, car ces rapports donnent $6(FeSu + CuSu) + (3 FeSu + Cu^2 Su)$: c'est la divergence que l'on a le plus de peine à concilier avec l'idée que l'on se forme de la première analyse. Au reste, il n'est pas inutile de remarquer que les six dernières analyses sont déjà assez anciennes, et qu'il pourrait bien arriver que les auteurs trouvassent eux-mêmes aujourd'hui quelques différences dans les nombres, s'ils recommençaient leurs opérations avec la précision qu'ils ont mise dans des travaux plus récens.

Quoi qu'il en soit, nous adoptons avec M. Berzélius la formule générale $Fe\,Cu\,Su^2$, quoique nous ne la développions pas de la même manière, car ce savant chimiste a admis une formule qui, réduite suivant les poids atomiques actuels, donnerait $Fe^2\,Su^3 + Cu^2\,Su$, que nous regardons comme moins probable que la nôtre, parce qu'on ne trouve pas $Fe^2\,Su^3$ dans les autres composés que nous connaissons, tandis qu'on y observe très nettement le sulfure $Fe\,Su$.

VARIÉTÉS.

Chalcopyrite cristallisée. En octaèdres à base carrée, très rapprochés de l'octaèdre régulier, simples ou modifiés, t. 1, pl. IV, fig. 61, 52, 53, 46, et passant au tétraèdre qui ressemble au tétraèdre régulier.

Inclinaison de *i* sur *i* 110° et 71° 10′; de *d* sur *i* 141° 15′; de *d* sur *d* 125° 30′ et 102° 30′.

Les mêmes angles, si la substance appartenait au système cubique seraient 109° 28′ 16″, 70° 31′ 44″, 144° 44′ 10″, 120° et 90°.

Chalcopyrite maclée. Réunion de deux octaèdres, fort analogue à celle des octaèdres réguliers, t. 1, pl. VIII, fig. 38.

Chalcopyrite stalactitique. — mamelonnée.

Chalcopyrite incrustante. Formant des enduits cristallins sur des cristaux de Calcaire, de Barytine, de cuivre gris, de Tennantite, etc.

Chalcopyrite compacte. En masses informes plus ou moins considérables.

Chalcopyrite phillipsitifère. Variété mamelonnée de Cornwall, dans laquelle on distingue des petites couches de Phillipsite qui séparent celles de Chalcopyrite, et dont la surface présente des petits cristaux de cette même substance.

GISEMENT.

Nous renverrons, pour le gisement du cuivre pyriteux, à ce que nous avons dit t. 1, p. 627, et pour son emploi, p. 721. Nous ferons seulement remarquer que les plus beaux échantillons cristallisés proviennent du Derbyshire, du Cornwall, des environs de Freyberg, et de Sainte-Marie aux mines en France.

QUINZIÈME ESPÈCE. STANNINE

(de *Stannum*, étain).

Étain pyriteux; Étain sulfuré; Or mussif natif; Zinnkies.

Substance métalloïde, d'un gris jaunâtre, compacte, a cassure granulaire passant à la cassure imparfaitement conchoïde.

Pesanteur spécifique, 4,35 à 4,78.

Fusible au chalumeau, en couvrant le charbon d'une poussière blanche non volatile.

Soluble dans l'acide nitrique, avec un précipité blanc immédiat. Solution donnant l'indice du cuivre sur une lame de fer, devenant bleue par l'ammoniaque, et précipitant en même temps de l'oxide de fer; précipité immédiat soluble dans l'acide hydrochlorique, et solution précipitant en pourpre par le chlorure d'or.

Composition. Fe Sn Cu^2 Su^4. Nous n'avons encore que l'analyse suivante, que l'on doit à Klaproth :

		Rapports atomiques.	
Soufre	30,5	0,151	4
Etain	26,5	0,035	1?
Cuivre	30	0,075	2
Fer	12	0,035	1?

où l'on voit sensiblement les rapports atomiques indiqués par la formule que nous avons adoptée.

Maintenant on peut diviser cette formule générale de différentes manières : on peut en tirer l'expression Sn Su + Cu^2 Su + Fe Su^2, comme M. Berzélius; mais ce chimiste a considéré le terme Fe Su^2 comme accidentel, et a seulement conservé les deux autres comme indication du composé. Or, on peut objecter à cette manière de voir, que, quand la Stannine est mécaniquement mélangée de matières étrangères, c'est du cuivre pyriteux qui s'y trouve, et non de la Pyrite; en sorte que le terme Fe Su^2 ne peut pas être considéré comme provenant de mélange. D'un autre côté, les rapports qu'on observe dans l'analyse de Klaproth ne permettent pas facilement d'en extraire du cuivre pyriteux, comme je l'avais supposé dans ma première édition; et de là il me paraît résulter qu'on doit considérer les trois sulfures comme combinés suivant la formule Sn Su + Cu^2 Su + Fe Su^2, qu'on peut transformer en (Sn Su + 2 Cu^2 Su) + (Sn Su + 2 Fe Su^2), ce qui offrirait une combinaison de deux doubles sulfures.

L'expression générale Fe Sn $Cu^2 Su^4$ peut donner aussi Sn Su + 2 Cu Su + Fe Su, qu'on peut transformer en (Sn Su + 4 Cu Su) + (Sn Su + 2 Fe Su). Dans l'une et l'autre de ces transformations, la Stannine devient analogue aux diverses combinaisons triples qui constituent les espèces Bournonite, Polybasite, Panabase, etc.

GISEMENT.

Cette substance n'est encore connue qu'en Cornwall, en petites masses, dans les mines de cuivre pyriteux (Huel-Rock, paroisse de Saint-Agnès); on l'indique aussi en petites veines dans le granit au mont Saint-Michel dans la même contrée.

SULFURE DE COBALT.

SEIZIÈME ESPÈCE. KOBOLDINE.

Cobalt sulfuré.

Substance métalloïde, gris d'acier plus ou moins clair, indiquée comme cristallisant en octaèdre régulier. A cassure inégale. Ne donnant aucune odeur arsenicale au chalumeau; fusible, après un grillage préalable, en globule gris qui, fondu avec le Borax, le colore en bleu intense.

Composition. Il est fort à présumer que la Koboldine est un sulfure de cobalt de la formule $Co^2 Su^3$ mélangée de Chalcopyrite ou de Phillipsite, d'après les analyses que nous possédons.

Koboldine de Müsen, par Wernekink.

				Rapports atomiques et divisions.			
				Chalkopyrite.		$Co^2 Su^3$.	
Soufre	41	0,203	=	27	+	176	3
Cobalt	43,86	0,119	=			119	2
Fer	5,31	0,014	=	14			
Cuivre	4,10	0,013	=	13			
Gangue	0,67						

Koboldine de Saint-Górans, par Hisinger.

				Philippsite.		$Co^2 Su^3$.	
Soufre	42	0,208	=	27	+	181	3?
Cobalt	43,20	0,118	=			118	} 2
Cuivre	14,40	0,036	=	36			
Fer	3,50	0,010	=	9	+	1	
Matières terreuses	0,33						

Il y aurait cependant un peu trop de soufre dans l'analyse d'Hisinger.

GISEMENT.

Cette substance, que M. Wernekink a indiquée comme cristallisée en cube, cubo-octaèdre et octaèdre, et assez semblable à la Cobaltine, n'a encore été trouvée qu'à Bastnaes, près de Riddarhytta en Suède, et à Müsen, dans le pays de Siegen.

SULFURES DE BISMUTH.

DIX-SEPTIÈME ESPÈCE. BISMUTHINE.

Bismuth natif en partie ; Bismuth sulfuré ; Wismuth glanz.

Substance métalloïde, gris d'acier, passant au gris

jaunâtre. Cristallisant en aiguilles rhomboïdales? d'environ 130 et 50°.

Pesanteur spécifique, 6,54.

Fusible au chalumeau, en projetant des gouttelettes incandescentes, et couvrant le charbon d'oxide de Bismuth, qui devient jaunâtre après le refroidissement.

Soluble dans l'acide nitrique; solution troublée par l'eau, qu'on doit ajouter en plus ou moins grande quantité, suivant le degré d'acidité, et précipitant d'ailleurs en noir par les hydrosulfates.

Composition. Ḃ Su^3, suivant l'analyse de M. H. Rose sur le sulfure de Riddarhytta, qui a fourni :

		Rapports atomiques.	
Soufre	18,72 . .	0,093 . .	3
Bismuth	80,98 . .	0,060 . .	2

On indique le sulfure de Bismuth en petites aiguilles rhomboïdales, striées sur leur longueur, avec une face perpendiculaire à l'axe et quelques facettes sur les angles solides; on l'indique aussi en petites masses fibreuses composées de ces mêmes aiguilles, et enfin en lamelles engagées dans la Cérérite de Bastnaes à Riddarhytta.

J'observerai que les échantillons en aiguilles cristallines, ou en petites masses striées, que j'ai eu entre les mains sous le nom de Bismuth sulfuré de divers lieux (Johann-Georgenstadt, Altenberg, en Saxe; Joachimsthal en Bohême; Bieber dans le Hanau; Herland Mine en Cornwall; Cumberland), m'ont offert à l'essai du plomb ou du cuivre, quelquefois l'un et l'autre, en même temps que le Bismuth, et paraîtraient être par conséquent des doubles sulfures qui méritent d'être analysés. Il n'y a que les échantillons de Bastnaes qui m'aient offert les réactions d'un sulfure de Bismuth pur.

APPENDICE.

Bismuth sulfuré plumbo-argentifère; Wismuth bleierz; Wismuth silber. Substance métalloïde gris de plomb, en petites aiguilles cristallines, implantées dans des gangues siliceuses ou dans le fluor (de Schappach, dans le pays de Baden), dont Klaproth a retiré par l'analyse :

			Rapports atomiques.
Soufre	16,3	0,081	8
Bismuth	27,0	0,020	2
Plomb	33,0	0,025	
Argent	15	0,011	5
Fer	4,3	0,012	
Cuivre	0,9	0,002	

Ces résultats donneraient peut-être la formule $Bi^2 Su^3 + 5 (Pb, Ag, Fe, Cu) Su$. Est-ce une combinaison? est-un mélange? Y a-t-il ici combinaison de plusieurs doubles sulfures? Ce sont autant de questions qu'on ne peut pas résoudre aujourd'hui.

Bismuth sulfuré cuprifère; Wismuth kupfererz. Substance métalloïde, gris d'acier, passant au blanc d'étain, en aiguilles cristallines ou en petits nids fibreux, dont Klaproth a tiré :

		Rapports atomiques.
Soufre	12,58	0,061
Bismuth	47,24	0,035
Cuivre	34,66	0,087

Il est difficile de rien tirer autre chose de ces résultats qu'un mélange de sulfure de Bismuth de la formule $Bi^2 Su$, et de sulfure de cuivre de la formule $Cu^2 Su$, expressions qui indiqueraient l'une et l'autre une espèce particulière, différente de celles que nous avons citées. Il est probable qu'il y a ici un sulfure double dont les recherches futures fixeront la composition.

Cette matière se trouve dans des filons cobaltifères qui traversent une espèce de granite, dans les mines de Neuglük et de Daniel, dans le Fürstenberg.

Bismuth sulfuré plombo-cuprifère; Nadelerz. Substance métalloïde, gris de plomb ou gris d'acier, en aiguilles engagées dans du quarz. Pesanteur spécifique, 6,12. M. John en a donné l'analyse suivante :

		Rapports atomiques.
Soufre	11,58	0,057
Bismuth	43,20	0,032
Plomb	24,32	0,018
Cuivre	12,10	0,031
Nikel	1,58	0,004
Tellure	1,32	

dont on ne peut encore rien tirer, si ce n'est un mélange des sulfures $Bi^3 Su$, $Cu^2 Su$, $Pb\ Su$, $N\ Su^2$. Nous devons encore attendre de nouvelles recherches; mais il est évident qu'il n'y a point ici de Bismuthine, puisqu'il faudrait laisser le cuivre et une partie du plomb à l'état libre.

Cette matière provient des mines de Pyschminskoi et de Klutschefskoi, dans le district d'Ekatherinenburg en Sibérie. Elle est dans une gangue de quarz, et quelquefois accompagnée de paillettes d'or, de Malachite, de Galène, etc.

SULFURES ANTIMONIEUX.

Substances métalloïdes ou non métalloïdes, donnant par le grillage une fumée blanche abondante, sans odeur d'ail, qu'on peut volatiliser de nouveau lorsqu'elle s'est déposée sur les parois du tube ouvert ou sur le charbon.

Attaquable par l'acide nitrique, à chaud ou à froid, avec précipité immédiat de matière soluble dans l'acide hydrochlorique, dont la solution est alors troublée par l'eau, et précipitée en jaune par les hydrosulfates.

DIX-HUITIÈME ESPÈCE. STIBINE

(de *Stibium*, antimoine).

Antimoine sulfuré; Antimonglanz; Grauspiesglanzerz; Federerz?

Substance métalloïde, gris de plomb; cristallisant en prismes rhomboïdaux de 91° 20′ et 88° 40′; susceptible de clivages très nets parallèlement au plan des petites diagonales des bases.

Pesanteur spécifique, 4,3 à 4,6.

Très facilement fusible; donnant par le grillage dans un tube ouvert, des vapeurs blanches très abondantes, et finissant par disparaître entièrement.

Attaquable par l'acide nitrique, en donnant un précipité blanc abondant, soluble dans l'acide hydrochlorique dont il est séparé par l'eau, et dont il précipite en jaune par les hydrosulfates.

Réductible en matière jaune par la potasse caustique humectée.

Composition. S̶b Su^3, ou en poids :

Soufre	27,22
Antimoine	72,78

Les analyses ont donné les résultats suivans :

	Soufre.	*Antimoine.*
Par Proust	25	75
Par Bergmann	26	74

VARIÉTÉS.

Stibine cristallisée. En prismes rhomboïdaux, terminés par des sommets à quatre faces, et quelquefois modifiés de différentes manières. pl. X, fig. 57, 63, 64, 66 à 71.

Inclinaison de d sur d, 108° 30′; de d sur a, 145° 30; de a sur a', 171° 40′.

Stibine cylindroïde. En cristaux déformés. — *aciculaire.* En cristaux très minces.

Stibine capillaire (federerz). En petits filamens très minces, droits ou contournés, quelquefois comme feutrés. Il existe bien évidemment de la Stibine capillaire, qui offre même tous les passages à la Stibine cylindroïde; mais il est probable qu'on confond aussi avec cette substance, par suite des caractères extérieurs, des matières qui sont fort différentes, de même qu'on a long-temps confondu tous les silicates asbestoïdes en une seule espèce : M. H. Rose en a analysé une qui s'est trouvée être un sulfure composé dont nous parlerons à la suite de la Zinkenite.

Stibine bacillaire ou *fibreuse.* Cristaux divergens, groupés entre eux et déformés par leur pression mutuelle.

Stibine lamellaire. Cristaux entremêlés et formant des masses dont la fracture est lamellaire, avec tendance plus ou moins prononcée à la structure bacillaire.

Stibine compacte. Variétés extrêmes de Stibine fibreuse.

GISEMENT ET USAGES.

La Stibine, quoique peu abondante dans la nature, se trouve cependant assez communément, et constitue à elle seule des filons toujours peu étendus qui traversent le granite, le gneiss, le micaschiste (Malbosc, Ardèche; Deze, Lozère; Alby et Mercœur, Haute-Loire; Auzat, Puy-de-Dôme; Massiac, Cantal; Portès, Saint-Florent, Aujac, Gard, etc., et dans toutes les parties de l'Europe). Elle se trouve aussi comme substance subordonnée dans différens gîtes métallifères, et principalement dans les dépòts argentifères.

Cette matière est exploitée pour en tirer l'antimoine qui entre dans quelques alliages, notamment dans celui des caractères d'imprimerie, et qui sert à la préparation du kermès, de l'émétique, etc. On fait entrer le sulfure naturel dans la composition des crayons communs de mine de plomb.

APPENDICE.

Bleischimmer. Substance métalloïde, gris de plomb, compacte, à cassure grenue, très fragile. Pesanteur spécifique, 5,95.

Nous ne connaissons qu'une analyse de Pfaff, qui a fourni :

			Rapports atomiques.
Soufre	17,20	0,085	8
Antimoine	35,47	0,044 }	5
Arsenic	3,56	0,008 }	
Plomb	43,44	0,033	3

d'où l'on tire sensiblement 5 (Sn, Ar) Su + 4 Pb Su, ce qui formerait une espèce particulière.

Si, à cause du rapport compliqué 5 à 3, on regarde le Bleischimmer comme un simple mélange, la partie dominante sera un sulfure d'antimoine, mais alors de la formule Sn Su, et par conséquent fort différent du sulfure d'antimoine précédent. Ce sulfure, qui serait ici mélangé de Galène, devrait lui-même constituer une espèce particulière, comme le Réalgar forme une espèce différente de l'Orpiment. Ainsi, dans tous les cas, il y a bien ici une espèce minérale distincte, dont il reste cependant à établir la véritable nature comme composé binaire ou ternaire.

Cette substance vient de Nertschinsk en Sibérie, et elle est mélangée de Chalcopyrite.

DIX-NEUVIÈME ESPÈCE. ZINKENITE.

Substance métalloïde, gris d'acier, cristallisée en prismes à bases d'hexagones réguliers? terminés par des pyramides dont les faces correspondent aux arêtes, pl. VII, fig. 37.

Pesanteur spécifique, 5,30.

Fusible au chalumeau avec dégagement de vapeurs blanches et dépôt d'oxide jaune sur le charbon.

Attaquable par l'acide nitrique, avec précipité blanc immédiat antimonifère. Solution nitrique donnant des lamelles métalliques de plomb sur une lame de zinc.

Composition. $Pb\,Sb^2\,Su^4 = \overline{Sb}\,Su^3 + Pb\,Su$, d'après les analyses de la Zinkenite de Wolfsberg au Harz par H. Rose, qui a trouvé :

		Rapports atomiques.	
Soufre	22,58	0,112	4
Antimoine	44,11	0,054	2
Plomb	31,97	0,025	1
Cuivre	0,42	0,001	

On ne connaît encore la Zinkenite que cristallisée; et quoique ses cristaux semblent se rapprocher beaucoup d'un prisme hexagone régulier, il serait possible, comme le soupçonne M. G. Rose, qu'ils ne fussent que des groupemens de prismes rhomboïdaux, à sommets dièdres, de 120° 39'.

Inclinaison de *i* sur *i*, 165° 26'; de *i* sur *s*, 102° 42'; de *i* sur la face opposée, 150° 36'.

La Zinkenite n'est encore connue qu'à Wolfsberg, dans la partie orientale du Harz, où elle a été découverte par M. Zinken, dont on lui a donné le nom.

APPENDICE.

Federerz de Wolfsberg (Antimoine sulfuré capillaire). Substance métalloïde, gris bleuâtre à l'extérieur; en petites fibres capillaires agglomérées dans une gangue de quarz, que M. H. Rose a trouvé composées de

		Rapports atomiques.	
Soufre	19,72	0,098	5
Antimoine	31,04	0,038	2
Plomb	46,87	0,037	2
Fer	1,30	0,004	
Zinc	0,08		

Les rapports que l'on découvre par cette analyse conduisent à la formule $Sb^2 Su^5 + 2 Pb Su$, qui serait une substance particulière différente de la Zinkenite, mélangée d'une petite quantité de sulfure de fer ($Fe Su$) et de Blende. Mais comme il n'y a encore qu'une analyse, on pourrait soupçonner aussi que le rapport nouveau, 2 à 1, du sulfure de plomb au sulfure d'antimoine est accidentel, et transformer l'expression en $(Sb^2 Su^5 + Pb Su) + Pb Su$; dès-lors on serait conduit à regarder cette matière comme de la Zinkenite mélangée de sulfure de plomb. Le temps nous apprendra ce que nous devons définitivement admettre à cet égard.

Cette substance se trouve dans le même gisement que la Zinkenite, à Wolfsberg, dans la partie orientale du Harz. Sa composition peut faire suspecter les diverses matières que l'on regarde comme des variétés capillaires de Stibine, quoi qu'il existe bien évidemment de la Stibine pure sous cette forme.

VINGTIÈME ESPÈCE. JAMESONITE.

(Dédiée à M. Jameson.)

Antimoine sulfuré plombifère, Bournonite en partie.

Substance métalloïde, gris d'acier; cristallisant en prisme rhomboïdal de 101° 20′ environ.

Pesanteur spécifique, 5,56.

Caractères chimiques de la Zinkenite.

Composition. $Pb^3 Sb^4 Su^9 = 2 \overline{S}b Su^3 + 3 Pb Su$, d'après les analyses que M. H. Rose a faites de la Jamesonite de Cornwall :

		Rapports atomiques et divisions.				
				Jamesonite.		Fe S².
Soufre.	22,15	0,110	=	0,096 (9)	+	0,014
Antimoine.	34,40	0,043	=	0,043 (4)		
Plomb.	40,75	0,032	=	0,031 (3)		
Cuivre.	0,13	0,0004				
Fer.	2,30	0,007	=	....		0,007

Cette analyse fournirait, comme on voit, la formule que nous venons d'indiquer, avec mélange d'une très petite quantité de Pyrite, et peut-être de sulfure de cuivre.

Cette substance se trouve en masses cristallines dans les mines de Cornwall; plusieurs matières confondues avec la Bournonite lui appartiennent.

APPENDICE.

Parmi le grand nombre d'analyses que Klaproth a faites de divers sulfures, il en est deux qui pourraient peut-être trouver place ici plutôt que partout ailleurs; telles sont :

Weissgültigerz clair de Freyberg.		Rapp. atom.	Weissgültigerz sombre de *idem.*		Rapp. atom.
Soufre.	12,25	0,061	Soufre	22	0,109
Antimoine	7,88	0,009	Antimoine	21,50	0,026
Plomb.	48,06	0,037	Plomb	41	0,031
Fer	2,25	0,006	Fer	1,75	0,005
Argent.	20,40	0,015	Argent.	9,25	0,006

Ces matières sembleraient être un mélange, ou une combinaison, de deux substances plus ou moins rapprochées de la Jamesonite ou de la Zinkenite, et de la Miargyrite ou de l'Argyrythrose; mais, dans l'état actuel, on ne peut rien tirer des analyses, et l'on peut soupçonner des fautes dans les quantités relatives des élémens, parce que, du temps de Klaproth, les procédés d'analyses de ces sortes de composés étaient très imparfaits.

VINGT-UNIÈME ESPÈCE. HAIDINGERITE.

(Dédiée à M. Haidinger.)

Berthierite.

Substance métalloïde, gris de fer; cristallisant en prismes rhomboïdaux? et se trouvant en masses confusément lamellaires.

Pesanteur spécifique, 4,3?

Très facilement fusible au chalumeau; dégageant des vapeurs blanches, et laissant un globule noir attirable à l'aimant.

Attaquable par l'acide nitrique avec précipité blanc immédiat antimonifère; solution précipitant abondamment en bleu par l'hydrocyanate ferruginé de potasse.

Composition. $Fe^3 Sb^4 Su^9 = 2 \, Sb \, Su^3 + 3 \, Fe \, Su$, d'après l'analyse de M. Berthier, qui a fourni :

		Rapports atomiques.	
Soufre	30,3	0,156	9
Antimoine	52,0	0,064	4
Fer	16,0	0,047	3
Zinc	0,3	0,007	

Cette analyse présente une formule semblable à celle de la Jamesonite; mais ici le fer tient la place du plomb.

On ne possède qu'une seule analyse de ce minéral; mais elle est tout-à-fait concluante, non-seulement à cause des proportions définies qu'elle présente, mais encore parce qu'elle offre un sulfure de fer (protosulfure des laboratoires) qui n'existe pas seul dans la nature, et que l'on ne peut pas considérer ici comme étant à l'état de mélange, parce que, étant très magnétique, il communiquerait cette propriété à la matière qui le renfermerait s'il y était autrement qu'à l'état de combinaison. C'est d'après ces considérations que M. Berthier a cru devoir en faire une espèce; il lui a donné le nom de son ami M. Haidinger, et, sous tous les rapports, ce nom doit rester dans la science.

Cette substance constitue un filon dans la formation du Gneiss, près du village de Chazelles en Auvergne. L'exploitation qui en avait été entreprise a été abandonnée par la difficulté qu'on a éprouvée pour en tirer le métal; mais cette difficulté ne peut plus exister, aujourd'hui que l'on connaît la composition du corps. M. Berthier, entre autres procédés, conseille de fondre ces minerais avec environ 30 pour $\frac{0}{0}$ de fer et un peu de sulfate de soude mêlé de charbon.

VINGT-DEUXIÈME ESPÈCE. MIARGYRITE.

Argent rouge ou Rothgültigerz en partie; Argent antimonié sulfuré noir.

Substance métalloïde, noire, d'un éclat semi-métallique, à cassure conchoïdale; cristallisant en prismes obliques rhomboïdaux de 93° 56′ et 86° 4′. Inclinaison de la base à l'axe, 101° 6′.

Pesanteur spécifique, 5,2 à 5,4.

Fragile; poussière rouge sombre.

Fusible au chalumeau; donnant des vapeurs blanches abondantes, sans odeur arsenical, ou du moins très peu, et laissant en définitive un globule d'Argent.

Attaquable par l'acide nitrique avec précipité antimonial. Solution laissant précipiter de l'argent sur une lame de cuivre, et donnant par l'acide hydrochlorique un précipité blanc soluble dans l'ammoniaque.

Composition. $Ag\,Sb^2\,Su^4 = Sb\,Su^3 + Ag\,Su$, d'après l'analyse de M. H. Rose :

Rapports atomiques et divisions.

				Miargyrite.		(Cu, F) Su + Ag Su.	
Soufre	21,95 .	. 0,109	=	0,096 (4)	+	0,013	2
Antimoine. . .	39,14 .	. 0,048	=	0,048 (2)			
Argent. . . .	36,40 .	. 0,027	=	0,024 (1)	+	0,003	1
Cuivre. . . .	1,06 .	. 0,002	=	. . . .		0,002	1
Fer.	0,62 .	. 0,001	=	. . . .		0,001	

On voit que cette analyse donne la formule indiquée en y admettant de petites quantités de sulfure d'argent, de cuivre et de fer, ou peut-être un composé de la formule (Cu, Fe) Su + Ag Su.

On pourrait, à la vérité, regarder cette matière comme de l'Argyrythrose renfermant à l'état de mélange une surabondance de Stibine; car la formule que nous avons admise pourrait être transformée en $3\,\text{Sb}\,\text{Su}^3 + 3\,\text{Ag}\,\text{Su} = \text{Sb}\,\text{Su}^3 + 3\,\text{Ag}\,\text{Su} + 2\,\text{Sb}\,\text{Su}^3$, et le dernier terme $2\,\text{Sb}\,\text{Su}^3$ pourrait être considéré comme accidentel; mais comme à la différence de composition se joint aussi la différence de forme observée par M. Mohs, et la différence de couleur, on a toutes les données pour l'établissement d'une espèce particulière. M. Rose lui a donné le nom de Miargyrite (de μειον, moins, et αργυρος, argent, parce qu'elle renferme moins d'argent que les espèces suivantes, avec lesquelles elle a été confondue.

Cette substance ne peut encore être indiquée d'une manière positive qu'à Braunsdorff en Saxe; mais il est probable qu'on la retrouvera dans plusieurs des localités indiquées pour l'argent rouge, qui est comme elle une matière subordonnée aux dépôts argentifères. On doit suspecter la plupart des matières désignées dans les collections sous le nom d'argent antimonié sulfuré noir, qui ne présentent pas décidément l'éclat métallique; celles qui le présentent appartiennent à la Psaturose. (Voy. 24e espèce.)

VINGT-TROISIÈME ESPÈCE. ARGYRYTHROSE.

Argent rouge; Argent antimonié sulfuré; Rothgültigerz; Rubinblende.

Substance non métalloïde, rouge. Cristallisant dans le système rhomboédrique. Cristaux dérivant d'un rhomboèdre de 108° 30′ et 71° 30′.

Pesanteur spécifique, 5,831 à 5,91.

Fragile ; poussière rouge sombre.

Caractères chimiques de la Miargyrite, quoique moins facilement fusible, et donnant sensiblement moins de vapeurs blanches.

Composition. $Ag^3 Sb^2 Su^6 = \text{S̶b} Su^3 + 3 Ag Su$, suivant l'analyse de M. Bonsdorff, qui s'accorde avec celle que Proust a faite depuis long-temps :

		Rapports atomiques.	
Soufre	16,61	0,082	6
Antimoine	22,84	0,028	2
Argent	58,94	0,043	3
Substance terreuse	0,30		
Perte	1,31		

Cette analyse est fort claire, et il ne peut y avoir de doute sur la composition du corps qui en a été l'objet ; mais nous verrons qu'il existe une substance dans laquelle l'arsenic remplace l'antimoine, en donnant une formule tout-à-fait semblable et une matière isomorphe de la présente. Cette substance constitue une espèce particulière confondue avec celle qui nous occupe par suite des caractères extérieurs. La distinction ayant été établie d'abord par Proust, nous donnerons à la composition arsenicale le nom de *Proustite* (voyez plus loin), expression peu agréable peut-être, mais qui trouvera grâce en raison du mérite du savant chimiste qu'elle rappelle.

L'existence de trois espèces d'argent rouge est évidemment une raison pour donner un nom à chacune d'elles, et nous avons cru pouvoir adopter pour celle qui nous occupe le nom d'Argyrythrose (de Αργυρος, argent, et ερυθρος, rouge).

VARIÉTÉS.

Argyrythrose cristallisée. En prismes hexagones, simples ou terminés par des sommets rhomboédriques ou dodécaédriques, et modifiés d'ailleurs de diverses manières. En dodécaèdres triangulaires scalènes, et quelquefois isocèles. Toutes ces formes rappellent singulièrement celles du Calcaire, pl. V, fig. 16, 31, 34, 35, 38, 46, et pl. VI, fig. 1, 37 à 47, 57, 64, 66.

Inclinaison de P sur P, 108° 30′ et 71° 30′; P sur r, 126° 10′; n_5 sur n_5, environ 145° et 106°; o_1 sur o_1, environ 138°; o_2 sur o_2, environ 127°; o_3 sur o_3, environ 130° et 112°; i sur i, environ 141° et 160°.

Argyrythrose dendritique. Cristaux déformés, groupés en dendrites, ou étendus sous cette forme sur différentes substances.

Argyrythrose botryoïde. En petits mamelons groupés les uns sur les autres.

Argyrythrose amorphe. En petites masses compactes, toujours peu volumineuses.

GISEMENT ET USAGES.

En Europe, l'Argyrythrose ne se trouve jamais qu'en petite quantité, et comme substance subordonnée aux gîtes d'Argyrose ou de Galène argentifère (Kongsberg en Norwège; Joachimsthal en Bohéme; Schemnitz, Kapnik, en Hongrie; Andreasberg au Harz; Sainte Marie aux Mines dans les Vosges, etc.); mais en Amérique elle est quelquefois la partie principale des dépôts (Sombrerete, Cozala, Zoolga) et la source de produits immenses (La mine de Veta-Negra, près Sombrerète, a fourni 700,000 marcs d'argent dans l'espace de quelques mois.)

L'Argyrythrose, soit qu'elle se trouve en petites parties subordonnées, soit qu'elle compose des gîtes considérables, est exploitée pour en tirer l'argent.

VINGT-QUATRIÈME ESPÈCE. PSATUROSE

(De Ψαθυρος, fragile).

Argent sulfuré aigre ou *fragile ; Argent antimonié sulfuré noir ; Argent arsenical* en partie; *Sprödglanzerz; Schwarzgültigerz; Röschgewächs ; Röscherz.*

Substance métalloïde, gris de fer. Cristaux dérivant d'un prisme rhomboïdal droit? de 107,47′ et 72°13′?

Pesanteur spécifique, 5,9 à 6,26.

Aigre, fragile, à poussière noire.

Fusible au chalumeau, avec combustion fort apparente du soufre, et dégagement de vapeurs blanches antimoniales; peu ou point d'odeur arsenicale.

Attaquable par l'acide nitrique avec précipité blanc immédiat. Solution donnant de l'argent sur une lame de cuivre, et un précipité blanc soluble dans l'ammoniaque par l'acide hydrochlorique.

Composition. $Ag^6\,Sb^2\,Su^9 = \overline{S}b\,Su^3 + 6\,Ag\,Su$, d'après l'analyse de M. H. Rose, où l'on trouve :

			Rapports atomiques.
Soufre	16,42	0,082	9
Antimoine	14.68	0,018	2
Argent.	68,54	0,051	6
Cuivre	0,64	0,001	

Cette analyse ne peut laisser aucun doute sur l'existence d'une combinaison de la formule que nous avons indiquée. L'essai chimique fait reconnaître un grand nombre d'échantillons où l'on ne découvre aucune trace d'arsenic; mais il en est d'autres qui offrent par le grillage une odeur arsenicale très prononcée, de sorte qu'on est conduit à penser qu'il y a aussi deux espèces parmi les matières qu'on a désignées sous le nom d'argent sulfuré aigre, l'une renfermant du sulfure d'antimoine, l'autre du sulfure d'arsenic. Aucun des échantillons arsenifères que j'ai vus ne m'a présenté aucun indice du mélange de Proustite, auquel ou pourrait attribuer la présence de l'arsenic.

VARIÉTÉS.

Psaturose cristallisée. En prismes à six pans très courts, terminés par des modifications qui présentent grossièrement des pyramides à six faces très surbaissés. Ces cristaux sont fréquemment recouverts d'une pellicule cristalline qui paraîtrait appartenir à la Chalkopyrite.

GISEMENT.

Cette substance se trouve dans les mêmes gisemens que l'Argyrythrose, mais en petite quantité, et particulièrement à Schemnitz en Hongrie, Freyberg en Saxe, etc. Elle est exploitée avec les autres minerais argentifères.

VINGT-CINQUIÈME ESPÈCE. BOURNONITE.

Endellione; Plomb antimonié sulfuré; Plomb sulfuré antimonifère; Antimoine sulfuré plombo-cuprifère; Spiesglanz Bleierz; Bleifahlerz en partie; *Rädelerz.*

Substance métalloïde, gris de plomb. Cristallisant en prisme droit rectangulaire dont la hauteur et les côtés de la base sont à-peu-près comme les nombres 210, 217, 220.

Pesanteur spécifique, 5,7.

Fusible au chalumeau, en donnant des vapeurs antimoniales, de l'oxide jaune de plomb, et en dernière analyse un bouton de cuivre.

Solution nitrique donnant un précipité immédiat, des lamelles métalliques de plomb sur une lame de zinc, et l'indice du cuivre; devenant d'ailleurs d'un bleu intense par l'addition de l'ammoniaque.

Composition. Cu Pb Sb Su³ = Sb Su³ + 2 Pb Su + Cu² Su, que l'on peut transformer en (Sb Su³ + 3 Cu² Su) + 2 (Sb Su³ + 3 Pb Su).

Bournonite de Pfaffenberg, par H. Rose.		Rapp. atomiq.		Bournonite de Cornwall, par Smithson.		Rapp. atomiq.	
Soufre	20,31	0,101	3	Soufre	20	0,099	3
Antimoine	26,28	0,032	1	Antimoine	25	0,031	1
Plomb	40,84	0,031	1	Plomb	41	0,032	1
Cuivre	12,65	0.032	1	Cuivre	13	0,033	1

Ces deux analyses ne peuvent laisser de doutes sur l'existence d'un composé de la formule que nous avons indiquée; mais, de même qu'on a confondu la Jamesonite avec la Bournonite, il est infiniment probable que l'on confond sous le même nom plusieurs matières très différentes dont nous placerons les analyses en appendice.

VARIÉTÉS.

Bournonite cristallisée. En prismes rectangulaires, simples ou modifiés sur les arêtes; en octaèdres rectangulaires plus ou moins modifiés sur les arêtes, ou tronqués profondément au sommet, pl. VIII, fig. 1, 4 à 6, 9, 11, 13. 16, 17, 22, 23; pl. X, fig. 2 à 11, 25, 37.

Inclinaison de *b* sur *P*; 133° 40′; de *b* sur *b*, 87° 20′; de *c* sur *L*, 134°; de *c* sur *c*, 88°; de *b* sur *c*, 119° 22′.

Bournonite maclée. En cristaux prismatiques groupés, t. 1, pl. VIII, fig. 22 et 31.

Bournonite? bacillaire. En prismes oblitérés groupés les uns sur les autres.

Bournonite? compacte. Il est bien difficile, sans analyse rigoureuse, de dire si divers sulfures compactes qui se trouvent à-la-fois de l'antimoine, du plomb et du cuivre, que l'on rencontre sans forme cristalline, appartiennent réellement à la Bournonite.

GISEMENT.

La Bournonite est en général une matière de filons. Elle se trouve particulièrement dans les gîtes plombifères et cuprifères (Huel-Boys-Mine en Cornwall; Pfaffenberg, Klausthal, au Harz, etc.) On a cité beaucoup d'autres localités, mais il n'est pas certain que les substances qu'on y trouve appartiennent à la Bournonite. Il ne me paraît pas que le double sulfure qu'on trouve en petits nids dans la Dolomie (Saint-Gothard) soit de la même espèce.

APPENDICE.

On peut réunir ici, en attendant de nouveaux renseignemens, diverses matières qu'on a désignées sous les noms de *Spiesglanz Bleierz*, *Bleifahlerz*, *Schwarzerz*, que l'on a joint avec la Bournonite, quoique les analyses soient assez différentes.

Bournonite (Spiesglanz-Bleierz) de Klausthal, par Klaproth.

		Rapp. atom.
Soufre	18	0,089
Antimoine	19,75	0,024
Plomb	42,50	0,032
Cuivre	11,75	0,029
Fer	5,00	0,014

$Sb^2 Su^3$, Pb Su, Cu^2 Su, Fe^2 Su.

Plomb sulfuré antimonifère d'Alsau sur le Rhin, par Tromsdorf.

		Rapp. atom.	
Soufre	20,9	0,104	8
Antimoine	22,4	0,027	2
Plomb	49,0	0,038	5
Fer	4,0	0,011	
Cuivre	1,0	0,002	
Manganèse	2,0	0,005	

$Sb^2 Su^3$ + 5 (Pb, Cu, Fe, Mn) Su.

Bournonite de Neudorff, par Meisner.

		Rapp. atomiq.	
Soufre	19,863	0,098	20
Antimoine	20,769	0,025	5
Plomb	37,590	0,029	6
Cuivre	18,400	0,046	9
Fer	1,386	0,004	

5 Sb Su + 6 Pb Su + 9 (Cu, Fe) Su
que l'on peut transformer en :
2 (Sb Su + 3 Pb Su) + 3 (Sb Su + 3 Cu Su).

Bournonite de Nanslo en Cornwall, par Klaproth.

		Rapp. atomiq.	
Soufre	16	0,079	16
Antimoine	28,5	0,035	7
Plomb	39	0,030	6
Cuivre	13,5	0,034	7
Fer	1,0		

7 Sb Su + 6 Pb Su + 3 Cu^2 Su ?
que l'on peut transformer en :
6 (Sb Su + Pb Su) + (Sb Su + 3 Cu^2 Su).

Bournonite (Bleifahlerz) du Harz, par Klaproth.

		Rapports atomiques	
Soufre	13,50	0,067	13 à 14
Antimoine	16,00	0,019	4
Plomb	34,50	0,026	5
Cuivre	16,25	0,041	8
Fer	13,75	0,041	8
Argent	2,25	0,002	

En supposant toutes ces analyses exactes, ce qui est loin d'être démontré, parce que les procédés de Klaproth étaient fort défectueux, on voit que la première pourrait, à la rigueur, être rapportée à l'espèce Bournonite, mélangée de quelque matière dont il est difficile d'assigner la composition. Il en serait peut-être de même de la seconde, quoiqu'elle présente une formule assez bien déterminée pour qu'on puisse aussi la regarder comme une espèce distincte. Quant aux deux suivantes, il n'en est plus de même, les élémens ne s'y trouvent plus en proportion pour faire un sulfure d'antimoine de la formule $Sb^2 Su^3$, et l'on ne peut faire que le sulfure Sb Su. Ce sont par conséquent des combinaisons tout-à-fait différentes de la première, et qui diffèrent même par les nombres atomiques dans les deux analyses.

Quant au Bleifahlers du Harz, il en est encore autrement, car d'un côté on ne peut faire que le sulfure Sb Su, et de l'autre il n'y a pas assez de soufre pour former des sulfures de cuivre, de plomb et de fer semblables à ceux des analyses précédentes.

Toutes ces substances, qui méritent d'être examinées de nouveau, sont, comme la Bournonite, des matières de filons.

VINGT-SIXIÈME ESPÈCE. POLYBASITE

(de πολυς, plusieurs, et ϐασις, bases).

Bournonite en partie; *Sprödglanzerz* en partie.

Substance métalloïde, gris de fer. Cristallisant en prismes hexagones réguliers?

Pesanteur spécifique, 6,21.

Fusible au chalumeau, avec un faible dégagement de vapeurs antimoniales, et en laissant un bouton d'argent assez considérable.

Attaquable par l'acide nitrique, avec léger précipité immédiat. Solution précipitant abondamment par l'acide hydrochlorique, et devenant bleue par l'addition de l'ammoniaque, qui, lorsqu'il est en excès, dissout le premier précipité.

Composition. $Cu^9 Ag^{18} (Sb, Ar)^5 Su^{30}$, ou bien : 5 (Sb, Ar) Su^3 + 9 Cu^2 Su + 36 Ag Su, ou encore: {(Sb, Ar) Su^3 + 9 Cu^2Su} + 4 {(Sb, Ar) Su^3 + 9 Ag Su}, d'après l'analyse de la Polybasite de Guarisamey, par M. H. Rose, qui a fourni :

		Rapports atomiques.	
Soufre	17,04	0,085	30
Antimoine	5,09	0,006	5
Arsenic	3,74	0,008	
Argent	64,29	0,047	17
Cuivre	9,93	0,025	9
Fer	0,06		

Cette composition, jointe à la forme, indique évidemment une substance particulière, différente de beaucoup d'autres, qu'on a confondues avec elle sous le nom de cuivre gris : elle mérite par conséquent une dénomination particulière, et nous lui conservons le nom de Polybasite, qui lui a été donné par M. Rose.

Polybasite cristallisée. En prismes à six pans, striés transversalement, et modifiés sur les arêtes des bases par trois ou six faces.

Ces cristaux sont groupés les uns sur les autres, ou à côté les uns des autres, et constituent des espèces de plaques plus ou moins épaisses. Ils proviennent de Guanaxuato et de Guarisamey, au Mexique, et dans la dernière localité ils sont accompagnés de Stilbite. Il en existe de très beaux échantillons, sous le nom de Bournonite de Guanaxuato, dans la collection du collège de France.

M. G. Rose soupçonne que le Sprödglanzerz du Neu-Morgenstern, près de Freyberg, appartient à cette espèce. M. Brandes en a retiré :

Soufre	19,4000
Arsenic	3,3019
Argent	65,5000
Cuivre	3,7500
Fer	5,4600
Gangue	1,0000

Il serait possible, en effet, que l'antimoin[illegible] échappé à l'analyse, d'après la manière dont elle a été faite.

Il serait possible aussi que le Spröd-Silb[illegible]nzerz du Alte Hoffnung Gottes, près de Freyberg, analysé par Klaproth, fût encore dans le même cas.

VINGT-SEPTIÈME ESPÈCE. PANABASE

(de παν, tout, et βασις, bases).

Cuivre gris ; Fahlerz ; Schwarzerz ; Graugültigerz ; Schwartzgültigerz ; Weissgültigerz.

Substance métalloïde, gris d'acier. Cristallisant en tétraèdres réguliers.

Pesanteur spécifique 4,79 à 5,10.

Fusible au chalumeau, en dégageant des vapeurs d'antimoine, et souvent d'arsenic ; se boursouflant et se scorifiant ; donnant du cuivre avec la soude.

Attaquable par l'acide nitrique, avec précipité immédiat antimonial. Solution ne donnant pas de lamelles de plomb sur un barreau de zinc ; devenant bleue par l'ammoniaque ; précipitant en bleu par l'hydrocyanate ferruginé de potasse, et donnant souvent, du reste, les réactions du zinc, de l'argent, du mercure, etc., en la traitant convenablement.

Composition. M. H. Rose admet $Fe^4 Cu^{16} Sb^6 Su^{21} = 3 \mathrm{Sb} Su^3 + 4 Fe Su + 8 Cu^2 Su = (\mathrm{Sb} Su^3 + 4 Fe Su) + 2 (\mathrm{Sb} Su^3 + 4 Cu^2 Su)$, où le sulfure d'antimoine peut être remplacé en partie par du sulfure d'arsenic $\mathrm{Ar} Su^3$, et le sulfure de fer par des sulfures de zinc, d'argent, etc. Il se fonde sur un beau travail qu'il a fait sur ces matières, choisies à l'état cristallin, mais qui cependant ne suffit pas encore pour lever toutes les difficultés du sujet. Nous transcrirons ici les analyses que nous devons à ce savant.

Panabase de Ste.-Marie-aux-Mines.			Rapp. atom.	Panabase de Gersdorff.			Rapp. atom.
Soufre	26,83	0,133	23	Soufre	26,33	0,131	22 à 23
Antimoine	12,46	0,015	6	Antimoine	16,52	0,020	6
Arsenic	10,19	0,022		Arsenic	7,21	0,015	
Cuivre	40,60	0,102	17 à 18	Cuivre	38,63	0,097	16 à 17
Fer	4,66	0,014	4	Fer	4,89	0,014	4
Zinc	3,69	0,009		Zinc	2,77	0,006	
Argent	0,60			Argent	2,37	0,002	

Panabase de Zilla, près Klausthal.

Soufre.	24,73 . . .	0,121	22
Antimoine	28,24 . . .	0,035	6 à 6,5
Cuivre.	34,48 . . .	0,087	16
Fer.	2,27 . . .	0,006	4
Zinc	5,25 . . .	0,013	
Argent.	4,97 . . .	0,003	

Ces analyses se rapportent sensiblement à la formule que M. H. Rose a adoptée; seulement il faut admettre une petite quantité de sulfure de cuivre dans les deux premières, et peut-être un peu de sulfure d'antimoine surabondant dans la troisième.

Quant aux autres analyses que nous devons à M. H. Rose, il faut y admettre des mélanges plus compliqués, et malheureusement nous n'avons pas de bases certaines pour les déterminer par le calcul. Nous allons présenter ces analyses, en admettant qu'elles appartiennent à l'espèce dont nous nous occupons, et en calculant les mélanges d'après les restes que nous trouverons après en avoir extrait la formule de la Panabase.

Panabase de Kapnik, en Transylvanie.

				Rapports atomiques et divisions.			
				Panabase.		(Sb Su + 5Cu Su)?	
Soufre	25,77 . .	0,128	=	105	+	23	4
Antimoine . .	23,94 . .	0,029	=	30	+	5	1
Arsenic. . . .	2,88 . .	0,006					
Cuivre. . . .	37,98 . .	0,097	=	80	+	17	3
Fer	0,86 . .	0,002	=	20			
Zinc.	7,29 . .	0,018					
Argent. . . .	0,62						

Panabase de Dillenburg.

				Rapports atomiques et divisions.		
				Panabase.		(Sb Su + 2Cu Su), Cu.
Soufre	25,03 . .	0,124	=	109	+	15
Antimoine . .	25,27 . .	0,031	=	31	+	5
Arsenic. . . .	2,26 . .	0,005				
Cuivre. . . .	38,42 . .	0,098	=	83	+	15
Fer	1,52 . .	0,004	=	21		
Zinc.	6,85 . .	0,017				
Argent. . . .	0,83					

Panabase de Saint-Wenzel, près Wolfach.

			Rapports atomiques et divisions.			
				Panabase.		*Argyrythrose?*
Soufre	23,52	0,116	=	84	+	52
Antimoine	26,63	0,033	=	24	+	9
Cuivre	25,23	0,063	=	63		
Fer	3,72	0,010				
Zinc	3,10	0,007	=	16	+	14
Argent	17,71	0,013				

Weisgültigerz de Freyberg.

			Rapports atomiques et divisions.					
				Panabase.		*Argyrythrose.*		Fe Su.
Soufre	21,17	0,105	=	48	+	47	+	10
Antimoine	24,63	0,030	=	15	+	15		
Cuivre	14,81	0,037	=	37				
Fer	5,98	0,017	=	9	+			10
Zinc	0,99	0,002						
Argent	31,29	0,023				23		

On voit par ces calculs qu'on peut admettre une assez grande quantité de Panabase dans toutes les analyses, et qu'il reste ensuite diverses sortes de composés qu'on peut regarder comme étant à l'état de mélange. Dans les deux premières analyses, il y aurait des doubles sulfures d'antimoine et de cuivre, et dans les deux autres, il y aurait mélange d'Argyrythrose; mais dans la dernière, il faudrait admettre en même temps mélange de proto-sulfure de fer, ce qui est fort douteux, parce que cette matière rendrait la substance attirable à l'aimant, ce que l'on n'observe pas.

Les cuivres gris de Zilla, de Kapnik, de Saint-Wenzel, que M. H. Rose a examinés, avaient été déjà analysés par Klaproth; mais les résultats de ce dernier chimiste ne sont nullement d'accord avec ceux du premier. Cela tient à ce que du temps de Klaproth on ne connaissait pas encore de procédés exacts pour l'analyse des matières où se trouvaient à-la-fois de l'antimoine, de l'arsenic, et d'autres métaux. Il est probable, d'après cela, que toutes les autres analyses que nous devons à Klaproth, sur des substances analogues, sont également fautives, ce qui empêche de les soumettre au calcul, et, par conséquent, de dire si elles appartiennent ou n'appartiennent pas à l'espèce Panabase. Nous rapporterons néanmoins diverses analyses de ce savant et de plusieurs autres auteurs, non pour établir aucune comparaison, mais pour montrer quelles sont les matières qu'il faut examiner de nouveau à mesure qu'on pourra se les procurer.

	Soufre.	Antimoine.	Arsenic.	Cuivre.	Fer.	Argent.	Plomb.	Mercure.
Graugültigerz de Kremnitz, par Klaproth.	11.50	34,09	. . . .	31,36	3,25	14,77		
Graugültigerz d'Annaberg, par le même	18,50	23,00	0.75	40,25	13,50	0,30		
Graugültigerz de Poratsch, par le même	26,00	19,50	. . . .	39,00	7,50	. . . .	. . . .	6,25
Graugültigerz de la mine du Purgatoire au Pérou, par le même	27,75	23,50	. . . .	27,00	7 00	10,25	1.75	
Graugültigerz de Luanzo, par Napione	12,7	36,10	4,09	29,30	12,10	0,70		

Malgré toutes les divergences que nous venons de voir, et dont celles que présentent les cinq dernières analyses proviennent probablement d'erreurs faites par les auteurs, il paraît évident qu'il existe des substances qui sont composées comme le suppose la formule de M. H. Rose, et qui dès-lors doivent constituer une espèce particulière, différente de toutes les autres, qu'il faut nécessairement désigner par un nom; nous avons adopté celui de *Panabase*, qui, comme celui de Polybasite, rappelle les nombreuses bases qu'il faut admettre à l'état de mélange, et comme se substituant les unes aux autres. Un nom était encore nécessaire ici, puisqu'il est évident que celui de Cuivre gris, qui d'ailleurs ne peut convenir, n'indique qu'une réunion empyrique d'une multitude de corps très différens les uns des autres, dont on a déjà extrait beaucoup d'espèces, et qui peut-être en renferme encore bien d'autres; en effet, il existe au collège de France une grande série d'échantillons sur lesquels j'ai fait des essais chimiques, et qui me paraissent appartenir à plusieurs sortes de composés très différens. Il en est qui ne donnent que de l'antimoine, d'autres qui ne donnent que de l'arsenic; d'où il résulte d'abord deux divisions bien tranchées, l'une renfermant du sulfure d'antimoine pour principe d'une espèce, et l'autre renfermant du sulfure d'arsenic. Mais il y a plus; il en est qui donnent les indices du Bismuth, d'autres les indices du mercure, les indices du plomb, et tous en assez grande quantité, les indices du Cobalt. Beaucoup renferment de l'argent, et il en est d'autres qui ne renferment aucune de ces matières, et dans lesquelles on trouve de l'étain. Toutes renferment du cuivre, et la plupart du fer, qui cependant paraît varier considérablement : la manière de se conduire au chalumeau est aussi très différente dans beaucoup d'échantillons. Malheureusement, beaucoup de ces matières ne sont pas cristallisées ; mais il n'en serait pas moins extrêmement utile d'en faire des analyses exactes.

VARIÉTÉS.

Panabase cristallisée. En tétraèdres, rarement simples, mais le plus souvent modifiés de différentes manières sur les arêtes et sur les angles, pl. 1, fig. 1 à 16.

Panabase amorphe.

GISEMENT ET USAGES.

Les cuivres gris sont des minerais assez communs, qui forment quelquefois des gîtes presque à eux seuls, mais qu'on trouve aussi dans les divers dépôts métallifères de plomb, d'argent, de cuivre, d'étain, etc. Il y en a dans toutes les contrées, en France (Baygorie, dans les Pyrénées; Sainte-Marie-aux-Mines, dans les Vosges); en Saxe (Freyberg, Annaberg, etc.); au Harz (Klausthal, Andreasberg, etc.); en Angleterre (Cornwall et Devonshire); au Mexique (Guanaxuato); au Pérou (Hualgayoc), etc., etc.

Ces matières sont exploitées comme minerais de cuivre, et sont souvent fort importantes, à cause de la quantité d'argent qu'elles renferment.

SULFURES ARSENIEUX.

Substances non métalloïdes, rouges ou jaunes; donnant une forte odeur d'ail par calcination; peu ou point de vapeurs antimoniales.

Attaquable par l'acide nitrique, sans précipité immédiat.

VINGT-HUITIÈME ESPÈCE. RÉALGAR.

Arsenic sulfuré rouge; Rubine d'arsenic; Soufre rouge des volcans; Rauschroth; Rothes Rauschgelb.

Substance non métalloïde, rouge. Cristallisant en prismes obliques rhomboïdaux de 105°30′ et 74°30′. Inclinaison de la base à l'axe, 85°59′.

Pesanteur spécifique, 3,6.

Brûlant sous l'action du chalumeau, avec dégagement d'odeur d'ail. Fusible et volatile dans le tube fermé, et se déposant en cristaux à la partie supérieure.

Réductible en matières brun marron par l'action de la potasse caustique humectée.

Composition. Ar Su, d'après les analyses suivantes :

Par Klaproth :			Par Laugier :		
		Rapports.			*Rapports.*
Soufre.	31 . .	0,15	Soufre.	30,43 . .	0,15
Arsenic	69 . .	0,15	Arsenic	69,57 . .	0,15

VARIÉTÉS.

Réalgar cristallisé. En prismes rhomboïdaux obliques, ordinairement modifiés sur les arêtes ou sur les angles, ou bien en prismes hexagones modifiés sur les arêtes et les angles, pl. XI, fig. 19 à 21; pl. XII, fig. 19, 20.

Réalgar bacillaire. En prismes hexagones déformés, groupés sur leur longueur.

Réalgar compacte. En petites masses amorphes.

GISEMENT ET USAGES.

Le Réalgar se trouve dans l'intérieur de quelques filons, particulièrement dans les gîtes argentifères, plombifères et cobaltifères (Kapnik en Hongrie; Nagyag, Felsö-Banya, en Transylvanie; Joachinsthal, en Bohême; Schneeberg, en Saxe; Andreasberg, au Harz, etc.); dans les produits des solfatares (Pouzzole, Guadeloupe), ou même dans les produits immédiats des volcans (Vésuve, Etna; Bungo, au Japon). Il est employé dans la peinture, à laquelle il présente une très belle couleur, malheureusement susceptible d'altération, sous le nom d'*Orpin rouge*.

VINGT-NEUVIÈME ESPÈCE. ORPIMENT.

Arsenic sulfuré jaune; Rauschgelb; Auripigment.

Substance non métalloïde, jaune d'or. Cristallisant en prismes obliques rhomboïdaux, d'environ 100° 40′ et 79° 20′. Très facilement clivable parallèlement au plan des grandes diagonales des bases.

Pesanteur spécifique, 3,48.

Brûlant sous l'action du chalumeau, avec odeur d'ail; fusible et volatile dans le tube fermé; déposant des cristaux jaunes dans la partie supérieure.

Réductible en matière brune par l'action de la potasse caustique humectée.

Composition. Ar Su³. Les analyses ont fourni :

à Klaproth :			à Laugier :		
		Rapp. atom.			*Rapp. atom.*
Soufre. 38	. . 0,19	3	Soufre . . . 38,14	. . 0,19	3
Arsenic. 62	. . 0,13	2	Arsenic. . . 61,86	. . 0,13	2

VARIÉTÉS.

Orpiment cristallisé. Cristaux très rares, en prismes rhomboïdaux obliques, plus ou moins modifiés, et analogues à ceux de l'espèce précédente.

Orpiment lamelleux. En petites masses composées de lames qui se séparent facilement les unes des autres, et présentent souvent un éclat nacré dans la cassure fraîche.

Orpiment granulaire. En petites masses qui approchent plus ou moins de la compacité, mais qui présentent toujours des grains distincts.

Orpiment oolitique ou *testacé.* Présentant des globules à couches concentriques agglomérées, ou une structure testacée.

Orpiment compacte. Passant à l'orpiment granulaire.

Orpiment terreux. En petites masses ayant plus ou moins d'agrégation, et passant à l'orpiment compacte.

L'Orpiment se trouve dans les mêmes gisemens que le Réalgar, et aussi dans des calcaires secondaires (Tajova, près de Neusohl, en Hongrie). On l'emploie en peinture, sous le nom d'*Orpin jaune.*

TRENTIÈME ESPÈCE. PROUSTITE.

Argent antimonié sulfuré en partie; *Rothgültigerz; Rubinblende.*

Substance non métalloïde, rouge. Cristallisant dans le système rhomboédrique, et dérivant d'un rhomboèdre très rapproché de celui de l'Argyrythrose (p. 430).

Pesanteur spécifique 5,524 à 5,552.

Fragile ; poussière rouge clair.

Fusible au chalumeau ; donnant des vapeurs arsenicales très prononcées, et laissant à-la-fin un globule d'argent.

Attaquable par l'acide nitrique, sans précipité immédiat, ou du moins peu. Solution présentant les réactions de l'argent.

Composition. $Ag^3 Ar^2 Su^6 = Ar Su^3 + 3 Ag Su$, d'après les analyses de Proust et de H. Rose :

Proustite de Joachimthal, par H. Rose.

		Rapp. atom.	
Soufre. . .	19,51 . .	0,097	6
Antimoine.	0,69 . .	0,001	2
Arsenic. .	15,09 . .	0,032	
Argent . .	64,67 . .	0,048	3

Analyse de Proust :

		Rapp. atom.	
Sulfure d'arsenic.	25	0,016	1
Sulfure d'argent.	74,35	0,049	3
Sables, oxide de fer	0,65		

Le célèbre chimiste Proust étant le premier qui ait remarqué qu'il y avait deux espèces d'argent rouge, l'une renfermant du sulfure d'antimoine, l'autre du sulfure d'arsenic, et qui ait établi leur composition avec précision, j'ai cru pouvoir consacrer l'une d'elles à sa mémoire en lui imposant le nom de *Proustite.* Si l'on compare la Proustite avec l'Argyrythrose, on verra que les deux substances ont la même formule de composition, et ne diffèrent que par la présence du sulfure d'antimoine dans l'une, et du sulfure d'arsenic dans l'autre. Elles sont aussi toutes deux isomorphes, et ne diffèrent à l'extérieur que par la nuance de la couleur rouge.

VARIÉTÉS.

Proustite cristallisée. Je ne puis encore indiquer la Proustite pure que sous la forme de prismes hexagones réguliers, terminés par des rhomboèdres très surbaissés, et qui sont d'un rouge très vif et transparent ; mais il y a une quantité de cristaux en dodécaèdres à triangles isocèles, qui présentent l'odeur arsenicale par la calcination, et qui ne renferment qu'une très petite quantité d'antimoine.

La Proustite se trouve tout-à-fait dans les mêmes gisemens et dans les mêmes lieux que l'Argyrythrose, avec laquelle elle a été si long-temps confondue, malgré la précision du travail de Proust.

SULFO-ANTIMONIURES.

Donnant des vapeurs d'antimoine, et se conduisant en tout comme les sulfures antimonieux.

TRENTE-UNIÈME ESPÈCE. ANTIMONIKEL.

Nickel arsenical antimonifère; Antimoine sulfuré nickelifère; Nickelantimonglanz; Nickelspiesglanzerz; Antimon-nickel.

Substance métalloïde, gris d'acier. Cristallisant dans le système cubique.

Pesanteur spécifique, 6,45.

Fusible au chalumeau, en dégageant des vapeurs abondantes d'antimoine, avec ou sans odeur d'ail; donnant peu ou point la réaction du Cobalt par la fusion de la matière grillée avec le Borax.

Attaquable par l'acide nitrique, avec précipité immédiat. Solution verdâtre, devenant violâtre par l'ammoniaque en excès, et précipitant en vert par les alcalis fixes.

Composition. $Ni\,Sb\,Su = Ni\,Su^2 + Ni\,Sb^2$.

Antimonikel du pays de Siegen, par H. Rose.

		Rapp. atom.	
Soufre. . . .	15,98 . .	0,079	1
Antimoine. .	55,76 . .	0,069	1
Nickel. . . .	27,36 . .	0,074	1

Antimonikel de . . . , par Ullmann.

		Rapp. atom.	
Soufre . . .	16,40 . .	0,081	1
Antimoine. .	47,56 . .	0,058	} 1
Arsenic. . .	9,94 . .	0,021	}
Nickel. . . .	26,10 . .	0,078	1

On voit que dans la première analyse la substance est pure, et que dans la seconde elle est mélangée avec une matière arsenicale de même formule, ou Nickel gris, qui constitue l'espèce suivante. Il en est de même d'une substance dont on doit l'analyse à Klaproth.

Cette substance est rare à l'état cristallin. On la trouve en petites masses compactes ou à texture lamellaire, dans quelques filons cobaltifères du pays de Siégen.

APPENDICE.

Doit-on rapprocher de cette espèce une substance reconnue dans les Pyrénées, d'une couleur rouge-rosée et d'un éclat métalloïde, dans laquelle Vauquelin a trouvé du soufre, de l'antimoine, du nickel, dans des proportions qu'il n'a pas fixées, et qui renfermait accidentellement du cobalt et du zinc? Vauquelin a regardé tout l'antimoine comme étant à l'état métallique; mais il soupçonnait qu'il y en avait au moins une portion à l'état d'oxide qui se trouvait combinée avec du sulfure de nickel, et formait ainsi un composé du même genre que le kermès minéral. (Voy. *Kermès*, dans les Antimonites).

SULFO-ARSENIURES.

Donnant une forte odeur d'ail par le grillage, sans fumée antimoniale, et ayant en tout les caractères des sulfures arsenieux.

TRENTE-DEUXIÈME ESPÈCE. DISOMOSE.

Nickel gris; Nickelglanz; Weisses nickelerz.

Substance métalloïde, gris d'acier, en petites masses compactes ou lamelleuses, très fragiles.

Pesanteur spécifique 6,12.

Donnant une forte odeur d'ail par la calcination, et laissant sublimer du sulfure d'arsenic par l'action de la chaleur dans le tube fermé.

Attaquable par l'acide nitrique, sans précipité immédiat tant que l'acide est surabondant. Solution verte, devenant violâtre par l'ammoniaque, et précipitant en vert par les alcalis fixes.

Composition. Ni Ar Su = $Ni\,Su^2 + Ni\,Ar^2$, d'après l'analyse suivante, que l'on doit à M. Berzélius :

			Rapports atomiques.
Soufre	19,34	0,096	1
Arsenic.	45,34	0,095	1
Nickel	29,94	0,081	} 1
Cobalt	0,92	0,002	}
Fer.	4,11	0,012	}
Silice.	0,90		

Ici on voit que le minéral est mélangé de Mispikel et de Cobalt gris, qui sont de même formule; mais dans deux autres analyses que l'on possède, il faut admettre d'autres mélanges. Ces analyses sont :

Par Berzélius :

				Disomose.		*Mélange.*
Soufre	14,40	0,071	=	71		
Arsenic.	53,32	0,113	=	71	+	42
Nickel.	27,00	0,073	=	71	+	2 }
Fer.	6,19	0,015	=			15 }

Par Pfaff :

				Disomose.		*Mélange.*
Soufre	12,36	0,061	=	61		
Arsenic.	45,90	0,098	=	61	+	37
Nickel.	24,42	0,066	=	61	+	5 }
Fer.	10,46	0,030	=			30 }

Dans la première, on serait porté à admettre un mélange de biarseniure de fer et d'arsenic; et dans la seconde, il y aurait un simple arseniure de fer : dans l'un et l'autre cas, il y aurait aussi une petite quantité d'arseniure de Nickel.

Cette substance n'est encore connue qu'en Suède (mine de Loos, en Helsingland), où elle accompagne des minerais de Cobalt.

Cette matière constituant une espèce de même formule que le Cobalt gris, où le Cobalt remplace le Nikel, et que l'antimonikel, où l'antimoine remplace l'arsenic, nous lui avons donné le nom de *Disomose* (Δις ομοιος, deux fois ressemblant).

TRENTE-TROISIÈME ESPÈCE. COBALTINE.

Cobalt gris; Cobalt éclatant; Kobaltglanz; Glanzkobalt; Weisser speiskobalt.

Substance métalloïde, gris d'acier, très éclatante; clivable en cubes, et cristallisant le plus souvent en dodécaèdres pentagonales, en icosaèdres, etc.

Pesanteur spécifique, 6,29.

Assez fragile par suite du clivage.

Fusible au chalumeau, avec dégagement abondant de vapeurs arsenicales. Donnant après le grillage un vert-bleu très intense avec le Borax pour la moindre parcelle de minéral.

Attaquable par l'acide nitrique. Solution rose ou violâtre, précipitant en brun rougeâtre par les alcalis.

Composition. $Co\,Ar\,Su = Co\,Su^2 + Co\,Ar^2$, d'après les analyses du Cobalt gris de Skutterud, près Modun en Norwège, et de Tunaberg en Suède. Le premier a fourni, terme moyen :

		Rapports atomiques.	
Soufre	20,08	0,099	1
Arsenic	43,47	0,092	1
Cobalt	33,10	0,089	1
Fer	3,23	0,009	

où l'on voit à-peu-près les rapports indiqués par la formule. Cependant il y a ici quelques petites erreurs, ou bien il faudrait admettre une petite quantité de protosulfure de fer à l'état de mélange, ce qui n'est guère probable.

Cobaltine cristallisée. En dodécaèdre pentagonal, cubo-dodécaèdre, icosaèdre, etc., pl. 1, fig. 38 à 46.

Cobaltine lamellaire. En petites masses formées de cristaux agglomérés.

Cobaltine compacte.

La Cobaltine ne s'est guère montrée jusqu'ici qu'en Suède (Tunaberg, Loos, Hakambo) et en Norwège (Skutterud, paroisse de Modun), en amas plus ou moins considérables, avec du cuivre pyriteux, dans le terrain de gneiss. On l'indique aussi en Silésie (Querbach), et dans le Connectikut, en Amérique.

Cette substance est employée, comme les autres minerais de Cobalt, pour en former l'oxide de Cobalt, qui sert à colorer les verres et les émaux en bleu, et à préparer les bleus de Cobalt, ou bleu de Thénard.

TRENTE-QUATRIÈME ESPÈCE. MISPIKEL.

Fer arsenical; Pyrite blanche arsenicale; Arsenikkies; Giftkies; Rauschgelbkies; Weisserz?

Substance métalloïde, blanc d'argent ou jaunâtre. Cristallisant en prismes rhomboïdaux de 111° 12′ et 68° 48′.

Pesanteur spécifique, 6,127.

Étincelant, et donnant l'odeur d'ail par le choc du briquet.

Fusible au chalumeau, en dégageant une forte odeur d'ail, et laissant un bouton attirable à l'aimant. Donnant un sublimé de sulfure d'arsenic par l'action de la chaleur dans le tube fermé.

Attaquable par l'acide nitrique. Solution précipitant abondamment en bleu par l'hydrocyanate ferruginé de potasse.

Composition. $Fe\,Ar\,Su = Fe\,Su^2 + Fe\,Ar^2$, d'après les analyses de MM. Chevreul et Stromeyer:

Par Chevreul :		Rapp. atom.		Par Stromeyer :		Rapp. atom.	
Soufre. . . .	20,152 . .	0,100	1	Soufre. . . .	21,08 .	0,104	1
Arsenic. . .	43,418 . .	0,092	1?	Arsenic. . .	42,88 .	0,091	1?
Fer.	34,938 . .	0,102	1	Fer	36,04 .	0,106	1

Il doit cependant y avoir quelques petites erreurs dans les quantités relatives des élémens; ou bien il faudrait admettre une petite quantité de proto-sulfure de fer, que l'on ne sait avec quoi combiner. Ce proto-sulfure ne pourrait cependant pas être à l'état libre, parce que la matière n'est pas immédiatement attirable à l'aimant.

Mispikel cristallisé. En prismes rhomboïdaux à sommets dièdres octaèdres à bases rectangles), modifiés de différentes manières, pl. IX, fig. 45 à 50, 53; pl. X, fig. 58.

Mispikel bacillaire. En cristaux minces plus ou moins déformés, et groupés entre eux.

Mispikel capillaire. En petits filamens roïdes, qui ne sont que des cristaux excessivement minces et très alongés.

Mispikel compacte.

Le Mispikel se trouve, tantôt disséminé dans des roches granitiques, schisteuses, serpentineuses (Boston, aux États-Unis d'Amérique; Reichenstein, en Silésie), ou dans les filons pierreux qui les traversent (Flaviac, Ardèche), tantôt dans les amas et filons métallifères de diverse nature, et particulièrement dans les mines d'étain (Ehrenfriedersdorf, Geyer, Altenberg, en Saxe; Schlackenwald, Zinwald, en Bohême; Cornwall), rarement dans les mines d'argent et de plomb (Braunsdorf, en Saxe; Schemnitz, en Hongrie; Chili).

TRENTE-CINQUIÈME ESPÈCE. TENNANTITE.

Cuivre gris; Fahlerz, etc.

Substance métalloïde, gris de plomb. Cristallisant en dodécaèdre rhomboïdal.

Pesanteur spécifique 4,375.

Brûlant sous l'action du chalumeau, en dégageant une forte odeur d'ail, et laissant une scorie magnétique qui donne du cuivre par l'action de la soude.

Attaquable par l'acide nitrique. Solution donnant du cuivre sur une lame de fer, et précipitant en bleu par l'hydrocyanate ferruginé de potasse.

Composition. Nous n'avons encore qu'une seule analyse faite par M. R. Phillips, et qui a donné :

		Rapports atomiques.	
Soufre	28,74	0,143	11
Arsenic	11,84	0,025	2
Cuivre	45,32	0,115	9
Fer	9,26	0,026	2

ce qui indiquerait par conséquent la formule $Fe^2 Cu^9 Ar^2 Su^{11} = 9 Cu Su + (Fe Su^2 + Fe Ar^2)$; en sorte que la substance semblerait être une combinaison de Mispikel et de sulfure de cuivre. Est-ce bien ainsi qu'elle doit être considérée, ou bien n'aurait-elle pas quelque analogie avec la Panabase, l'arsenic remplaçant alors entièrement l'antimoine? C'est ce que le temps nous apprendra.

Nous avons placé cette substance à la suite des sulfoarseniures, en attendant seulement qu'elle soit mieux connue sous le rapport de la composition.

La Tennantite est connue en cristaux, qui sont des dodécaèdres rhomboïdaux modifiés sur les angles solides triples, pl. II, fig. 77.

On ne la connaît encore que comme matière accidentelle, dans différens gîtes de minerais de cuivre du Cornwall (mines de Dolcoath, Tincroff, près de Redruth; Huel-Virginie, Huel-Jewall, Huel-Unity, près de Saint-Day, etc.).

APPENDICE.

Nous réunirons ici plusieurs substances désignées sous les noms de *Cuivres gris arsenifères*, *Mine de cuivre noir*, *Schwarzgültigerz*, etc., auxquelles Klaproth a plus particulièrement réservé le nom de Fahlerz. Les analyses que nous en connaissons ne sont malheureusement pas bien certaines, et il est nécessaire de faire à cet égard de nouvelles recherches pour déterminer les quantités relatives des élémens, et savoir si elles se trouvent dans des rapports analogues à ceux de la Panabase, en constituant une espèce qui n'en différerait que par la substitution de l'arsenic à l'antimoine, ou bien dans des rapports différens.

Fahlerz du Jungen Hohen Birke, près Freyberg, par Klaproth.

Soufre	10
Arsenic	24,10
Cuivre	41
Fer	22,50
Argent	0,40
Perte	2

Fahlerz de Kröner, près Freyberg, par le même.

Soufre	10
Arsenic	14
Cuivre	48
Fer	25,50
Argent	0,50
Perte	2

Fahlerz de Jonas; près Freyberg, par Klaproth.

Soufre	10
Arsenic	15,60
Antimoine	1,50
Cuivre	42,50
Fer	27,50
Argent	0,90

Schwartzgultigerz de Airthray, près Stirling, par Thomson.

Soufre	14,1
Arsenic	15,7
Cuivre	19,2
Fer	51

Arsenic silber; Argent arsenié. On peut encore placer ici par appendice, en attendant qu'on en détermine la position, des matières de Andreasberg au Harz, dont les analyses, faites par M. Duménil, semblent présenter tantot du Mispikel argentifère, tantôt des arseniures de fer et d'argent. Ces analyses ont donné :

		Rapp. atom.
Arsenic	38,29	0,081
Soufre	16,87	0,083
Fer	38,25	0,112
Argent	6,56	0,005

		Rapp. atom.
Arsenic	59,94	0,128
Soufre	5,75	0,028
Fer	20,25	0,059
Argent	14,06	0,010

		Rapp. atomiq.
Arsenic	62,90	0,134
Soufre	5,75	0,028
Fer	17,89	0,053
Argent	14,06	0,010

TRENTE-SIXIÈME ESPÈCE. SULFURE DE SELENIUM.

Le Sulfure de selenium, qu'on sait former artificiellement, et qui présente une substance non métalloïde, brune, qui se fond facilement à quelques degrés au-dessus de l'eau bouillante, n'a encore été observé à l'état naturel que dans le cratère de

Vulcano, dans les îles Lipari, où il présente des petites couches de couleur brune mêlées avec de l'hydrochlorate d'ammoniaque.

Il existe aussi en petites quantités dans le soufre de Fahlun, qui provient du grillage des minerais sulfureux, et c'est là que M. Berzélius a reconnu le selenium pour la première fois.

TROISIÈME GENRE. SULFOXIDES.

Corps gazeux ou liquides; acides; donnant l'odeur du soufre brûlé, soit immédiatement, soit par suite de leur action sur la poussière de charbon à l'aide de la chaleur.

PREMIÈRE ESPÈCE. ACIDE SULFUREUX.

Corps gazeux, ou en solution dans l'eau; donnant immédiatement une odeur suffoquante de soufre brûlé.

Pesanteur spécifique, 2,25, l'air atmosphérique étant 1.

Composition. Su, ou en poids :

		Rapports atomiques.	
Oxigène	49,86	0,498	2
Soufre	50,14	0,249	1
	100		

L'Acide sulfureux à l'état de gaz est lancé souvent en abondance dans l'atmosphère pendant les éruptions volcaniques (Hecla, Etna, Ténériffe, etc.), et se dégage continuellement dans les solfatares (Puzzole, Guadeloupe, etc.), à travers les fissures des rochers, ou par des fentes plus ou moins considérables. Il est souvent absorbé par les eaux qui se trouvent dans les mêmes lieux, et constitue alors les eaux acides sulfureuses que l'on observe dans quelques cavités souterraines (grottes du Vésuve et de l'Etna, de Santa-Fiora, en Toscane), dans quelques ruisseaux ou dans des flaques d'eau extérieures; mais dans ces derniers cas, il s'en échappe promptement lorsque les eaux viennent à être chauffées par les rayons du soleil.

On se sert de l'acide sulfureux, qu'on produit alors artificiellement, soit par la combustion du soufre, soit par l'action d'un corps désoxigénant sur l'acide sulfurique, pour blanchir les tissus, la laine, la soie, les chapeaux de paille, etc., et pour enlever les taches de fruits. Il sert à la préparation de l'acide sulfurique par l'intermédiaire du gaz nitreux. Il est employé avec succès en médecine, pour les maladies de la peau, et on l'administre alors en bains gazeux au moyen d'appareils convenablement disposés.

DEUXIÈME ESPÈCE. ACIDE SULFURIQUE HYDRATÉ.

Huile de vitriol.

Corps liquide, oléagineux, pesant, inodore; donnant de l'acide sulfureux par l'action d'une substance charbonneuse à l'aide de la chaleur.

Pesanteur spécifique, 1,85.

Composition. $\dddot{S}u$ Aq, ou en poids:

				Rapports atomiq.
Acide sulfurique 81,67, tenant	Oxigène. . .	48,88 . . .	0,488	3
	Soufre . . .	32,79 . . .	0,163	1
Eau . . . . . 18,83, tenant :	Oxigène. . .	16,29 . . .	0,163	1

Mais ce composé attire l'humidité de l'air, et se dissout dans l'eau en toute proportion; en sorte qu'on le rencontre à tous les degrés de densité: il est ramené à 1,85 par l'action du feu, et se distille alors sans altération.

L'Acide sulfurique se trouve aussi dans le voisinage des volcans. On l'a indiqué en petites aiguilles blanches (grotte du Zoccolino, au-dessus des bains de Saint-Philippe, en Toscane). Si cette observation est réelle, ce serait de l'acide anhydre; mais il est probable que ce sont plutôt des sels acides qu'on a rencontrés. Partout ailleurs il est à l'état liquide, ou plutôt en solution dans les eaux qui se trouvent dans les cavités souterraines (cavernes de l'île de Milo), dans les eaux de sources (eaux acidules de Molfetta), dans les eaux des lacs (lac du mont Idienne, à Java), et dans les ruisseaux des terrains volcaniques (Rio-Vinagre, au volcan de Puraze, dans le Popayan).

L'Acide sulfurique est un des acides les plus utiles dans les ateliers et les laboratoires. On s'en sert pour dégager l'acide nitrique du nitrate de potasse ou de soude, pour former l'acide hydrochlorique au moyen du sel marin, et par suite pour préparer la soude artificielle. On l'emploie pour la fabrication de l'alun, des sulfates de fer et de cuivre ; pour dissoudre l'indigo, pour gonfler les peaux et les préparer au débourage, etc.

DEUXIÈME GENRE. SULFATE.

Corps solides, donnant de l'hydrogène sulfuré lorsque, après avoir été chauffés avec un mélange de carbonate de soude et de charbon, on verse de l'eau acidulée sur le résidu ; ne dégageant point d'odeur sulfureuse par l'action de l'acide hydrochlorique.

Les substances qui se rapportent à ce genre ne présentent aucun exemple de cristallisation dans le système prismatique à base carrée ; on n'en connaît qu'une seule du système rhomboédrique, une autre du système prismatique oblique à base de parallélogramme obliquangle, et deux du système cubique. Toutes les autres cristallisent dans le système prismatique rectangulaire droit ou oblique, et presque toutes affectent des prismes rhomboïdaux pour forme de clivage ou pour forme dominante; quelques-unes même ont de très grands rapports entre elles, parce que leurs prismes offrent des angles compris entre 101° 42′ et 104° 30′, ou entre 91 et 96°.

Cette exposition des systèmes de cristallisation nous indique que la plupart de ces substances sont susceptibles de double réfraction ; mais il est assez difficile de le constater sur plusieurs d'entre elles, parce qu'elles ne présentent pas assez de transparence. Les deux tiers des espèces sont naturellement blanches, et ce n'est qu'accidentellement qu'elles offrent diverses teintes par suite des mélanges ; les autres sont colorées, et les couleurs varient avec la nature des bases ou les quantités d'eau combinées. Aucune espèce ne présente l'éclat métallique; dans presque toutes c'est l'éclat vitreux ou lithoïde, rarement l'éclat nacré ou soyeux.

La dureté est toujours peu considérable; une seule espèce raie le verre, même difficilement. Toutes les autres sont rayées par une pointe d'acier, et presque toutes même par l'ongle. La plupart sont très fragiles, et se brisent au moindre choc.

Les deux tiers des espèces sont des substances solubles dans l'eau, et toutes les autres sont solubles dans les acides.

Sous le rapport de la composition, il y a peu de variations; presque toutes les espèces sont composées suivant la formule $R\,Su^3$, R représentant la base quelconque. Il n'y en a que trois de la formule R Su, une de la formule $R\,Su^2$, et une de celle $R^2\,Su$. Les sels doubles sont peu nombreux, et composés de la réunion de ces sortes de formules. Presque tous les sels sont hydratés, et renferment des quantités d'eau telles, que son oxigène est deux fois, trois fois, six fois l'oxigène de la base.

Sous le rapport du gisement, il n'y a que deux espèces qui forment des amas considérables qu'on trouve particulièrement dans les terrains de sédiment. Quelques-unes forment des nids ou des rognons dans les mêmes terrains; mais la plupart appartiennent aux gîtes métallifères, soit qu'elles s'y trouvent subordonnées, soit qu'elles s'y forment journellement par la décomposition des sulfures. Quelques-unes, en petit nombre, sont produites journellement dans les houillères embrasées, dans les solfatares, ou se trouvent dans les solfatares anciennes. Il en est qu'on trouve en efflorescence à la surface de la terre, ou en solution dans les eaux des lacs ou de certaines sources.

Sous le rapport des usages, c'est au genre sulfate qu'appartient la pierre à plâtre, et un grand nombre de sels qu'on emploie dans la médecine et dans la teinture, mais qui ne sont pas naturellement assez abondans pour suffire aux besoins des arts, et qu'on est obligé de préparer artificiellement en employant les matières qui les renferment tout formés, ou qui en contiennent les élémens.

PREMIÈRE ESPÈCE. ANGLESITE.

Plomb sulfaté; Sulfate de polmb; Vitriol bleierz; Bleiglas en partie.

Substance blanche très pesante. Cristallisant en octaèdres à base rectangle plus ou moins modifiés, qui peuvent être dérivés d'un prisme droit rhomboïdal de 103° 42′ et 76° 18′, ou bien, en retournant les cristaux, d'un prisme droit rhomboïdal de 101° 12′ et 78° 48′.

Pesanteur spécifique, 6,23 à 6,31.

Rayée par la Barytine; fragile.

Fusible au chalumeau, à la flamme extérieure, en une perle laiteuse; réductible sur le charbon en globules métalliques au feu de réduction, et avec la plus grande facilité par l'intermédiaire du carbonate de soude.

Composition. $Pb\,Su^3 = \dot{P}b\,\dddot{S}u$, d'après les analyses suivantes :

Anglesite de Zellerfeld, par Stromeyer.

		Oxigène.	*Rapports.*
Acide sulfurique	26,0942	15,62	3
Protoxide de plomb	72,4665	5,19	1
Eau	0,1242		
Hydrate de fer	0,0879		
Oxide de manganèse et traces d'alumine	0,0666		
Silice	0,5087		

Anglesite d'Anglesea, par Klaproth.

		Oxig.	*Rapp.*
Acide sulfurique	24,8	14,84	3
Protoxide de plomb	71,0	5,09	1
Eau	2,0		
Oxide de fer	1,0		

Anglesite de Wanlockhead, par le même.

		Oxig.	*Rapp.*
Acide sulfurique	25,75	15,41	3
Protoxide de plomb	70,50	5,05	1
Eau	2,25		

Anglesite cristallisée. En octaèdres rectangulaires allongés, plus ou moins modifiés sur les arêtes et les angles, pl. X, fig. 2, 3, 5 à 9, rarement 13 à 16, 37 à 40.

Inclinaison de *b* sur *b*, 79° 30′; *c* sur *c*, 104° 30′; *c* sur *c′*, 142° 20′; de *P* sur *a*, 141° 52′.

Anglesite mamelonnée, ou en cristaux émoussés.

Anglesite compacte. Vitreuse et transparente, ou lithoïde et opaque.

Anglesite terreuse dont l'Anglesite compacte lithoïde est une variété.

Cette substance est une des matières accidentelles des gîtes métallifères, principalement de ceux de sulfure de plomb, quelquefois aussi de ceux de minerais de cuivre. On l'a d'abord reconnue dans les mines d'Anglesea, mais elle a été trouvée ensuite dans beaucoup d'autres localités. Les plus beaux échantillons proviennent d'Angleterre (Leadhills, Wanlockhead, Mellanoweth, etc.), du pays de Baden (Wolfach), de Sibérie (Nertschinsk), d'Espagne (Linares). Elle a été long-temps confondue avec la Céruse.

APPENDICE.

Sulfate de plomb cuivreux. Substance de couleur bleue, cristallisant en prisme rectangulaire oblique dont la base est inclinée à l'axe de 102° 45′.

Pesanteur spécifique, 5,30 à 5,43. Formée d'après M. Brooke de

		Rapports	atomiques.
Sulfate de plomb	74,4	0,039	1
Oxide de cuivre	18	0,036	1
Eau	4,7	0,041	1

ce qui semblerait donner $Pb\,Su^5 + Cu\,Aq$, 1 atome de sulfate de plomb avec 1 atome d'hydrate de cuivre.

Cette substance se trouve en Écosse (Leadhills, Wanlockhead) avec le sulfate de plomb pur.

On ne sait pas si l'on doit y rapporter le sulfate de plomb bleu de Linares en Espagne, dans lequel M. John a indiqué:

Sulfate de plomb	95
Carbonate de cuivre et carbonate de plomb	5
	100

Nous avons déjà indiqué les sulfo-carbonates sous les noms de Leadhillite, Lanarkite, Caledonite, page 366.

DEUXIÈME ESPÈCE. BARYTINE.

Baryte sulfaté; Sulfate de baryte; Spath pesant; Baroselenite; Barytite; Schoarite; Wolnyn; Hépatite, Pierre puante; Pierre de Bologne.

Substance le plus souvent blanchâtre ou rougeâtre, pesante. Cristaux très variés, clivables en prisme droit rhomboïdal de 101° 42′ et 78° 18′, dont la hauteur et le côté sont à-peu-près comme les nombres 42 et 41.

Pesanteur spécifique, 4,7. Rayée par le fluor.

Difficilement fusible au chalumeau en émail blanc. Non réductible, et produisant seulement à la flamme intérieure une matière d'une saveur hépathique et cuisante, en partie attaquable par les acides. Solution précipitant toujours par l'acide sulfurique, ou un sulfate, quelque étendue qu'elle soit, et donnant par l'évaporation des aiguilles cristallines non déliquescentes.

Composition. $Ba\,Su^3 = \dot{B}a\,\dddot{S}u$, ou en poids, d'après l'ensemble des recherches les plus exactes :

Acide sulfurique	34,37
Baryte	65,63
	100,00

mais fréquemment mélangé de différentes matières :

	Sulfate de baryte.	Sulfate de strontiane	Sulfate de chaux.	Carbonate de chaux.	Fluor.	Silice.	Oxide de fer et alumine.	Eau.	Matière charbonneuse.
Barytine de Nutfield, par Stromeyer . .	99,37	. . . .	. . . .	. . . .	. . . .	. . . .	0,05	0,07	
B. de Freyberg, par Klaproth	97,50	0,85	. . . .	. . . .	. . . .	0,80	0,15	0,70	
B. (schoarite) de New-York, p. Macneven.	90,37	. . . .	. . . .	. . . .	. . . .	9,63			
B. grenue de Peggau, par Klaproth . . .	90,00	. . . .	. . . .	. . . .	. . . .	10,00			
B. de Berlin en Connecticut, p. Bowen.	87,35	6,95	. .	. . . .	. . . .	2,50	1,75	1,00	
B. d'Andrarum, par Klaproth	85,25	. . . .	6,00	. . . .	. . . .	. . . .	6,00	2,25	0,50
B. de Dahlsland, par Afzelius	80,00	. . . .	3,00	8,00	. . . .	2,00	3,00	2,50	
B. compacte du Derbyshire, p. Smithson	51,50	. . . .	. . . .	. . . .	48,50				

Plusieurs de ces matières sont sûrement entraînées par la cristallisation comme substances isomorphes; tels sont les sulfates de strontiane et de chaux; les autres paraissent être des mélanges mécaniques. Cependant il est remarquable que dans les matières de Peggau et de New-York, la silice et le sulfate de Baryte soient en proportions atomiques simples et de même espèce. Il est remarquable aussi qu'il y ait régularité entre le sulfate de Baryte et le fluor dans la Barytine du Derbyshire. Ces circonstances méritent un nouvel examen de ces matières.

Barytine cristallisée. Cristaux nombreux très variés, le plus souvent en tables rectangulaires ou rhomboïdales plus ou moins modifiées, pl. VIII, fig. 3, 26, 27, 31, 32, 34, 38 à 48; pl. IX, fig. 1 à 11; pl. X, fig. 13 à 46.

Inclinaison de *a* sur *a*, 101° 42'; *a* sur *a'*, 166°; *B* sur *b*, *b'*, *b''*, 173°, 161°, 141° 10', 121° 55'; *B* sur *d*, *d'*, *d''*, 143°, 125°, 115° 30'; *B* sur *c*, *c'*, 124°, 110° 30'.

Barytine crêtée. En cristaux minces groupés, imitant grossièrement des crêtes de coq, ou formant des mamelons plus ou moins gros.

Barytine mamelonnée; stalagmitique, botryoïde.

Barytine lamellaire. A grandes ou à petites lames.

Barytine bacillaire, fibreuse (Pierre de Bologne, Litheosphore). A fibres parallèles ou divergentes. La pierre de Bologne se trouve au Monte-Paterno près de Bologne, dans des argiles. Elle est très phosphorescente après la calcination, et a été employée à préparer ce qu'on appelait le Phosphore de Bologne, qui a eu une grande renommée.

Barytine grenue. En petites masses composées de grains qui ont peu d'adhérence entre eux.

Barytine compacte. Variétés extrêmes de Barytine lamellaire ou granulaire.

Barytine terreuse.

Les couleurs sont le blanc, blanc jaunâtre, rouge de chair, grisâtre, noirâtre.

La Barytine est en général une substance de filons, très abondante, surtout dans les gîtes de minérais de plomb, d'argent, de mercure, etc. (Angleterre, Harz, Saxe, Hongrie, Transylvanie; Almaden et duché de Deux-Ponts, etc.). Mais elle se trouve aussi en veines, en filons, dans différens terrains; dans des roches granitiques (Royat, etc., en Auvergne), dans diverses parties des dépôts de sédiment, surtout dans le grès rouge (Chessy, près de Lyon; Autun; Thuringe; île d'Aran en Ecosse, etc.). On la trouve d'ailleurs çà et là en petits nids dans les argiles secondaires des différens étages; mais elle semble disparaître dans la partie inférieure des formations jurassiques.

Cette substance n'est guère employée que pour préparer les sels barytiques dont on se sert dans les laboratoires. On l'a mêlée, après l'avoir réduite en poudre très fine, avec la Céruse artificielle de qualité inférieure, et cela à cause de son poids, qui ne diminue pas celui du blanc de plomb comme la craie.

TROISIÈME ESPÈCE. CÉLESTINE.

Strontiane sulfatée; Sulfate de strontiane; Cœlestin; Schützite.

Substance le plus souvent blanche. Cristaux variés, clivables en prisme droit rhomboïdal d'environ 104° 1/2 et 75 1/2.

Pesanteur spécifique, 2,9592.

Rayant le calcaire; rayée par le fluor.

Facilement fusible au chalumeau en émail blanc. Non réductible; produisant à la flamme intérieure une matière d'une saveur hépatique et cuisante, en partie attaquable par les acides. Solution cessant de précipiter par l'acide sulfurique, ou un sulfate, lorsqu'elle est très étendue; donnant par l'évaporation des aiguilles cristallines non déliquescentes.

Composition St Su^3 = $\dot{\mathrm{S}}\mathrm{t}\,\dddot{\mathrm{S}}\mathrm{u}$, ou en poids :

Acide sulfurique	43,64
Strontiane	56,36
	100,00

mais quelquefois mélangés de différentes matières étrangères, comme l'indiquent diverses analyses connues.

	Sulfate de strontiane.	Sulfate de baryte.	Sulfate de chaux.	Carbonate de chaux.	Carbonate de strontiane.	Silice.	Oxide de fer et alumine.	Eau.
Célestine bacillaire de Girgenti, par Stromeyer. .	99,43	. . . .	. . . .	. . . .	. . . .	. . . .	0,03	0,18
Célestine de Arau, par Meyer	98,20	. . . .	. . . .	. . . .	. . . .	. . . .	0,17	1,60
Célestine de Munder, par Stromeyer	97,03	1,30	0,74	0,02	. . . .	. . . .	0,04	0,05
Célestine d'Amérique, par Bowen	96,26	. . . .	. . . .	. . . .	. . . .	0,50	1,26	1,09
Célestine de Fassa, par Brandes	92,14	1,87	1,33	0,80	1,64	1,00	0,80	
Célestine terreuse de Montmartre, par Vauquelin. .	91,42	. . . .	. . . .	8,33	. . . .	. . . .	0,25	

Célestine cristalisée. En cristaux assez analogues à ceux de la Barytine, mais moins nombreux en variétés. Ce sont des prismes rhomboïdaux, ou des octaèdres allongés, modifiés de différentes manières, pl. IX, fig. 34, 36, 39, 43, 44; pl. X, fig. 17 à 24, 28, 31, 34, 54, 55.

Inclinaison de a sur a, 104° 30′; B sur b, b', b'', 157° 54′, 140° 32′, 127° 48′; B sur c, c', 174° 32′, 128° 14′. On voit que tous ces angles sont différens de leurs correspondans dans la Barytine.

Célestine aciculaire. En cristaux trop étroits pour qu'on puisse distinguer leurs faces.

Célestine réniforme. En rognons compactes ou granulaires, mélangés d'argile et de calcaire (Montmartre).

Célestine mamelonnée. — stalactitique. En grosses stalactites couvertes de cristaux.

Célestine pseudomorphique. Sous forme lenticulaire empruntée au gypse, et sous forme de coquilles (Montmartre).

Célestine lamellaire. Peu commune.

Célestine bacillaire, fibreuse. A grosses fibres divergentes, ou à petites fibres droites parallèles.

Célestine compacte. Dans les variétés réniformes.

Célestine terreuse. Dans les variétés réniformes. Elle est ordinairement calcarifère.

Les couleurs sont le blanc et le bleuâtre, et c'est parce qu'on a connu d'abord ces dernières variétés qu'on a adopté le nom de Célestine.

La Célestine n'est pas, comme la Barytine, une substance subordonnée aux gîtes métallifères; elle ne forme pas non plus de filons dans les terrains granitiques. Elle ne se trouve que dans les épanchemens basaltiques et amigdaloïdes, ou dans les terrains de sédimens, où elle se prolonge beaucoup plus loin que la Barytine, puisqu'on la trouve jusque dans les dépôts tertiaires; c'est cependant dans la partie moyenne des terrains de sédimens qu'elle se trouve en plus grande quantité. Les plus beaux échantillons, découverts par Dolomieu, se trouvent en Sicile (Val di Noto et Mazzara), dans les dépôts de soufre intercalés dans les marnes et les calcaires. Dans toutes les autres localités, où cette substance se trouve à-peu-près dans la même position géognostique, dans des calcaires, des marnes ou des grés (Conilla, près Cadix, avec soufre; Arau, en Suisse; Vic et Beuvron, près de Toul, Meurthe; Lons-le-Saulnier, Pyrmont; Karlshütte, Northen, etc., en Hanovre; Bristol, en Angleterre, etc.), elle ne présente que des rognons à structure lamellaire, ou des petites veines à structure fibreuse.

Dans les dépôts de craie (Meudon), elle présente de jolis cristaux de couleur bleue, particulièrement des formes pl. X, fig. 54 et 55, qui sont implantés dans les cavités des échinites, dans les fissures des silex ou de la craie. On la retrouve encore en petits cristaux semblables dans les lignites de l'argile plastique (Auteuil, près Paris).

C'est dans les marnes du Gypse parisien (Clignancourt, Montmartre) qu'on la trouve en rognons plus ou moins volumineux ordinairement aplatis, assez semblables à une petite miche, qui offrent fréquemment des fissures, tapissées de cristaux de la même substance ou de carbonate de chaux. Ces rognons constituent quelquefois des lits horizontaux (Bagnolet, Montreuil).

Dans les dépôts basaltiques et amigdaloïdes, la Célestine forme de petits rognons tantôt pleins, tantôt composés d'aiguilles cristallines (Montechio-Maggiore, Monteviale, en Vicentin; Calton-Hill près d'Edimburg, Bechely dans le Glocestershire; Chenavary, sur les bords du Rhône, en Vivarais), et elle accompagne les silicates hydratés, si communs dans ces sortes de dépôts.

Cette substance n'est absolument employée que pour préparer les sels de strontiane dans les laboratoires.

APPENDICE.

On pourrait soupçonner qu'il existe quelques sels doubles, de sulfate de Baryte, de sulfate de strontiane et de sulfate de chaux, d'après diverses analyses qui présentent ces matières en proportions définies, savoir:

Célestine de Norton, par Turner.

		Rapp. atom.	
Sulfate de strontiane . . .	78,20 . .	0,068 . 5	$5\,St\,Su^3 + Ba\,Su^3$.
Sulfate de Baryte.	20,41 . .	0,013 . 1	

Célestine de l'île de Moen, par Pfaff.

		Rapp. atom.	
Sulfate de strontiane	40,0 . .	0,034 . 2	$2\,St\,Su^3 + Ba\,Su^3 + Ca\,Su^3$?
Sulfate de Baryte.	28,3 . .	0,019 . 1	
Sulfate de chaux	15,5 . .	0,018 . 1	
Carbonate de chaux.	13,5 . .	0,021	
Eau	2,5		

Ces rapports à-peu-près définis sont-ils des résultats de combinaisons, ou ne sont-ils qu'accidentels? C'est ce qu'on ne peut dire pour le moment. On ne sait pas davantage si dans la dernière analyse on devrait considérer le carbonate de chaux comme accidentel, ou s'il entre en combinaison; ce que l'on peut remarquer, c'est qu'il entre aussi dans le corps à-peu-près pour 1 atome.

QUATRIÈME ESPÈCE. KARSTENITE.

Chaux sulfatée anhydre; Chaux sulfatine; Gypse anhydre; Anhydrite; Muriacite; Phengite; Bardiglione; Spath cubique; Würfelspath; Vulpinite; Pierre de tripe; Gekrösentein.

Substance le plus souvent blanchâtre ou violâtre; rarement cristallisée; clivable en prisme rectangulaire droit.

Pesanteur spécifique 2,5 à 2,9.

Ryant le calcaire; rayée par le fluor.

Ne donnant pas d'eau par calcination; assez difficilement fusible en émail blanc. Non réductible; donnant à la flamme intérieure une matière hépatique et alcaline attaquable par les acides. Solution étendue, ne précipitant pas par un sulfate, mais toujours par un oxalate; donnant par l'évaporation des aiguilles cristallines déliquescentes.

Composition. $Ca\,Su^3 = Ca\,Su$.

Karstenite de Sulz, par Klaproth.

		Oxig.	Rapp.
Acide sulfurique	57	34,12	3
Chaux	42	11,79	1
Oxide de fer	0,10		
Silice	0,25		

Karstenite d'Eisleben, par Rose.

		Oxig.	Rap.
Acide sulfurique	56,28	33,68	3
Chaux	41,48	11,65	1
Eau	0,75		

Karstenite de Vulpino, par Stromeyer.

Acide sulfurique	58,007	34,72	3
Chaux	41,704	11,71	1
Silice	0,090		
Eau	0,072		

Karstenite mamelonnée de Bochnia, par Beudant.

Acide sulfurique	56	33,52	3
Chaux	39	10,95	} 1
Baryte	2	0,20	}
Silice	0.2		
Chlorure de sodium	2,7		

Cette substance est quelquefois mélangée de Gypse, qui provient peut-être d'une altération de la matière, comme on le voit par l'analyse de M. Stromeyer, qui a donné :

Sulfate de chaux anhydre (Karstenite)	85,877
Sulfate de chaux hydraté (Gypse)	13,400
Carbonate de chaux	0,198
Oxide de fer	0,254
Silice	0,231
Matière bitumineuse	0,040
Chlorure de sodium	traces.

VARIÉTÉS.

Karstenite cristallisée. Rare; en prismes octogones ou en prismes rectangulaires, modifiés sur les angles solides par des face[illegible]s plus ou moins obliques, pl. VIII, fig. 2 et 19.

Inclinaison de *P* sur *a*, 140°4′, et [illegible] 155°, 145°, 125°.

Karstenite laminaire. En masses clivabl[illegible]es.

Karstenite botryoïde (pierre de tripes). [illegible] testins, et à structures fibreuses plus ou moi[illegible] en Pologne).

Karstenite lamellaire. Présentant diverses so[illegible] grandeur des lames, et jusqu'à la variété saccharoïde.

Karstenite fibreuse. A fibres droites ou diverge[illegible]

Karstenite compacte. — *terreuse.*

Les couleurs sont le blanc, grisâtre, rougeâtre, vio[illegible]leuâtre.

GISEMENS ET USAGES.

La Karstenite forme quelquefois des masses considérables qui se trouvent particulièrement vers la jonction des terrains de cristallisation et des terrains de sédiment, tantôt dans les roches de la première sorte, tantôt dans les dépôts de la seconde (glaciers de Gebrulaz, Pesay, Moutiers en Savoie; Lauterberg au Harz, etc.), où probablement elle est produite, comme le Gypse, par l'action des vapeurs sulfureuses sur les couches calcaires, t. 1, p. 596; aussi ne forme-t-elle pas de couches continues qu'on reconnaisse d'un côté d'une montagne à l'autre, mais des dépôts qui sont comme enchatonnées dans les roches sur le flanc des montagnes.

On la trouve aussi dans la partie inférieure des terrains de sédiment, principalement avec les dépôts salifères, en amas plus ou moins considérables, ou en veinules qui présentent la structure fibreuse. Il y a des localités où cette matière est très abondante (Bex en Suisse, Sulz en Wurtemberg, Hallein en Salzburg, Hall en Tyrol; Osterode, Ilefeld, au Harz, etc.); mais il en est d'autres où elle est au contraire en très petite quantité (Williczka et Bochnia en Gallicie). Elle disparaît entièrement dans les parties moyennes des terrains de sédiment.

Quelques variétés de Karstenite lamellaire pourraient être employées comme les marbres si elles avaient des teintes plus prononcées sur de grandes parties; on en a travaillé quelques variétés d'un blanc grisâtre, qui sont d'un assez bel effet, et imitent assez bien les marbres pentiliques. Mais il n'en est qu'une qu'on emploie habituellement en Italie sous le nom de *Bardiglio, marbre de Bergame,* pour faire des tables, des chambranles de ch[illegible]née, etc.; elle est d'un gris bleuâtre ou d'un ble[illegible] légèrement siliceuse, et se tire à Vulpino, à [illegible]ures [illegible]

[illegible]ÈME ESPÈCE. GYPSE.

[illegible]aux sulfaté ; Sélénite ; Spath séléniteux ; Gypse.

S[illegible]stance le [illegible]lus souvent blanche. Cristaux dérivant d'un prisme [illegible]ique rectangulaire dont la base est inclinée à [illegible]'environ 113° et 67°; divisible, avec facilité, en feuillets parallèles aux deux pans latéraux, qui se cassent ensuite ou se courbent parallèlement à la base et aux deux autres pans du prisme.

Pesanteur spécifique, 2,3316.

Rayée par le calcaire, et même simplement par l'ongle.

Donnant de l'eau par calcination, et se conduisant du reste comme la Karstenite, dont le Gypse ne diffère chimiquement que par la présence de l'eau.

Composition. $Ca Su^3 + 2 Aq = \dot{C}a \dddot{S}u + 2 Aq.$

Gypse cristallisé, par Bucholz.

		Oxig.	*Rapp.*
Acide sulfurique.	46	27,53	3
Chaux.	33	9,26	1
Eau	21	18,66	2

Gypse granulaire de Montmartre.

		Oxig.	*Rap.*
Acide sulfurique.	41,00	24,54	3
Chaux.	29,59	8,25	1
Carbonate de chaux. . .	7,63		
Matières insolubl.	3,21		
Eau.	18,77	16,68	2

VARIÉTÉS.

Gypse cristallisé (Selenite). Ordinairement en tables rhomboïdales biselées de différentes manières sur les bords, pl. XI, fig. 51 à 59.

Inclinaison de *a* sur *a*, 143° 48′; *d* sur *d*, 110° 40′; *L* sur *a*, 108°; *L* sur *d*, *d′*, *d″*, 153° 55′, 143° 42′, 124° 20′; *L* sur *n*, *n′*, 112° 14′, 110° 51′.

Gypse aciculaire. En petits cristaux mal conformés, groupés entre eux.

Gypse cylindroïde. En gros cristaux mal conformés, simples ou groupés en croix, en étoiles, etc.

Gypse lenticulaire. Lentilles simples, ou réunies deux à deux, et montrant alors par la fracture la disposition en *fer de lance.*

Gypse dendritique. Petits cristaux groupés en dendrites à la surface des corps étrangers, ou les uns sur les autres (dans les solfatares).

Gypse mamelonné.— stalactitique.

Gypse incrustant. Déposé sur des plantes dont il a pris la forme.

Gypse laminaire. En masses cristallines, susceptibles, par suite du clivage, de se diviser en plaques ou en feuillets plus ou moins étendues.

Gypse lamellaire. Lamelles entrecroisées plus ou moins larges, passant au *Gypse saccharoïde.*

Gypse fibreux. Ordinairement à fibres droites, parallèles très fines, d'un éclat nacré et soyeux.

Gypse granulaire. En grains présentant plus ou moins d'agrégation.

Gypse niviforme. Composé de petites écailles blanches, empilées les unes sur les autres, formant une masse très légère, comparable à une pelote de neige (Montmartre).

Gypse compacte (albâtre gypseux). Variétés extrêmes du Gypse lamellaire.

Gypse terreux. — pulvérulent.

Gypse calcarifère. Pierre à plâtre de Paris.

La couleur est presque toujours le blanc, plus ou moins sali, et quelquefois le rouge, par suite d'un mélange d'argile ferrugineuse.

Les variétés transparentes ont fréquemment un éclat nacré, et sont quelquefois d'une limpidité parfaite.

GISEMENT.

Le Gypse appartient en quelque sorte à toutes les espèces de dépôts que l'on reconnaît à la surface de la terre. On le voit d'abord dans les terrains de cristallisation, sur la pente des vallées, ou plutôt des cirques, où, comme nous l'avons dit t. 1, p. 596, il semble être le résultat de l'action des vapeurs sulfureuses sur les couches calcaires. Peut-être s'en trouve-t-il des amas plus ou moins considérables intercalés dans les micaschistes (route du Simplon, du côté du Piémont; Val Canaria, au Saint-Gothard); mais on le voit évidemment en relation intime avec des amygdaloïdes (Dauphiné), avec des serpentines (Dauphiné, vallée d'Aost, Pyrénées). Il forme çà et là des amas superficiels sur le flanc des montagnes composées de matières schisteuses, et situées à la jonction des terrains cristallins et sédimenteux (Tarentaise, vallée d'Aost, etc.).

Du reste, le Gypse est très abondant dans les terrains de sédiment, et y forme des amas plus ou moins considérables. On le trouve d'abord dans les calcaires pénéens (Zechstein des Allemands) (Mansfeld), puis dans le grès bigarré (Thuringe; Decise en Nivernais, etc.), dans le calcaire conchylien (Wurtemberg), dans les marnes irisées (environs d'Alais, Anduze, etc.), dans le lias (montagnes de Jura, dans la Franche-Comté, la Lorraine, etc.), où il forme des dépôts considérables. Il disparaît en quelque sorte dans la formation jurassique, mais se remontre dans ses parties supérieures, puis dans le grès vert qui prélude à la craie (revers méridional des Pyrénées), et enfin dans les terrains tertiaires, où il forme des dépôts assez considérables au-dessus du calcaire grossier parisien (Montmartre et tous les environs de Paris, Aix en Provence, etc.). Dans cette position, il est remarquable surtout par une grande quantité de débris de mammifères, d'oiseaux et de reptiles.

Dans toutes les parties moyennes des terrains de sédiment, le Gypse est presque toujours accompagné de sel commun, et quelquefois de Soufre (Italie, Sicile, etc.). A l'exception des Gypses tertiaires, il est extrêmement rare que cette matière renferme des débris organiques; on n'y connaît de débris de mollusques dans aucune localité.

USAGES.

Dans quelques localités, les variétés laminaires et transparentes de Gypse ont été employées, en les divisant en feuillets, pour remplacer le verre et couvrir de petites images; de là les noms de *Pierre à Jésus*, *Glace de Marie*, *Miroir d'Ane*.

Les variétés compactes blanches, qui se taillent avec une grande facilité, sont employées sous les noms d'*Albâtre*, *Albâtre-Gypse*, *Alabastrite*, pour former les vases, les socles de pendules, les petites figures, etc., qu'on voit si fréquemment aujourd'hui dans nos habitations. C'est en Italie que se fabrique la plupart de ces ouvrages, et les matières sont principalement tirées des environs de Voltera. On pourrait s'en procurer de même en France dans un grand nombre de lieux. On a aussi employé depuis quelque temps au même usage les Gypses tertiaires de Lagny, qui présentent de beaux reflets nacrés, et qu'on a quelquefois colorés en bleu, en vert, en violet, par des dissolutions métalliques.

Les variétés calcifères des environs de Paris sont extrêmement précieuses pour la bâtisse, et fournissent par la cuisson tout le plâtre qu'on emploie dans nos environs; on en exporte même à de grandes distances, et principalement à l'état brut, pour le même usage. Les variétés pures cristallines (Gypse lenticulaire, en fer de lance, Grignard, etc.), qu'on trouve en nids dans les mêmes gisemens, sont recherchées par les modeleurs en plâtre, parce qu'elles donnent un plâtre plus fin. C'est aussi ce qu'on obtient avec les Gypses compactes pures des terrains secondaires; mais ces plâtres fins ont beaucoup moins de solidité, et pour la bâtisse, on ne peut les employer que dans les intérieurs : c'est pour cela qu'on ne fait point usage du plâtre dans les parties centrales de la France, malgré l'abondance des dépôts de Gypses secondaires.

SIXIÈME ESPÈCE. GLAUBÉRITE.

Brongnartine ; Polyhalite de Vic.

Substance cristallisant en prismes obliques rhomboïdaux de 83° 20′ et 96° 40″, dont la base est inclinée sur les faces de 104° 15′. Un clivage net parallèlement aux bases.

Pesanteur spécifique, 2,73.

Blanchissant au chalumeau, et fondant ensuite en émail blanc. Attaquable par l'eau avec précipité de sulfate de chaux; solution donnant par l'évaporation des aiguilles cristallines qui effleurissent à l'air.

Composition. $Ca\,Su^3 + Na\,Su^3$, d'après les analyses suivantes :

Glaubérite rouge de Villa-Rubia, par Brongniart.

		Rapp. atom.	
Sulfate de chaux	49	0,057	1
Sulfate de soude	51	0,057	1

Polyhalite rouge amorphe de Vic, par Berthier.

		Rapp. atom.	
Sulfate de chaux	45,0	0,052	1
Sulfate de soude	44,6	0,050	1
Chlorure de sodium	6,4		
Argile et oxide de fer	3,0		
Perte au feu	1,0		

Polyhalite cristallisée de Vic, par Berthier.

		Rapp. atom.	
Sulfate de chaux	40,0	0,046	1
Sulfate de soude	37,6	0,042	1
Sulfate de manganèse	0,5		
Chlorure de sodium	15,4		
Argile et oxide de fer	4,5		
Perte par calcination	2,0		

Polyhalite cristallisée de Vic, par Berthier.

Glaubérite	42,2
Sulfate de chaux	31,6
Sulfate de magnésie	2,5
Chlorure de sodium	18,9
Argile et oxide de fer	5,0

On voit par conséquent que les Polyhalites de Vic ne diffèrent de la Glaubérite que par les mélanges qui s'y trouvent. Ces mélanges sont du sulfate de chaux anhydre, qui est quelquefois en assez grande quantité, comme dans la dernière analyse, du sulfate de magnésie, qui remplace peut-être le sulfate de soude, du sel commun, et des matières argilo-ferrugineuses.

Glaubérite cristallisée. En prismes obliques rhomboïdaux, simples ou modifiés sur les arêtes obtuses des bases, pl. XI, fig. 11, 13, 23.

Inclinaison de *a* sur *a*, 96° 40′; de *B* sur *a*, 104° 15′; de *B* sur *i*, 137° 9′; de *i* sur *i*, 116° 20′; de *B* sur *P*, 112° 20′.

Cette substance se trouve en cristaux blanchâtres ou grisâtres disséminés dans le sel commun ou les argiles salifères (Villa-Rubia près d'Ocana, province de Tolède en Espagne; Vic, départ. de la Meurthe; Aussee? en Autriche), ou bien en rognons compactes rougeâtres dans les argiles salifères (Vic, département de la Meurthe).

APPENDICE.

Polyhalite gris de Vic. Il existe à Vic une substance grise qui formerait peut-être une espèce particulière, ou dans laquelle il faudrait admettre remplacement d'une partie de sulfate de soude par du sulfate de magnésie. M. Berthier en a retiré :

		Rapports.
Sulfate de chaux	40,0	0,046
Sulfate de soude	29,4	0,033
Sulfate de magnésie	17,6	0,023
Chlorure de sodium	0,7	
Argile et oxide de fer	4,3	
Perte au feu	8,0	

Il est possible que ce soit une matière de la formule $Ca\,Su^3 + (Na, M)\,Su^3$, mélangée de sulfate de magnésie, etc.; mais on pourrait aussi soupçonner $2\,(Ca, M)\,Su^3 + Na\,Su^3$, en employant tout le sulfate de magnésie comme isomorphe du sulfate de chaux, et dès-lors y rapporter la quatrième des analyses que nous avons indiquées ci-dessus, où nous avons admis 42 de Glaubérite : il en résulterait une espèce particulière, mais il faut attendre de nouvelles données pour l'établir.

Polyhalite de Ischel, en Basse-Autriche. Cette substance paraîtrait être assez analogue à la précédente; mais au lieu d'être à base de soude, elle serait à base de potasse, ce qui établirait toujours une espèce distincte.

M. Stromeyer, qui a toujours travaillé indépendamment de la théorie atomique, a présenté la composition de cette matière comme il suit :

			Rapp. atom.	
Sels anhydres.	Sulfate de chaux	22,2184	0,026	1
	Sulfate de potasse	27,6347	0,026	1
	Sulfate de magnésie	20,0347	0,026	1
	Sulfate de fer	0,2927		
	Sulfate de chaux hydraté	28,4580		
	Chlorure de sodium	0,1910		
	Chlorure de magnésie	0,0100		
	Péroxide de fer	0,1920		

Cette manière de présenter les résultats des recherches analytiques se prête merveilleusement au calcul atomique ; on y voit des rapports bien déterminés d'où l'on peut tirer les formules $Ca\,Su^3 + K\,Su^3 + M\,Su^3$, ou bien $2\,(Ca, M)\,Su^3 + Ca\,Su^3$, les autres matières étant des mélanges que l'on découvre quelquefois à l'œil.

La dernière formule est analogue à celle que l'on peut soupçonner dans le Polyhalite gris de Vic, ce qui tendrait à la confirmer ; mais dans ce dernier cas il y aurait deux espèces distinctes, puisque c'est le sulfate de potasse qu'on trouve dans l'une, et le sulfate de soude dans l'autre.

M. Berzélius fait entrer le sulfate de chaux hydratée dans la combinaison ; il est remarquable, en effet, que ce sel est aussi en proportion déterminée, et entre pour 1 atome dans le corps, ce qui donne la formule $2\,Ca\,Su^3 + K\,Su^3 + M\,Su^3 + 2\,Aq$, ou bien $(Ca, M)\,Su^3 + K\,Su^3 + (Ca\,Su^3 + 2\,Aq)$, qui exprime mieux le fait offert par l'analyse.

Cette substance se trouve en rognons plus ou moins compactes, de couleur rouge, dans les argiles salifères de Ischel en Basse-Autriche. Des matières analogues qui n'ont pas été analysées se trouvent à Berchtesgaden en Salzburg et à Aussee.

SEPTIÈME ESPÈCE. THÉNARDITE.

Substance soluble, s'effleurissant à la surface. Cristallisant dans le système prismatique rectangulaire droit. Clivable en prismes rhomboïdaux dont les angles sont d'environ 125° et 55.

Pesanteur spécifique approchant de celle de la Glaubérite.

Ne donnant pas d'eau par calcination. Soluble dans l'eau ; solution ne précipitant pas par l'hydrochlorate de platine, mais laissant par l'évaporation des aiguilles cristallines qui s'effleurissent à l'air.

Composition. $Na\, Su^3 = \dot{N}a\, \ddot{S}u$, avec une très petite quantité de sous-carbonate de soude, d'après les recherches de M. Casaseca, qui ont fourni :

Sulfate de soude	99,78
Sous-carbonate de soude.	0,22

Thénardite cristallisée. En octaèdres rhomboïdaux, simples ou modifiés au sommet, qui sont groupés les uns sur les autres.

Cette substance se dépose en croûtes cristallines au fond des eaux, au lieu nommé les Salines d'Espartines, à cinq lieues de Madrid et deux et demie d'Aranjuez. Elle est exploitée pour en fabriquer le sous-carbonate de soude artificiel.

HUITIÈME ESPÈCE. EXANTHALOSE

(de εξανθεω, effleurir, et ἅλος, sel).

Sulfate de soude effleuri; Sel de Glauber; Glaubersalz; Sel admirable; Wundersalz.

Substance en efflorescence blanche; soluble, d'une saveur amère. Donnant par la solution dans l'eau des cristaux en prismes rhomboïdaux.

Donnant de l'eau par calcination. Solution aqueuse, ne précipitant ni par l'hydrochlorate de platine, ni par le carbonate d'ammoniaque ; donnant par l'évaporation des aiguilles cristallines efflorescentes.

Composition. $Na\, Su^3 + 2\, Aq$, à l'état d'efflorescence, d'après les deux analyses que j'ai faites :

du Vésuve :		*Oxig.*	*Rap.*	de Hildesheim :		*Oxig.*	*Rap.*
Acide sulfurique.	44,8	26,81	3	Acide sulfurique.	42,5	25,44	3
Soude.	35,0	8,95	1	Soude.	33,4	8,54	1
Eau.	20,2	17,95	2	Eau.	18,8	16,71	2
				Matière terreuse.	5,3		

Ce sel se présente à l'état d'efflorescence sur des laves intactes (Vésuve 1813), sur des laves altérées dans les solfatares (Puzzole); il existe dans les galeries des salines de l'Autriche (Ischel, Aussee, Hallstaadt), de Salzburg (Halleiu), du Tyrol (Salzburg, près de Hall). On le cite en efflorescence autour de certains lacs (Sibérie), dont les eaux en renferment souvent une assez grande quantité en dissolution pour qu'il s'y forme des croutes cristallines pendant l'hiver.

On récolte ce sel dans quelques localités pour les besoins des arts; il peut servir immédiatement pour la fabrication des verres communs, et pour la préparation du sous-carbonate de soude artificiel, dont il se fait une grande consommation.

APPENDICE.

Il existe des matières dans lesquelles on trouve à-la-fois du sulfate de soude et du sulfate de magnésie, qui pourraient bien être des sels doubles, mais que l'on ne connaît pas encore assez pour les établir comme espèces dans la nature; telles sont les matières suivantes :

Sulfate de soude et magnésie des anciens travaux de Schemnitz. En petites houpes cristallines, non efflorescentes, composées de petites aiguilles en prismes rhomboïdaux, dans lesquelles j'ai reconnu les principes suivans :

		Oxigène.	*Rapports.*
Acide sulfurique	44,7	26,75	6
Soude	17,6	4,50	1
Magnésie	11,4	4,41	1
Eau	25,4	22,58	5
Matière terreuse	0,9		
	100,0		

ce qui semble indiquer $NaSu^3 + MSu^3 + 5Aq$; ce serait par conséquent une substance analogue à celle qu'on obtient artificiellement dans les laboratoires, et qui se conserve à l'air beaucoup mieux que le sulfate de soude pur.

La *Bloedite* de M. John paraîtrait être une substance assez analogue à la précédente; elle a fourni à ce chimiste :

			Rapports atomiques.	
Sulfate de soude	33,34		0,037	1
Sulfate de magnésie	36,66		0,048	1 ?
Sulfate de manganèse	0,33			
Sulfate de fer	0,54			
Chlorure de sodium	0,33			
Eau	22.		0,195	3 ?

où l'on trouverait la formule $Na\ Su^3 + M\ Su^3 + 5\ Aq$, en supposant encore un peu d'eau perdue.

Cette matière provient des salines d'Ischel en Basse-Autriche.

La *Reussine* offre encore, d'après l'analyse, la réunion des deux sulfates; savoir :

Sulfate de soude	66,04
Sulfate de magnésie	31,35
Sulfate de chaux	0,42
Chlorure de magnésie	2,19

Mais d'un côté on voit des proportions des deux sels fort différentes des analyses précédentes, et de l'autre, on ne sait pas quelles sont les quantités d'eau admises dans chaque sel par l'auteur. J'ajouterai que dans le seul échantillon que j'ai vu de cette matière, je n'ai trouvé qu'une substance effleurie qui ne renfermait pas de magnésie, mais dans laquelle il existait des petits grains cristallins non efflorescens. De là il résulterait que la Reussine ne serait peut-être autre chose que du sulfate de soude ordinaire effleuri, renfermant quelques sels doubles en petits cristaux mélangés.

Ce sel se trouve en efflorescence autour des marais de Serpina, près de Billin en Bohême.

NEUVIÈME ESPÈCE. APHTHALOSE

(de αφθιτος, inaltérable, et ἅλος, sel).

Potasse sulfatée ; Tartre vitriolé ; Sel de Duobus ; Sel polycreste de Glaser ; Schwefelsaureskali.

Substance blanche, inaltérable à l'air. Soluble ; légèrement amère; cristallisant en prismes rhomboïdaux de 118° 8'.

Pesanteur spécifique 2,4.

Ne donnant pas d'eau par calcination. Soluble dans

l'eau. Solution donnant un précipité jaune par le chlorure de platine.

Composition. $K\ \dddot{S}u^{3}$, ou en poids :

Acide sulfurique	45,95
Potasse	54,07

Aphthalose cristallisée. En cristaux obtenus par l'art, et offrant très fréquemment des dodécaèdres bi-pyramidaux, pl. VIII, fig. 56, 58.

Aphthalose mamelonnée. En petites masses mamelonnées dans les cavités des laves (Vésuve).

Cette substance, peu commune dans la nature, ne se trouve guère, et en petite quantité, que parmi les produits des volcans : elle recouvre les laves récentes d'un enduit léger, ou forme dans leurs cavités des petites masses mamelonnées, quelquefois colorées en verdâtre ou bleuâtre par des sels cuivreux.

DIXIÈME ESPÈCE. MASCAGNINE.

Ammoniaque sulfaté; Mascagnin.

Substance blanche, soluble, amère, très piquante. Cristallisant en prismes rhomboïdaux.

Soluble dans l'eau. Solution dégageant l'odeur d'ammoniaque sans donner de précipité par l'addition d'un alcali caustique.

Composition. $\left(\underset{\text{ammoniaque}}{Ni\,Hy^{3}}\right)^{2}\dddot{S}u + 2\,Aq$, ou en poids :

		Rapports atomiques.	
Acide sulfurique	53,1	0,105	1
Ammoniaque	22,6	0,210	2
Eau	24,3	0,215	2

Cette substance se trouve en efflorescence sur les laves récentes (Vésuve et Etna), sur les laves décomposées (solfatares de Puzzole), dans les houillères embrasées (Aubin, Aveyron), à la surface des plaines sableuses (environs de Turin ?), et en solution dans les eaux (Lagoni de Toscane).

ONZIÈME ESPÈCE. EPSOMITE.

Sulfate de magnésie; Sel d'Epsom; Sel d'Angleterre ou de Sedlitz; Sel amer; Bittersalz; Saliter; Haarvitriol.

Substance blanche légèrement efflorescente à la surface; soluble, très amère. Cristallisant en prismes rhomboïdaux très rapprochés du prisme rectangulaire, de 90° 30′ et 89° 30′.

Pesanteur spécifique, 1,66.

Donnant de l'eau par calcination. Soluble dans l'eau.

Solution donnant par la potasse un précipité blanc pulvérulent qui devient lilas lorsqu'on le chauffe sur le charbon après l'avoir imbibé d'une goutte de nitrate de cobalt.

Composition. $M Su^3 + 6 Aq$, ou $\dot{M} \dddot{S}u + 6 Aq$.

Epsomite de Catalogne, par Vogel.

		Oxigène.	*Rapports.*
Acide sulfurique	33	19,75	3
Magnésie	18	6,96	1
Eau	48	42,67	6

Mais cette matière est quelquefois mélangée de différens sulfates, comme on le voit par les analyses suivantes:

Epsomite d'Aragon, par Gonzales et Garcia de Theran.

Sulfate de magnésie sec	48,60
Sulfate de soude	1,35
Eau	50

Epsomite cobaltifère d'Herrengrund, par John.

Sulfate de magnésie hydraté	92,86
Sulfate de cuivre	3,57
Sulfate de manganèse et de cobalt	3,57

Epsomite cristallisée. Cristaux obtenus par l'art; en prismes le plus souvent terminés par des pyramides à quatre faces, et modifiés sur deux des arêtes latérales, pl. X, fig. 64 à 67, 72.

Epsomite stalactitique. Colorée en rose par le sulfate de Cobalt (Herrengrund).

Epsomite aciculaire. En efflorescence saline à la surface de la terre.

Epsomite fibreuse. A fibres droites quelquefois peu adhérentes entre elles.

Cette espèce de sel, peu abondante dans la nature, se trouve en efflorescence à la surface de la terre (steppes de Sibérie, suivant Patrin, qui a peut-être confondu ici le sulfate de soude; en Espagne), à la surface de certains schistes alumineux (Suisse et Savoie), dans les houillères embrasées (Saint-Etienne, Aubin), dans les solfatares. Il se trouve aussi dans les travaux des mines, soit dans les gîtes métallifères (anciens travaux de Schemnitz, Herrengrund, près de Neusohl en Hongrie; Szamabor en Croatie; Idria en Carniole, , etc.), soit dans les dépôts salifères (Hall en Tyrol; Berchtesgaden en Salzburg; Calatayud en Aragon, etc.); mais c'est surtout en solution dans les eaux minérales qu'il se rencontre abondamment dans quelques localités (Epsum, dans le comté de Surrey en Angleterre; Sedlitz et Egra en Bohême).

L'Epsomite est employée en médecine comme purgatif, et il s'en fait une assez grande consommation. On emploie à cet effet les eaux minérales naturelles (eaux de Sedlitz), ou le sel à des doses plus ou moins fortes; il sert à préparer la magnésie blanche des pharmaciens. Dans quelques localités, on prépare ce sel artificiellement, soit en grillant les serpentines mélangées de Pyrite, soit en traitant les calcaires magnésiens, la Dolomie, par l'acide sulfurique, etc.

DOUZIÈME ESPÈCE. GALLIZINITE.

Zinc sulfaté; Vitriol blanc; Vitriol de Goslar; Couperose blanche; Zinc-vitriol; Gallizenstein; Bergbutter.

Substance blanche, légèrement efflorescente à la surface; soluble, d'une saveur très styptique. Cristallisant en prismes rhomboïdaux de 91° 7′ et 88° 53′.

Pesanteur spécifique, 2,0.

Donnant de l'eau par calcination. Soluble dans l'eau; solution donnant par la potasse, ou l'ammoniaque, un précipité blanc gélatineux qui se redissout dans un excès d'alcali.

Composition. Zi $Su^3 + 6\,Aq$, ou $\dot{Z}\,\ddot{S}u + 6\,Aq$.

Gallizinite de Schemnitz,
par Beudant.

		Oxigène.	*Rapport.*
Acide sulfurique	29,8	17,83	3
Oxide de zinc	28,5	5,66	1
Oxide de manganèse	0,7	0,15	
Oxide de fer	0,4	0,09	
Eau	40,8	36,27	6
	100,2		

Gallizinite aciculaire et mamelonnée. En petites houppes cristallines qui sont ordinairement jaunâtres, composés de petites aiguilles entremêlées, quelquefois colorés en bleu par le sulfate de cuivre.

Cette substance ne se trouve que dans les galeries des travaux des mines, principalement dans celles qui sont abandonnées, dont elle tapisse les parois (Rammelsberg, près Goslar en Westphalie; Schemnitz en Hongrie; Fahlun en Suède; Holy-Well en Flintshire, Angleterre, etc.).

TREIZIÈME ESPÈCE. RHODHALOSE

(de Ροδοεις, rose, et ἅλος, sel).

Cobalt sulfaté; Kobalt-Vitriol; Red vitriol.

Substance rougeâtre, soluble, d'une saveur styptique et amère. Susceptible de cristalliser en prismes obliques rhomboïdaux de 97° 35′ et 82° 25′, dont la base est inclinée sur les pans d'environ 108° et 82°.

Donnant de l'eau par calcination, et prenant une teinte rose claire. Soluble dans l'eau. Solution donnant par les alcalis un précipité bleu qui forme un verre bleu avec le Borax.

Composition. Il paraîtrait qu'il existe plusieurs espèces de sulfate de Cobalt. Une analyse que j'ai faite sur une substance rose cristalline, probablement de Bieber dans le Hanau, m'a donné :

		Oxigène.	*Rapports.*
Acide sulfurique	30,2	18,07	3
Oxide de cobalt	28,7	6,11	1
Oxide de fer	0,9	0,20	
Eau	41,2	36,62	6

c'est-à-dire, la formule $Co\ Su^3 + 6\ Aq$, ou $\dot{C}o\ \dddot{S}u + 6 Aq$.

Mais une analyse de Kopp sur une substance de Bieber présente un résultat fort différent, savoir :

		Oxigène.	Rapports.
Acide sulfurique	19,74 . . .	11,81	3
Oxide de cobalt.	38,71 . . .	8,25	2
Eau.	41,55 . . .	36,93	9

La quantité d'eau est seulement la même que dans l'analyse précédente ; les autres proportions sont différentes, et on ne peut tirer de là que la formule irrégulière $Co^2\ Su^3 + 9\ Aq$.

Enfin, M. Berzélius a admis, j'ignore sur quelle analyse, la formule $Co\ Su + 4\ Aq$, ou $\dot{C}o^3\ \dddot{S}u + 12\ Aq$.

Il paraît évident qu'il y a ici plusieurs genres de compositions fort différentes les unes des autres. La première analyse offre précisément celle qu'on obtient du sulfate de Cobalt des laboratoires, celle qui affecte le système de cristallisation que nous avons indiqué.

Les sulfates de Cobalt se trouvent en légers enduits dans les mines cobaltifères (voyez les arseniures) (Bieber, dans le Hanau; Herrengrund, près Neushol en Hongrie), ou en solution dans les eaux de ces mines avec divers autres sels.

QUATORZIÈME ESPÈCE. MÉLANTERIE.

Fer sulfaté ; Vitriol martial; Couperose verte ; Melanteria ; Gœkelgut ; Eisen vitriol; Grüner vitriol.

Substance verdâtre, soluble, d'une saveur d'encre. Cristallisant en prismes obliques rhomboïdaux de 99° 30′ et 80° 30′, dont la base est inclinée sur les faces d'environ 108° et 82°.

Pesanteur spécifique, 1,84 à 1,97.

Donnant de l'eau par calcination, avec résidu blanc. Soluble dans l'eau. Solution précipitant abondamment en vert-bleuâtre ou blanc-bleuâtre par l'hydrocyanate ferruginé de potasse.

Composition. $Fe\,Su^3 + 6\,Aq$, ou $\dot{F}e\,\dddot{S}u + 6\,Aq$.

Acide sulfurique	28,8
Protoxide de fer	25,7
Eau	45,4

Mélanterie cristallisée. En cristaux obtenus par l'art, présentant des prismes rhomboïdaux simples ou modifiés sur les angles.

Mélanterie fibreuse. En veines dans les matières terreuses, schisteuses, où il provient de la décomposition des Pyrites.

Cette substance, qui provient de la décomposition du sulfure de fer, principalement du sulfure Sperkise, se trouve dans les gîtes métallifères, dans les dépôts de lignites pyriteux, et en général, partout où il se trouve des Pyrites en décomposition.

Elle est employée pour préparer l'encre, pour toutes les espèces de teintures en noir, et pour beaucoup d'autres; on la prépare artificiellement pour les arts, en favorisant l'efflorescence des Pyrites dans toutes les matières où elle se rencontre en abondance.

QUINZIÈME ESPÈCE. NÉOPLASE

(de νεος, nouveau, et πλασις, formation).

Fer sulfaté rouge ; Rother eisen vitriol ; Sulfas biferroso-ferricus.

Substance rouge, soluble, d'une saveur styptique d'encre; susceptible de cristallisation en prismes rhomboïdaux obliques de 119° 66′; base inclinée sur les faces de 113° 37′

Pesanteur spécifique, 2,039.

Donnant de l'eau par calcination, avec résidu de matière rouge. Soluble dans l'eau. Solution précipitant en bleu intense par l'hydrocyanate ferruginé de potasse.

Composition. $f\,F^3\,Su^8\,Aq^{12} = f\,Su^2 + 3\,F\,Su^2 + 12\,Aq$, d'après les recherches de M. Berzélius, ou en poids :

		Oxigène.	Rapports.
Acide sulfurique	32,58	19,50	8
Protoxide de fer	10,71	2,43	1
Péroxide de fer	23,86	7,31	3
Eau	32,85	29,20	12

Il n'y a rien par conséquent d'analogue au sel précédent, puisqu'ici le sulfate de protoxide combiné est de la formule $f\,Su^2$, tandis que dans la Mélanterie il est de la formule $f\,Su^3$. Ce sel est en outre mélangé de différentes matières, comme l'indique l'analyse de celui de Fahlun, faite par M. Berzélius, qui a donné :

Sulfate Néoplase	59,45
Sulfate Pittizite	8,73
Sulfate Epsomite	27,11
Sulfate Karstenite	6,71

Ce sel se trouve dans l'intérieur des travaux des mines, où il se produit journellement par la décomposition des sulfures (Fahlun en Suède, Freyberg en Saxe, etc.).

SEIZIÈME ESPÈCE. PITTIZITE.

Eisenpecherz ; Fer sulfaté ocreux ; Fer oxidé résinite ; Eisensinter.

Substance brune, à poussière jaune. Insoluble, non cristallisée. Donnant de l'eau par calcination, avec résidu rouge ; attaquable par les acides. Solution précipitant abondamment en bleu par l'hydrocyanate ferruginé de potasse.

Composition. $F^2\,Su + 2\,Aq$, ou $\ddot{\ddot{F}}^2\,\dddot{S}u + 6\,Aq$, ou en poids, suivant l'analyse de M. Berzélius :

		Oxigène.	*Rapports.*
Acide sulfurique	15,9	9,51	1
Péroxide de fer	62,4	19,13	2
Eau	21,7	19,29	2

Pittizite stalactitique, — *mamelonnée.* Formée çà et là à la sortie des eaux chargées de matières ferrugineuses.

Pittizite pulvérulente. Formant des dépôts dans les galeries des mines, dans les solfatares.

Pittizite incrustante. En pellicules à la surface de diverses matières cristallisées ou amorphes.

Cette substance provient de la décomposition des sulfures dans l'intérieur des mines, où elle est charrié par les eaux, et forme des dépôts plus ou moins considérables ; elle est quelquefois mélangée d'une quantité plus ou moins considérable d'arseniate de péroxide de fer (voyez les Arseniates). Elle se trouve aussi dans les solfatares, où elle provient de l'action des acides sur les différentes matières ferrugineuses. Elle se forme enfin par la décomposition du sulfate rouge qui constitue l'espèce précédente.

APPENDICE.

Il est probable qu'il existe plusieurs sous-sulfates de péroxide de fer :

1° D'un côté, c'est peut-être à tort qu'on a rejeté l'analyse de Klaproth, faite sur un échantillon de la collection de Karsten, qui avait fourni :

		Oxigène.	*Rapports?*
Acide sulfurique	8	4,78	1
Péroxide de fer	67	20,54	4
Eau	25	22,22	4

Une substance rouge-hyacinthe, translucide, d'un éclat résineux, des mines de Freyberg, m'a donné à-peu-près le même résultat; ce qui conduirait à la formule $F^4 Su + 4 Aq$. Il semblerait donc que cette matière est une espèce particulière qui se forme aussi journellement dans les mines. Elle avait d'abord été adoptée comme espèce distincte par M. Berzélius, mais elle a été rejetée plus tard, par suite de l'analyse que M. Stromeyer a faite d'une substance désignée sous le même nom, dans laquelle il a trouvé de l'acide arsenique (voyez les Arseniates), et qui a fait soupçonner une erreur dans le résultat de Klaproth.

2° M. Duménil a fait l'analyse d'un Eisenpecherz de Freyberg, qui lui a donné :

		Oxigène.	*Rapports?*
Acide sulfurique	14,42	8,63	1
Péroxide de fer	50,53	15,49	2
Eau	33,30	29,78	4
Acide phosphorique	1,75		
(Peut-être acide arsenique).			

ce qui semblerait conduire à l'idée de la composition $F^2 Su + 4 Aq$. S'il n'y a ici aucune erreur, il y aurait encore évidemment une cinquième espèce de sulfate de fer.

DIX-SEPTIÈME ESPÈCE. CYANOSE

(de κυανεος, bleu).

Cuivre sulfaté ; Vitriol de cuivre ; Couperose bleue ; Kupfer vitriol.

Substance bleue, soluble, d'une saveur styptique. Cristallisant en prismes obliques à base de parallélogramme obliquangle, d'environ 124° et 56°, dont la base est inclinée sur les pans d'environ 109° 30′ et 128° 30′.

Pesanteur spécifique, 2,19.

Donnant de l'eau par calcination, avec résidu blanc. Soluble dans l'eau. Solution donnant du cuivre métallique sur une lame de fer; devenant d'un bleu plus intense par l'addition de l'ammoniaque en excès; précipitant en bleu par la potasse.

Composition. $Cu\,Su^3 + 6\,Aq$, ou en poids :

Acide sulfurique	32,14
Oxide de cuivre	31,80
Eau	36,06

mais plus ou moins mélangé de sulfate Mélanterie.

Cyanose cristallisée. En cristaux obtenus le plus souvent par l'art, et qui offrent des prismes plus ou moins modifiés sur les arêtes ou les angles, pl. XIII, fig. 1 à 10.

Cyanose incrustante. Formant des enduits plus ou moins cristallins sur diverses matières minérales.

Cette matière provient de la décomposition des sulfures cuivreux, et se trouve particulièrement dans les gîtes métallifères de cette espèce. Elle est dissoute, entraînée par les eaux (nommées eaux de cémentation), et cristallise çà et là dans les travaux. Il en existe presque partout, mais il y a des localités où il s'en forme davantage, et alors on cherche à rassembler les eaux, soit pour les évaporer et en retirer le sel, soit pour les conduire sur de vieilles férailles où le sel est décomposé et le cuivre précipité à l'état métallique.

DIX-HUITIÈME ESPÈCE. BROCHANTITE.

Sous-sulfate de cuivre.

Substance verdâtre, insoluble. Cristallisée en prisme droit rhomboïdal de 117° et 63°, ou terreuse.

Pesanteur spécifique, 3,78 à 3,87.

Donnant de l'eau par calcination. Attaquable par les acides. Solution offrant les caractères de l'espèce précédente.

Composition. Cu Su + Aq, suivant une analyse de M. Magnus, qui a donné :

		Oxigène.		Brochantite.		
Acide sulfurique	17,426	10,43	=	10,43		
Oxide de cuivre	66,935	13,50	=	10,43	+	3,07
Eau	11,9·7	10,59	=	10;43	+	0,16
Oxide de plomb	1,048	0,07	=	. . . . . .		0,07
Oxide d'étain	3,145	0,67	=	. . . . . .		0,67

ce qui fournit la formule indiquée avec un peu d'oxide de cuivre surabondant. C'est aussi la composition du sous-sulfate qu'on obtient dans les laboratoires.

Cette matière se trouve en petits cristaux, observés par M. Levy (Ekatherinenburg en Sibérie), ou sous forme pulvérulente au fond des eaux chargées de sulfate Cyanose que l'on rencontre dans les mines (Sainbel près Lyon, Smölniz en Hongrie, etc.). Elle a été confondue avec la Malachite pulvérulente.

APPENDICE.

Kœnigite. Substance verte en prismes droits rhomboïdaux d'environ 105°, clivables parallèlement à base. Composée aussi de sous-sulfate de cuivre, suivant les essais de Wollaston.

Provient de Werchetori en Sibérie, où elle est disséminée dans de l'oxide de cuivre ferrugineux.

DIX-NEUVIÈME ESPÈCE. SOUS-SULFATE D'URANE.

Substance jaune, terreuse, insoluble. Donnant de l'eau par calcination. Attaquable par les acides. Solution précipitant en rouge-brun par l'hydrocyanate ferruginé de potasse. Il est probable que c'est un sulfate de péroxide hydraté.

Cette matière, reconnue par M. John et indiquée par lui comme sous-sulfate d'Urane, se trouve avec l'espèce suivante.

VINGTIÈME ESPÈCE. SULFATE VERT D'URANE.

Substance verte, soluble, en aiguilles cristallines. Donnant de l'eau par calcination. Solution précipitant du cuivre sur une lame de fer, et donnant d'ailleurs les réactions de l'espèce précédente.

Cette matière, qui est sans doute un sulfate de protoxide d'Urane mêlé ou combiné peut-être avec du sulfate de cuivre, a été trouvée, avec la précédente, à Joachimsthal en Bohême, dans un filon nommé *Rothengang*, qui traverse un micaschiste.

VINGT-UNIÈME ESPÈCE. ALUNOGÈNE.

Sulfate d'alumine.

Substance blanche, fibreuse, soluble, d'une saveur acerbe. Non cristallisable. Donnant de l'eau par calcination. Solution aqueuse, donnant par l'ammoniaque un précipité gélatineux qui se redissout par la potasse et la soude; liqueur surnageante ne renfermant rien.

Composition. $A\,Su^3 + 3\,Aq$, d'après les analyses suivantes :

Alunogène de la Guadeloupe, par Beudant.

		Oxig.	*Rapp.*
Acide sulfurique. . .	39,94	23,90	3
Alumine . .	16,76 .	7,83	1
Eau.	36,44 .	32,39	4
Alun potassé.	4,58		
Mélanterie. .	1,94		

Alunogène de Rio-Saldana, par Boussingault.

		Oxig.	*Rapp.*
Acide sulfurique.	36,40 .	21,79	3
Alumine. . . .	16,00 .	7,47	1
Eau.	46,60 .	41,25	6
Oxide de fer . .	0,04		
Chaux.	0,02		
Argile.	0,04		

Dans la première analyse il semblerait y avoir un peu trop d'eau, car le rapport 3 à 4 ne s'accorde pas avec l'ensemble des observations sur les proportions; par conséquent, on serait tenté d'admettre $A\ Su^3\ Aq^3$. Dans la seconde analyse, il semblerait au contraire y avoir un peu d'eau perdue, et l'on aurait la formule $A\ Su^3\ Aq^6$. Existe-t-il deux espèces qui ne différeraient l'une de l'autre que par la quantité d'eau, ou bien doit-on admettre une des formules, en supposant une erreur ou un mélange dans l'analyse qui correspond à l'autre? J'avoue que je serais plutôt tenté d'admettre deux espèces d'hydrate.

Quoi qu'il en soit, il est clair que ces substances ne peuvent être rapportées à une des autres espèces de sulfate alumineux.

Alunogène fibreux. En petites masses mamelonnées composées d'aiguilles qui divergent du centre à la circonférence, ou bien en petites veines composées de fibres parallèles.

Alunogène écailleux. En petites masses composées de lamelles légérement nacrées, entassées pêle-mêle les unes sur les autres.

Cette substance se trouve dans les solfatares (solfatares de la Guadeloupe, de Puzzole), où elle provient de l'action des vapeurs sulfureuses sur les silicates argileux qui constituent les trachytes ou autres matières au milieu desquelles les solfatares ont lieu. M. Boussingault a observé celle dont il a donné l'analyse dans les schistes intermédiaires qui bordent le Rio-Saldana en Colombie.

L'Alunogène serait une matière très précieuse pour la fabrication de l'alun si elle se trouvait en grande quantité, puisqu'il n'y aurait qu'à la dissoudre et à y ajouter le sulfate de potasse.

APPENDICE.

Il existe plusieurs matières qu'on ne trouve pas cristallisées régulièrement, et qui par leur composition sembleraient tantôt être de simples mélanges, tantôt constituer des sels doubles en proportions définies, savoir :

Alun de plume. Substance fibreuse, d'un blanc jaunâtre, soluble dans l'eau, donnant un précipité gélatineux par l'ammoniaque, et un précipité verdâtre ou bleuâtre par l'hydrocyanate ferruginé de potasse.

Composée de sulfate Alunogène et de sulfate Mélanteric, comme l'indiquent les analyses suivantes :

Alun de plume des mines de Hurlet et Campsie, par R. Phillips.

		Oxigène.	Rapports.
Acide sulfurique	30,9	18,49	8?
Alumine	5,2	4,71	2
Protoxide de fer	20,7	2,42	1
Eau et perte	43,2	38,40	16

Alun de plume de . . . . , par Berthier.

		Oxigène.		$Fe\,Su^3 + 6\,Aq.$		$A\,Su^3 + 6\,Aq.$
Acide sulfurique	34,4	20,59	=	8,26	+	12,33
Alumine	8,8	4,11	=	. . . .		4,11
Protoxide de fer	12,0	2,73	=	2,73		
Magnésie	0,8	0,30				
Eau	44	39,11	=	16,52	+	22,59

Dans la première analyse on observe des rapports exacts entre les quantités d'oxigène des principes composans ; en sorte qu'on est conduit à la formule $A\,Su^3 + 2\,f\,Su^3 + 16\,Aq$, ou bien $(A\,Su^3 + 4\,Aq) + 2\,(f\,Su^3 + 6\,Aq)$, où l'on voit un sulfate d'alumine analogue à celui de la Guadeloupe, et du sulfate Mélanterie.

Dans la seconde analyse, il n'y a plus de rapports exacts entre les quantités d'oxigène des principes, et l'on voit seulement un mélange de sulfate alumineux $A\,Su^3 + 6\,Aq$, analogue à celui du Rio-Saldana, avec du sulfate Mélanterie.

Beurre de montagne (*Bergbutter*). Une analyse de M. Brandes sur une matière de Wezelstein près Saalfeld, nous fournit encore un autre mélange ; elle a donné :

		Oxigène.
Acide sulfurique	34,824	20,84
Alumine	7,000	3,27
Protoxide de fer	9,968	2,27
Magnésie	0,800	0,30
Soude	0,716	0,18
Ammoniaque	1,750	
Eau	43,500	38,67
Matières terreuses	1,000	

où l'on voit qu'il n'y a point de rapport entre les quantités d'oxigène des différentes substances. En discutant cette analyse, on trouve à former du sulfate Mélanterie, du sulfate Epsomite, etc., et il reste des quantités d'acide sulfurique, d'alumine et d'eau qui donneraient la formule $A\,Su^4 + 8\,Aq$; il semblerait par conséquent exister ici une espèce particulière de sulfate alumineux.

Sulfate d'alumine et de manganèse. Parmi les substances salines qui se sont formées dans les anciens travaux des mines de Schemnitz en Hongrie, j'en ai récolté plusieurs qui sembleraient être des sels doubles alumineux; l'un d'eux m'a donné à l'analyse :

		Oxigène.	*Rapports.*
Acide sulfurique	35	20,95	9
Alumine	10	4,67	2
Protoxide de manganèse	11	2,41	1
Oxide de cuivre	1		
Eau	45	40	18 ?

En admettant un peu d'eau et un peu d'acide perdu, on voit que les rapports sont exacts entre les quantités d'oxigène des principes, et que dès-lors on a la formule $mn\,Su^3 + 2\,A\,Su^3 + 18\,Aq = (m\,Su^3 + 6\,Aq) + 2\,(A\,Su^3 + 6\,Aq)$, que l'on peut regarder comme une combinaison, ou comme un mélange accidentellement en proportions déterminées, d'un sel de manganèse et d'un sulfate alumineux analogue à celui de Rio-Saldana.

Sulfate d'alumine et cuivre. Un autre sel des travaux de Schemnitz m'a offert la composition suivante :

		Oxigène.	*Rapport.*
Acide sulfurique	44	[illegible]6,3[illegible]	12
Alumine	14	6,53	3
Oxide de cuivre	11	2,22	1
Eau et perte	31	27,56	12

Ces rapports simples donnent la formule $Cu\,Su^3 + 3\,A\,Su^3 + 12\,Aq = (Cu\,Su^3 + 6\,Aq) + 3\,(A\,Su^3 + 2\,Aq)$; ce que l'on peut regarder comme exprimant un sel double particulier, ou comme un mélange; mais, dans tous les cas, l'expression $A\,Su^3 + 2\,Aq$ serait encore un sulfate alumineux d'une espèce nouvelle.

Il est probable qu'il existe plusieurs combinaisons définies de sulfates alumineux avec divers autres sulfates; mais il ne faut point se presser de les admettre comme espèces, qui seront d'ailleurs très peu importantes en minéralogie, parce qu'il y a certainement aussi beaucoup de mélanges; c'est ce qu'indiquent différentes analyses des sels qui se sont formés dans les anciens travaux de Schemnitz, parmi lesquelles j'ai présenté ici les plus simples.

VINGT-DEUXIÈME ESPÈCE. WEBSTERITE

Alumine sous-sulfatée; Aluminite; Alumine hydratée; Argile native; Hallite.

Substance terreuse, blanche, douce au toucher, happant à la langue, insoluble.

Pesanteur spécifique, 1,66.

Donnant de l'eau par calcination. Attaquable par les acides. Solution donnant par l'ammoniaque un précipité gélatineux qui se redissout par la potasse et la soude.

Composition. $A\,Su + 3\,Aq$, ou $\ddot{\ddot{A}}\,\dddot{S}u + 9\,Aq$, d'après les analyses suivantes :

Websterite de Hall, par Stromeyer.		Oxig.	Rapp.	Websterite de New-Haven, par le même.		Oxig.	Rapp.
Acide sulfurique	23,36	13,98	1	Acide sulfuriq.	23,37	13,98	1
Alumine	30,26	14,13	1	Alumine	29,86	13,94	1
Eau	46,32	41,17	3	Eau	46,76	41,57	3

Websterite d'Auteuil, par Dumas.

		Oxigène.	Rapports.
Acide sulfurique	23	13,76	1
Alumine	30	14,01	1
Eau	47	41,78	3

La Websterite n'est connue qu'en petits rognons, ordinairement blancs, composés de matières terreuses plus ou moins solides.

Cette substance appartient aux dépôts de sédimens tertiaires, particulièrement à l'argile plastique ou aux matières qui la représentent. Elle est partout accompagnée de Gypse, et se trouve dans le voisinage des lignites (Halle en Saxe, New-Haven dans le comté de Surrey en Angleterre, Auteuil près Paris).

APPENDICE.

1° La substance observée à la montagne de Bernon près d'Épernay, par M. Basterot, semblerait, d'après l'analyse qui en a été faite par M. Lassaigne, être un peu différente des matières que nous avons indiquées ci-dessus. Cette analyse présente :

		Oxigène.	*Rapports.*
Acide sulfurique	20,06	12,00	2
Alumine	39,70	18,54	3
Eau	39,94	35,50	6
Sulfate de chaux	0,30		

ce qui ne peut donner que la formule irrégulière $A^3\ Su^2 + 6\ Aq$, ou bien la formule de la Websterite avec un tiers de l'alumine à l'état de mélange : ce serait un Websterite aluminifère.

2° On ne sait trop ce que l'on peut tirer de l'analyse d'un sulfate alumineux de Oldham dans le Lancashire, par M. William-Huré, qui a fourni :

		Oxigène.
Acide sulfurique	0,30	0,18
Alumine	0,65	0,30
Silice.	0,24	0,12
Eau	8,81	7,83
	10,00	

On pourrait en faire 1,30 de Websterite, 0,63 de Lenzinite opaline, page 35; mais il resterait encore plus de 8 pour 100 d'eau dont on ne sait que faire, et qu'il faut regarder comme retenue hygrométriquement. Au reste, on sait que les silicates hydratés conservent fortement l'eau, et cette substance perd promptement à l'air la transparence qu'elle avait dans l'intérieur de la terre.

VINGT-TROISIÈME ESPÈCE. ALUNITE.

Alumine sous-sulfatée alcaline ; Aluminite ; Alaunstein.

Substance pierreuse, insoluble. Cristallisant en rhomboèdre de 92° 50′ et 87° 10′.

Pesanteur spécifique, 2,69.

Rayant difficilement le verre.

Donnant de l'eau par calcination ; soluble en partie dans l'eau après cette opération. Solution donnant un précipité gélatineux par l'ammoniaque ; liqueur surnageante, donnant après l'évaporation et la calcination au rouge une substance alcaline qui précipite par le chlorure de platine.

Composition. Mal connue ; on voit seulement que c'est un sous-sulfate d'alumine combiné avec du sulfate de potasse. Nous n'avons que les deux analyses suivantes :

Alunite de Montione, par Descotils.		*Oxig.*	*Rapp.*	Alunite cristallisée, par Cordier.		*Oxig.*	*Rap.*
Acide sulfurique	35,6	20,98	9	Acide sulfurique	35,49	21,34	13
Alumine	40,0	18,68	8	Alumine	39,65	18,52	11
Potasse	13,8	2,33	1	Potasse	10,02	1,69	1
Eau	10,6	9,42	4	Eau	14,83	13,18	8

Ni l'une ni l'autre ne conduit à un résultat conforme à la théorie des proportions ; on est dès-lors réduit à des hypothèses, et l'on pourrait soupçonner que l'alunite est une matière analogue à celle qui a été obtenue artificiellement par M. Anat. Riffaut, dans laquelle il existe :

		Oxigène.	*Rapports.*
Acide sulfurique	36,187	21,65	12
Alumine	35,165	16,42	9
Potasse	10,824	1,83	1
Eau	17,824	18,84	9

d'où l'on tire la formule régulière $KSu^3 + 9ASu + 9Aq$, dont l'analyse de M. Cordier se rapprocherait, en supposant de l'alumine surabondante et un peu d'eau perdue.

Au reste, il est possible qu'il existe plusieurs espèces d'Alunite, car parmi les variétés de cette pierre, il en est qui donnent de l'alun avec une grande facilité, et d'autres dont on ne peut pas en tirer.

Alunite cristallisée. En petits rhomboèdres simples ou tronqués au sommet, groupés les uns sur les autres dans les cavités de l'Alunite compacte.

Alunite fibreuse. A fibres parallèles ou divergentes, tantôt assez grosses, tantôt fines, le plus souvent en veines, dont les plans extérieurs sont couverts de péroxide de fer.

Alunite stratoïde. Composée de couches planes ou courbe à structure fibreuse.

Alunite compacte. A cassures irrégulières ou légèrement conchoïdales, passant à l'état terreux.

Alunite caverneuse. Variétés compactes remplies de cellules irrégulières.

Alunite terreuse. Peu propre à la fabrication de l'alun.

Cette substance se trouve partout dans le voisinage des terrains trachytiques, particulièrement dans les parties qui semblent avoir été remaniées par les eaux, et qui se lient avec des tufs ponceux, où l'on trouve des débris organiques (Tolfa dans les états romains ; Beregszaz et Musaj, Parad en Hongrie ; Mont-Dor en Auvergne ; Milo, Nipoligo, dans l'archipel grec). Elle semble se trouver dans d'anciennes solfatares, et il s'en forme encore journellement dans les solfatares actives (Guadeloupe, Puzzole), par suite de l'action des vapeurs sulfureuses sur les roches environnantes.

L'Alunite est une matière très précieuse pour la fabrication de l'alun, et elle est exploitée pour cet usage dans quelques localités où elle est abondante (Tolfa, Musaj, Beregszaz). Il suffit, pour préparer ce sel, de griller l'Alunite, et de la transporter sur une aire où on l'arrose continuellement pour la faire effleurir et la réduire en pâte ; on procède ensuite au lessivage à chaud, puis à la cristallisation. L'alun, qu'on obtient immédiatement, sans aucune addition de matière potassée, est extrêmement pur ; il a été long-temps recherché dans le commerce, ou il était connu sous le nom d'*Alun de Rome*, avant qu'on ait eu l'idée de le fabriquer de toutes pièces, et de l'obtenir dès-lors aussi pur en quelque sorte qu'on le desire.

VINGT-QUATRIÈME ESPÈCE. ALUN.

Alumine sulfatée alcaline ; Alum ; Alaun.

Substance blanche, soluble, d'une saveur acerbe. Cristallisant dans le système cubique.

Pesanteur spécifique, 1,71.

Donnant de l'eau par calcination, et laissant une matière boursouflée très légère. Solution aqueuse, donnant par l'ammoniaque un précipité gélatineux ; liquide surnageant, donnant après l'évaporation et la calcination au rouge une matière alcaline qui précipite en jaune par le chlorure de platine.

Composition. $KA^3\ Su^{12}\ Aq^{24} = K\,Su^3 + 3\ A\,Su^3 + 24\,Aq$, ou $\ddot{K}\ \dddot{Su} + \ddot{\ddot{A}}\ \dddot{Su}^3 + 24\ Aq$, ou en poids :

				Oxigène.	*Rapp.*
Sulfate d'alumine	36	Acide sulfurique	33,77	20,21	12
Sulfate de potasse	18	Alumine	10,82	5,05	3
Eau	46	Potasse	9,94	1,68	1
		Eau	45,47	40,42	24

Alun cristallisé. En cristaux obtenus par l'art, qui sont des octaèdres, tantôt simples, tantôt modifiés sur les arêtes et les angles solides, ou des cubes lorsqu'il est moins acide.

Alun fibreux. Toujours mélangé de matières étrangères.

L'Alun tout formé se trouve en efflorescence à la surface de différens schistes argileux, et principalement des schistes alumineux (alaunschiefer), qui en sont plus ou moins imprégnés, et exploités dès-lors comme matières premières de fabrication (Saxe, Bohême, pays de Salzburg, Haut-Palatinat; Freidsdorf, Moselle; Rammelshoren, etc.). On assure qu'on le trouve tout formé, en très grande quantité, au milieu des déserts de l'Égypte, où des caravanes d'Arabes vont en chercher de grandes provisions tous les ans; il y forme de petites couches recouvertes de sable.

Il se forme aussi journellement de l'Alun dans les houillères embrasées (pays d'Aubin dans l'Aveyron; Duttweiller près de Saarbruck, province prussienne, etc.), et aussi dans les solfatares, dans les cavités des volcans encore fumans (Vulcano et Stromboli, Puzzole, Guadeloupe; Monte-Rosso, Monte-Peloro, en Sicile; Milo dans l'archipel grec, etc.).

Partout où il existe des matières alunifères, on les exploite et on les lessive pour en retirer le sel; mais ces matières ne se trouvant pas dans toutes les contrées, on y supplée en favorisant la décomposition des Pyrites qui sont enfermés dans des matières argileuses. On emploie principalement ainsi des lignites pyriteux (Soissonnais) et des schistes pyriteux.

L'Alun est principalement employé en teinture, comme mordant ; il sert à préparer l'acétate d'alumine, qui est d'un grand usage dans les fabriques de toiles peintes. On l'emploie pour la préparation des peaux blanches ; il sert aussi en médecine, soit à l'intérieur comme antiseptique et astringent, soit à l'extérieur, après avoir été calciné, pour nettoyer les plaies, pour ronger les chairs baveuses ou les excroissances charnues. On en imprègne les toiles, les bois, pour diminuer leur combustibilité et les mettre un peu à l'abri des incendies dans les lieux où on les emploie.

VINGT-CINQUIÈME ESPÈCE. AMMONALUN.

Alun ammoniacal ; Ammoniak alaün.

Substance blanche, soluble, d'une saveur acerbe. Cristallisant dans le système cubique.

Donnant de l'eau par calcination, et laissant une matière boursouflée légère. Solution dégageant l'odeur ammoniacale par l'addition d'un alcali caustique ; précipitant en gelée par l'ammoniaque.

Composition. $\dddot{A}\left(\frac{Ni\,Hy^3}{\text{ammoniaq.}}\right)^2 \dddot{S}^4\, Aq^{20} = \left(\frac{Ni\,Hy^3}{\text{ammoniaq.}}\right)^2 \dddot{S}u + \dddot{A}\, \dddot{S}u^3 + 20\, Aq$, d'après l'analyse de Lampadius, qui donne :

					Rapp. atomiq.
Sulfate d'alumine . 37	Acide sulfurique . . .	38,58	. .	0,076	4
Sulfate d'ammoniaq. 18	Alumine.	12,34	. .	0,019	1
Eau 45	Ammoniaque.	4,12	. .	0,038	2
	Eau.	44,96	. .	0,399	21

On y a aussi indiqué une petite quantité de magnésie.

Cette substance ne s'est encore trouvée qu'en petites masses fibreuses, formant des veines, dans les dépôts de lignites de Tschermig en Bohême. Elle se trouve souvent mélangée en plus ou moins grande quantité dans les aluns préparés de toutes pièces, parce qu'on emploie dans cette fabrication toutes les matières, animales ou végétales, qui peuvent fournir un alcali, qui dès-lors est tantôt l'ammoniaque, tantôt la potasse, et le plus souvent l'un et l'autre.

Cette espèce d'alun sert aux mêmes usages que l'alun potassé.

APPENDICE.

Alun à base de soude (*Natron alaun*). Se trouvant dans des espèces de solfatares, à l'île de Milo dans l'archipel grec, où il provient sans doute de la décomposition des trachytes ou des laves à base d'albite. On l'indique en prismes quadrangulaires, et Thomson l'a trouvé composé de

		Rapports atomiques.	
Sulfate d'alumine	21,75	0,010	2
Sulfate de soude	9,00	0,025	1
Eau	22,50	0,200	40

ce qui donne la formule $6\,ASu^3 + Na\,Su^3 + 40\,Aq$, et paraît devoir faire une espèce particulière tout-à-fait différente de l'alun par la composition.

FAMILLE DES CHLORIDES.

Corps gazeux (un seul) ou solides. Solubles ou insolubles; dégageant du chlore, reconnaissable à l'odeur safranée, par l'action de l'acide sulfurique sur leur mélange avec le péroxide de manganèse.

Donnant, lorsqu'on les fond avec le phosphate de soude et d'ammoniaque préalablement fondu avec de l'oxide de cuivre, une belle couleur bleue, tirant sur le pourpre, à la flamme qui enveloppe le globule qu'on obtient.

Cette famille ne comprend encore qu'un petit nombre de substances qui ne présentent pas de grands rapports entre elles par les caractères extérieurs; plus de la moitié

FAMILLE DES PHTORIDES.	FAMILLE DES CHLORIDES.		FAMILLE DES IODIDES.	FAMILLE DES BROMIDES.
PHTORURES.	HYDROCHLORATE.	CHLORURES.	IODURES.	BROMURES.
	Salmiac. . $(N\,Hy^3)^2\,(Hy\,Ch)$.	Acide hydrochlorique. $Hy\,Ch$.		
		Calomel . . . . $Hg\,Ch$.	Iodure de mercure.	
		Kerargyre. $Ag\,Ch^2$.	Iodure d'argent.	
		$Pb\,Ch^2 + 2\,\dot{P}b$ = Kérasine.		
		$Cu\,Ch^2 + 3\dot{C}u + 3\,Aq$ = Atakamite.		
			Iodure de zinc.	Brômure de zinc.
Yttrocérite. . . . $(Y, Ca, Ce)\,Ph^2$				
$Ce\,Ph^3$ = Flucérine.				
— de Bastnaes. . $Ce\,Ph^2 + Aq$.				
Basicérine . . . . $3\,Ce\,Ph^2 + Aq$.				
Cryolite . . . . . $2\,A\,Ph^3 + 3\,Na\,Ph^2$		Salmare . $Na\,Ch^2$.	Iodure de sodium.	Brômure de sodium.
		Sylvine. . $K\,Ch^2$.		
Fluorine . . . . . $Ca\,Ph^2$.		Chlorure de calcium. $Ca\,Ch^2$.		
PHTORO-SILICATES.		CHLORO-SILICATES.		
Piknite. $3\,\ddot{A}\,\ddot{S}i + 2\,A\,Ph^3$.		Sodalite.		
Topaze. $3\,\ddot{A}\,\ddot{S}i + 4\,A\,Ph^2$.		Eudialite.		
		Pyrodmalite.		
Condrodite. $Ma^3\,\ddot{S}i + Ma\,Ph^2$.		Chlorure de magnésium . . . $Ma\,Ch^2$.	Iodure de magnésium.	Brômure de magnésium

FAMILLE

BROMIDES.

HYDROCHLORATE.

BROMURES.

Salmiac. . (Ni Hy^3)^2 (Hy Ch). Acide hydroc

Calomel . . .

FAMILLE DES PHTORI

PHTORURE

Brômure de zinc.

Yttrocérite. . . .

Ce Ph^3 = Flucérine.

— de Bastnaes. .

Basicérine . . . .

Cryolite . . . . . 2 A Ph^3 + 3 Na Ph^2 . . . .

Brômure de sodium.

Fluorine . . . . .

PHTORO-SILICATES.

Piknite. 3 $\dddot{A}$ $\ddot{Si}$ + 2 A Ph^3.

Topaze. 3 $\dddot{A}$ $\ddot{Si}$ + 4 A Ph^2.

Condrodite. Ma^3 $\ddot{Si}$ + Ma Ph^2.

Brômure de magnésium.

cristallise en cubes, deux seulement en prismes carrés, une seule en prisme rhomboïdal; les autres ne sont point cristallisées.

Sous le rapport du gisement, la plupart appartiennent aux gîtes métallifères, où elles sont le plus souvent en très petites quantités : une seule forme des amas assez considérables à elle seule; les autres sont produites par les volcans, ou se trouvent en solution dans les eaux.

GENRE UNIQUE. CHLORURES.

PREMIÈRE ESPÈCE. ACIDE HYDROCHLORIQUE.

Acide marin; Acide muriatique; Esprit de sel; Chlorure d'hydrogène.

Corps gazeux, incolore, d'une odeur piquante, rougissant le papier de tournesol, n'entretenant ni la combustion ni la vie; donnant des fumées blanches au contact de l'air; très soluble dans l'eau, à laquelle il communique une saveur fortement acide. Solution donnant par le nitrate d'argent un précipité soluble dans l'ammoniaque.

Pesanteur spécifique, 1,2447.

Composition. Hy Ch, ou en poids :

		Rapp. atom.		
Chlore . .	97,26 . . .	0,4	1 volume de chlore. . .	= 2 volum.
Hydrogène.	2,74 . . .	0,4	1 volume d'hydrogène.	

L'Acide hydrochlorique se dégage souvent en grande quantité dans les phénomènes volcaniques, notamment au Vésuve, et se condense avec les vapeurs aqueuses, de manière à former des ruisseaux, des amas, des sources d'acide liquide, quelquefois assez abondans pour mériter d'être recueillis pour les arts. M. de Humboldt a observé cet acide dans les eaux thermales de Chucandiro, de Guinche, de San-Sebastien, etc., et de beaucoup d'autres entre Valladolid et le lac de Cusco au Mexique. Le gaz hydrochlorique, ou même le chlore, imprègnent quelquefois les laves poreuses plus ou moins altérées (Vésuve, Puzzole), et même les matières des anciens épanchemens trachytiques (Puy-Sarcouy en Auvergne). On assure qu'il se dégage quelquefois dans les dépôts salifères (Williczka, Aussee, Kreutznach).

Cet acide est fort employé en teinture pour faire *virer* les couleurs, pour enlever celles qu'on veut faire disparaître, pour achever de blanchir les tissus préparés pour la teinture; il sert à la préparation de différens sels employés comme mordans, et à la préparation du chlore ou des chlorures qu'on emploie pour le blanchiment. C'est un des acides les plus employés dans les laboratoires de chimie.

DEUXIÈME ESPÈCE. CALOMEL.

Mercure muriaté; Mercure corné; Mercure doux; Sublimé doux; Protochlorure de mercure; Quecksilber hornerz; Naturlicher Turpeth; Weisser Markasit.

Substance blanche, fragile, insoluble. Cristallisant en prismes à base carrée.

Pesanteur spécifique, 6,50.

Entièrement volatile; donnant un sublimé blanc lorsqu'on le chauffe seul dans le petit matras, et des globules de mercure lorsqu'on le chauffe avec la soude.

Composition. Hg Ch, ou en poids :

		Rapp.	*atomiq.*
Chlore	14,89	0,067	1
Mercure	85,11	0,067	1

Calomel cristallisé. En petits cristaux modifiés sur les bords, pl. III, fig. 6, 9, ou terminés par des pyramides, fig. 33, 35, 36.

Inclinaison de *P* sur *a* 135°, *P* sur *d* 158°, *a* sur *i* 121° 12'.

Calomel mamelonné. En petits cristaux émoussés, groupés les uns sur les autres.

Calomel fibreux. En très petites masses à structure peu distincte.

Calomel pelliculaire. En légers enduits dans les petites cavités des matières terreuses.

Cette substance n'existe encore qu'en très petites parties dans les gîtes de mercure (Moschel-Landsberg dans le Palatinat, Idria en Carniole, Almaden en Espagne).

TROISIÈME ESPÈCE. KERARGYRE

(de Χερας, corne, et Αργυρος, argent).

Argent corné; Argent muriaté; Chlorure d'argent; Hornsilber; Silberhornerz; Alkalisches silbererz.

Substance blanche ou brunâtre, se coupant comme de la cire ou de la corne. Cristallisant dans le système cubique.

Pesanteur spécifique, 4,75 à 5,55.

Insoluble dans l'eau; non volatile; fusible au chalumeau, et difficilement réductible. Déposant de l'argent métallique lorsqu'on le frotte sur une lame de cuivre ou de fer avec un peu d'eau.

Composition. $AgCh^2$, ou en poids :

Chlore	24,67
Argent.	75,32
	100,00

Kerargyre cristallisée. Très rare, en très petits cristaux cubiques, simples ou tronqués sur les angles, ou en octaèdres.

Kerargyre compacte. En petites masses plus ou moins pures.

Kerargyre pelliculaire. En enduits à la surface de divers corps.

Cette substance est une rareté dans les mines de l'Europe, et ne s'y trouve jamais qu'en très petites parties dans les filons argentifères (Freyberg, Johan-Georgenstadt en Saxe, Joachimsthal en Bohême, Kongsberg en Norwège, Andreasberg au Harz, etc.); mais elle se trouve en grande quantité au Mexique (districts de Zacatecas, de Fresnillo, de Catorce) et au Pérou (Huantajaya, Yauricocha, etc.), où elle est abondamment mélangée avec des minerais de fer hydratés, nommés *Pacos* et *Colorados*, remplis de filets d'argent métalliques, qui forment des dépôts considérables dans les calcaires pénéens : elle est alors exploitée avec avantage comme minerais d'argent.

QUATRIÈME ESPÈCE. KERASINE

(de Χερας, corne).

Plomb muriaté; Plomb murio-carbonaté; Plomb carbonaté muriatifère; Plomb corné; Hornblei; Blei hornerz.

Substance blanche ou jaune. Cristallisant en prismes à bases carrées, dont la hauteur et le côté sont à-peu-près dans le rapport de 6 à 11. Susceptible de clivage dans un sens.

Pesanteur spécifique, 6,06.

Non volatile; fusible au chalumeau, et difficilement réductible, si ce n'est avec la soude, auquel cas il donne des grains de plomb.

Composition. $Pb\,\dot{P}b^2\,Ch^2 = P\,Ch^2 + 2\,\dot{P}b$, suivant l'analyse de M. Berzélius sur un échantillon de Mendip, qui, traduction faite dans la théorie du chlore, a donné:

		Rapp. atomiq.	
Chlore	8,84	0,04	2
Plomb	25,84	0,02	1
Oxide de plomb	57,07	0,04	2
Carbonate de plomb	6,25		
Silice	1,46		
Eau	0,54		

Le carbonate de plomb ne se trouve point ici en proportion définie, et par conséquent semble être accidentel, aussi bien que le silice.

Kerasine cristallisée. En prismes carrés, modifiés de différentes manières sur ses diverses parties, pl. III, fig. 2, 6, 7, 9, 15, 19, 35.

Inclinaison de *P* sur *a* 135°, de *P* sur *c* environ 161°, de *P* sur *d* environ 150° 20′, de *B* sur *i* environ 122°.

Cette substance, très rare, n'est encore connue d'une manière positive que dans les mines de plomb de Mendip-Hill dans le Sommersetshire, et à Cromford, près de Matlock en Derbyshire; on l'a citée en outre à Badenweiler, et à Southampton dans le Massachusetts.

APPENDICE.

Klaproth a fait aussi anciennement l'analyse du minéral de Matlock, et si l'on peut se fier à son résultat, il en résulterait une espèce différente de la précédente. En prenant la première partie des recherches de ce chimiste, moins sujette à erreur que la seconde, calculant d'après les données qu'elle présente, et traduisant dans la théorie du chlore, on trouve :

		Rapp. atomiq.
Chlore	13,10	0,06
Plomb	37,61	0,03
Oxide de plomb	12,89	0,01
Carbonate de plomb	36,40	0,02

d'où l'on tire par conséquent $\dot{P}b\,Pb^3\,Ch^6$, ou $3\,PbCh^2 + \dot{P}b$, formule fort différente de celle qui résulte de l'analyse de M. Berzélius; en outre, le carbonate de plomb est ici dans un rapport exact, et si on le fait entrer dans le composé, on a $3\,Pb\,Ch^2 + \dot{P}b + 2\,\dot{P}b\,\ddot{C}$, qui se partagerait aussi en $(Pb\,Ch^2 + \dot{P}b) + 2\,(Pb\,Ch^2 + \dot{P}b\,\ddot{C})$, ce qui indiquerait un mélange ou une combinaison de deux espèces particulières.

Si l'on prend la seconde partie des recherches de Klaproth, calculant de même d'après les données, et ramenant à la théorie du chlore, on trouve :

		Rapports atomiques.	
Chlore	13,67	0,062	4
Plomb	59,98	0,030	2
Oxide de plomb	22,57	0,016	1
Carbonate de plomb	23,78	0,014	

ce qui conduit à la formule $2\,Pb\,Ch^2 + \dot{P}b$, différente de la précédente, et inverse de celle qu'on déduit de l'analyse de M. Berzélius. De plus, le carbonate approche beaucoup d'être en rapport défini, ce qui donnerait $2\,Pb\,Ch^2 + \dot{P}b + \dot{P}b\ddot{C}$, ou bien $(Pb\,Ch^2 + \dot{P}b) + (Pb\,Ch^2 + \dot{P}b\,\ddot{C})$, combinaison de deux espèces particulières.

C'est aux recherches futures à nous apprendre si l'une ou l'autre de ces analyses est exacte, et si nous devons ou ne devons pas faire une espèce distincte de la substance de Matlock.

Je remarquerai que les formes que j'ai indiquées ci-dessus appartiennent toutes aux échantillons de Matlock; je ne connais pas de cristaux de Mendip.

CINQUIÈME ESPÈCE. ATAKAMITE.

Cuivre muriaté; Chlorure de cuivre; Smaragdo-chalzit; Salz-kupfererz; Salzsaures kupfer.

Substance verte, cristallisant en prismes droits rhomboïdaux de 112° 45′ et 67° 15′.

Pesanteur spécifique, 4,43.

Donnant un peu d'eau par calcination; fusible et réductible au chalumeau, en colorant la flamme en bleu et en vert. Attaquable par l'acide nitrique; solution précipitant du cuivre sur une lame de fer.

Composition. Il existe trois analyses de ces matières, une de Klaproth et deux de Proust. La première, corrigée d'après les détails de l'opération et ramenée à la théorie du chlore, est celle qui s'accorde le mieux avec la théorie des proportions. N'ayant pas les détails des opérations des deux autres analyses, on ne peut que les ramener à la théorie du chlore, sans faire aucune correction; elles s'éloignent un peu de la première, quoiqu'elles s'accordent avec elle relativement à la nature du chlorure.

Atakamite du Chili, par Klaproth.

		Rapports atomiques.	
Chlore	15,90	0,071	2
Cuivre	14,22	0,036	1
Oxide de cuivre	54,00	0,105	3
Eau	14,16	0,126	3 à 4.
Oxide de fer	1,50		

Atakamite du Chili, par Proust.

		Rapp. atom.	
Chlore	12,92	0,058	2
Cuivre	11,54	0,029	1
Oxide de cuivre	57,54	0,116	4
Eau	12	0,106	3 à 4
Oxide de fer	2		
Sulfate de chaux	4		

Atakamite du Pérou, par le même.

		Rapp. atom.	
Chlore	12,28	0,055	2
Cuivre	10,96	0,027	1
Oxide de cuivre	44,76	0,099	3 à 4
Eau	15	0,133	5
Sables	17		

La première analyse donne la formule $\text{Cu Ch}^2 + 3\dot{\text{C}}\text{u} + 3 Aq$; c'est celle qui est admise par M. Berzélius, si ce n'est qu'il adopte 4 atomes d'eau au lieu de 3.

La seconde analyse donne $\text{Cu Ch}^2 + 4\dot{\text{C}}\text{u} + 4\text{ Aq}$;

Enfin, la troisième donne $\text{Cu Ch}^2 + 3\dot{\text{C}}\text{u} + 5\text{ Aq}$.

Mais l'irrégularité de celle-ci relativement à la quantité d'eau dont l'oxigène est à celui de l'oxide de cuivre dans le rapport de 5 à 3, semble indiquer évidemment une erreur. Il resterait donc les deux autres formules, qui l'une et l'autre sont admissibles, mais entre lesquelles on ne peut choisir; toutefois, l'on voit que c'est de part et d'autre le même chlorure, combiné avec un oxide, comme dans l'espèce précédente.

Atakamite cristallisée. En très petits cristaux qui sont des prismes ou des octaèdres modifiés de différentes manières, pl. IX, fig. 52, 53, etc. Inclinaison de a sur a 112° 45', L sur c 127° 12'.

Atakamite aciculaire. Petits cristaux allongés très déliés.

Atakamite fibreuse. En petits cristaux divergens ou entremêlés.

Atakamite granulaire ou *terreuse* (de l'île Saint-Jean-aux-Antilles).

L'Atakamite paraît être une matière accidentelle des gîtes métallifères, mais que l'on ne connaît encore que dans un très petit nombre de localités, dans les gîtes cuivreux des montagnes de cristallisation (Remolinos, Guasco, Santa-Rosa, etc.; au Chili, Woburn dans le Massachusetts), dans les gîtes argentifères (district de Tarapaca au Pérou), où il est dans une gangue de quarz; je l'ai trouvé parmi des matières rapportées par Richard, de l'île Saint-Jean dans les Antilles, où il forme en quelque sorte la pâte d'un poudingue composé de quarz et de granit. Il existe en petites parties dans les fentes des laves du Vésuve.

Le sable vert du Pérou rapporté par Dombey n'est autre chose que la substance des gîtes de Tarapaca, que les habitans du désert d'Atakama mettent en poudre et vendent comme sable à mettre sur l'écriture; on l'emploie sous cette forme dans tout le Pérou.

SIXIÈME ESPÈCE. SALMARE (*Sal maris*). (1)

Soude muriatée ; Chlorure de sodium ; Sel marin ou *Selmarin ; Sel gemme ; Sel commun ; Kochsalz ; Steinsalz ; Bergsalz ; Salzsauercs Natron.*

Substance soluble, saveur connue, attirant l'humidité. Cristallisant dans le système cubique, et se clivant en cubes.

Pesanteur spécifique, 2,12 à 2,30.

Solution ne précipitant sa base par aucun réactif; traitée par l'acide sulfurique, elle laisse après l'évaporation des aiguilles cristallines efflorescentes.

Composition. $\dot{N}a\,Ch^2$, ou en poids :

Chlore.	60,34
Sodium.	39,66
	100,00

Mais la substance est fréquemment mélangée de différentes matières, soit dans les masses qu'elle forme à la surface de la terre, soit lorsqu'elle a été obtenue par l'évaporation des eaux de sources ou des eaux de la mer. Elle est fréquemment mélangée de chlorures de calcium, de magnésium, de sulfates de soude, de magnésie, de chaux, et fréquemment de matières terreuses.

Salmare cristallisé. En cubes, simples ou modifiés sur les angles et sur les arêtes, rarement en dodécaèdre rhomboïdal, pl. II, fig. 49 à 52, 75 ; on ne la connaît en octaèdre que par cristallisation artificielle dans une dissolution qui renferme de l'urée.

Salmare trémies. Dans les usines où l'on évapore les eaux salées.

---

(1) M. Brongniart a jugé, avec raison, qu'une substance aussi commune, d'un usage aussi fréquent, devait avoir un nom univoque que rien ne puisse faire changer. Pour ne pas innover, il s'est contenté de prendre l'expression Sel marin, en réunissant les deux mots en un seul, *Selmarin*; mais l'oreille ne se prête guère à cette réunion, et j'ai cru mieux faire en francisant l'expression latine *Sal maris*, comme on a fait de l'expression *Sal petræ*

Salmare compacto-clivable. En masses vitreuses homogènes qui se clivent en cubes avec facilité.

Salmare lamellaire. A grandes ou à petites lames.

Salmare granulaire.

Salmare fibreux. A fibres parallèles ou divergentes, souvent courbes.

Le Salmare est naturellement blanc, mais fréquemment, dans le sein de la terre, il est coloré accidentellement en *rouge*, *bleu* et *gris*.

GISEMENT.

Le Salmare se présente à nous en dépôts plus ou moins considérables dans le sein de la terre, en solution dans les eaux qui sourdent çà et là à la surface des terrains, ou dans les eaux de certains lacs, et dans les eaux de mers.

Les dépôts salifères sont enclavés dans les terrains de sédiment, et se présentent principalement entre le grès houiller et le lias, c'est-à-dire, dans les calcaires pénéens (Mansfeld), le grès bigarré, le calcaire conchylien (Wurtemberg), les marnes irisées qui préludent au lias, et dans le lias lui-même. C'est dans le grès bigarré ou dans les marnes irisées que se trouve le plus grand nombre des dépôts que nous connaissons (Vic en Lorraine; Sulz, Hailbrunn, Wimpfen, etc., en Wurtemberg; Hallein, Berchtesgaden en Salzburg; Northwich en Angleterre): il y en a peu dans le lias même (Bax en Suisse, Arbone et Salins en Tarentaise). On peut en soupçonner aussi dans des dépôts plus modernes, et dans des terrains supérieurs à la craie (Lunebourg en Hanovre, Segeberg en Holstein, Williczka en Pologne; Cardona en Espagne); mais cette relation n'est pas bien exactement établie. Au reste, il serait très possible qu'il en fût des dépôts de sel comme des dépôts de sulfate de chaux, de carbonate Dolomie, et qu'ils fussent le résultat des épanchemens de matières portées de l'intérieur de la terre à l'extérieur à diverses époques, et qui dès-lors n'auraient pas de places fixes dans les dépôts de sédiment. On peut fonder ces soupçons sur ce que les volcans actuels (Vésuve, Ténériffe, Bourbon, Hecla) rejettent quelquefois des masses assez considérables de sel, et sur ce qu'il existe des masses considérables de sel ammoniaque (au pied du Grand-Altaï), qui sont des produits des solfatares ou des volcans en activité.

Le sel ne forme pas dans les gîtes que nous venons d'indiquer la masse principale du dépôt; il est subordonné à des dépôts d'argile (argiles salifères) grisâtre ou rougeâtre au milieu desquels il forme, avec les sulfates de chaux qui l'accompagnent presque partout, des amas, des nids plus ou moins considérables, ou dans lesquels il est disséminé. On y rencontre rarement des débris organiques, qui sont des lignites, des fruits, et de très petites coquilles (Williczka) ou des madrépores Gmunden en Autriche). On y cite des nids de silice, de carbonate de fer, de sulfure de fer (Zipaquira, Amérique méridionale), des sulfures de plomb (Hall en Tyrol, Rio-Quallaga et Rio-Pilluana au Pérou) et de zinc.

On connaît ou on cite un très grand nombre de dépôts salifères dans toutes les parties du monde, où probablement ils se trouvent dans les positions que nous venons d'indiquer. On le connaît sur toute la partie septentrionale des Karpathes, depuis Cracovie jusqu'en Bukovine et en Moldavie (Williczka, Bochnia, Okna, etc.). L'autre pente est tout aussi riche en Hongrie et en Transylvanie (Sovar, Rhonazek, Thorda, Dees, Kallos, Viz-Akna, etc. etc.). Les bords des grandes plaines de la mer Caspienne, la Russie d'Europe et d'Asie, en sont extrêmement riches (Iletzki près d'Astrakan, Balachna sur les bords du Volga, plusieurs mines entre le Volga et les monts Ourals). En Perse, il s'en trouve également de grands dépôts (île d'Ormus, à l'embouchure du golfe Persique, Balach, Ispahan, etc.). En Afrique, il s'en trouve des dépôts immenses en différens lieux (Had-Delfa, royaume de Tunis; pays de Bamba au Congo), sur les bords des déserts de Sahara et du Fezzan (saline de Tegaza), et les plaines mêmes du désert en offrent çà et là des masses très solides à fleur de terre. En Amérique, on en cite en Californie, à Cuba, à Saint-Domingue, au Pérou, etc.; et, à en juger par les nombreuses sources connues, il doit en exister également dans l'Amérique septentrionale jusqu'à la baie d'Hudson.

Il y a des localités où il paraît que ce sont des masses immenses, des montagnes entières où le sel se présente quelquefois à nu (Okna en Moldavie; Teflis, Tauris, en Perse; Tegaza, sur les bords du Sahara, etc.), et l'on dit que ces masses sont exploitées à ciel ouvert comme des pierres de taille.

Il est fort remarquable que les plus grands dépôts connus se trouvent en général sur les bords des grandes plaines, des déserts que l'on connaît sur nos continens.

Les sources salifères sont aussi extrêmement nombreuses à

la surface de la terre, et sortent généralement des différens terrains que nous avons cités. Ces sources sont fréquemment l'objet d'exploitations considérables, et des salines très renommées sont fondées uniquement sur elles (Dieuze, Moyenvic, Chateau-Salins, etc., en France; Droïtwich en Angleterre; Rhum en Westphalie; Lunebourg en Hanovre; Segeberg dans le Holstein; Schönbeck dans le Magdebourg; Arten en Thuringe, etc.; Transylvanie, en un grand nombre de lieux; toutes les salines de l'Amérique septentrionale, et dans une multitude de localités en Russie, en Sibérie, etc. etc.). Il est probable que les eaux de ces sources puisent le sel qu'elles renferment dans les terrains qu'elles traversent; mais il pourrait bien se faire aussi que ces eaux vinssent quelquefois de la profondeur et aient la même origine que les eaux minérales. On connaît plusieurs sources qui en renferment des quantités notables (Balaruc, Bourbon, etc.)

Les lacs salés sont aussi extrêmement nombreux à la surface de la terre; on les observe particulièrement dans les grandes plaines de nos continens. La Russie d'Asie, la Sibérie, en renferment un grand nombre (dans le gouvernement d'Astrakan, aux environs d'Orenbourg dans le pays de Baschkire, etc.). Les plaines de l'Afrique en offrent de même dans un grand nombre de lieux, au Sénégal, en Égypte, en Abyssinie, en Anatolie, en Barbarie, dans les déserts de l'Arabie, etc. Les terrains qui environnent ces lacs sont eux-mêmes imprégnés de sel qui se montre en efflorescence pendant les chaleurs, et donne lieu aux nombreux marais salés qui se forment dans la saison des pluies. Toutes les plaines de la mer Caspienne sont ainsi remplies de sel, et l'on cite sous le même rapport de grandes étendues de terrains en Tartarie, en Chine, en Perse, en Afrique. Tantôt les sables et les argiles, ainsi imprégnés de sel, sont d'une grande épaisseur, comme il arrive dans les plaines basses; tantôt ils sont extrêmement minces, ce que l'on remarque particulièrement sur les plateaux élevés (Mexique, Thibet).

Enfin, le sel se trouve partout en solution dans les eaux de mer, où, comme dans les lacs, il est accompagné de chlorure de calcium, de magnésium, de sulfate de soude, etc.

USAGES.

L'usage du sel pour assaisonner les alimens est universel,

et de toute ancienneté; il est par cela même l'objet d'une consommation et d'un commerce immense dans toutes les parties du monde. Non-seulement l'homme s'en sert à quelque prix qu'il soit, mais encore il en donne aux animaux partout où il peut se le procurer à bon compte. Il est extrêmement favorable à la santé des bestiaux, qui le recherchent avec avidité.

C'est au moyen du Sel qu'on prépare, d'un côté, l'acide hydrochlorique et le chlore; de l'autre, le sous-carbonate de soude artificiel employé dans les verreries, les savonneries, etc. On s'en sert comme de fondans dans quelques opérations métallurgiques; on l'emploie pour déterminer la vitrification de la surface de certaines poteries cuites à grand feu, et leur procurer ainsi une couverte vitreuse très solide : on se contente, pour opérer ce résultat, de jeter quelques poignées de sel dans les fours. Il a, comme la plupart des autres Sels, la propriété de rendre le bois, les tissus plus difficilement combustibles, et souvent on l'a employé pour cet objet. Enfin, en petites quantités, il fertilise les champs, et dans plusieurs localités on emploie à cet usage les sables ou les argiles qui sont imprégnés de sel, les résidus des marais salins, etc., mais quand il est en trop grande quantité, il produit l'effet précisément contraire.

La consommation annuelle du Sel en Europe s'élève à 25 ou 30 milliers de quintaux, qui peuvent être évalués à 125 ou 150 millions, en portant la valeur moyenne du quintal à 5 fr., qui est au-dessous de la valeur réelle dans beaucoup de contrées. Le Sel est partout la base d'impôts très importans, qui s'élèvent à deux, trois et quatre fois la valeur réelle.

L'immense consommation du Sel le fait exploiter ou préparer dans un grand nombre de localités, et à-peu-près partout où il se trouve à portée des routes, des canaux, des rivières. On exploite le plus souvent les dépôts de Sel par puits et galeries, ou à ciel ouvert, et on détache ainsi les masses assez pures du minéral pour le livrer immédiatement au commerce. Les parties impures, les argiles fortement imprégnées de sel, sont mises en dissolution, et on évapore ensuite le liquide. Dans quelques localités, on fait de grandes cavités souterraines dans lesquelles on fait pénétrer des eaux qu'on y laisse séjourner plus ou moins de temps pour les retirer ensuite et les évaporer.

Les eaux de sources, qui sont ordinairement peu chargées, sont d'abord concentrées en plein air par le moyen de ce qu'on nomme les *bâtimens de graduation*, où on les fait passer et repasser sur des fagots d'épines, sur des cordes tendues, etc., pour offrir beaucoup de surfaces à l'air. La concentration amenée à un certain point, est continuée au feu dans des chaudières.

Les eaux des lacs, des mers, sont aussi évaporées dans un très grand nombre de lieux pour en tirer le sel. Cette opération se fait dans ce qu'on nomme les *marais salans*, espace plus ou moins considérable où l'on fait entrer une couche d'eau très mince qu'on laisse évaporer; on ramasse ensuite le sel, et on le laisse en tas pendant quelque temps, pour que la masse se débarrasse des sels de chaux et magnésie, qui sont très déliquescens.

SEPTIÈME ESPÈCE. SYLVINE.

Muriate de potasse; Chlorure de potassium; Salzsaueres kali; Sel fébrifuge; Sel digestif de Sylvius; Sel marin régénéré.

Substance soluble, d'une saveur analogue à celle du Salmare. Cristallisant dans le système cubique, et clivable en cubes.

Solution aqueuse, précipitant en jaune par l'hydrochlorate de platine; traitée par l'acide sulfurique, elle laisse après l'évaporation des aiguilles cristallines qui ne s'effleurissent pas à l'air.

Composition. $K\,Ch^2$, ou en poids :

Chlore	47,46
Potassium.	52,54

Cette substance n'a encore été trouvée qu'en petite quantité, mélangé avec le Salmare, dans les mines de Hallein et de Berchtesgaden, où elle a été observée par M. Vogel.

HUITIÈME ESPÈCE. CHLORURE DE CALCIUM.

Muriate de chaux ; Hydrochlorate de chaux.

Substance déliquescente, toujours en solution dans l'eau ; d'une saveur piquante et très amère. Solution susceptible de cristalliser, à un grand degré de concentration, en prismes à bases d'hexagone régulier, en formant un hydrate de chlorure ou un hydrochlorate.

Solution aqueuse précipitant abondamment par l'oxalate de potasse.

Composition. Ca Ch^2 en supposant le corps à l'état sec, ou en poids :

Chlore	63,36
Calcium	36,64
	100,00

Cette matière ne se trouve dans la nature qu'en dissolution avec le chlorure de sodium, dans les eaux des mers, dans celles des lacs salés et des sources que nous avons citées à l'espèce Salmare.

NEUVIÈME ESPÈCE. CHLORURE DE MAGNÉSIUM.

Muriate de magnésie ; Hydrochlorate de magnésie.

Substance déliquescente, toujours en solution dans l'eau ; d'une saveur piquante et très amère. Solution susceptible de cristalliser, à un grand degré de concentration, en petits prismes qui paraissent être des hexagones réguliers, et à l'état de chlorure hydraté ou d'hydrochlorate.

Solution aqueuse ne précipitant pas par les oxalates ; donnant par le sous-carbonate de soude un précipité qui devient lilas lorsqu'on le calcine après l'avoir humecté d'une goutte de nitrate de cobalt.

Composition. Ma Ch² en supposant le corps à l'état sec, ou en poids :

Chlore	73,66
Magnésium	26,34
	100,00

Cette substance se trouve, comme la précédente, dans les eaux des mers, des lacs, des sources, avec le chlorure de sodium.

DIXIÈME ESPÈCE. SALMIAC.

Muriate d'ammoniaque ; Hydrochlorate d'ammoniaque ; Chlorure d'ammonium ; Sel ammoniac ; Sel volatile ; Sel de Tartarie ; Salmiak.

Substance soluble, d'une saveur piquante. Cristallisant dans le système cubique. Forme dominante en octaèdre.

Pesanteur spécifique, 1,52.

Entièrement volatile dans le tube fermé. Donnant l'odeur ammoniacale par l'action d'un alcali fixe caustique.

Composition. $(Ni\,Hy^3)^2\,(H\,Ch)$, ou en poids :

Acide hydrochlorique. . .	67,97
Ammoniaque	32,03
	100,00

Salmiac cristallisé. En octaèdres simples, plus ou moins émoussés.
Salmiac fibreux. A fibres divergentes ou entremêlées.

Le sel ammoniac ne se trouve dans la nature que dans les houillères embrasées (Saint-Etienne en Forez), ou dans les volcans, à la surface des laves ou en masses plus ou moins considérables (Vésuve, Etna, Lancerote, Bourbon), dans des espèces de solfatares (volcans de l'Asie centrale), où il forme des dépôts très considérables, que des caravanes exploitent pendant certain temps de l'année, et livrent au commerce sous le nom de sel de Tartarie.

Les usages du sel ammoniac sont peu nombreux : on l'emploie pour décaper les métaux que l'on veut étamer; on s'en sert en teinture, particulièrement pour préparer l'*eau régale*, employée pour dissoudre l'étain. Il sert souvent à préparer l'ammoniaque et le sous-carbonate de cette base: on le prescrit quelquefois en médecine comme stimulant.

APPENDICE AUX CHLORURES.

Nous avons indiqué, pages 156 et 171, des silicates chlorifères, ainsi qu'un chlorure de fer, page 228, qu'on peut soupçonner mélangé avec un pyroxène à base de manganèse et de fer. Ces substances trouveront peut-être un jour place à la suite des chlorures, en formant un genre de chloro-silicates. Nous les indiquons ici pour mémoire, puisqu'elles sont déjà décrites.

FAMILLE DES IODIDES.

Corps solides, solubles ou insolubles. Donnant des vapeurs violâtres par l'action de l'acide sulfurique concentré et de la chaleur, ou une matière qui procure une couleur bleue à l'eau qui contient de l'amidon en suspension.

On ne fait encore que soupçonner l'existence de la plupart des espèces qui doivent appartenir à cette famille. Les unes présentent des matières solubles qui se trouvent dans quelques eaux minérales; les autres sont des matières insolubles qui paraissent se trouver dans les dépôts métallifères des calcaires pénéens, principalement au Mexique. Toutes ces matières sont des *iodures*.

Première espèce. *Iodure de sodium*. L'Iode a été reconnue dans plusieurs eaux minérales qui renferment en même temps du chlorure de sodium et divers sels de soude. D'abord dans les eaux de Voghera et de Sales en Piémont, par M. Angelini; puis dans les eaux de Castel-Novo d'Asti, par M. Cantu; dans les eaux-mères de la saline de Guaca, province d'Antioquia, par M. Boussingault. M. Berzélius l'a indiqué également dans les eaux de Karslbad en Bohême, et M. Turner dans les eaux des salines de Bonnington, près Leith. Il en existe aussi dans les eaux de la mer.

Toutes ces eaux, évaporées à siccité, laissent un résidu qui, traité par le chlore et l'amidon, ou l'acide sulfurique et l'amidon, produit la couleur bleue caractéristique de la présence de l'iode.

C'est à la présence de l'Iodure qu'est due la vertu médicale de ces eaux pour les affections du goître; on sait en effet aujourd'hui combien les préparations d'iode sont avantageuses pour faire disparaître les goîtres, et en général pour les maladies scrofuleuses. Les eaux de Sales et d'Asti sont connues depuis long-temps, et les eaux-mères de la saline de Guaca, sous le nom d'*Aceyte de Sal*, sont également employées en Colombie.

Deuxième espèce. *Iodure de magnésium.* Il est soupçonné par M. del Rio dans certaines matières minérales qui proviennent du Mexique. M. Boussingault soupçonne qu'il y a de l'Iodure de magnésium dans les eaux de Guaca, et M. Hermann en a reconnu, même en assez grande quantité, dans les eaux-mères des salines de Schônbeck.

Troisième espèce. *Iodure de zinc.* M. Mentzel a constaté la présence de l'iode dans un minerai de zinc cadmifère de Silésie, et en a retrouvé dans les scories des fourneaux.

Quatrième espèce. *Iodure de mercure.* M. del Rio a annoncé dans des minerais du Mexique la présence d'un iodure de mercure de couleur rouge, qui serait par conséquent le périodure des laboratoires.

Cinquième espèce. *Iodure d'argent.* Vauquelin a constaté l'existence de ce composé sur des minerais argentifères du Mexique. La matière analysée était tendre, blanchâtre à l'extérieur, jaunâtre à l'intérieur avec une structure lamelleuse ; elle était accompagnée d'argent, et avait le calcaire pour gangue.

Il est probable que la composition de ce minéral est analogue à celle du chlorure d'argent, et par conséquent de la formule $Ag\,Io^2$.

FAMILLE DES BROMIDES.

Corps donnant par l'action du chlore dissout dans l'eau, soit immédiatement, soit après avoir été fondu avec le carbonate de soude, un liquide brun, qui, agité avec de l'éther, se sépare en deux couches dont la supérieure est brune et chargée de Brôme.

Les composés dans lesquels le Brôme entre comme partie constituante ne peuvent être étrangers au règne minéral, puisqu'il en existe dans les eaux des mers, et même dans quelques eaux salées qui sourdent de l'intérieur de la terre. On croit que ces matières sont des Bromures de sodium et de magnésium. On a aussi indiqué un Bromure de zinc dans des minerais de zinc de Silésie. On n'a point encore de renseignemens assez précis pour décrire les espèces qui pourront entrer dans cette famille.

FAMILLE DES PHTORIDES.

Corps donnant, par la fusion dans un tube avec l'acide phosphorique, une vapeur qui corrode fortement le verre.

Cette famille, qui s'étendra probablement, n'offre aujourd'hui que peu d'espèces qui se partagent en deux genres, les phtorures et les phtorosilicates. Le premier ne présente guère qu'une seule espèce de quelque importance, et qui constitue des dépôts dans différentes sortes de gisemens, principalement dans les gîtes métallifères. Les autres espèces ne sont que des raretés qui forment de petits nids dans les dépôts de pegmatite.

PREMIER GENRE. PHTORURE.

Ne donnant pas de silice, au moins sensiblement, après la fusion avec la potasse ou la soude.

On ne peut comparer les espèces de ce genre par leurs caractères extérieurs, parce que la plupart d'entre elles n'ont encore présenté aucun de ceux qui sont de quelque importance. Les formules de composition se rapportent à BPh^2, BPh^3, B représentant la base, avec ou sans eau; elles sont simples ou combinées deux à deux.

PREMIÈRE ESPÈCE. FLUORINE.

Fluor; Fluorite; Spath fluor; Spath fusible; Chaux fluatée; Fluorure ou *Fluure de calcium; Phtorure de calcium; Chlorophane; Ratofkite*; *Flussaures kalk; Flusspath.*

Substance présentant assez souvent des couleurs vives. Cristallisant dans le système cubique. Cristaux clivables en octaèdres et en tétraèdres réguliers.

Pesanteur spécifique, 3,1 à 3,2.

Rayant le Calcaire; rayée par une pointe d'acier.

Phosphorescence le plus souvent très marquée par la chaleur.

Fusible au chalumeau en une perle opaque. Attaquable par les acides, surtout par l'acide sulfurique, qui le décompose. Solution précipitant fortement par les oxalates, et non par l'ammoniaque.

Composition. Ca Ph², ou en poids d'après l'ensemble de toutes les recherches chimiques :

		Rapports atomiques.	
Phtore	48,13	0,41	2
Calcium	51,87	0,20	1 (1)

VARIÉTÉS.

Fluorine cristallisé. En cubes, en octaèdre, en dodécaèdre rhomboïdal, simples ou modifiés sur leurs arêtes et leurs angles, pl. I, fig. 17 à 23, 25 à 32, 34 à 37 ; pl. II, fig. 49 à 72, 75, à 77, 83 à 85. Les cristaux présentent assez fréquemment des accroissemens qui se distinguent par la couleur, t. 1, pl. X, fig. 31, 32, 33, etc., ou des cristaux à faces creusées en tremies, fig. 28, 29, etc.

Fluorine émoussée. En cristaux cubiques, octaèdres, dodécaèdres, dont les faces et les arêtes sont arrondies.

Fluorine stalactitique. Très rare.

Fluorine pseudomorphique. Sous la forme d'encrinites, dont quelquefois moitié est encore à l'état calcaire.

Fluorine bacillaire. Offrant de grosses fibres parallèles ou divergentes.

Fluorine lamellaire. A grandes ou à petites lames.

Fluorine testacée. Composée de lamelles courbes empilées les unes sur les autres.

Fluorine stratoïde. Montrant des structures d'accroissement qui se distinguent par la texture ou les couleurs.

Fluorine granulaire. Ayant peu de consistance.

Fluorine compacte. — *terreuse.*

Les couleurs, souvent très vives, sont très variées, blanc, jaune, rose, rouge, violet, bleu, vert, etc.

La phosphorescence présente beaucoup de variations dans le plus ou moins de facilité avec laquelle elle se développe, et par les couleurs qu'elle présente. Il y a des variétés qui sont phosphorescentes à la température moyenne (Chlorophane), et d'autres qu'il faut chauffer fortement pour en obtenir quelques lueurs phosphoriques.

GISEMENT ET USAGES.

La Fluorine est fréquemment subordonnée aux gîtes métal-

---

(1) Correspondant à

Acide fluorique	27,86
Chaux	72,14
	100,00

lifères, particulièrement aux gîtes de minerais de plomb (Derbyshire, Cumberland, etc.), de minerais d'étain (Saxe, Bohême); mais elle forme aussi des filons ou des amas, soit dans les roches de cristallisation, où elle est associée au Quarz, à la Barytine, etc. (Auvergne, Forez, Vosges, Norberg en Suède; Norwège; Petersberg près de Hall; Monastree, Gourok, en Ecosse, etc.), soit dans les calcaires de sédiment, les schistes et les grès intercalés (Derbyshire, Cumberland, Cornwall, New-Jersey, etc.), où elle ne se montre quelquefois qu'en filets très minces (Namur). Quelquefois elle est en nids, en rognons, en cristaux disséminés, particulièrement dans les roches cristallines (Chamounix, Saint-Gothard, Baveno, etc., dans les Alpes; Odon-Tschelon en Daourie, etc.), rarement dans des dépôts de sédiment (calcaire grossier des environs de Paris). Elle existe aussi dans les amygdaloïdes (Ecosse), et dans les produits des volcans modernes (Monte-Somma au Vésuve).

Les variétés de Fluorine, qui présentent des couleurs vives, surtout lorsqu'elles sont disposées par zones et en zigzags, sont recherchées pour en faire des vases, des coupes, des chandeliers, et une multitude d'objets de fantaisie, qui sont très agréables, et souvent d'un prix très élevé. C'est principalement en Angleterre que l'on fabrique ces divers ornemens avec les Fluorines qu'on trouve en dépôts considérables dans les calcaires du Derbyshire. Il paraît évident que c'était la substance avec laquelle on faisait les *vases murrhins*, si célèbres dans l'antiquité. En France, on a quelquefois employé sous le nom de *Prime d'émeraude* les variétés verdâtres mélangées de Quarz et de Calcédoine, disposées par couches en zigzags, pour des incrustations, qui sont d'un assez bel effet.

On a quelquefois taillé en petites pierres les variétés transparentes de Fluorine, qui présentent des couleurs décidées assez vives; on les a désignées alors sous les noms de *faux rubis*, *fausse émeraude*, *fausse topaze*, etc. C'est avec la Fluorine qu'on prépare l'acide hydropthorique dans les laboratoires.

DEUXIÈME ESPÈCE. FLUCÉRINE.

Fluate neutre de cérium; Cérium fluaté.

Substance rougeâtre ou jaunâtre, à texture cristalline.

Pesanteur spécifique, 4,7.

Rayant le Calcaire.

Donnant peu ou point d'eau par calcination. Infusible ; noircissant au feu.

Attaquable par les acides ; solution donnant par l'ammoniaque un précipité qui devient brun par calcination, et forme avec le Borax un verre rouge à chaud, jaune à froid.

Composition. Ca Ph^3, d'après l'analyse de M. Berzélius (1) ramenée à la théorie du phtore, sur un échantillon de Brodbo, qui a donné :

		Rapports atomiques.
Phtore	33,58	03
Cérium	65,53	0,1
Yttrium	0,89	

Cette substance, encore très rare dans les collections, se trouve en petits nids dans les pegmatites de Brodbo et de Fimbo en Suède, avec les diverses matières yttrifères, cérifères et tantalifères.

TROISIÈME ESPÈCE. BASICÉRINE.

Fluate de cérium basique; Cérium fluaté avec excès de base.

Substance jaune, à texture cristalline.

Rayant la Fluorine.

Donnant de l'eau par calcination. Infusible au chalumeau ; noircissant par la chaleur, et passant au rouge et à l'orangé par refroidissement.

Présentant du reste les caractères de la Flucerine.

Composition. 3 Ce Ph^2 + Aq, d'après l'analyse de

(1) Acide fluorique 16,24
Péroxide de cérium 82,64
Yttria 1,12

M. Berzélius (1), ramenée à la théorie du phtore sur deux échantillons de Fimbo, qui ont donné :

		Rapports atomiques.	
Phtore	28,28	0,24	6
Cérium	66,77	0,12	3
Eau	4,95	0,04	1

Il n'est pas encore bien certain que l'eau soit essentielle dans ce minéral, et il est bien possible que la matière soit simplement de la formule $Ce\ Ph^2$ avec de l'eau hygrométrique.

Cette espèce, aussi rare que la précédente, se trouve dans les mêmes gisemens, à Fimbo, près de Fahlun en Suède.

APPENDICE.

M. Berzélius a analysé un phtorure de cérium de Bastnaes, qui est du même ordre de composition que le précédent, mais où la quantité d'eau est différente; il en a tiré (2) :

		Rapports atomiques.	
Phtore	26,47	0,226	2
Cérium	60,03	0,104	1
Eau	13,50	0,120	1

ce qui donnerait la formule $Ce\ Ph^2 + Aq$.

APPENDICE AUX PHTORURES DE CÉRIUM.

YTTROCÉRITE. *Cérium* et *Yttria fluatés ; Cérium oxidé yttrifère.*

Substance grisâtre, violâtre, rougeâtre, à texture cristalline ou compacte.

Pesanteur spécifique, 3,44 à 4,15.

---

(1) Acide fluorique 10,85
Péroxide de cérium 84,20
Eau 4,95

(2) Acide fluorique. 10,8
Péroxide de cérium 75,7
Eau 13,5

Rayant la Fluorine.

Donnant peu ou point d'eau par calcination; infusible. Attaquable par les acides. Solution donnant par l'ammoniaque un précipité qui se dissout en partie dans le carbonate d'ammoniaque, avec un résidu qui devient brun par calcination, et forme avec le Borax un verre rouge à chaud et jaune à froid.

Solution par le carbonate d'ammoniaque, après avoir été saturée d'acide, précipitant une matière blanche par les alcalis.

Composition. Mélange en toutes proportions de phtorure de cérium, de phtorure d'yttrium, etc., d'après les analyses de M. Berzélius ramenées à la théorie du phtore:

Cérium et Yttria fluatés de Fimbo. (1)		*Rapp. atom.*		Yttrocérite de Brodbo. (2)		*Rapp. atom.*	
Phtore	27,08	0,232	2	Phtore	33,27	0,284	2
Cérium	18,16	0,032	1	Cérium	10,93	0,019	1
Yttrium	29,06	0,072		Yttrium	15,22	0,037	
Calcium	2,80	0,011		Calcium	22,47	0,088	
Silice	19,30			Albite	18,11		
Oxide de fer	3,00						

Yttrocérite de Fimbo. (3)

		Rapports atomiques et divisions.				
Phtore	44,52	0,38 =	0,32	(2)	+ 0,06	3
Cérium	13,04	0,02 =			0,02	1
Yttrium	6,48	0,02 =	0,02	(1)		
Calcium	35,96	0,14 =	0,14			

---

(1)		(2)	
Acide fluorique	14,0	Acide fluorique	17,84
Oxide de cérium	22,9	Oxide de cérium	13,78
Yttria	33,3	Yttria	19,02
Chaux	3,9	Chaux	31,25
Silice	19,3	Albite	18,11
Oxide de fer	3,0		

(3)	
Acide fluorique	25,45
Oxide de cérium	16,45
Yttria	8,10
Chaux	50,00

On voit que les deux premières analyses sont des mélanges de $Ca\,Ph^2$, $Yt\,Ph^2$, $Ce\,Ph^2$, et que la troisième est un mélange de $Ca\,Ph^2$, $Yt\,Ph^2$ avec la flucerine $Ce\,Ph^3$.

Ces analyses nous indiquent par conséquent une espèce particulière, le phtorure d'yttrium de la formule $Yt\,Ph^2$; la première en renferme 46,21 pour 100, la seconde 23,31, et la troisième très peu.

Les Yttrocérites se trouvent avec les deux espèces précédentes, dans les pegmatites de Fimbo et de Brodbo.

QUATRIÈME ESPÈCE. CRYOLITE.

Alumine fluatée alcaline ; Kryolith ; Eisstein.

Substance blanche, clivable en prismes rectangulaires.

Pesanteur spécifique, 2,963.

Rayant le Calcaire ; rayée par la Fluorine.

Très fusible au chalumeau, attaquable par l'acide nitrique à l'aide de la chaleur. Solution donnant un précipité gélatineux par l'ammoniaque ; liquide surnageant, laissant un résidu alcalin après l'évaporation et la calcination.

Composition. $2\,A\,Ph^3 + 3\,Na\,Ph^2$, d'après les recherches de M. Berzélius (1) ramenées à la théorie du phtore :

		Rapports atomiques.	
Phtore	54,07	0,462	12
Aluminium	13,00	0,076	2
Sodium	32,93	0,112	3

Le rapport 2 à 3 n'est pas très satisfaisant, à cause de son irrégularité.

Cette substance n'est connue qu'en petites masses laminaires blanches, et quelquefois colorées en jaune par l'hydrate de

(1) Acide fluorique 31,35
Alumine 24,40
Soude 44,25

péroxide de fer. On ne l'a trouvée que dans une seule localité (Ivikaet au Groenland), en couches ou en filons dans des roches cristallines de granit et de gneiss, où l'on a reconnu aussi de l'oxide d'étain, du Wolfram, etc.

APPENDICE.

Fluelite. Substance blanche, transparente, en prismes rhomboïdaux, ou en octaèdres rhomboïdaux dont les angles sont de 109°, 82° et 144°. Cette matière, observée et dénommée par M. Levy, accompagne la Wavelite de Cornwall. Wollaston y a reconnu de l'alumine et de l'acide fluorique.

DEUXIÈME GENRE. PHTOROSILICATES.

Donnant de la silice, comme les silicates, après la fusion avec la potasse caustique.

Ce genre ne se compose aujourd'hui que de très peu d'espèces qui sont des substances disséminées dans les roches cristallines comme les silicates, ou dans les dépôts métallifères. On y joindra probablement un jour plusieurs des corps que nous avons décrits sous le titre général de Mica, page 148, lorsqu'ils seront mieux connus.

PREMIÈRE ESPÈCE. TOPAZE.

Silice fluatée alumineuse; Pyrophysalite; Phengite; Chrysolite de Saxe; Rubis du Brésil; Aigue-marine orientale.

Substance vitreuse. Cristallisant dans le système prismatique rectangulaire droit. Cristaux dérivant d'un prisme rhomboïdal d'environ 124° 1/2. Clivable par un plan perpendiculaire à l'axe.

Pesanteur spécifique, 3,49 à 3,54.

Rayant le Quarz. Facilement électrique, et conservant long-temps l'électricité.

Infusible au chalumeau. Attaquable seulement par la fusion avec la potasse caustique. Solution nitrique du résultat de cette opération, donnant un précipité gélatineux par l'addition de l'ammoniaque.

Composition. Difficile à établir dans la théorie du phtore : on est conduit à admettre la formule simple $A\,Ph^2 + \dddot{A}\,\dddot{Si}$, ou en poids :

Phtore	14,38	24,91	phtorure d'aluminium.
Aluminium	10,53		
Silice	35,54	75,07	silicate d'alumine.
Alumine	39,53		

Cependant elle s'éloigne un peu des analyses (1) qui conduiraient plutôt à $4\,APh^2 + 3\,\dddot{A}\,\dddot{Si}$; mais le rapport 3 à 4 a quelque chose de peu satisfaisant.

---

(1) Cette composition correspond aux données suivantes dans la théorie de l'acide fluorique :

		Oxigène.	Rapports.
Silice	35,54	18,46	5
Alumine	59,29	27,69	7
Acide fluorique	5,15	3,74	1

qui conduirait à la formule $5\,A\,Si + A^2\,Fl$; mais les analyses qu'on doit à M. Berzélius sont un peu différentes, car ce savant donne les relations suivantes :

Topaze du Brésil :		Oxig.	Rapp.	Topaze de Saxe.		Oxig.	Rapp.
Silice	34,01	17,67	3	Silice	34,24	17,78	3
Alumine	58,38	27,27	5	Alumine	57,45	26,83	5
Acide fluorique	7,79	5,67	1	Acide fluorique	7,75	5,63	1

Topaze pyrophysalite.

		Oxigène.	Rapports.
Silice	34,36	17,85	3
Alumine	57,74	26,97	5
Acide fluorique	7,77	5,65	1

Il en résulte la formule $3\,A\,Si + A^2\,Fl$, qui dans la théorie du phtore se traduit en $3\,\dddot{A}\,\dddot{Si} + 4\,A\,Ph^2$.

Il est difficile, dans l'état actuel, de choisir entre les deux formules ; mais il serait possible qu'il y eût quelques erreurs dans les nombres qui représentent l'acide fluorique dans les analyses, vu la difficulté de doser cette matière, qu'on n'obtient le plus souvent que par différence.

Topaze cristallisée. En prismes rhomboïdaux, simples ou modifiés par d'autres prismes, terminés par des facettes annulaires ou par des sommets pyramidaux, pl. VIII, fig. 61, 63, 66 à 71; pl. IX, fig, 56, 57, 60 à 66; pl. X, fig. 70, 71.

Inclinaisons approximatives de *a* sur *a* 124° 30', *a* sur *a'* 161°, *a* sur *P* 152°; *a* sur *d*, *d'*, *d''*, 125°, 136°, 154°.

Topaze cylindroïde. En cristaux déformés ordinairement clivés au sommet.

Topaze roulée. En petits cailloux blanchâtres arrondis par le roulis des eaux.

Topaze laminaire (Pyrophysalite). En masses facilement clivables par des plans parallèles.

Topaze grenue. Formant des veines dans ce qu'on nomme la roche de Topaze.

Les couleurs sont le blanc avec limpidité, le jaune, qui varie du jaune citron au jaune brunâtre et à l'orangé rougeâtre, le rosâtre, le bleu. La plupart des variétés sont transparentes, mais il en existe aussi d'opaques.

La Topaze forme des petites veines, ou tapisse les fentes des roches cristallines; rarement elle est disséminée. Elle se trouve dans des pegmatites et des granites (Brodbo, Fimbo, en Suède; Connecticut, aux Etats-Unis d'Amérique; Sibérie, etc.), dans des gneiss (Bohême, Ecosse), dans des micaschistes (Schneckenstein en Saxe; Brésil), et dans des schistes argileux (Hirschberg en Silésie, Höllgraben en Salzburg, Saint-Michel en Cornwall); quelquefois elle est intimement mêlée avec du Quarz, du Mica, etc., et forme une masse particulière qu'on a nommée roche de Topaze ou Topazfels (Schneckenstein, près d'Auerbach en Saxe). Elle se trouve aussi dans les gîtes métallifères qui traversent ces diverses roches, et particulièrement avec les minerais d'étain (Johan-Georgenstadt, Schneeberg, Eibenstock, Geyer, Altenberg, Zinwald, etc., en Saxe et Bohême; Sainte-Agnès, mont St.-Michel, etc., en Cornwall), où elle est accompagnée de Fluorine, de Phosphate de chaux, etc., etc. Elle se trouve aussi dans les détritus de ces roches, en cristaux roulés (Villa-Rica au Brésil; Hawkesbury, Nouvelle-Hollande; Kamtschatka, etc.)

On emploie la Topaze dans la joaillerie; mais il n'y a d'estimées dans le commerce que les variétés naturellement jaune-pur, jaune-orangé, rouge-hyacinthe, et les variétés rosâtres. Cette dernière couleur, qui existe naturellement, est souvent aussi un produit de l'art; ce sont des Topazes jaunes, roussâtres, qu'on a soumises à l'action du feu, et qu'on nomme, à cause de cela, *Topazes brûlées*. Les Topazes bleues, qui jusqu'ici ont eu peu de valeur, peuvent cependant faire des parures très agréables. On emploie peu les Topazes blanches, qui n'ont en effet rien d'agréable, si ce n'est en pierres isolées montées en bagues et en épingles pour imiter le Diamant, parce qu'elles prennent un beau poli; mais elles ont peu d'éclat.

OBSERVATION.

En examinant les diverses analyses qu'on a faites de la Topaze, on aperçoit de grandes différences dans la composition, ce qui semblerait indiquer plusieurs espèces distinctes; mais il est difficile de rien conclure définitivement à cet égard, parce que ces analyses ont été faites par différens auteurs à différentes époques, et que l'on sait combien il est difficile de doser exactement la quantité d'acide fluorique. Cependant les observations optiques indiquent aussi des différences remarquables : les Topazes, comme la cristallisation l'indique déjà, sont des substances à deux axes de double réfraction; or, l'angle de ces axes entre eux varie considérablement, suivant l'observation de M. Brewster. Dans la Topaze blanche de la Nouvelle-Hollande, dans la Topaze bleue d'Aberdeen en Ecosse, l'angle des axes est d'environ 65°, tandis que dans la Topaze du Brésil, où il est d'ailleurs variable, il descend jusqu'à 43°. Il y a des Topazes de Saxe dans lesquelles cet angle est d'environ 50°. Ces différences, analogues à celles que nous avons indiquées dans les Micas, pages 151 et 152, sembleraient conduire à soupçonner aussi plusieurs espèces.

DEUXIÈME ESPÈCE. PICNITE.

Topaze bacillaire; Schorl blanc prismatique; Leucolite d'Altenberg; Beril schorliforme; Stangenstein.

Substance pierreuse plutôt que vitreuse; formant des masses bacillaires, très rarement des cristaux réguliers prismatiques.

Pesanteur spécifique, 3,51.

Rayant le Quarz ; rayée par la Topaze.

Difficilement électrique, et conservant peu l'électricité.

Infusible au chalumeau ; mais se couvrant plus facilement de petites bulles que la topaze. Donnant aussi l'indice de l'alumine par l'addition de l'ammoniaque à la solution.

Composition. C'est la même difficulté que pour la Topaze : on serait tenté d'adopter la formule régulière $A\,Ph^3 + 2\,\dddot{A}\,\dddot{Si}$, ou en poids :

Phtore	11,83	17,60 phtorure d'aluminium.
Aluminium. . . .	5,77	
Silice.	38,99	82,36 silicate d'alumine.
Alumine	43,37	

Mais les analyses conduisent à $2\,A\,Ph^3 + 3\,\dddot{A}\,\dddot{Si}$, qui est encore une formule irrégulière (1). Quoi qu'il en soit, on voit qu'il y a toujours une différence de composition entre la Picnite et la Topaze.

La Picnite n'est encore connue qu'en petites masses formées de fibres parallèles de la grosseur du doigt, qui se détachent avec assez de facilité et offrent des espèces de prismes striées ou canelées sur leur longueur. On y observe une espèce de clivage peu distincte perpendiculaire à l'axe. Haüy a cité un cristal, pl. VIII, fig. 63, qui pourrait bien être une véritable Topaze, et ne pas se rapporter à la Picnite proprement dite. La couleur est le blanc jaunâtre, quelquefois salie de rougeâtre et de verdâtre.

---

(1) La composition que nous venons d'adopter conduit aux données suivantes dans la théorie de l'acide fluorique :

		Oxigène.	*Rapports.*
Silice	38,99	20,25	4
Alumine	54,19	25,31	5
Acide fluorique.	6,78	4,93	1

ce qui donnerait la formule $4\,\mathit{A\,Si} + \mathit{A\,Fl}$; mais l'analyse de M. Berzélius sur la Picnite d'Altenberg a fourni :

		Oxigène.	*Rapports.*
Silice	38,43	19,96	3
Alumine.	51,00	23,82	4?
Acide fluorique.	8,84	6,43	1

qui donne la formule $3\,\mathit{A\,Si} + \mathit{A\,Fl}$, et conduit à celle $2\,A\,Ph^3 + 3\,\dddot{A}\,\dddot{Si}$ dans la théorie du phtore.

Cette substance se trouve dans les gîtes de minerais d'étain à Altenberg en Saxe, où elle remplit des fentes, à la paroi desquelles les fibres sont perpendiculaires, au milieu des matières micacées et quarzeuses qui forment la partie principale de ce gîte métallifère. On l'indique aussi à Schlackenwald en Bohême, dans un gisement semblable, où elle présente des prismes hexagones de couleur verdâtre.

TROISIÈME ESPÈCE. CONDRODITE.

Chondrodite; Maclurite; Brucite.

Substance jaunâtre ou brunâtre. Cristallisant dans le système prismatique rectangulaire oblique.

Pesanteur spécifique, 3,14 à 3,19.

Rayant les Feldspaths; rayée par le Quarz.

Difficilement fusible au chalumeau. Inattaquable par les acides. Fusible avec la potasse caustique. Solution nitrique du résultat de cette opération donnant par la potasse, après le traitement par un hydrosulfate, un précipité blanc qui prend une teinte lilas lorsqu'on le calcine avec une goutte de solution de Cobalt.

Composition. Peut-être $M Ph^2 + \dot{M}^3 \ddot{Si}$ (1), ou en poids :

Phtore	15,38	22,64 phtorure de magnésium.
Magnésium . . .	9,06	
Silice.	33,03	77,36 silicate de magnésie.
Magnésie. . . .	44,33	

(1) Cette expression correspond à la formule $MFl + 3MS$, adoptée par M. Berzélius, qui fournit en poids :

		Oxigène.	Rapports.
Silice.	33,03 . . .	17,16 . .	3
Magnésie	59,10 . . .	22,87 . .	4
Acide fluorique.	7,86 . . .	5,71 . .	1

Mais j'ignore sur quelle analyse cette formule est fondée, car celle de M. Seybert, la seule à ma connaissance qui indique de l'acide fluorique, a donné :

Condrodite cristallisée. En prismes rhomboïdaux, ou en octaèdres rectangulaires très surbaissés, modifiés de différentes manières, pl. XII, fig. 2, 33, 34, 60.

Inclinaison de i sur i, environ 148°.

Condrodite granulaire. En cristaux arrondis, isolés ou groupés confusément dans du carbonate de chaux.

On ne connaît la Condrodite que disséminée, et jusqu'ici on ne l'a vue que dans des calcaires grenus, soit en Amérique (Sparta, dans le New-Jersey), soit en Finlande (Ersby, paroisse de Pargas), ou en Sudermanie (Aker). On l'a indiquée près de Marienberg en Saxe, et aussi au Vésuve, mais il n'est pas certain que ce soit la même substance.

FAMILLE DES SÉLÉNIDES.

GENRE UNIQUE. SÉLÉNIURES.

Corps donnant l'odeur de raifort pouri par le grillage dans le tube ouvert, et un sublimé rouge lorsqu'on les chauffe dans le tube fermé.

La famille des Sélénides est en quelque sorte la liaison des familles précédentes avec les suivantes, puisque le Sélénium, comme l'Iode, le Chlore, etc., est susceptible de former des hydracides, et, comme le Tellure et l'Arsenic, de se volatiliser à l'état simple, de former des

---

		Oxigène.
Silice	32,666	16,97
Magnésie	54,000	26,90
Potasse	2,108	0,35
Oxide de fer	2,333	
Acide fluorique	4,086	2,97
Eau	1,000	

dont il est aussi difficile de tirer la formule régulière $MFl + 3MSi$ que $M^2Fl + 3MS$ supposée par M. Seybert, et qui a l'inconvénient de l'irrégularité. Dans l'un et l'autre cas, il faut supposer un silicate magnésien MSi à l'état de mélange.

FAMILLE DES SÉLÉNIDES.

SÉLÉNIURES.

Clausthalie.	Pb Se.	6 Pb Se + Co Se^2	Séléniure de plomb et Cobalt.
		3 Pb Se + Cu Se	Séléniures de plomb et Cuivre.
		2 Pb Se + Cu Se	
		3 Pb Se + Me Se^3	Séléniure de zinc et mercure.
Berzeline	Cu^2 Se.		
Seleniure d'argent . .	Ag, Se . . .	Ag Se + Cu^2 Se =	Euchaïrite.
		4 Zi Su + Me Se^3	Séléniure de zinc et Mercure.

FAMILLE DES TELLURIDES.

Tellure, Te.

TELLURURES.

Bornine. . . .	Bi Te + Bi Su.
Élasmose . . .	4 Pb Te + Au Te + 2 Pb Su.
Mullérine. . .	(Pb, Ag) Te + Au Te.
Sylvane. . . .	Ag Te + 3 Au Te.

oxides volatiles, et enfin, comme tous, de se combiner immédiatement avec différens métaux, ou avec leurs oxides lorsqu'il est lui-même oxigéné.

Nous ne connaissons que peu de Séléniures, quoique le nombre en ait augmenté depuis quelques années, et que les recherches indiquent beaucoup de combinaisons diverses sur lesquelles on n'a pas encore assez de renseignemens pour les distinguer comme espèces.

Tous les Séléniures naturels connus jusqu'ici ont l'éclat métallique, et ils ont la plus grande analogie avec les sulfures des mêmes bases; on est même conduit à soupçonner qu'ils sont isomorphes avec ces sulfures, mais seulement par suite des indications de clivages, car aucun ne s'est trouvé à l'état de cristaux réguliers.

Leur composition, peu variée, se rapporte aux formules B^2 Se, BSe, Be Se^2, tantôt simples, tantôt réunies entre elles en nombres atomiques divers.

On ne connaît ces substances que dans des gîtes métallifères, et accompagnant, soit des minerais de cuivre, soit des minerais de plomb. C'est au Harz qu'on en a reconnu le plus grand nombre d'espèces, mais il en existe en Suède (Smoland), et on en a cité au Mexique.

PREMIÈRE ESPÈCE. CLAUSTHALIE

(de Klausthal.)

Plomb sélénié; Selen blei; Kobaltbleierz.

Substance métalloïde, gris de plomb clair, fort analogue à la Galène; à structure cristalline qui indique un clivage cubique; non ductible, se coupant facilement.

Pesanteur spécifique, 6,8.

Fusible au chalumeau sur le charbon. Donnant un oxide jaune de plomb, et des grains de plomb.

Attaquable par l'acide nitrique. Solution donnant des lamelles de plomb métallique sur un barreau de zinc.

Composition. $PbSe$, mélangé de séléniure de Cobalt, suivant les analyses de M. Stromeyer :

		Rapports atomiques.	
Sélénium	28,11	0,056	1
Plomb	70,98	0,054	1 (Plomb + Cobalt)
Cobalt	0,83	0,002	

On ne connaît cette substance qu'en petites masses lamellaires comme la Galène lamellaire, quelquefois à structure palmée. On la trouve au Harz (mine de Lorenz près Klausthal, mine de Brummerjahn près Zorge, Tilkerode) dans des dépôts ferrugineux situés dans les schistes argileux et les diorites, ou engagée dans la Dolomie, et accompagnée de Malachite, de Quarz, etc.

APPENDICE.

Séléniure de plomb et de cobalt (*Plomb sélénié cobaltifère; Cobaltbleierz*). Gris de plomb bleuâtre, non ductile. Pesanteur spécifique, 7,697.

Les recherches de M. H. Rose sembleraient conduire à admettre un double séléniure de plomb et de cobalt, qui formerait alors une espèce particulière. L'analyse a donné :

		Rapports atomiques.		
Sélénium	31,42	0,063	8	1
Plomb	63,92	0,049	6	1 (Plomb + Cobalt + Fer)
Cobalt	3,14	0,008	1	
Fer	0,45	0,001		

ce qui fournirait la formule $CoSe^2 + 6PbSe$. Cependant on pourrait réunir aussi les nombres atomiques des trois métaux, et admettre $(Pb, Co, Fe)Se$, qui serait un mélange analogue au précédent; mais dans ce cas il faudrait supposer une petite erreur.

La substance, après la calcination, fournit une matière qui donne une couleur bleue au verre de Borax.

Elle se trouve aussi près de Klausthal comme le Séléniure simple, et engagée dans la Dolomie.

Séléniure de plomb et de mercure. Substance métalloïde gris de plomb, gris d'acier ou noir de fer; en masses lamellaires; se rayant et se coupant facilement; non ductile. Pesanteur spécifique, 7,3. Donnant dans le tube ouvert un sublimé jaune de séléniate de mercure, et dans le tube fermé, surtout mélangé avec la soude, des gouttelettes de mercure.

Une analyse de M. H. Rose a donné :

Sélénium	24,97	0,055	4	1
Plomb	55,84	0,043	3	1
Mercure	16,94	0,013	1	

où l'on voit à-peu-près la formule Hg Se + 3 Pb Se, en admettant un peu de Séléniure de plomb surabondant, ou bien (Pb, Hg) Se, où tout serait employé. On ne peut pas savoir si c'est réellement une combinaison double de l'espèce que nous venons d'indiquer, ou simplement un mélange de Séléniure de mercure avec le Séléniure de plomb : seulement on peut remarquer que la quantité de Séléniure de mercure varie considérablement.

Cette matière provient de la mine de Tilkerode, et se trouve engagée dans la Dolomie.

Séléniure de plomb et de cuivre ; Selen-kupfer-blei ; Selen-bleikupfer. Substance métalloïde, gris jaunâtre ou gris de plomb ; ductile, et se coupant au couteau. Pesanteur spécifique, 5,6, première analyse, ou 7, deuxième analyse.

Très facilement fusible au chalumeau, en donnant de l'oxide de plomb et des grains métalliques rougeâtres.

Attaquable par l'acide nitrique. Solution précipitant des lamelles de plomb et du cuivre sur un barreau de zinc ; devenant bleue par l'addition de l'ammoniaque.

Deux analyses de M. H. Rose ont donné :

		Rapp. atom.			*Rapp. at.*
Sélénium	29,96	0,060	Sélénium	34,26	0,069
Plomb	59,67	0,046	Plomb	47,43	0,036
Cuivre	7,86	0,019	Cuivre	15,45	0,039
Fer	0,33		Argent	1,29	0,001
Oxide de fer et plomb	0,44		Oxide de plomb, de cuivre et de fer	2,08	
Perte	0,74				

où l'on voit qu'il existe Pb Se et Cu Se en plus ou moins grande quantité ; l'une des analyses pourrait donner Cu Se + 3 Pb Se ; l'autre Cu Se + 2 Pb Se ; il y aurait par conséquent deux espèces, qui se distinguent d'ailleurs par la pesanteur spécifique, et aussi par la couleur, la première étant violacée dans la cassure. Dans tous les cas, il faut remarquer que le Séléniure de cuivre qui se présente ici est d'une composition différente du Séléniure Berzeline, dont la formule est $Cu^2\,Se$.

Les matières qui ont offert ces analyses proviennent de la mine de fer de Tilkerode au Harz; elles sont dans des veines de Dolomie, et accompagnées de Malachite.

DEUXIÈME ESPÈCE. BERZELINE.

Cuivre sélénié; Séléniure de cuivre; Selen kupfer.

Substance métalloïde, blanc d'argent, ductile.

Fusible au chalumeau en un globule gris, légèrement malléable. Attaquable par l'acide nitrique. Solution laissant précipiter du cuivre sur une lame de fer.

Composition. $Cu^2\,Se$, suivant l'analyse de M. Berzélius:

		Rapports atomiques.	
Sélénium	40	0,081	1
Cuivre	64	0,161	2

Cette substance forme des enduits noirs sur du calcaire spathique, ou des petites veines très minces, ramifiées, dans la même substance. On ne l'a encore trouvée que dans la mine de cuivre de Skrickerum en Smoland.

TROISIÈME ESPÈCE. EUCHAIRITE.

Cuivre sélénié argental; Sulfure de cuivre et argent

Substance métalloïde, gris de plomb, ductile, se laissant couper au couteau.

Fusible au chalumeau, et donnant un grain métallique gris non malléable.

Attaquable par l'acide nitrique. Solution donnant du cuivre et de l'argent sur un barreau de fer; précipitant en blanc par l'acide hydrochlorique.

Composition. $Ag\,Se + Cu^2\,Se$, d'après l'analyse de M. Berzélius:

		Rapports atomiques.	
Sélénium	26,00	0,053	2
Argent	38,93	0,029	1
Cuivre	23,05	0,058	2
Substances terreuses	8,90		
Acide carbonique et perte	3,12		

On ne connaît l'Euchaïrite qu'en petites masses à structure cristalline ou compacte, disséminés dans le Calcaire, comme la Berzeline, ou dans des roches magnésiennes. Elle provient aussi de la mine de Skrickerum en Smoland.

APPENDICE AUX SÉLÉNIURES.

Séléniure d'argent. M. André del Rio a annoncé un biséléniure d'argent (séléniure d'après le changement dans le poids de l'atome d'argent) en petites tables hexagonales gris de plomb, très ductiles, parmi les minerais de Tasco au Mexique; mais il n'en a pas donné l'analyse dans son mémoire.

Séléniure de zinc. On doit aussi la connaissance de ce minéral à M. André del Rio, qui l'indique comme venant de Culebras au Mexique. La pesanteur spécifique est 5,56. Il ressemble à l'argent gris. M. del Rio le trouve composé de

		Rapports atomiques.	
Sélénium	49	0,099	7
Soufre	1,50	0,007	
Zinc	24	0,059	4
Mercure	19	0,015	1
Calcaire	6		

ce qui donnerait peut-être $Hg\,Se^5 + 4\,Zi\,Se$. M. del Rio annonce une autre combinaison qui ne diffère, dit-il, de la précédente qu'en ce qu'elle est d'un rouge cinabre, que sa pesanteur spécifique est 5,66, et que c'est du cinabre $Hg\,Su$, au lieu du sous-sulfure de mercure $Hg^2\,Su$, qui se trouve dans la substance. On pourrait en effet admettre le composé $Hg^2\,Su$ dans l'analyse que nous venons de présenter, mais alors on aurait un séléniure de la formule $Zi^3\,Se^5$, qui n'est guère probable.

FAMILLE DES TELLURIDES.

Corps donnant un sublimé gris dans le tube fermé, et répandant par le grillage dans le tube ouvert une fumée blanche, piquante, sans odeur, qui se dépose à la partie froide du tube sous la forme d'une poudre blanche, susceptible de se fondre en gouttelettes limpides lorsqu'on vient ensuite à la chauffer.

Il existe assez fréquemment du sélénium dans les substances de cette famille, et il manifeste alors sa présence par son odeur particulière; du reste, il ne se sublime qu'après l'oxide de tellure qui se trouve seul vers la partie la plus haute du tube.

Cette famille, très remarquable par ses affinités avec les Sélénides, qui la lient avec les précédentes, ne se compose que d'un petit nombre de substances, le Tellure et quelques Tellurures.

Toutes ces substances ont l'éclat métallique, et leur poids spécifique est considérable, puisqu'il n'est pas au-dessous de 5,72, et va jusqu'à 10. Leurs cristaux sont rares, toujours très petits, et ont en général beaucoup d'analogie entre eux, ce qui les a tous fait rapporter, dans le principe, à un même type de cristallisation. Néanmoins, les uns paraissent appartenir au système rhomboédrique; d'autres au système prismatique à base carrée, et le reste au système prismatique rectangulaire. C'est dans ces deux derniers systèmes surtout que les formes ont la plus grande analogie.

Toutes les espèces sont assez tendres, se laissant couper au couteau; il en est qui sont flexibles, presque ductiles; d'autres sont fragiles et aigres. La plupart ont à peine assez de dureté pour rayer le Calcaire.

La composition des Tellurures n'est pas encore suffisamment établie; mais dans tous ceux que l'on connaît, il est probable qu'il se trouve des combinaisons doubles; il paraît même qu'il existe des combinaisons de tellurures et de sulfures.

Quant au gisement, ces substances, peu répandues dans la nature, se trouvent, ou dans les terrains de Diorites, ou dans les dépôts trachytiques, presque toujours dans des dépôts aurifères et argentifères. C'est en Transylvanie (Nagy-Ag, Offenbanya, Zalathna) qu'on les a principalement observés, et on n'a que quelques indices assez vagues de leur existence dans d'autres contrées.

Presque toutes les espèces renferment essentiellement, ou accidentellement, de l'or et de l'argent, et sont recherchées avec grand soin par les mineurs pour en tirer ces deux métaux précieux.

PREMIER GENRE. ESPÈCE UNIQUE. TELLURE.

Aurum problematicum ou *paradoxum; Gediegen tellur; Gediegen sylvan; Sylvane; Sylvanite.*

Substance métallique, blanc d'étain ou gris d'acier. Cristallisant en prismes hexagones réguliers?

Pesanteur spécifique, 6,115 à l'état de pureté, mais variant de 5,72 à 6,53 par suite des mélanges.

Tendre et fragile; rayant le Calcaire.

Très fusible au chalumeau; presque entièrement volatile par le grillage.

Attaquable par les acides avec peu ou point de résidu. Solution ne donnant guère que l'indice du fer, ou d'une très petite quantité des autres bases.

Composition. Le Tellure est un des corps simples de la chimie; mais dans la nature il renferme fréquemment un peu de matières étrangères qui sont probablement à l'état de tellurure. Klaproth a trouvé dans un échantillon :

Tellure.	92,55
Fer.	7,20
Or.	0,25

Tellure cristallisé. En petits cristaux très rares, aplatis, qui offrent des prismes hexagones le plus souvent élargis dans un sens, et terminés par des facettes annulaires.

Tellure lamellaire. Composé de petites lames brillantes, tantôt réunies, tantôt disséminées, mais très rapprochées, dans des gangues quarzeuses.

Tellure granulaire. A grains très fins analogues aux grains de l'acier. Les variétés aciculaires qu'on a quelquefois citées appartiennent à la Mullerine ou au Sylvane.

Cette substance n'a encore été trouvée qu'à Fazbay, près de Zalathna en Transylvanie, en petites veines dispersées çà et là dans de grands dépôts de matières terreuses, ferrugineuses, où l'on trouve de la Galène, de la Blende, de l'Argyrose, de l'Or, etc., et qui sont subordonnés à des schistes ou à des diorites porphyriques. On l'a indiquée à Huttington dans le Connecticut, aux États-Unis d'Amérique.

DEUXIÈME GENRE. TELLURURE.

Corps laissant toujours, après un grillage suffisant, différentes matières en quantité notable. Offrant l'indice de diverses bases par les réactifs après la dissolution dans les acides.

PREMIÈRE ESPÈCE. BORNINE

(du nom de De Born.)

Tellure sélénié bismutifère; Bismuth telluré; Argent molybdique; Molybdan-silber; Wasserblei-silber; Tellur-wismuth; Weissbleierz.

Substance métalloïde, gris d'acier ou blanc de zinc; en lames cristallines légèrement flexibles.

Pesanteur spécifique, 7,82.

Fusible au chalumeau (en dégageant une odeur de sélénium), et réductible en globule métallique qui couvre le charbon d'oxide orangé.

Attaquable par l'acide nitrique. Solution précipitant par l'addition de l'eau et par le nitrate de baryte.

Composition. $Bi\,Te^2 + Bi\,Su$, avec un peu de $Bi\,Su$ surabondant, d'après une analyse de M. Wehrle :

Tellure	34,6	0,042	= 0,042 (2)	
Bismuth	60	0,045	= 0,042 (2)	+ 0,003
Soufre et traces de sélénium	4,8	0,024	= 0,021 (1)	+ 0,003

Cette analyse confirme le résultat de Klaproth, qui avait obtenu 5 pour 100 de soufre; mais qui avait confondu les deux métaux sous le nom de Bismuth, ce qui n'a rien d'étonnant pour l'époque où il a travaillé.

Cette substance se présente en lames hexagones ou en lames irrégulières. On ne l'a jamais trouvée qu'en très petite quantité, en sorte qu'elle est extrêmement rare dans les collections : je ne crois pas même qu'il en existe à Paris, et je n'en ai jamais vu qu'un échantillon, à Freyberg en Saxe. De Born, qui en a parlé le premier, l'a indiquée à Börsöny (Deutsch-Pilsen), sur les bords de L'ipoly-Sag, où il l'avait trouvée dans les déblais d'une mine qui y était exploitée. On l'a retrouvée depuis à Schernowitz (Zsarnocsa) sur les bords de la Gran, et c'est de là que provient l'échantillon analysé par M. Wehrle. Dans l'un et l'autre cas, elle se trouve dans des dépôts aurifères enclavés dans les terrains de diorite porphirique. Esmarck l'a observée aussi à Tellemarken en Norwège, où il paraît qu'elle est plus riche en sélénium. On la cite enfin à Bastnaes dans le Westmanland, où elle accompagne la Cérérite.

DEUXIÈME ESPÈCE. ÉLASMOSE

(de ελασμος, lame.)

Tellure natif auro-plombifère; Tellur blei; Blättezerz; Nagyagerz; Graugolderz; Blättriges golderz.

Substance métalloïde, gris de plomb, lamelleuse, et

facilement clivable dans un sens. Clivages sur les autres sens, indiquant un prisme rectangulaire, ou plutôt à base carrée.

Fusible sur le charbon, en le couvrant d'oxide de plomb; réductible en globule gris malléable qui finit par laisser un petit bouton d'or. Donnant l'odeur sulfurique par le grillage dans le tube.

Attaquable par l'acide nitrique, avec résidu blanc de sulfate de plomb, qui laisse un bouton d'or lorsqu'on le traite de nouveau au chalumeau sur le charbon.

Solution précipitant des lamelles de plomb sur un barreau de zinc.

Composition. Peut-être Pb Te mélangé de Galène et de Tellurure d'or et de cuivre du même ordre, d'après les analyses suivantes :

Elasmose lamelleuse, par Brandes.

		Rapports atomiques et divisions.				
			Pb Te.	Au Te.	Cu Te.	Pb Su.
Tellure. .	26,40	0,032 =	0,023 (1) +	0,006 (1) +	0,003 (1)	
Plomb . .	46,00	0,035 =	0,023 (1) +	. . . .	. . . .	0,012 (1)
Or	7,50	0,006 =	. . . .	0,006 (1)		
Cuivre . .	1,00	0,003 =	. . . .	. . . .	0,003 (1)	
Soufre . .	2,50	0,012 =	. . . .	. . . .	. . . .	0,012 (1)
Matières siliceuses . .						

Elasmose lamelleuse, par Klaproth.

			Pb Te.	Au Te.	Cu Te.	Pb Su.	Te.
Tellure. .	32,2	0,039 =	0,027 (1) +	0,007 (1) +	0,004 (1) +	. . .	0,001
Plomb . .	54,0	0,041 =	0,027 (1) +	. . . .	. . . .	0,014 (1)	
Or	9,0	0,007 =	. . . .	0,007 (1)			
Cuivre . .	1,3	0,004 =	. . . .	. . . .	0,004 (1)		
Argent. .	0,5						
Soufre . .	3,0	0,014 =	. . . .	. . . .	. . . .	0,014 (1)	

On peut admettre un mélange de toutes ces substances; mais il est à remarquer qu'on peut aussi tirer sensiblement de l'une et de l'autre analyse la composition triple Au Te + 2 P Su + 4 Pb Te avec mélange d'une petite quantité de Cu Te, qui même approche aussi d'être en proportion définie : la présence du sulfure de plomb serait alors un caractère distinctif par lequel l'Elasmose différerait essentiellement de l'espèce Mullérine, avec laquelle on l'a souvent confondue.

Elasmose cristallisée. En petits prismes très courts, ou lames, rectangulaires ou octogonales, simples ou modifiés sur les arêtes des bases, quelquefois sur les angles, pl. III, fig. 1, 2, 6, 7, 9, 10, 63, 68.

Inclinaison de *B* sur *d* 110° 25'? de *B* sur *i* 118° 57', de *P* sur *a* 135°.

Elasmose lamellaire. En petites masses formées de lames planes ou courbes, entassées confusément les unes sur les autres. C'est ainsi qu'elle se rencontre le plus communément dans les collections.

L'Élasmose n'a encore été trouvée qu'à Nagy-Ag en Transylvanie, dans des dépôts aurifères qui paraissent appartenir à la formation trachytique. Elle est fréquemment accompagnée de manganèse rose.

TROISIÈME ESPÈCE. MULLÉRINE

(du nom de Muller, qui a découvert le Tellure.)

Tellure auro-plombifère; Argent telluré; Or gris-jaunâtre; Tellure gris; Tellur-silber; Weiss tellur; Weiss sylvanerz; Gelberz; Weisses golderz; Nagyag silber; Cottonerz.

Substance métalloïde, blanc jaunâtre, non lamelleuse. Cristallisant en prismes rhomboïdaux d'environ 105° 30 et 74° 30'.

Pesanteur spécifique, 9,22.

Non flexible ; aigre ; ne laissant pas de trait métallique sur le papier.

Fusible sur le charbon, en le couvrant d'oxide de plomb, et se réduisant en un grain métallique blanc, peu ductile.

Attaquable par l'acide nitrique, avec résidu métallique jaune et peu ou point de précipité de sulfate de plomb. Solution donnant des lamelles de plomb et un précipité d'argent sur un barreau de zinc.

Composition. Peut-être (Pb, Ag) Te + Au Te, avec du Tellure à l'état libre, suivant l'analyse de Klaproth :

		Rapports atomiques et divisions.	
Tellure	44,75	0,055	= 0,042 (2) + 0,013
Plomb	19,50	0,015	= 0,021 (1)
Argent	8,50	0,006	
Or	26,75	0,021	= 0,021 (1)
Soufre	0,50		

On voit par conséquent qu'il resterait du Tellure à l'état libre, dont la quantité serait ici de 10,6. Cela jette du doute sur la composition de la substance; mais il en est ici comme pour tous les autres Tellurures, qu'il serait nécessaire d'examiner de nouveau.

Mullérine cristallisée. Rare; en petits cristaux, qui sont des lames rectangulaires plus ou moins épaisses, modifiées de différentes manières, pl. VIII, fig. 2, 3, 15, 22.

Inclinaison de *P* sur *b* 161° 30′, *P* sur *a* 142° 30′, *L* sur *a* 127° 30′.

Mullérine aciculaire et *cylindroïde.* En cristaux allongés, déformés, groupés, et disséminés dans du Calcaire spathique, ou dans du Quarz.

Mullérine fibreuse. En petites masses composées de fibres entrelacées.

Cette substance se trouve aussi dans les dépôts aurifères de Nagy-Ag en Transylvanie. C'est une matière importante dans l'exploitation, et très recherchée à cause de la quantité d'or qu'elle renferme.

QUATRIÈME ESPÈCE. SYLVANE.

Tellure auro-argentifère, Tellure graphique; Or graphique; Or blanc dendritique; Sylvane graphique; Tellurgold; Schrifterz; Schriftgold; Schrift tellur.

Substance métalloïde, gris d'acier clair. Non lamelleuse. Cristallisant en prismes rhomboïdaux d'environ 107° 40′.

Pesanteur spécifique, 7,51? Aigre.

Fusible sur le charbon, et réductible en bouton métallique jaune-clair; ductile.

Attaquable par l'acide nitrique, avec résidu métallique jaune. Solution ne donnant pas de lamelles de plomb sur un barreau de zinc, mais seulement un précipité d'argent.

Composition. Peut-être Ag Te + 3 Au Te³, mélangé d'une petite quantité de Au Te et de Tellure libre, suivant l'analyse de Klaproth :

			Rapports atomiques et divisions.		
				Au Te.	Te.
Tellure.	60 . .	0,074 =	0,070 (10) +	0,003 +	0,001
Or.	30 . .	0,024 =	0,021 (3) +	0,003	
Argent	10 . .	0,007 =	0,007 (1)		

Sylvane cristallisée. En petits cristaux minces où domine en général le prisme rectangulaire, plus ou moins modifié, rarement le prisme rhomboïdal, quelquefois le prisme hexagone, pl. VIII, fig. 2, 3, 9, 20, 37, 42, 53.

Inclinaison de *B* sur *b* 129° 15', *B* sur *c* 135° 15'? *B* sur *d* 136° 39', *a* sur *a* 107° 40'?

Sylvane dendroïde ou *graphique.* Formé de lames ou d'aiguilles cristallines groupées régulièrement, et composant quelquefois des lignes plus ou moins interrompues qui imitent des caractères orientaux.

Sylvane aciculaire. En aiguilles cristallines dispersées dans une gangue de Quarz, et quelquefois groupées.

Le Sylvane existe aussi dans les dépôts aurifères de Nagy-Ag, où il est accompagné d'Elasmose, et surtout de Mullérine, avec laquelle il est souvent confondu dans les collections lorsqu'il est aciculaire; mais on le trouve principalement à Offenbanya, où il est seul, et très recherché dans l'exploitation, à cause de la quantité d'or et d'argent qui entrent dans sa composition.

FAMILLE DES PHOSPHORIDES.

GENRE UNIQUE. PHOSPHATE.

Corps solides non métalliques, donnant par la fusion avec le carbonate de soude un sel soluble dans l'eau, dont la solution, préalablement dépouillée d'acide carbonique, précipite en blanc par le nitrate de plomb, et en jaune par le nitrate d'argent. Précipité formé par le nitrate de plomb, non réductible sur le charbon, se fondant, et formant un bouton à facettes cristallines par refroidissement.

Les Phosphates sont souvent mélangés d'arseniates, et réciproquement; la présence des arseniates est indiquée dans l'essai du précipité sur le charbon : il se dégage alors une odeur arsenicale, et quelques globules de plomb se manifestent.

Il y a aussi des Phosphates qui renferment du chlore et du phtore. Dans le premier cas, ils offrent avec le Phosphate ammoniacal et le cuivre le caractère des Chlorures, page 498; dans le second, ils offrent le caractère des Phtorides en les traitant avec l'acide phosphorique, page 516.

Les formes dont les espèces de ce genre sont susceptibles appartiennent généralement aux systèmes prismatiques. Quelques-unes se rapportent au prisme à base carrée, mais la plupart des espèces cristallisent dans les systèmes rectangulaires droits ou obliques. Il n'y en a que deux qui se rapportent au système rhomboédrique, et elles présentent le prisme hexagonale ou ses dérivés. Les gros cristaux sont en général rares, et la plupart des espèces ne se présentent même qu'en cristaux de très petites dimensions.

Il y a peu de substances dans ce genre qui offrent assez de transparence pour être examinées sous le rapport de la réfraction : aussi n'en a-t-on étudié jusqu'ici que deux sous ce rapport; mais les systèmes de cristallisation nous font voir qu'elles ont toutes la double réfraction, et que la plupart sont à deux axes.

Les couleurs sont généralement assez vives dans les espèces de ce genre; plusieurs affectent différentes teintes de bleu, de vert, de jaune, qui tiennent à la nature de leur base; d'autres, qui seraient naturellement blanches, sont colorées accidentellement de couleurs

FAMILLES DES ARSENIDES ET PHOSPHORIDES.

. . Ar. Acide arsénieux. $\ddot{A}r$.

URE

Sb, Ar. . . . .

Bi, Ar.

Ag, Ar.

ARSÉNITE.

Cu, Ar. Condurite. $Cu^6 \ddot{A}r + 4 Aq$.

Ni Ar. Néoplase. $Ni^2 \ddot{A}r + 18 Aq$.

Co Ar. Rhodoise. $Co, \ddot{A}r$. . . .

ARSÉNIATE.

- Pharmacolite. $Ca^2 Ar + 6 Aq$.
- *Haidingérite.* $Ca^2 Ar + 3 Aq$.
- Arsenicite. . . $Ca^5 A + 15 Aq$.
- *Bleiniere.* . . $Pb^5 A^3 + 15 Aq$. . . Mimetese . . . . . $3 Pb^3 A + Pb Ch$ . .
- *Wood-Copper.* $Cu Ar$.
- Olivenite . . . $Cu^4 Ar$. . . . .
- *Wood-Copper* $Cu^5 Ar + 10 Aq$. . . . .
- Lirocosite . . $Cu^5 Ar + 5 Cu Aq^6$.
- Aplanèse. . . $2 Cu^3 Ar + 15 Aq$.
- Érinite . . . . $3 Cu^5 Ar + 5 Aq$.
- Nickelocre . . $Ni^3 Ar + 9 Aq$.
- Érythrine. . . $Co^3 Ar + 9 Aq$.
- Scorodite. . . $2 F^3 Ar + 15 Aq$.
- Néoctèse. . . . . $F^2 Ar + 2 F Ar + 12 Aq$.
- Pharmacosidérite. $F^3 Ar + F^3 Ar^2 + 18 Aq$.
- Sidérétine . . $F^5 A^9 + 45 Aq$.

PHOSPHATE.

- Xénotime. . . . . $Y^3 P$.
- Wagnérite. . . $Ma^3 P + Ma Ph^2$.
- . . . . Uranite. . . $3 Ca^2 P + U^4 P^3 + 48 Aq$.
- Apatite . . . . $3 Ca^3 P + \begin{cases} Ca\ Ch^2 \\ Ca\ Ph^2 \end{cases}$
- Pyromorphite. $3 Pb^3 P + Pb Ch^2$.
- Chalkolite . . $3 Cu^2 P + U^4 P^3 + 48 Aq$.
- de cuivre . . . . $Cu^4 P$.
- Aphérèse. . . . . $Cu^4 P + 2 Aq$.
- Ypoleime. . . . . $Cu^5 P + 5 Aq$.
- . . . . $2 Cu^5 P + Aq$.
- de fer d'Hillentrup. . . . $F^3 P + 6 Aq$.
- » de Bodenmais. . . $F^3 P + 9 Aq$.
- » d'Anglar. . . . $F^4 P + 4 Aq$.
- » d'Alleyras. . . . $F^4 P + 12 Aq$.
- » de Sayn. . . . $2 F^3 P + 5 Aq$.
- » d'Eckartsberg. . . $F^8 P^3 + 16 Aq$.
- » de Cornwall. . . $F^6 P^3 + 20 Aq$.
- Triplite. . . . $F^4 P + Mn^4 P$.
- Hureaulite . . $F^5 P^2 + 3 Mn^5 P^2 + 30 Aq$.
- Hétérosite . . $2 F^5 P^2 + Mn^5 P^2 + 5 Aq$.
- Wawellite. $(A^4 P^3 + 18 Aq) + Al Ph^3$.
- Kakoxène . . . . $Al P^3 + 3 Aq$.
- Amblygonite. $Al^4 P^3 + L^4 P$.
- [illegible] $Al^2 P^3 + Mn^5 P$?

ES

Arsenic . . . . . . Ar. Acide arsénieux. $\dddot{Ar}$.

ARSÉNIURE

d'Antimoine. Sb, Ar. . . . .

de Bismuth. Bi, Ar.

d'Argent . . Ag, Ar.

ARSÉNITE.

de Cuivre. . Cu, Ar. Condurite. $\dot{Cu}^6 \dddot{Ar} + 4$

Wa

. Aq.

Apa

Pyr

Aq.

vives de diverses espèces; il en est même qu'on ne connaît que colorées, quoique naturellement elles dussent être blanches.

Les Phosphates sont des substances peu dures : il n'en est pas un qui raie le Quarz; trois ou quatre raient le verre; les autres seulement la Fluorine, ou le Calcaire; il en est qui sont même rayés par le Calcaire.

Sous le rapport de la composition, il y a des Phosphates de bases à 1 atome d'oxigène, dans lesquels on reconnaît les compositions rP, rP^2, r^2P^3, r^3P^5, r^4P^3, r^8P^{15}, r représentant la base. D'autres renferment des bases à 3 atomes d'oxigène; il en est qui sont assez connus pour qu'on puisse dire qu'ils offrent la composition $R^{12}P^{15}$; mais on peut soupçonner dans d'autres RP^3, R^3P^5, R^6P^5, R^9P^5, R représentant la base. Les uns sont anhydres, les autres hydratés. Il y a beaucoup de sels doubles, qui sont formés, soit par des réunions de Phosphates de bases différentes au même degré d'oxidation, soit par des réunions de Phosphates du même corps à des degrés d'oxidation différens. Il y a aussi des combinaisons doubles formées par réunion des phosphates avec des chlorures ou des phtorures. Le tableau ci-joint fait connaître toutes ces combinaisons avec leurs relations mutuelles.

Les Phosphates se trouvent tantôt disséminés dans les roches de cristallisation, ou bien tapissent leurs fissures; tantôt dans les gîtes métallifères de plomb, de cuivre et de fer; tantôt enfin en petits nids dans les dépôts de sédiment, quelquefois même dans les plus modernes. Il en est qui affectent toutes ces manières d'être. Une variété d'une seule espèce constitue des collines assez étendues, en formant des masses assez solides pour être exploitées comme pierre à bâtir.

PREMIÈRE ESPÈCE. APATITE.

Chaux phosphatée ou phosphorée; Moroxite; Asparagolithe; Phosphorite; Terre de Marmarosch; Beril de Saxe; Agustite; Pierre d'Asperge; Phosphorsaurer Kalk; Spargelstein.

Substance de couleurs variées, vitreuse ou terreuse. Cristallisant en prisme à base d'hexagone régulier dont la hauteur est à l'apothème à-peu-près comme les nombres 39 et 46.

Pesanteur spécifique 3,166 à 3,285.

Rayant la Fluorine; rayée par les Feldspaths.

Très difficilement fusible au chalumeau; ne donnant pas d'eau par calcination.

Attaquable par l'acide nitrique. Solution précipitant abondamment par l'oxalate d'ammoniaque.

Composition. $3\,\dot{C}a^3\,\ddot{\overline{P}} + \left\{\begin{matrix} Ca\,Ch^2 \\ Ca\,Ph^2 \end{matrix}\right.$ d'après les recherches de M. G. Rose, qui ont donné les résultats suivans :

Apatite de Snarum en Scanie.

		Oxig.	Rap.		Rapp. atomiq.	
Acide phosphorique	41,48	23,94	5	$Ca^5 P^6$ = 91,13	0,0465	3
Chaux	49,65	13,94	3			
		Rapp. atom.				
Chlore	2,71	0,012	2	$Ca\,Ch^2$ = 4,28	0,0061	1
Phtore	2,21	0,018				
Calcium	3,95	0,015	1	$Ca\,Ph^2$ = 4,59	0,0093	

Apatite du cap de Gate.

		Rapp. atomiq.	
Phosphate de chaux	92,066	0,0469	3
Phtorure de calcium	7,049	0,0144	1
Chlorure de calcium	0,885	0,0013	

Apatite d'Arendal.

		Rapp. atomiq.	
Phosphate de chaux	92,19	0,0469	3
Phtorure de calcium	7,01	0,0143	1
Chlorure de calcium	0,80	0,0011	

Apatite du Greiner en Tyrol.		Rapp. atomiq.	
Phosphate de chaux . .	92,16	0,0468	3
Phtorure de calcium. .	7,69	0,0157	1
Chlorure de calcium. .	0,15	0,0002	

Apatite de Faldig en Tyrol..		Rapp. atomiq.	
Phosphate de chaux. . .	92,28	0,0469	3
Phtorure de calcium . .	7,62	0,0155	1
Chlorure de calcium . .	0,10	0,0001	

Apatite d'Ehrenfriedersdorf.		Rapp. atom.	
Phosphate de chaux . .	92,31	0,0470	3
Phtorure de calcium. .	7,69	0,0157	1
Chlorure de calcium. .	traces.		

Apatite du Saint-Gothard.		Rapp. atom.	
Phosphate de chaux. . .	92,31	0,0470	3
Phtorure de calcium . .	7,69	0,0157	1
Chlorure de calcium . .	traces.		

On voit par ces analyses que c'est le phtorure de calcium qui se maintient le plus dans la composition de la substance; qu'il peut être en partie remplacé par le chlorure, mais que ce dernier devient quelquefois tout-à-fait inappréciable.

Il y a tout lieu de croire que la composition qui est ainsi reconnue dans les variétés que nous venons d'indiquer, existe dans tous les Phosphates de chaux cristallisée; mais, quoiqu'il soit à présumer qu'il en est de même pour les Phosphates terreux que nous connaissons dans plusieurs localités, il n'est pas possible de l'affirmer définitivement, puisque les analyses n'indiquent pas du tout la présence du phtore ou du chlore, et que même les essais chimiques n'en disent pas davantage. Il pourrait bien se faire qu'il y eût des Phosphates de chaux simples dans la nature, qui devraient dès-lors constituer une espèce particulière. Quoi qu'il en soit, nous consignons ici les analyses.

Phosphate de chaux de Fins, par Berthier.	
Phosphate de chaux $Ca^3 P^3$	86,3
Carbonate de fer.	11,7
Argile	0,6
Houille, eau et perte. . . .	1,4

Phosphate de chaux du cap la Hève, par le même.	
Phosphate de chaux $Ca^3 P^5$	57,5
Carbonate de chaux. . . .	7
Carbonate de magnésie. . .	2
Silicate de fer et argile. . .	25,3
Eau, etc.	7,5

Phosphate de chaux de Vissant, par le même.		Phosphate de chaux de Saint-Thibaut.	
Phosphate de chaux $Ca^3 P^5$	57,4	Phosphate de chaux	74
Carbonate de chaux	9,2	Carbonate de chaux	10
Argile	21,4	Argile et oxide de fer	16
Matière combustible noire	3		
Eau et perte	9		

Apatite cristallisée. En prismes hexagones, rarement simples, mais le plus souvent modifiés sur les arêtes et les angles, quelquefois d'une manière très compliquée, ou terminés par des pyramides, pl. VI, fig 1, 5, 7, 8 à 11, 14, 18 à 22, 25, 26, 28 à 35, 49, 51.

Inclinaison de k sur o, o', o'', 120° 38', 134° 43', 157°; de k sur p, 124° 16'; de r sur s, 150°; de r sur o, 169° 2'; de r sur δ, 149° 20'.

Apatite mamelonnée. — stalactitique. — réniforme.

Apatite lamellaire. — granulaire. — fibreuse et testacée. — compacte. — terreuse.

L'Apatite est *incolore*, *jaune*, *bleue*, *violâtre*, *verdâtre*; elle est *transparente*, *translucide*, *opaque*.

L'Apatite cristalline est disséminée dans les roches de granite, de gneiss, de chlorite, de talc, ou bien en remplit les fissures (Nantes, Chanteloube près Limoges; Rosskopf, près de Freiburg, pays de Baden; Greifenstein en Saxe; Greiner, Faldig, en Tyrol; Saint-Gothard, val Maggia; cap de Gates; Saint-Stephans, Saint-Michel, en Cornwall; Germanthon, en Pensylvanie; Groenland, etc.), et quelquefois y forme des masses assez volumineuses où elle est entremêlée avec des feldspaths, des amphyboles, etc. On la trouve aussi dans les trachytes, les basaltes, les laves (Montferier, Hérault; Beaulieu, Bouches-du-Rhône; cap de Gates, Jumilla, en Espagne; Vésuve; Albano; abbaye de Laach sur le Rhin, etc.). On la trouve dans les gîtes métallifères de minerais d'étain (Geyer, Ehrenfreidersdorff, en Saxe; Schlackenwald en Bohême, etc.) ou de minerais de fer magnétique (Arendal en Norwège; Grengesberg en Dalecarlie; Karingbricka, dans le Westmanland; Gellivara en Laponie), ou même avec les minerais de plomb (Dramen en Norwège).

Les Apatites lithoïdes et terreuses forment des dépôts ou des petits rognons disséminés dans différens terrains. Une Apatite terreuse se trouve en filons ou en petites couches dans des roches de Quarz (Kobolo Poljana dans le Marmaros); il en existe des dépôts fibreux, dendritiques, stalactitiques, testacés, entremêlés avec des couches quarzeuses ou coupés par des filons de Quarz qui constituent des collines entières (Logrosso, près de Truxillo dans l'Estramadure). Enfin, il se trouve des rognons d'Apatite terreuse dans les argiles des terrains houillers (mines de Fins, Allier), dans la partie supérieure de la formation jurassique (Saint-Thibaut, 2 lieues à l'ouest de Viteaux, Côte-d'Or), dans des argiles qui renferment des minerais de fer en grains, dans la craie ou les argiles inférieures (Vissant, Pas-de-Calais; cap La Hève près le Havre), et dans les argiles tertiaires inférieures (Auteuil près Paris).

On a quelquefois taillé certaines variétés bleuâtres ou bleu verdâtre d'Apatite; mais elles ne produisent que des pierres de peu d'éclat, et n'ont jamais eu de valeur. Dans l'Estramadure on exploite les variétés en grandes masses de Logrosso comme pierre à bâtir.

DEUXIÈME ESPÈCE. PYROMORPHITE

(de πυρ, feu, et μορφη, forme: cristallisant par la fusion).

Plomb phosphaté; Plomb vert; Polychrome; Phosphorsaures-Blei; Traubenerz; Traubenblei; Grün et *Braunbleierz; Buntbleierz.*

Substance cristallisant en prisme à base d'hexagone régulier dont la hauteur est à l'apothème à-peu-près comme 66 à 37, et qui se clive parallèlement à ses faces avec assez de facilité.

Pesanteur spécifique, 7,09.

Rayant à peine le Calcaire; fragile.

Ne donnant pas d'eau par calcination. Fusible au chalumeau en matière qui forme un bouton à facettes par refroidissement.

Attaquable par l'acide nitrique. Solution précipitant des lames métalliques de plomb sur un barreau de zinc.

Composition. $3\,\dot{P}b^3\,\ddot{\ddot{P}} + Pb\,Ch^2$, d'après les analyses de M. Wöhler :

Pyromorphite de Tschopau.

		Oxig.	Rap.		Rapports atomiques.	
Acide phosphorique.	15,727	8,81	5	$Pb^5 P^5$	0,018	3
Protoxide de plomb.	74,216	5,32	3			
Chlorure de plomb.	10,054			$Pb Ch^2$	0,006	1

Pyromorphite de Leadhills.

		Rapp. atom.	
Phosphate de plomb $Pb^5 P^5$	88,16	0,0173	3
Chlorure de plomb	9,91	0,0057	1

Pyromorphite blanche de Tscopau.

		Rapp. atom.	
Phosphate de plomb $Pb^5 P^5$	80,37	0,0158	5
Arseniate de plomb $Pb^5 Ar^5$	9,01	0,0016	
Chlorure de plomb	10,09	0,0058	1

Toutes les variétés que l'on a pu essayer donnent l'indice du chlorure de plomb, qui par conséquent doit être regardé comme partie constituante. Mais il est très remarquable qu'aucune variété n'a donné de traces d'acide fluorique. Fréquemment ces Phosphates sont mélangés d'arseniates de même formule.

Pyromorphite cristallisée. En prismes hexagones, rarement dodécagones, simples ou terminés par des facettes annulaires ou des pyramides; quelquefois en dodécaèdres isocèles, rarement simples, le plus souvent tronqués au sommet, modifiés sur les arêtes des bases, pl. VI, fig. 1, 8 à 10, 26, 28, 49, 52, 53, 61, 64.

Inclinaison de *k* sur *o*, 138° 30′; *r* sur *o*, *o′*, 131° 45′, 150??

Pyromorphite aciculaire. En petits cristaux très allongés qui paraissent être quelquefois des pyramides très aiguës; souvent très serrés les uns contre les autres, comme les soies du velour, comme les houppes des mousses.

Pyromorphite bacillaire. En masses composées de fibres plus ou moins grosses, cannelées, quelquefois très fines, qui sont droites, parallèles, ou entrelacées irrégulièrement.

Pyromorphite mamelonnée ou *botryoïde.* Des mamelons disposés à la surface d'autres corps, ou réunis entre eux de diverses manières.

Pyromorphite stalactitique. Petites stalactites simples ou recouvertes de cristaux aciculaires.

Pyromorphite pulvérulente. En poussière jaune-orangé ou verdâtre.

Les couleurs sous lesquelles cette substance se présente sont principalement le *vert d'herbe*, le *jaune* de différentes nuances, le *brun* ou le *violâtre*.

La Pyromorphite est une matière des gîtes métallifères, principalement des mines de plomb, dont elle tapisse ou remplit les fentes et les cavités. Il en existe dans un très grand nombre de lieux en France (Huelgoat et Poullaouen en Bretagne; Erlembach en Alsace; Lacroix-aux-Mines, Vosges; Pont-Gibault, Puy-de-Dôme), en Angleterre (Huelpenrose, Huelgolden près Ste.-Agnès en Cornwall; Alstoon-Moore en Cumberland; Allenhead, Teesdale, comté de Duram; Surside en Yorkshire), en Ecosse (Leadhills, Wanlockead), dans le pays de Bade (Hofsgrund, Badenweiller, Wolfach), au Harz (Galgenberg, Zellerfeld), en Saxe (Johann-Georgenstadt, Freyberg, Marienberg, Tschopau, etc.), en Bohême (Przibram, Bleistadt), en Sibérie (Bérézof?), au Mexique (Zimapan), etc. Elle est accompagnée des différentes matières que l'on trouve dans ces dépôts, de Chalkopyrite, de Malachite, de Blende, de Pyrite, etc. Elle est, à ce qu'il paraît, décomposée quelquefois par les Pyrites, et c'est de l'action mutuelle de ces substances que résulte la conversion des cristaux de Pyromorphite en Galène qui en conserve la forme (Poullaouen en Bretagne, Tschopau en Saxe, Wheal-Hope en Cornwall).

TROISIÈME ESPÈCE. WAGNÉRITE.

Magnésie phosphatée; Phosphorsaurer Talk.

Substance blanche, cristallisant et se clivant en prisme rhomboïdal oblique de 95 et 25°, dont la base est inclinée sur les pans de 109° 20'.

Pesanteur spécifique, 3,15.

Rayant le verre avec difficulté; rayée par les Feldspaths.

Difficilement fusible au chalumeau. Ne donnant pas d'eau par calcination.

Attaquable par l'acide nitrique. Solution, privée de fer par un hydrosulfate, donnant par la soude un précipité qui devient lilas lorsqu'on le chauffe au chalumeau après l'avoir humecté d'une goutte de nitrate de Cobalt.

Composition. $\dot{M}^3 \dddot{P} + MPh^2$, ou en poids (1) :

Acide phosphorique	43,33	80,96 phosphate de magnésie.
Magnésie	37,63	
Phtore	11,35	19,04 phtorure de magnésium.
Magnésium	7,69	

Wagnérite cristallisée. Rare ; en prismes rhomboïdaux ou rectangulaires, modifiés de différentes manières.

Wagnérite laminaire. Présentant les clivages propres à la substance.

La Wagnérite a été observée dans des veines de Quarz qui traversent le schiste dans la vallée de Höllgraben, près de Werfen dans le Salzburg. On l'a citée depuis aux États-Unis d'Amérique. M. Fuchs, qui l'a fait connaître par son analyse, lui a donné le nom de Wagnérite en la dédiant à M. Wagner, de Munich.

QUATRIÈME ESPÈCE. XENOTIME

(de ξενος, vain, et τιμη, honneur).

Yttria phosphatée.

Substance jaune-brunâtre. Cristallisant en octaèdre à base carrée très surbaissée ; à cassure lamelleuse dans un sens où elle offre un éclat résineux.

---

(1) La composition correspondante dans l'hypothèse de l'acide fluorique est :

		Oxig.	*Rapp.*	
Acide phosphorique	43,33	24,28	5	$M^3 P^5 + MFl.$
Magnésie	50,17	19,42	4	
Acide fluorique	6,50	4,73	1	

L'analyse directe que nous devons à M. Fuchs donne le même résultat en supposant un peu de magnésie remplacée par de l'oxide de fer et de manganèse ; elle a fourni :

		Oxig.	*Rapp.*	
Acide phosphorique	41,73	23,38	5	$(M, f, mu)^3 P^5 + MFl.$
Magnésie	46,66	18,06	4	
Oxide de fer	5,00	1,13		
Oxide de manganèse	0,50	0,11		
Acide fluorique	6,50	4,73	1	

Pesanteur spécifique, 4,5577.

Rayant la Fluorine ; rayée par une pointe d'acier.

Ne donnant pas d'eau par calcination. Infusible seule au chalumeau. Donnant par le carbonate de soude une scorie infusible après avoir fait une vive effervescence.

Inattaquable par les acides.

Composition. L'analyse de M. Berzélius présente :

		Oxigène.	*Rapports.*
Acide phosphorique et un peu d'acide fluorique	33,49	18,76	3
Yttria	62,58	12,47	2
Sous-phosphate de fer	3,93		

où l'on voit clairement le rapport 3 à 2 entre les quantités d'oxigène de l'acide et de la base. Mais M. Berzélius a admis le rapport 5 à 3, ou $Yt^3 P^5 = \dot{Y}t^3 \dddot{P}$ en discutant le résultat des recherches auxquelles il s'est livré.

Cette substance, qui a quelques analogies extérieures avec le Zircon, n'a encore été observée qu'en cristaux mal conformés ou en petites masses lamelleuses. Elle a été trouvée par M. Tank près de Lindenaes en Norwège, dans une pegmatite, avec une substance qui ressemble à l'Orthite, p. 64. Conformément aux principes que nous avons adoptés, nous lui avons imposé un nom particulier, qui rappellera que le phosphate d'Yttria a été pris pour l'oxide d'un métal nouveau, auquel on avait donné le nom de *Thorium*, appliqué aujourd'hui au métal découvert dans la Thorite, page 172.

PHOSPHATES FERRUGINEUX.

Substances attaquables par l'acide nitrique ; solution précipitant en bleu par l'hydrocyanate ferruginé de potasse.

CINQUIÈME ESPÈCE. TRIPLITE.

Manganèse phosphaté ferrifère ; Triplit ; Phosphor mangan ; Phosphorsaures mangan.

Substance brune ou noirâtre. En masses susceptibles de clivages parallèlement aux pans d'un prisme rectangulaire.

Pesanteur spécifique 3,43 à 3,9.

Rayant la Fluorine; rayée par les Feldspaths.

Donnant par calcination très peu d'une eau acide qui corrode les parois du verre. Très facilement fusible au chalumeau en globule noir métalloïde magnétique. Offrant une frite verte avec le carbonate de soude.

Attaquable par l'acide nitrique. Solution donnant par l'hydrocyanate ferruginé de potasse un précipité bleu qui offre les indices du manganèse avec la soude.

Composition. $f^4 P^5 + mn^4 P^5 = \dot{F}^4 \dddot{P} + \dot{M}n^4 \dddot{P}$, ou peut-être $(\dot{F}, \dot{M}n)^4 \dddot{P}$, d'après l'analyse de M. Berzélius :

		Oxigène.	Rapports.	
Acide phosphorique	32,78	18,56	5	ou 5
Protoxide de fer	31,90	7,26	2	4
Protoxide de manganèse	32,60	7,15	2	
Phosphate de chaux	3,20			

La Triplite n'est pas connue cristallisée ; on ne la trouve qu'en masses susceptibles de clivages, qui forment des nids ou des filons dans les granites. On ne peut encore citer positivement qu'une seule localité en France, dans le Limousin (colline du Barat, près de Limoges). On l'a indiquée aussi en Pensylvanie.

SIXIÈME ESPÈCE. HUREAULITE.

Substance jaune-rougeâtre, à cassure vitreuse. Cristallisant en prismes obliques rhomboïdaux de 117° 30′ et 62° 30′. Base inclinée sur l'arête aiguë, et faisant avec les faces latérales des angles de 101° 13′ (Dufresnoy).

Pesanteur spécifique, 2,27.

Rayant le Calcaire; rayée par la Fluorine.

Donnant de l'eau par calcination. Très fusible au chalumeau en globule noir métalloïde, et offrant du reste les caractères chimiques de la Triplite.

Composition. $fmn^3 P^8 Aq^6 = fP^2 + 3mnP^2 + 6Aq$, ou $\dot{F}^5 \dddot{P}^2 + 3\dot{M}n^5 \dddot{P}^2 + 30\,Aq$, ou peut-être $4(\dot{F}, \dot{M}n)^5 \dddot{P}^2 + 30\,Aq$, d'après l'analyse de M. Dufresnoy :

		Oxigène.	*Rapports.*		
Acide phosphorique	38,00	21,29	8	ou	4
Protoxide de fer	11,10	2,52	1		2
Protoxide de manganèse	32,85	7,21	5		
Eau	18	16,00	6		3

Hureaulite cristallisée. En très petits prismes rhomboïdaux, simples ou modifiés sur l'arête aiguë, et terminés par un sommet dièdre. Ces cristaux sont accolés latéralement.

Cette variété est celle qui a été analysée; mais elle se trouve avec des matières concrétionnées squamiformes, quelquefois fibro-lamellaires, radiées, et même compactes et terreuses, qui sont probablement de la même espèce. La variété squamiforme est d'un brun-rouge foncé, d'un éclat vif et nacré.

L'Hureaulite se trouve en petits nids dans les masses de pegmatite des environs de Limoges, où elle est associée à du phosphate de fer fibreux d'un vert olive; mais on ne l'a point rencontrée en place : les échantillons connus ont été trouvés dans des tas de déblais amassés pour l'entretien des routes, par M. Alluau, qui en a donné la description et lui a donné le nom d'Hureaulite, parce que c'est dans les carrières du Hureaux qu'on trouve le plus de substances minérales.

SEPTIÈME ESPÈCE. HÉTÉROSITE.

(de ἕτερος, différent).

Substance gris-bleuâtre, d'un éclat gras, devenant d'un beau violet et terne dans les parties altérées. Susceptible de clivage en prisme rhomboïdal oblique d'environ 100 à 101°.

Pesanteur spécifique, 3,52 dans les parties non altérées, et 3,39 dans celles qui l'ont été.

Rayant le verre lorsqu'elle n'est pas altérée; rayée par une pointe d'acier.

Donnant de l'eau par calcination. Fusible au chalumeau avec bouillonnement en globule brun métalloïde; offrant du reste les caractères chimiques de la Triplite.

Composition. $mn f^2 P^6 Aq = mn P^2 + 2 f P^2 + Aq$, ou $\dot{M}n^5 \ddot{\ddot{P}}^2 + 2 \dot{F}^5 \ddot{\ddot{P}}^2 + 5 Aq$, ou peut-être $3 (\dot{F}, \dot{M}n)^5 \ddot{\ddot{P}}^2 + 5 Aq$, d'après l'analyse de M. Dufresnoy:

		Oxigène.	*Rapports.*	
Acide phosphorique. . . .	41,77 . .	23,40	6	ou 6
Protoxide de fer	34,89 . .	7,94	2	5
Protoxide de manganèse. .	17,57 . .	3,85	1	
Eau	4,40 . .	3,91	1	1
Silice.	0,22			

où l'on voit que la différence avec l'espèce précédente se trouve dans le rapport qui existe entre les quantités des sels anhydres et la quantité d'eau; du reste, c'est le même ordre de composition.

L'Hétérosite se trouve, comme l'espèce précédente, dans les pegmatites des environs de Limoges, et principalement dans les carrières du Hureaux. Elle est accompagnée de phosphate de fer manganésien vert ou brunâtre, avec lequel elle est quelquefois intimement mélangée. Nous en devons encore la première description à M. Alluau, qui lui a donné le nom que nous avons adopté.

APPENDICE AUX PHOSPHATES FERRUGINEUX.

ESPÈCES MAL CONNUES. PHOSPHATES DE FER.

Fer phosphaté; Fer hydro-sous-phosphaté; Sous-phosphate de fer manganésifère, Bleu martial cristallisé; Bleu de Prusse natif; Prussiate de fer natif; Fer azuré; Schorl bleu; Phosphorsaures Eisen; Spâthiger ou *erdiger Eisen blau.*

Substance blanche, verte ou bleue, cristallisée ou

terreuse. Donnant de l'eau par calcination; devenant magnétique par grillage, en prenant une couleur rouge; fusible en matière gris d'acier avec éclat métallique. Attaquable par l'acide nitrique, avec dégagement de gaz nitreux. Solution donnant par l'hydrocyanate ferruginé de potasse un précipité abondant qui manifeste peu ou point les réactions de l'oxide de manganèse.

Composition. Rien de plus difficile, dans l'état actuel de nos connaissances, que d'établir la composition des Phosphates de fer; on est seulement conduit à soupçonner qu'il doit en exister plusieurs espèces, mais il est impossible d'en admettre aucune définitivement : cela tient à la difficulté de savoir combien il y a de péroxide et de protoxide de fer dans ces matières, et peut-être à des erreurs qu'on n'a pas encore été sur la voie de reconnaître.

Il est probable que dans tous les Phosphates de fer qui présentent une couleur bleue ou verdâtre, il existe un mélange ou une combinaison de Phosphate de protoxide et de Phosphate de péroxide : en effet, dans les laboratoires on n'obtient jamais que des Phosphates blancs ou blanc-jaunâtres, soit qu'on précipite, par le Phosphate de soude, un sel de protoxide de fer ou un sel de péroxide. Le Phosphate bleu ne peut être obtenu qu'en laissant le proto-phosphate exposé à l'air; on le voit alors passer au bleu en très peu de temps, et si on le traite ensuite par la potasse caustique, on obtient un résidu d'oxide noir de fer : par conséquent, il y a eu oxidation d'une partie du protoxide. Il paraît que c'est là ce qui arrive dans la nature, qu'il s'y est souvent formé des proto-phosphates dont nous ne connaissons pas bien l'ordre, et que ces sels, originairement blancs, ont pris la couleur bleue par l'action de l'air, en s'oxidant de plus en plus jusqu'à certains termes, qui paraissent devoir s'arrêter à des proportions définies, mais qui n'y arrivant que lentement, peuvent présenter tous les nombres intermédiaires. Ce qu'il y a de certain, c'est qu'on trouve dans la nature des masses de Phosphate bleu dont le centre est encore blanc, et que la cassure fraîche se ternit promptement en passant au gris-bleuâtre, puis au bleu plus ou moins foncé. Mais si c'est là très probablement l'origine des Phosphates bleus, nous ne pouvons rien dire sur celle des Phosphates verts.

Dans l'impossibilité d'établir les compositions, nous allons donner les analyses qui ont été faites et les résultats auxquels elles peuvent conduire aujourd'hui, en partageant provisoirement les Phosphates ferruginés en trois divisions.

1° PHOSPHATES BLANCS.

Substance blanche, ou d'un blanc-grisâtre. Non cristallisée; devenant promptement bleue par l'exposition à l'air.

Composition. Tout prouve que ces Phosphates sont à base de protoxide de fer; mais on ne les a examinés qu'après leur passage à l'état bleu, et il est difficile de fixer positivement leur ordre de composition. On en connaît de deux localités, et il en est probablement de beaucoup d'autres qui ont naturellement dans le sein de la terre la couleur blanche : l'un d'Eckartsberg, près de Weissenfels en Thuringe, comme Klaproth nous l'apprend; l'autre de New-Jersey, dans l'Amérique septentrionale. Ils ont donné les résultats suivans :

Phosphate d'Eckartsberg,
par Klaproth.

Acide phosphorique	32
Oxide noir de fer	47,50
Eau	20

On peut considérer l'oxide noir comme existant dans le sel analysé, ou comme étant le résultat de l'opération qu'on a dû faire subir pour séparer les élémens. Dans le premier cas, la matière bleue renfermerait :

		Oxigène.		*Divisions et rapports.*			
Acide phosphorique.	32	17,92	=	8,37 (5)	+	9,55	(5)
Péroxide de fer	32,79	10,05	=	10,05 (6)			
Protoxide de fer	14,71	5,34	=	. . . .		5,34	(2)
Eau	20	17,78	=	10,05 (6)	+	7,73	(4)

où l'on voit que ce serait un mélange de $\dddot{F}^2 \overset{\cdot\cdot\cdot\cdot\cdot}{P} + 6\,Aq$ et de $\dot{F}^2 \overset{\cdot\cdot\cdot\cdot\cdot}{P} + 4\,Aq$, la deuxième formule étant probablement celle du Phosphate blanc.

Dans le second cas, il faudrait ramener l'oxide noir tout entier à l'état de protoxide, et on aurait :

		Oxigène.	*Rapports.*
Acide phosphorique	32	17,92	5
Protoxide de fer	44,14	10,05	3
Eau	23,86	21,21	6

La couleur bleue ne serait considérée que comme le résultat de la formation d'une très petite quantité de péroxide, et le Phosphate blanc serait à-peu-près de la formule $\dot{F}^3 \overset{\cdot\cdot\cdot\cdot\cdot}{P} + 6\,Aq$.

Enfin, en suivant les détails de l'analyse de Klaproth, on trouve qu'elle devrait être corrigée comme il suit :

		Oxigène.	*Rapports.*
Acide phosphorique.	34,42	19,28	15
Protoxide de fer	44,14	10,05	8
Eau.	21,44	19,06	15

d'où l'on pourrait tirer la formule $\dot{F}^8 \overset{\cdot\cdot\cdot\cdot\cdot}{P}^3 + 16Aq$, qui, à cause de la complication, pourrait être partagée, et regardée comme un mélange, ou une combinaison, de $\dot{F}^5 \overset{\cdot\cdot\cdot\cdot\cdot}{P}^2 + 10\,Aq$ et $\dot{F}^3 \overset{\cdot\cdot\cdot\cdot\cdot}{P} + 6\,Aq$; ce qui nous indiquerait deux espèces de Phosphates blancs.

Phosphate de fer de New-Jersey,
par Wannuxem.

		Oxigène.	*Rapports*
Acide phosphorique.	25,85	14,48	3
Protoxide de fer	44,54	10,14	2
Eau	28,26	25,12	5
Alumine	0,40		
Perte.	0,95		

ce qui donnerait la formule $\dot{F}^{10}\overset{\cdot\cdot\cdot\cdot\cdot}{P}^{5}$ + 25 Aq, que l'on pourrait partager en $\dot{F}^{5}\overset{\cdot\cdot\cdot\cdot\cdot}{P}$ + 10 Aq et $\dot{F}^{5}\overset{\cdot\cdot\cdot\cdot\cdot}{P}^{2}$ + 15 *Aq*; on retrouverait ainsi l'une des formules précédentes, plus un Phosphate blanc qui serait encore une autre combinaison.

Mais on peut aussi remarquer qu'il y a une perte dans l'analyse, et cette perte pourrait bien résulter de ce que l'on a ramené tout le péroxide obtenu par l'analyse à l'état de protoxide, et qu'à cause de la couleur bleue, il fallait conserver un peu de ce péroxide : en corrigeant la perte de cette manière, on trouve :

		Oxigène.		*Rapp.*		*Rap.*
Acide phosphorique.	25,85	14,28	=	10,30 (5)	+	4,12 (5)
Protoxide de fer.	36,20	8,24	=	8,24 (4)		
Péroxide de fer.	9,29	2,84	=	. . . .		2,24 (3)
Eau.	28,26	25,12	=	25,12 (12)		
Alumine.	0,40					

et dès-lors on trouverait que la substance est $\dot{F}^{4}\overset{\cdot\cdot\cdot\cdot\cdot}{P}$ + 12 Aq mélangé de $\overset{\cdot\cdot\cdot}{F}\overset{\cdot\cdot\cdot\cdot\cdot}{P}$.

On voit, d'après cette discussion, qu'on ne peut rien tirer de bien positif des diverses analyses qui ont été faites sur les Phosphates de protoxide de fer blancs, colorés en bleu par leur exposition à l'air. C'est à des recherches futures qu'il faut en appeler, et pour avoir quelque chose de fixe, il faut prendre le soin d'enfermer tout de suite à l'abri du contact de l'air les échantillons que l'on pourra récolter.

Les Phosphates blancs n'existent pas dans les collections, parce qu'on n'a jamais pris les précautions nécessaires pour les conserver à l'état naturel, et que d'ailleurs ils sont déjà fréquemment altérés dans la nature. On n'a encore vu ces Phosphates qu'à l'état terreux, et il n'y a que le centre des morceaux un peu volumineux qui soit resté blanc; la surface est passée à l'état bleu plus ou moins profondément.

Nous n'en connaissons encore que dans les deux localités que nous avons citées, où ils se trouvent, soit dans des dépôts de Calcaire secondaire (Eckartsberg), soit dans des matières terreuses (New Jersey).

2° PHOSPHATES VERTS.

Grüneisenstein de Sayn; Sous-phosphate de fer manganésifère du Limousin.

Substance vert-poireau, vert-obscur, vert-jaunâtre, ou brun-châtain; en nodules compactes ou légèrement cristallins, ou en petites masses géodiques, fibreuses, radiées.

Pesanteur spécifique, 3,49 à 3,56 (de Sayn), ou 3,227 (Limousin).

Composition. Une analyse que nous avons trouvée sans nom d'auteur sur un échantillon du pays de Sayn, présente :

		Oxigène.	*Rapports.*
Acide phosphorique. . . .	27,72 . .	15,53	2
Oxide de fer.	63,45 . .	14,44	2
Eau.	8,56 . .	7,60	1

ce qui donne la formule $2\dot{F}^{5}\overset{\cdot\cdot\cdot\cdot\cdot}{\bar{P}} + 5\,Aq$, où l'on voit une analogie, à cela près que les quantités d'eau sont différentes, avec les matières qu'on peut soupçonner dans les Phosphates d'Eckartsberg et de New-Jersey.

Si l'on fait attention qu'il y a une perte, et si on l'attribue à l'existence d'une petite quantité de péroxide de fer, on transforme l'analyse en :

		Oxigène.		*Rapp.*				*Rapp.*
Acide phosphorique	27,72	15,50	=	14,28	(2)	+	1,25	(5)
Protoxide de fer. . .	61,08	13,90	=	13,90	(2)			
Péroxide de fer. . . .	2,64	0,75	=	. . . .			0,75	(3)
Eau.	8,56	7,60	=	6,85	(1)	+	0,71	(3)

et l'on aurait alors $2\dot{F}^{5}\overset{\cdot\cdot\cdot\cdot\cdot}{\bar{P}} + 5\,Aq$ mélangé de $\overset{\cdot\cdot\cdot}{\bar{F}}\,\overset{\cdot\cdot\cdot\cdot\cdot}{\bar{P}} + 3\,Aq$.

Ce phosphate se trouve en globules compactes vert-poireau, dans des minerais de fer ou de manganèse, à Sayn sur les bords du Rhin.

Le Phosphate du Limousin, en petites masses rayonnées, d'un vert-olive, légèrement translucide, extrêmement fusible, même à la flamme d'une bougie, a fourni à M. Dufresnoy :

		Oxigène.	*Rapports.*
Acide phosphorique	24,8	13,89	5
Protoxide de fer	51,0	11,61	4
Eau	15,0	13,33	5
Péroxide de manganèse	9,0		

ce qui donne $\dot{F}^4 \ddot{\dot{\ddot{P}}} + 5\,Aq$, formule différente de la précédente, et qui est comparable au Phosphate d'Alleyras que nous allons voir, à cela près que la quantité d'eau n'est pas la même ; on peut y admettre aussi un peu de Phosphate de péroxide de fer pour compenser la perte. Il est probable aussi qu'il ne doit y avoir que $4\,Aq$, et dans ce cas, il y aurait un peu d'eau hygrométrique.

Cette substance se trouve à Anglar, près de Limoges. Elle accompagne l'Hureaulite et l'Hétérosite ; elle est aussi accompagnée de Phosphate bleu qui paraît provenir de sa décomposition.

3° PHOSPHATES BLEUS.

Fer azuré ; Schorl bleu ; Bleu de Prusse natif, etc.

Substance d'un bleu plus ou moins intense, passant quelquefois au verdâtre ; tantôt cristalline, tantôt terreuse. Cristaux présentant un seul clivage facile, et dérivant d'un prisme rectangulaire oblique.

Pesanteur spécifique, 2,66.

Rayée par le Calcaire.

Composition. Il paraîtrait aussi qu'il y a plusieurs espèces d'après les analyses que nous connaissons, et que nous allons rapporter.

Phosphate du Cornwall (Vivianite). En cristaux d'un bleu clair, transparens ou translucides, à clivage très facile. M. Stromeyer en a tiré :

		Oxigène.	Rapports.
Acide phosphorique. . . .	31,18 . .	17,47	15
Protoxide de fer.	41,23 . .	9,38	8
Eau	27,49 . .	24,14	20
	99,90		

ce qui par conséquent donnerait la formule $\dot{F}^{8}\,\overset{\therefore}{P}^{5} + 20\,Aq$, qui, à la variation de l'eau près, est analogue à celle que nous présente le Phosphate bleu d'Eckartsberg d'après l'analyse corrigée de Klaproth, page 559; mais comme cette formule est compliquée, on peut la partager, et elle donnerait $(\dot{F}^{3}\,\overset{\therefore}{P} + 9\,Aq) + (\dot{F}^{5}\,\overset{\therefore}{P}^{2} + 10\,Aq)$, expression analogue à celle que nous avons tirée de la substance d'Eckartsberg, à cela près que dans le premier Phosphate la quantité d'eau est plus grande.

Comme il y a ici une petite perte dans l'analyse, il est à soupçonner qu'il y a eu un peu de péroxide de fer négligé; la quantité en serait 0,25; il y aurait peut-être un peu de sous-phosphate de péroxide $\ddot{F}^{2}\,\overset{\therefore}{P}$.

Cette variété est en cristaux prismatiques obliques modifiés de différentes manières, pl. XII, fig. 9, 10, 19, 20.

Inclinaison de *B* sur *P*, 125° 18'; de *L* sur *a*, 125° 56; *a'* sur *a'*, 108° 30'; *a'* sur *a''*, 157° 45'; *B* sur *d*, 150° 30'; *n* sur *n*, 148° 5'.

Elle existe aussi sous la forme cylindroïde, en prismes cannelées sur leur longueur, dont les sommets sont émoussés.

Elle se trouve en Cornwall (mine de Huel Kind à Sainte-Agnès), accompagnée de Pyrite, de Leberkise? de Sidérose, etc.

PHOSPHATE DE BODENMAISS. En petits cristaux d'un bleu foncé, facilement clivables. M. Vogel en a tiré :

		Oxigène.	Rapports.
Acide phosphorique . . .	26,4 . . .	14,79	5
Protoxide de fer.	41,0 . . .	9,33	3
Eau.	31 . . .	27,56	9
	98,4		

ce qui donne la formule $\dot{F}^{3}\,\overset{\therefore}{P} + 9\,Aq$, analogue à celle d'une des matières que l'on peut tirer par calcul du Phosphate du Cornwall.

En complétant la perte, on trouve :

		Oxigène.		*Rapp.*			*Rapp.*	
Acide phosphorique.	26,40	14,79	=	7,91	(5)	+	6,88	(5)
Protoxide de fer . . .	29,12	6,63	=	6,63	(4)			
Péroxide de fer. . . .	13,48	4,13	=	. . . .			4,13	(3)
Eau	31,00	27,56	=	19,89	(12)	+	7,67	(6)

d'où l'on voit qu'on peut tirer $\dot{F}^4 \overset{\cdot\cdot\cdot\cdot\cdot}{P} + 12\,Aq$, mélangé de $\ddot{F}\,\overset{\cdot\cdot\cdot\cdot\cdot}{P} + 6\,Aq$; mais on peut en tirer aussi $\dot{F}^3\,\overset{\cdot\cdot\cdot\cdot\cdot}{P} + 9\,Aq$ mélangé de $\ddot{F}^5\,\overset{\cdot\cdot\cdot\cdot\cdot}{P}^3 + 30\,Aq$; dans le premier cas, la substance principale serait analogue à celle d'Alleyras.

Cette substance se trouve en Bavière (Silberberg, près Bodenmais) avec le sulfure Leberkise; elle se présente en petits cristaux qui ont une grande analogie avec ceux de Cornwall.

Phosphate de hillentrup, terreux. M. Brandes en a tiré :

		Oxigène.	*Rapports.*
Acide phosphorique . .	30,320	16,98	5
Protoxide de fer. . . .	43,775	9,96	3
Eau.	25,000	22,22	6 à 7
Alumine.	0,700		
Silice	0,025		
	99,820		

ce qui donne la formule $\dot{F}^3\,\overset{\cdot\cdot\cdot\cdot\cdot}{P} + 6\,Aq$, analogue à une de celles que l'on peut tirer du Phosphate de Bodenmaiss, mais où la quantité d'eau serait différente.

En remarquant qu'il y a une perte, et la corrigeant d'après la supposition de l'existence du péroxide de fer, on a :

		Oxigène.		*Rapp.*			*Rap.*	
Acide phosphorique .	30,320	16,98	=	16,00	(5)	+	0,98	5
Protoxide de fer. . .	42,195	9,60	=	9,60	(3)			
Péroxide de fer. . .	1,760	0,54	=	. . . .			0,54	3
Eau.	25,000	22,22	=	19,20	(6)	+	3,02	18?

et dès-lors la matière serait un mélange de $\dot{F}^3\,\overset{\cdot\cdot\cdot\cdot\cdot}{P} + 6\,Aq$ avec $\ddot{F}\,\overset{\cdot\cdot\cdot\cdot\cdot}{P} + 18\,Aq$.

Ce Phosphate se trouve à l'état terreux avec des débris végétaux enfouis dans des dépôts argileux, à Hillentrup dans la principauté de Lippe.

PHOSPHATE D'ALLEYRAS. Terreux. En rognons dans une argile. M. Berthier en a tiré :

		Oxigène.	Rapports.
Acide phosphorique . . .	23,1 . . .	12,94	5
Protoxide de fer.	43,0 . . .	9,79 }	4
Protoxide de manganèse .	0,3 . . .	0,06 }	
Eau.	32,4 . . .	28,80	11
Argile.	0,6		
	99,4		

ce qui semble conduire à la formule régulière $\dot{F}^4\,\overset{\cdot\cdot\cdot\cdot\cdot}{P}$ $+ 12\,Aq$, qui présente une combinaison analogue à une de celle que l'on observe dans le Phosphate de Bodenmaiss, et qui, à l'état anhydre, entre dans la composition de la Triplite.

En corrigeant la perte par la supposition d'un peu de péroxide, on a :

				Rapp.				Rap.
Acide phosphorique. .	23,1	12,94	=	9,78	(5)	+	5,16	5
Protoxide de fer. . . .	38,55	7,77 }	=	7,83	(4)			
Protoxide de manganèse.	0,30	0,06 }						
Péroxide de fer. . . .	5,05	1,55	=	»			1,55	3
Eau.	32,40	28,80	=	23,49	(12)	+	5,31	10
Argile.	0,60							

Ainsi la formule $\dot{F}^4\,\overset{\cdot\cdot\cdot\cdot\cdot}{P} + 12\,Aq$ serait mélangée de $\overset{\cdot\cdot\cdot}{F}\,\overset{\cdot\cdot\cdot\cdot\cdot}{P} + 10\,Aq$; ou peut-être aurait-on $\dot{F}^4\,\overset{\cdot\cdot\cdot\cdot\cdot}{P} + 15\,Aq$ mélangé de $\overset{\cdot\cdot\cdot}{F}\,\overset{\cdot\cdot\cdot\cdot\cdot}{P}$.

Ce Phosphate se trouve aussi avec des débris végétaux, dans des dépôts argileux à Alleyras, au sud-ouest du Puy en Velay.

D'après les détails dans lesquels nous venons d'entrer, on voit qu'il n'est guère possible de fixer définitivement la nature des différens Phosphates de fer, mais qu'il doit en exister nécessairement plusieurs espèces très distinctes. On peut établir les compositions de ces espèces de différentes manières, suivant le mode de discussion des analyses, comme on le voit dans le tableau suivant :

PHOSHATE DE	PREMIÈRE MANIÈRE.	2e OU 3e MANIÈRE.
ECKARTSBERG.	$\dot{F}e^2\,\overset{:\cdot:}{P} + 4\,Aq$ avec $\dddot{F}^2\,\overset{:\cdot:}{P} + 6\,Aq$	$\dot{F}^5\,\overset{:\cdot:}{P} + 6\,Aq$ avec $\dot{F}^5\,\overset{:\cdot:}{P}_2 + 10\,Aq$, ou encore $\dot{F}^8\,\overset{:\cdot:}{P}^3 + 16\,Aq$.
HILLENTRUP .	$\dot{F}e^5\,\overset{:\cdot:}{P} + 6\,Aq$, simple, ou avec $\dddot{F}\,\overset{:\cdot:}{P} + 18\,Aq$.	
BODENMAISS .	$\dot{F}e^3\,\overset{:\cdot:}{P} + 9\,Aq$, simple, ou avec $\dddot{F}^5\,\overset{:\cdot:}{P}^2 + 30\,Aq$. . .	$\dot{F}^4\,\overset{:\cdot:}{P} + 12\,Aq$ avec $\dddot{F}\,\overset{:\cdot:}{P} + 6\,Aq$.
ANGLAR. . .	$\dot{F}^4\,\overset{:\cdot:}{P} + 5\,Aq$.	
ALLEYRAS . .	$\dot{F}^4\,\overset{:\cdot:}{P} + 12\,Aq$, simple, ou avec $\dddot{F}\,\overset{:\cdot:}{P} + 10\,Aq$. . .	$\dot{F}^4\,\overset{:\cdot:}{P} + 15\,Aq$ avec $\dddot{F}\,\overset{:\cdot:}{P}$.
NEW-JERSEY .	$\dot{F}^4\,\overset{:\cdot:}{P} + 12\,Aq$, avec $\dddot{F}\,\overset{:\cdot:}{P}$.	
SAYN. . . .	$2\,\dot{F}^5\,\overset{:\cdot:}{P} + 5\,Aq$, simple, ou avec $\dddot{F}\,\overset{:\cdot:}{P} + 3\,Aq$.	
CORNWALL. .	$\dot{F}^8\,\overset{:\cdot:}{P}^3 + 20\,Aq$.	$(\dot{F}^5\,\overset{:\cdot:}{P} + 9\,Aq) + (\dot{F}^5\,\overset{:\cdot:}{P}^2 + 10\,Aq$.

Il n'est pas inutile d'ajouter aux analyses que nous venons de donner celle du Phosphate de fer de l'Ile-de-France, qui, d'après d'anciennes recherches de M. Laugier, serait formé de :

		Oxigène.	*Rapports.*
Acide phosphorique . .	19,25 . . .	10,78	5
Péroxide de fer	41,25 . . .	12,64	6
Eau.	31,25 . . .	27,78	12
Alumine.	5		
Silice	1,25		
Perte	2		

ce qui donnerait $\dddot{\mathrm{F}}^2 \overset{\cdot\cdot\cdot\cdot\cdot}{\mathrm{P}} + 12\,Aq$; mais il y a tant d'analogie entre cette substance de l'Ile-de-France et celles de Cornwall, de Bodenmaiss, qu'il est bien difficile de penser que tout le fer soit ici à l'état de péroxide. En effet, pendant l'analyse, l'action de l'acide nitrique a fait dégager du gaz nitreux; d'où il suit qu'il y a eu une oxidation; et cependant, d'un autre côté, il y a encore une perte de 2 pour 100. Il me semble en tout y avoir plusieurs causes d'erreurs dans cette analyse, qui est déjà fort ancienne.

C'est sans doute d'après quelques discussions analogues à celles auxquelles nous nous sommes livrés, que M. Berzélius s'est déterminé à adopter trois formules de composition pour les Phosphates de fer; savoir :

$$\dot{\mathrm{F}}^3 \overset{\cdot\cdot\cdot\cdot\cdot}{\mathrm{P}} + 6\,Aq,\ \dot{\mathrm{F}}^8 \overset{\cdot\cdot\cdot\cdot\cdot}{\mathrm{P}}^5 + 16\,Aq,\ \dddot{\mathrm{F}}^2 \overset{\cdot\cdot\cdot\cdot\cdot}{\mathrm{P}} + 12\,Aq,$$

auxquelles il ajouterait sans doute celle des Phosphates verts qu'il ne connaissait pas alors; mais il est difficile de comprendre comment il a pu réunir à ces trois formules toutes les analyses qu'il cite. Dans la première, il comprend les Phosphates de Bodenmaiss et de Hillentrup : or, nous voyons qu'il y a différence dans les quantités d'eau, qui sont cependant en proportion définie; par conséquent, ce n'est qu'en admettant une décomposition que la réunion peut se faire, et l'on peut se fonder sur ce que la substance de Bodenmaiss est cristalline, tandis que l'autre est terreuse. Dans la seconde, il comprend le Phosphate de Cornwall et celui d'Eckartsberg; mais ici c'est le contraire de ce que nous venons de dire : il n'y a que la substance terreuse qui puisse être rapportée exactement à la formule; car dans celle qui est cristallisée, et dans laquelle on ne doit pas supposer une altération, il y a surabondance d'eau. Enfin, dans la troisième formule, il comprend à-la-fois le Phosphate de l'Ile-de-France et celui d'Alleyras : or, dans ce dernier, c'est évidemment du protoxide de fer, et non du péroxide.

En examinant le tableau, partie réel, partie hypothétique, que nous avons donné, on est conduit à penser qu'il doit exister plusieurs espèces de Phosphates de protoxide qui renferment plus ou moins d'eau, et plusieurs Phosphates de péroxide mélangés avec les premiers; mais il est à remarquer que les Phosphates de péroxide, que, par hypothèse, nous avons été conduits à regarder comme mélangés avec les Phosphates de protoxide, ne sont pas ceux qui proviendraient de leur décomposition, car

$\dot{F}^2 \overset{\cdot\cdot\cdot\cdot\cdot}{P}$ donne naissance à $\overset{\cdot\cdot\cdot}{F} \overset{\cdot\cdot\cdot\cdot\cdot}{P}$.

$\dot{F}^3 \overset{\cdot\cdot\cdot\cdot\cdot}{P}$ . . . . $\overset{\cdot\cdot\cdot}{F}^2 \overset{\cdot\cdot\cdot\cdot\cdot}{P}^2$.

$\dot{F}^4 \overset{\cdot\cdot\cdot\cdot\cdot}{P}$ . . . . $\overset{\cdot\cdot\cdot}{F} \overset{\cdot\cdot\cdot\cdot\cdot}{P}$.

Par conséquent, si une décomposition a produit les mélanges que nous avons trouvés, il faut, ou qu'elle n'ait pas été seulement le résultat d'une simple oxidation, ou bien que le corps ait d'abord renfermé un Phosphate de protoxide différent de celui qui se manifeste à nous; ainsi, le Phosphate d'Eckartsberg aurait dû primitivement renfermer un Phosphate de la formule $\dot{F}^4 \overset{\cdot\cdot\cdot\cdot\cdot}{P}$; celui de Hillentrup aurait dû renfermer primitivement du Phosphate de la formule $\dot{F}^2 \overset{\cdot\cdot\cdot\cdot\cdot}{P}$, etc.

On voit donc que l'on est enfermé dans un cercle dont il est aujourd'hui impossible de sortir.

En réunissant ensemble toutes les espèces dont on doit soupçonner l'existence, on peut dire que les phosphates de fer se trouvent dans les terrains de cristallisation (carrières du Hureaux, près Limoges; Bodenmaiss en Bavière, Kongsberg en Norwège, Groenland), dans des gîtes métallifères (Cornwall, avec minerais de cuivre et d'étain), dans des minerais de manganèse (Anglar, Sayn, Amberg), dans des couches de calcaires secondaires (Eckartsberg), dans des dépôts de matières argileuses renfermant des débris de plantes (Alleyras, Haute-Loire; Hillentrup, sur la Lippe; Sulz, en Wurtemberg; Spandau en Prusse; New-Jersey), dans les dépôts de fer limoneux (Teufelswiesen, près de Peiz en Lusace), dans la tourbe même, enfin dans les produits des houillères embrasées (Labouiche près de Nery, Allier). Ces phosphates forment des nids dans ces différens dépôts, remplissent les fentes et les cavités des débris végétaux, couvrent et remplissent les coquilles enfermées dans les couches où ils se trouvent.

PHOSPHATES CUIVREUX.

HUITIÈME ESPÈCE. APHÉRÈSE

(de ἀφαίρεσις, soustraction).

Cuivre phosphaté de Libethen; Olivenerz; Oktaadrisches phosphorsaures Kupfer.

Substance d'un vert foncé; cristalline; en octaèdre à base rectangle dont les angles, à la base commune, sont de 95° 15′ et 121° 15′.

Pesanteur spécifique, 3,6 à 3,8.

Rayant le Calcaire.

Donnant de l'eau par calcination; réductible à un feu vif, et donnant des grains de cuivre par la fusion avec la soude.

Attaquable par l'acide nitrique. Solution donnant du cuivre sur un barreau de fer.

Composition. $Cu^4 P^5 Aq^2 = \dot{C}u^4 \dddot{\dot{P}} + 2 Aq$, d'après l'analyse de M. Berthier, qui a fourni :

		Oxigène.	*Rapports.*
Acide phosphorique	28,7	16,08	5
Oxide de cuivre	63,9	12,88	4
Eau	7,4	6,57	2

Aphérèse cristallisée. En petits cristaux octaèdres modifiés de différentes manières sur les angles, pl. X, fig. 3, 7, 10.

Inclinaison de *b* sur *b*, 95° 15′ ; *c* sur *c*, 121° 15 ; *c* sur *d*, 149° 10′.

Aphérèse fibreuse. En fibres très courtes, divergentes, qui présentent les faces des octaèdres à leurs extrémités.

Aphérèse compacte. En très petits nids dans le Quarz.

On ne peut encore citer avec quelque certitude que les mines de cuivre de Libethen en Hongrie pour gisement de l'Aphérèse ; cette substance s'y trouve en petits cristaux dans le Quarz et le micaschiste, avec la Chalcopyrite et le protoxide de cuivre. Comme cette matière doit former évidemment une espèce, nous avons dû lui donner un nom ; celui que nous avons adopté rappelle qu'elle n'est qu'un démembrement de l'espèce admise jusqu'alors.

APPENDICE.

Si l'on doit s'en rapporter aux analyses de Klaproth et de M. Dumesnil, il existerait un phosphate anhydre, en petites masses mamelonnées, de même formule que le précédent. Ces analyses sont :

Phosphate de Rheinbreitbach, par Klaproth.		*Oxig.*	*Rapp.*	Phosphate de Libethen, par Dumesnil.		*Oxig.*	*Rap.*
Acide phosphorique	30,95	17,34	5	Acide phosphorique	9,45	5,29	5
Oxide de cuivre.	68,13	13,74	4	Oxide de cuiv.	20,51	4,13	4

où l'on voit par conséquent la formule $Cu^4 P^5$ comme dans le phosphate Aphérèse, mais point d'eau. J'observerai cependant que dans plusieurs échantillons compactes, mamelonnés, que j'ai pu essayer des deux localités citées, j'ai toujours obtenu de l'eau par la calcination.

NEUVIÈME ESPÈCE. YPOLEIME

(de υπολειμμα, reste de compte).

Cuivre phosphaté de Rheinbreitbach ; Pseudomalachite ; Prismatisches phosphorsaures Kupfer.

Substance verte ; cristallisant en prismes obliques

rhomboïdaux d'environ 141° et 39°. Inclinaison de la base aux faces, 112° 30′ environ.

Pesanteur spécifique, 4,2.

Rayant la Fluorine.

Donnant de l'eau par calcination, et offrant d'ailleurs tous les caractères chimiques de l'Aphérèse.

Composition. $Cu\,P + Aq = \dot{Cu}^5 \overset{:\cdot:}{P} + 5\,Aq$, suivant l'analyse de M. F. Lunn, constatée par M. Arfwedson :

		Oxigène.	*Rapports.*
Acide phosphorique	21,687	12,15	1
Oxide de cuivre	62,847	12,67	1
Eau	15,454	13,74	1

Ypoleime cristallisée. En prismes rectangulaires modifiés sur les arêtes ou les angles, pl. XI, fig. 2, 6, 9; ou en prismes hexagones, striés sur leur longueur, où la face *P* disparaît, et portant du reste les mêmes modifications.

Inclinaison de *B* sur *d*, 115° 33′; *i* sur *i*, 123° 47′.

Ypoleime cylindroïde. Les mêmes cristaux hexagones ou octogones, fortement cannelés sur leur longueur.

Ypoleime fibreuse. Composée de fibres divergentes ou entrelacées, dont les extrémités sont cristallines. Il serait bien possible que cette variété appartînt à l'espèce précédente.

Ypoleime terreuse. Il est difficile, à moins d'analyse, de savoir si cette variété, qu'on trouve avec les précédentes, appartient à cette espèce ou à l'autre.

L'Ypoleime, qui doit, par sa composition aussi bien que par sa cristallisation, constituer une espèce particulière, et qui par conséquent demandait un nom distinct, se trouve à Virneberg, près de Rheinbreitbach, dans les provinces prussiennes rhénanes, engagée dans le Quarz dans des filons qui traversent les dépôts de Grauwacke.

APPENDICE.

Il faut rapprocher de cette espèce quelques matières compactes, concrétionnées, de Libethen et de Rheinbreitbach, d'un vert bleuâtre, qui renferment moins d'eau que les variétés cristallines. M. Berthier a tiré de celle de Libethen :

		Oxigène.	Rapports.
Acide phosphorique. . .	22,80 . . .	12,77	2
Oxide de cuivre	61,25 . . .	12,35	2
Eau	8,32 . . .	7,40	1
Carbonate malachite . .	4,57		
Ocre.	1,87		

où il y a moitié moins d'eau que dans l'espèce précédente. Est-ce une espèce qui aurait pour formule $Cu^2 P^2 Aq$, ou bien est-ce un mélange d'Ypoleime $Cu P Aq$ avec un phosphate anhydre du même ordre $Cu P$? C'est ce qu'il est impossible de dire.

On pourrait aussi considérer cette matière comme étant du phosphate Aphérèse $Cu^4 P^5 Aq^2$ avec de l'hydrate de cuivre $Cu Aq$; mais comme il n'est pas probable que cette dernière matière soit à l'état libre, il faudrait la regarder comme combinée, et dans ce cas, ce serait encore une espèce particulière.

PHOSPHATES D'URANE.

DIXIÈME ESPÈCE. URANITE.

Urane oxidé; Uranate de chaux; Uransaurer Kalk.

Substance jaune. Cristallisant en prismes à bases carrées.

Pesanteur spécifique, 3,12.

Rayée par le Calcaire.

Donnant de l'eau par calcination; fusible au chalumeau. Attaquable par l'acide nitrique; solution donnant par l'ammoniaque un précipité qui, redissout par un acide, précipite en rouge par l'hydrocyanate ferruginé de potasse.

Solution ammoniacale blanche, précipitant par l'acide oxalique.

Composition. $CaU^2P^3Aq^8 = 3\dot{\mathrm{Ca}}^2\overset{:\cdot:}{\mathrm{P}} + \dddot{\mathrm{U}}^4\overset{:\cdot:}{\mathrm{P}}^3 + 48Aq$, d'après l'analyse de l'Uranite d'Autun par M. Berzélius, qui a donné :

		Oxigène.	Rapports.
Acide phosphorique	14,63	8,19	5
Oxide d'urane	59,37	3,11	2
Chaux	5,66	1,59	1
Magnésie et oxide de manganèse	0,19		
Silice	2,85		
Barite	1,51		
Eau	14,90	13,24	8
Acide fluorique et ammoniaque	traces.		

Uranite cristallisée. En lames carrées, simples, ou modifiées par des biseaux sur les arêtes des bases, pl. III, fig. 6, 68.

Uranite lamellaire. Composée de lames rectangulaires entremélées, ou divergentes en forme d'éventail.

Uranite terreuse. Provenant de la désagrégation de la variété lamellaire ; on y observe quelquefois encore le tissu lamelleux.

L'Uranite se trouve en petits nids dans les pegmatites (Saint-Simphorien de Marmagne, près d'Autun ; Saint-Yriex, près Limoges), ou dans des matières argileuses qui proviennent de leur décomposition. On l'a indiquée dans les granites de Chessy près de Lyon, à Rabenstein en Bavière, à Baltimore dans le Maryland.

ONZIÈME ESPÈCE. CHALKOLITE.

Urane oxidé ; Uranite ; Uranglimmer ; Grünes Uranerz ; Torberite.

Substance verte, cristallisant en prismes à base carrée dont la hauteur est au côté à-peu-près comme les nombres 16 à 5.

Pesanteur spécifique, 3,33.

Rayée par le Calcaire.

Donnant de l'eau par calcination ; fusible au chalumeau. Donnant des globules de cuivre par la fusion avec le carbonate de soude.

Attaquable par l'acide nitrique. Solution donnant les indices du cuivre sur une lame de fer, et par l'ammoniaque un précipité qui offre les caractères de l'espèce précédente. Solution ammoniacale bleue.

Composition. $CuU^2P^5Aq^8 = 3\dot{Cu}^3\,\overset{\cdot\cdot\cdot\cdot\cdot}{\bar{P}} + \ddot{\bar{U}}^4\,\overset{\cdot\cdot\cdot\cdot\cdot}{\bar{P}} + 48Aq$, d'après l'analyse de la Chalkolite de Cornwall par M. Berzélius et M. Phillips :

Par Berzélius :		*Oxig.*	*Rapp.*	Par R. Phillips :		*Oxig.*	*Rapp.*
Acide phosphorique . . .	15,56	8,71	5	Acide phosphorique. . . .	16	8,96	5
Oxide d'urane.	60,25	3,15	2	Oxide d'urane .	60	3,14	2
Oxide de cuivre.	8,44	1,70	1	Oxide de cuivre.	9	1,81	1
Eau	15,05	13,37	8	Eau	14,5	12,89	7 à 8
Gangue. . . .	0,70						

Chalkolite cristallisée. En prismes carrés modifiés de différentes manières, ou en octaèdres, simples ou modifiés, pl. III, fig. 1, 2, 3, 6, 7, 9, 10, 18, 49, 61, 63 à 72.

Chalkolite lamelliforme. En lamelles, qui ne sont que des cristaux mal conformés, à la surface de diverses gangues.

La Chalkolite est en général une substance de filons que l'on cite dans un grand nombre de lieux, principalement dans les mines d'étain et de cuivre de Cornwall (mine de Gunnislake près de Callington, Carbarack, Tincroft, Sainte Agnès, Saint-Austle), de Saxe ou de Bohême (Steinheidel, Zinwald, Joachimsthal), dans les filons argentifères ou cobaltifères (Schneeberg, Johan-Georgenstadt en Saxe; Wittichen, pays de Bade; Reinerzau en Wurtemberg), dans des dépôts ferrifères (Eibenstock); on la trouve aussi disséminée dans des dépôts cristallins avec tantalite et émeraude (Bodenmais en Bavière).

PHOSPHATES ALUMINEUX.

Substance pierreuse ou terreuse. Résidu du traitement par la soude attaquable par l'acide nitrique, qui donne alors par l'ammoniaque un précipité gélatineux attaquable par la solution de soude caustique.

DOUZIÈME ESPÈCE. WAWELLITE

(du nom du docteur Wawell).

Hydrate d'alumine; Hydrargilite; Alumine phosphatée; Devonite; Lazionite.

Substance blanche ou verdâtre; cristallisant en prismes droits rhomboïdaux de 122° 15′ et 57° 45, clivables parallèlement à leurs pans, dont la hauteur et la moitié de la grande diagonale sont comme les nombres 11 et 5.

Pesanteur spécifique, 2,33.

Rayant le Calcaire; rayée par les Feldspaths.

Donnant par calcination une eau acide qui corrode le verre. Se gonflant sur le charbon, et devenant d'un blanc de neige.

Attaquable par les acides.

Composition. Peut-être $(\dddot{A}^4 \dddot{P}^5 + 18\,Aq) + A\,Ph^3$, d'après l'analyse de M. Berzélius traduite dans la théorie du Phtore :

		Oxig.	Rap.		Rapports atomiq.
Acide phosphorique	33,40	18,71	5	$A^4 P^5 Aq^6 =$ 92,34	0,0126 . 1
Alumine	32,14	15,01	4		
Eau	26,80	23,82	6		
Chaux	0,50				
Oxide de fer et de manganèse	1,25				

		Rapp. atom.		
Phtore	3,56	0,03	A Ph^3 = 5,27	0,0100 . 1 (1)
Aluminium	1,71	0,01		

Wawellite cristallisée. En petits prismes terminés par des sommets dièdres, pl. IX, fig. 13 à 15.

Inclinaison de *a* sur *a*, 122° 15′ ; *b* sur la face de retour, 107° 26′.

Wawellite mamelonnée. En mamelons semi-globulaires à fibres radiées, dont les extrémités sont cristallines.

---

(1) L'analyse directe par M. Berzélius, et la composition théorique précédente ramenée à la théorie de l'acide fluorique, s'accordent sensiblement.

Analyse directe.		Composition théorique.	
Acide phosphorique	33,40	Acide phosphorique	34,35
Alumine	35,35	Alumine	37,08
Eau	26,80	Eau	25,98
Chaux	0,50	Acide fluorique	2,58
Oxide de fer et de manganèse	1,25		99,99
Acide fluorique	2,06		

La Wawellite, découverte par le docteur Wawel, se trouve dans les fissures des schistes argileux (Barnstaple en Devonshire, Loch-Humphry en Dumbarton; Corrivelan, une des îles Shiant en Ecosse; Spring-Hill, près de Cork en Irlande), dans les Dolomies (Kannioak en Groenland), dans des dépôts arenacés (Zbirow, près de Beraun en Bohéme), dans les mines d'étain ou dans leur voisinage (Saint-Austle en Cornwall), dans le fer hématite (Anaberg dans le Haut-Palatinat), et dans les mines de Huelgayoc au Mexique, où elle est accompagnée de cuivre gris.

Cette substance est la première où l'on ait reconnu l'erreur qu'il était si facile de faire en prenant du phosphate d'alumine pour de l'alumine pure. C'est à M. Fuchs qu'on doit la première rectification de cette illusion d'analyse qui avait trompé les plus grands chimistes. M. Berzélius, en recommençant l'examen de la Wawellite, y a trouvé l'acide fluorique qui avait encore échappé à M. Fuchs.

TREIZIÈME ESPÈCE. KLAPROTHINE.

Klaprothite; Lasulite; Azurite; Voraulite; Sidérite; Feldspath bleu; Blauspath.

Substance bleue, en prismes rectangulaires ou carrés, avec une apparence de clivage sur les arêtes latérales.

Pesanteur spécifique, 3,024.

Rayant l'Apatite; rayée par le Quarz.

Donnant de l'eau par calcination, et perdant sa couleur. Infusible sur le charbon, mais se boursouflant et prenant un aspect vitreux et bulleux.

Composition. Difficile à établir en proportions, d'après les analyses existantes, qui donnent :

Klaprothite de Krieglack, par Brandes.		*Oxigène*	
Acide phosphorique	43,32	24,27	4 à 5
Alumine	34,50	16,11	3
Magnésie	13,56	5,24	} 1
Chaux	0,48	0,13	}
Oxide de fer	0,80	0,18?	}
Silice	6,50		
Eau	0,50		

Klaprothite de Rædelgraben, par Fuchs.			
Acide phosphorique	41,81	23,42	5 à 6
Alumine	35,73	16,69	4
Magnésie	9,34	3,61	} 1
Oxide de fer	2,64	0,60	}
Silice	2,10		
Eau	6,06		

Il paraîtrait que c'est un Phosphate double d'alumine et de magnésie qui peut-être se rapporterait à la formule $MA^3 P^4 = \dot{M}g^5 \overset{\cdot\cdot\cdot\cdot\cdot}{P} + \dddot{A}^5 \overset{\cdot\cdot\cdot\cdot\cdot}{P}^5$.

Klaprothine cristallisée. En cristaux rectangulaires qui ne sont pas terminés au sommet.

Klaprothine amorphe. En petites masses d'un bleu plus ou moins intense.

Nous réunissons ici des matières de divers lieux qui ne sont peut-être pas toutes de la même espèce. On les trouve dans les fissures des schistes argileux (Schlamming et Râdelgraben, près de Werfen en Salzburg), dans les micaschistes et roches de Quarz subordonnées (Mürzthal, près de Krieglach; Waldbach, près de Vorau en Styrie; Wienerisch-Neustadt en Autriche), dans le granite (Kniebeis en Salzburg), avec Molybdenite, Pyrite, Chalkopyrite, etc.

APPENDICE.

Nous réunirons ici plusieurs autres phosphates alumineux mal connus, qui formeront peut-être quelques espèces particulières.

Turquoise (*Calaïte*, *Agaphite*, *Johnite*, *Tûrkis*). Substance d'un bleu clair ou verdâtre, compacte ou terreuse; rayant l'Apatite, et même le verre; rayée par le Quarz. Pesanteur spécifique, 2,86 à 3,60. Donnant un peu d'eau, et décrépitant par calcination en laissant une matière noire; infusible; inattaquable par les acides. Donnant les réactions de l'acide phosphorique, de l'alumine, de la chaux, du cuivre, du fer.

On cite cette substance comme remplissant des fissures ou formant des rognons dans des matières siliceuses et argilo-ferrugineuses, à Nichabour dans le Korassan en Perse. C'est celle qu'on désigne dans le commerce sous le nom de *Turquoise de vieille roche.* On l'emploie en cabochon pour garnitures de colliers, etc. Elle produit surtout un très bon effet avec des entourages de diamans et de rubis. Elle se maintient toujours à des prix très élevés, qui varient suivant la beauté de la teinte : une Turquoise ovale de 5 lignes sur 5 1/2, d'un bleu clair avec légère teinte verdâtre, a été vendue 500 francs en vente publique.

On donne aussi le nom de Turquoise, et surtout de *Turquoise de nouvelle roche*, à des dents de mammifères, colorées, dit-on, par du phosphate de fer, qu'on a trouvées en France à Simorre, Auch, etc., dans le département du Gers, et dans plusieurs autres contrées. Elles sont attaquables par les acides, et répandent au feu une odeur animale. Beaucoup moins dures que la Turquoise de vieille roche, qui est une matière *sui generis*, et de couleur plus pâle, plus terne, elles sont aussi beaucoup moins estimées.

Kakoxen. Substance jaune, tendre, en aiguilles cristallines formant des petites masses fibreuses à fibres divergentes, dans laquelle Steinmann a trouvé :

Acide phosphorique	17,86
Alumine	10,01
Silice	8,90
Péroxide de fer	36,82
Chaux	0,15
Eau et acide fluorique	26,95

Il est difficile d'arranger ces élémens de manière à déduire une formule pour cette substance. En négligeant la chaux et l'acide fluorique, on arriverait à-peu-près à $ASi + 2FP + 5Aq$, formule minéralogique assez simple, mais qui donne une formule chimique bien plus compliquée que toutes celles que nous connaissons. On en tirerait peut-être avec plus de vraisemblance $AP^5 + Aq$, mélangée de $ASi^2 + 3Aq$ et d'hydrate de fer ocreux alumineux $(F, A)^2 Aq$ qui serait la matière colorante.

Cette substance se trouve dans les fissures d'un minerai de fer argileux, dans les mines de Hrbeck, près de Zbirow en Bohême.

Childrenite. Substance jaunâtre ou brunâtre, cristallisant en octaèdre rhomboïdal dont les angles sont 130° 20′, 102° 30′ et 97° 50′. Rayant la Fluorine. Composée, d'après les essais de Wollaston, d'acide phosphorique, d'alumine et d'oxide de fer.

Se trouve en petites masses cristallines, avec Pyrite, Sidérose, Quarz et Apatite, à Tavistok dans le Devonshire.

Phosphate d'alumine de l'île Bourbon. Substance terreuse blanche dans laquelle Vauquelin a trouvé :

		Oxigène.	
Acide phosphorique. . .	30,37 . . .	17,07	5
Alumine	46,67 . . .	21,80	6 ?
Ammoniaque	3,13		
Eau et matières animales.	19,73 ?		

ce qui, en faisant abstraction de l'ammoniaque, semblerait indiquer un Phosphate de la formule $A^6 P^5$.

Cette matière a été rapportée de l'Ile-de-France par M. Debassyns; elle s'y trouve dans une caverne volcanique du Bassin-Bleu.

QUATORZIÈME ESPÈCE. AMBLYGONITE

(de αμβλυς, émoussé, et γωνια, angle).

Substance vitreuse verte; cristallisant en prisme rhomboïdal droit de 106° 10′ et 73° 50′. Clivable parallèlement à ses pans.

Pesanteur spécifique, 2,9 à 3.

Rayant l'Apatite ; rayée par le Quarz.

Donnant par calcination à un bon feu un peu d'eau acide qui corrode le verre. Fusible sur le charbon en verre clair qui devient opaque par refroidissement. Donnant la réaction de la Lithine lorsqu'on la traite avec la soude sur une feuille de Platine.

Composition. $\dot{L}^4 \dddot{\underline{P}} + \ddot{A}^4 \dddot{\underline{P}}^3$, suivant M. Berzélius.

L'Amblygonite n'est encore connue qu'en petits cristaux, ou en petites masses cristallines disséminées dans des granites (Chursdorf, près de Penig en Saxe ; Arendal en Norwège), avec tourmaline, topaze, grenat et pyroxène. C'est encore un minéral rare dans les collections.

FAMILLE DES ARSÉNIDES.

Corps solides dégageant des vapeurs blanches qui ont l'odeur d'ail, soit par le simple grillage, soit par le traitement au feu avec un mélange de poussière de charbon.

Les corps que nous réunissons dans cette famille sont les uns métalloïdes, les autres pierreux. Les premiers sont l'arsenic ou les arséniures, dans lesquels ce corps fait immédiatement le rôle de principe électro-négatif; les autres sont des combinaisons des acides arseniques et arsénieux avec les différentes bases. Le tableau joint à celui des Phosphorides présente l'ensemble et les rélations des diverses espèces.

PREMIER GENRE. ESPÈCE UNIQUE. ARSENIC.

Arsenic natif; Gediegen arsenik; Fliegenstein; Giftkobalt; Scherben kobold.

Substance d'un éclat métallique dans la cassure fraîche, noircissant promptement à l'air.

Pesanteur spécifique, 8,308 à l'état de pureté, et diminuant dès-lors jusqu'à 5,73 par suite des mélanges ou de la structure.

Presque entièrement volatile à l'état métallique dans le tube fermé, et à l'état d'oxide dans le tube ouvert ou sur le charbon.

Composition. Corps simples de la chimie, mais fréquemment mélangée d'antimoine, de cobalt, d'argent probablement à l'état d'arséniures, et quelquefois de sulfures.

Arsenic bacillaire. En baguettes prismatiques rectangulaires, simples ou réunies en faisceaux divergens.

Arsenic testacé. En masses à surface mamelonnée, composées de couches parallèles courbes.

Arsenic granulaire. A grains plus ou moins fins.

L'Arsenic est une substance assez commune, quoique peu abondante ; il se trouve dans les gîtes métallifères, principalement dans ceux d'Argyrose, quelquefois dans ceux de Cassitérite, plus rarement dans ceux de Galène, et, en général, dans les mêmes gisemens que les minerais arsenifères de Cobalt, de Nickel, etc. (Allemont en Dauphiné ; Wittichen en Souabe ; Andreasberg au Harz ; Kongsberg en Norwège ; Oravicza dans le Banat ; Nagy-Ag, Kapnik, en Transylvanie ; Schlangenberg en Sibérie ; Saint-Félix au Chili ; Gayhead, Amérique septentrionale).

C'est une matière presque inutile pour nous, car elle est en général rejetée des travaux métallurgiques, dans lesquels elle est nuisible, et des usages domestiques, où elle est dangereuse.

DEUXIÈME GENRE. ARSÉNIURE.

Substances métalloïdes, donnant immédiatement par le grillage une fumée blanche à odeur d'ail sans apparence d'odeur sulfureuse ; en partie volatile, soit à l'abri de l'air, soit à son contact ; mais laissant toujours un résidu sensible, ou donnant une matière volatile distincte de l'oxide d'arsenic.

Attaquable par l'acide nitrique. Solution donnant par les réactifs l'indice de diverses bases.

Il y a peu de chose à dire sur les corps de ce genre, qui ne sont encore qu'en petit nombre. Il n'y en a qu'un qui se présente cristallisé, et il appartient au système cubique ; tous les autres ne sont encore connus qu'en masse. Tous ont l'éclat métallique très distinct dans la cassure fraîche, mais ils se ternissent plus ou moins à l'air.

Quant à la composition, il n'y a que deux sortes de combinaisons bien distinctes : R Ar, R Ar^2, R représentant un corps électro-positif; mais on peut soupçonner $R^2 Ar^3$, et peut-être $R^2 Ar$, $R^3 Ar^2$.

Les Arséniures sont toutes substances de filons, et appartiennent particulièrement aux dépôts argentifères et cuivreux, au milieu desquels ils forment des nids ou des amas.

PREMIÈRE ESPÈCE. ARSÉNIURE D'ARGENT.

Arsenik silber; Argent arsénié.

Matière métalloïde, blanc d'argent; fragile.

Pesanteur spécifique, 8,11.

Réductible au chalumeau en un bouton d'argent accompagné de matière scoriacée magnétique.

Attaquable par l'acide nitrique, en formant immédiatement un précipité rouge-brun si la liqueur n'est pas trop acide. Solution donnant par l'acide hydrochlorique un précipité soluble par l'ammoniaque; précipitant en bleu par l'hydrocyanate ferruginé de potasse.

Composition. Il est bien évident qu'il y a ici de l'arsenic, de l'argent et du fer, mais il est impossible de dire dans quelles proportions; j'ignore encore si c'est à une substance douée des caractères que je viens d'indiquer que se rapporte l'analyse de Klaproth, qui a donné :

		Rapp. atom.		
Arsenic	35,00	0,074	1	$(Ar, Sb)(Ag, Fe)^2$?
Antimoine	4,00	0,005		
Fer	44,25	0,130	2?	
Argent	12,75	0,009		

On doit aussi rapprocher de cette espèce les analyses de M. Dumesnil, que nous avons déjà placées en appendice aux sulfo-arséniures, page 454.

Toutes ces matières, fort mal connues, proviennent de différentes mines du Harz (mines de Sanson et de Katharina), aux environs d'Andreasberg.

DEUXIÈME ESPÈCE. ARSÉNIURE D'ANTIMOINE.

Antimoine arsenifère.

Matière métalloïde, gris d'acier.

Pesanteur spécifique, 6,10.

Donnant par le grillage une vapeur blanche, volatile, et ne laissant pas de résidu.

Attaquable par l'acide nitrique, avec précipité blanc immédiat, soluble dans l'acide hydrochlorique, dont il est séparé par l'eau.

Composition. Inconnue quant aux proportions. On trouve seulement que la matière est formée d'arsenic et d'antimoine dont les quantités varient par suite du mélange de l'arsenic.

On ne connaît cette substance qu'en masses testacées, qui dans la fracture laissent apercevoir des couches curvilignes plus ou moins distinctes, tantôt uniformes, tantôt comme bosselées dans des points plus ou moins rapprochés. On ne l'a encore trouvée que dans peu de localités (Allemont en Dauphiné, Poullaoüen en Bretagne, Andreasberg au Harz), où elle accompagne l'arsenic testacé.

TROISIÈME ESPÈCE. ARSÉNIURE DE BISMUTH.

Bismuth arsénié; Arsenicwismuth.

Substance brillante, non métalloïde, brune ou jaunâtre.

Composition. Arsenic et Bismuth dont les proportions ne sont pas déterminées.

Fusible au chalumeau en matière vitreuse.

Je ne connais cette matière que par les citations de M. Berzélius et de M. Breithaupt. Elle est indiquée comme venant des mines de Neu-glück et Adam-Heber à Schneeberg.

QUATRIÈME ESPÈCE. SMALTINE

(Servant à la préparation du Smalt).

Cobalt arsenical; Speiskobalt; Glanzkobalt; Arsenikkobalt.

Substance métalloïde, gris d'acier dans la cassure fraîche, noircissant promptement à l'air. Cristallisant dans le système cubique.

Pesanteur spécifique, 6,35.

Donnant sur le charbon, après le dégagement de la fumée arsenicale, un globule métallique blanc, cassant, qui au feu d'oxidation communique au verre de Borax une couleur bleu très intense.

Attaquable par les acides. Solution rosâtre, précipitant en bleu-violâtre par les alcalis, en verdâtre par l'hydrocyanate ferruginé de potasse.

Composition. $Co\,Ar^2$, mais fréquemment mélangé d'arsenic, d'arséniure de fer, de mispikel, etc.

Smaltine fibreuse de Schneeberg, par John.

		Rapports atomiques.	
Arsenic	65,75	0,14	2
Cobalt.	28,00	0,07	1
Oxide de fer et de manganèse.	6,25		

Les autres analyses que nous possédons ne sont pas malheureusement aussi claires, et il est assez facile d'errer dans les discussions auxquelles on peut se livrer pour les apprécier. Ces analyses sont :

Arséniure de cobalt de Riegelsdorf, par Stromeyer.

		Rapports atomiques et divisions.	
Arsenic.	74,22	0,158	= 0,094 (3) + 60 (2) + 4 (1)
Cobalt.	20,31	0,055	= 0,031 (1) + 30 (1) + 4 (1)
Fer	3,42	0,010	
Cuivre	0,16	0,001?	
Soufre	0,89	0,004	= 4 (1)

$(Co, F)\,Ar^2 + (Co, F)\,Ar^3$ mélangé de Mispikel et de Cobaltine.

Arséniure de cobalt de Bieber,
par Laugier.

Variété grise.

		Rapp. atom.		
Arsenic.	50,0	0,106	3 ou 3	
Cobalt.	12,7	0,034	1	} 2
Fer.	12,5	0,036	1	
Silice.	25			
Soufre.	traces.			

$Co\,Ar^2 + F\,Ar$, ou bien $Co\,Ar + F\,Ar^2$, ou encore $(Co, F)^2\,Ar^3$.

Variété blanche.

		Rapp. atomiques et divisions.		
Arsenic.	68,5	0,145	= 0,108 (1) + 0,037	1
Cobalt.	9,6	0,026	} = 0,054 (1)	
Fer.	9,7	0,028		
Soufre.	7,0	0,034	= 0,034	1
Silice.	1			

$Co\,Ar^2 + F\,Ar^2$ avec orpiment et arsenic.

S'il n'y a pas d'erreurs dans ces analyses, on voit qu'on peut les ranger toutes sous le type $Co\,Ar^2$; mais dans la première il faut admettre mélange d'un tri-arséniure; dans la seconde, il y aurait mélange de monarséniure de fer; dans la troisième, mélange de biarséniure de fer avec de l'orpiment et une très petite quantité d'arsenic. Nous découvrons ainsi l'existence d'un trisulfure de cobalt.

Mais on peut aussi interpréter la seconde analyse de deux autres manières, l'une donnant l'indice d'un arséniure simple de cobalt $Co\,Ar$, l'autre d'un arséniure plus compliqué $Co^2\,Ar^3$ en regardant le fer comme isomorphe du cobalt.

Il n'y a que les recherches futures qui puissent nous éclairer définitivement sur ces points.

Je dois observer que M. Berzélius a admis deux arséniures de cobalt, savoir: $Co\,Ar$ et $Co\,Ar^2$; mais j'ignore si c'est d'après d'autres analyses que les précédentes.

Smaltine cristallisée. En cube, cubo-octaèdre et octaèdre.

Smaltine dendritique (mine tricotée). Masse composée de petits cristaux formant des espèces de petits chapelets accolés parallèlement, avec d'autres qui les croisent à angles droits.

Smaltine fibreuse (de Schneeberg ; pesanteur spécifique indiquée de 7,28). Matière mamelonnée ou globulaire, à texture fibreuse radiée.

Smaltine mamelonnée. En masses mamelonnées à la surface, et dans l'intérieur desquelles on aperçoit souvent des traces de couches de diverse apparence. C'est la variété la plus mélangée de matières étrangères.

Smaltine amorphe. En masses compactes ou finement granulaires.

La Smaltine est encore une substance des gîtes métallifères, et principalement des gîtes d'Argyrose, de Chalkopyrite, mais rarement de Galène. Jamais on ne la trouve dans les mines de fer; elle abonde particulièrement dans les dépôts cristallins, dits primitifs (Allemont en Dauphiné; vallée de Luchon et Juset aux Pyrénées françaises; vallée de Gistan aux Pyrénées espagnoles; Wittichen en Souabe; Joachimsthal en Bohême; Annaberg, Schneeberg en Saxe; Kugelberg de Dobschau en Hongrie; Oravicza au Banat; Skutterud en Norwège), dans quelques-uns de ceux qu'on nomme intermédiaires (Sainte-Marie-aux-Mines, Vosges; Siegen; Andreasberg au Harz). Quelquefois elle se trouve dans les terrains secondaires, particulièrement dans les schistes cuivreux (Riegelsdorff en Hesse; Bieber dans le Hanau; Saalfeld en Thuringe.

Cette matière est employée, comme la Cobaltine, pour en fabriquer l'oxide de cobalt, qui sert à colorer les émaux et les verres en bleu, ou pour en préparer immédiatement l'espèce de verre bleu désignée sous le nom de Smalt. La quantité de ce minéral exploitée en Europe peut s'élever à 20,000 quintaux, dont la valeur est à-peu-près de 1 million, et qui, convertis en oxide, en Smalt, en verre bleu de toute espèce, donnent un produit de 3 millions. Il en existe peu en France, mais il n'en serait pas moins intéressant d'en tirer partie, au lieu d'envoyer annuellement 300,000 francs à l'étranger pour cet objet.

CINQUIÈME ESPÈCE. NICKELINE.

Nickel arsenical; Arsenik Nickel; Kupfernickel.

Substance métalloïde, rougeâtre; se ternissant lentement à l'air.

Pesanteur spécifique, 6,6 à 7,65.

Donnant sur le charbon, après le dégagement de la fumée arsenicale, un globule métallique blanc, cassant; résidu du grillage donnant au verre de Borax une couleur jaune-rougeâtre à chaud qui devient presque incolore à froid.

Attaquable par l'acide nitrique. Solution verte, devenant d'un bleu violacé par l'addition de l'ammoniaque; précipitant en vert par la potasse et la soude.

Composition. Ni Ar, mais souvent mélangée de différentes matières.

Nickeline d'Allemont, par Bertier.		Rapp. atomiq. et divisions.			Nickeline de . . . , par Stromeyer.		Rap. atom.
Arsenic	48,80	0,104 = 0,104	} 1	$Sb^2 Su^5$	Arsenic.	54,726	0,116 . 1
Antimoin.	8,00	0,010 = 0,004		+ 0,006 . 2	Nickel.	42,206	0,114 . 1
Nickel. .	39,94	0,108 = 0,108	} 1		Fer . .	0,337	
Cobalt. .	0,16	0 . . . 0			Plomb .	0,320	
Soufre. .	2,00	0,009 = ...		0,009 . 3	Soufre .	0,401	
Fer et manganèse .	traces.						

Ces analyses présentent clairement la formule indiquée, avec remplacement de l'arsenic par l'antimoine, et mélange de sulfure d'antimoine, de sulfure de plomb, etc; mais il y a d'autres analyses où les mélanges sont plus compliqués; savoir :

Nickel arsenical de Riegelsdorf, par Pfaff.		Rapports atomiques et divisions.	
Arsenic. . . .	46,42	0,098	= 0,063 (1) + 0,031 (1) + 0,004
Nickel. . . .	48,90	0,132	} = 0,063 (1) + 0,062 (2) + 0,008
Fer.	0,34	0,001	
Plomb. . . .	0,56	0,0004	
Soufre. . . .	0,80	0,004	= 0,004

où l'on voit par conséquent Ni Ar + Ni^2 Ar, ou $Ni^3 Ar^2$, mélangé Ni Su + Ni Ar, ou peut-être de Disomose et de Mispikel, (Ni, Fe) Su^2 + (Ni, Fe) Ar^2.

Wodan kies, par Stromeyer.

			Rapports atomiques et divisions.
Arsenic. . . .	56,20	0,119	= 0,044 (2) + 0,022 (1) + 0,053 . 1
Nickel. . . .	16,29	0,044	= 0,022 (1) + 0,022 (1) + 0,054 . 1
Cobalt et manganèse. . .	4,25	0,011	
Fer	11,12	0,033	
Cuivre. . . .	0,74	0,002	
Plomb. . . .	0,53	0	
Soufre. . . .	10,71	0,053	= . . . . 0,053 . 1
Antimoine . .	traces.		

ce qui donne $N Ar^2 + N Ar$, ou $N^2 Ar^3$ mélangé de Mispikel, Cobaltine et Disomose $(Fe, Co, Ni) Su^2 + (Fe, Co, Ni) Ar^2$.

Ces analyses semblent indiquer des arséniures de Nickel particuliers : l'un $Ni^2 Ar$, qui est la partie la plus faible dans le mélange; l'autre, $Ni Ar^2$, qui est au contraire la partie dominante : cela nous conduit à la probabilité de l'existence de trois espèces distinctes, qui seraient susceptibles de se mélanger en toutes proportions; mais comme elles sont ici en proportions définies, il serait possible aussi qu'elles donnassent d'autres genres de composés, tels que $Ni^3 Ar^2$ pour la première analyse, et $Ni^2 Ar^3$ pour la seconde.

M. Berzélius a déjà admis deux espèces d'arséniures de Nickel $Ni Ar$, $Ni Ar^2$; mais j'ignore si c'est d'après d'autres analyses que celles que nous venons de présenter.

On ne connaît ces matières qu'en masses compactes; cependant l'une d'elles a été déjà indiquée en prismes rhomboïdaux. D'autres ont été indiquées en cubes, mais il est bien possible que ces cubes appartiennent à l'espèce Antimonickel, page 447.

La Nikkeline, ainsi que les arséniures de nickel, dont nous avons reconnu l'existence, se trouve avec la Smaltine, et à-peu-près dans tous les lieux où nous avons indiqué cette substance; elle y est accompagnée comme elle de différens arséniates, et principalement des arséniates et arsénites de nickel, qui proviennent de sa décomposition, et en recouvrent souvent la surface d'un enduit pulvérulent verdâtre ou noirâtre.

Cette matière n'est employée que pour les usages des laboratoires, pour en préparer les oxides et les sels de nickel.

SIXIÈME ESPÈCE. ARSÉNIURE DE CUIVRE.

Cuivre arsénié.

Je ne connais cette substance que par la citation de M. Berzélius Cu Ar^x, où l'on voit que les proportions ne sont pas déterminées.

TROISIÈME GENRE. ARSENOXIDE.

ESPÈCE UNIQUE. ACIDE ARSÉNIEUX.

Arsenic oxidé; Arsenic blanc; Arsenikblüthe; Arsenikkalk.

Substance tendre, blanche, cristallisant en octaèdres réguliers.

Pesanteur spécifique, 3,71.

Légèrement soluble dans l'eau. Solution précipitant en rouge par le nitrate d'argent.

Volatile dans le tube, sans fusion préalable et sans résidu. Donnant l'odeur d'ail lorsqu'on la chauffe avec un peu de poussière de charbon, ou seulement au feu de réduction.

Composition. $\dddot{Ar}$, ou en poids :

		Rapports atomiques.	
Arsenic	75,81	0,16	2
Oxigène	24,19	0,24	3

Cette substance, rarement cristallisée dans la nature, se présente en octaèdres réguliers, simples ou modifiés, ou en espèces de tétraèdres dont les faces sont irrégulièrement élargies; le plus souvent on la trouve en petites masses compactes, ou en dépôts pulvérulens.

Il paraîtrait qu'elle est le plus souvent un produit de l'art dans l'intérieur des mines, et qu'elle y provient des grillages qu'on y a pratiqués quelquefois sur place, ou des incendies naturelles. Elle paraît toujours être de formation moderne, et ne se trouve pas entremêlée avec les autres substances, mais seulement à leur surface. On la cite toujours dans des mines où l'on trouve les diverses arséniures dont nous avons parlé (vallée de Gistan aux Pyrénées; Andreasberg au Harz; Joachinsthal en Bohême; Bieber en Hanau; Kapnick en Transylvanie); on l'indique aussi dans les solfatares et les anciens cratères (Vulcano, Guadeloupe).

QUATRIÈME GENRE. ARSÉNIATE.

Corps solides, non métalliques, donnant une forte odeur d'ail lorsqu'on les chauffe avec la poussière de charbon.

Donnant par la fusion avec le carbonate de soude un sel soluble dans l'eau, dont la solution, préalablement dépouillée d'acide carbonique, précipite en blanc par le nitrate de plomb, et en rouge ou en brunâtre par le nitrate d'argent. Précipité de plomb réductible au chalumeau, sur le charbon, en dégageant l'odeur d'ail.

Les Arséniates sont quelquefois mélangés de phosphates. Dans ce cas, le précipité de plomb ne se réduit qu'en partie; il en reste une portion qui se fond et produit le globule facetté. Ils renferment quelquefois aussi des chlorures, et offrent alors les réactions de ces corps lorsqu'on les fond avec le mélange de phosphate ammoniacal et d'oxide de cuivre, page 498.

Les Arséniates cristallisés jusqu'ici connus se rapportent aux systèmes cubiques, rhomboédriques, prismatiques rectangulaires droits, prismatiques rectangulaires obliques; on n'en connaît point en prismes carrés. Il n'y a qu'un seul exemple du premier système, trois du second. Le plus grand nombre des espèces se rapporte au système prismatique droit, et il n'y en a que deux du système prismatique oblique. Les cristaux sont généralement petits.

Presque toutes les espèces sont colorées; la plupart des couleurs sont fixes et en rapport avec la nature des bases. Les espèces qui seraient naturellement blanches sont fréquemment colorées accidentellement.

Sous le rapport de la composition, il y a des Arséniates à base renfermant un atome d'oxigène, qui offrent les combinaisons $r\,Ar$, $r\,Ar^2$, $r^2\,Ar^3$, $r^3\,Ar^5$; on peut aussi soupçonner $r\,Ar^3$, $r^2\,Ar^5$, $r\,Ar^5$. D'autres renferment des bases à 3 atomes d'oxigène, et présentent $R^3\,P^5$, $R^3\,P^{10}$. On peut aussi soupçonner RP^3.

La plupart des espèces sont hydratées. Il y a peu de sels doubles, qui résultent tous de la réunion des Arséniates du même corps à différens degrés d'oxidation. On ne connaît qu'une seule espèce où un Arséniate soit combiné avec un Chlorure.

Les Arséniates ont les plus grands rapports avec les Phosphates, tant par la composition que par tous les caractères extérieurs.

Ces matières se trouvent toutes dans les gîtes métallifères, et elles appartiennent en général aux dépôts qui renferment des arséniures; ce n'est que dans quelques cas, encore fort rares, qu'on les a observées ailleurs dans des dépôts d'hydroxide de fer.

PREMIÈRE ESPÈCE. PHARMACOLITE.

Chaux arséniatée; Pharmakolith; Arsenizit; Arsenik-saurer Kalk.

Substance blanche ou accidentellement rosée; cristallisant dans le système rhomboédrique.

Pesanteur spécifique, 2,64.

Rayant la Fluorine.

Donnant de l'eau par calcination; fusible en émail blanc.

Attaquable par l'acide nitrique. Solution donnant par l'oxalate d'ammoniaque un précipité blanc abondant, qui ne donne pas de couleur au Borax lorsque la pierre est blanche, et le colore en bleu lorsqu'elle est rose.

Composition. $Ca^2 Ar^5 Aq^6 = Ca^2 Ar^5 + 3\,Aq$, ou $\dot{C}a^2 \dddot{A}r + 6\,Aq$:

Pharmacolite de Wittichen, par Klaproth.

		Oxigène.	Rapports.
Acide arsenique	50,54 . . .	17,54	5
Chaux.	25,00 . . .	7,02	2
Eau	24,46 . . .	21,74	6

Pharmacolite cristallisée. En prismes hexagones terminés par des facettes annulaires, ou en dodécaèdres scalènes très allongés.

Pharmacolite aciculaire. En petits cristaux extrêmement minces et très allongés, groupés de différentes manières.

La Pharmacolite est une substance de filons qui se trouve dans les différens gîtes d'arséniures (Wittichen en Souabe; Riegelsdorf en Hesse; Glücksbrunn en Thuringer-Wald; Andreasberg au Harz; Neustädtel en Saxe; Joachimsthal en Bohême). Elle remplit les fissures ou les cavités des gangues ou des roches environnantes.

APPENDICE.

Roselite. Substance rosâtre en prismes rhomboïdaux de 132° 48'; rayant le Gypse. Soluble dans l'acide hydrochlorique.

Formée, suivant M. Children, d'acide arsenic, de chaux, de magnésie, d'oxide de cobalt et d'eau.

Se trouve à Schneeberg en Saxe, avec l'arsénite de cobalt.

Chaux arséniatée Haïdingerite. Cristallisée en dodécaèdres scalènes dont les faces sont inclinées de 123° 35', 133° 59' et 75° 35'. Pesanteur spécifique, 2,848.

Formée, suivant M. Turner, de

		Rapports atomiques.
Arséniate de chaux $Ca^2 Ar^5$ . .	85,681 . . 0,039 . .	1
Eau	14,319 . . 0,127 . .	3?

ce qui semble indiquer $\dot{C}a^{3}\dddot{A}r + 3\,Aq$, et par conséquent la Pharmacolite avec moitié moins d'eau.

Il paraît que cette matière provient de Riegelsdorf en Hesse.

DEUXIÈME ESPÈCE. ARSÉNICITE.

Chaux arséniatée ; Pharmacolite ; Pikropharmacolite ; Arsenik Blüthe ; Arsenizit.

Substance blanche ou accidentellement rosée; en poussière ou en globules fibreux, rarement aciculaire.

Pesanteur spécifique, 2,73?

Rayée par la Fluorine.

Donnant de l'eau par calcination, et offrant tous les caractères chimiques de la Pharmacolite.

Composition. $Ca\,Ar^{2}\,Aq^{3} = Ca\,Ar^{2} + 3\,Aq$, ou $\dot{C}a^{5}\dddot{A}^{2} + 15\,Aq$, d'après les analyses suivantes :

Arsénicite d'Andreasberg, par John.

		Oxig.	Rapp.
Acide arsenique	45,68	15,86	2
Chaux	27,28	7,66	1
Eau	23,86	21,21	3?

Pikropharmacolite de Riegelsdorff, par Stromeyer.

		Oxig.	Rap.
Acide arsenique	46,971	16,31	2
Chaux	24,646	6,92	1
Magnésie	3,218	1,28	
Oxide de cobalt	0,998	0,21	
Eau	23,977	21,32	5

On voit qu'il manque un peu d'eau dans chacune de ces analyses, ce qui semble indiquer mélange d'un Arséniate anhydre. La seconde analyse présente en outre un mélange d'arséniate de magnésie et d'arséniate de cobalt de même formule. C'est d'après la présence du premier de ces deux sels que M. Stromeyer a imaginé le nom de Pikropharmacolite ; mais j'ai préféré adopter celui d'Arsénicite, pour ne pas rattacher l'idée de l'espèce à une matière accidentelle ; celui de Pikropharmacolite pourra être employé, si on trouve quelque jour l'arséniate de magnésie seul ou dominant.

Cette substance se trouve à Andreasberg au Harz, et à Riegelsdorf en Hesse. Ce n'est que dans cette localité qu'elle est mélangée d'arséniate de magnésie.

TROISIÈME ESPÈCE. MIMETÈSE

(de μιμητης, imitateur (1)).

Plomb arséniaté ; Plomb phosphaté arsenifère ; Gelbes Bleierz ; Arseniksaures Blei.

Substance cristallisant en prismes à base d'hexagone régulier dont la hauteur est à l'apothème à-peu-près comme les nombres 5 à 3, ou peut-être 66 à 37; comme dans la Pyromorphite.

Pesanteur spécifique, 5,6? 6,41.

Rayant le Calcaire; fragile.

Ne donnant pas d'eau par calcination. Difficilement fusible au chalumeau; réductible sur le charbon. Offrant la réaction du Chlore par la fusion avec le mélange de Phosphate ammoniacal et d'oxide de cuivre.

Attaquable par l'acide nitrique. Solution précipitant des lamelles de plomb sur un barreau de zinc.

Composition. $3\,\dot{P}b^3\,\dddot{A}r + PbCh^2$, d'après l'analyse de M. Wöhler sur un échantillon de Johann-Georgenstadt :

		Oxig.	Rap.		Rapp. atom.
Acide arsenique . .	21,20 . .	7,36 }	5 }	$Pb^3 Ar^5$	. 0,016 . 3
Acide phosphorique.	1,32 . .	0,74 }			
Oxide de plomb . .	67,89 . .	4,87	3 }		
Chlorure de plomb.	9,60				. 0,005 . 1

Mimetèse cristallisée. En prismes hexaèdres terminés par des facettes annulaires, ou en dodécaèdres isocèles tronqués au sommet, pl. VI, fig. 8, 64.

(1) Parce que la substance ressemble complètement à la Pyromorphite, avec laquelle elle se mélange d'ailleurs en toutes proportions.

inclinaison de *r* sur *o*, 130° 4′ ?

Mimetèse fibreux. A fibres grossières parallèles.

Mimetèse mamelonné. Formant des croûtes tuberculeuses sur d'autres corps.

Cette substance se trouve dans les gîtes métallifères cuivreux ou plombifères (Huel-Unity près Saint-Day, Huel-Gorland, en Cornwall; Johann-Georgenstadt en Saxe; Champallement, à une lieue de Nevers).

APPENDICE.

Arséniate de plomb filamenteux et terreux (*Bleiblüthe, Bleiniere, Flockenerz*). S'il en faut croire l'analyse de Bindheim, ces arséniates filamenteux ou terreux présenteraient une autre combinaison d'acide arsenique et d'oxide de plomb. Ce chimiste a trouvé dans des échantillons de Brisgau :

		Oxigène.	*Rapports.*
Acide arsenique.	25	. . . 8,68	3?
Oxide de plomb.	35	. . . 2,51	1
Eau.	10	. . . 8,89	3?
Oxide de fer	14		
Silice et alumine	10		
Argent.	1,15		

En faisant abstraction de l'oxide de fer et des matières terreuses, on aurait un arséniate de la formule $Pb\,Ar^3$, fort différent du précédent, qui est $Pb^3\,Ar^5$; et si l'on joignait l'eau, ce qui pourrait bien être juste, parce que les échantillons que j'ai essayés ont tous donné de ce liquide par calcination, on aurait $Pb\,Ar^3 + 3\,Aq$, ce qui ferait évidemment une espèce particulière. Il n'est pas inutile de recommencer les analyses de ces matières, ne fût-ce que pour y chercher le chlore, dont l'absence est encore un caractère.

Ces arséniates terreux et filamenteux se trouvent en très petites veines dans du Quarz, et accompagnés de Fluorine, de Galène, etc. On les rencontre en France (Saint-Prix-sous-Beuvray, Saône-et-Loire; La Horpie-en-Oisaus), en Brisgau (dans les montagnes noires), en Andalousie, en Cornwall (Huel-Unity), et en Sibérie (Nertschinski).

QUATRIÈME ESPÈCE. ÉRYTHRINE

(de ερυθρος, rouge).

Cobalt arséniaté; Arseniksaurer Kobalt.

Substance rouge-violâtre ou rose. Cristallisant en prisme rectangulaire oblique; d'un clivage facile parallèlement aux pans du prisme.

Pesanteur spécifique, 2,946 à 3,033.

Rayée par le Calcaire.

Donnant de l'eau par calcination. Fusible au chalumeau, après dégagement de vapeur arsenicale, en globule métallique cassant, qui donne au verre de Borax une belle couleur bleue au feu d'oxidation.

Attaquable par l'acide nitrique. Solution rose donnant un précipité violâtre par les alcalis, et vert par l'hydrocyanate ferruginé de potasse.

Composition. Peut-être $\dot{C}o^3 \dddot{A}r + 9 Aq$. Je ne connais que les analyses suivantes :

Erythrine d'Allemont, par Laugier.

		Oxig.	
Acide arsenique.	40,0	13,88	5?
Oxide de cobalt.	20,5	4,37	3
Oxide de nickel.	9,2	1,96	
Oxide de fer.	6,1	1,33	
Eau.	24,5	21,78	9?

Erythrine de Riegelsdorff, par Bucholz.

		Oxig.	Rapp.
Acide arsenique.	37	12,84	3
Oxide de cobalt.	39	8,31	2
Eau	22	19,56	5

La première semble conduire à la formule que nous avons indiquée; mais la seconde donnerait plutôt $\dot{C}o^{10} \dddot{A}r^3 + 25 Aq$.

Érythrine cristallisée. En petits prismes rectangulaires simples ou légèrement modifiés sur les arêtes et les angles.

Erythrine aciculaire. Les mêmes cristaux très petits ou émoussés, en groupes divergens.

Erythrine mamelonnée. Globulaire ou semi-globulaire, à structure fibreuse radiée.

Erythrine laminiforme. En petites lames minces, circulaires, qui sont très finement striées du centre à la circonférence, et appliquées sur des matières étrangères.

Erythrine terreuse. Poussière rose à la surface de différentes substances.

Toutes les variétés cristallines sont d'un rose-foncé, ou violâtre quelquefois très foncé. Elles sont quelquefois partie violâtres, partie vert-olives, et il paraîtrait que sous cette dernière couleur c'est un état particulier qui mériterait d'être examiné.

L'Érythrine se trouve avec les divers arséniures, et particulièrement avec ceux de cobalt. Voyez *Smaltine*, page 584.

CINQUIÈME ESPÈCE. NICKELOCRE.

Nickel oxidé; Nickel arséniaté; Nickelocker; Nickelblüthe; Nickelbeschlag; Arseniksaures Nickel.

Substance verdâtre, pulvérulente, ou en légers filamens groupés. Très tendre, se laissant gratter avec la plus grande facilité.

Donnant de l'eau par calcination. Fusible sur le charbon, avec dégagement de vapeur arsenicale, en globule métalloïde cassant. Résidu du grillage donnant avec le Borax un verre jaune-rouge qui pâlit par refroidissement.

Attaquable par l'acide nitrique. Solution devenant violâtre par l'ammoniaque, et précipitant en vert par les alcalis fixes.

Composition. $\dot{N}i^{3}\overset{\cdot\cdot\cdot\cdot\cdot}{A}r + 8\,Aq$ ou $\dot{N}i^{10}\overset{\cdot\cdot\cdot\cdot\cdot}{A}r^{3} + 25\,Aq$, ou plus probablement $\dot{N}^{3}\overset{\cdot\cdot\cdot\cdot\cdot}{A}r + 9\,Aq$, d'après l'analyse du Nickelocre d'Allemont par M. Berthier :

Acide arsenique	36,8	12,77	5 ? ou	3
Oxide de nickel	36,2	7,70	3	2
Oxide de cobalt	2,5	0,53		
Eau	24,5	21,78	8	5

Cette substance se trouve partout avec la Nickeline, soit à la surface de cette matière, soit dans les substances terreuses qui l'accompagnent.

ARSÉNIATES CUIVREUX.

SIXIÈME ESPÈCE. ÉRINITE.

Cuivre arséniaté rhomboédrique ; Cuivre micacé ; Kupferglimmer ; Blättriges olivenerz ; Euchlor glimmer.

Substance d'un vert émeraude ; cristallisant dans le système rhomboédrique.

Pesanteur spécifique, 4,043.

Rayant le Calcaire ; rayée difficilement par la Fluorine.

Donnant de l'eau par calcination. Fusible au chalumeau, et réductible en globule métallique blanc.

Attaquable par l'acide nitrique. Solution donnant abondamment du cuivre sur un barreau de fer.

Composition. $Cu^3\, Ar^3\, Aq = 3\, Cu\, Ar + Aq$, ou $3\,\dot{Cu}^5\, \dddot{Ar} + 5\, Aq$, suivant l'analyse approximative de M. Turner sur un échantillon de Limerik :

		Oxigène.	*Rapports.*
Acide arsenique	33,78	11,72	3
Oxide de cuivre	59,44	11,98	3
Eau	5,01	4,45	1
Alumine	1,77 (1)		

Erinite cristallisée. En lames hexagonales qui ne sont que des rhomboèdres tronqués très profondément, dont les faces sont inclinées entre elles de 110° 30′ et 69° 30′.

---

(1) L'analyse de Chenevix présente :

		Oxigène.	
Acide arsenique	21	7,29	1?
Oxide de cuivre	58	12,70	2
Eau	21	18,67	3

ce qui n'a aucun rapport avec l'analyse précédente, et qui cependant pourrait conduire à la formule $Cu^2\, Ar\, Aq^3$.

Érinite lamellaire. En petites masses formées de lames courbes plus ou moins concentriques, qui ne sont que les cristaux précédens.

Cette substance appartient aux dépôts métallifères cuivreux plombifères et arséniurifères. Il en existe en plusieurs contrées, qui ont tous les mêmes caractères extérieurs de couleur et de cristallisation; en Cornwall (Tincroft, Huel-Tamar, Gunnislacke), en Irlande (Limerik), en Hongrie (Poïnik, Libethen).

Nous n'avons l'analyse que de la variété de Limerik; mais tout ce que je connais des autres lieux présente tellement les caractères donnés par M. Haïdinger pour l'arséniate de cette localité, que je ne doute guère que ce ne soit la même espèce, à moins qu'il n'y en ait plusieurs dans les mêmes lieux, ce qui n'est pas impossible.

APPENDICE.

Il faut placer près de la substance précédente une matière que l'on croit provenir de Libethen en Hongrie, et sur laquelle je ne puis m'empêcher de concevoir des doutes; elle a été désignée sous le nom d'*Euchroïte* par M. Haïdinger, qui lui donne les caractères suivans :

Substance vert-émeraude ou vert-poireau, cristallisant en prisme droit rhomboïdal de 117° 30′ et 62° 40′. Pesanteur spécifique, 3,389; d'où M. Turner a tiré par l'analyse :

		Oxigène.
Acide arsenique	33,02	11,46
Oxide de cuivre	47,85	9,65
Eau	18,80	16,71

qu'il est assez difficile de mettre en formule. Il serait bien pos-

---

La matière examinée par ce chimiste était-elle de la même espèce, ou appartenait-elle à une espèce différente?

Vauquelin a trouvé dans une matière qui paraît avoir les mêmes caractères :

Acide arsenique	45	14,93	2?
Oxide de cuivre	39	7,86	1
Eau	17	15,11	2

ce qui semblerait donner la formule *Cu Ar + 2 Aq*.

sible qu'il y eût ici un peu d'acide phosphorique, car dans des échantillons de la même localité (Libethen en Hongrie), qui, à la vérité, ne présentent pas la même teinte de couleur, ni exactement la même forme, j'en ai reconnu par les essais chimiques, et même en assez grande quantité.

SEPTIÈME ESPÈCE. LIROCONITE.

Cuivre arséniaté en octaèdre obtus ; Linsenerz ; Linsenkupfer ; Lirokon Malachite ; Lirokonit.

Substance bleue ; cristallisant en octaèdres rectangulaires obtus dont les faces sont inclinées de 60° 40′ et 72° 22′ de part et d'autre de la base.

Pesanteur spécifique, 2,88.

Rayant le Calcaire.

Donnant beaucoup d'eau par calcination. Fusible, et réductible en grains métalliques blancs ; entourée ou non entourée de scories.

Attaquable par l'acide nitrique. Solution donnant des lamelles de cuivre sur un barreau de fer. Je n'y ai pas reconnu d'autres matières.

Composition. Il est évident que c'est un arséniate hydraté, peut-être même une combinaison d'arséniate et d'hydrate ; mais on ne la connaît que par l'analyse de Chenevix, qui, quoique assez régulière, peut cependant laisser des doutes par suite des erreurs qu'on remarque évidemment dans d'autres. Cette analyse présente :

		Oxigène.	*Rapport.*
Acide arsenique.	14 . . .	4,86	1
Oxide de cuivre.	49 . .	9,88	2
Eau.	35 . . .	31,11	6

d'où l'on tirerait la formule $Cu^2\,Ar\,Aq^6 = \dot{C}u^{10}\,\overset{\therefore}{\ddot{A}}r + 30\,Aq$, ou encore $\dot{C}u^5\,\overset{\therefore}{\ddot{A}}r + 5\,\dot{C}u\,Aq^6$.

Liroconite cristallisée. En octaèdres simples ou modifiés sur les arêtes par des faces simples, doubles ou triples, quelquefois sur les angles solides.

Liroconite lenticulaire. Les mêmes cristaux émoussés, et alors à surface convexe.

Liroconite mamelonnée. Groupe de cristaux émoussés, sous la forme de mamelons, à la surface de différentes matières.

Cette substance se trouve dans les mines de cuivre de Cornwall (Huel-Mutrel, Huel-Gorland, Huel-Unity), associée avec les espèces suivantes, et accompagnée de protoxide de cuivre, de Chalcopyrite, d'arséniate de fer, etc.

HUITIÈME ESPÈCE. OLIVENITE.

Cuivre arséniaté prismatique droit ; Cuivre arséniaté en octaèdre aigu ; Right prismatic arseniate of Copper ; Olivenerz.

Substance d'un vert sombre ; cristallisant en prisme rhomboïdal droit de 110° 50′ et 69° 10′.

Pesanteur spécifique, 4,28.

Rayant la Fluorine.

Ne donnant pas d'eau par calcination. Fusible au chalumeau, en scorie vitreuse qui entoure un grain métallique blanc.

Donnant l'indice de l'acide phosphorique en même temps que celui de l'acide arsenique.

Composition. Mélange ou combinaison d'Arséniate et de Phosphate anhydres. L'analyse de Chenevix a donné :

		Oxigène.	Rapports.
Acide arsenique . . .	39,7 . . .	13,78	1?
Oxide de cuivre.	60,0 . . .	12,10	1

d'où l'on tirerait peut-être la formule *Cu Ar* = $\dot{C}u^5\,\overset{\therefore}{\ddot{A}}r$.
Est-ce là la composition? L'acide phosphorique du moins n'y est pas indiqué.

Klaproth a tiré d'une variété aciculaire de Carharack :

		Oxigène.	Rapports.
Acide arsenique. . .	45,00 . . .	15,62 . .	5 ou 3
Oxide de cuivre. . .	50,62 . . .	10,21 . .	3 2
Eau.	3,50 . . .	3,11 . .	1

ce qui donnerait, soit la formule $Cu^3\,Ar^5 + Aq$, ou bien celle $Cu^2\,Ar^3$.

Olivenite cristallisée. En petits prismes modifiés sur les arêtes latérales aiguës et sur les angles solides.

Olivenite? aciculaire. En petites aiguilles transparentes très serrées les unes sur les autres.

Olivenite? mamelonnée. D'un vert sombre, et à fibres divergentes très fines.

On trouve également cette substance dans les mines de Cornwall (Huel-Gorland, Huel-Unity, près Saint-Day; Tincroft, Carharack, près de Redruth; Huel-Prosper, Huel-Husband). On l'a citée en plusieurs autres lieux (Wolfberg, pays de Berg; Rheinbreitbach; Vaury, Haute-Vienne; Chessy, près de Lyon); mais on a confondu certainement sous ce nom des phosphates et carbonates de cuivre, des arséniates de fer, etc.

APPENDICE.

On peut réunir ici certaines variétés d'arséniate fibreux (*wood copper*), dans lesquelles on ne reconnaît pas d'eau par la calcination, et qui présentent aussi des traces d'acide phosphorique; les unes renferment de l'oxide de fer, les autres en sont privées.

Il y a aussi une variété terreuse anhydre qui ne renferme pas d'eau, et qui ne donne pas de traces d'acide phosphorique.

C'est aussi vers cette espèce qu'on doit placer, en attendant, les arséniates jaune-paille fibreux dont Mac-Gregor a tiré :

		Oxigène.	*Rapports.*
Acide arsenique	72	24,99	5 ?
Oxide de cuivre	28	5,65	1

ce qui donnerait peut-être la formule $\dot{Cu}\,\ddot{Ar}^5$.

NEUVIÈME ESPÈCE. APHANÈSE.

(de αφανης, peu apparent).

Cuivre arséniaté prismatique triangulaire; Trihedral arseniate of Copper; Trihedral oliven-ore.

Substance d'un vert-bleuâtre, devenant grise à la surface. Cristallisant en prisme rhomboïdal oblique dont les angles sont de 124 et 56°. Base inclinée aux pans de 95°?

Pesanteur spécifique, 4,28?

Rayant avec peine le Calcaire.

Donnant de l'eau par calcination. Fusible au chalumeau en un bouton qui cristallise à la surface ; réductible à un feu vif. Donnant à-la-fois l'indice de l'acide arsenique et celui de l'acide phosphorique.

Composition. Aussi inconnue que celle de l'Olivenite; on ne connaît que l'analyse de Chenevix, qui a donné :

		Oxigène.	*Rapports.*
Acide arsenique	30	10,41	2
Oxide de cuivre	54	10,89	2
Eau	16	14,22	3?

et semblerait indiquer $Cu^2 Ar^2 Aq^3 = 2\dot{C}u^5 \dddot{A}r + 15 Aq$.

L'Aphanèse est en très petits cristaux souvent très déformés, et ne présentant que la moitié du prisme rhomboïdal, en sorte qu'ils n'offrent que des prismes triangulaires terminés par un plan oblique. Ces cristaux sont groupés en faisceaux divergens, et ne montrent que leur extrémité. Ils se trouvent avec la Liroconite (Huel-Mutrel, Huel-Gorland, et Huel-Unity, en Cornwall).

APPENDICE.

Les variétés fibreuses, capillaires, amianthoïdes, hématites (*wood copper*), qui donnent de l'eau par calcination, peuvent être rapprochées de cette espèce. Les unes renferment de l'acide phosphorique, et les autres point. Il en est qui donnent les réactions du fer, et d'autres qui sont tout-à-fait privées de cette substance.

Toutes les variétés, autant qu'on en peut juger par de simples essais, paraissent renfermer plus d'eau que les variétés cristallines.

Chenevix a tiré des variétés amianthoïdes et hématites :

		Oxigène.	*Rapports.*
Acide arsenique	29	10,09	1
Oxide de cuivre	50	10,08	1
Eau	21	18,69	2?

ce qui conduirait à $Cu\,Ar + 2 Aq$..

OBSERVATION.

Nous avons cherché à mettre un peu d'ordre dans ces arséniates de cuivre en les divisant d'après les formes, les caractères extérieurs et quelques essais chimiques; mais il est probable qu'on établira par la suite plusieurs autres espèces, aux dépens surtout des matières fibreuses que nous y avons jointes. En jugeant d'après les essais chimiques, il paraît qu'il doit y avoir huit ou dix espèces différentes, les unes hydratées, les autres anhydres, les unes avec acide phosphorique, les autres sans; quelques-unes renfermant de l'oxide de fer, et peut-être d'autres matières. C'est un des plus beaux sujets de recherches que l'on puisse entreprendre aujourd'hui.

Si l'on s'en rapporte aux diverses analyses que nous avons citées, on aurait les compositions :

Arséniate rhomboédrique.	$3\,Cu\,Ar + Aq$	de Limerik, par Turner.
	$Cu^2 Ar\,Aq^3$	de Cornwall, par Chenevix.
	$Cu Ar^2 + 2Aq$	de Cornwall, p. Vauquelin.
Arséniate octaèdre bleu . .	$Cu^2 Ar + 3Aq$	de Cornwall, p. Chenevix.
Arséniate prismatique droit anhydre.	$Cu\,Ar$,	par Chenevix.
	$Cu^2\,Ar^3$ ou	de Carharack, par Klaproth.
	$Cu^3\,Ar^5 + Aq$	
Fibreux jaune-paille . . .	$Cu\,A^3$,	par Mac-Gregor.
Prismatique oblique. . . .	$Cu^2\,Ar^2 Aq^3$,	par Chenevix.
Amianthoïde, hématite . .	$Cu\,Ar + 2Aq$,	par Chenevix.

Nous avons donné les analyses de Chenevix, parce qu'elles sont souvent les seules que l'on possède; mais quoiqu'elles donnent des résultats calculables, on ne peut s'empêcher de croire que plusieurs sont fautives, d'un côté, parce que jamais il ne s'y trouve d'indication de l'acide phosphorique, que les essais chimiques montrent positivement; de l'autre, parce que la méthode analytique de ce chimiste est telle, qu'il a pu constamment confondre du protoxide de fer avec du protoxide de cuivre.

ARSÉNIATES FERRUGINEUX.

DIXIÈME ESPÈCE. SCORODITE

(de Σκοροδιον, ail).

Martial arseniate of Copper? Cuivre arséniaté ferrifère? Fer arséniaté.

Substance bleu-verdâtre ou vert-bleuâtre. Cristallisant en prisme rhomboïdal droit de 120° 10′ et 59° 50′.

Pesanteur spécifique, 3,2.

Rayant le Calcaire; rayée par la Fluorine.

Donnant de l'eau par calcination, avec résidu blanc-grisâtre ou blanc-jaunâtre; dégageant dans le matras de l'acide arsenieux à une chaleur très intense, et noircissant. Donnant sur le charbon, après les fumées arsenicales, une scorie noire métalloïde attirable à l'aimant:

Attaquable par l'acide nitrique et hydrochlorique. Solution nitrique faite à chaud, précipitant en bleu par l'hydrocyanate ferruginé de potasse; solution hydrochlorique précipitant en blanc ou verdâtre.

Composition. Peut-être $f^3 Ar^2 Aq^5$ ou $2\dot{F}^3 \ddot{A}r + 15 Aq$, si l'on s'en rapporte à l'analyse de Ficinus, qui a donné :

Acide arsenique	15,7	5,45	2
Acide sulfurique	0,7	0,42	
Protoxide de fer avec oxide de manganèse, chaux, magnésie	23,9	5,43	2
Eau	9,00	8,00	3
Gangue	0,7		

Il reste néanmoins quelque incertitude par suite de ce que le protoxide de fer était mélangé avec d'autres oxides, qui cependant doivent être en très petites quantités, puisque l'auteur n'a pas cru devoir en tenir une note plus précise. (1)

La Scorodite n'est connue que cristallisée en très petits cristaux bleuâtres plus ou moins compliqués, dont la forme dominante est l'octaèdre rectangulaire pl. IX, fig. 45, qui provient du prisme rhomboïdal de 120° 10'.

Cette substance se trouve dans les dépôts cobaltifères ou stannifères (Saint-Léonard, Vaury, en Limousin; Schneeberg, Schwarzemberg, en Saxe; Löling en Carinthie; Saint-Austle en Cornwall); elle tapisse les fissures des roches, ou les minerais même, de ses petits cristaux, qui peuvent servir d'indices aux gîtes de ces matières.

ONZIÈME ESPÈCE. PHARMACOSIDÉRITE.

Fer arséniaté de Cornwall; Arseniksaures Eisen; Würfelerz; Hexaedrischer Lirocon-Malachit; Pharmacosiderit.

Substance d'un vert foncé; cristallisant en cubes qui se clivent difficilement parallèlement à leurs faces.

Pesanteur spécifique, 2,99.

Rayant le Calcaire.

Donnant de l'eau par calcination, en laissant un résidu rouge. Donnant difficilement très peu d'acide arsénieux à une chaleur très intense. Attaquable par les acides forts. Solution hydrochlorique précipitant abondamment en bleu par l'hydrocyanate de potasse.

---

(1) Cette substance est tout-à-fait semblable à celle de Cornwall, dans laquelle Chenevix a cependant trouvé :

Acide arsenique	33,51
Oxide de cuivre	22,50
Oxide de fer	27,50
Eau	12

Il faut qu'il y ait eu des erreurs graves dans l'analyse ou dans les échantillons.

Composition. $f^3\,Ar^5 + F^9\,Ar^{10} + 6\,Aq = \dot{F}^3\,\ddot{Ar} + \ddot{F}^2\,\ddot{Ar}^2 + 18\,Aq$. M. Berzélius admet cette combinaison d'arséniate de protoxide et d'arséniate de péroxide, en évaluant les résultats de son analyse, qui a donné :

		Oxigène.
Acide arsenique	37,82	13,13
Acide phosphorique	2,53	1,41
Péroxide de fer	39,20	12,01
Oxide de cuivre	0,65	0,13
Eau	18,61	16,54
Parties insolubles	1,76	

Cette analyse donnerait à-peu-près $\ddot{F}^3\,\ddot{Ar}^2 + 12\,Aq$; mais comme il est évident, d'après l'augmentation de poids, qu'il se trouve du protoxide de fer dans le minéral, M. Berzélius évalue que la composition peut être celle que nous avons indiquée, qui reconduit à des quantités relatives d'acide, de péroxide de fer et d'eau, très rapprochées de celles de l'analyse directe.

La Pharmacosidérite est encore une substance des gîtes métallifères, et particulièrement de ceux qui renferment de l'étain et du cobalt (Huel-Mutrel, Huel-Gorland, Gwenap, Tincroft, Carharack, en Cornwall; Saint-Léonard? près de Limoges; Schwarzemberg? en Saxe).

Les cristaux se décomposent quelquefois, et passent à l'état d'hydroxide de fer ou d'arséniate brun de péroxide.

DOUZIÈME ESPÈCE. NÉOCTÈSE

(de νεος, nouvelle, et κτησις, acquisition).

Fer arséniaté du Brésil.

Substance d'un vert clair; cristallisant en prisme rectangulaire? Donnant de l'eau par calcination, et prenant une couleur jaune; ne donnant pas sensiblement d'acide arsénieux.

Attaquable par les acides forts. Solution hydrochlorique précipitant en bleu par l'hydrocyanate ferruginé de potasse.

Composition. $f^2 Ar^5 + 2 F^5 Ar^5 + 6 Aq = \dot{F}e^2 \ddot{A}r + 2 \dddot{F}e \ddot{A}r + 12 Aq$, suivant l'analyse que M. Berzélius a faite de l'arséniate de fer de Villa-Rica au Brésil :

Acide arsenique	50,78 . . .	17,63	5
Péroxide de fer.	34,85 . . .	10,68	5
Eau..	15,55 . . .	13,82	4
Arséniate d'alumine . .	0,67		
Acide phosphorique et oxide de cuivre. . . .	traces.		

Cette analyse donnerait à-peu-près $\dddot{F} \ddot{A}r + 4 Aq$, formule fort différente de celle qu'on déduit immédiatement de l'analyse faite sur l'arséniate de Cornwall ; mais M. Berzélius, vu l'augmentation de poids, a été conduit à chercher la présence du protoxide de fer, qu'il n'a pu déterminer exactement, et que, par appréciation, il croit telle qu'on ait la formule que nous avons indiquée.

Cette substance se trouve cristallisée, mais en cristaux mal conformés, dans lesquels on croit reconnaître qu'il n'existe pas la symétrie qu'on observe dans les cristallisations du système cubique ; on voit quelques pyramides qui sembleraient indiquer un prisme carré ou rectangulaire.

Elle se trouve au Brésil, à San-Antonio-Perreira, près de Villa-Rica, où elle est dans les petites cavités d'un fer hydraté compacte, ou mélangée avec cette matière.

APPENDICE.

Nous devons à M. Boussingault une analyse d'un arséniate de fer en masse poreuse, vert-pâle, à poussière blanche, qui se trouve à Loaysa, près de Marmato dans le Popayan, qui paraît être encore une espèce différente des précédentes. Elle se trouve aussi dans des masses de fer hydraté, ou *pacos*, qui forment des dépôts dans les Diorites porphyriques. Elle a donné:

Acide arsenique.	49,6 . . .	17,22	5
Protoxide de fer.	34,3 . . .	7,81	2 ?
Oxide de plomb.	0,4 . . .	0,03	
Eau.	16,9 . . .	15,02	4 ?

Si le fer est réellement à l'état de protoxide, on est conduit à la formule $\dot{F}^2 \dddot{A}r + 4 Aq$. Cependant, l'identité de cette analyse avec celle de M. Berzélius, où le fer est évalué à l'état de péroxide, fait soupçonner que les deux matières sont une seule et même chose.

TREIZIÈME ESPÈCE. SIDÉRÉTINE

(de Σιδηρος, fer, et ρητινη, résine).

Fer oxidé résinite; Pittizite; Kobaltpech; Eisenpecherz; Eisensinter.

Substance brune, translucide, d'un éclat résineux; quelquefois matte et jaune de rouille.

Très fragile; rayée par le Calcaire.

Donnant par calcination une eau acide, en même temps que l'odeur sulfureuse, et laissant un résidu rouge.

Attaquable par l'acide hydrochlorique. Solution précipitant en bleu par l'hydrocyanate ferruginé.

Composition. Arséniate de péroxide de fer, peut-être de la formule $FAr^3 + 3Aq$, mélangée de sulfate de péroxide. Les analyses connues donnent:

Par Stromeyer:

		Oxig.	Rapp.
Acide arsenique.	26,0591	9:05	3
Acide sulfurique.	10,0381	6,01	2
Péroxide de fer..	33,0960	10,14	3
Oxide de manganèse.	0,6417		
Eau	29,2556	26.01	9

$(FAr^3 + 3Aq) + 2(FSu + 3Aq)$.

Par Laugier:

		Oxigène.
Acide arsenique. .	20 .	. 6,94
Acide sulfurique .	14 .	. 8,38
Péroxide de fer . .	35 .	10,73
Eau.	30 .	26,67

$(FAr^3 + 3Aq) + 2(FSu + 3Aq)$, mélangé de $FSu + 2Aq$.

Est-ce un mélange, est-ce une combinaison? C'est ce qu'il est impossible de dire.

Cette substance se forme journellement dans l'intérieur des travaux des mines, aussi bien que le sulfate Pittizite. Il paraît qu'elle provient de la décomposition des sulfo-arséniures.

Il est difficile de citer positivement des localités, car elle a presque toujours été confondue avec la Pittizite même; on ne peut indiquer sûrement que les mines de Schneeberg; mais il en existe en beaucoup d'autres endroits.

CINQUIÈME GENRE. ARSÉNITE.

Substances laissant dégager, par la calcination dans le tube fermé, de l'acide arsénieux qui se dépose en petits cristaux. (1)

Donnant une forte odeur d'ail lorsqu'on les chauffe avec de la poussière de charbon.

PREMIÈRE ESPÈCE. RHODOÏSE

(de ῥόδοεις, rose).

Cobalt arséniaté terreux; Kobaltblüthe; Cobalt merde d'oie.

Substance rose ou rose-violâtre, pulvérulente.

Donnant de l'eau par calcination, et un sublimé blanc d'acide arsénieux.

Matière grillée donnant un verre bleu avec le Borax.

Attaquable par l'acide nitrique. Solution rose, précipitant en bleu-violâtre par les alcalis.

Composition. Je ne connais pas d'analyse de cette matière. Il n'y a que les essais chimiques qui la distinguent éminemment de l'arséniate Érythrine, et qui font voir qu'elle renferme de l'acide arsénieux.

Cette substance se trouve avec les matières terreuses qui accompagnent les arséniures de cobalt (Allemont en Dauphiné, etc.)

---

(1) Certains arséniates produisent le même effet, mais à un fort coup de feu : ce sont ceux (arséniates de protoxide de fer) dont les bases sont susceptibles de s'oxider aux dépens de l'acide arsenique.

DEUXIÈME ESPÈCE. NÉOPLASE

(de νεος, nouveau, et πλασις, formation).

Nickel oxidé noir; Nickel schwarze; Nickelmulm.

Substance terreuse, grise, noire ou brune. Donnant de l'eau par calcination, et un sublimé d'acide arsénieux.

Attaquable par l'acide nitrique, avec précipité d'acide arsénieux. Solution verte, devenant violâtre par l'ammoniaque, et précipitant en vert par les alcalis fixes.

Composition. Je ne connais pas d'analyse; cependant M. Berzélius donne la formule $\ddot{N}i^2\ \ddot{A}r + 18\,Aq$, où par conséquent il reconnaît du péroxide de Nickel.

On indique cette matière dans la mine de Friedrich-Wilhelm, près de Riegelsdorff en Hesse, dans les cavités d'un schiste bitumineux qui renferme aussi de l'arséniure et de l'arséniate de nickel, à la décomposition desquels elle paraît être due.

APPENDICE AU GENRE.

Condurite. On a donné ce nom à une substance d'un brun-noirâtre, passant au bleuâtre, à cassure largement conchoïdale, tendre, recevant le poli sous l'ongle, dont on a trouvé une masse considérable dans la mine de Condurow en Cornwall. M. Faraday en a tiré :

Acide arsénieux.	25,94 . . .	6,27	3
Oxide de cuivre.	60,50 . .	12,20	6
Eau.	8,99 . .	7,99	4
Soufre	3,06		
Arsenic	1,51		

ce qui donne la formule $\dot{C}u^6\ \ddot{A}r + 4\,Aq$.

OBSERVATIONS.

Plusieurs matières rangées dans la famille des Sulfurides se lient intimement à la famille des Arsénides, parce qu'elles renferment cette substance, soit comme principe électro-négatif, et formant des arséniures qui se trouvent combinées avec des sulfures; soit comme principe électro-positif formant des sulfures simples ou qui entrent comme principes constituans dans divers sulfures composés ; telles sont les matières suivantes :

Bleischimmer, page 423. *Proustite*, page 445.
Polybasite, page 437. *Disomose*, page 448.
Panabase, page 438. *Cobaltine*, page 450.
Réalgar, page 443. *Mispikel*, page 451.
Orpiment, page 444. *Tennantite*, page 452.

DEUXIÈME CLASSE.

LEUCOLYTES.

(De λευκος, blanc, et λυτος, soluble).

Substances renfermant, comme principe électro-négatif, des corps solides qui ne donnent généralement que des solutions blanches avec les acides, et ne sont point susceptibles de former des gaz permanens.

FAMILLE DES ANTIMONIDES.

Corps offrant immédiatement, ou donnant par calcination, ou par l'action de l'acide nitrique, et alors avec dégagement de gaz nitreux, une matière blanche volatile par la chaleur (tantôt au feu d'oxidation, tantôt au feu de réduction), attaquable par l'acide hydrochlorique, dont elle précipite en blanc par l'eau, et en jaune par les hydrosulfates.

PREMIER GENRE. ESPÈCE UNIQUE. ANTIMOINE.

Gediegen Spiesglanz; Stibium.

Substance métallique, d'un blanc d'argent; clivable en octaèdre.

Pesanteur spécifique, 6,712.

Donnant sur le charbon, ou dans le tube ouvert, des vapeurs blanches sans odeur d'ail, qui se déposent sur les parties froides, d'où on peut les volatiliser par la chaleur.

Attaquable par l'acide nitrique avec dégagement de gaz nitreux, et formation d'un précipité immédiat, blanc, volatile sur le charbon, soluble dans l'acide hydrochlorique, dont il est précipité en blanc par l'eau, en jaune-orangé par l'hydrogène sulfuré.

Composition. Substance simple de la chimie.

Cette matière n'est connue qu'en petites masses lamellaires. C'est une matière de filons qui se trouve particulièrement avec les minerais arsenifères (Chalanches en Dauphiné; Andreasberg au Harz; Przibram en Bohéme; Salas en Suède, etc.). Elle accompagne fréquemment l'arséniure d'antimoine.

DEUXIÈME GENRE. ANTIMONIURE.

ESPÈCE UNIQUE. DISCRASE

(de Δυσκρασις, mauvais alliage).

Argent antimonial; Argent arsenical; Antimoniure d'argent; Antimonsilber; Spiesglanzsilber; Arsenicsilber.

Substance métalloïde, blanc d'argent. Cristallisant en prismes rectangulaires.

Pesanteur spécifique, 9,44.

Aigre, quelquefois légèrement ductile. Facilement fusible au chalumeau, en grains métalliques qui après avoir donné long-temps des vapeurs d'antimoine, laissent un grain d'argent malléable.

Attaquable par l'acide nitrique avec précipité immédiat. Solution donnant par l'acide hydrochlorique un précipité blanc abondant attaquable par l'ammoniaque.

Composition. $Ag^2 Sb$, d'après l'analyse de la Discrase d'Andreasberg par Klaproth, qui a donné :

		Rapports atomiques.	
Antimoine	23	0,028	1
Argent	77	0,057	2

Il existe plusieurs autres analyses qui offrent à-peu-près les mêmes résultats.

Discrase cristallisée. En prismes rectangulaires simples ou modifiés sur les arêtes latérales, sur les angles et les arêtes des bases, pl. VIII, fig. 1, 2, 4, 15.

Discrase amorphe. Compacte ou grenue, quelquefois avec structure fibreuse.

La Discrase est une matière de filons qui se trouve dans les mines d'argent arsenifères (Allemont en Dauphiné; Saint-Wenzel, près Wolfach, pays de Bade; Andreasberg au Harz; Guadalcanal en Espagne).

APPENDICE.

Klaproth, dont les résultats sur la Discrase d'Andreasberg et de Wolfach sont tout-à-fait dans les rapports atomiques que nous avons adoptés, a trouvé aussi dans un autre échantillon de Wolfach les données suivantes :

		Rapports atomiques.	
Antimoine	16	0,019	1
Argent	84	0,062	3

où les rapports sont différens et donneraient la formule Ag^3Sb. Est-ce un mélange qui serait par hasard en proportions définies, est-ce une erreur, ou enfin une espèce particulière? C'est ce qu'il est impossible de dire.

TROISIÈME GENRE. ANTIMONOXIDE.

Substances non métalloïdes, attaquables par l'acide hydrochlorique. Solution précipitant en blanc par l'eau, en jaune par les hydrosulfates.

PREMIÈRE ESPÈCE. EXITÈLE

(de ἐξίτηλος, vaporisable).

Oxide d'antimoine cristallisé ; Antimoine oxidé ; Antimoine blanc ; Chaux d'antimoine ; Antimoine muriaté ; Antimonblüthe ; Weissspiesglanzerz ; Spiesglanzweiss.

Substance blanche, souvent nacrée; en masses clivables parallèlement aux pans d'un prisme rhomboïdal de 137°43′, et aussi suivant les diagonales de ce prisme.

Pesanteur spécifique, 5,56.

Rayée par tous les corps.

Fusible au chalumeau, même à la flamme d'une bougie, et entièrement volatile en fumée blanche lorsqu'elle est pure, soit qu'on la chauffe dans un tube ou sur le charbon. Réductible sur le charbon, en donnant une couleur verte à la flamme.

Composition. $\dddot{\text{Sb}}$, ou en poids :

		Rapports atomiques.	
Oxigène.	15,68 . . .	0,157 . .	3
Antimoine.	84,32 . . .	0,104 . .	2

Exitèle cristallisée. En lames rectangulaires ordinairement groupées en petites masses laminaires.

Exitèle aciculaire. Petits cristaux en prismes rhomboïdaux très fins formant des groupes divergens.

Cette matière se trouve dans les dépôts d'argent arsenifères (Chalanches en Dauphiné ; Saint-Wenzel, pays de Bade : Braunsdorf en Saxe ; Przibram en Bohême).

DEUXIÈME ESPÈCE. STIBICONISE

(de *Stibium*, antimoine, et κόνις, poussière).

Antimoine oxidé terreux; Acide antimonieux; Antimonocker; Spiesglanzocker.

Substance terreuse, blanc-jaunâtre ou gris-jaunâtre, très tendre.

Pesanteur spécifique, 3,8.

Infusible au chalumeau. Donnant de l'eau par calcination. Non volatile dans un tube. Ne donnant de fumée blanche qu'au feu de réduction; non réductible.

Composition. $\ddot{S}b + x\,Aq$.

Cette matière ne se trouve qu'en petites couches terreuses à la surface du sulfure Stibine, à la décomposition duquel elle est due; quelquefois elle conserve la forme des cristaux de ce sulfure. Elle existe à-peu-près partout où l'on trouve la Stibine (Voyez cette espèce, page 421).

APPENDICE.

Il existe quelquefois avec cette dernière substance des matières d'un jaune assez décidé, qui blanchissent promptement au feu, et des matières blanches qui deviennent jaunes par une légère calcination, puis blanches par une calcination plus forte. Toutes deux sont fixes lorsqu'on les chauffe dans le tube, mais donnent des fumées blanches sur le charbon au feu de réduction. On peut soupçonner que c'est de l'acide antimonique tantôt anhydre, tantôt hydraté. Ces matières mériteraient d'être examinées.

QUATRIÈME GENRE. HYPANTIMONITE.

ESPÈCE UNIQUE. KERMÈS.

Antimoine rouge; Antimoine oxidé sulfuré; Soufre doré; Kermès minéral; Antimonblende; Roth Spiesglanzerz.

Substance d'un rouge-brun; en aiguilles cristallines qui paraissent être des prismes rhomboïdaux.

Pesanteur spécifique, 4,6.

Fragile, tendre, rayée par tous les corps.

Fusible au chalumeau en dégageant des vapeurs d'antimoine. Donnant de l'oxide d'antimoine par la calcination dans le matras.

Composition. $\dddot{\text{S}}\text{b} + 2\,\text{Sb}\,\text{Su}^3$, ou combinaison de l'oxide d'antimoine avec le sulfure, qui sert probablement de base alcaline. M. H. Rose y trouve :

		Rapports atomiques.	
Oxide d'antimoine	30,14	0,015	1
Sulfure Stibine	69,86	0,031	2

Kermès aciculaire. En petites aiguilles groupées irrégulièrement ou divergentes.

Kermès mamelonné. —*pelliculaire.* —*pulvérulent.*

Cette substance se trouve dans les gîtes de minerais arsenifères (Allemont en Dauphiné; Hornhausen, pays de Nassau; Braunsdorf en Saxe; Pernek, près de Malaczka en Hongrie; Felsö-Banya en Transylvanie). Elle paraît être quelquefois due à la décomposition du sulfure Stibine, à la surface duquel elle se trouve.

OBSERVATIONS.

On a, dans la nature, plusieurs indices d'antimonite ou d'antimoniate de fer, de nickel, de plomb, etc., parmi les produits de la décomposition des sulfures Stibine. Le *Bleischimmer* terreux de couleur jaune (probablement de Nertschinsk), analysé par Pfaff, paraît être une combinaison de cette espèce, dans laquelle il existe :

Oxide d'antimoine	43,96
Acide arsénique	16,42
Oxide de plomb	33,10
Oxide de cuivre	3,24
Oxide de fer	0,24
Acide sulfurique	3,32
Silice	0,62

Est-ce un antimonite mélangé d'arséniate, ou un mélange d'antimoniate et d'arséniate isomorphe? C'est ce qu'il est encore impossible de dire.

On peut rappeler comme liés à la famille des antimonides les sulfo-antimoniures, où l'antimoine se trouve comme principe électro-négatif dans des composés qui sont combinés avec des sulfures, et plusieurs sulfures simples ou composés où ce même corps joue le rôle de principe électro-positif; tels sont :

Stibine, page 421.
Zinkenite, 424.
Jamesonite, 425.
Haidingerite, 427.
Miargyrite, 428.
Argyrythrose, 430.
Psaturose, page 432.
Bournonite, 433.
Polybasite, 346.
Panabase, 438.
Antimonickel, 447.

FAMILLE DES STANNIDES.

GENRE UNIQUE. ESPÈCE UNIQUE. CASSITÉRITE

(de κασσιτηρος, étain).

Étain oxidé; Pierre d'étain; Mine d'étain; Zinnerz; Zinnstein.

Substance le plus souvent brune, quelquefois blanche. Cristallisant en prisme droit à base carrée dont la hauteur et le côté sont à-peu-près comme les nombres 43 et 32.

Pesanteur spécifique, 6,30 à 6,96.

Rayant le verre; rayée par la Topaze.

Infusible au chalumeau. Difficilement réductible au feu de réduction ; se réduisant à l'instant par l'addition de la soude. Donnant souvent des traces de manganèse par le traitement avec la soude sur la feuille de platine.

Difficilement attaquable par l'acide hydrochlorique. Solution précipitant en pourpre par le chlorure d'or.

Composition. $\ddot{S}n$, plus ou moins mélangée de stannate de fer et de manganèse, quelquefois d'oxide de tantale; ou en poids :

Oxigène	21,33
Étain.	78,67
	100,00

Les analyses donnent les résultats suivans :

	Oxide d'étain.	Oxide de fer.	Oxide de manganèse	Oxide de tantale.	Silice.
Cassitérite de. . . . . . par Klaproth. . . .	99,09	0,25	. . .	. . .	0,75
Id. par Descotils. . .	95,00	5,00			
Id. de Fimbo, par Berzélius.	93,60	1,40	0,80	2,40	
Id. par Vauquelin . .	91,00	9,00			

Cassitérite cristallisée. En prismes carrés modifiés sur les angles ; en prismes octogones terminés par des facettes annulaires ; en prismes, simples ou modifiés, terminés par des sommets d'octaèdres, ou des pyramides à huit faces, pl. III, fig. 7, 8, 10, 26, 28, 33, 36, 39, 43, 47, 48, 61.

Inclinaison de *p* sur *d*, 133° 32'; *a* sur *i*, 123° 55'; *d* sur *i*, 150° 45; *i* sur *n*, 137° 20'; *n* sur *n*, 159° 5' et 118° 10'.

Cassitérite maclée. Groupement d'octaèdres, prismés ou simples, deux à deux, ou en plus grand nombre, t. 1, pl. VIII, fig. 49, 50.

Cassitérite stalactitique ou *stalagmitique* (*Wood tin*). Rare en stalactite entière, se présentant le plus souvent en fragmens roulés. On y observe des couches de couleurs variées de brun et de rouge qui imitent les couches de certains bois.

Cassitérite fibreuse. La structure fibreuse à fibres divergens s'observe très bien dans quelques fragmens de Cassitérite stalactitique.

Cassitérite amorphe. En masses compactes, vitreuses ou pierreuses, brunes, jaunâtres, blanchâtres.

Nous avons déjà indiqué le gisement des minerais d'étain, t. 1, p. 632. C'est la Cassitérite qui sert partout à la préparation de l'étain nécessaire au commerce. La matière n'a besoin que d'être bocardée, lavée, quelquefois grillée à cause des sulfures et des arséniures qui s'y trouvent mélangés; on la fond ensuite avec le charbon de bois ou la houille, et quelquefois on la purifie par une seconde fusion, soit au milieu du charbon, soit dans de grandes chaudières de fer.

Ce minéral est assez répandu dans la nature. Cependant la France n'en possède encore que des traces; en sorte que tout l'étain nécessaire à l'industrie est apporté de l'étranger. Il en entre annuellement 7000 quintaux, dont la valeur est d'environ 500,000 francs. L'Angleterre en livre annuellement au commerce plus de 100,000 quintaux, d'une valeur de plus de 7,000,000. La Saxe en fournit 3 à 4 mille quintaux; la Bohême 2000, et en tout, en Europe, il s'en extrait de 100 à 110 mille quintaux. Le Mexique, le Brésil, en possèdent des mines abondantes; l'Asie méridionale est extrêmement riche dans ce genre de produit. Il en existe beaucoup en Chine, au Pegu, à la presqu'île de Malaca, à Sumatra, Banca, etc. On assure que cette dernière île en fournit à elle seule plus de 70,000 quintaux.

OBSERVATIONS.

Il existe des indices de Stannates de chaux et de fer qui se trouvent mélangés dans diverses substances (voyez surtout les *Tantalides*); mais on n'en connaît pas encore d'isolés.

La seule matière qui puisse être rappelée ici comme annexe de la famille est le sulfure Stannine, page 416.

FAMILLE DES BISMUTHIDES.

Substances attaquables par l'acide nitrique, avec ou sans dégagement de gaz nitreux. Solution précipitant abondamment en blanc par l'eau, et ne donnant l'indication d'aucune autre matière.

PREMIER GENRE. ESPÈCE UNIQUE. BISMUTH.

Bismuth natif; Gediegen wismuth; Aschblei.

Substance métallique, blanc-rougeâtre, lamelleuse; clivable parallèlement aux faces d'un octaèdre régulier.

Pesanteur spécifique, 9,737.

Très fusible au chalumeau. Donnant un oxide jaune qui couvre le charbon.

Attaquable par l'acide nitrique avec dégagement de gaz nitreux.

Composition. Corps simple de la chimie, mais souvent mélangé de matières étrangères.

Bismuth cristallisé. En octaèdres groupés les uns sur les autres, et quelquefois en rhomboèdres qui résultent de l'addition d'un tétraèdre sur deux faces opposées de l'octaèdre.

Bismuth lamellaire. Lamelles ordinairement disposées de manière à présenter la structure palmée.

Le Bismuth se trouve dans les gîtes argentifères et arsenifères, et par conséquent avec les arséniures et arséniates de diverses bases. Il en existe dans beaucoup de localités (vallée d'Ossau aux Pyrénées; Bieber en Hanau; Wittichen en Souabe; Reinerzau en Wurtemberg; Johan-Georgenstadt, Annaberg, Altenberg, Schneeberg en Saxe; Brodbo, Bispberg, Nyberg, etc., en Suède; Modun en Norwège; Wheel-Sparnon, Botallack, Saint-Columb, en Cornwall, etc.). Cette matière est exploitée, avec le sulfure Bismuthine, pour en tirer le peu de Bismuth nécessaire aux arts, et dont on ne consomme guère qu'une centaine de quintaux par an.

DEUXIÈME GENRE. ESPÈCE UNIQUE. OXIDE DE BISMUTH.

Bismuth oxidé; Fleur de Bismuth; Wismuth ocker; Wismuthblüthe.

Substance non métalloïde, pulvérulente, jaune.

Pesanteur spécifique, 4,36.

Fusible sur la feuille de platine; très facilement réductible sur le charbon.

Attaquable par l'acide nitrique, sans dégagement de gaz nitreux. Solution précipitant par l'eau.

Composition. $\dddot{B}$, avec mélanges d'oxide de fer, de cuivre, de nickel.

Oxigène	10,13	0,101	3
Bismuth	89,87	0,067	2

M. Lampadius en a tiré:

Oxide de Bismuth	86,3
Oxide de fer	5,2
Acide carbonique	4,1
Eau	3,4

Si cette analyse est exacte, on voit un mélange de carbonate de Bismuth qui rappelle la substance analysée par Mac-Gregor, page 375.

Cette matière se trouve en petites masses pulvérulentes, ou en enduits sur les minerais de Bismuth, de Cobalt et de Nichel (Schneeberg en Saxe; Joachinsthal en Bohême; Saint-Agnès en Cornwall; Sibérie).

Nous rappellerons ici les combinaisons de Bismuth dont nous avons déjà parlé: Carbonate, page 375; Sulfures simples ou multiples, page 418; Tellurure, page 538).

FAMILLE DES HYDRARGYRIDES.

Substances métalloïdes, liquides ou solides, et donnant immédiatement du mercure liquide par la chaleur dans un tube.

PREMIER GENRE. ESPÈCE UNIQUE. MERCURE.

Substance liquide, métallique, blanc d'argent.

Pesanteur spécifique, 13,598 à 0°, et à l'état de pureté.

Entièrement volatile dans le tube fermé.

Composition. Corps simple de la chimie, renfermant quelquefois des matières étrangères dans la nature.

Cette substance se trouve en quantités plus ou moins considérables dans les gîtes de Cinabre, page 398, et t. 1, page 633. Le Cinabre en est quelquefois pénétré sans qu'on l'aperçoive, et il s'en manifeste des gouttelettes à la surface lorsqu'on l'échauffe dans la main.

DEUXIÈME GENRE. HYDRARGURE.

ESPÈCE UNIQUE. AMALGAME.

Mercure argental; Naturlisches amalgam; Amalgam.

Substance solide métalloïde, blanc d'argent. Cristallisant en dodécaèdre rhomboïdal.

Pesanteur spécifique, 14,12.

Donnant du mercure par distillation dans un tube. Laissant un grain d'argent malléable.

Composition. $Ag\,Hg^2$, d'après l'analyse de Klaproth :

		Rapports atomiques.	
Mercure	64	0,050	2
Argent	36	0,026	1

Il y a souvent du Mercure adhérent après les cristaux, qui dès-lors donnent surabondance de ce métal.

Amalgame cristallisé. En octaèdres (rares); en dodécaèdres simples ou modifiés sur les arêtes et les angles solides, pl. I, fig. 17, 22, 23, 34 et 35; pl. II, fig. 75, 76, 80 et 88.

Amalgame amorphe. En petites masses toujours peu volumineuses.

L'Amalgame se trouve aussi dans les gîtes de Cinabre, t. 1, page 633.

Voyez comme annexe de la famille :

Cinabre, page 397;

Calomel, page 500.

FAMILLE DES ARGYRIDES.

GENRE UNIQUE. ESPÈCE UNIQUE. ARGENT.

Argent natif; Gediegen Silber.

Substance métallique, blanche, ductile, tenace. Cristallisant en octaèdre.

Pesanteur spécifique, 10,4743 à l'état de pureté.

Attaquable par l'acide nitrique. Solution précipitant de l'argent métallique sur une lame de cuivre. Donnant par l'acide hydrochlorique un précipité attaquable par l'ammoniaque, et n'offrant l'indication d'aucun corps électro-négatif.

Composition. Corps simple de la chimie, quelquefois mélangé de matières étrangères, suivant l'observation de M. John et de M. Berthier :

Argent de Johann-Georgenstadt, par John.		Argent de Curcy, par Berthier.	
Argent	99	Argent	90
Antimoine	1	Cuivre	10
Cuivre et arsenic	traces.		

Argent cristallisé. En octaèdre, cubo-octaèdre, cube.

Argent dendritique ou *ramuleux.* Formant des dendrites saillantes ou superficielles.

Argent filiforme et *capillaire.* En filament plus ou moins allongés, quelquefois entremêlés et formant des touffes plus ou moins fortes.

L'Argent se trouve accidentellement dans les gîtes d'Argyrose, d'Argyrythrose et de Kerargyre. Il est quelquefois très abondant, surtout dans les dépôts ferrugineux nommés *Pacos* et *Colorados* dans l'Amérique équatoriale (Zacatecas, Catorce, etc., au Mexique; Huantajaya, Yauricocha au Pérou; etc.)

On conçoit que cette matière est exploitée avec soin partout où elle se trouve.

Nous mentionnerons pour mémoire les sulfures Argyrose, Argyrythrose, et Proustite; le chlorure Kerargyre, les Séléniures, Tellurures, Antimoniure, et Arséniures d'argent, qui sont les annexes naturels de cette famille.

FAMILLE DES PLUMBIDES.

Corps n'offrant l'indice d'aucune substance électro-négative par les réactifs. Attaquables par l'acide nitrique, ou réductibles en matière attaquable par cet acide lorsqu'ils ont été traités avec le carbonate de soude. Solution précipitant en blanc par les sulfates; donnant des lamelles de plomb sur un barreau de zinc, et ne précipitant pas sur une lame de cuivre.

PREMIÈRE ESPÈCE. PLOMB.

Substance métallique, grise, très ductile.

Pesanteur spécifique, 11,3523.

Très fusible au chalumeau. Couvrant le charbon d'oxide jaune. Attaquable par l'acide nitrique avec dégagement de gaz nitreux. Solution précipitant en blanc par les sulfates; donnant des lamelles métalliques sur un barreau de zinc; ne précipitant pas par une lame de cuivre.

Composition. Corps simple de la chimie.

On connaît le plomb à l'état métallique en grains plus ou moins volumineux, dans les produits volcaniques (Monte-Somma, au Vésuve; Vésuve moderne; Madère), soit dans des Dolomies, accompagnées d'idocrase et renfermant quelquefois de la Galène, soit dans des laves proprement dites, compactes ou poreuses. On le cite aussi mêlé avec la Galène (Alston en Angleterre; Oberschesterngläck, près Bleistadt en Bohême), dans des gîtes de ces sortes de minerais de plomb, et dans des gangues accompagnées de Pyrite, de Sidérose, etc.

DEUXIÈME ESPÈCE. MASSICOT.

Plomb oxidé jaune; Massicot natif; Bleiglätte.

Substance jaune, terreuse ou lamellaire. Attaquable par l'acide nitrique sans dégagement de gaz nitreux.

Facilement réductible au chalumeau.

Composition. $\dot{Pb}$, ou en poids :

Oxigène.	7,171
Plomb	92,829
	100,00

Il n'est pas bien certain que cette substance existe naturellement dans le sein de la terre. On en a trouvé à Breinig, près de Stolberg, non loin d'Aix-la-Chapelle; mais M. Noggerath la regarde comme un produit de fourneaux, enfouis sous un terrain d'alluvion moderne. M. John mentionne aussi un Massicot natif trouvé à Eschweiller, dans lequel il a reconnu :

Protoxide de plomb	93,2691
Acide carbonique	3,8462
Oxide de fer et chaux.	0,4808
Silice.	2,4039

TROISIÈME ESPÈCE. MINIUM.

Plomb oxidé rouge; Minium natif; Mennig.

Substance rouge pulvérulente.

Pesanteur spécifique, 4,6.

Donnant des globules métalliques au feu de réduction.

Passant à l'état d'oxide brun par l'action de l'acide nitrique.

Composition. $\ddot{Pb}$, ou en poids :

		Rapports atomiques.	
Oxigène	10,38	0,104	3
Plomb	89,62	0,069	2
	100,00		

Cette substance ne se trouve qu'en très petite quantité à la surface de diverses gangues, dans les filons de Galène, dans les amas de Calamine (Bleialf, dans l'Eifeld; Badenweiller, pays de Bade; Brillon en Westphalie; île d'Anglesea; Grassington-Moor et Grasshill-Chapel en Yorkshire).

Les substances dans lesquelles le plomb ou ses oxides se trouvent d'ailleurs combinés sont les suivantes:

Carbonate Céruse et sulfo-carbonates, page 363; Sulfures Galène, page 393; Zinkenite, 424; Jamesonite, 425; Bournonite, 433; le Sulfate Anglesite, 459; le Chlorure Kérasine, 502; le Séleniure Clausthalie, 531; les Tellurures Elasmose et Mullerine, 539; le Phosphate Pyromorphite, 549; l'Arseniate.

FAMILLE DES ALUMINIDES.

Corps composés d'alumine, soit seule, soit combinée avec différentes bases.

Rarement attaquables immédiatement par les acides, mais formant avec la soude un composé, le plus souvent infusible, que les acides attaquent avec plus ou moins de facilité. Solution donnant par l'ammoniaque un précipité abondant, gélatineux, qui se dissout par les alcalis fixes; n'offrant d'ailleurs que de faibles indices des autres corps électro-négatifs, si ce n'est du péroxide de fer.

On ne connaît dans cette famille qu'un très petit nombre de substances dont la plupart sont remarquables par un très grand degré de dureté qui suffirait seul pour les distinguer de toutes les autres matières minérales ; ce sont celles que l'on trouve toujours cristallisées, l'une dans le système rhomboédrique, les autres en octaèdres réguliers. Les espèces qui ont moins de dureté ne sont au contraire connues qu'en petites masses mamelonnées ou amorphes.

Il y a plusieurs matières qui ne renferment que de l'alumine, soit pure, soit hydratée à différens degrés; les autres sont des aluminates composés suivant les formules RA^2, RA^3, RA^6, R représentant la base, dont les uns sont anhydres, les autres hydratés. Le péroxide de fer paraît remplacer quelquefois l'alumine, dont il est d'ailleurs isomorphe.

Sous le rapport du gisement, ces matières sont en général disséminées dans les terrains de cristallisation, soit dans les granites et les micaschistes, soit dans les calcaires subordonnés; elles en sont souvent détachées, et portées sous forme de sables, quelquefois très abondans, dans les ruisseaux, dans les dépôts arenacés modernes. Il en est deux cependant qui jusqu'ici appartiennent uniquement à des gîtes métallifères, et l'on peut soupçonner des espèces dont le gisement est dans les terrains de sédiment.

PREMIER GENRE. ALUMINE.

Solution renfermant une grande quantité d'alumine, et peu ou point de bases.

PREMIÈRE ESPÈCE. CORINDON.

Telesie; Saphir; Rubis; Émeril; Korund; Corundum; Diamanspath; Rubin; Salamstein; Salamrubin.

Substance vitreuse ou pierreuse; cristallisant dans le

système rhomboédrique; clivable en rhomboèdres de 86° 4' et 90° 56'.

Pesanteur spécifique 3,97 à 4,16.

Très dure; rayant tous les corps à l'exception du Diamant. Infusible au chalumeau. Donnant une matière bleue lorsqu'on la soumet à un bon coup de feu, après l'avoir réduite en poudre et humectée d'une goutte de nitrate de cobalt.

Composition. $\dddot{A}$, plus ou moins mélangée d'oxide de fer, et de silice qui peut-être provient des gangues, ou même du mortier où l'on a broyé la matière. Les analyses ont fourni les résultats suivans :

	Alumine.	Oxide de fer.	Silice.	Chaux.
Saphir bleu, par Klaproth. . . .	98,5	1,0	. . . .	0,5
Id. d'Etenengo, par Vauquelin .	92,0	2,4	4,8	
Corindon laminaire du Bengale, par Klaproth.	89,50	1,25	5,50	
Id. de la Chine	84,00	7,50	6,50	
Emeril de Naxos, par Tennant .	86,00	4,00	3,00	

Corindon cristallisé. En rhomboèdres simples ou tronqués profondément au sommet; en prismes hexagones simples ou modifiés sur les arétes des bases; en dodécaèdres à triangles isocèles, pl. IV, fig. 8 et 17, pl. VI, fig. 1, 2, 4, 8, 13, 54 à 56, 58, 61 à 65, 66, 68.

Inclinaison de *x* sur *x*, 86° 4'; de *x* sur *r*, 137° 30', de *r* sur *o*, *o'*, *o''*, 151° 22, 160° 15', 170° ?

Corindon laminaire. En masses clivables parallèlement aux faces des rhomboèdres.

Corindon granulaire (Emeril). A grains fins, plus ou moins coloré; et renfermant plus ou moins d'oxide de fer.

Les couleurs sont le *blanc limpide* (Saphir blanc), le *bleu* (Saphir), le *rouge* (Rubis oriental), le *rose*, le *violet* (Améthiste orientale), le *jaune* (Topaze orientale), le *vert*, le *gris*, le *brun*, le *noir*.

Le Crindon est hyalin ou lithoïde; quelquefois les cristaux sont nacrés sur les bases des prismes ou au sommet des rhomboèdres; ailleurs la substance est *chatoyante, laiteuse, opaline*. Il y a des variétés qui présentent le phénomène de l'Astérie, et ce sont surtout celles qui ont la couleur bleue; ce phénomène est rare dans les variétés rouges.

Le Corindon appartient en général aux terrains de cristallisation; on le trouve disséminé dans le micaschiste (Ochsenkopf, près de Schwarzenberg en Saxe; île de Naxos, dans l'Archipel grec; Jersey et Guernesey; Randa, royaume de Grenade en Espagne), ou dans les Dolomies subordonnées (Campo-Longo au Saint-Gothard). Il existe dans les roches talqueuses du granite alpin (roches éparses sur la mer de glace à Chamounix), dans des filons feldspathiques qui traversent des siénites (Sella, près de Crevacore en Piémont), dans des roches granitiques (Baltimore, Amérique septentrionale). C'est aussi dans des roches feldspathiques, dans laquelle on trouve des micas talqueux, de l'Épidote, etc., qu'il existe à la Chine, au Thibet, sur la côte du Malabar. Cette matière se trouve encore dans les roches basaltiques (plateau du lac Guery au Mont-Dor; Expailly, près le Puy-en-Velay), ou dans les tufs basaltiques (butte de Saint-Michel, près le Puy; Merowitz, près de Billin, Podseldlitz, Trziblitz en Bohême). Enfin il existe dans des dépôts d'oxide de fer subordonnés au gneiss (Gellivara en Laponie).

On trouve fréquemment aussi le Corindon hors de place, dans des sables plus ou moins grossiers qui proviennent de la destruction des roches granitiques (Chine, Thibet, Malabar), ou des roches basaltiques (ruisseau d'Expailly).

Le Corindon offre à la joaillerie des pierres de la plus grande beauté, et qui ne le cèdent en rien au diamant. Ce sont les Corindons bleus (ou saphir), rouges (ou rubis), jaunes (topaze orientale), pourpres (améthiste orientale), verts (émeraude orientale), qui sont très recherchés, et toujours d'un prix très élevé lorsqu'ils sont purs, sans fissures, sans taches, et d'un beau velouté. Le rubis d'une belle teinte de feu surpasse même le diamant en valeur : une pierre parfaite de 30 grains est d'un prix inestimable; le Corindon bleu barbeau, bleu indigo, vient ensuite; mais les variétés de teinte claire sont peu estimées, à moins qu'elles ne soient d'un grand volume. Les topazes orientales, l'améthiste orientale, bien choisies, sont également d'un grand prix.

DEUXIÈME ESPÈCE. GIPSITE.

Substance blanchâtre ou verdâtre, rayant le Calcaire.

Pesanteur spécifique, 2,40.

Donnant de l'eau par calcination, et laissant une matière blanche, infusible, qui se colore en bleu lorsqu'on la chauffe avec le nitrate de cobalt.

Attaquable par l'acide nitrique. Solution précipitant de l'alumine par l'ammoniaque.

Composition. $Al + Aq = \ddot{A}l + 3\,Aq$, d'après l'analyse de M. Torrey, qui a donné :

		Rapports atomiques.	
Alumine	64,8	30,26	1
Eau	34,7	30,84	1

La Gibsite a été trouvée en petites masses mamelonnées dans une mine de manganèse à Richemont dans le Massachuset.

APPENDICE.

Hydrate d'alumine des Beaux. Substance rougeâtre, donnant de l'eau par calcination. Composée, suivant M. Berthier, de

		Oxigène.	
Alumine	52	24,29	3
Eau	20,4	18,13	2
Péroxide de fer	27,6		
Oxide de chrôme	traces.		

Le péroxide est évidemment ici la matière colorante, et, en l'isolant, on voit que la substance doit être composée suivant la formule $3\,Al + 2\,Aq$, 1 atome d'alumine, 2 atomes d'eau; par conséquent, elle doit constituer une espèce particulière.

Cette matière se trouve en grands dépôts dans la commune de Beaux, près d'Arles.

Diaspore. Substance blanchâtre ou brunâtre, décrépitant au feu. Donnant de l'eau par calcination. Infusible; devenant d'un beau bleu par la calcination avec le nitrate de cobalt.

M. Children y a indiqué :

		Oxigène.	Rapports.
Alumine	76,06	35,53	3
Oxide de fer	7,78	2,38	
Eau	14,70	13,06	1

d'où l'on tirerait à-peu-près la formule $(A, F)^3 Aq$, en supposant le fer à l'état de péroxide.

DEUXIÈME GENRE. ALUMINATE.

Solution renfermant une ou plusieurs bases indépendamment de l'alumine.

PREMIÈRE ESPÈCE. SPINELLE.

Alumine magnésiée ; Rubis spinelle ; Rubis balais ; Rubicelle ; Ceïlanite ; Pléonaste.

Substance cristallisant en octaèdres réguliers; rayant tous les corps ; rayée seulement par le Corindon et le Diamant.

Pesanteur spécifique 3,64 à 3,76.

Infusible au chalumeau. Ne donnant pas d'eau par calcination. Solution acide opérée après le traitement par la potasse caustique, précipitant de l'alumine par l'addition de l'hydro-sulfate d'ammoniaque, puis une matière blanche alcaline par l'addition de la soude en excès.

Composition. $MA^6 = \dot{M}\ddot{A}^2$ d'après M. Berzélius ; mais son analyse offre une perte assez forte, et présente de la silice et de l'oxide de fer sans emploi ; les analyses de Klaproth et de Vauquelin présentent encore bien plus de divergence.

Spinelle d'Aker, par Berzélius.

		Oxigène.	Rapports.
Alumine	72,25	33,74	6
Magnésie	14,63	5,56	1
Protoxide de fer	4,26		
Silice	5,45		
	96,59		

Spinelle rouge, par Klaproth.

		Oxig.	Rapp.
Alumine	74,50	34,79	9
Magnésie	8,25	3,19	1
Chaux	0,75	0,21	
Oxide de fer	1,50	0,34	
Silice	15,50	8,05	

Spinelle rouge, par Vauquelin.

		Oxig.
Alumine	82,47	38,52
Magnésie	8,78	3,40
Acide chromique	6,18	2,74

Spinelle cristallisé. En octaèdres simples ou modifiés sur les angles et les arêtes; souvent isolés, quelquefois enfermés dans des gangues.

Spinelle maclé. En octaèdres groupés deux à deux.

Le Spinelle appartient, comme le Corindon, aux terrains de cristallisation; on le connaît particulièrement dans les terrains de micaschistes, et surtout dans les Dolomies, le Calcaire micacé, le Quarz micacé, dans des roches granitoïdes, où quelquefois le mica est remplacé par la Molybdenite (Ceylan, Pegu, Aker en Sudermanie). Il est très abondant surtout dans les débris de ces roches, dans les sables des ruisseaux et des rivières qui coulent au milieu d'elles, et c'est là qu'on le récolte le plus ordinairement sous la forme sableuse, car il est très rare sur les gangues dans les collections. Celui qu'on a cité dans les détritus basaltiques ou trachytiques, dans les roches micacées et les Dolomies de la Somma, n'appartient pas à l'espèce Spinelle, mais bien au Pléonaste, dont nous devons faire une espèce particulière.

Le Spinelle est aussi employé dans la joaillerie sous les noms de *Rubis spinelle*, *Rubis Balais*. Les premiers, qui doivent être d'un rouge vif, peuvent rivaliser avec le Corindon rubis, et sont également d'un prix très élevé; les seconds, d'une teinte rosâtre, rouge de vinaigre, lie de vin, sont beaucoup moins estimés, et souvent confondus avec la topaze brûlée; on en fait cependant des parures qui sont quelquefois fort chères. Les variétés de Spinelle propres à la taille, et qui sont toujours de petites dimensions, nous viennent toutes de l'Inde.

DEUXIÈME ESPÈCE. GAHNITE.

Spinelle zincifère ; Automalite ; Automolith.

Substance cristallisant en octaèdre régulier ; rayant tous les corps, et rayée seulement par le Corindon et le Diamant.

Pesanteur spécifique, 4,23 à 4,7.

Infusible au chalumeau. Ne donnant pas d'eau par calcination. Donnant par le traitement avec la soude une auréole de fumée de zinc sur le charbon.

Solution acide opérée après le traitement par la potasse caustique, précipitant de l'alumine par l'ammoniaque. Solution ammoniacale précipitant en blanc lorsqu'on la sature par un acide.

Composition. ZA^6, la même formule que pour le Spinelle, et aussi avec la même incertitude, suivant l'analyse d'Ékeberg :

Alumine	60,00	28,02	6
Oxide de zinc	24,25	4,82	1
Oxide de fer	9,25		
Silice	4,75		
Chaux	traces.		

Vauquelin en a fait aussi une analyse, mais il y a trouvé 17 d'une matière qui avait quelque analogie avec le Soufre, et qui se trouve être précisément ce qui manquerait d'alumine.

Gahnite cristallisée. En octaèdres simples ou maclés, verdâtres ou grisâtres, disséminés dans un schiste talqueux ou dans des chlorites schisteuses. On ne la connaît encore que dans peu d'endroits ; en Suède (mines d'Ériematt, près de Fahlun ; Brodbo ; Ostra-Sifverberg, paroisse de Gross-Tuna en Dalecarlie), dans l'Amérique septentrionale (Franklin, dans le New-Jersey).

TROISIÈME ESPÈCE. PLÉONASTE.

Candite ; Spinelle noir ; Ceylanite.

Substance noire, cristallisant en octaèdre régulier; rayant tous les corps; rayée seulement par le Corindon et le Diamant.

Pesanteur spécifique, 3,617 à 3,7.

Infusible au chalumeau. Ne donnant pas d'eau par calcination.

Solution acide, opérée après le traitement par la potasse, précipitant de l'alumine très ferrugineuse par l'ammoniaque; précipitant abondamment en bleu par l'hydrocyanate ferruginé de potasse, et offrant d'ailleurs, après l'action de l'ammoniaque, l'indice de la magnésie par la soude en excès.

Composition. $\left\{\begin{matrix} MA^3 + FA^3 \\ \dot{M}\dddot{A} + \ddot{F}\dddot{A}^3 \end{matrix}\right.$ ou $\begin{matrix} MA^2 + FA^2 \\ \dot{M}^3\dddot{A}^2 + \ddot{F}\dddot{A}^2 \end{matrix}$, d'après les analyses suivantes :

Candite par Laugier.

		Oxig.	Rapp.
Alumine	65,0	30,36	6
Péroxide de fer	16,5	5,01	1
Magnésie	13,0	5,03	1
Chaux	2,0		
Silice	2,0		

Candite par Gmelin.

		Oxig.	Rap.
Alumine	57,200	26,71	4
Magnésie	18,240	7,06	1
Péroxide de fer	20,504	6,29	1
Silice	3,154	1,64	

Pléonaste par Descotils.

		Oxigène.	Rapports.
Alumine	68	31,76	6?
Magnésie	12	4,64	1
Péroxide de fer	16	4,90	1
Silice	2		
	98		

Pléonaste cristallisée. En octaèdres simples ou modifiés, quelquefois assez compliqués, ou en dodécaèdres rhomboïdaux simples ou modifiés sur les angles, pl. II, fig. 82.

Pléonaste amorphe (Candite). En masses vitreuses ou lithoïdes, brunes, d'un éclat vitreux ou gras.

Le Pléonaste cristallisé se trouve dans la Dolomie, dans les roches chloriteuses (Monte-Somma au Vésuve; Monzoni en Tyrol), dans des roches amphiboliques et micacées (Warwich, Sparta, Franklin, en Amérique septentrionale), dans les détritus basaltiques (Montferrier, Hérault), dans les débris trachytiques (abbaye de Laach, sur les bords du Rhin); il en existe aussi à Ceylan, dans les sables, avec le Spinelle. Le Pléonaste amorphe, ou la Candite, a été rapporté de Ceylan par M. Leschenaust, qui l'a trouvé dans le district de Candie.

Le Pléonaste, de couleur très foncée, présente, lorsqu'il est taillé et poli, une pierre assez remarquable par son éclat, et qui ne serait pas à dédaigner.

QUATRIÈME ESPÈCE. PLOMGOMME

Plomb gomme; Plomb hydro-alumineux; Bleigummi.

Substance jaune ou jaune-rougeâtre, en mamelons, et ressemblant assez à de la gomme. Rayant la Fluorine.

Donnant de l'eau par calcination, et blanchissant. Se boursouflant au chalumeau, et se fondant seulement à demi. Réductible avec la soude sur le charbon. Poussière donnant une belle couleur bleue avec le nitrate de cobalt.

Solution acide donnant un précipité gélatineux par l'ammoniaque, et des lamelles de plomb sur un barreau de zinc.

Composition. $Pb A^6 + 6 Aq = \dot{P} \dddot{A}^2 + 6 Aq$, d'après l'analyse de M. Berzélius, qui présente :

		Oxigène.	Rapports.
Alumine	37,00	17,28	6
Oxide de plomb	40,14	2,88	1
Eau	18,80	16,71	6
Chaux, oxide de fer et de manganèse	1,80		
Silice	0,60		
Acide sulfurique	0,20		

Cette substance n'est encore connue qu'en petites masses mamelonnées composées de feuillets concentriques, dans les mines de plomb de Huelgoat en Bretagne. Elle est quelquefois confondue avec la Pyromorphite mamelonnée; mais dans celle-ci les globules, au lieu d'être testacés, sont fibreux à l'intérieur.

APPENDICE.

Hydrate d'alumine résiniforme de la montagne de Bernon, près Epernay, dans lequel M. Lassaigne a indiqué :

		Oxigène.	*Rapports.*
Alumine	29,5	13,80	2?
Chaux	20,0	5,61	1
Eau	37,5	33,35	6
Matière colorante végétale	8,5		
Silice	2,5		
Perte	2,0		

ce qui semblerait donner la formule $Ca\,A^2 + 6\,Aq$.

Cette matière, de couleur jaunâtre, demi-transparente, friable, se trouve dans le même gisement que la Websterite, p. 493. La matière organique qui la colore se charbonne par l'action de la chaleur; le minéral devient alors noir, mais il blanchit par une plus forte calcination et diminue beaucoup de volume.

FAMILLE DES MAGNÉSIDES.

ESPÈCE UNIQUE. BRUCITE.

Magnésie native; Magnésie hydratée; Guhr magnésien; Talk hydraté; Wassertalk.

Substance blanche, lamelleuse, nacrée, douce au toucher.

Pesanteur spécifique, 2,336.

Tendre; rayée par le Calcaire.

Donnant de l'eau par calcination, et laissant une matière blanche qui colore en rouge le papier de Curcuma. Infusible; donnant par la calcination avec le nitrate de cobalt une matière de couleur lilas.

Composition. $M\,Aq = \dot{M}\,Aq$, suivant l'analyse de M. Fyfe :

		Oxigène.	Rapports.
Magnésie.	69,75	27,00	1
Eau	30,25	26,89	1

La Brucite se trouve en veines dans la serpentine de Hoboken, dans le New-Jersey. On l'a indiquée à Swinaness, dans l'île d'Unst, une des Shetland, dans un gisement semblable.

TROISIÈME CLASSE.

CHROÏCOLYTES.

(De χρωικος, coloré, et λυτος, soluble).

Substances renfermant, comme principe électro-négatif, des corps solides susceptibles de former des sels ou des solutions colorées, et ne se réduisant jamais en gaz permanent.

FAMILLE DES TITANIDES.

Corps donnant, par la fusion avec le carbonate de soude, un sel insoluble dans l'eau, mais attaquable par l'acide hydrochlorique. Solution étendue d'eau, devenant violâtre par l'action d'un barreau de zinc, et donnant par l'ébullition un précipité qui, au feu de réduction, forme un verre bleu-violâtre avec le sel phosphorique.

On ne connaît encore ici qu'un petit nombre d'espèces qui sont en général mal connues, du moins sous les rapports de composition. Leur cristallisation se rapporte au système prismatique carré, au système cubique, au système rhomboédrique, et enfin au système prismatique rectangulaire oblique. Les cristaux de ce dernier système sont remarquables par leur aplatissement, par leur tournure générale, fort différente de toutes les autres espèces, et par leur manière de se grouper.

Tous les Titanides sont des substances disséminées qui appartiennent aux terrains de cristallisation, la plupart aux terrains granitiques, et quelques-unes à-la-fois à ces terrains et aux terrains trachytiques ou basaltiques.

PREMIER GENRE. TITANOXIDE.

Solution hydrochlorique ne renfermant aucun corps électro-positif en quantité notable.

PREMIÈRE ESPÈCE. RUTILE.

Titane oxidé ; Titanite ; Titanite rutile ; Schorl rouge ; Schorl tricoté ; Schorl pourpre ; Titan schorl ; Nadelstein ; Crispite ; Sagenite.

Substance rougeâtre, brune ou jaune. Cristaux dérivant d'un prime à base carrée dont la hauteur et le côté sont à-peu-près comme les nombres 21 et 46, et qui se clivent parallèlement à leurs pans.

Pesanteur spécifique, 4,25.

Rayant fortement le verre.

Infusible au chalumeau. Donnant souvent avec la soude des traces d'oxide de manganèse ; couleur violâtre, produite par la fusion avec le sel phosphorique, presque toujours salie par des matières étrangères.

Composition. $\dot{\ddot{T}}i$, ou en poids :

Oxigène.	33,95
Titade	66,05
	100,00

mais plus ou moins mélangée d'oxide de fer et d'oxide de manganèse, quelquefois d'oxide de chrome (Karingbricka en Suède).

Rutile cristallisé. En prismes le plus souvent octogones, plus rarement carrés avec les traces de l'octogone, et le plus souvent à sommet tétraèdre, pl. III, fig. 3, 5, 37, 39, 40.

Inclinaison de *p* sur *c*, 153° 33′ ; *a* sur *c*, 161° 40′ ; *p* sur *d*, 132° 20 ; *d* sur *d*, 123° 15′ ; *a* sur *i*, 122° 45′.

Rutile maclé. En cristaux prismatiques réunis bout à bout par des plans obliques à l'axe, et au nombre de deux, trois, etc., tome I, pl. VIII, fig. 50.

Rutile cylindroïde. En cristaux émoussés.

Rutile aciculaire. En petits cristaux très étroits, et souvent très allongés, tantôt isolés, tantôt enfermés dans du Quarz en quantité plus ou moins grande, et où quelquefois ils n'ont laissé que leur moule.

Rutile réticulé (Sagenite, Crispite), Composée d'aiguilles qui se croisent régulièrement, et qui sont plus ou moins serrées.

Rutile amorphe. En masses compactes ou laminaires qui forment des nids dans différentes roches.

Rutile pulvérulent. N'est en quelque sorte qu'une variété extrême du Rutile réticulé, où les aiguilles sont tellement fines, tellement entassées les unes sur les autres, qu'on ne peut plus les distinguer.

Le Rutile est une substance disséminée ou en petits nids dans les terrains de cristallisation, dans les granites proprement dits (montagne de Tatra en Hongrie), dans les gneiss (Scheibenberg, Erbisdorf, en Saxe ; Gömör en Hongrie ; Arendal en Norwège), les micaschistes (Poïnick, Rhonitz, en Hongrie ; glacier du Rhône, etc.), dans les calcaires subordonnés à ces roches (London-Grove en Pensylvanie ; Kingsbridge, état de New-York ; Worthington en Massachusets ; Baltimore), dans les protogynes (Chamounix en Savoie ; Val Lanzo, Val Grassoney, etc., en Piémont) ou les roches qui s'y rattachent (Saint-Gotard, Simplon, vallée d'Aost, Tyrol, etc.), dans les pegmatites, où il est très abondant (Gourdon, Saône-et-Loire ; Saint-Yriex, Haute-Vienne ; Connecticut et Delaware, en Amérique septentrionale ; île de Ceylan). Il est quelquefois détaché de ces roches, et se trouve avec leurs débris dans les ruisseaux ou les dépôts arenacés (Saint-Yriex, Ceylan, Brésil, etc.). Il en existe aussi dans les filons qui traversent ces différentes roches, soit dans des filons de fer magnétique (Arendal en Norwège; Gellivara en Laponie), soit dans des filons de calcaire, de sidérose, etc. (Moutier en Savoie).

Dans ses différens gîtes, le Rutile est fréquemment accompagné de fer magnétique, de fer oligiste, et de différentes espèces de Silicates, tels que Chlorite, Talc, Disthène, Turmaline, Diopside, etc. C'est du Brésil que proviennent les cristaux les plus parfaits; ils ont pour gangue le Quarz ou le fer oligiste.

On ne se sert encore de cette matière que pour préparer les oxides de titane qu'on emploie dans les laboratoires, et pour quelques couleurs sur porcelaine.

APPENDICE.

Brookite (Rutile lamelliforme). Substance rougeâtre ou brûnâtre, d'un éclat assez vif; cristallisant en lames hexagonales aiguës ou en lames rhomboïdales de 100 et 80°, plus ou moins modifiées sur les arêtes; rayant difficilement le verre.

Cette matière, confondue pendant long-temps avec le Rutile, en diffère, comme on voit, par son système de cristallisation; mais les essais chimiques n'y font voir que de l'oxide de titane, avec quelques traces de manganèse et de fer; il n'en existe pas encore d'analyse complète. Dans ma première édition, j'ai indiqué cette substance comme devant être séparée du Rutile. M. Levy lui a appliqué depuis le nom de Brookite, qui mérite à tous égards d'être conservé.

On peut soupçonner jusqu'ici, d'après les essais, que la Brookite est au Rutile ce que l'Arragonite, par exemple, est au Calcaire, c'est-à-dire que c'est de part et d'autre la même substance avec des formes différentes. Il serait possible que cette différence de forme correspondît aux différences que l'on remarque dans les propriétés de l'acide titanique, suivant la manière dont il a été préparé, et qui le rend tantôt soluble, tantôt insoluble, etc. La Brookite paraîtrait correspondre à l'acide soluble; car, quelques parcelles jetées dans de l'acide hydrochlorique se sont trouvées complètement dissoutes au bout de quelques jours; cependant, ayant répété l'essai sur d'autres lames, elles n'ont point été attaquées, même après avoir été réduites en poudre : d'où il suit qu'il y aurait peut-être encore plusieurs différences à observer dans ce qu'on a nommé *Rutile lamelliforme*, dont nous réunissons ici toutes les variétés.

Cette matière se trouve sur du Quarz, ou dans des filons de matière chloritique, avec Albite, Anatase; Chrichtonite, etc.; dans les roches cristallines des Alpes (Saint-Christophe en Oisans; Tête-Noire au Mont-Blanc; Saint-Gothard).

DEUXIÈME ESPÈCE. ANATASE.

Oisanite ; Octaédrite ; Schorl bleu; Schorl octaèdre.

Substance bleue, quelquefois brunâtre ou jaunâtre. Cristallisée en octaèdre aigu à base carrée.

Pesanteur spécifique, 3,82.

Rayant légèrement le verre.

Infusible au chalumeau. N'offrant pas de traces de manganèse. Donnant facilement le verre bleu-violâtre pur lorsqu'on le fond avec le sel phosphorique.

Composition. Les essais chimiques n'indiquent dans cette substance que du Titane oxidé; mais la couleur bleue que présente cette matière peut faire soupçonner qu'elle est composée de protoxide de titane analogue à la matière bleue qu'on obtient en mettant un barreau de zinc dans une solution hydrochlorique de surtitanate de potasse. En admettant cette idée, on pourrait admettre aussi que les couleurs brunâtres, jaunâtres et rougeâtres que prennent quelquefois les cristaux, sont dues à une suroxidation. C'est aux recherches futures qu'il faut en appeler pour consolider ou détruire ces présomptions.

Anatase cristallisée. En cristaux octaèdres, tantôt simples, tantôt modifiés, quelquefois assez compliqués, pl. III, fig. 52, 55, 58, 59, 62, etc.

Inclinaison de *i* sur *i*, 98° 5′ ; *i* sur *i*′, 136° 47′ ; *i* sur *i*″, 131° 22′ ; *i* sur *n*, 132° 5′.

Cette substance se trouve toujours en cristaux, le plus souvent très petits, rarement de 7 à 8 lignes de longueur, dans les fissures des granites et des micaschistes, quelquefois avec du Quarz, de la Chlorite, qui les remplissent (Vilette, Pont-du-Diable, en Dauphiné; Moutier en Tarentaise; Saint-Gothard, Selvaz, dans les Grisons; Barèges aux Pyrénées, montagnes de Vieille-Castille en Espagne; Hadeland en Norwège); on l'a reconnue aussi sur des fragmens de Quarz et de micaschistes qui font partie des aglomérats où se trouve le Diamant (Minas-Geraes au Brésil).

OBSERVATIONS.

Il semble bien, aux yeux du minéralogiste exercé, que l'Anatase doit constituer une espèce particulière; mais on ne pourra en avoir la certitude que quand on aura exactement fixé le degré d'oxidation où le Titane s'y trouve. Jusque-là, la distinction avec le Rutile n'est établie que sur la différence de couleur et de poids spécifique, car le système de cristallisation est le même de part et d'autre, et de plus, on peut déduire facilement, par des lois simples, l'octaèdre aigu de l'Anatase du prisme carré que nous avons adopté pour le Rutile : cette dérivation aurait lieu par une modification sur les angles. Il paraît que Haüy, qui, en cherchant à ramener les formes de l'une et de l'autre espèce au même type, a trouvé des lois compliquées, n'a essayé que les modifications sur les arêtes.

DEUXIÈME GENRE. TITANATE.

Solution des matières opérées après le traitement par le carbonate de soude, renfermant une ou plusieurs bases en quantité notable, en même temps que l'acide titanique.

PREMIÈRE ESPÈCE. NIGRINE.

Titane oxidé ferrugine; Fer titané; Iserine; Gregorite; Gallizinite; Sables ferrugineux titanifères.

Substances noires, brillantes dans la cassure. Cristallisant en octaèdres réguliers. Attirables à l'aimant. Fréquemment sous la forme de sables cristallins.

Pesanteur spécifique, 3,26 à 4,89.

Rayant légèrement le verre.

Infusible au chalumeau. Solution hydrochlorique, donnant, après la précipitation d'une partie de l'acide titanique, un précipité abondant verdâtre ou bleuâtre par l'hydrocyanate ferruginé de potasse.

Composition. Combinaison d'acide titanique et de protoxide de fer, mais dont il existe certainement plusieurs espèces qui sont aujourd'hui très difficiles à établir.

Une analyse de M. Berthier sur un sable de l'île des Siècles en Bretagne, a donné :

		Oxigène.	*Rapports.*
Acide titanique	58,7	19,92	2
Protoxide de fer	36,0	8,19	1
Protoxide de manganèse	5,3	1,16	

ce qui donne la formule simple $f\,Ti^2 = \dot{F}\,\ddot{T}i$.

Deux analyses d'Iserine par M. H. Rose présentent :

Isérine de L'Iserwiese.		*Oxig.*	*Rapp.*	Isérine d'Egersund.		*Oxig.*	*Rap.*
Acide titanique	50,12	17,01	3	Acide titanique	48,46	16,45	3
Protoxide de fer	49,88	11,35	2	Protoxide de fer	51,54	11,73	2

résultats d'accords entre eux, mais qui donnent la formule $f^2\,Ti^3$, contraire aux lois générales reconnues dans la combinaison des corps oxigénés. Y aurait-il ici mélange des deux espèces $f\,Ti^2$ et $f\,Ti$, qui par hasard seraient en proportions définies $f\,Ti^2 + f\,Ti$?

Plusieurs analyses, dont nous donnerons ici le tableau, sont encore bien plus difficiles à discuter. Les auteurs y ont indiqué de l'oxide noir de fer, soit qu'il existe dans le minéral, soit qu'il ait été formé pendant l'opération, comme cela paraît surtout avoir eu lieu dans les analyses de Klaproth, qui, sous tous les rapports, ont d'ailleurs besoin d'être recommencées.

	Oxide de titane.	Oxide noir de fer.	Péroxide de fer.	Oxide de manganèse.	Oxide de chrome.	Oxide d'urane.	Silice.	Alumine.
Titane ferrifère d'Ohlapian, par Klaproth.	84,00	14,00	. . . .	2,00				
Fer titané de Bodenmaiss, par Vauquelin	49,00	49,00	. . . .	2,00				
Ménacanite *idem*	45,25	51,00	. . . .	0,25	. . . .	. . . .	3,51	
Fer titané du Brésil, par Berthier.	43,50	54,00	. . . .	. . . .	. . . .	. . . .	2,25	
Sables titanifères de Madagascar, par Lassaigne. . .	22,00	30,00	45,00	0,60	0,50	. . . .	1,00	0,80
Gallizinite d'Aschaffenburg, par Klaproth.	22,00	78,00						
Titane ferrifère de la Baltique, par le même. . .	14,00	85,50	. . . .	0,50				
Titane ferrifère de Niedermenich, par Cordier . . .	15,90	79,00	. . . .	2,60	. . . .	. . . .	. . . .	1,00
Id. de Ténériffe, par *id.* . .	14,80	79,20	. . . .	1,60	. . . .	. . . .	. . . .	0,80
Id. du Puy, par *id.*	12,60	82,00	. . . .	4,50	. . . .	. . . .	. . . .	0,60

Il est évident que, dans plusieurs de ces analyses, il doit y avoir des erreurs sur la quantité d'acide titanique, parce qu'on n'a pas toujours su séparer exactement cette matière de l'oxide de fer; mais les énormes différences que l'on remarque ne peuvent pas tenir entièrement à cela, et il paraît qu'il doit y avoir parmi les substances analysées des espèces fort différentes; il serait important pour la science de faire un nouveau travail à ce sujet.

Nous ferons remarquer, à l'appui des différences que la composition indique, que s'il existe évidemment du titanate de fer en octaèdre régulier, on en a aussi indiqué sous la forme de prismes rectangulaires ou de prismes carrés, et de rhomboèdres obtus.

Enfin, il faut encore observer que si, parmi les sables titanifères, il en est beaucoup qui sont plus ou moins attirables à l'aimant, il en existe aussi qui n'ont pas d'action sur l'aiguille aimantée, ce qui indique évidemment une composition différente, et peut-être la présence du péroxide de fer au lieu du protoxide.

Les Titanates de fer se trouvent quelquefois en nids disséminés dans des roches granitiques (Gallizinite de Spessart, près Aschafenburg en Franconie; Nigrine de Bodenmaiss en Bavière; Egersund en Norwège, et des monts Ourals en Sibérie), dans des roches talqueuses (Saint-Marcel en Piémont; Gastein en Salzburg; Klattau en Bohême), dans des calcaires grenus ou lamellaires subordonnés aux terrains de cristallisation (Fetlar, île Schetland; Sparta dans le New-Jersey); mais le plus souvent ils se trouvent sous la forme de sables qui sont évidemment des détritus de laves, de basaltes, de trachytes, de roches trapéennes et amygdaloïdes, et il en existe dans un nombre infini de lieux (Mont-Dor et Cantal en Auvergne; Velay, Vivarais; Saint-Quay en Bretagne; vallée de Menaccan en Cornwall; Lit du Don dans l'Aberdenshire; Niedermenich sur les bords du Rhin; Iserwiese dans le Riesengebirg; bords de la Grann, du Danube, du lac Balaton, etc. etc., en Hongrie; Ohlapian en Transylvanie; rivage de la Méditerranée, à Gênes, Albano, Frascati, à Ischia, en Sicile, etc.; Ténérif, Sénégambie, Madagascar, Bourbon, Botany-Bay, Martinique, Guadeloupe îles de la Providence, Richemond en Virginie, etc. etc.)

Ces sables ferrugineux sont quelquefois assez abondans pour qu'on puisse les employer comme minerais de fer.

DEUXIÈME ESPÈCE. CHRICHTONITE.

Fer oxidulé titané; Craitonite.

Substance d'un noir-violâtre, souvent métalloïde. Cristallisant en rhomboèdre aigu de 61° 20′ et 118° 45′. Non attirable à l'aimant.

Pesanteur spécifique, 4.

Rayant légèrement le verre.

Infusible au chalumeau, et offrant en général les mêmes caractères chimiques que la Nigrine.

Composition. Formée d'acide titanique et d'oxide de fer dans des proportions encore inconnues. La propriété de n'être pas attirable à l'aimant distingue éminemment cette substance de la plupart des espèces de Nigrine, et elle ne peut avoir de rapports qu'avec les variétés non attirables que nous avons citées.

Chrichtonite cristallisée. En rhomboèdres simples, pl. IV, fig. 6, ou tronqués profondément au sommet.

Chrichtonite lamelliforme. En lamelles grossièrement hexagonales, sur les bords desquelles on aperçoit des facettes en biseaux qui appartiennent à des rhomboèdres surbaissés. Ces lames sont quelquefois empilées confusément les unes sur les autres.

Cette substance, très rare, surtout en cristaux réguliers, se trouve dans les fissures des roches cristallines des Alpes (Saint-Christophe en Oisans), avec de la Chlorite, de l'Albite, de l'Axinite, etc. Il est facile, au premier moment, de confondre la variété lamelliforme avec le fer oligiste; mais elle présente un éclat et une teinte violâtre que le minéralogiste exercé ne confondra jamais avec l'éclat métallique du fer oligiste.

TROISIÈME ESPÈCE. POLYMIGNITE

(de Πολυ, beaucoup, et μιγνοω, je mélange).

Substance noire, opaque, d'un éclat presque métallique; cristallisée en prismes rectangulaires plus ou moins modifiés sur les arêtes latérales; à cassure conchoïdale.

Pesanteur spécifique, 4,806.

Rayant le Feldspath.

Infusible au chalumeau. Attaquable par l'acide sulfurique lorsqu'il est réduit en poussière fine.

Composition. Titanate de Zircone, d'Yttria, etc., d'après l'analyse de M. Berzélius, qui a fourni:

Acide titanique	46,3
Zircone	14,4
Yttria	11,5
Chaux	4,2
Oxide de fer	12,2
Oxide de manganèse	2,7
Oxide de cérium	5,0
Magnésie, potasse, silice, oxide d'étain	traces.

M. Berzélius observe que les oxides de fer, de manganèse, de cérium, dosés à l'état de péroxide, sont probablement dans le minéral à l'état de protoxide, et que cette analyse ne peut être regardée que comme approximative, par suite de ce que, d'un côté, il s'attendait à une toute autre composition que celle qu'il a trouvée, et que, de l'autre, on n'a pas de méthode pour séparer exactement la Zircone et l'acide titanique, l'Ittria et l'oxide de manganèse.

Ce minéral, très rare, a été trouvé par M. Tank dans la siénite zirconienne de Friedrichswärn en Norwège, où il est disséminé. Les parties de la gangue qui l'avoisinent de plus près sont de couleur rouge; il est accompagné de quelques grains d'Yttrotantale.

APPENDICE.

Aechynite. On a donné ce nom à une substance trouvée dans des siénites, aux environs de Miask dans les monts Ourals, et qui est composée de :

Acide titanique.	56
Zircone	20
Oxide de cérium	15
Chaux.	3,8
Oxide de fer	2,6
Oxide de zinc.	0,5

Cette matière est peut-être la même que celle que M. Kupfer a désignée sous le nom d'*Ilmenite*, et qu'on a regardée comme ayant de l'analogie avec le Polymignite.

L'Ilmenite est une substance noire, en petites masses compactes, ou en prismes rhomboïdaux obliques, à cassure conchoïde, agissant légèrement sur le barreau aimanté. Pesanteur spécifique, 4,75 à 4,78. Infusible au chalumeau; attaquable par l'eau régale. Elle se trouve dans un granite à Mica noir, Feldspath blanc et Quarz gras, qui renferme aussi des Zircons, à une lieue de Miask dans l'Oural, au pied de l'Ilmen.

QUATRIÈME ESPÈCE. PYROCHLORE.

Substance d'un brun-rougeâtre, ou noirâtre, devenant jaune-verdâtre par la calcination; cristallisant en octaèdre régulier?

Pesanteur spécifique, 4,206 à 4,216.

Rayant la Fluorine; rayée par les Feldspaths; cassure conchoïdale, présentant un éclat entre le vitreux et le résineux.

Composition. Difficile à établir; on voit seulement qu'il y a des Titanates de chaux, de manganèse, etc.; mais il est difficile d'en établir l'ordre. Une analyse de M. Wöhler a donné :

		Oxigène.		
Acide titanique	62,75	21,30	5 ou	9
Chaux	12,85	3,61	1	2?
Protoxide de manganèse	2,75	0,60		
Oxide de fer	2,16	0,66		1
Oxide d'urane	5,18	0,27		
Oxide de cérium	6 80	1,41		
Oxide d'étain	0,61			
Eau	4,20			

On peut tirer de là $Ca\ Ti^5$, en négligeant le reste comme mélange de matière à l'état de péroxide; mais, en prenant ces péroxides en considération, on arrive sensiblement à la formule $(F, U, Ce)\ Ti^3 + Ca\ Ti^3$. On ne peut rien tirer de l'analyse en considérant le fer, l'urane, etc., comme étant à l'état de protoxide.

Cette substance se trouve aussi dans la siénite zirconienne de Friedriswärn en Norwège; on l'a également indiquée à Miask dans l'Oural.

TROISIÈME GENRE. SILICIO-TITANATE.

ESPÈCE UNIQUE. SPHÈNE

(de Σφην, coin).

Titane silicéo-calcaire ; Titanite ; Menac ; Spinthere ; Pictite ; Semeline ; Spinelline ; Ligurite ; Rayonnante en gouttière.

Substance vitreuse de couleur claire, et verdâtre, jaunâtre, ou de couleur foncée, brune, rougeâtre, souvent très éclatante. Cristaux dérivant d'un prisme oblique rhomboïdal de 133° 30′ et 46° 30′, dont la base est inclinée sur les pans d'environ 121° 50′.

Pesanteur spécifique, 3,49 à 3,60.

Rayant légèrement le verre; rayée par les Feldspaths.

Fusible au chalumeau, sur les bords du fragment, en verre sombre. Attaquable par l'acide hydrochlorique. Solution précipitant par l'ammoniaque, puis par les oxalates. Précipité soluble dans les acides, avec résidu siliceux. Solution laissant précipiter de l'acide titanique par l'ébullition.

Composition. $Ca\,Si^6 + Ca\,Ti^6 = \dot{C}a\,\dddot{S}i^2 + \dot{C}a\,\ddot{T}i^3$, d'après M. H. Rose, ou en poids :

Acide titanique.	48
Silice.	33
Chaux.	19

Si l'on compare cette composition avec les résultats de Klaproth et de M. Cordier, on verra combien il faut se méfier des anciennes analyses où il entre de l'oxide de titane.

Sphène cristallisé. Cristaux très variés, souvent difficiles à déchiffrer, et qui sont quelquefois très aigus, en forme de coin, d'où est dérivé le nom de *Sphène.* Ce sont des prismes obliques simples ou modifiés sur leurs différentes parties, pl. XI, fig. 15 à 17, 27 à 30, ou des octaèdres obliques de différens genres, diversement modifiés, pl. XII, fig. 31 à 36, 40, 45 à 50, 60.

Sphène maclé. Groupemens très variés par la forme, le nombre, l'élargissement ou l'allongement des cristaux, t. 1, pl. IX, fig. 31 à 36, etc.

Sphène laminaire. En petites masses lamelleuses jaunâtres ou verdâtres avec de la Thallite (Arendal en Norwège).

Le Sphène est toujours coloré accidentellement de diverses manières, le plus souvent en vert, vert-jaunâtre, jaune-verdâtre, par de la Thallite, de la Chlorite, qu'on y trouve disséminées, ou en brun plus ou moins foncé; celui-ci est particulièrement en cristaux disséminés dans les roches granitiques ou siénitiques.

Le Sphène est en général une substance des terrains cristallins, où il est tantôt disséminé, tantôt renfermé dans des fissures. Il existe dans le granite alpin (Pormenaz, au pied du Mont-Blanc; Chamouny (c'est la Pictite); Chalanches, Maromme, en Dauphiné, avec cristaux calcaires (c'est le Spinthère)); il est surtout abondant dans les micaschistes alpins, ou plutôt dans les nids chloriteux qu'ils renferment (autour du Saint-Gothard, dans les Grisons et le Dissentis), dans les roches talqueuses subordonnées Grisons, Dissentis, Campo-Freddo sur les bords de la Stura en Ligurie) (c'est la Ligurite de Viviani); il se trouve, quoique moins abondamment peut-être, dans les roches de granites, de gneiss et de micaschistes des autres contrées (Arendal en Norwège; Trollhata, Gustavsberg, en Suède; Petapsco, Barthills, dans le Maryland; Schnylkill en Pensylvanie), ou les amas métallifères qui les traversent (Arendal, Gustavsberg), dans les roches amphyboliques subordonnées (Nantes, Uzerche, en France; Kalligt en Tyrol; Leizesberg, près de Passau en Bavière; Richemond, Peckshill, aux États-Unis); dans des roches feldspathiques, avec Quarz, Pyroxène et Graphite (lac Saint-Georges, Amérique septentrionale), dans les calcaires subordonnés (Kingsbridge en New-York; Newton et New-Jersey; Sparta dans le Staten Island; Borkult? en Suède; Torbiornsboë près d'Arendal en Norwège; Pargas en Finlande). Il existe ordinairement en petits cristaux bruns dans les siénites et granites siénitiques (Sainte-Marie-aux-Mines dans les Vosges; Puy Chopine, lac Aidat, Saint-Flour, en Auvergne; provinces de Galloway et d'Inverness en Ecosse; Skenn en Norwège; canal de Gotha en Suède; Moravie; bords de l'Elbe en Saxe; états de Maryland en Amérique, etc.). Enfin on le retrouve dans les dépôts que tous les naturalistes considèrent comme d'origine ignée; savoir: dans les trachytes

(Domite du Puy-de-Dôme, du Puy-Chopine, du Puy-Sarcoy en Auvergne; Phonolite de Sanadoire au Mont-Dor, et du Mont-Mezin en Vivarais; îles d'Ischia), dans les Phonolites basaltiques (Mariemberg, près d'Aussig en Bohême; Kaisersthul en Brisgau); enfin, dans les produits volcaniques plus modernes (abbaye de Laach, près d'Andernach, rive gauche du Rhin), où il a reçu les noms de Semeline et Spinelline.

APPENDICE.

Je ne sais si l'on doit placer ici, ou vers la Cérérite, p. 174, un minéral de Coromandel, vitreux, d'un brun-noirâtre, qui renferme à-la-fois de l'acide titanique, de l'oxide de cérium, etc., qui a été rapporté par M. Leschenault, et dont M. Laugier a tiré :

Acide titanique	8,0
Silice	19,0
Oxide de cérium	36,0
Oxide de fer	19,0
Oxide de manganèse	1,2
Chaux	8,0
Eau	11,0

Les oxides de cérium, de fer, de manganèse, ont été dosés à l'état de péroxide; mais ce sont probablement les protoxides qui se trouvent dans le minéral, ce que fait présumer l'augmentation de poids.

Est-ce un silicio-titanate, ou un silicate hydraté de cérium mélangé de Ruthil? C'est ce qu'il est impossible de dire aujourd'hui. La matière est cependant assez homogène pour qu'on ne puisse guère supposer un mélange.

FAMILLE DES TANTALIDES.

Corps donnant par la fusion avec le carbonate de soude un sel soluble dans l'eau, dont la solution précipite, par l'addition de l'acide nitrique, une poudre blanche qui ne donne aucune couleur au verre de Borax, ou du sel phosphorique.

Les Tantalates sont quelquefois mélangés de Tungstates, et alors le précipité qu'on obtient renfermant de l'acide tungstique, colore plus ou moins fortement les verres de Borax et de sel phosphorique. Pour éviter l'erreur qu'on pourrait dès-lors commettre, il faut faire digérer le précipité dans de l'hydrosulfate d'ammoniaque qui dissout l'acide tungstique.

Les substances que renferme cette famille sont peu nombreuses et fort rares dans les collections. Il n'en est qu'une qui soit régulièrement cristallisée; toutes les autres sont amorphes. Ce sont des matières de couleur sombre, fréquemment avec un éclat semi-métallique, qui se trouvent en très petites quantités, et forment des petits nids dans les dépôts de pegmatites ou dans les micaschistes.

GENRE UNIQUE. TANTALATE.

PREMIÈRE ESPÈCE. COLUMBITE.

Tantalite de Suède; Tantale oxidé; Tantale oxidé ferro-manganésifère; Tantalit; Kolumbit.

Substance noirâtre, légèrement métalloïde, peu distinctement cristallisée, et probablement dérivant d'un prisme rhomboïdal oblique.

Rayant difficilement le verre.

Infusible au chalumeau. Donnant une fritte verte avec le carbonate de soude (indice de l'oxide de manganèse), et un verre jaunâtre (indice de l'oxide de fer) par la fusion avec le Borax ou le sel phosphorique.

Composition. $f\,Ta^3 + mn\,Ta^3 = \dot{F}\,\dddot{Ŧ} + \dot{Mn}\,\dddot{Ŧ}$, ou peut-être $(f,\ mn)\,Ta^3 = (\dot{F},\ \dot{Mn})\,\ddot{Ŧ}$, plus ou moins mélangée de stannate de chaux, de fer, etc., et quelquefois de tungstate des mêmes bases, d'après les analyses de M. Berzélius :

Columbite commune de Kimito.

		Oxigène.	Rapports.
Acide tantalique. . . .	83,2 . . .	9,57	6 ou 3
Protoxide de fer	7,2 . . .	1,64	1 } 1
Protoxide de manganèse .	7,4 . . .	1,62	1 }
Oxide d'étain.	0,6		
Chaux.	traces.		

Columbite de Fimbo.

		Oxigène.	Columbite.	Stannate.	
Acide tantalique . .	66,99	7,71	= 7,71 (6)		
Protoxide de fer . .	7,06	1,61	= 1,28 (1)	+ 0,33 } (1)	
Protoxide de manganèse.	7,44	1,63	= 1,28 (1)	+ 0,35 }	
Chaux.	2,40	0,67	=	0,67 }	
Oxide d'étain . . .	16,75	3,57	=	2,70 (2)	+ 0,87

Columbite de Brodbo.

		Oxigène.	Columbite.	Tungstate.	Stannate.
Acide tantalique.	68,22	7,85	= 7,85 (6)		
Acide tungstique.	6,19	1,25	=	1,25 (6)	
Protoxide de fer.	8,60	1,96	= 1,31 (1)	+ 0,21 (1)	+ 0,44 } (1)
Protoxide de manganèse . . .	6,62	1,45	= 1,31 (1)	+ 0,14 } (1)	}
Chaux	1,19	0,33	=	0,07 }	+ 0,26 }
Oxide d'étain. .	8,26	1,76	=		1,40 (2) + 0,36

On voit que dans la première analyse la substance est sensiblement pure; que dans la seconde il se trouve un stannate de la formule $(Ca, f, mn) St^2$, qu'on remarque également dans la troisième, et que celle-ci renferme en outre un tungstate de la formule $(f, mn, Ca) W^3$.

Columbite cristallisée. En cristaux mal conformés qui paraissent être des prismes obliques rhomboïdaux.

Columbite amorphe. En petits nids engagés dans des pegmatites.

La Columbite est une substance disséminée qui appartient particulièrement aux dépôts de pegmatites; on ne l'a trouvée encore qu'en très petite quantité, et dans un petit nombre de lieux (Kimito en Finlande; Brodbo et Fimbo près de Fahlun, avec l'albite et la topaze Pyrophysalite; Haddam et New-London en Connecticut).

DEUXIÈME ESPÈCE. BAIERINE

(de Baiern, Bavière).

Tantalite de Bavière; Tantale oxidé; Tantale oxidé ferro-manganésifère; Tantalite; Kolumbit.

Substance noir-brunâtre, légèrement métalloïde; cristallisant en prisme rectangulaire droit.

Pesanteur spécifique, 6,03.

Rayant légèrement le verre.

Infusible au chalumeau, et offrant d'ailleurs tous les caractères chimiques de l'espèce précédente.

Composition. $3fTa^2 + mnTa^2 = 3\dot{F}^3\dddot{T}^2 + \dot{Mn}^3\dddot{T}^2$, ou peut-être $(f, mn)\,Ta^2 = (\dot{F}, \dot{Mn})^3\,\dddot{T}^2$, mélangée de stannates des mêmes bases.

Analyse par Vogel.

		Oxigène.				
Acide tantalique	75	8,63	= 8,63 (8) ou 2		*Stannate.*	
Protoxide de fer	17	3,87	= 3,24 (3)	1	+ 0,63	3
Protoxide de manganèse	5	1,09	= 1,08 (1)		+ 0,01	
Oxide d'étain	1	,021	=		0,21	1

M. Berzélius a adopté la formule $4fT^2 + mnT^2$, établie sur l'analyse de M. Dunin-Borkowsky, qui a donné:

		Oxigène.	Rapports.	
Acide tantaliqoe	75	8,63	10 ou 2	
Protoxide de fer	20	4,55	4	1
Protoxide de manganèse	4	0,87	1	
Oxide d'étain	0,5	0,10		

Quelle est la véritable? C'est ce que nous ne savons pas encore. Mais l'incertitude disparaît lorsqu'on ne considère plus la matière comme un sel double, et qu'on la regarde seulement comme un mélange de deux sels isomorphes. Les deux analyses conduisent en effet à

$(f, mn)\ Ta^2$, fort différente de la formule de l'espèce précédente, considérée même comme mélange de sels simples.

Baierine cristallisée. En prismes rectangulaires ordinairement modifiés sur les arêtes et les angles, pl. VIII, fig. 2, 4 à 6, 15 à 17, 51 à 53, 69.

Inclinaison de *P* sur *a*, 150°; de *P* sur *b*, *b'*, 114°30, 156° 30'; de *L* sur *d*, 136° 20', etc.

Cette matière se trouve disséminée dans un micaschiste, et accompagne la Cordierite (Bodenmaiss en Bavière).

TROISIÈME ESPÈCE. YTTROTANTALE.

Tantale oxidé yttrifère; Yttertantal; Yttrotantalit; Yttro-Columbit.

Substance noire, brunâtre ou jaunâtre, à poussière gris-cendré-verdâtre; amorphe.

Rayant difficilement le verre; rayée par une pointe d'acier.

Pesanteur spécifique, 5,395 à 5,88.

Donnant un peu d'eau par calcination. Devenant jaune si elle était primitivement noire, et blanchissant à la chaleur rouge, avec corrodation du verre.

Solution acide du résidu du traitement par le carbonate de soude, donnant par la soude un précipité attaquable par le carbonate d'ammoniaque.

Composition. $YTa = \dot{Y}^3 \dddot{T}a$, plus ou moins mélangée de tantalate de chaux, avec tantalate et tungstate de péroxide de fer et d'urane, ou tungstate, ferrate, uranate de chaux et d'yttria, suivant les analyses de M. Berzélius :

Yttrotantale jaune.

		Oxigène.		(*Y*, *Ca*) *Ta.*		(*F*, *U*) *Ta.*
Acide tantalique	59,50	6,84	=	5,88 (1)	+	0,96 (1)
Yttria	24,90	4,96 }	=	5,88 (1)		
Chaux	3,29	0,92 }				
Péroxide de fer.	2,72	0,83	=			0,83 } 1
Oxide d'urane	3,23	0,17	=			0,17 }
Acide tungstique.	1,25	0,25				

Yttrotantale noir.

			(Y,Ca)Ta.	(F,U)(Ta,W).	
Acide tantalique	57,00	6,56	= 5,78 (1)	+ 0,78	2
Yttria	20,25	4,03	= 5,78 (1)		
Chaux	6,25	1,75			
Acide tungstique	8,25	1,66	=	1,66	
Péroxide de fer	3,50	1,07	=	1,07	1
Oxide d'urane	0,50	0,02	=	0,02	

Yttrotantale brun.

		Oxigène.	Y Ta.	(Y,Ca)³(F,U,W)²	
Acide tantalique	51,815	5,96	= 5,96 (1)		
Yttria	38,515	7,67	= 5,96 (1)	+ 1,71	3
Chaux	3,260	0,91	=	0,91	
Péroxide de fer	0,555	0,17	=	0,17	
Oxide d'urane	1,111	0,06	=	0,06	1
Acide tungstique renfermant de l'oxide d'étain	2,592	0,52	=	0,52	

On voit que ces matières sont fort mélangées de tantalates de diverses bases et de tungstates de divers ordres de composition.

On a indiqué l'Yttrotantale en prismes rhomboïdaux; mais le plus souvent, cette substance, d'ailleurs aussi rare que toutes les matières tantalifères, est amorphe et en petits nids disséminés dans les pegmatites (Ytterby; Fimbo, Korarfsberg, en Suède; Groenland).

APPENDICE.

Tantalite brun-canelle de Kimito. Substance brun-foncé, donnant une poussière brun-canelle.

L'analyse de M. Berzélius a présenté une augmentation de poids assez considérable, et, en ramenant à l'état de protoxide les oxides de fer et de manganèse dosés en péroxides, il reste encore un surcroît de poids qui ne peut évidemment avoir eu lieu que par l'oxidation du corps électro-négatif : d'où il suit qu'il existait dans le composé de l'oxide de tantale, qui est passé à l'état d'acide tantalique. En corrigeant aussi cette erreur, on voit que l'analyse de M. Berzélius doit être transformée en

		Oxigène.	*Tantalite.*	*Tantalate.*	(1) *Stannate.*
Acide tantalique	21,22	2,44 =		2,44 (3)	
Oxide de tantale	61,86	4,93 =	4,93 (2)		
Protoxide de fer	12,94	2,94 =	2,46 (1)	+ 0,48	
Protoxide de manganèse	1,61	0,35 =		0,33	+ 0,02
Chaux	0,56	0,15 =			0,15
Oxide d'étain	0,80	0,17 =			0,17
Silice	0,72				

ce qui donnerait dès-lors un *Tantalite de fer* mélangé de Tantalate $(f, mu)\ Ta^3$ et de Stannate $(Ca, mu)\ St$, le *Tantalite* étant la partie dominante, et de la formule $f\,ta^2 = \dot{F}\,\dot{T}a^2$.

C'est à cause de cette composition que nous avons rejeté le nom de Tantalite appliqué généralement aux espèces précédentes, et que nous avons adopté ceux de Columbite et de Baierine. Si l'on procédait autrement, il en résulterait une confusion, car, d'après la manière de discuter l'analyse de la substance qui nous occupe, il deviendra nécessaire de faire un genre *Tantalite* (combinaison de l'acide tantaleux, ou oxide de tantale), dont le nom se confondrait alors avec celui d'une espèce du genre Tantalate.

FAMILLE DES TUNGSTIDES.

Corps donnant par la fusion avec le carbonate de soude un sel soluble dans l'eau, dont la solution précipite, par l'addition de l'acide nitrique, une poudre qui devient jaune par l'ébullition de la liqueur, qui bleuit lorsqu'on la dépose sur une lame de zinc, et qui donne au feu de réduction un verre jaune-brun avec le Borax, et un verre bleu avec le sel phosphorique.

PREMIER GENRE. ESPÈCE UNIQUE. ACIDE TUNGSTIQUE.

Substance jaune, pulvérulente, ou en petites masses friables, quoique à cassure conchoïdale.

Pesanteur spécifique, 6.

Infusible au chalumeau. Donnant immédiatement un verre bleu avec le sel phosphorique. Inattaquable par les acides, mais soluble dans les alcalis caustiques.

Composition. W^2Ox^3, ou en poids :

Oxigène	20,23
Tungstène	79,77
	100,00

Cette matière se trouve à la surface du Wolfram, quelquefois de la Scheelite, ou en nids dans le voisinage de ces matières (Huttington en Connecticut; Zinwald en Bohême).

DEUXIÈME GENRE. TUNGSTATE.

PREMIÈRE ESPÈCE. WOLFRAM.

Schelin ferruginé; Tungstate de fer et de manganèse; Wolfart; Eisen scheel; Spuma Lupi.

Substance noire, d'un éclat semi-métallique, à poussière brune ou rougeâtre. Cristallisant en prisme rectangulaire oblique, dont la base est inclinée à l'axe de 117° 22'; clivable parallèlement à ses faces et ses diagonales.

Pesanteur spécifique, 7,3.

Rayant la Fluorine.

Fusible au chalumeau en boule noire à surface cristalline; tombant en poussière sur la feuille de platine lorsqu'on la traite avec la soude, et offrant l'indice de l'oxide de manganèse. Donnant avec le Borax un verre jaune (indice de l'oxide de fer), et avec le sel phosphorique un verre d'un rouge sombre au feu de réduction; ce dernier effet a lieu toutes les fois que l'acide tungstique renferme de l'oxide de fer.

Composition. $3 f W^3 + mn W^3$ ou peut-être $(f, mn) W^3$, suivant l'analyse de M. Berzélius :

		Oxigène.	*Rapports.*	
Acide tungstique. . . .	78,775 . .	15,93 . .	12 ou 13	
Protoxide de fer. . . .	18,320 . .	4,17 . .	3	1
Protoxide de manganèse.	6,220 . .	1,36 . .	1	
Silice.	1,250			

Wolfram cristallisé. En prismes rectangulaires ou rhomboïdaux modifiés sur les arêtes et les angles.

Wolfram bacillaire. En cristaux groupés, déformés par leur pression mutuelle.

Wolfram lamellaire. En masses composées de feuillets planes ou courbes ou de lamelles entremêlées.

Le Wolfram appartient aux terreins de cristallisation, principalement aux pegmatites et aux gneiss, où il se trouve engagé dans des amas ou des filons manganésifères; mais on le trouve aussi dans différens gîtes métallifères, principalement dans ceux d'étain qui appartiennent au même genre de terrains. Il en existe dans un très grand nombre de localités; en France (Puy-les-Vignes, Chanteloube, etc., Haute-Vienne); en Cornwall (Huel-Mandlin, Huel-Fanny, près de Redruth); en Écosse (Rona dans les Hébrides), au Harz (Neudorf, Suderholz), en Saxe et en Bohême (Zinwald, Schlackenwald, Geyer, Ehrenfriedersdorf), en Suède, en Sibérie, dans l'Amérique septentrionale (Huttington).

C'est du Wolfram qu'on extrait l'acide tungstique pour l'usage des laboratoires.

DEUXIÈME ESPÈCE. SCHEELITE. (1)

Schelin calcaire; Wolfram blanc; Mine d'étain blanche; Pierre pesante; Tungstein blanc; Tungstein; Tungstate de chaux; Schwerstein; Scheelerz; Scheel Baryt; Kalk scheel; Wolframsaurerkalk.

Substance blanche ou accidentellement jaunâtre, vitreuse; cristallisant ou se clivant en octaèdre à base carrée.

Pesanteur spécifique, 6,076.

Rayant la Fluorine; rayée par le verre.

Difficilement fusible au chalumeau en verre transparent. Lentement attaquable par l'acide nitrique avec résidu d'acide tungstique. Solution précipitant abondamment par les oxalates.

Composition. $Ca\,\dot{W}^3$:

Scheelite de Suède, par Berzélius.		Oxig.	Rap.	Scheelite de Huttingtown, par Bowen.		Oxig.	Rap.
Acide tungstique.	80,417	16,27	3	Acide tungstique.	76,05	15,28	3
Chaux.	19,400	5,45	1	Chaux.	19,36	5,43	1
				Oxide de fer. . .	1,03		
				Oxide de manganèse.	0,03		
				Silice	2,54		

Scheelite cristallisée. En octaèdres plus ou moins surbaissés, simples ou modifiés, pl. 11, fig. 50, 51, 53, 56, 60, 63, 66, etc.

Inclinaison de *i* sur *i'*, 128° 40'; *i* sur *d*, 136° 28'; *d* sur *d'*, 106° 39'.

Scheelite amorphe. En petites masses vitreuses blanches, fréquemment susceptibles de clivages.

La Scheelite, moins commune que le Wolfram, paraît ap-

(1) Du nom du chimiste Scheel, qui a découvert l'acide tungstique.

partenir en général à la même époque géologique; on la trouve en effet dans la pegmatite (Puy-les-Vignes, Haute-Vienne), ou dans les dépôts stannifères (Altenberg, Geyer, Ehrenfriedersdorf, en Saxe; Zinwald, Schlackenwald, en Bohême), en Cornwall, etc. On la cite aussi dans des gîtes de minerais de fer subordonnés au gneiss (Bipsberg, Riddarhytta, en Suède), dans des dépôts bismuthifères (Huttington en Connecticut), dans les roches alpines (montagnes du Puy, près Saint-Cristophe en Oisans).

TROISIÈME ESPÈCE. SCHEELITINE.

Tungstate de plomb; Scheelsaures Blei; Wolframsaures Blei; Scheel Bleispath.

Substance jaunâtre ou verdâtre; cristallisant en octaèdre aigu à base carrée.

Pesanteur spécifique, 8.

Rayée par le Fluor.

Fusible au chalumeau, en donnant de l'oxide de plomb sur le charbon; donnant des globules de plomb avec la soude.

Composition. $Pb W^3$, ou en poids:

Acide tungstique.	52
Oxide de plomb	48

Cette substance encore très rare, en très petits cristaux, ne se trouve que dans les mines d'étain de Zinwald en Bohême; elle a une très grande analogie avec la Scheelite, dont elle paraît être isomorphe.

FAMILLE DES MOLYBDIDES.

Corps donnant, par la fusion avec le carbonate de soude, un sel soluble dans l'eau, dont la solution précipite par l'addition de l'acide nitrique une poudre qui reste blanche par l'ébullition, qui bleuit lorsqu'on la dépose sur un barreau de zinc, et qui forme un verre de couleur vert-émeraude avec le sel phosphorique au feu de réduction.

PREMIÈRE ESPÈCE. ACIDE MOLYBDIQUE.

Molybdène oxidé ; Molybdän ocker ; Wasserbleiocker.

Substance jaune, pulvérulente, sous forme de léger enduit sur la Molybdenite.

Fusible au chalumeau avec fumée blanche ; traitée sur le charbon, elle s'y introduit et se trouve en partie réduite en métal qu'on peut retrouver par le lavage du charbon situé sous la pièce d'essai ; donnant immédiatement un verre vert avec le sel phosphorique.

Composition. $\dddot{Mo}$, ou en poids :

Oxigène	33,39
Molybdène	66,61
	100,00

mais renfermant à l'état de mélange un peu d'oxide de fer.

Cette matière n'existe qu'en très petite quantité dans la nature, et se trouve à la surface du sulfure Molybdenite dans diverses localités (mine d'Altenberg en Saxe : Nummedalen en Norwège ; Lindnaes en Smoland ; Corybuy en Ecosse). Il paraît qu'elle se trouve plutôt avec la Molybdenite qui existe dans les gîtes métallifères que sur celle qui forme des amas dans les roches cristallines.

DEUXIÈME ESPÈCE. MÉLINOSE

(de μελινος, jaune-pâle).

Plomb molybdaté; Plomb jaune; Molybdän-Blei; Molybdänsaures-Blei; Gelbbleierz; Bleigelb.

Substance jaune; cristaux dérivant d'un prisme à base carrée dont la hauteur et le côté sont à-peu-près comme les nombres 32 et 41.

Pesanteur spécifique, 6,698 à 6,760.

Fragile; rayée par la Fluorine.

Fusible au chalumeau sur le charbon, en donnant des globules de plomb. Attaquable par l'acide nitrique avec résidu. Solution donnant des lamelles de plomb sur un barreau de zinc, et bleuissant, soit en elle-même, soit dans son résidu.

Composition. $Pb\,Mo^3 = \dot{P}b\,\dddot{M}o$, d'après les analyses de Klaproth et de Gœbel, qui ont donné :

à Klaproth :		Oxig.	Rap.	à Gœbel :		Oxig.	Rap.
Acide molybdique.	34,25	11,43	3	Acide molybdique.	41,8	13,95	3
Oxide de plomb. .	64,42	4,62	1	Oxide de plomb. .	58,1	4,16	1

Mélinose cristallisée. En prismes carrés ordinairement très courts, simples ou modifiés sur les arêtes et les angles, ou en octaèdres surbaissés, simples ou modifiés diversement, pl. III, fig. 1, 2, 3, 5, 7, 9, 49, 57, 63 à 72.

Inclinaison de *b* sur *d*, 142° 10′; *b* sur *i*, 143° 24′, 172° 7′; *d* sur *d*, 128° 23′; *d* sur *d′*, 76°, *i* sur *i*, 131° 15′; *i* sur *i′*, 99° 50′.

Mélinose lamelliforme. En lames cristallines oblitérées, à la surface des gangues, ou groupées les unes sur les autres.

La Mélinose est une substance des gîtes métallifères, et particulièrement des minerais de plomb. On ne l'a connue pendant long-temps qu'au Bleiberg en Carinthie, d'où l'on a tiré la plupart des échantillons; mais on la cite aujourd'hui dans plusieurs autres localités (Annaberg, Freudenstein, en Saxe; Manchneröz en Tyrol; Korösbanya en Transylvanie; Leadhills en Ecosse; Northampton en Massachuset; Zimapan au Mexique, etc.); mais il n'est pas certain que partout les citations soient justes.

APPENDICE.

Molybdate de plomb de Pamplona en Amérique méridionale. M. Boussingault a fait l'analyse d'une substance en petites concrétions jaunes tirant sur le vert, du poids spécifique de 6,00, qu'il a trouvée à Pamplona au Mexique, et dans laquelle il a reconnu :

		Oxigène.	*Rapports.*
Acide molybdique	10,0	3,34	1
Oxide de plomb	47,4	3,39	1
Carbonate de plomb	17,5		
Chlorure de plomb	6,6		
Phosphate de plomb	5,4		
Chromate de plomb	3,6		
Gangue	7,6		

où l'on voit que dans ces mélanges compliqués il paraît exister un Molybdate de plomb fort différent du précédent, et qui formerait une espèce particulière de la formule $PbMo = \dot{P}b^3\ddot{M}o$.

FAMILLE DES CHROMIDES.

Corps donnant par la fusion avec le carbonate de soude, qu'il faut quelquefois mélanger de salpêtre pour les oxider, un sel soluble dans l'eau, dont la solution précipite en rouge par le nitrate d'argent, et en jaune par le nitrate de plomb.

Donnant tous avec la soude, surtout en ajoutant un peu de salpêtre, une frite jaune au feu d'oxidation, verte au feu de réduction.

PREMIER GENRE. ESPÈCE UNIQUE. OXIDE CHROMIQUE.

Chrome oxidé ; Chromocker.

Substance verte, terreuse, ou mélangée, comme matière colorante, dans du Quarz ou du Silex, etc.

Infusible au chalumeau. Blanchissant. Donnant avec le Borax un verre d'une belle couleur verte.

Composition. $\ddot{Ch}$, ou en poids :

Oxigène.	29,89
Chrome.	70,11
	100,00

Cette substance, qu'on n'a rencontrée jusqu'ici que dans les terrains de cristallisation, se trouve quelquefois pure, mais le plus souvent mélangée avec des matières siliceuses (montagnes des Ecouchets entre Conches et le Creuzot, Saône-et-Loire), des matières feldspathiques (Elfdalen en Dalecarlie), des matières serpentineuses ou diallagiques (Alpes de Savoie et de Piémont, etc.)

DEUXIÈME GENRE. CHROMITE.

ESPÈCE UNIQUE. EISENCHROME.

Substance noire, d'un éclat métalloïde. Cristallisant en octaèdre régulier. Non attirable à l'aimant.

Pesanteur spécifique, 4,498 ?

Rayant le verre ; rayée par les Feldspaths.

Infusible au chalumeau, mais devenant attirable à l'aimant. Solution nitrique du résidu du traitement par la soude, précipitant abondamment en bleu par l'hydrocyanate ferruginé de potasse.

Composition. Il existe probablement plusieurs combinaisons différentes d'oxide de chrome, de péroxide de fer et d'alumine dans les substances que nous réunissons ici, d'après les analyses que nous connaissons, savoir :

Eisenchrome de Shetland, par Thomson.

		Oxig.	Rap.
Oxide de chrome	56	16,73	1
Péroxide de fer	31	9,50	1 (Péroxide de fer + Alumine)
Alumine	13	6,07	1 (Péroxide de fer + Alumine)

Eisenchrome de Sibérie, par Laugier.

		Oxig.	Rapp.
Oxide de chrome	53	15,84	3 ou 1
Péroxide de fer	34	10,42	2 } 1
Alumine	11	5,13	1 } 1
Oxide de manganèse	1		
Silice	1		

Eisenchrome de Chester, par Seybert.

		Oxig.	Rapp.
Oxide de chrome	51,562	15,41	3 ou 1
Péroxide de fer	35,140	10,77	2 } 1
Alumine	9,723	4,54	1 } 1
Oxide de manganèse	traces.		
Silice	2		

Eisenchrome de Krieglack, par Klaproth.

		Oxig.	Rap.
Oxide de chrome	55,5	16,59	1?
Péroxide de fer	33,0	10,11	1 (Péroxide de fer + Alumine)
Alumine	6,0	2,80	1 (Péroxide de fer + Alumine)
Silice	2,0		

Ces analyses, et les trois premières surtout, conduisent à la formule $(F, A)\ Cr = (\ddot{F}, \ddot{A})\ \ddot{Cr}$, ou peut-être $2\ FCr + A\ Cr$.

Mais il en est d'autres qui conduisent à des formules différentes :

Eisenchrome de Saint Domingue, par Berthier.

		Oxig.	Rapp.
Oxide de chrome	36,0	10,76	1
Péroxide de fer	37,0	11,34	1
Alumine	21,5	10,04	1
Silice	5,0		

Eisenchrome du Var, par Vauquelin.

		Oxig.	Rap.
Oxide de chrome	43,7	13,06	1?
Péroxide de fer	34,7	10,63	1
Alumine	20,3	9,48	1
Silice	2,0		

ce qui donne $F^2\ Cr + A^2\ Cr$, ou $(F, A)^2\ Cr$.

Enfin, deux analyses de l'Eisenchrome de Baltimore aux États-Unis et de Ræras en Norwège conduisent encore à deux autres formules :

De Baltimore :

		Oxigène.
Oxide de chrome	39,514	11,81
Péroxide de fer	36,004	11,04
Alumine	13,002	6,07
Silice	10,596	5,50

De Rœras :

		Oxigène.
Oxide de chrome	54,080	16,35
Péroxide de fer	25,661	7,86
Alumine	9,020	4,21
Magnésie	5,357	2,07
Silice	4,833	2,51

La première donnerait $(F, A)^3\ Cr^2$, et la seconde $(F, A)^3\ Cr^4$

Eisenchrome cristallisé. En très petits octaèdres sous la forme sableuse.

Eisenchrome amorphe. En nids ou rognons à texture lamellaire, granulaire, compacte.

Eisenchrome sableux. En sables plus ou moins fins, mélangés de diverses matières.

Cette substance paraît se trouver en général dans des roches de serpentines, où elle forme des nids, des amas plus ou moins volumineux (Bastide-la-Carrades, département du Var; Krieglack en Styrie; Silberberg en Silésie; bords du Viasga dans les monts Ourals; îles de Fetlar et d'Unst dans les Hébrides; Harford et Barhill près de Baltimore; New-Haven en Connecticut; Hoboken dans le New-Jersey). On la connaît aussi sous la forme de sables (Ile-à-Vaches à Saint-Domingue), et il paraît qu'alors on l'a souvent confondue avec les Titànates ferrugineux non magnétiques.

On emploie cette matière pour en fabriquer le chromate de potasse, au moyen duquel on prépare le chromate de plomb, couleur d'un très beau jaune qu'on emploie en peinture, et même en teinture, en préparant les étoffes avec l'acétate de plomb et les plongeant ensuite dans le bain de chromate. On en forme aussi l'oxide vert dont on se sert pour peindre sur émail ou sur porcelaine.

TROISIÈME GENRE. CHROMATE.

PREMIÈRE ESPÈCE. CROCOÏSE

(de κροκοεις, jaune aurore).

Plomb chromaté; Plomb rouge; Roth Bleierz; Chromblei; Chromsaures Blei.

Substance rouge-orangé; cristallisant en prismes obliques rhomboïdaux de 93° 30 et 86° 30′, dont la base est inclinée sur les faces de 99° 10′.

Pesanteur spécifique, 6,60.

Fragile; rayée par le Fluor.

Fusible au chalumeau sur le charbon, qui se couvre alors d'oxide de plomb; donnant des grains de plomb avec le carbonate de soude. Attaquable par l'acide nitrique. Solution précipitant en rouge par le nitrate d'argent, et donnant des lamelles de plomb sur un barreau de zinc.

Composition. $PbCr^5 = \dot{P}b\,\ddot{C}r$, d'après l'analyse de M. Berzélius :

		Oxigène.	*Rapports.*
Acide chromique	31,5 . . .	14,49 . . .	3
Oxide de plomb.	68,5 . . .	4,91 . . .	1

Crocoïse cristallisée. En prismes rhomboïdaux modifiés de différentes manières, et terminés par des sommets dièdres, pl. XII, fig. 21 à 23, etc.

Inclinaison de *a* sur *a*, 93° 30′; *a* sur *i*, 146° 25′.

Crocoïse cylindroïde. Cristaux déformés, isolés ou groupés les uns sur les autres.

Crocoïse terreuse. En poussière qui paraît provenir de la désagrégation des cristaux.

Cette substance se trouve en veines dans des roches granulaires, micacées, aurifères, avec Galène, oxide de fer, etc. On la connaît depuis long-temps à Bérézof en Sibérie, et on l'a indiquée depuis à Congonhas do Campo au Brésil.

Cette matière a été d'abord employée en nature pour la peinture, et c'est ce qui a donné l'idée de la fabriquer, comme nous l'avons dit plus haut, avec les chromites de fer, qui sont plus abondans.

APPENDICE.

M. André del Rio annonce avoir reconnu dans un chromate de plomb de Zimapan au Mexique la composition suivante :

		Oxigène.	Rapports.
Acide chromique	14,80	6,81	1
Oxide de plomb	80,72	5,78	1

ce qui indiquerait *Pb Cr*, et devrait par conséquent former une espèce particulière.

DEUXIÈME ESPÈCE. VAUQUELINITE.

Plomb chromé.

Substance verte, de diverses teintes ; en petites aiguilles qui semblent être des prismes rhomboïdaux.

Pesanteur spécifique, 6,8 à 7,2.

Fragile ; rayée par la Fluorine.

Fusible au chalumeau sur le charbon avec production d'écume et de petits grains de plomb.

Attaquable par l'acide nitrique. Solution présentant les caractères de l'acide chromique, et donnant l'indice du cuivre sur un barreau de fer, en même temps que des lamelles de plomb sur le barreau de zinc.

Composition. $2 Pb Cr^2 + Cu Cr^2 = 2 \dot{P}b^3 \dddot{C}r^2 + \dot{C}u^3 \dddot{C}r^2$, suivant l'analyse de M. Berzélius :

		Oxigène.	Rapports.
Acide chromique	28,33	13,03	6
Oxide de plomb	60,87	4,36	2
Oxide de cuivre	10,80	2,18	1

La Vauquelinite se trouve (Berezof) avec le chromate de plomb; on l'indique aussi au Brésil.

FAMILLE DES URANIDES.

Substances attaquables par l'acide nitrique. Solution jaune, précipitant en rouge brunâtre par l'hydrocyanate ferruginé de potasse ; ce précipité (ou les substances elles-mêmes) donne avec le sel phosphorique un verre de couleur jaune-paille au feu d'oxidation, et vert au feu de réduction.

Les sulfates et phosphates d'urane, où l'urane fait fonction de bases, se conduisent de même, mais on les distinguera aux caractères que présentent les familles des Sulfurides et des Phosphorides.

PREMIÈRE ESPÈCE. PÉCHURANE.

Urane oxidulé ; Uran Pecherz ; Pechuran ; Pechblende ; Uranerz ; Schwarz Uranerz ; Uranocker.

Substance noirâtre, d'un éclat gras, semi-métalloïde; rayant difficilement le verre.

Pesanteur spécifique, 6,46.

Infusible au chalumeau ; colorant la flamme en vert. Attaquable par les acides, solution donnant souvent les indices du plomb par les réactifs, indépendamment de ceux de l'urane.

Composition. $\dot{U}$, ou en poids :

Oxigène.	3,56
Urane	96,44

mais fréquemment mélangés de matières étrangères, comme l'indiquent les deux analyses suivantes.

Péchurane par Klaproth.		Péchurane par Pfaff.	
Protoxide d'urane	86,5	Protoxide d'urane	84,52
Oxide de fer	2,5	Oxide de fer.	8,24
Sulfure de plomb	6,0	Oxide de cobalt	1,42
Silice	5,0	Sulfure de plomb.	4,20
		Silice.	2,02

Cette substance, qui n'est connue qu'en masse compacte ou testacée, se trouve dans des dépôts argentifères et aurifères (Joachimsthal en Bohême; Johann-Georgenstadt, Annaberg, Schneeberg, Mariemberg, en Saxe), ou des dépôts stannifères (Tolcarn, Tincroft en Cornwall).

C'est elle qui sert à la préparation des oxides d'urane, dont on a besoin pour les laboratoires.

DEUXIÈME ESPÈCE. URACONISE.

Uranblüthe; Urane oxidé hydraté; Hydroxide d'urane.

Substance jaune pulvérulente, donnant de l'eau par calcination, attaquable par les acides, et donnant alors les caractères des solutions d'urane.

Composition. $\dddot{U} + x Aq$, ou en poids :

Oxigène	5,24
Urane	94,76
Eau	x
	100 + x.

On n'a pas fait d'analyse rigoureuse de cette matière.

Cette substance se trouve à la surface des morceaux de l'espèce précédente, et par conséquent appartient aux mêmes gisemens.

FAMILLE DES MANGANIDES.

Corps donnant tous plus ou moins de chlore par l'action de l'acide hydrochlorique ; offrant par la fusion avec le carbonate de soude une fritte verte, soluble dans l'eau, la colorant en vert, et laissant ensuite précipiter de l'oxide brun. N'offrant d'ailleurs l'indice d'aucun des autres corps électro-négatifs, qui servent de types aux familles.

Toutes les substances manganésiennes présentent les mêmes caractères avec la soude ; mais l'action de l'acide hydrochlorique distingue éminemment ceux qui appartiennent à la famille qui nous occupe; parmi toutes les autres, il n'y a que le silicate de Pésillo, le silicate Marcelline, qui produisent le même effet. Chacune offre en même temps d'autres caractères qui font reconnaître les différens genres des familles auxquelles elles appartiennent : tels sont des silicates, des carbonates, des sulfures, des sulfates, des phosphates, tantalates et tungstates.

Cette famille se compose aujourd'hui de plusieurs espèces qu'on a long-temps confondues les unes avec les autres, mais qui se distinguent éminemment par leur composition, par leur caractère chimique, leur propriété relativement aux arts, et presque toutes aussi par leurs caractères extérieurs les plus importans. Les unes appartiennent au système prismatique carré, les autres au système prismatique rectangulaire droit; elles ont toutes plus ou moins l'éclat métalloïde ou vitro-métalloïde lorsqu'elles sont cristallisées, et il en est où cet éclat est très vif et très caractérisé.

Sous le rapport de la composition, ces matières ne sont autre chose que les divers oxides de manganèse, $\ddot{M}n$, $\ddot{M}$ simples, ou hydratée, ou des manganites de protoxide de manganèse, de baryte ou de zinc.

Quelques-unes de ces matières sont assez rares dans la nature, et sont disséminées ou en nids dans les dépôts que forment les autres. Celles-ci contiennent des amas plus ou moins considérables qu'on rencontre soit dans les terrains de cristallisation, soit dans les terrains de sédiment. On en connaît dans un très grand nombre de lieux; dans les granites des divers âges, ou les roches qui s'y rattachent (Saint-Jean-de-Gardonneque dans les Cévennes; Saint-Marcel en Piémont); dans les euphotides (la Rochetta pays de Gènes); dans le grès rouge (la Romaneche, près Macon; Laveline, près Saint-Diez, Vosges; Crettnich et Tholley, provinces prussiennes du Rhin; Cuanca au Mexique); dans les porphyres qui en dépendent (Ilefeld au Harz); dans les calcaires supérieurs (Elbingen, près Studgard; environs d'Alais; Calveron, Aude); dans les calcaires jurassiques (Suquet, près Thiviers, Dordogne; Oiselière, près Cullan, Cher). Beaucoup d'autres localités sont citées dans les ouvrages sans indications spéciales du terrain dans lequel ces matières sont enclavées. (Angleterre, Thuringe, Harz, Saxe, Bohême, etc.) Il s'en trouve presque partout dans les dépôts ferrugineux, particulièrement avec l'hématite brune, et dans quelques lieux en assez grande abondance.

Les minerais de manganèse sont exploités avec activité dans plusieurs localités pour la consommation dans les arts; on les emploie pour préparer l'oxigène dans les laboratoires, pour purifier le verre blanc de quelques matières qui le colorent et qui sont détruites par l'oxigène qui se dégage des matières manganésiennes à une haute température. Mais l'emploi le plus important est pour la préparation du chlore ou de l'eau de javelle dans les fabriques de toiles peintes et dans les blanchisseries. Dans tous ces cas, il n'est pas indifférent de prendre telle ou telle espèce de minerais, car il en est qui, par suite de leur composition, ne donnent pas d'oxigène à la calcination, d'autres qui ne peuvent en donner qu'une très petite quantité; et quant au dégagement du chlore, la différence est encore très grande, et c'est le péroxide qui doit être plus particulièrement recherché; les autres espèces, supposées à l'état de pureté, sont infiniment au-dessous, et ont aussi beaucoup moins de valeur dans le commerce.

PREMIER GENRE. MANGANOXIDE.

PREMIÈRE ESPÈCE. PYROLUSITE

(de Πυρ, fer, et λυσις, décomposition).

Manganèse oxidé métalloïde; Péroxide de manganèse; Grau Manganerz; Glanz Manganerz; Graubraunsteinerz.

Substance d'un éclat métallique, gris d'acier ou gris de fer, à poussière noire. Cristallisant en prisme rhomboïdal oblique, clivable parallèlement à ses pans et à la petite diagonale.

Pesanteur spécifique 4,82 à 4,94.

Rayant le Calcaire.

Infusible au chalumeau, devenant brun-rouge à un bon feu de réduction, produisant une vive effervescence lorsqu'on le fond avec le verre de Borax, par suite de l'oxigène qui se dégage.

Composition. Péroxide de manganèse $\ddot{M}n$, ou en poids :

Oxigène	35,99
Manganèse	64,01

d'après les recherches de M. Berthier et de M. Turner, qui ont donné les résultats suivans :

Pyrolusite de . . . ., par Turner.

Oxide rouge de manganèse	86,055	Péroxide.	97,835
Oxigène	11,780		
Baryte			0,532
Eau			1,120
Silice			0,513

Pyrolusite de Crettnich, par Berthier.

Oxide rouge de manganèse	82,3	Péroxide.	93,8
Oxigène	11,5		
Péroxide de fer			1,0
Eau			1,2
Matière pierreuse			4,0

Pyrolusite de Timor, par Berthier.

Oxide rouge de manganèse	76	Péroxide.	84
Oxigène	9		
Oxide rouge de fer			2
Eau			1
Matière pierreuse			13

Pyrolusite de Calveron, par le même.

Oxide rouge de manganèse	64	Péroxide	72,7
Oxigène	8,7		
Oxide rouge de fer			1
Eau			1,1
Matière pierreuse			25,2

Pyrolusite cristallisée. En prismes à huit pans, souvent aigus, terminés par des sommets dièdres, mal conformés, qui correspondent aux angles solides aigus. Presque tous les cristaux qu'on a rapportés au manganèse métalloïde appartiennent au manganite.

Pyrolusite bacillaire. Les mêmes cristaux, déformés par la pression mutuelle, et groupés en masses à grosses fibres divergentes ou entrelacées.

Pyrolusite mamelonnée. Masses mamelonnées à petites fibres divergentes rayonnées.

Pyrolusite grenue ou *compacte.* En masses amorphes dont la texture varie du grenu au compacte et au terreux; quelquefois remplies de cavités.

Pyrolusite terreux. En masses terreuses noires tachant fortement les doigts, et ordinairement dans les cavités de la variété précédente, ou dans celles des autres espèces.

La Pyrolusite est le minerai de manganèse le plus commun, celui qui forme les plus grandes masses à la surface de la terre. Il se trouve dans les terrains de cristallisation ou dans les matières sédimenteuses qui s'y rattachent immédiatement, où il forme des dépôts plus ou moins considérables. Il est cependant difficile aujourd'hui de citer les localités, par suite du partage de ces minerais en plusieurs espèces, sans risquer de tout confondre : c'est pourquoi nous avons donné un aperçu des lieux connus dans les généralités. Nous ne pouvons citer positivement, en attendant qu'on ait essayé tous les minerais des dépôts connus, que ceux de Crettnick près Saarbruck, province prussienne rhénane; de Calveron, département de l'Aude; de Timor, rapportés par Baudin.

Cette espèce est celle qui peut être la plus importante pour les arts, puisque, renfermant une plus grande quantité d'oxigène, elle en dégage le plus par l'action de la chaleur, et peut donner plus de chlore avec l'acide hydrochlorique. C'est celle qui devrait être la plus recherchée dans le commerce, si dans chaque localité on était toujours maître de choisir.

DEUXIÈME ESPÈCE. BRAUNITE.

Manganèse oxidé friable; Manganèse hydraté cristallisé; Brachytypes Manganerz; Schwarz Manganerz; Blättriger schwarzbraunstein; Schwarzbraunsteinerz.

Substance noir-brun foncé, d'un éclat vitro-métalloïde, à poussière brune. Cristallisant en octaèdre à base carrée dont les angles sont de 109° 50′ et 108° 39′. Clivable parallèlement à ses faces.

Pesanteur spécifique, 4,818.

Rayant les Feldspaths; rayée par le Quarz.

Infusible au chalumeau; prenant une teinte rougeâtre au feu de réduction; légèrement effervescente lorsqu'on la fond avec le verre de Borax.

Composition. Deutoxide de manganèse *Mn* — M = Mn Mn, ou en poids :

Oxigène	29,66
Manganèse	70,34
	100,2

d'après l'analyse de M. Turner, qui a donné :

Oxide rouge de manganèse	93,484	Deutoxide. 96,791
Oxigène	3,307	
Baryte		2,260
Eau		0,949
Silice		traces.

Braunite cristallisée. En octaèdres simples ou modifiés au sommet par un pointement à quatre faces, pl. III, fig. 50, 53, enfermés dans du Braunite terreux plus ou moins ferrugineux, quelquefois en petits groupes. C'est la matière que nous avons indiquée dans la première édition comme devant former une espèce, et que nous avons regardée alors comme présentant des octaèdres réguliers.

Braunite fibreuse, ou plutôt lamelleuse dans un sens et fibreuse dans l'autre, et à fibres divergentes.

Braunite compacte ou *terreuse*. Variétés passant de l'une à l'autre, de couleur brune plus ou moins rougeâtre : presque toujours mélangées de péroxide de fer, qui est même quelquefois dominant.

Cette substance n'est encore connue que dans quelques localités, en Thuringe (Ehrenstoch, près d'Ilmenau; Elgersburg, Friedrichsrode), et dans le Mansfeld (Leimbach), dans le pays de Baireuth (Wundsiedel). M. Haidinger l'indique à Saint-Marcel en Piémont; mais, comme je l'ai déjà fait remarquer, p. 189, il y a quelques doutes à cet égard.

La Braunite serait peu avantageuse pour la préparation de l'oxigène dans les laboratoires, puisqu'elle n'en donne que 3 pour 100 par la chaleur; elle aurait, par la même raison, peu d'effet dans les verreries; mais elle peut être très utile dans les ateliers pour la préparation du chlore et de l'eau de Javelle.

TROISIÈME ESPÈCE. ACERDÈSE

(de ακερδης, non profitable). (1)

Manganite; Oxide de manganèse prismatique; Hydroxide de manganèse; Manganèse oxidé hydraté; Manganèse oxidé argentin; Manganèse oxidé terreux et friable; Mangan schaum; Braunsteinschaum; Black Wad; Schaumiges Wad; Erdiges Wad; Schwarzbraunsteinerz?

Substance noir-brunâtre ou noir de fer, à poussière

(1) Il a fallu nécessairement, dans notre méthode, changer le nom de *Manganite* donné par M. Haidinger, parce qu'il y aurait eu confusion avec celui que doit prendre le genre suivant; nous avons adopté le nom d'*Acerdèse*, qui rappelle que la matière est d'un mauvais usage pour les arts.

brune; d'un éclat plus ou moins métalloïde. Cristallisant en prisme rhomboïdal droit de 99° 41′ et 80° 19′. Clivable parallèlement à ses pans et à ses diagonales.

Pesanteur spécifique, 4,312.

Rayant la Fluorine.

Donnant de l'eau par calcination dans le tube. Infusible au chalumeau; prenant une teinte rougeâtre au feu de réduction; légèrement effervescente après la calcination, lorsqu'on la fond avec le verre de Borax.

Composition. $3\,Mn + Aq = \ddot{M} + Aq$, d'après les analyses suivantes :

De . . . . , par M. Turner :

				Oxig.	Rapp.
Oxide rouge de manganèse	86,850	Deutoxide	89,90	26,72	3
Oxigène	5,050				
Eau			10 10	8,98	1

De Uudnaes, par M. Arfwedsou :

Oxide rouge de manganèse	86,41	Deutoxide	89,92
Oxigène	3,51		
Eau			10,08

D'Illefeld, par L. Gmelin :

Oxide rouge de manganèse	87,1	Deutoxide	90,5
Oxigène	3,4		
Eau			9,5

On voit par conséquent que cette matière est de la Braunite hydratée; mais elle est quelquefois mélangée de Pyrolusite, de fer hydraté, d'argile, comme on le voit dans la variété de Laveline analysée par M. Berthier, qui renferme :

				Oxigène.	Acerdèse.	Ocre.	Eau hygrométrique.
Oxide rouge de manganèse	76,2	Deutoxide	50,46	14,96	= 14,96 (3)		
Oxigène	5,5	Péroxide (Pyrolusite)	31,24				
Oxide rouge de fer			5,50	1,68	=	1,68 (2)	
Eau			7,80	6,93	= 4,98 (1)	+ 0,84 (1)	+ 1,11
Argile			5,00				

Peut-être, au lieu d'ocre, est-ce ici un hydrate de fer $3\,Fe + Aq$, de même formule que l'Acerdèse : dans ce cas, il y aurait encore moins d'eau hygrométrique.

Acerdèse cristallisée. En prismes rhomboïdaux modifiés de différentes manières sur les arêtes latérales et au sommet, pl. IX, fig. 14 à 16, 26, 28, 30; pl. X, 65, 68, 69, etc. Ces cristaux ont presque tous été rapportés à la Pyrolusite, avec laquelle ils ont la plus grande analogie par leur forme et leur éclat métallique, jusqu'au moment où M. Arfwedson a fait l'analyse de ceux d'Undnaes.

Acerdèse cylindroïde et *bacillaire.* En cristaux émoussés isolés ou groupés en masses bacillaires à rayons divergens ou entrelacés.

Acerdèse fibreuse ou *capillaire* (Haarförmiges Braunsteinerz). A filamens très fins, ou à petites fibres brillantes plus ou moins agrégées, formant de petits mamelons, de petites houppes, ou des enduits minces sur les stalactites d'hématites brunes.

Acerdèse mamelonnée. A structure tantôt fibreuse, à fibres divergens, tantôt testacée, quelquefois compacte ou terreuse.

Acerdèse dendritique. Formant des dendrites noirâtres, brunâtres, quelquefois tirant au jaune, et alors mélangés d'ocre, à la surface de différens minéraux, et particulièrement des pierres calcaires.

Acerdèse stalactitique. Formant des pellicules plus ou moins épaisses sur des stalactites d'hématite brune, souvent même répétées plusieurs fois, et séparées les unes des autres par cet hydrate de fer, qui quelquefois est décomposé et laisse des vides entre les différens accroissemens.

Acerdèse globulaire. A couches concentriques comme les minerais de fer en grains, et plus ou moins mélangées de cette espèce de minéral.

Acerdèse écailleuse (Manganèse oxidé argentin, Manganèse inflammable). Composée d'écailles métalloïdes très brillantes ou ternes, entassées les unes sur les autres, et formant souvent des masses très légères que les Anglais ont comparées à de la ouate (*Wad*).

Acerdèse terreuse. N'est quelquefois qu'une modification extrême de la variété écailleuse, et elle est alors très légère; mais dans d'autres cas elle n'offre qu'un dépôt terreux ordinaire. Elle est souvent mélangée, non plus de péroxide de fer comme la [illegible]aunite terreuse, mais d'hydrate de cet oxide ou ocre, qui lui donne une teinte jaunâtre plus ou moins décidée.

Cette substance est très commune dans la nature, et c'est à elle qu'on doit rapporter la plus grande partie des échantillons réunis ordinairement dans les collections. Elle se trouve tant dans les terrains de cristallisation que dans les terrains de sédiment, où tantôt elle forme à elle seule des dépôts plus ou moins considérables, tantôt fait partie des dépôts ferrifères, principalement d'hématite brune, qui s'y rencontrent. Il est aussi très difficile aujourd'hui de citer les localités, et l'on ne peut en indiquer que très peu avec certitude (Laveline, Vosges), parmi celles où la matière est en grands dépôts; il paraît cependant qu'un grand nombre des gîtes connus, ou des dépôts ferrifères, où le manganèse est abondant, appartiennent plus particulièrement à cette espèce (Lavoulte, Ardèche, Saint-Jean-de-Gardonneque, dans les Cévennes; abbaye des Sept Fonds, Allier; Wezslar, Osnabruck, Illefeld, au Harz; Undnaes en Westgotland), et beaucoup d'autres lieux en Saxe, Bohême, Cornwall, Devonshire, Warwickshire, Écosse, etc. Quant aux variétés qui forment des enduits ou des petits nids dans l'hématite brune, il s'en trouve à-peu-près partout où il existe de ces sortes de dépôts ferrugineux (Rancié, Arriège; Baigorry, Hautes-Pyrénées; Articole en Dauphiné; Simmern, Saint-Goar, Stromberg, Rhin-et-Moselle; Smalkalden en Franconie; Scheibenberg en Saxe; Zelesznik, Bethler, Rhenitz, Tiszolcz, Hongrie, etc. etc.). La plupart même des variétés d'hématite qu'on trouve dans les collections en sont recouvertes.

Si, sous le rapport de la science, il ne faut pas confondre l'Acerdèse avec la Pyrolusite, malgré les analogies extérieures, il n'est pas moins important de la distinguer sous le rapport des arts, car il y a alors une très grande différence pour la préparation du chlore. A cet égard, l'Acerdèse, privée de tout mélange de Pyrolusite, serait la moins profitable de toutes les espèces de manganides : elle serait même moins avantageuse que la Braunite, puisque, par suite de la présence de l'eau, elle renferme moins de deutoxide sous le même poids. Du reste, elle n'est ni plus mauvaise ni meilleure que cette dernière espèce, sous le rapport du dégagement de l'oxigène par la calcination, et par suite pour l'usage des verreries.

DEUXIÈME GENRE. MANGANITE.

PREMIÈRE ESPÈCE. HAUSMANITE.

Oxide de manganèse pyramidal; Manganèse oxidé hydraté en partie; Manganèse gris lamelleux; Schwarz Manganerz; Schwarzer Braunstein.

Substance noir-brunâtre, à poussière d'un rouge-brun; cristallisant en octaèdre à base carrée, dont les angles sont de 117° 54′ et 105° 75′. Clivages peu distincts, parallèlement aux faces et perpendiculairement à l'axe.

Pesanteur spécifique, 4,722.

Rayant la Fluorine et presque le verre.

Infusible au chalumeau; ne changeant pas au feu de réduction; ne faisant pas d'effervescences avec le verre de Borax.

Composition. Oxide rouge de manganèse *mn Mn* $= \dot{M}\ddot{M}$ ou $\dot{M}^2\ddot{M}$, d'après l'analyse de M. Turner :

Oxide rouge de manganèse	98,098
Oxigène	0,215
Baryte	0,111
Eau	0,435
Silice	0,337

Où l'on voit qu'il y a seulement mélange d'une très petite quantité de péroxide à cause du peu d'oxigène dégagé.

Hausmanite cristallisée. En octaèdres aigus, rarement modifiés par des facettes additionnelles. On cite aussi des cristaux en prismes carrés de la même localité, et qu'on peut soupçonner appartenir à la même espèce.

Hausmanite aciculaire. Petites houppes de fibres divergentes très fragiles.

Hausmanite lamellaire. En petites masses dans lesquelles on distingue grossièrement une structure lamellaire irrégulière.

Hausmanite terreuse. En poudre, ou en petites masses friables de couleur rouge-violâtre.

L'Hausmanite est une substance rare, qu'on ne connaît bien que dans une seule localité (Illefeld au Harz), avec de la Braunite, dans une formation porphyrique. On peut en soupçonner dans plusieurs autres (Saint-Marcel en Piémont; Elbingerode au Harz; Johann-Georgenstadt en Saxe).

Si l'Hausmanite était abondante, ce serait un minerais de manganèse dont on ne pourrait pas se servir pour la préparation de l'oxigène par la chaleur, et, par conséquent, qui ne serait d'aucun effet dans les verreries. Sous le rapport de la préparation du chlore, il serait à-peu-près de même valeur que l'espèce précédente.

DEUXIÈME ESPÈCE. PSILOMÉLANE.

Manganèse oxidé barytifère; Manganèse oxidé terne; Faseriges Wad.

Substance noir-bleuâtre, passant au gris d'acier plus ou moins métalloïde, à poussière noire, non cristallisée.

Pesanteur spécifique, 4,145.

Rayant la Fluorine. Rayée par l'Apatite.

Infusible au chalumeau. Devenant d'un brun-rouge au feu de réduction; produisant une vive effervescence avec le verre de Borax. Solution hydrochlorique précipitant par l'acide sulfurique ou un sulfate.

Composition. Manganite ou Manganate de Baryte, peut-être $Ba\,Mn^4 + 2\,Aq = \dot{B}a^3\,\ddot{M}^4 + 6\,Aq$, d'après les analyses suivantes :

Psilomélane de . . . . ,
par Turner.

				Oxig.	Rap.
Oxide rouge de manganèse	69,795	Deutoxide	25,290	7,50	4
Oxigène	7,364	Péroxide	51,870	18,66	
Baryte			16,365	1,71	1
Eau			6,216	5,52	2(1)
Silice			0,260		

Psilomélane de Romanèche,
par Berthier.

				Oxig.	Rapp
Oxide rouge de manganèse	70,3	Deutoxide	25,3	7,50	4
Oxigène	7,2	Péroxide	52,2	18,78	
Baryte			16,5	1,72	1
Eau			4,0	3,55	2
Matières insolubles			2		

On tirerait peut-être aussi de ces analyses la formule $\dot{B}a\,\dot{\dot{M}}^5 + 2\,Aq$, en regardant la combinaison comme un manganate, qui serait dès-lors mélangé de Braunite; mais en examinant les échantillons, il paraît que c'est ici la Pyrolusite qui est à l'état de mélange.

On peut tirer la même formule des diverses analyses qui présentent de la Baryte, en regardant la Psilomélane comme mélangée d'une très grande quantité des diverses oxides de manganèse, comme par exemple dans la manganèse de Périgueux, d'où M. Berthier a tiré :

				Oxigène.		Psilomélane.		Mn Aq, FAq	Mn.
Oxide rouge de manganèse	64,1	Deutoxide	17,50	5,20	=	1,92 (4)	+	3,28 (1)	
Oxigène	7,5	Péroxide	54,07	19,45	=	. . . .			19,4
Baryte			4,60	0,48	=	0,48 (1)			
Eau			7,00	6,22	=	0,95 (2)	+	3,28 (1) 2,08 (1)	
Oxide rouge de fer			6,80	2,08	=	. . . .		2,08 (1)	
Matière insoluble			10,00						

où l'on voit la Psilomélane mélangée avec une assez

(1) Avec eau hygrométrique.

grande quantité de Pyrolusite, et d'hydrate de deutoxide de manganèse $Mn + Aq$, de péroxide de fer $Fe + Aq$ qui seraient des espèces particulières.

Psilomélane concrétionnée. En masses qui sont comme formées d'une multitude de tubercules agglomérées d'un éclat métalloïde.

Psilomélane fibreuse. N'est qu'une variété de la précédente, mais où l'agglomération des tubercules est telle, que la masse paraît être formée de fibres contournées, ou même a une apparence tricotée.

Psilomélane terreuse. En masses friables noires, sans éclat métallique, tachant fortement les doigts.

La Psilomélane ne paraît pas constituer de gîtes à elle seule, mais elle se trouve mélangée en quantité quelquefois assez considérable, et d'une manière à-peu-près uniforme, avec la Pyrolusite, qui forme la masse principale du dépôt. Le gîte le plus abondant que l'on connaisse est celui de Romanèche, à trois lieues de Macon; il y en a en outre près de Thiviers en Périgord. On a reconnu la présence de la Baryte dans les minerais de manganèse de plusieurs autres lieux (Franc-le-Château, près de Vesoul; Naila et Erzberg, dans le pays de Baireuth, au Harz); mais on n'a pas d'analyse assez précise pour reconnaître si c'est la même combinaison.

Si la Psilomélane se trouvait pure dans la nature, ce serait un minerai bien peu important sous le rapport des arts, et le plus mauvais de tous; mais, par suite de ce qu'elle se trouve avec une assez grande quantité de Pyrolusite, la masse peut être exploitée avec avantage. On emploie beaucoup les minerais de la Romanèche, et plus encore ceux de Périgueux.

APPENDICE.

Oxide rouge de zinc. Nous plaçons ici, en attendant de nouveaux renseignemens, une substance de couleur rouge, en masses à structure grossièrement lamellaire, rayant le calcaire, d'une pesanteur spécifique de 5,43, qu'on indique comme cristallisant en prismes rhomboïdaux, et dans laquelle M. Berthier a trouvé :

		Oxigène.	Rapports.
Oxide rouge de manganèse (1)	12	3,55	1
Oxide de zinc	88	17,48	5
	1,00		

ce qui donnerait $Zi^5\,Mn$. Ces rapports sont un peu compliqués, et c'est sans doute pour cela que M. Berzélius a considéré le minéral comme de l'oxide de zinc coloré par l'oxide rouge de manganèse, et par conséquent comme mélangé d'Hausmanite. Il est possible en effet qu'il en soit ainsi, mais je pense qu'on a plus de raison de supposer une combinaison des deux corps, ou plutôt une combinaison de deutoxide de manganèse avec l'oxide de zinc; d'autant plus que dans le même lieu il y a une substance, la Franklinite, où l'oxide de zinc paraît être évidemment en combinaison avec le péroxide de fer, et le deutoxide de manganèse, qui en est isomorphe.

De quelque manière que l'on considère cette substance, il est évident qu'elle doit former une espèce particulière. Elle se trouve dans des dépôts de minerais de fer de l'Amérique septentrionale (Franklin, Stirling, Rutgers, etc., dans le Sussex et le New-Jersey).

FAMILLE DES SIDERIDES.

Substances attaquables par l'acide nitrique, soit avant, soit après avoir été calcinées avec la poussière de charbon. Solution précipitant abondamment en bleu par l'hydrocyanate ferruginé de potasse, et ne donnant du reste l'indice d'aucun autre corps électro-négatif.

---

(1) C'est probablement du deutoxide, et si l'on remarque qu'il devrait y avoir eu alors une perte de poids, nous ferons observer qu'il est très difficile de l'apprécier sur une si petite quantité; nous avons calculé l'oxigène sur la supposition du deutoxide.

Les espèces de cette famille sont, le fer plus ou moins pur, le péroxide de ce métal et son hydrate, et quelques ferrates : les unes sont toujours douées de l'éclat métallique; d'autres ne le prennent que dans quelques cas, et il en est qui ne le possèdent jamais. Elles sont toutes susceptibles d'agir sur l'aimant, soit immédiatement, soit après avoir été calcinées avec la poussière de charbon, ou traitées simplement au chalumeau au feu de réduction.

Cette famille est une des plus importantes sous le rapport des arts, parce qu'elle renferme les matières dont on tire la plus grande partie du fer nécessaire aux arts et aux usages de la vie, et ce métal, comme nous l'avons déjà dit, est le plus important, le plus indispensable de tous. Aussi les minerais de fer, en y comprenant la Siderose (fer spathique), dont nous avons déjà parlé, page 346, sont-ils les matières les plus productives de tout le règne minéral; ils constituent, avec les combustibles minéraux, la véritable richesse minérale, et les valeurs des produits de ces deux matières l'emportent considérablement sur celle de l'or et de l'argent dont on a, en général, une si haute idée dans le monde. La valeur des produits annuels en fer brut est évaluée, en Europe seulement, à environ 450 millions de francs. En France, où ce genre d'industrie n'a pas pris encore toute l'extension dont il est susceptible, on compte plus de quatre cents hauts-fourneaux, plus de cent forges catalanes; plus de douze mille ouvriers y sont employés constamment, et plus de cent mille trouvent leur existence dans l'extraction et le transport des minerais et des combustibles. Le revenu total annuel est de plus de 70 millions. Le tableau suivant indique les quantités relatives des produits des usines à fer dans les différens états de l'Europe, en réunissant ensemble la fonte, le fer et l'acier :

En France	2800000 quint.
Angleterre	5000000
Suède	1500000
Russie	2000000
Autriche.	1100000
Prusse	800000
Norvège.	150000
Saxe.	80000
Bavière	130000
Harz, Hesse et rive droite du Rhin.	600000
Pays-Bas.	480000
Savoie.	24000
Piémont.	200000
Ile d'Elbe et côtes d'Italie	280000
Espagne.	180000
	15324000 quint.

PREMIER GENRE. ESPÈCE UNIQUE. FER.

Fer météorique ; Fer volcanique ; Acier natif ; Gediegen Eisen ; Meteoreisen ; Tellur Eisen.

Substance métallique, gris bleuâtre, ductile ou cassante, attirable à l'aimant ; quelquefois cristallisée en octaèdre, ou présentant des clivages parallèlement aux faces de ce solide.

Pesanteur spécifique, 6,48 à 7,80.

Infusible au chalumeau. Attaquable par l'acide nitrique avec dégagement de gaz nitreux.

Composition. Substance simple de la chimie, mais dans laquelle on a toujours reçonnu un mélange de Nickel ; du Chrome, et même du Cobalt, dans les analyses les plus récentes, comme on le voit dans le tableau suivant :

	Fer.	Nickel	Chrome.	Cobalt.	Soufre.	Silice.	Magnésie.
Fer de Sibérie, p. Klaproth.	98,6	1,20					
Fer de Brahin, par Laugier.	91,50	1,50	traces.	. . . .	1,00	3,00	2,00
	87,35	2,50	0,50	. . . .	1,85	6,00	2,10
Fer d'Elbogen, p. Klaproth.	97,50	2,50					
Fer du Mexique, *idem* . . .	96,75	3,25					
Fer de Hrasina, *idem*. . . .	96,50	3,50					
Fer d'Atakama, par Turner.	93,40	6,618	. . ,	0,535			
Fer de Santa-Rosa, p. Boussingault	91,40	8,59					
Fer de la Louisiane, par Shepard.	90,02	9,674					

Fer cristallisé. En masses présentant quelquefois des lames ou des cristaux isolés, et le plus communément une structure dendroïde qui offre des stries croisées sous l'angle de 60°.

Fer caverneux, dont les cavités sont remplies de matières vitreuses qui appartiennent au Péridot (dans le fer de Sibérie, vulgairement fer de Pallas).

Fer globulaire. En globules ou en grains dans les pierres météoriques.

Fer aciéreux. En globules dans les produits des houillères embrasées. Godon de Saint-Memin l'a trouvé composé de :

Fer.	94,5
Carbone.	4,3
Acide phosphorique	1,2

On a cité du fer à l'état métallique dans des amas ou des filons de fer hydraté ou de Sidérose (Kamsdorf en Saxe; Jorgany, près de Platten en Bohême; montagne du Grand-Albert, paroisse d'Oulle, à deux lieues d'Allemont, Isère), dans les mines d'étain (entre Eibenstock et Johan-Georgenstadt en Saxe), en filets malléables dans du grenat brun (Steinbach en Saxe). Proust en a indiqué des parcelles disséminées dans des Pyrites d'Amérique, et le baron d'Eschwege en a cité, il y a quelques années, en petites lames dans du péroxide de fer de Gaspar-Suarez au Brésil. Le docteur Torry en a annoncé, mélangé avec du Graphite, à la montagne de Scholey, près de Canaxu dans les états de New-York, et MM. Bouralt et Lee l'ont décrit comme associé à de l'acier natif dans des roches de Quarz et de micaschistes. Il est difficile, comme on voit, de révoquer complètement en doute l'existence de cette matière dans les gîtes métallifères, mais elle est au moins très rare, car on n'en a pas cité plusieurs fois dans le même lieu, et on ne l'a jamais rencontrée qu'en petite quantité.

C'est à l'état de blocs épars à la surface de la terre qu'on trouve plus particulièrement le fer métallique. Ces blocs sont plus ou moins volumineux ; il en est qui sont évalués à 30 et 40 mille livres pesans, et d'autres qui paraissent même devoir être beaucoup plus considérables. Ils reposent sur toutes espèces de terrains, sur des sédimens très modernes, quelquefois même sur la terre végétale, et par conséquent ne paraissent pouvoir se rattacher à aucune formation. Leur origine a été long-temps un problème, mais il n'est plus possible aujourd'hui de la méconnaître : ils sont évidemment tombés de l'atmosphère, car nous en avons des exemples indubitables. En effet, il est positif qu'il en est tombé une masse à Hrasina, près d'Agram en Croatie, le 26 mai 1751, à six heures du soir; une à Lahore dans l'Indostan, le 17 avril 1621; une autre dans la forêt de Naunhof en Misnie, de 1540 à 1559; une quatrième dans le Djordjau en 1009; enfin, en Lucanie, cinquante-deux ou cinquante-six ans avant l'ère chrétienne. Or, celles de ces masses qui ont été recueillies, celles dont les caractères ont été bien indiqués, sont cristallines ou caverneuses, précisément comme celles dont l'époque est inconnue, et les unes comme les autres renferment du nickel et du chrome, qui n'existent dans aucun des fers de fabrication. Ainsi, les grandes masses de fer isolées qu'on connaît aujourd'hui dans un assez grand nombre de localités (près de la ville de Jenisseik en Sibérie; Olumpa, près Saint-Yago dans le Tucuman; aux environs de Durango, Nouvelle-Biscaye; Zacatecas et Toluca au Mexique; sur les bords de la Rivière-Rouge à la Louisiane; sur la rive droite du Sénégal; au Cap de Bonne-Espérance), aussi bien que les petites qu'on a découvertes (Elbogen en Bohême; Lenarto en Hongrie; Acken, près de Magdebourg, etc.), sont évidemment tombées de l'atmosphère comme celles que nous avons citées. D'ailleurs, les chutes de pierres regardées pendant si long-temps comme des contes populaires, mais dont on a constaté un très grand nombre depuis celle qui eut lieu à l'Aigle le 26 avril 1803, sont de nouvelles preuves en faveur de cette opinion. En effet, la plupart de ces pierres offrent aussi des grains de fer à l'état métallique, et ce fer renferme du nickel et du chrome.

On trouve aussi du fer métallique, soit parmi les produits des volcans (ravin de la montagne de Graveneire, près de Clermont en Auvergne; Bourbon et Madagascar?), soit parmi les produits des houillères embrasées (Labouiche, près de Neri en Auvergne). Celui-ci renferme du carbone et de l'acide phosphorique, comme on le voit par l'analyse de Godon de Saint-Memin.

APPENDICE.

Ayant eu à parler ici des masses de fer qui sont évidemment tombées de l'atmosphère, nous compléterons la description des phénomènes en parlant des pierres et des terres qui ont la même origine.

Pierre météorique (*Aérolithes, Bolides, Météorites, Pierre de foudre, etc.*). Matière en masses plus ou moins volumineuses, à arêtes et angles arrondies, garnies d'une écorce noire plus ou moins vitreuse, terne, ou luisante comme un vernis, âpre ou lisse, noire ou ridée par des stries qui divergent de différens centres et sont bornées par des arêtes plus ou moins saillantes. Cassure présentant une matière pierreuse d'un gris plus ou moins foncé; rarement homogène, mais veinée ou tachetée de différentes manières, et composée évidemment de diverses matières entremêlées, quelquefois solidement agrégées et comme fondues ensemble, ailleurs présentant peu de cohérence, et se brisant avec facilité. On reconnaît évidemment dans le plus grand nombre des grains, quelquefois des veines de matière grise, métallique, plus ou moins malléables, qui ne sont que du fer mélangé de nickel, de chrome, etc.; dans d'autres on n'en aperçoit pas de traces, et ces mêmes métaux paraîtraient se trouver à l'état d'oxide. On y distingue aussi diverses autres matières, mais qui sont plus difficiles à déterminer; cependant M. G. Rose, en examinant avec soin la pierre de Juvenas, y a reconnu :

1° Des grains bruns plus ou moins cristallins, qui ont offert les caractères géométriques des pyroxènes;

2° Une substance blanche dont les cristaux présentent des

macles analogues à celles de l'Anorthite, du Labradorite et de l'Albite. M. G. Rose, sans pouvoir l'affirmer positivement, pense qu'elle appartient plutôt au Labradorite;

3° Une substance en lames jaunes, fusible en verre noir, attirable à l'aimant;

4° Des grains métalloïdes jaune-rougeâtre, qui ont les caractères du sulfure de fer magnétique.

C'est le Pyroxène et le Labradorite qui dominent dans cette pierre : aussi ressemble-t-elle à certaines variétés de Dolérites.

Il y a encore plusieurs autres matières que l'on n'a pas pu parvenir à reconnaître : telles sont des matières blanches, en petites aiguilles, des globules noirs à surface lisse, des globules gris striés du centre à la circonférence comme dans certains perlites, des grains vitreux jaune-verdâtres, des cristaux bruns cubiques d'oxide de fer hydraté, que l'on distingue dans des pierres de diverses localités.

Il a été fait un assez grand nombre d'analyses de pierres météoriques; mais on conçoit que ces pierres étant des mélanges de diverses substances, il devient bien difficile de tirer parti des quantités relatives des diverses matières qu'on y a trouvées. Cependant il est à remarquer que ces analyses indiquent de très grandes différences dans la nature des substances qui s'y trouvent mélangées, et montrent qu'il s'en faut de beaucoup qu'elles soient toutes de même espèce comme on l'a cru d'abord. En effet, il y a des analyses qui n'offrent pas d'alumine, par conséquent, il ne peut se trouver dans la pierre ni Feldspath ni Orthite, Albite, Labradorite, etc. La partie dominante présente des silicates magnésiques que très souvent on trouve à partager en silicates et bisilicates, et par conséquent en Péridot et matières du groupe pyroxénique; mais il y a souvent des restes dont on ne sait que faire dans la discussion, et qui jettent des doutes sur le résultat du calcul.

Dans d'autres pierres, au contraire, l'alumine se trouve en quantité plus ou moins grande, en même temps que de la potasse, de la soude, etc., et on peut en faire de l'Orthose, de l'Albite, du Labradorite, etc., en même temps que du Péridot et du Pyroxène, etc.; lorsqu'il s'y trouve du soufre, on peut toujours le combiner avec le fer pour former de la Pyrite magnétique. On peut remarquer aussi que les divers fragmens tombés à la même époque dans les mêmes lieux ne présentent pas toujours les mêmes proportions d'élémens, ce qui tient évidemment, ici comme dans les roches, à ce que les diverses substances ne sont pas uniformément distribuées.

Nous avons rassemblé ici quelques exemples d'analyses, en les prenant parmi celles qui méritent le plus de confiance.

Pierres météoriques non alumineuses.

	(1)	(2)	(3)	(4)	(5)	(6)	(7)	(8)
Silice	33,90	48	75	34	54	43	38	36,320
Magnésie.	32,00	18	37	14	9	22	14,25	23,584
Chaux	. . . .	. . . .	. . . .	. . . .	1	0,50	0,75	1,922
Oxide de fer.	31,00	34	48	38	36	. . . .	25,00	5,574
Oxide de manganèse.	. . . .	. . . .	. . . .	0,83	. . . .	0,25	. . . .	0,705
Oxide de nickel . . .	. . . .	2,50	2	0,33	3			
Chrome ou oxide . .	2,00	. . . .	. . . .	. . . .	. . . .	. . . .	. . ; .	0,246
Alumine	. . . .	. . . .	. . . .	. . . ,	. . . .	1,25	1,00	1,604
Soude. . . . . . , .	. . . .	, . . .	. . . .	. . . .	. . . .	. . . .	. . . .	0,741
Soufre	. . . .	. . . .	. . . .	9,00	2	3,50	3,00	2,952
Fer	. . . .	. . . .	. . . .	. . . .	. . . .	29,00	17,50	24,415
Nickel.	. . . .	. . . .	. . . .	. . . .	. . . .	0,50	0,40	1,579

(1) Pierre tombée à Chassigny, près de Langres, le 3 octobre 1815. Par Vauquelin.

(2) Ciment terreux des pierres tombées à Benares au Bengale, le 19 décembre 1798. Par Howard. L'auteur a séparé le plus exactement possible des parties métalliques et des corps sphériques, qui, analysés à part, lui ont fourni :

Parties métalliques :		Corps sphériques :	
Soufre	2,0	Silice	50
Fer	10,5	Magnésie.	15
Nickel.	1,0	Oxide de fer.	34
Matières terreuses étrangères.	2,0	Oxide de nickel.	2,5

(3) Pierre tombée à Wold-Cottage en Yorkshire, le 13 décembre 1795, dépouillée autant que possible de ses parties métalliques. Par Howard.

(4) Pierre tombée près d'Apt le 8 octobre 1803. Par Laugier.

(5) Pierre tombée à l'Aigle le 26 avril 1803. Par Vauquelin. Une partie du fer est à l'état métallique.

(6) Pierre tombée à Lissa en Bohême le 3 septembre 1808. Par Klaproth.

(7) Pierre tombée près Timochin, gouvernement de Smolensk, le 13 mars 1807. Par Klaproth.

(8) Pierre tombée à Erxleben le 15 avril 1812. Par Stromeyer.

On voit que dans ces sortes de pierres les parties pierreuses dominantes sont des silicates de magnésie, qui se rapportent probablement aux Pyroxènes, aux Péridot, etc. Dans les suivantes, les parties dominantes sont des silicates d'alumine et de chaux.

Pierres météoriques alumineuses.

	(1)	(2)	(3)	(4)	(5)
Silice	48,25	50	40,0	38,0574	46,0
Alumine.	14,60	9	10,4	3,4688	6,0
Magnésie.	2,00	. . . .	0,8	29,9306	1,6
Chaux.	9,50	12	9,2	. . . .	7,5
Oxide de fer	. . . .	. . . .	23,5	4,8959	36,0
Oxide de manganèse.	. . . .	1,0	6,5	1,1467	2,8
Potasse.	. . . .	. . . .	0,2		
Soufre.	2,75	traces.	0,5	2,6957	1,5
Fer.	23,00	29,00	. . . .	17,4896	
Nickel.	traces.	traces.	. . . .	1,3617	
Chrome	traces.	. . . .	1,0	. . . .	1,0
Cuivre.	. . . .	. . . .	0,1		

Il y a bien long-temps que les chutes de pierres ont été remarquées et relatées par les auteurs, puisqu'on en trouve des citations non équivoques qui remontent à douze ou quatorze siècles avant l'ère chrétienne. Les anciens ne paraissent pas en avoir douté, mais les modernes ont relégué ces faits parmi les fables jusqu'à la fin du siècle dernier. En vain des témoins oculaires parlèrent-ils des pierres d'Ensisheim, tombées presque sous les yeux de l'empereur Maximilien, le 7 novembre 1492; des pierres de Lucé (Sarthe), du 13 septembre 1768; des

(1) Pierre tombée à Stannern en Moravie le 22 mai 1808. Par Klaproth.

(2) La même, par Vauquelin.

(3) Pierre tombée à Juvenas le 15 juin 1821. Par Laugier.

(4) Pierre tombée à Kostritz en Russie le 13 octobre 1820. Par Stromeyer.

(5) Pierre tombée à Jauzac le 13 juin 1819. Par Laugier.

pierres de Barbotan en Gascogne, le 24 juillet 1790; de Sienne en Toscane, le 16 juin 1794, qu'ils ne purent vaincre l'incrédulité devenue générale; peu s'en fallut qu'un rire général n'éclatât lorsqu'un savant distingué vint faire à l'Institut l'annonce de la chute de pierres de Benares au Bengale (19 décembre 1798), dont il venait d'apprendre la relation en Angleterre, et qui y avait fixé définitivement l'opinion des savans, déjà en grande partie convaincus par celle de Wold-Cottage en Yorkshire (13 décembre 1795). Heureusement que bientôt après se présenta le phénomène de l'Aigle en Normandie, sur lequel on fit une enquête assez précise pour qu'il ne restât plus aucun doute : la conviction devint aussi universelle que l'avait été l'opposition, et depuis cette époque, plus de cinquante chutes de pierres constatées ont rendu le fait presque populaire.

La chute de ces pierres est généralement précédée de l'apparition d'un globe enflammé, qui se meut dans l'espace avec une grande vitesse, et toujours à une très grande hauteur. Ces globes, après avoir brillé pendant plus ou moins de temps, éclatent tout-à-coup dans les parties supérieures de l'atmosphère, peut-être à plus de 10 lieues de la surface de la terre, avec un bruit qu'on a comparé à de violens coups de tonnerre, à des décharges d'artillerie, qui se répète souvent plusieurs fois, et est ordinairement suivi de détonations plus faibles, multipliés, et comparables à une fusillade. Tantôt le ciel reste pur, tantôt les premières détonations sont suivies de l'apparition d'un petit nuage au milieu duquel se passent les détonations suivantes. Les pierres tombent à la surface de la terre, et s'y enfoncent à une profondeur plus ou moins grande. Leur nombre est plus ou moins considérable, et elles couvrent un espace plus ou moins étendu. Elles arrivent brûlantes à la surface de la terre, et dégagent souvent des vapeurs sulfureuses au moment de leur chute. En remarquant que toutes les pierres d'une même chute, quoique grossièrement arrondies, sont évidemment anguleuses, il est impossible de douter qu'elles n'aient fait partie d'une seule masse qui s'est brisée en éclats, en fragmens plus ou moins volumineux au moment de la détonation.

Tels sont les faits. Mais qu'elle est l'origine de ces pierres? C'est ce que nous ignorons complètement, et nous n'avons à cet égard que des hypothèses. On a pensé qu'elles se formaient dans l'espace, vers les limites de notre atmosphère, par la réunion subite des matières terreuses et métalliques gazéifiées; à cela on objecte : 1° la difficulté de comprendre cette gazéification ; 2° le volume énorme du gaz qui devrait subitement se condenser pour produire le moindre corps solide, et par conséquent le bouleversement qu'il devrait y avoir alors dans notre atmosphère. On a pensé qu'elles pouvaient être lancées par les volcans de la lune, et l'on a même calculé la force de projection qui serait nécessaire pour les porter jusque vers la limite où l'attraction terrestre peut l'entraîner sur notre globe. Mais on sait aujourd'hui que ce que l'on avait pris pour des phénomènes volcaniques dans la lune ne sont que des effets de lumière, et par conséquent, la base même de l'explication devient une hypothèse de plus. Enfin, on a pensé que les globes de feu, sources des pierres météoriques, étaient des petites planètes, ou des fragmens de planètes, circulant irrégulièrement dans l'espace, et qui, se trouvant engagés dans notre atmosphère, s'y enflamment, se brisent en éclats, et tombent enfin lorsque leur vitesse de projection est suffisamment diminuée. Cette hypothèse a du moins le mérite de rattacher le phénomène à celui des étoiles tombantes ou filantes; celles-ci seraient des corps solides du même genre, mais qui, entrant dans notre atmosphère avec une vitesse suffisante pour la traverser, ne feraient que s'enflammer en passant.

Nous n'avons parlé jusqu'ici que des pierres qui tombent à la surface de la terre; mais la chute des matières terreuses de diverses espèces, rouges ou noires, sèches ou humides, n'est pas un fait moins constaté; ce phénomène paraît devoir se lier au précédent, et les pierres friables et charbonneuses d'Alais semblent être le passage aux matières tout-à-fait terreuses.

DEUXIÈME GENRE. SIDÉROXIDE.

Substances non métalliques, réductibles en poussière terreuse rouge ou jaune.

Ce genre ne renferme encore que deux espèces, le péroxide de fer qui offre quelquefois l'éclat métallique, et l'hydrate de ce péroxide qui ne l'offre jamais. Ces matières ont peu d'analogie entre elles; mais elles en ont beaucoup avec l'alumine et les hydrates alumineux. L'alumine et le péroxide de fer sont isomorphes; leurs formes dérivent de deux romboèdres très rapprochés, et dans les combinaisons ces matières sont susceptibles de se remplacer mutuellement, comme nous en avons vu beaucoup d'exemples. Les hydrates des deux espèces ont également beaucoup d'analogie entre eux, et se mélangent aussi dans toutes les proportions, l'hydrate de péroxide de fer étant fréquemment la matière colorante des hydrates d'alumine.

Si les deux espèces que nous connaissons aujourd'hui dans ce genre n'ont point d'analogie entre elles par les caractères extérieurs, elles n'en ont guère non plus par le gisement. L'une semble appartenir essentiellement aux terrains de cristallisation; elle se trouve dans les terrains nommés primitifs, et ne se montre qu'en faibles dépôts dans les premiers terrains secondaires, peut-être même dans des circonstances particulières, et uniquement en filons voisins des masses cristallines. L'autre, au contraire, ne commence à se montrer que dans les terrains intermédiaires, se trouve très abondamment en couches dans les dépôts de sédimens, et se prolonge dans toute la série des formations, même jusque dans les terrains les plus modernes.

PREMIÈRE ESPÈCE. OLIGISTE.

Péroxide de fer; Fer oligiste; Fer oxidé rouge; Fer micacé; Ocre rouge; Fer argileux compacte; Mine de fer spéculaire; Mine de fer rouge; Eisenglanz; Eisenglimmer; Roth Eisenstein; Eisenrahm; Eisenschaum; Thon Eisenstein; Rother Glaskopf.

Substance métalloïde, gris de fer, ou non métalloïde de couleur rouge, toujours à poussière rouge, plus ou moins brunâtre. Légèrement attirable, ou non attirable, à l'aimant. (1)

Cristallisant dans le système rhomboédrique. Cristaux dérivant d'un rhomboèdre de 86° 10′ et 93° 50′.

Pesanteur spécifique, 5,24 à 3,50.

Rayant l'Apatite à l'état de cristallisation.

Infusible au chalumeau au feu d'oxidation, décomposée et fondant difficilement en globules non magnétique au feu de réduction.

Composition. $\dddot{F}e$, ou en poids :

Oxigène	30,66
Fer	69,34

(1) Il est difficile de dire à quoi il tient que plusieurs variétés, surtout celles qui sont cristallisées, soient attirables à l'aimant, tandis que les autres ne le sont pas. Cette circonstance m'avait fait présumer qu'il existait quelque combinaison particulière de péroxide et de protoxide de fer différente de celle qui constitue l'aimant : quelques essais sur des masses amorphes, ainsi qu'une analyse de Vauquelin, semblaient me confirmer dans cette idée, et m'avaient conduit à distinguer le péroxide de fer du fer oligiste ; mais de nouvelles observations m'ont fait voir que les matières essayées étaient des mélanges de péroxide et d'oxide magnétique, et des essais faits avec autant de soin qu'il m'a été possible, n'ont pu me faire reconnaître aucune trace de protoxide dans des cristaux très purs de l'Ile-d'Elbe qui étaient fortement attirables. Il paraît donc que la faculté d'être attiré tient à la disposition des molécules du corps ; ce sont généralement les variétés très denses qui sont attirables.

pure dans les variétés cristallines et métalloïdes, et fréquemment mélangées d'oxide de manganèse, d'argile, etc., dans les variétés compactes ou terreuses.

VARIÉTÉS MÉTALLOÏDES.

Oligiste cristallisé. En rhomboèdres simples ou modifiés de différentes manières, pl. IV, fig. 1, 3, 15, 16, 37, 67 à 70, quelquefois tronqués très profondément au sommet, et ne présentant alors que des lames; ou bien en prismes hexagones réguliers, et en doubles pyramides qu'on ne connaît que tronquées au sommet, pl. VI, fig. 65, 69, 71; pl. VII, fig. 68, 70, etc.

Inclinaison de z sur z, 86° 10′ et 93° 50′; z sur b_2, b_4, 154° 20′, 179° 30′; z sur b, 159° 35′ ou 178° 50′.

Oligiste cristallisé pseudomorphique. En cristaux octaèdres qui paraissent provenir de la suroxidation du ferrate Aimant (dans les fissures des Domites du Puy-de-Dôme et du Puy-Salomon).

Oligiste laminiforme (fer spéculaire des volcans). En lames minces qui ne sont que des rhomboèdres tronqués très profondément, sur les bords desquelles on aperçoit de très petites faces de rhomboèdres, ou bien les mêmes lames déformées, quelquefois contournées, sur lesquelles on n'aperçoit aucune facette régulière.

Oligiste lenticulaire. Rhomboèdres déformés, plus ou moins surbaissés, à faces convexes quelquefois chargées de stries.

Oligiste laminaire. En masses qui offrent des lames appliquées les unes sur les autres par des plans perpendiculaires à l'axe du rhomboèdre; ce sont par conséquent des accumulations de rhomboèdres tronqués. Les plans de division de ces lames présentent souvent des stries qui se croisent de manière à produire des triangles équilatéraux.

Oligiste lamellaire. Composé de lames interrompues, plus ou moins contournées, appliquées les unes sur les autres; rarement entremêlées.

Oligiste fibro-lamellaire. Les lames disposées de manière à ce que, dans un sens, la masse présente une structure laminaire, et dans l'autre une structure fibreuse ordinairement à fibres divergentes.

Oligiste schisteux. Masses schisteuses à feuillets plus ou moins épais qui sont composés de petites écailles empilées les unes sur les autres.

Oligiste écailleux (Eisenglimmer, Fer micacé). Petites masses composées d'écailles brillantes qui tantôt sont solidement agrégées, tantôt se détachent avec la plus grande facilité les unes des autres, et s'attachent aux doigts.

Oligiste granulaire. Composé de grains plus ou moins agrégés entre eux.

Oligiste compacte. A cassure irrégulière, passant à la variété granulaire.

VARIÉTÉS NON MÉTALLOÏDES.

Oligiste pseudomorphique. Modelé sur des cristaux de Calcaire, rarement sur des cristaux de Quarz.

Oligiste polyédrique. En masses bacillaires ou en pièces rhomboédriques, produites par retrait, et souvent par suite de la calcination de l'hydrate.

Oligiste écailleux rouge (Eisenrahm, Pyrrosidérite, Rubinglimmer). Composé de petites écailles rouges, qui forment des petites masses légères; il est souvent produit, du moins dans les volcans, par la décomposition subite du chlorure de fer qui se dégage par les fumarolles et en tapisse les parois.

Oligiste stalactitique et *mamelonné* (Hématite rouge, Rotherglaskopf). A structure fibreuse ou testacée.

Oligiste fibreux rouge. A fibres divergentes; ce sont des morceaux brisés dans la variété précédente.

Oligiste globulaire. Masses composées de petits globules compactes, agglomérés.

Oligiste lithoïde (Mine de fer rouge, Rother Thon Eisenstein, Kiesel Eisenstein). Compacte, tantôt pur, tantôt plus ou moins mélangé de matières étrangères, et surtout d'argile. A cassure tantôt irrégulière, tantôt conchoïdale, et ressemblant alors au Jaspe rouge.

Oligiste ocreux (Rother Eisenocker, Röthel, Argile ocreuse rouge). Matière terreuse, à particules plus ou moins agrégées; quelquefois pure, mais le plus souvent mélangée avec des matières argileuses qu'elle colore en rouge.

GISEMENT ET USAGES.

Le Sidéroxide Oligiste constitue des dépôts plus ou moins considérables dans les terrains de cristallisation, et aussi dans les terrains de sédiment. Dans les premiers il présente le plus souvent l'état métallique, et dans les seconds il est au contraire le plus souvent lithoïde ou terreux. Dans les terrains de cristallisation il constitue quelquefois des montagnes entières (Gellivara en Laponie), des amas ou des filons puissans, ou des couches (Ile-d'Elbe; Framont dans les Vosges; Somorostro en Biscaye; Grengesberg, Norbœrhe, Norberg, Danemark; Langbanshytta en Suède; Minas-Geraes au Brésil). Quelquefois il remplace en quelque sorte le mica dans les roches, et constitue ainsi des dépôts considérables (Itacolumi au Brésil; côte de Coromandel). Ces grandes masses sont fréquemment mélangées d'oxide magnétique (presque toutes les mines de la Suède). D'autres gisemens considérables se présentent dans ce qu'on nomme les terrains intermédiaires (Elbingerode, Lauterberg, Altenau, Zorge, Leerbach, au Harz; Gömör en Hongrie), qui ne sont que des mélanges de terrains de cristallisation et de terrains de sédiment; plus rares peut-être dans ces derniers, on en trouve cependant à divers étages, jusque dans le lias (Lavoulte, Ardèche).

Outre ces grands dépôts, cette substance en forme aussi de petits que l'on remarque çà et là dans différens terrains. Elle tapisse les fentes des roches granitoïdes (Saint-Gothard ; Saint-Christophe en Oisans ; Pyrénées, etc.), les fissures des roches trachytiques (Mont-Dor, Puy-de-Dôme), des laves anciennes (Volvic en Auvergne), ou des scories qui bordent leur cratère (Puy-de-la-Vache, Puy Pariou, en Auvergne); enfin elle se montre dans les fissures qui se forment dans les cratères des volcans modernes (Stromboli). Il en existe aussi dans les fissures des calcaires secondaires, et principalement dans le voisinage des dépôts de cristallisation (Moutier en Tarentaise ; Gömör en Hongrie).

Enfin, les variétés rouges plus ou moins solides, ou terreuses, se trouvent en petites quantités dans un très grand nombre de lieux et dans toutes les positions. Elles proviennent souvent de la décomposition des roches et des divers silicates à base d'oxide de fer. On en rencontre dans les terrains de cristallisation comme dans les terrains de sédiment, dans les anciennes solfatares (Musay en Hongrie, Tolfa dans les Etats-Romains), et dans les solfatares actuelles, où il s'en forme journellement (Pouzzole, Guadeloupe). La décomposition des laves, et surtout des scories, en fournit une grande quantité.

Le Sidéroxide oligiste est un des minerais de fer les plus recherchés; partout où il existe en grandes masses il est exploité avec avantage, et produit généralement du fer de très bonne qualité. Les variétés stalactitiques, fibreuses, sont recherchées pour faire des *brunissoires* ou *ferrats,* et les variétés ocreuses servent pour la peinture sous le nom de *Rouge de Prusse*, *Rouge d'ocre*, *Ocre rouge ;* les plus argileuses constituent les *crayons rouges* ou *sanguines.*

DEUXIÈME ESPÈCE. LIMONITE.

Fer hydraté; Hématite brune; Fer oxide brun; Minerai de fer en grains; Fer limoneux; Ætite; Braun Eisenstein; Braun Glaskopf; Bohnerz; Braun Eisenocker; Eisenocker; Eisenniere; Rasen Eisenstein; Limonit; Morasterz; Sumpferz; Wiesenerz.

Substance non métalloïde, brune ou jaune, toujours à poussière jaune. Cristallisant peut-être dans le système cubique.

Pesanteur spécifique, 3,37 à 3,94.

Donnant de l'eau par calcination, avec résidu de couleur rouge, qui devient noir, et attractif, au feu de réduction.

Composition. $F^2 Aq = \dddot{F}^2 Aq^3$, mais plus ou moins mélangée de péroxide surabondant, qui donne une teinte rouge à la matière, et renfermant souvent de l'eau hygrométrique.

Limonite fibreuse de Vicdessos, par Daubuisson.

		Oxig.	Rapp.
Péroxide de fer	82	25,14	2
Oxide de manganèse	2		
Eau	14	12,48	1
Silice	1		

Limonite fibreuse de Bergzabern, par le même.

		Oxig.	Rapp.
Péroxide de fer	79	24,22	2
Oxide de manganèse	2		
Eau	15	13,33	1+
Silice	3		

Limonite du Bas-Rhin, par Vauquelin.

		Oxig.	Rapp.
Péroxide de fer	80,25	24,60	2
Eau	15	13,33	1
Silice	3,75		

Limonite terreuse de Bethler, par Beudant.

		Oxig.	Rapp.
Péroxide de fer	79,3	24,31	2
Oxide rouge de manganèse	4		
Eau	13,7	12,17	1
Silice insoluble	2,6		

Limonite cristallisée. En cristaux cubiques ou rectangulaires, et en octaèdres réguliers ou rectangulaires. Ce sont de petits cristaux brillans engagés dans du Quarz, et il est impossible de dire s'ils sont naturels ou pseudomorphiques.

Limonite aciculaire. En petites houppes composées d'aiguilles divergentes réunies par la base à la surface de diverses matières.

Limonite pseudomorphique. Sous des formes empruntées aux minéraux, aux coquilles, aux madrépores. Ce sont : 1° des cubes ou des boules calcytrapoïdes provenant de la décomposition de la Pyrite; 2° des dodécaèdres à triangles scalènes, moulés sur des cristaux calcaires; 3° des moules intérieurs de coquilles, univalves et bivalves, de Bélemnite, d'Ammonite, etc., des Encrinites, des Caryophillées, etc.

Limonite stalactitique ou *mamelonnée* (Hématite brune, Brauner Glaskopf). A structure fibreuse, testacée ou compacte.

Limonite fibreuse. A fibres divergentes; ce sont des fragmens de la variété précédente.

Limonite géodique (Pierre d'Aigle, OEtite). En rognons plus ou moins gros, creux au centre, et renfermant un noyau libre de la même substance.

Limonite oolitique (Bohnerz, Mine de fer en grains). En globules testacés, libres ou adhérens les uns aux autres, tantôt de la grosseur d'un pois, tantôt en grains à peine distincts.

Limonite compacte (Gelber Thon Eisenstein). En masses plus ou moins considérables, tantôt pleines, tantôt caverneuses, cloisonnées, etc.

Limonite schisteuse. Feuillets compactes séparés par des enduits micacés.

Limonite polyédrique. En masses compactes divisées en parallélipipèdes par suite du retrait.

Limonite ocreuse (Ocre, Eisen Ocker). Matière terreuse jaune, à particules plus ou moins agrégées; tantôt pure, tantôt mélangée d'argile ou d'hydrate d'alumine. Il paraîtrait que les ocres des meilleures qualités, qui se délaient très facilement dans l'eau, sont très chargés d'argile, et surtout d'hydrate d'alumine.

La Limonite forme à la surface de la terre des amas puissans qui commencent à se trouver dans des schistes argileux dont la masse en est quelquefois imprégnée (Zelesnik, Bethler, etc., dans le comtat de Gömor), ou entre les couches de diverses roches qui les avoisinent (Tiszholz, Rhonitz, en Hongrie; Scheibenberg en Saxe); on la cite dans les dépôts intermédiaires, en filons ou en couches dans un grand nombre de localités (Tauringen et Fillols dans les Pyrénées; Ranzié dans l'Ardèche; Articole en Dauphiné; en Savoie, en Suisse, en Bohême, etc.); elle se trouve en abondance dans les dépôts secondaires, dans le grès houiller ou le grès rouge (pente nord des Vosges; Wolfsberg en Saxe-Gotha,

Mainland aux îles Shetland ; Hunda, Nouvelle-Grenade), dans les calcaires pénéens (Radzionkau, Haute-Silésie), dans le grès bigarré, le calcaire conchylien (Sulzburg), dans les grès du lias (Metz). Elle est surtout extrêmement abondante dans la formation jurassique, où la variété oolitique forme des couches puissantes (Normandie, Berry, Bourgogne, Bourbonnais, Lorraine; Franche-Comté, etc.) ou remplit des fentes et des cavernes aux parois desquelles on reconnaît encore d'anciennes stalactites (Carinthie). Vers la fin des terrains secondaires, on la rencontre dans le grès ferrugineux, qui prélude à la craie (Savigny près Beauvais, Angleterre, etc.), et c'est elle qui colore les argiles et les sables jaunes des terrains tertiaires, où elle forme quelquefois des nids plus ou moins nombreux; il s'en trouve dans des sédimens modernes, et peut-être même s'en forme-t-il tous les jours des dépôts assez considérables pour être exploités (plaines basses de la Silésie, du Brandbourg, de la Livonie, etc.), et qu'on désigne plus particulièrement sous le nom de *Mines de marais* (*Moratzerz, Sumpferz, Wiesenerz*). On voit par conséquent que ces dépôts, qui commencent peut-être plus tard que ceux de péroxide de fer, se prolongent beaucoup plus loin dans la série des formations, et que peut-être même il s'en forme tous les jours dans la nature, comme sur les fers que nous employons dans nos habitations.

Cette espèce est encore un minerai très précieux, qui est exploité avec activité dans un grand nombre de lieux, et c'est celui qui alimente la plupart des nombreuses usines de la France. Les variétés terreuses sont exploitées pour la peinture, soit qu'on les emploie à l'état naturel ou lavées avec plus ou moins de soin, ce qui constitue l'Ocre jaune, la Terre d'Italie, la Terre d'Ombre, etc., soit qu'on les calcine pour produire l'Ocre rouge et le rouge de Prusse.

APPENDICE.

Gœthite. Il existe plusieurs matières qui ont été désignées sous les noms de *Gœthite*, *Lépidokrokite*, *Pyrrhosidérite*, *Stilpnosidérite*, *Rubinglimmer*, que quelques minéralogistes ont regardées comme formant une ou plusieurs espèces, et que les autres ont considérées comme des variétés du fer oxidé brun ou Limonite. En examinant les matières ainsi désignées dans les collections, j'ai reconnu que les unes n'étaient que du péroxide de fer en petites lames d'un rouge très vif, et par conséquent de la variété écailleuse rouge du Sidéroxide Oligiste; d'autres, et ce sont particulièrement celles qu'on a nommées Stilpnosidérite, n'étaient que des sous-sulfates de fer ou Pittizite, simples ou mélangées d'arséniate de péroxide; mais j'en ai reconnu, qui étaient indiquées sous les noms de Gœthite, Lépidokrokite et Rubinglimmer, qui m'ont offert des caractères différens, et qui semblent devoir constituer une espèce particulière; leur couleur est d'un rouge-jaunâtre, et d'un rouge très vif par transparence lorsque les lames sont exposées à une vive lumière; la poussière est jaune-orangé.

Quelques-unes de ces lames m'ont présenté des traces de cristallisation, qui semblent devoir les faire rapporter à un prisme rectangulaire : ce sont de petites tables biselées sur deux bords opposés, et portant des biseaux et des facettes obliques sur les autres. Leur composition, à la vérité, d'après une analyse faite sur une très petite quantité, m'a présenté :

		Oxigène.	*Rapports.*
Péroxide de fer	89,2	27,34	3
Oxide de manganèse	traces.		
Eau	10,8	9,60	1

ce qui donnerait par conséquent la formule $F^3 Aq$, au lieu de $F^2 Aq$ que l'on voit dans l'espèce Limonite, et indiquerait une espèce particulière.

L'analyse que M. Brandes a faite du Lépidokrokite de Hollerterzug conduit au même résultat; elle a fourni :

		Oxigène.	*Rapports.*
Péroxide de fer	88	26,98	3
Oxide de manganèse	0,50	0,10	
Eau	10,75	9,55	1
Silice	0,50		

Les matières que nous venons de citer sont indiquées dans un assez grand nombre de lieux; mais comme il est évident qu'on a confondu sous les mêmes noms des matières fort différentes, il est difficile de dire où se trouvent celles qui doivent constituer à ce qu'il paraît l'espèce nouvelle. Celle qui a été analysée par M. Brandes provenait de Hollerterzug dans le pays de Sayn, et celle dont j'ai examiné la composition était étiquetée comme venant d'Angleterre.

TROISIÈME GENRE. FERRATE.

Substances métalloïdes ou non métalloïdes, à poussière noire ou brune.

Ce genre nous présente le péroxide de fer faisant fonction de corps électro-négatif, en produisant des corps analogues aux manganates, et dont nous trouvons des mélanges dans les aluminates; mais il ne renferme encore qu'un très petit nombre de matières qu'on puisse regarder comme des espèces déterminées. Deux de ces espèces ont beaucoup d'analogie entre elles par leurs caractères extérieurs, surtout par leur cristallisation qui, de part et d'autre, a l'octaèdre régulier pour type; l'une est à base de protoxide de fer, et l'autre à base d'oxide de zinc. Une troisième semble indiquer une combinaison à base de protoxide de plomb, mais dont les élémens n'ont pas été jusqu'ici déterminés.

Une seule de ces matières se présente en grandes masses dans la nature, et elle appartient uniquement aux terrains de cristallisation. Les autres n'ont été trouvées jusqu'ici qu'en petites parties subordonnées à des gîtes ferrifères. La première est la seule importante pour les arts, et elle offre un minerai d'excellente qualité, exploité avantageusement partout où il est assez abondant.

PREMIÈRE ESPÈCE. AIMANT.

Fer oxidulé ; Fer oxidé magnétique ; Ethiops martial ; Magneteisen ; Magneteisenstein ; Eisenmulm.

Substance métalloïde, noir de fer, à poussière noire ; très attirable au barreau aimanté et magnétique.

Cristaux du système cubique.

Pesanteur spécifique, 4,74 à 5,09.

Très difficilement fusible au chalumeau. Ne changeant pas au feu de réduction.

Composition. $fF^3 = \dot{F}\,\ddot{F}$, ou en poids :

Péroxide de fer. . . .	69	Oxigène.	28,215
Protoxide de fer. . . .	31	Fer.	71,785

le plus souvent pur, ou renfermant de 1 à 2 pour cent de silice, et quelques traces de magnésie, provenant des gangues qui y adhèrent très fortement.

Aimant cristallisé. En cristaux octaèdres plus ou moins modifiés, ou en dodécaèdres rhomboïdaux, pl. I, fig. 17 à 19, 22, 26 ; pl. II, fig. 75, 76, 80.

Aimant laminaire. En masses qui se divisent peu distinctement en plaques, et qui sont mélangées d'Oligiste.

Aimant granulaire. A grains plus ou moins agrégés, toujours mélangé d'Oligiste.

Aimant compacte. A cassure conchoïdale, irrégulière, ou même grenue, souvent mélangé d'Oligiste lithoïde, et perdant alors l'éclat métallique, en même temps que la matière prend une couleur brune.

Aimant terreux (Eisenmulm). En masses terreuses plus ou moins mélangées de péroxide.

L'Aimant est une matière qui constitue des dépôts plus ou moins considérables dans les terrains de cristallisation, et qui ne se présente pas dans les terrains de sédiment. Il se trouve quelquefois dans le gneiss, plus souvent dans les dépôts de micaschiste, et surtout dans les roches amphiboliques et serpentineuses subordonnées ; il est ordinairement en amas qui forment quelquefois des montagnes entières (Taberg en Smoland), ou bien des bancs plus ou moins épais qui dans quelques localités se répètent plusieurs fois sur la hauteur d'une même montagne (Dannemora, île d'Ut, Persberg, Nordmarken, en Suède; Arendal, Krageroe, en Norwège; Blagodat, Kescanar, dans les monts Ourals; Cogne, Traveselle en Piémont; Prakendorf en Hongrie, etc. etc.)

Cette espèce est aussi très commune en nids, ou disséminée dans les roches amphiboliques et serpentineuses (Alpes de la Savoie, du Piémont, du Tyrol, etc.), ainsi que dans les siénites, les diorites porphyriques (Vosges, Hongrie, Norwège, etc.); il en existe aussi dans les terrains trachytiques et basaltiques, mais beaucoup moins communément qu'on ne l'a cru, car on a confondu fréquemment les Titanates de fer avec cette substance.

L'oxide de fer magnétique est un excellent minerai qui fait la principale richesse minérale de la Suède et de la Norwège, et qui produit généralement d'excellent fer, parce qu'il est rarement mélangé de matières étrangères.

DEUXIÈME ESPÈCE. FRANKLINITE.

Substance noire, métalloïde ou vitro-métalloïde, peu attirable à l'aimant, quelquefois pas du tout; cristallisant en octaèdre régulier.

Pesanteur spécifique, 5,09.

Difficilement fusible au chalumeau.

Donnant du chlore par l'action de l'acide hydrochlorique. Solution donnant par l'ammoniaque un précipité floconeux dont une partie se redissout, et se précipite de nouveau par l'addition d'un acide.

Composition. Une analyse de M. Berthier présente :

Péroxide de fer.	66
Oxide rouge de manganèse.	16
Oxide de zinc	17
	99

dont il ne paraît pas possible de rien faire immédiatement. M. Berzélius, pour la discuter, a cru devoir traduire l'oxide rouge de manganèse en protoxide, ce qui l'a conduit à établir la formule $(Zn, mn)\ F^3$ ou $Zn\,F^5 + mn\,F^5$. Mais cette transformation de l'analyse ne doit pas être exacte, car le dégagement de chlore par l'acide hydrochlorique indique que le manganèse est plus oxidé que le protoxide, et tout porte à croire qu'il est dans le minéral à l'état de deutoxide. Si l'on peut soupçonner quelque chose en ce moment, d'après ce que nous venons de dire, d'après l'action plus ou moins forte sur l'aimant, d'après l'éclat tantôt métalloïde, tantôt vitreux, c'est que la substance est un mélange de ferrates de fer et de zinc avec un manganite de zinc du même ordre de composition; le protoxide de fer s'étant trouvé transformé en péroxide par la calcination, aux dépens du deutoxide de manganèse. En calculant d'après ce raisonnement, on trouve que la substance doit être formée de :

		Oxigène.	Rapports.
Péroxide de fer.	60;62 . .	18,58	5
Deutoxide de manganèse.	16,55 . .	4,91	
Protoxide de fer	4,83 . .	1,09	1
Oxide de zinc	17 . .	3,37	

ce qui donnerait $(f, Zn)\ (F, Mn)^5$; c'est aux recherches futures à nous éclairer sur cette composition.

Ce minéral se trouve à la mine de Franklin dans le New-Jersey; il est accompagné du manganite de zinc que nous avons décrit, page 685.

APPENDICE.

Beudantite. M. Levy a bien voulu donner mon nom à une substance noire ou brun-foncé, d'un éclat résineux, en cristaux rhomboédriques d'environ 92° 30′ et 89° 30′, rayant la Fluorine, à poussière gris-verdâtre, dans laquelle les essais de Wollaston n'ont fait reconnaître que de l'oxide de fer et de l'oxide de plomb. Il en résulte que cette matière paraîtrait être une espèce de ferrate différente des précédentes par sa base.

Cette substance se trouve à la surface de certains morceaux de Limonite mamelonnés de Hornhausen dans le pays de Nassau.

FAMILLE DES COBALTIDES.

ESPÈCE UNIQUE. PÉROXIDE DE COBALT.

Cobalt oxidé noir; Erdkobalt; Russkobalt; Kobaltmulm.

Substance noire, terreuse, pulvérulente ou fuligineuse; infusible au chalumeau; ne donnant pas d'odeur arsenicale sur le charbon, et pas d'indice de manganèse avec la soude; la moindre parcelle formant un verre bleu très intense avec le Borax.

Composition. Très probablement $\dddot{C}o$, ou en poids:

Oxigène	28,90
Cobalt	71,10
	100,00

Cette matière, qui provient probablement de la décomposition des arséniures de cobalt, ne se trouve qu'en très petite quantité dans les gîtes ordinaires de ces substances; elle forme de légers dépôts ou des enduits à la surface des autres corps.

On indique cet oxide dans un assez grand nombre de lieux; mais il est difficile de dire où se trouvent les variétés pures; les échantillons que j'ai eu occasion de voir étaient étiquetés *Allemont*, *Saalfeld* et *Joachimsthal.*

APPENDICE.

Nous plaçons ici différentes matières peu connues, rangées dans les collections sous les noms de *Cobalt oxidé, mamelonné, vitreux, terreux, bruns* et *jaunes* (*Verhärteter schwarzer Erd-*

kobalt, Schlakenkobalt, Brauner Erdkobalt, Gelber Erdkobalt). Plusieurs des échantillons ainsi désignés ne sont que des variétés terreuses d'Acerdèse (hydrate de deutoxide de manganèse), plus ou moins mélangées de Limonite (hydrate de péroxide de fer), renfermant quelquefois de l'oxide de cuivre. Les autres renferment évidemment des matières cobaltiques, et donnent dès-lors un verre bleu intense avec le Borax, en même temps que, traitées par la soude, elles fournissent des indices très marqués de manganèse. Toutes donnent de l'eau par la calcination, et l'odeur arsenicale sur le charbon.

M. Berzélius, qui probablement n'a pas vu d'oxide pur de cobalt, a considéré les matières ainsi désignées comme des combinaisons d'oxide de cobalt et d'oxide de manganèse; il a adopté pour elles la formule $Co + Mn + Aq$. J'ignore si c'est par suite de recherches particulières, ou d'après les analyses de Klaproth et de M. Dobereiner, qui ont donné :

Cobalt terreux de Rengelsdorf, par Klaproth.

		Oxig.	*Rap.*
Péroxide de cobalt avec oxide de manganèse	97	28,03	1
Oxide de manganèse	80	23,72	1
Oxide de cuivre	1		
Eau	85	75,56	3
Silice	124		
Alumine	102		

Cobalt terreux de Saalfeld, par Dobereiner.

Oxide de cobalt et de manganèse	76,9
Eau	23,1

La première conduirait à-peu-près à $Co + Mn + 3Aq$, en négligeant la silice et l'alumine; mais une analyse isolée, mal faite, de l'aveu même de l'auteur, qui présente une perte de 11 sur 500, ne paraît guère propre à établir une détermination. La seconde analyse n'est pas plus concluante, puisque les deux oxides ne sont point séparés. D'ailleurs il y a évidemment de l'acide arsenique dans ces matières, qui n'est pas indiqué dans les analyses. La véritable nature de ces matières reste donc inconnue, à moins que M. Berzélius ne se soit appuyé sur des recherches nouvelles, faites sur assez d'échantillons pour qu'on puisse regarder le rapport *Co* à *Mn* comme constant, ce qui pourrait indiquer un manganite.

Ces matières, peu abondantes, se trouvent en général dans les mêmes gisemens que les arséniures de cobalt, et paraissent être partout le résultat de leur décomposition, entraîné par les eaux et déposé avec les oxides de manganèse ou de fer. On les indique dans beaucoup de localités (Allemont en Dauphiné; Gayer en Tyrol; Alpirsbach, Reinerzau, en Wurtemberg; Wittichen, pays de Bade; Bieber en Hanau; Riegelsdorff en Hesse; Saalfeld, Linsenberg, en Thuringe; Reugesdorff en Haute-Lusace; Joachimsthal en Bohême, etc.); mais on ignore si ce sont partout les mêmes matières qu'on a désignées sous ces noms.

FAMILLE DES CUPRIDES.

PREMIÈRE ESPÈCE. CUIVRE.

Cuivre natif; Gediegen Kupfer.

Substance métallique, rouge, ductile; cristallisant en octaèdre régulier. (1)

Pesanteur spécifique, 8,89 à l'état de pureté.

Fusible au chalumeau. Attaquable par l'acide nitrique. Solution ne donnant l'indice d'aucun corps électro-négatif; devenant bleu par l'ammoniaque, et précipitant en bleu par les alcalis fixes.

Composition. Corps simple de la chimie, quelquefois allié à de très petites quantités d'autres métaux?

Cuivre cristallisé. En octaèdres diversement modifiés; très rarement en cubes; quelquefois en cristaux compliqués chargés de facettes très obliques, et qui ne paraissent pas se rapporter au système cubique.

Cuivre dendritique. Cristaux octaèdres groupés en dendrites saillantes ou étendues sous la forme de plaques dendritiques à la surface de divers corps.

---

(1) Il paraîtrait cependant qu'il y a deux systèmes différens de cristallisation dans cette substance : le système cubique et le système prismatique rectangulaire.

Cuivre lamelliforme. En petites lames irrégulières sur diverses gangues.

Cuivre mamelonné. En mamelons le plus souvent couverts de protoxide de ce métal.

Cuivre filiforme. En filamens plus ou moins allongés, quelquefois capillaires et entremêlés, ou réunis en petites masses fibreuses (mines de Temeswar et de Cornwall).

Le cuivre à l'état métallique se trouve dans tous les dépôts de Chalkopyrite, de Chalkosine, d'Azurite; rarement dans les minerais mêmes, mais engagé dans les roches ou les matières terreuses qui les accompagnent. Les plus beaux échantillons proviennent des mines de Tourinski, dans la partie orientale des monts Ourals. On le rencontre aussi quelquefois dans les amygdaloïdes (Reichembach près d'Oberstein; Naalsöe, Sandöe, aux îles Farö), avec les divers silicates hydratés qu'on nomme Zéolites. Il a été quelquefois trouvé en masses considérables isolées dans les sables des plaines et des rivières (14 lieues de Baja au Brésil; rivière de Ouata-Nagau au Canada), et dans des roches secondaires, dans les fissures desquelles la matière a pénétré (colline de Hamden, près de New-Haven, États-Unis d'Amérique); enfin il se forme journellement dans les travaux de certaines mines de cuivre, par la décomposition des minerais dont il fait partie.

DEUXIÈME ESPÈCE. ZIGUÉLINE

(contraction de Ziegelerz).

Cuivre oxidulé; Protoxide de cuivre; Cuivre oxidé rouge; Cuivre vitreux; Roth Kupfererz; Ziegelerz.

Substance non métalloïde, rouge, vitreuse ou lithoïde. Cristallisant en octaèdre régulier.

Pesanteur spécifique, 5,69.

Rayant le Calcaire; rayée par une pointe d'acier; poussière rouge terne.

Fusible au chalumeau en matière noire au feu d'oxidation; réductible en globules de cuivre au feu de réduction. Attaquable par l'acide nitrique, avec dégagement de gaz nitreux; solution devenant bleue par l'addition de l'ammoniaque.

Composition. $\dot{\bar{\mathrm{C}}}\mathrm{u}$, ou en poids :

		Rapports atomiques.	
Oxigène	11,22	0,11	1
Cuivre	88,78	0,22	2

Ziguéline cristallisée. En octaèdre, en dodécaèdre rhomboïdal, quelquefois modifiés sur les arêtes ou sur les angles, rarement en cubes.

Ziguéline capillaire. En petites aiguilles d'un rouge très vif, entrecroisées.

Ziguéline compacte. En masse vitreuse à cassure conchoïdale.

Ziguéline lithoïde. En masses lithoïdes plus ou moins agrégées, fréquemment mêlées d'oxide de fer ou de matières argileuses.

Le protoxide de cuivre existe presque partout dans les dépôts de Chalkosine, de Chalkopyrite, et se trouve principalement en veines, en petits amas, dans les roches environnantes ou dans les gangues du dépôt; rarement il est mélangé avec les autres minerais. Il existe aussi dans les dépôts d'Azurite, et c'est là (Chezy près de Lyon ; pente orientale de l'Altaï), ainsi que dans les grands dépôts de sulfures (monts Altaï), qu'il devient une partie importante du minerai avec lequel il est alors entremêlé.

TROISIÈME ESPÈCE. MELACONISE

(de μελας, noir, et κονις, poussière).

Cuivre oxidé noir; Kupferschwärze.

Substance noire, terreuse, plus ou moins agrégée. Non cristallisée; très tendre.

Fusible au chalumeau en scorie noire; donnant des globules de cuivre au feu de réduction. Attaquable par l'acide nitrique sans dégagement de gaz. Solution donnant toutes les réactions du cuivre.

Composition. $\dot{\mathrm{C}}\mathrm{u}$, ou en poids :

Oxigène	20,17
Cuivre	79,83

mais souvent plus ou moins mélangé d'oxide de fer ou d'oxide de manganèse hydraté.

Cette matière, qui se trouve dans toutes les mines de cuivre, mais toujours en petite quantité, paraît provenir partout de la décomposition du sulfure Chalkopyrite et du carbonate Azurite. Elle est peu commune dans les collections, mais par cela seulement qu'on ne l'a pas récoltée, car elle existe dans un grand nombre de lieux (Chesy près de Lyon; Rheinbreitbach, bords du Rhin; Lauterberg et Zellerfeld au Harz; Kupferberg et Rudolstadt en Silésie; environ de Freyberg, Hongrie; Banat, Cornwall, etc.). Celle qui provient de la décomposition de l'Azurite est presque pure.

FAMILLE DES ORIDES.

ESPÈCE UNIQUE. OR.

Gediegen Gold; Électrum.

Substance métallique, ductile, d'un jaune d'or plus ou moins pur, tirant quelquefois au blanc-jaunâtre, au verdâtre, au rougeâtre. Cristallisant dans le système cubique.

Pesanteur spécifique, 19,2581 à l'état de pureté, mais variant dans la nature de 14,706 à 12,666 par suite des mélanges ou peut-être de la cristallisation.

Fusible au chalumeau. Attaquable seulement par l'eau régale, avec precipite plus ou moins fort de chlorure d'argent. Solution précipitant en pourpre par le chlorure d'étain.

Composition. Il paraît qu'il n'existe pas d'or absolument pur dans la nature; ce métal est toujours allié avec de l'argent, dont la quantité varie de toutes les manières possibles; cependant il est remarquable que dans beaucoup des échantillons que l'on a essayés, on a trouvé des proportions définies; ces proportions sont très nombreuses, et conduisent aux diverses formules

Ag^2Au, $AgAu^2$, $AgAu^3$, $AgAu^5$, $AgAu^6$, $AgAu^8$ $AgAu^9$, $AgAu^{12}$, comme on le voit dans les résultats analytiques suivans (1) :

	OR.	ARGENT.	RAPPORTS ATOMIQUES.	
Argent aurifère de Schlangenberg, par Forlice.	28,00	72,00	Au. 0,022 . 1 Ag. 0,054 . 2	Ag^2Au.
Or de Santa-Rosa . .	64,93	35,07	Au. 0,052 . 2 Ag. 0,026 . 1	$AgAu^2$.
Or de Transylvanie .	64,52	35,48		
Electrum de Schlangenberg, par Klaproth	64,00	36,00		
Or de Otramina. . .	73,40	26,60	Au. 0,069 . 3 Ag. 0,019 . 1	$AgAu^3$.
Or de Marmato. .	73,45	26,48		
Or de Titiribi. . . .	74,00	26,00		
Or de Guano	73,68	26,32		
Or de la Trinidad . .	82,40	17,60	Au. 0,067 . 5 Ag. 0,013 . 1	$AgAu^5$.
Or de Ojas-Anchas .	84,50	15,50	Au. 0,068 . 6 Ag. 0,011 . 1	$AgAu^6$.
Or du Sénégal, par Darcet.	86,975	10,525	Au. 0,070 . 9 Ag. 0,008 . 1	(2)
Or de Rio-Sucio. . .	87,94	12,06	Au. 0,071 . 8 Ag. 0,009 . 1	$AgAu_6$.
Or de Baja	88,15	11,85		
Or de Malpaso . . .	88,24	11,76		
Or de Llano.	88,54	11,42		
Or apporté à Bogota .	92,00	8,00	Au. 0,074 . 12 Ag. 0,006 . 1	$AgAu^{12}$.
Or du Brésil, par Darcet.	94,00	5,85 (3)		
Or de Saxe, par Lampadius	96,90	2,00 (4)		
Or de Sibérie, par G. Rose	99,34	0,14 (5)		

(1) Les analyses sans nom d'auteur ont été faites par M. Boussingault.
(2) Avec 1,90 de cuivre et fer.
(3) Avec 0,15 de Platine.
(4) Avec 1,10 de fer.
(5) Avec 0,43 de cuivre et 0,085 de fer.

Les rapports que l'on observe ici sont sans doute fort remarquables, mais je ne crois pas qu'on puisse en conclure la nécessité de faire huit espèces différentes; je pense au contraire que cette multiplicité de proportions, toutes définies qu'elles sont, jettent nécessairement du doute sur cette manière de voir. Il est possible qu'il existe quelques Orures fixes, mais on ne peut en admettre indéfiniment, quoique l'Or soit un corps électro-négatif très faible, et par cela même susceptible d'un grand nombre de combinaisons.

Je crois donc, du moins jusqu'à de nouveaux renseignemens, qu'on doit rassembler toutes ces matières en un seul groupe, d'autant plus qu'elles paraissent toutes se rapporter au même système de cristallisation, et que ce n'est que dans les extrêmes que les couleurs changent au point de pouvoir fournir un caractère distinctif.

Or cristallisé. Ordinairement en très petits cristaux qui sont des cubes, très rarement simples, le plus souvent modifiés sur les arêtes et les angles, ou des octaèdres, quelquefois des dodécaèdres rhomboïdaux.

Or dendritique. En petits cristaux groupés en dendrites saillantes, ou étendues en rameaux à la surface des gangues.

Or lamelliforme. En lames plus ou moins étendues sur diverses gangues, ou enveloppées dans ces gangues.

Or granuliforme. En grains dont la surface est lisse, les uns arrondis, les autres aplatis; ces grains prennent le nom de pepites lorsqu'ils acquièrent le volume d'une noisette; il y en a qui sont beaucoup plus considérables, et même qui offrent, quoique très rarement, des masses de 25 à 100 livres pesant.

Or pailleté. En très petits grains ou paillettes, disséminés dans différentes matières solides ou dans les sables.

L'Or se trouve quelquefois dans des gîtes particuliers; d'une part dans des filons quarzeux qui traversent des roches de cristallisation, où le métal existe çà et là en lames, en cristaux, etc. (Lagardette en Dauphiné; plusieurs filons au pied du mont-Rose en Piémont; Gastein en Salzburg; provinces de Patas et Huailas au Pérou; Oaxaca au Mexique; Buricota et San-Pedro en Colombie); de l'autre dans des roches quarzeuses, qui forment des masses considérables, où il est disséminé (plateau de Minas-Geraes, près de Villa-Rica au Brésil).

Ailleurs, ce métal se trouve en quelque sorte comme partie accidentelle dans des dépôts métallifères de divers genres. D'abord dans les mines d'argent, où le plus souvent il est disséminé en particules invisibles, soit dans les minerais mêmes, soit dans les gangues, et quelquefois seulement en lamelles, en petits cristaux dans les fissures de la masse. Ce sont ces minerais qui sont le plus fréquemment exploités pour l'en retirer, et les mines du Mexique, du Pérou, de la Colombie (Guanaxuato, Zacatecas, Catorce, Cerro del Potosi, etc.), celles de Hongrie et de Transylvanie (Schemnitz, Kremnitz, Nagy-Banya, Nagy-Ag, Felsöbanya), en ont fourni et en fournissent encore de grandes quantités. Plusieurs autres gîtes de minerais du même genre fournissent une petite quantité d'or, mais méritent à peine d'être mentionnés (environs de Freyberg en Saxe; Zmeof en Sibérie, etc.); quelques mines de cuivre (Ramelsberg au Harz; Fahlun et Œdelfors en Suède) en renferment une petite quantité. Enfin, les dépôts de Pyrite en contiennent quelquefois en quantité suffisante pour mériter d'être exploités (Macugnaga, au pied du Mont-Rose; environs de Freyberg en Saxe; Bérézof en Sibérie). Lorsque la Pyrite est décomposée, on voit souvent l'or en petites parcelles dans l'hydrate de fer qui en résulte (Bérézof).

Mais, outre ces gisemens, l'Or se trouve aussi disséminé dans des matières arenacées, et c'est même là qu'il se trouve en plus grande abondance. Il se présente ainsi dans le Nouveau-Monde, au milieu des sables que nous avons déjà cités pour le Diamant, page 255, et qui renferment en même temps le Platine. Dans cet état, il est l'objet d'un très grand nombre d'exploitations : au Brésil (districts de Villa-Rica et de Serro do Frio, capitainerie de Minas-Geraes; capitainerie de Saint-Paul et de Rio-Janeiro); en Colombie (provinces d'Antioquia, de Choco, de Barbacoas, etc.), et au Chili. On l'a retrouvé nouvellement en Sibérie, dans une position et des associations absolument semblables sur la pente occidentale des monts Ourals. Il paraît qu'il se trouve aussi dans l'Asie méridionale, soit dans des terrains semblables, soit dans le sable des rivières : le Pactole a été très célèbre chez les anciens sous ce rapport. C'est aussi dans des matières arenacées qu'il se trouve en Afrique, à en juger par la forme des paillettes sous laquelle il entre dans le commerce, et par le peu de renseignemens que donnent les voyageurs sur l'Or de Kordofan, des environs de Bambouch, et du pays de Sofala. En Europe, il y a également de l'Or dans beaucoup de dépôts arenacés, mais ce n'est que dans quelques localités qu'il peut être l'objet de recherches suivies, qui même sont peu lucratives (entre Hermanstadt et Ohlapian en Transylvanie; dans la vallée d'Almas au Banat); un grand nombre de rivières y charrient des paillettes d'Or que l'on peut quelquefois soupçonner d'être arrachées aux dépôts sableux environnans (Arriège, pays de Foix; Serre-d'Ivrée en Piémont), ou dont on ignore l'origine (France, Espagne, Piémont, Allemagne). Enfin, l'Or existe, mais en très petites quantités, dans les sables ferrugineux supérieurs des terrains tertiaires qui environnent Paris; il en est qui ont donné jusqu'à un demi-gros de ce métal par quintal, et la terre végétale qui les recouvre en a même fourni encore plus, à ce qu'on assure, dans quelques localités.

Les matières aurifères sont partout exploitées avec soin pour en tirer ce métal, toutes les fois que la quantité qu'elles en renferment peut compenser les frais du travail. Tantôt l'extraction de l'Or est un annexe des opérations que l'on exécute pour la préparation des matières principales qui constituent certains gîtes métallifères, comme au Rammelsberg, où, par l'enchaînement des travaux métallurgiques, on tire 8 à 10 marcs de ce métal, d'environ 200 mille quintaux de divers minerais. Ailleurs, où il est en plus grande quantité, comme dans les minerais argentifères, on fait subir à l'argent, qu'on obtient d'une manière ou d'une autre, suivant les localités et la nature du minerai, une opération nouvelle qu'on nomme *départ*, en le traitant par l'acide nitrique, ou mieux l'acide sulfurique, qui dissout l'argent et laisse l'or à nu au fond des vases qu'on emploie. Le sel argentique est ensuite traité pour en revivifier le métal.

La quantité d'Or qu'on obtient ainsi de divers minerais est peu considérable, et la plus grande partie de celui qui est versé annuellement dans le commerce provient du lavage des sables qui a lieu dans un grand nombre de localités, et principalement au Brésil, en Colombie, au Chili, en Afrique, et aujourd'hui sur la pente occidentale de l'Oural : il n'y a alors d'autre opération à faire que de fondre le métal récolté pour le mettre en lingots.

La quantité d'or versée annuellement dans le commerce peut être évaluée à environ 88100 marcs, dont la valeur absolue est d'environ 74 millions. L'Europe n'est presque pour rien dans ces produits, car les seules mines de quelque importance sont celles de Hongrie et de Transylvanie, qui produisent ensemble environ 5100 marcs ; le reste de l'Europe ne produit pas plus de 160 marcs, et l'Amérique équatoriale en fournit au contraire à elle seule environ 70000.

Le tableau suivant présente le détail de ces divers produits :

France		Fort peu.
Espagne		*Idem.*
Piémont		25 marcs.
Harz		10
Suède		8
Autriche	Salzburg	118
	Hongrie	2600
	Transylvanie	2500
Sibérie		3000 (1)
Afrique		7000
Asie méridionale		2000
Mexique		6754
Colombie		19260
Pérou		3194
Chili		11468
Buénos-Ayres		2067
Brésil		28100
		88004 marcs.

(1) Il faut ajouter ici le produit des mines découvertes dans l'Oural, qui promet de devenir assez considérable.

FAMILLE DES PLATINIDES.

ESPÈCE UNIQUE. PLATINE.

Substance métallique, malléable, gris de plomb, approchant du blanc d'argent ; traces de cristallisation en octaèdre.

Pesanteur spécifique, 19,50 purifié et non travaillé, et 17,33 en grains naturels.

Infusible et inoxidable au chalumeau. Attaquable seulement par l'eau régale. Solution précipitant en jaune par un sel de potasse ou d'ammoniaque.

Composition. Substance simple de la chimie, mais peut-être alliée avec différens métaux, Rhodium, Palladium, ou du moins mélangée avec eux mécaniquement.

Le Platine ne se trouve qu'en grains, le plus souvent très petits, quelquefois, mais rarement, en pepites de la grosseur d'un pois, d'une noisette, etc.; on en a cependant trouvé quelquefois de plus considérables, car on en cite une plus grosse qu'un œuf de dinde, déposée au musée de Madrid, et qui provient de la mine de Condoto au Choco. On en a trouvé en Sibérie une masse de plus d'un pied de circonférence.

Ce métal se trouve généralement disséminé dans les dépôts arenacés que nous avons déjà cités pour l'Or et le Diamant; rarement il est avec cette dernière substance, mais partout il est accompagné d'Or en grains. Les sables qui le renferment contiennent des fragmens de diverses roches amphiboliques et pyroxéniques, du fer oligiste, du fer titané, des Zircons, des Spinelles, des Corindons. M. Boussingault l'a aussi observé en place, et également en grains, dans des filons aurifères (Santa-Rosa), qui appartiennent aux terrains de diorite. On l'a découvert dans l'Amérique méridionale, en 1741, et il se trouve en très grande quantité au Brésil (capitaineries de Matto-

Grosso, de Minas-Geraes); en Colombie (provinces de Choco et de Barbacoas); à Saint-Domingue (rivière d'Iaky, au pied des montagnes de Sibao). On l'a retrouvé en 1824, sur la pente occidentale de l'Oural, et exactement dans les mêmes circonstances que dans l'Amérique méridionale. Partout il est accompagné ou mélangé de Rhodium, de Palladium, d'Osmium et d'Irridium.

Le Platine, quoique très abondant, n'a pas encore été l'objet de grandes exploitations; on l'a même souvent rejeté pour éviter les fraudes que l'on aurait pu faire en le mêlant ou l'alliant avec l'Or. C'est cependant un métal très précieux par son inaltérabilité, sa tenacité, et qui serait extrêmement utile dans une multitude de cas, si l'on pouvait se le procurer à bon compte. On s'en sert, quoiqu'il soit encore fort cher, pour fabriquer des chaudières, des alambics, qui sont fort utiles dans les fabriques de produits chimiques, et aussi pour des creusets, des capsules, etc., fort en usage dans les laboratoires. On l'emploie pour garnir la lumière des armes à feu qui sont faites avec soin. On a essayé de l'employer en bijoux; mais son peu d'éclat, sa grande pesanteur, empêcheront probablement toujours de s'en servir pour cet objet. On l'applique avec plus de succès sur porcelaine, soit en ornemens, soit en couvertes totales; mais c'est dans ce dernier cas seulement qu'il produit quelque effet, en donnant à la poterie l'apparence de l'argenterie.

FAMILLE DES PALLADIIDES.

ESPÈCE UNIQUE. PALLADIUM.

Substance métallique, gris de plomb ou blanc d'argent; malléable.

Pesanteur spécifique, 11,3 à 11,8.

Difficilement fusible. Attaquable par l'acide nitrique à chaud. Solution rouge, non précipitée par les sels de potasse; donnant un précipité olive par l'hydrocyanate ferruginé de potasse.

Composition. Corps simple, mais généralement allié de Platine et d'Irridium.

Cette matière se trouve dans la nature, en petites paillettes mélangées avec le Platine du Brésil et de l'Oural.

FAMILLE DES OSMIIDES.

ESPÈCE UNIQUE. IRIDOSMINE.

Osmiure d'irridium; Irridium natif.

Substance métallique, en grains blancs, présentant quelquefois des petites lames hexagones, ou en poudre noire.

Pesanteur spécifique, 19,25?

Inaltérable au chalumeau; inattaquable par les acides. Donnant par la calcination avec le nitrate de potasse une odeur analogue à celle du chlore, et une masse attaquable par l'eau, dont la solution précipite en flocons verts par l'addition de l'acide nitrique.

Composition. Alliage d'Irridium et d'Osmium dans des proportions qui ne sont pas encore fixées.

Une analyse de M. Thomson a fourni :

Osmium	24,5
Irridium	72,9
Fer	2,6

Cette substance se trouve aussi avec le Platine, soit en grains discernables plus ou moins cristallins, soit en poudre fine qui reste au fond du vase lorsqu'on traite le Platine brut par l'eau régale.

ADDITIONS OU CORRECTIONS.

SILICATES.

Allophane de Firmi. En concrétion légèrement translucide. Blanchissant et devenant opaque à l'air; happant à la langue. Pesanteur spécifique, 1,76. M. J. Guillemin en a tiré :

		Oxigène.	*Rapports.*
Silice	23,76	12,34	2
Alumine	39,68	18,53	3
Eau	35,74	12,17	2
Acide sulfurique	0,65		
Chaux	traces.		

ce qui donne $2\,A\,Si + A\,Aq^2$. Cette substance diffère de l'Allophane de Græfenthal par la quantité d'eau; mais il est possible que cela tienne à la décomposition. Elle se trouve en assez grande quantité dans les houillères de Firmi dans l'Aveyron.

Fossile terreux vert-serin d'Andreasberg. Substance terreuse, grasse au toucher, d'une odeur argileuse, happante à la langue Pesanteur spécifique, 2,20; renfermant :

Silice	41,00	21,29	7
Alumine	6,00	2,80	1
Oxide de fer	26,98	6,14	2 (Oxide de fer et Chaux)
Chaux	2,73	0,76	
Eau	23,25	20,67	7

Donnant ainsi $A\,Si + 2\,(f,\ Ca)\,Si^3 + 7\,Aq$.

Se trouve dans la mine de Sisberner-Bær, près d'Andreasberg au Harz.

Glaukolite. Une autre analyse que celle que nous avons donnée page 132, a présenté :

		Oxigène.	Rapports.
Silice	54,58	28,35	7 à 8
Alumine	29,77	13,90	3?
Chaux	11,08	3,11	1 (Chaux + Potasse)
Potasse	4,57	0,77	

ou il n'y a pas plus de certitude que dans la première et qui pourrait donner :

$$3\,A\,Si^2 + (Ca,\ K)\,Si$$
$$3\,A\,Si + (Ca,\ K)\,Si^4$$
$$3\,A\,Si^2 + (Ca,\ K)\,Si^2$$

Murkisonite. Substance opaque, blanc-rougeâtre, en prismes rectangulaires obliques. Pesanteur spécifique, 2,509; M. Phillips en a tiré :

		Oxigène.	Rapports.
Silice	68,6	35,63	14
Alumine	16,6	7,75	3
Potasse	14,8	2,50	1

qui donne $3\,A\,Si^4 + K\,Si^2$.

Se trouve en Angleterre, à Dawlisch, dans un granite, et à Heavitrée dans un conglomnat.

Pectolite. Substance grisâtre, d'un éclat nacré, en petits mamelons fibreux, rayant la fluorine. Pesanteur spécifique, 2,69; composée de :

		Oxigène.	Rapports.
Silice	51,30	26,65	11
Chaux	33,77	9,48	4
Soude	8,26	2,11	1 (Soude + Potasse)
Potasse	1,57	0,26	
Eau	8,89	7,90	3
Alumine, oxide de fer	0,90		

Donnant la formule $4\,Ca\,Si^2 + (K,\ Na)\,Si^3 + 3\,Aq$.

Trouvée au Monte-Baldo dans le Tyrol méridional.

Pyrophyllite (par M. Hermann). Substance donnant au chalumeau une masse boursouflée en éventail, infusible, donnant de l'eau par calcination; résidu de cette opération prenant une couleur bleue, lorsqu'on le chauffe après l'avoir humecté d'une goutte de nitrate de Cobalt.

Composé, suivant M. Hermann, de

		Oxigène	*Rapports.*
Silice	59,79	30,02	15
Alumine.	29,46	13,76	7
Magnésie.	4,00	1,55	1
Oxide de fer	1,80	0,39	
Eau.	5,62	4,99	3

ce qui donne la formule $(Ma, F) Si + 7 A Si^2 + 3 Aq$, ou peut-être $M Si^2 + 9 A Si_2 + 3 Aq$ qui est plus régulière.

Cette matière, désignée sous le nom de *Talk fibreux*, provient des monts Oural.

Spodumène à base de soude. Nous avons cité page 89 une substance à base de soude analogue au Triphane. Cette substance est composée, d'après l'analyse de MM. Berzélius et Arfwedson, de

		Oxigène.	*Rapports.*
Silice	63,70	33,09	10
Alumine.	23,95	11,18	3
Soude.	8,11	2,07	1
Potasse.	1,20	0,20	
Chaux.	2,05	0,57	
Magnésie.	0,65	0,25	
Oxide de fer	0,50		

Ce qui conduirait plutôt à la formule $(Na, K, Ca, Ma) Si + 3 A Si^3$ qu'à celle $(Na, K, Ca, Ma) Si^3 + 3 A Si^2$ que M. Berzélius a admise.

Cette substance, qui présente les caractères extérieurs du Triphane se trouve au Danvils-Zoll près de Stockholm.

Substance rose de Confolens. Substance tendre, prenant du poli sous l'ongle; rose de chair, colorée par une matière organique; éclatant dans l'eau; composée d'après M. Berthier, de

		Oxigène.	*Rapports.*
Silice	57,5	29,9	19
Alumine.	20,8	9,7	6
Chaux.	2,4	0,7	1
Magnésie.	2,4	0,9	
Eau.	15,4	13,7	9

Ce qui donne la formule $6 A Si^3 + (Ca, Ma) Si + 9 Aq$.

Thraulite. Substance attaquable par l'acide hydrochlorique, laissant précipiter de la Silice en gelée; composée suivant M. Kobell de

		Oxigène.	Rapports.
Silice.	31,28 . . .	16,24 . .	4 à 5
Péroxide de fer. . . .	33,90 . . .	10,39 . . .	3
Protoxide de fer . . .	15,22 . . .	3,46 . . .	1
Eau	19,12 . . .	16,99 . . .	5

Ce qui donne $3\,F\,Si + f\,Si + 5\,Aq$ ou $3\,FSi + f\,Si^2 + 5\,Aq$.

Cette substance se trouve à Bodenmais en Bavière, avec le sulfure Leberkise.

Weissite. Substance gris-cendré, d'un éclat nacré, demi-translucide, rayant le verre. Tendance à cristalliser en prisme rhomboïdal oblique. Pesanteur spécifique, 2,808.

Une analyse de M. Wachtmeister a donné :

		Oxigène.	Rapports.
Silice.	53,69 . . .	27,89 . . .	5 à 6
Alumine.	21,70 . . .	10,13 . . .	2
Magnésie	8,99 . . .	3,48	
Protoxide de fer. . .	1,43 . . .	0,32	
Protoxide de manganèse.	0,63 . . .	0,13	. . . 1
Potasse	4,10 . . .	0,69	
Soude.	0,68 . . .	0,17	
Oxide de zinc . . .	0,30 . . .	0,06	
Eau et traces d'ammoniaque	3,20		

Ce qui peut donner $2\,A\,Si^2 + (Ma, f, mn, K, Na, Zi)\,Si$ ou $2\,A\,Si^2 + (Ma, f, mn, K, Na, Zi)\,Si^2$.

Cette substance se trouve en nodules dans un schiste argileux chlorité à la mine d'Erik-Matts à Fahlun en Suède.

Willelmine. M. Levy a donné ce nom au Silicate de zinc anhydre de la formule $Zn\,Si$. Il est cristallisé en prisme à base d'hexagone régulier terminé par des rhomboèdres, dont les faces sont inclinées entre elles d'environ 128°, avec un clivage perpendiculaire à l'axe. Sa pesanteur spécifique est 4,18.

Il se trouve dans les dépôts de calamine de la Vieille-Montagne dans le Limburg.

Un Silicate de zinc de Franklin, aux États-Unis d'Amérique, en prisme hexagone à sommets dièdres, de couleur verdâtre, rougeâtre ou brunâtre, et dont la pesanteur spécifique est 3,89, présente la composition suivante :

		Oxigène.
Silice	25	12,98
Oxide de zinc	71,33	14,17
Oxide de manganèse	2,66	0,73
Oxide de fer	0,69	0,20

d'où, en regardant le fer et le manganèse comme à l'état d'oxide à trois atomes on tirerait la composition *Zn Si*, mélangée de *Zn* (*Mn*, *Fe*).

SULFURES.

Blende de Marmato. Nous avons indiqué page 396 l'existence d'un proto-sulfure de fer dans quelques Blendes, et nous avons fait remarquer qu'il formait probablement avec le Sulfure de zinc une combinaison qui était mélangée avec la Blende pure.

M. Boussingault a analysé deux variétés où cette matière est beaucoup plus abondante et en proportion définie.

Du Candado.		*Rapp. atom.*		Du Salto.		*Rapp. atom.*	
Sulfure de zinc	77,5	0,127	3	Sulfure de zinc	76,8	127	3
Proto-sulf. de fer	22,5	0,041	1	Proto-sulf. de fer	23,2	042	1

Cette matière est noire, à structure lamellaire.

M. Boussingault considère aussi les sulfures comme combinés, ce qui paraît évident, et propose de donner à la combinaison le nom de *Marmatite.* Elle aurait pour formule Fe Su + 3 Zn Su.

Sternbergite (par M. Haidinger). Substance brun de tombac, en petits prismes minces à six faces, qui se plient comme des feuilles d'étain; composée de soufre, argent et fer.

M. Haidinger adopte pour forme primitive un octaèdre rectangulaire, dont les angles sont 128°49, 84°28 et 118°, les trois axes étant comme les nombres 1, $\sqrt{1,422}$, $\sqrt{0,484}$. Elle provient des mines de Joachimsthal.

TELLURURES.

M. Gustave Rose a trouvé un Tellurure de plomb et un Tellurure d'argent assez purs parmi les produits de la mine de Sawodinski dans l'Altaï.

Tellurure d'argent. En masse à gros grains, métalloïde, couleur entre le gris de plomb et le gris d'acier; malléable. Pesanteur spécifique, 8,412 à 8,565. Composé de

		Rapp. atomiq.	
Tellure	36,92	0,046	1
Argent	62,42	0,046	1
Fer	0,24		

Ce minéral est donc de la formule simple Ag Te. C'est une des substances que nous avons remarquées dans notre espèce Mullerine, où elle se trouve alors avec des Tellurures de plomb et d'or, dont le dernier paraîtrait être en proportion définie.

Il est difficile dans l'état actuel de dire si la substance de l'Altaï et celle de Nagyag appartiennent à la même espèce, ou si elles doivent constituer deux espèces différentes : l'une comme Tellurure simple, l'autre comme Tellurure double. Il faudrait, pour avoir quelque chose de positif, recommencer l'analyse de Klaproth avec les précautions convenables.

Tellurure de plomb. En masse compacte, métalloïde, blanc d'étain, aigre; susceptible de clivages peu distincts sous trois directions. Pesanteur spécifique, 8,159. Composé de

		Rapp. atomiq.	
Tellure	38,37	0,047	1
Plomb	60,35	0,043	1 (Plomb + Argent)
Argent	1,28		

Ce qui donne la formule simple Pb Te, la même que la substance principale qu'on trouve dans notre espèce Elasmose, mais où elle est accompagnée de Tellurure d'or et de Sulfure de plomb qui paraîtraient être en proportions définies, d'après les analyses de Klaproth et de Brandes. Si ces dernières analyses sont exactes, le Tellurure de plomb de l'Altaï serait une espèce particulière.

ARSÉNIURES.

Il paraît qu'il existe un Arséniure de manganèse, substance gris-d'acier et métalloïde dans la cassure fraîche, noircissant à l'air. Pesanteur spécifique, 5,55. Brûlant sous l'action du chalumeau avec flamme bleue et odeur arsénicale. Attaquable par l'eau régale. Composé de

		Rapp. atomiq.	
Arsenic	51,8	0,11	1
Manganèse	45,5	0,12	1
Trace de fer et perte	2,7		

ce qui paraît donner la formule simple Mn Ar.

MATIÈRES *INCERTÆ SEDIS.*

A. RENFERMANT ÉVIDEMMENT DE LA SILICE.

Babingtonite (par M. Levy). Substance d'un vert noirâtre, éclatante, cristallisant en prisme rhomboïdal oblique de 155° 25'; rayant l'Apatite, rayée par le Quarz, fusible en verre noir au chalumeau. Présentant à l'essai chimique, suivant M. Children, de la silice, des oxides de fer et de manganèse, de la chaux et des traces d'acide titanique.

Cette substance se trouve en petits cristaux, disséminés sur des critaux d'Albite, avec Amphibole et feldspath rouge, à Arendal en Norwège.

Comptonite. Substance blanche ou gris-jaunâtre, en petits cristaux brillans, dérivant d'un prisme rhomboïdal droit, de 91° et 89°; rayant la Fluorine; faisant gelée avec les acides.

Se trouve dans les cavités de certaines roches amygdaloïdes et dans les laves du Vésuve avec la Gismondine. Elle a de l'analogie avec la Brewsterite et les Stilbites.

Forsterite (par M. Lévy). Substance incolore, translucide, cristallisant en prisme rhomboïdal de 128° 54′, modifiée sur les arêtes aiguës. M. Children la regarde comme composée de silice et de magnésie. Elle se trouve avec le Pléonaste et les pyroxènes noirs au Vésuve.

Haydenite (Cleveland). Substance rougeâtre ou brunâtre, cristallisée en cube ou en rhomboèdre obtus; fusible en matière jaune, attaquable par l'acide sulfurique chaud, avec précipité gélatineux.

Se trouve dans les fissures du gneiss à Baltimore.

Herschelite (Levy). Substance blanche, cristallisée en prisme hexagone, rayée par une pointe d'acier. Pesanteur spécifique 2, 11. Composée, suivant Wollaston, de silice, alumine et potasse.

Se trouve à Aci-Reale, en Sicile, dans des rognons d'olivine.

Melilite. Substance jaune-pâle ou jaune-orangé, en petits parallélipipèdes rectangles, ou en octaèdres rectangulaires; fusible en verre verdâtre au chalumeau, faisant gelée avec les acides. Une ancienne analyse de Carpi a donné :

Silice	38
Chaux	19,6
Magnésie	19,4
Oxide de fer	12,1
Oxide de manganèse	2,0
Alumine	2,9
Oxide de titane	4,0

Se trouve avec la Néphéline à Capo-di-Bove près de Rome.

Phillipsite de Lévy (*Gismondine?*). Substance blanche, cristallisée en prisme rectangulaire, rayant le verre. Composé suivant Wollaston, de silice, alumine, chaux, potasse.

Se trouve en Sicile (Aci-Reale), et au Vésuve, avec la Comptonite.

Turnerite (*Pictite*). Substance d'un brun-jaunâtre ou jaune-brunâtre ; cristallisant en prisme oblique rhomboïdal de 96°10′, qui se clive suivant les diagonales des bases; d'un éclat adamantin, transparente ou translucide.

Composée, suivant M. Children, d'alumine, chaux, magnésie, oxide de fer, très peu de silice et point de titane.

Cette substance, regardée jusqu'ici comme une variété de Sphène, se trouve au mont Sorel en Dauphiné où elle accompagne l'Albite, l'Anatase, la Chrichtonite.

B. COMPOSITION TOUT-A-FAIT INCONNUE.

Bergmanite. Substance grisâtre ou rougeâtre, composée de lames et d'aiguilles serrées les unes sur les autres; fusible en émail blanc. Regardée comme voisine de la Wernerite de Friedrischwarn en Norwège.

Breislakite. Substance brune, en petits filamens capillaires plus ou moins entremêlés; fusible au chalumeau en scorie noire brillante, magnétique.

Cette matière dont il y a peut-être plusieurs espèces se trouve dans les cavités des laves qui renferment de la Néphéline, et en tapisse la surface. On la trouve en plusieurs endroits. (Capo di Bove près de Rome, lave della Scala au Vésuve, Viterbo, Artemisio, Pentima di Paoletti.)

Bucklandite (Levy). Substance brunâtre ou noirâtre, cristallisant en prisme rhomboïdal oblique de 70° 40′, et 109° 20′. Rayant le verre.

Se trouve, en petits cristaux modifiés au sommet, avec Amphibole, Wernerite et Calcaire, dans la mine de Neskiel près d'Arendal en Norwège. Les cristaux sont en partie couverts de matière terreuse grisâtre.

Fergusonite (Haidinger). Substance d'un brun-noirâtre, éclatante, cristallisant en octaèdre à base carrée dont les faces sont inclinées entre elles de 100° 28′ et 128° 27′. Rayant l'Apatite, rayée par le Quarz. Pesanteur spécifique, 5,83. Infusible au chalumeau, mais y devenant d'un vert-jaunâtre.

Elle est empâtée dans du Quarz et du Feldspath, et se trouve à Kikertaursak près du cap Farewell au Groenland.

Elle semblerait avoir quelque analogie avec le Pyrochlore.

Herdérite (Haidinger). Substance d'un blanc-jaunâtre ou verdâtre, éclat vitreux. Transparente, très fragile.

Pesanteur spécifique, 2,985.

Rayant l'Apatite.

Cristallisant en prismes rhomboïdaux; modifiée sur l'arête obtuse et terminée par une pyramide à quatre faces.

Se trouve dans le Fluor, à la mine d'étain d'Ehrenfriedensdorf en Saxe, avec de l'Apatite à laquelle elle ressemble.

Humite (Bournon). Substance en petits cristaux brun-rougeâtres, rectangulaires, rhomboïdaux, et même en octaèdre rectangulaire. Rayant le Feldspath.

Se trouve à la Somma, avec Mica, Haüyne, etc.

Kerolite. Substance céroïde, blanche ou verdâtre; rayée par le Calcaire; pesanteur spécifique, 2,2.

En nids ou en veines dans la Serpentine à Zœblitz en Saxe, et en Silésie.

Moshite (par M. Levy). Substance opaque, noire, métalloïde, non magnétique; en petits cristaux tabulaires, chargés de facettes qui dérivent d'un rhomboèdre de 73° 45′. Fragile, rayant le verre. Ressemblant à la Crichtonite, mais plus dure.

On croit qu'elle provient du Dauphiné.

Monophane (Breithaupt). Substance blanche, en petits cristaux qui indiquent un prisme rhomboïdal oblique. Rayant l'Apatite. Pesanteur spécifique, 2,15. Fusible au chalumeau.

Localité inconnue. Se trouve sur du Quarz.

Nekronite. Substance blanchâtre ou bleuâtre, d'un éclat un peu soyeux; en petites masses cristallines, ou en cristaux à six pans, ou rhomboïdaux, clivables en deux directions rectangulaires; d'une odeur fétide. Rayant le verre. Très difficilement fusible.

Se trouve disséminée dans un calcaire avec du Mica, etc., à vingt-un milles de Baltimore, aux Etats-Unis d'Amérique.

Nuttalite (Brooke). Substance vitreuse, grise, d'un éclat un peu gras. Cristallisant en prisme rectangulaire, avec des clivages parallèles à ses pans. Rayant l'Apatite.

Se trouve en cristaux disséminés dans le calcaire près de Boston, dans le Massachusset. Elle a de l'analogie avec la la Wernerite et l'Eleolite.

Ostranite (par M. Breithaupt). Substance dure, vitreuse, en prismes droits, rhomboïdaux, profondément tronqués sur les angles de 96° et 84°.

Pesanteur spécifique, 4,32 à 4,40. Rayant l'Apatite. Infusible au chalumeau, inattaquable par les acides.

Se trouve en Norwège.

Tachylite (par M. Breithaupt). Substance opaque, noire, compacte, à cassure conchoïdale, d'un éclat vitreux. Rayant le Feldspath. Pesanteur spécifique, 2,54. Fusible au chalumeau en scorie boursouflée.

Se trouve dans la Basalte au Saesabühl entre Dransfeld et Goettingue.

Elle a beaucoup d'analogie avec les Obsidiennes.

Tephroïte (par M. Breithaupt). Substance gris de cendre, compacte, à cassure conchoïdale imparfaite, d'un éclat adamantin. Rayant l'Apatite. Pesanteur spécifique, 4,10. Fusible au chalumeau en scorie noire.

Se trouve avec la Franklinite, à Sparta, Amérique septentrionale.

Zurlite. Substance verdâtre, à cassure conchoïdale, cristallisant en prisme rectangulaire, et se trouvant aussi en petites masses grenues. Pesanteur spécifique, 3,274. Rayée par le Quarz. Infusible au chalumeau.

Se trouve à la Somma avec la Dolomie.

TABLEAU SYSTÉMATIQUE

DES

MATIÈRES MINÉRALES.

PREMIÈRE CLASSE. GAZOLITES.

FAMILLE DES SILICIDES.

GENRE SILICE.

SILICE Quarz . . . . $Si.$

» Opale . . . . $\begin{cases} Si^6 Aq. \\ Si^9 Aq. \end{cases}$

GENRE SILICATE.

A. SILICATE ALUMINEUX.

SILICATE Staurotide . . . . $(A, F)^4 Si.$

» Disthène . . . . . $A^2 Si.$

» *Pinite de Saxe.*

» Sillimanite . . . . $A Si.$

» *Kaolin.*

» *Bulcholzite.*

» *Fibrolite.*

SILICATE	Euclase.	(A, G) *Si*.
»	Emeraude.	$(A, G) Si^3$ ou $2 A Si^3 + G Si^3$.
»	*Lellite*.	$A Si^4$.
»	Collyrite	$A^3 Si + 5 Aq$.
»	*Lenzinite opaline*.	$A Si + Aq$.
»	Pholerite.	$3 A Si + 2 Aq$.
»	Triklasite.	$A Si^2 + Aq$.
»	*Terre du Hampshire*.	
»	*Bol de Sinopis*.	
»	*Severite*.	$A Si^2 + 2 Aq$.
»	*Cymolite*	$A Si^3 + Aq$.
»	*Terre de Riegate*. .	$A Si^4 + 3 Aq$.
»	Allophane.	$2 A Si + A Aq^6$.
»	*Allophane de Firmi*.	$2 A Si + A Aq^2$.
»	Halloysite.	$2 A Si^2 + A Aq^4$ ou $2 A Si^2 + A Aq^2$.
»	*Lithomarge de Roschlitz*.	
»	*Lenzinite argileuse*.	
»	*Savon de montagne*.	$A Si^3 + A Aq$.
»	*Argiles diverses*.	
»	Gehlenite.	$A^2 Si + 2 Ca Si$.
GRENATS.	Grossulaire. . . .	$A Si + Ca Si$.
	Almandine. . . .	$A Si + f Si$.
	Spessartine. . . .	$A Si + mn Si$.
	Melanite	$F Si + Ca Si$.
»	*Nacrite*.	$3 A Si + (K, Ca) Si^3$. $3 A Si^2 + (K, Ca) Si^3 + 3 Aq$.
»	*Glaukolite*.	$3 A Si + (Ca, Ma, K, Na) Si^3$. $3 A Si^2 + (Ca, K) Si$ ou $3 A Si^2 + (Ca, K) Si^2$.
»	*Isopyre*.	$3 (A, F) Si + Ca Si^3$.
»	Scolexerose. . . .	$3 A Si + Ca Si^3$.
»	Scolezite.	$3 A Si + Ca Si^3 + 3 Aq$.
»	*Mesolite de Pargas*.	$2 (3 A Si + Ca Si^3 + 3 Aq) +$ $(3 A Si\ Na Si^3 + 2 Aq)$.

SILICATE	*Mesolite de Hauenstien*.	$(3\,A\,Si + Ca\,Si^{3} + 3\,Aq) + (3\,A\,Si + Na\,Si^{3} + 3\,Aq)$.
»	*Mésole*	$2\,(3\,A\,Si + Ca\,Si^{3} + 3\,Aq) + (3\,A\,Si + Nasi^{2} + 2\,Aq)$.
»	Mésotype	$3\,A\,Si + Na\,Si^{3} + 2\,Aq$.
»	Prehnite	$3\,A\,Si + Ca^{2}\,Si^{3} + Aq$?
»	Cerine..	$A\,Si + 2\,(Ce, f, Ca)\,Si$.
»	*Allanite*.	
»	*Orthite*.	
»	*Pyrorthite*.	
»	*Serpentine d'Aker*.	$A\,Si + 2\,Ma\,Si + Aq$.
»	Idocrase.	$A\,Si + 2\,(Ca, Ma, mn, f,)\,Si$.
»	*Chlorite schisteuse*.	$A\,Si + (Ma, f, Ca)^{2}\,Si + Aq$.
»	*Chlorite écailleuse*.	$2\,A\,Si + (Ma, K, f)^{2}\,Si + 2\,Aq$.
»	*Chlorite*.	$\left\{\begin{array}{l} 2\,A\,Si + (Ma, K, f)^{3}\,Si \\ 2\,A\,Si + (Ma, f)^{3}\,Si^{2} \end{array}\right\}$?
»	*Terre verte de Glaris*.	$A\,Si + 3\,(f, Ma, K)\,Si^{3} + 3\,Aq$.
»	*Fossile terreux d'Andreasberg*. .	$A\,Si + 2\,(f, Ca)\,Si^{3} + 7\,Aq$.
»	*Smaragdite*. . . .	$2\,(A, Cr)\,Si + (Ca, Ma, f)\,Si^{2}$.
ÉPIDOTE {	Zoïsite.	$2\,A\,Si + Ca\,Si$.
	Thallite.	$2\,A\,Si + f\,Si$.
»	*Meionite*..	$2\,A\,Si + Ca\,Si$.
»	*Thullite*.	$2\,A\,Si + Ca\,Si^{2}$.
»	*Davyne*.	$5\,A\,Si + Ca\,Si^{3} + 2\,Aq$.
»	*Gieseckite*	$6\,A\,Si + K\,Si^{3}$.
»	*Couzeranite*. . . .	$6\,A\,Si + (K, Na)\,Si^{2} + 2\,(Ca, Ma)\,Si^{3}$
»	Wernerite.. . . .	$3\,A\,Si + Ca\,Si$.
»	Nepheline.. . . .	$3\,A\,Si + Na\,Si$.
»	*Ittnerite*.	$3\,A\,Si + (Na, Ca, K)\,Si + 2\,Aq$.
»	*Eckebergite*. . . .	$2\,(3\,A\,Si + Ca\,Si^{2}) + (4\,A\,Si + Na\,Si^{2})$.
»	Cordierite.. . . .	$3\,A + Si\,Ma\,Si^{2}$.
»	*Peliom*	$3\,A\,Si + f\,Si$.
»	Thomsonite.. . .	$3\,A\,Si + Ca\,Si + 2\,Aq$.

SILICATE	Carpholite.	$3\,A\,Si + mn\,Si + 2\,Aq.$
»	*Latrobite*	$4\,A\,Si + (Ca, K, Ma, mn)\,Si.$
»	*Edingtonite*. . . .	$4\,A\,Si + Ca\,Si^2 + 4\,Aq.$
»	Anorthite.	$8\,A\,Si + 2\,Ca\,Si + Ma\,Si.$
»	*Pierre de savon* .	$A\,Si^2 + 2\,Ma\,Si^2 + 4\,Aq.$
»	*Pimelite*.	$A\,Si^2 + 2\,Ni\,Si^3 + 15\,Aq.$
»	*Hisingerite*. . . .	$A\,Si^2 + 4\,f\,Si + 4\,Aq.$
»	*Sideroschisolite*. .	$A\,Si^2 + 2\,f\,Si^4 + 3\,Aq.$
»	*Terre verte de Timor*.	$(A, F)\,Si^2 + (f, Ma)\,Si^2 + 2\,Aq.$
»	*Terre verte du calcaire grossier*. . .	$A\,Si^2 + 2(f, Ma, Ca)\,Si^2 + 3\,Aq.$
»	*Terre verte de la craie*.	$A\,Si^2 + (f, K)\,Si^3 + 3\,Aq.$
»	*Bombite*.	$8(A, F)\,Si^2 + Ma\,Si.$
»	*Weissite*.	$2\,A\,Si^2 + (Ma, f, mn, K, Na, Zi)\,Si^2.$
»	Pinite.	$3\,A\,Si^2 + K\,Si.$
»	Triphane.	$3\,A\,Si^2 + L\,Si^3.$
»	Spodumène. . . .	$3\,A\,Si^2 + (Na, K, Ca, Ma)\,Si^3.$
»	Chabasie.	$3\,A\,Si^2 + Ca\,Si^3 + 6\,Aq.$
»	*Zeolite d'Edelfors*.	$3\,A\,Si^2 + Ca\,Si^3 + 3\,Aq.$
»	*Mesoline*.	$3\,A\,Si^2 + Ca\,Si^2 + 4\,Aq.$
»	*Levyne.*	
»	*Labradorite*. . . .	$3\,A\,Si^2 + Ca\,Si.$
»	*Gabronite*.	$3\,A\,Si^2 + Na\,Si$ ou $2\,A\,Si^2 + (Na, Ma, f)\,Si^2.$
»	Amphigène . . .	$3\,A\,Si^2 + K\,Si^2.$
»	*Meïonite d'Arfwedson.*	
»	Anacime.	$3\,A\,Si^2 + Na\,Si^2 + 2\,Aq.$
»	Laumonite. . . .	$3\,A\,Si^2 + Ca\,Si^2 + 4\,Aq.$
»	Hydrolite.	$4\,A\,Si^2 + (Ca, Na)\,Si^3 + 8\,Aq.$
»	Harmotome. . . .	$4\,A\,Si^2 + Ba\,Si^4 + 6\,Aq.$
»	*Gismondine*. . . .	$3\,A\,Si^2 + (Ca, K)\,Si^2 + 5\,Aq.$
»	*Dipyre*.	$4\,A\,Si^2 + Ca\,Si^3.$
»	*Killinite*.	$8\,A\,Si^2 + K\,Si^4 + 3\,Aq.$

2 SILICATE	*Antophyllite*. . .	$A\,Si^3 + (Ma, f)\,Si^2$.
»	*Nephrite*. . . .	$A\,Si^3 + 3\,Ma\,Si^2$.
»	*Terre verte de Lossosna*.	$2\,A\,Si^3 + 3(f, Ma, Ca, Na)\,Si + 3\,Aq$.
»	Orthose.	$3\,A\,Si^3 + K\,Si^3$.
»	Albite.	$3\,A\,Si^2 + Na\,Si^3$.
»	*Feldspath du Carnate*.	$3\,A\,Si^3 + Ca\,Si^3$.
»	*Petrosilex*. . . .	$3\,A\,Si^2 + (Na, Ca, f)\,Si^2$. $4\,A\,Si^5 + K\,Si$.
»	*Lave vitreuse du Cantal*.	$3\,A\,Si^3 + K\,Si^3 + 3\,Aq$.
»	*Obsidienne*. . . .	$2\,A\,Si^4 + Na\,Si^4$. $2\,A\,Si^6 + K\,Si^6$.
»	*Marécanite*. . . .	$3\,A\,Si^3 + Na\,Si^3$. $3\,A\,Si^9 + Na\,Si^6$.
»	*Retinite*.	$3\,A\,Si^4 + Na\,Si^4$. $7\,A\,Si^5 + (Na, Ca, f)\,Si^4$. $4\,A\,Si^7 + Na\,Si^6$.
»	*Perlite*.	$5\,A\,Si^6 + (K, f)\,Si^6$. $5\,A\,Si^5 + (K, f)\,Si^5$.
»	*Sphérolite*. . . .	$5\,A\,Si^6 + (K, f)\,Si^5$.
»	*Ponce*.	$4\,A\,Si^4 + K\,Si^3$.
»	Petalite.	$3\,A\,Si^3 + L\,Si^3$.
»	Stilbite.	$3\,A\,Si^3 + Ca\,Si^3 + 6\,Aq$.
»	Epistilbite.	$3\,A\,Si^3 + Ca\,Si^3 + 5\,Aq$.
»	Hypostilbite. . . .	$3\,A\,Si^3 + Ca\,Si + 6\,Aq$.
»	Sphérostilbite . .	$3\,A\,Si^3 + Ca\,Si^2 + 6\,Aq$.
»	Heulandite. . . .	$4\,A\,Si^3 + Ca\,Si^3 + 6\,Aq$.
»	Brewsterite. . . .	$4\,A\,Si^3 + (Ca, Na)\,Si^3 + 8\,Aq$.
»	*Zéolite de Fahlun*.	$3\,A\,Si^4 + Ca\,Si^2 + 4\,Aq$.
»	*Substance rose de Confolens*. . . .	$6\,A\,Si^3 + (Ca, Ma)\,Si + 9\,Aq$.
»	*Murkisonite*. . . .	$3\,A\,Si^4 + K\,Si^2$.
»	*Minéral de Finland*.	$A\,Si^4 + 4\,f\,Si + 2\,Aq$.
»	Adinole.	$3\,A\,Si^6 + Na\,Si^3$.

SILICIO-ALUMINATES.

SILICATE Chamoisite. . . . $f^2 A + 2 f Si + 4 Aq$.

» Berthiérine. . . . $f^3 A + 2 f Si + Aq$.

» Cymophane. . . . $A^4 Si + 2 GA^4$?

» Saphirine. . . . . $A Si + (Ma, Ca, f) A^5$.

» *Zéolite de Borkult* $4 A Si^3 + Ca A^2 + 2 Aq$.

» *Pagodite*. . . . .
- $4 A Si^4 + K A^4 + 3 Aq$.
- $5 A Si^4 + K A^5 + 3 Aq$.
- $14 A Si^2 + K A^2 + 3 Aq$.

» *Margarite*. . . . . $A Si^5 + Ca A^4$.

Silicates phtorifères.

» Micas, à 1 axe répulsif, magnésiens.
- $(A, F) Si + (Ma, K) Si$.
- $2 (A, F) Si + (Ma, K) Si$.
- $2 (A, F) Si + (Ma, K) Si^2$.
- $(A, F) Si + 2 (Ma, K, f) Si$.

» Micas, à 2 axes.

a. Potassiques . .
- $4 A Si + (K, Ca, M) Si^4$.
- $6 (A, F) Si + K Si^3$.
- $6 (A, F) Si + K Si^4$.
- $7 (A, F) Si + K Si^6 + 2 Aq$.
- $8 (A, F) Si + K Si$.
- $8 A Si + K Si^4 + Aq$.
- $10 (A, F) Si + K Si^3$.
- $11 (A, F) Si + K Si^4$.
- $12 (A, F) Si + K Si^3$.
- $12 (A, F) + K Si^5$.

b. Potassiques et lithiques . . . .
- $4 (A, F) Si + (K, L) Si^2$.
- $3 (A, F) Si + (K, L) Si^3$.

Silicates chlorifères.

Sodalite. . . . . . $2 A Si, Na Si^2$, etc.

Silicates borifères.

SILICATE *Tourmaline*. Lithique.
Sodique.
Potassique.

» *Axinite*. . . . . . $A\,Si^2 + (Ca, f, mn)\,Si$.

Silicates phosphorifères.

» Sordawalite. . . . $3\,A\,Si^2 + 3\,(f, Ma)\,Si^2 + 2\,Aq,\ Ma\,Ph$.

Silicates sulfurifères.

» *Outremer*.
» *Haüyne*.
» *Spinellane*.
» *Helvine*.

B. SILICATES NON ALUMINEUX.

» Zircon . . . . . : $Zr\,Si$.
» Eudialite. . . . $Zr\,Si^3 + 3(Na, Ca, f)\,Si^2$.
» Thorite. . . . . $3\,Th\,Si + (Ca, f, mn)\,Si + 4\,Aq$.
» Gadolinite . . . . $Y\,Si, (Ce, f)\,Si, (Fe, Ce, Ca, Ma)\,Si + Aq$.
» Cérérite. . . . . $Ce\,Si + Aq$.

SILICATES FERRUGINEUX.

Ilvaïte. . . . . . . $3\,f\,Si + Ca\,Si = (f, Ca)\,Si$.
Terre verte de l'île d'Elbe. . . . . $(f, Ca, Ma)\,Si + Aq$.
Knébélite. . . . $f\,Si + mn\,Si$.
Cronstedtite. . . . (f, mn, Si, Aq).
Chloropale . . . . $f\,Si^3 + 2\,Aq$.
Terre verte de Paris. . . . . $f\,Si^2 + Ma\,Si + 2\,Aq$.
Terre verte de Chypre. . . . . . . $(f, K, Ma)\,Si^3 + Aq$.
Nontronite. . . . $F\,Si^2 + Aq$.
Achmite. . . . . . $3\,F\,Si^2 + Na\,Si^3$.
Thraulite. . . . . $3\,F\,Si + f\,Si^2 + 5\,Aq$.

SILICATE	Rhodonite.....	*mn* Si^2.
SILICATES MANGANÉSIENS.	*Rhodonite hydraté*	2 *mn* $Si^2 + Aq$.
	Manganèse rose de Kapnik......	*mn* Si^3.
	Kieselmangan...	
	Photizite.....	*mn* Si. *mn* $Si^6 + 2\,Aq$.
	Allagite.	
	Manganèse de Pésillo.......	*mn* ^{2} Si.
	Opsimose	*mn* $si + Aq$.
	Marceline.....	Mn, Si.
»	Willelmine....	$Zn\,Si$.
»	Calamine.....	$Zn\,Si + x\,Aq$.
»	Chrysocolle....	$Cu\,Si^2 + 2\,Aq$.
»	*Dioptase.....*	$Cu\,Si^2 + Aq$?
»	Silicate cuivreux de Dillenburg..	$Cu\,Si^6 + 3\,Aq$.
SILICATES MAGNÉSIENS.	Péridot......	$Ma\,Si, f\,Si$.
	Marmolite.....	$Ma\,Si + Aq$.
	Pierre ollaire de Chiavenna....	$Ma\,Si$.
	Serpentine....	$2\,Ma\,Si^2 + Ma\,Aq$.
	Pikrolite......	$Ma\,Si^3 + Ma\,Aq^2$? $Ma\,Si^3, Ma\,Aq$.
	Diallage de la Spezia........	$4\,Ma\,Si^2 + Ma\,Aq$.
	Diallage de Baste.	$4(Ma, f, Ca)\,Si^2 + Ma\,Aq^4$.
	Diallage métalloïde.......	$Ma\,Si^3 + Ma\,Aq$.
	Anthophillite (Bronzite?)...	$2\,Ma\,Si^2 + (f, Ca)\,Si^2$.
	Bronzite de Styrie.	$4\,Ma\,Si^3 + f\,Si$.
	Asbeste cristallisée de Pitkaranda..	$3\,Ma\,Si^2 + 2(f, Ca)\,Si$.
	Talc.	$Ma\,Si^3$.

ISILICATE / SILIC. MAGNÉSIENS.	*Pyrallolite.*	$Ma\,Si^3,\ Ma\,Aq^3$.
	Steatite.	$2\,Ma\,Si^3 + Aq$.
	Steatite cristalisée.	$Ma\,Si^2 + Aq$.
	Picrosmine	$3\,Ma\,Si^3 + Ma\,Aq^2$.
	Magnésite	$Ma\,Si^3 + 2\,Aq$.
	Quincyte.	$(Ma, f)\,Si^3 + 2\,Aq$.
	Klebschiefer.	
»	Edelforse.	$Ca\,Si^3$.
»	Wollastonite. . .	$Ca\,Si^2$.
PYROXÈNES.	Diopside	$Ca\,Si^2 + Ma\,Si^2 = (Ca, Ma)\,Si^2$.
	Baïkalite de Lowitz.	$Ca\,Si^2 + 2\,Ma\,Si$?
	Hédenbergite. . .	$Ca\,Si^2 + f\,Si^2 = (Ca, f)\,Si^2$.
	Pyrodmalite.. . .	$mn\,Si^2 + f\,Si^2 = (mn, f)\,Si^2$. (F, Ch).
	Bustamite.	$Ca\,Si^2 + 2\,mn\,Si^2$.
»	Hypersthène. . .	f, Ma, Si.
AMPHIBOLES.	Trémolite.	$Ca\,Si^3 + 3\,Ma\,Si^2$.
	Actinote	$Ca\,Si^3 + 3\,f\,Si^2$.
	Humboldtilite. . .	$3\,Ca\,Si^2 + Ma\,Si^3$.
»	*Pectolite.*	$4\,Ca\,Si^2 + (K, Na)\,Si^3 + 3\,Aq$.
»	Apophyllite. . . .	$8\,Ca\,Si^3 + K\,Si^6 + 16\,Aq$.
»	*Oxavérite.*	

FAMILLE DES BORIDES.

I BOROXIDE	Sassoline . . .	$Bo\,Aq$.

GENRE BORATE.

I BORATE	Borax.	$Na\,Bo^6 + 10\,Aq$.
»	Boracite..	$Ma\,Bo^4$.
»	*De chaux.*	
»	*De fer.*	

GENRE BOROSILICATE.

BOROSILICATE	Datholite.	$Ca\,Bo^3 + Ca\,Si^4 + Aq.$
»	Botryolite.. . . .	$Ca\,Bo^3 + 3\,Ca\,Si^2 + 2\,Aq.$
»	*Humboldtite.*	

FAMILLE DES CARBONIDES.

GENRE CARBONE.

CARBONE	Diamant	C.
»	*Graphite.*	C.
»	*Anthracite*	C, Hy.
»	*Houille.*	C, Hy.
»	*Stipites.*	C, Hy.
»	*Lignite.*	
»	*Bois altérés.*	
»	*Terre de Cologne.*	
»	*Tourbe.*	
»	*Terreau.*	

GENRE CARBURE.

CARBURE	Grizou	Hy C.
»	Naphte.	Hy^2 C.
»	*Scheirerite.*	
»	*Hattchetine.*	
»	*Elatérite.*	
»	*Dusodyle.*	
»	*Malthe.*	
»	*Asphalte.*	
»	*Retinasphalte.*	
»	*Resine de highgate.*	
»	*Succin.*	

Ɔ Genre Mellate. Mellate Mellite.
Ɔ G. Urate. Urate Guano.
Ɔ G. Carbonite. Carbonite Humboldtite.
Ɔ G. Carbonoxide. Carbonoxide Acide carbonique.

GENRE CARBONATE.

Ɔ carbonate	Natron	$Na\,C^2 + Aq$.
»	Urao.	$Na\,C^3 + 2\,Aq$.
»	Gaylussite.	$Na\,C^2 + Ca\,C^2 + 5\,Aq$.
»	Calcaire. . . . . . }	$Ca\,C_{\iota}$.
»	Arragonite. . . . }	
»	Dolomie.	$Ca\,C^2 + Ma\,C^2$.
	. . . .	$2\,Ca\,C^2 + Ma\,C^2$?
		$3\,Ca\,C^2 + Ma\,C^2$?
		$(Ca, Ma, f)\,C^2 + 2\,Aq$.
»	Giobertite.	$Ma\,C^2$.
»	*Némalite*	$3\,Ma\,C^2 + Ma\,Aq^4$.
	. . . .	$Ma\,C^2 + 3\,Aq$.
	. . . .	$2\,Ma\,C^2 + Aq$.
»	Siderose.	$f\,C_2$.
»	Diallogite.	$mn\,C^2$.
»	Carbocerine. . . .	$Ce\,C^2$.
»	Smithsonite. . . .	$Zn\,C^2$.
»	Zinconise.	$3\,Zn\,C + Zn\,Aq^6$.
»	Witherite.	$Ba\,C^2$.
»	Barytocalcite . . .	$Ba\,C^2 + Ca\,C^2$.
»	Strontianite. . . .	$Sr\,C^2$.
»	*Stromnite*.	$4\,Sr\,C^2 + Ba\,Su^3$.
»	Céruse.	$Pb\,C^2$.
»	Leadhillite	$3\,Pb\,C^2 + Pb\,Su^3$.
»	Lanarkite.	$Pb\,C^2 + Pb\,Su^3$.
»	Caledonite	$Cu\,C^2 + 2\,Pb\,C^2 + 3\,Pb\,Su^3$.
»	Mysorine.	$Cu\,C$.
»	Malachite.	$2\,Cu\,C + Aq$.

CARBONATE Azurite. . . . . $2 Cu C^2 + Cu Aq$.
» d'argent.
» de bismuth.

FAMILLE DES HYDROGÉNIDES.

Hydrogène. . . . Hy.
Eau. . . . . $\dot{H}y$ = Aq.
Hydrates divers.

FAMILLE DES NITRIDES.

Azote. . . . . Ni.
— *Oxigénifère (air atmosphérique)*.

GENRE NITRATE.

NITRATE Salpêtre . . . . . $K Ni^5$.
» sodique. . . . . . $Na Ni^5$.
» calcique . . . . . $Ca Ni^5$.
» magnésique . . . $Ma Ni^5$.

FAMILLE DES SULFURIDES.

SOUFRE. . . . . Su.

GENRE SULFURE.

SULFURE Hydrogénique . H^2 Su.
» Argyrose. . . . . Ag Su.
» Galène. . . . . . Pb Su.
» Blende . . . . . . Zn Su.
» *Marmatite*. . . . $\begin{cases} 3 Zn Su + Fe Su. \\ 4 Zn Su + Fe Su. \end{cases}$

	Minéral	Formule
SULFURE	Cinabre.	$Hg Su$.
»	Alabandine. . . .	$Mn Su$.
»	Harkise.	$Ni Su$.
SULF. DE FER.	Pyrite.	$Fe Su^2$.
	Sperkise.	$Fe Su^2$.
	Leberkise.	$Fe Su^2 + 6 Fe Su$.
»	Molybdénite. . .	$Mo Su^2$.
»	Chalkosine. . . .	$Cu^2 Su$.
»	*Covelline*.	$Cu Su$.
»	Stromeyerine. . .	$Cu^2 Su + Ag Su$.
»	Phillipsite.	$2 Cu^2 Su + Fe Su$.
»	Chalkopyrite. . .	$Cu^2 Su + Fe Su$.
»	Stannine.	$Sn Su + Cu^2 Su + Fe Su^2$.
»	Koboldine. . . .	$Co^2 Su^3$.
SULF. DE BISMUTH.	Bismutine.	$Bi^2 Su^3$.
	Bismuth sulfure plumbo-argentifère.	$Bi^2 Su^3 + 5 (Pb, Ag, Fe, Cu) Su$?
	Bismuth sulfuré cuprifère.	$Bi^2 Su, Cu^2 Su$.
	Bismuth sulfuré plumbo-cuprifère.	$Bi^2 Su, Cu^2 Su, Pb Su, Ni Su^2$.
»	Stibine.	$Sb^2 Su^3$.
»	*Bleischimmer* . .	$Sb Su, Pb Su$.
»	Zinkenite.	$Sb^2 Su^3 + Pb Su$.
»	*Federerz de Wolfsberg*	$Sb^2 Su^3 + 2 Pb Su$.
»	Jamesonite. . . .	$2 Sb^2 Su^3 + 3 Pb Su$.
»	*Weissgultigerz*. .	?
»	Haïdingerite. . . .	$2 Sb^2 Su^3 + 3 Fe Su$.
»	Miargyrite.	$Sb^2 Su^3 + Ag Su$.
»	Argyrythrose. . .	$Sb^2 Su^3 + 3 Ag Su$.
»	Psaturose.	$Sb^2 Su^3 + 6 Ag Su$.
»	Bournonite de Pfaffenberg. . .	$Sb^2 Su^3 + 2 Pb Su + Cu^2 Su$.

SULFURE	*Spiesglanzbleierz.*	$Sb^2 Su^5, Pb Su, Cu^2 Su, Fe^2 Su$
»	*Plomb sulfuré antimonifère d'Alsau*	$Sb^2 Su^3 + 5(Pb, Cu, Fe, Mn) Su$
»	*Bournonite de Neudorf.*	$5 Sb Su + 6 Pb Su + 9 (Cu, Fe) Su$
»	*Bournonite de Nanslo.*	$7 Sb Su + 6 Pb Su + 3 Cu^2 Su$?
»	*Bleifahlerz du Harz.*	
»	Polybasite . . .	$5 (Sb^2, Ar^2) Su^3 + 9 Cu^2 Su + 36 Ag Su$
»	Panabase.	$3 (Sb^2, Ar^2) Su^3 + 4 Fe Su + 8 Cu^2 Su$
	Réalgar.	$Ar Su$.
	Orpiment.	$Ar^2 Su^3$.
	Proustite.	$Ar^2 Su^3 + 3 Ag Su$.
SULFO-ANTIMONIURE		
	Antimonikel. . .	$Ni Su^2 + Ni Sb^2$.
SULFO-ARSÉNIURE		
»	Disomose	$Ni Su^2 + Ni Ar^2$.
»	Cobaltine.	$Co Su^2 + Co Ar^2$.
»	Mispikel.	$Fe Su^2 + Fe Ar^2$.
»	Tennantite. . . .	$9 Cu Su + (Fe Su^2 + Fe Ar^2)$.
»	*Cuivre gris arsénifère.*	
»	*Argent arsénié.*	
SULFURE sélénique.		

GENRE SULFOXIDE.

Acide sulfureux	$\ddot{S}u$.
Acide sulfurique	$\dddot{S}u\ Aq$.

GENRE SULFATE.

SULFATE	Anglesite	*Pb Su*^{3}.
»	*de plomb cuivreux.*	*Pb Su*^{3} + *Cu Aq.*
»	Barytine.	*Ba Su*^{3}.
»	Celestine.	*St Su*^{3}.

SULFATE	*Celestine de Norton*	$5 St Su^3 + Ba Su^3$.
»	*Celestine de Mœn.*	$2 St Su^3 + Ba Su^2$.
»	Karstenite.	$Ca Su^3$.
»	Gypse.	$Ca Su^3 + 2 Aq$.
»	Glauberite.	$Ca Su^3 + Na Su^3$.
»	*Polyhalite gris de Vic*.	$2(Ca, Ma) Su^3 + Na Su^3$.
»	*Polyhalite de Ischel*.	$2(Ca, Ma) Su^3 + K Su^3$.
»	Thenardite. . . .	$Na Su^3$.
»	Exanthalose . . .	$Na Su^3 + 2 Aq$.
»	*Blœdite*.	$Na Su^3 + Ma Su^3 + 5 Aq$.
»	Aphthalose. . . .	$K Su^3$.
»	Mascagnine. . . .	$(Ni Hy^3)^2 \dddot{Su} + 2 Aq$.
»	Epsomite.	$Ma Su^3 + 6 Aq$.
»	Gallizinite.	$Zi Su^3 + 6 Aq$.
»	Rhodhalose . . .	$Co Su^3 + 6 Aq$.
	. . . .	$Co^2 Su^3 + 9 Aq$.
	. . . .	$Co Su^3 + 4 Aq$.
»	Mélantérie.	$Fe Su^3 + 6 Aq$.
»	Néoplase.	$Fe Su^2 + 3 Fe Su^2 + 12 Aq$.
»	Pittizite.	$Fe^2 Su + 2 Aq$.
	. . . .	$Fe^4 Su + 4 Aq$.
	. . . .	$Fe^2 Su + 4 Aq$.
»	Cyanose.	$Cu Su^3 + 6 Aq$.
»	Brochantite. . . .	$Cu Su + Aq$.
»	*Kœnigite.*	
»	Uraneux	
»	Urano-cuprique. .	
»	Alunogène. . . .	$A Su^3 + 3 Aq$.
»	*Alun de plume d'Hurlet*.	$(A Su^3 + 4 Aq) + 2(f Su^3 + 6 Aq)$.
»	*Alun de plume de...*	$A Su^3 + 6 Aq, f Su^3 + 6 Aq$.
»	*Beurre de montagne*.	$A Su^4 + 8 Aq$?

SULFATE *de Schemnitz*. .	$(mnSu^3+6Aq)+2(ASu^3+6Aq.$ $3(ASu^3+2Aq)+CuSu^3+6Aq.$
» Websterite. . . .	$ASu+3Aq.$
» *Substance de Bernon*.	A^3Su^2+6Aq?
» Alunite.	$9ASu+KSu^3+9Aq.$
» Alun.	$3ASu^3+KSu^3+24Aq.$
» Ammonalun. . . .	$(NiHy^3)^2\ddot{S}u+\dddot{A}\ddot{S}u^3+20Aq.$
» Alun à base de Soude.	$6ASu^3+NaSu^3+40Aq.$

FAMILLE DES CHLORIDES.

GENRE CHLORURE.

CHLORURE Hydrique . . .	Hy Ch.
» Calomel.	Hg Ch.
» Kerargyre.	$AgCh^2$.
» Kerasine.	$PbCh^2+2\dot{P}b$.
» Atakamite.	$CuCh^2+3\dot{C}u+3Aq$. $CuCh^2+4\dot{C}u+4Aq$.
» Salmare.	$NaCh^2$.
» Sylvine.	KCh^2.
» de calcium. . . .	$CaCh^2$.
» de magnésium. .	$MaCh^2$.
» Salmiac.	$(NiHy^3)^2(HCh)$.

FAMILLE DES IODIDES

IODURE de Sodium.
» de Magnésium.
» de Zinc.
» de Mercure.
» d'Argent.

FAMILLE DES BROMIDES.

1 BROMURE de Sodium.
» de Magnésium.
» de Zinc.

FAMILLE DES PHTORIDES.

GENRE PHTORURE.

4 PHTORURE Fluorine. . . . . $CaPh^2$.
» Flucerine. . . . . $CePh^3$.
» Basicerine. . . . . $3\,CePh^2 + Aq$.
» Id. de *Bastnaes* . $CePh^2 + Aq$.
» Yttrocérite. . . . $YPh^2,\ CaPh^2,\ CePh^2$.
» Cryolite. . . . . . $2\,APh^3 + 3\,NaPh^2$.

GENRE PHTORO-SILICATE.

4 PHTORO-SILICATE Topaze. . $3\,\dddot{A}\,\dddot{Si} + 4\,APh^2$.
» Picnite. . $3\,\dddot{A}\,\dddot{Si} + 2\,APh^3$.
» Condrodite. $MaPh^2 + \dot{Ma}^3\,\dddot{Si}$.

FAMILLE DES SÉLÉNIDES.

GENRE SÉLÉNIURE.

12 SÉLENIURE Clausthalie . . . $PbSe$.
» *de plomb et cobalt.* $CoSe^2 + 6\,PbSe$.
» *de plomb et mercure.* $HgSe + 3\,PbSe$.
» *de plomb et cuiv.* { $CuSe + 3\,PbSe$. / $CuSe + 2\,PbSe$. }
» Berzeline . . . . Cu^2Se.
» Euchaïrite . . . $AgSe + Cu^2Se$.
» *d'argent* . . . .
» *de zinc* . . . . . $HgSe^3 + 4\,ZnSe$.

FAMILLE DES TELLURIDES.

TELLURE . . . . Te.

GENRE TELLURURE.

TELLURURE	Bornine	$BiTe^2 + BiSu$.
»	Élasmose. . . .	$4PbTe + AuTe + 2PbSu$.
»	Mullérine . . .	$(Pb, Ag)Te + AuTe$.
»	Sylvane.	$AgTe + 3AuTe$.
»	*de Sawodinski.*	$PbTe$. / $AgTe$.

FAMILLE DES PHOSPHORIDES.

GENRE PHOSPHATE.

PHOSPHATE	Apatite.	$3\dot{Ca}^3 \overset{\cdot\cdot\cdot\cdot\cdot}{\underline{P}} + \begin{cases} CaCh^2. \\ CaPh^2. \end{cases}$
»	Pyromorphite.	$3\dot{Pb}^3 \overset{\cdot\cdot\cdot\cdot\cdot}{\underline{P}} + PbCh^2$.
»	Wagnérite. . .	$\dot{M}^3 \overset{\cdot\cdot\cdot\cdot\cdot}{\underline{P}} + MPh^2$.
»	Xénotime . . .	$\dot{Y}^3 \overset{\cdot\cdot\cdot\cdot\cdot}{\underline{P}}$.
»	Triplite.	$\dot{F}^4 \overset{\cdot\cdot\cdot\cdot\cdot}{\underline{P}} + \dot{Mn}^4 \overset{\cdot\cdot\cdot\cdot\cdot}{\underline{P}}$.
»	Hureaulite. . .	$\dot{F}^5 \overset{\cdot\cdot\cdot\cdot\cdot}{\underline{P}}^2 + 3\dot{Mn}^5 \overset{\cdot\cdot\cdot\cdot\cdot}{\underline{P}}^2 + 30 Aq$.
»	Hétérosite. . .	$\dot{M}^5 \overset{\cdot\cdot\cdot\cdot\cdot}{\underline{P}}^2 + 2\dot{Fe}^5 \overset{\cdot\cdot\cdot\cdot\cdot}{\underline{P}}^2 + 5 Aq$.
	PHOSPHATE DE FER	
»	d'Hillentrup. .	$\dot{F}^5 \overset{\cdot\cdot\cdot\cdot\cdot}{\underline{P}} + 6 Aq$?
»	de Bodenmais.	$\dot{F}^3 \overset{\cdot\cdot\cdot\cdot\cdot}{\underline{P}} + 9 Aq$?
»	d'Anglar. . . .	$\dot{F}^4 \overset{\cdot\cdot\cdot\cdot\cdot}{\underline{P}} + 4 Aq$?
»	d'Alleyras et New-Jersey. .	$\dot{F}^4 \overset{\cdot\cdot\cdot\cdot\cdot}{\underline{P}} + 12 Aq$?
»	de Sayn	$2\dot{F}^5 \overset{\cdot\cdot\cdot\cdot\cdot}{\underline{P}} + 5 Aq$?
»	d'Eckartsberg .	$\dot{F}^8 \overset{\cdot\cdot\cdot\cdot\cdot}{\underline{P}}^3 + 16 Aq$?
»	de Cornwall . .	$\dot{F}^8 \overset{\cdot\cdot\cdot\cdot\cdot}{\underline{P}}^3 + 20 Aq$?
»	de cuivre . . .	$\dot{Cu}^4 \overset{\cdot\cdot\cdot\cdot\cdot}{\underline{P}}$.

PHOSPHATE	Aphérèse	$\dot{\text{Cu}}^4 \overset{\cdot\cdot\cdot\cdot\cdot}{\text{P}} + 2\,\text{Aq}$.
»	Ypoleime	$\dot{\text{Cu}}^5 \overset{\cdot\cdot\cdot\cdot\cdot}{\text{P}} + 5\,\text{Aq}$.
»	. . . .	$2\,\dot{\text{Cu}}^5 \overset{\cdot\cdot\cdot\cdot\cdot}{\text{P}} + \text{Aq}$.
»	Uranite	$3\,\dot{\text{Ca}}^2 \overset{\cdot\cdot\cdot\cdot\cdot}{\text{P}} + \ddot{\text{U}}^4 \overset{\cdot\cdot\cdot\cdot\cdot}{\text{P}}^3 + 48\,\text{Aq}$.
»	Chalkolite. . . .	$3\,\dot{\text{Cu}}^2 \overset{\cdot\cdot\cdot\cdot\cdot}{\text{P}} + \ddot{\text{U}}^4 \overset{\cdot\cdot\cdot\cdot\cdot}{\text{P}}^3 + 48\,\text{Aq}$.
»	Wawellite. . . .	$(\dddot{\text{A}}^4 \overset{\cdot\cdot\cdot\cdot\cdot}{\text{P}}^3 + 18\,Aq) + \text{A}\,\text{Ph}^3$.
»	Klaprothine. . .	$\dot{\text{M}}^5 \overset{\cdot\cdot\cdot\cdot\cdot}{\text{P}} + \dddot{\text{A}}^5 \overset{\cdot\cdot\cdot\cdot\cdot}{\text{P}}^3$?
»	*Turquoise*	
»	*Kakoxène*. . . .	$\dddot{\text{A}}\, \overset{\cdot\cdot\cdot\cdot\cdot}{\text{P}}^3 + 3\,Aq$?
»	*Childrenite* . . .	
»	*de Bourbon* . . .	$\dddot{\text{A}}^2 \overset{\cdot\cdot\cdot\cdot\cdot}{\text{P}}$?
»	Ambligonite. . .	$\dot{\text{L}}^4 \overset{\cdot\cdot\cdot\cdot\cdot}{\text{P}} + \dddot{\text{A}}^4 \overset{\cdot\cdot\cdot\cdot\cdot}{\text{P}}^3$.

FAMILLE DES ARSÉNIDES.

Arsenic.	Ar.

GENRE ARSÉNIURE.

ARSÉNIURE	d'argent.	Ag, Ar.
»	d'antimoine. . .	Sb, Ar.
»	de Bismuth . . .	Bi, Ar.
»	Smaltine.	Co Ar², Co Ar.
»	Nickeline	Ni Ar, Ni Ar².
»	de cuivre	Cu, Ar.

GENRE ARSÉNOXIDE.

ARSENOXIDE	Acide arsénieux.	$\dddot{\text{Ar}}$.

GENRE ARSÉNIATE.

ARSÉNIATE	Pharmacolite . .	$\dot{\text{Ca}}^2 \overset{\cdot\cdot\cdot\cdot\cdot}{\text{Ar}} + 6\,Aq$.
»	*Roselite*	
»	*Haïdingerite*. . .	$\dot{\text{Ca}}^2 \overset{\cdot\cdot\cdot\cdot\cdot}{\text{Ar}} + 3\,Aq$.

ARSÉNIATE	Arsenicite. . . .	$\dot{C}a^5\,\overset{\cdot\cdot\cdot}{\ddot{A}}r + 15\,Aq.$
»	Mimetèse	$3\dot{P}b^3\,\overset{\cdot\cdot\cdot}{\ddot{A}}r + Pb\,Ch^2.$
»	*Bleiniere*.	$\dot{P}b^5\,\overset{\cdot\cdot\cdot}{\ddot{A}}r^3 + 15\,Aq?$
»	Érythrine. . . .	$\dot{C}o^3\,\overset{\cdot\cdot\cdot}{\ddot{A}}r + 9\,Aq.$
»	Nickelocre . . .	$\dot{N}i^3\,\overset{\cdot\cdot\cdot}{\ddot{A}}r + 9\,Aq.$
»	Érinite	$3\dot{C}u^5\,\overset{\cdot\cdot\cdot}{\ddot{A}}r + 5\,Aq.$
»	*Euchroïte.*	
»	Liroconite. . . .	$\dot{C}u^5\,\overset{\cdot\cdot\cdot}{\ddot{A}}r + 5\dot{C}u\,Aq^6$?
»	Olivenite.	$\dot{C}u^5\,\overset{\cdot\cdot\cdot}{\ddot{A}}r$?
»	*Wood-Copper*. .	$\dot{C}u\,\overset{\cdot\cdot\cdot}{\ddot{A}}r$?
»	Aphanèse	$2\dot{C}u^5\,\overset{\cdot\cdot\cdot}{\ddot{A}}r + 15\,Aq$??
»	*Wood - Copper hydraté*	$\dot{C}u^5\,\overset{\cdot\cdot\cdot}{\ddot{A}}r + 10\,Aq$?
»	Scorodite	$2\dot{F}^3\,\overset{\cdot\cdot\cdot}{\ddot{A}}r + 15\,Aq.$
»	Pharmacosidérite.	$\dot{F}^3\,\overset{\cdot\cdot\cdot}{\ddot{A}}r + \overset{\cdot\cdot\cdot}{\bar{F}}^3\,\overset{\cdot\cdot\cdot}{\ddot{A}}r^2 + 18\,Aq.$
»	Néoctèse.	$\dot{F}^2\,\overset{\cdot\cdot\cdot}{\ddot{A}}r + 2\,\overset{\cdot\cdot\cdot}{\bar{F}}\,\overset{\cdot\cdot\cdot}{\ddot{A}}r + 12\,Aq.$
»	Sidérétine. . . .	$\overset{\cdot\cdot\cdot}{\bar{F}}^5\,\overset{\cdot\cdot\cdot}{\ddot{A}}r^9 + 45\,Aq,\ \bar{F}\,\overset{\cdot\cdot\cdot}{S}u + 9\,Aq.$

GENRE ARSÉNITE.

ARSÉNITE	Rhodoïse.	$\dot{C}o,\ \overset{\cdot\cdot\cdot}{A}r.$
»	Néoplase	$\ddot{\bar{N}}i^2\,\overset{\cdot\cdot\cdot}{A}r + 18\,Aq.$
»	*Condurite*.	$\dot{C}u^6\,\overset{\cdot\cdot\cdot}{A}r + 4\,Aq.$

DEUXIÈME CLASSE. LEUCOLYTES.

FAMILLE DES ANTIMONIDES.

Antimoine	Sb.

GENRE ANTIMONIURE.

ANTIMONIURE	Discrase . . .	$Ag^2\,Sb.$
»	. . . .	$Ag^3\,Sb$?

GENRE ANTIMONOXIDE.

ANTIMONOXIDE Exitèle . . $\ddot{S}b$.
» Stibiconise . $\ddot{S}b + xAq$.

GENRE HYPANTIMONITE.

HYPANTIMONITE Kermès. . . $\dddot{S}b + 2\, SbSu^3$.
Indices d'antimonites ou d'antimoniates.

FAMILLE DES STANNIDES.

Cassitérite. . . . . $\ddot{S}n$.
Indices de Stannates.

FAMILLE DES BISMUTHIDES.

Bismuth. . . . . . Bi.
Oxide de Bismuth. $\ddot{B}i$.

FAMILLE DES HYDRARGYRIDES.

Mercure. . . . . . Hg.
HYDRARGURE Amalgame. . . $Ag\, H^2$.

FAMILLE DES ARGYRIDES.

Argent. . . . . . . Ag.

FAMILLE DES PLUMBIDES.

Plomb. . . . . . . Pb.
Massicot. . . . . . $\dot{P}b$.
Minium . . . . . . $\ddot{P}b$.

48.

FAMILLE DES ALUMINIDES.

GENRE ALUMINE.

ALUMINE Corindon. . . . . Al.
» Gibsite. . . . . . . $Al + Aq$.
» . . . . $3 Al + 2 Aq$.
» Diaspore. . . . . . $(A, F)^3 + Aq$.

GENRE ALUMINATE.

ALUMINATE Spinelle. . . . . $Ma\,A^6$.
» Gahnite. . . . . $Zn\,A^6$.
» Pléonaste. . . . $Ma\,A^3 + Fe\,A^3$.
» Plombgomme. . $Pb\,A^6 + 6 Aq$.
» . . . . $Ca\,A^3 + 6 Aq$.

FAMILLE DES MAGNÉSIDES.

Brucite. . . . . . . $Ma\,Aq$.

TROISIÈME CLASSE. CHROICOLYTES.

FAMILLE DES TITANIDES.

TITANOXIDE Rutile. . . . . . Ti.
» *Brookite.*
» Anatase . . . . ti?
TITANATE Nigrine. . . . . . $\begin{cases} f\,Ti^3 \\ f^2\,Ti^3 \end{cases}$?
» Chrichtonite
» Polymignite.
» *Æchynite. Ilmenite.*
« Pyrochlore. . . . $Ca\,Ti^3$ ou $(F, U, Ce)\,Ti^3 + Ca\,Ti^3$.
SILICIO-TITANATE Sphène. . $Ca\,Si^6 + Ca\,Ti^6$.

FAMILLE DES TANTALIDES.

GENRE TANTALATE.

TANTALATE	Columbite . . .	$f Ta^3 + mn Ta^3$.
»	Baïerine.	$3 f Ta^2 + mn Ta^2$.
»	Yttrotantale . .	$Y Ta$.

GENRE TANTALITE.

TANTALITE	Brun-canelle . .	$f ta^2$.

FAMILLE DES TUNGSTIDES.

Acide tungstique. . W² Ox³.

GENRE TUNGSTATE.

TUNGSTATE	Wolfram	$3 f W^3 + mn W^3$.
»	Scheelite	$Ca W^3$.
»	Scheelitine . . .	$Pb W^3$.

FAMILLE DES MOLYBDIDES.

ACIDE MOLYBDIQUE		$\dddot{M}o$.
MOLYBDATE	Mélinose. . . .	$Pb Mo^3$.
»	de Pamplona. .	$Pb Mo$?

FAMILLE DES CHROMIDES.

OXIDE CHROMIQUE		$\dddot{G}r = Cr$.
CHROMITE	Eisenchrome. . .	$(F, A)\ Cr$. $(F, A)^2\ Cr$. $(F, A)^3\ Cr^2$. $(F, A)^3\ Cr^4$.
CHROMATE	Crocoïse	$Pb Cr^3$. $Pb Cr$?
»	Vauquelinite . .	$2 Pb Cr^2 + Cu Cr^2$.

FAMILLE DES URANIDES.

Péchurane. . . . . $\dot{\text{U}}$.
Uraconise. . . . . $\ddot{\overline{\text{U}}} + x\,Aq$.

FAMILLE DES MANGANIDES.

GENRE MANGANOXIDE.

MANGANOXIDE Pyrolusite. . $\ddot{\text{Mn}}$.
» Braunite. . . $\ddot{\overline{\text{Mn}}} = Mn$.
» Acerdèse. . . $\ddot{\overline{\text{Mn}}} + Aq = 3\,Mn + Aq$.

GENRE MANGANITE.

MANGANITE Hausmanite . . $\dot{\text{Mn}}\ddot{\overline{\text{Mn}}} = mn\,Mn$.
» Psilomélane . . $\dot{\text{Ba}}^3\ddot{\overline{\text{Mn}}}^4 + 6Aq = BaMn^4 + 2Aq$.
» Oxide rouge de zinc . . . . . $Zn^3\,Mn$?

FAMILLE DES SIDÉRIDES.

Fer. . . . . Fe, (Ni, Cr, Co, etc.)
Pierres météoriques.

GENRE SIDÉROXIDE.

SIDÉROXIDE Oligiste. . . . . $\ddot{\overline{\text{Fe}}} = Fe$.
» Limonite. . . . $\ddot{\overline{\text{Fe}}}^2\,\text{Aq}^3 = Fe^2\,Aq$.
» *Gœthite* . . . . $Fe^3\,Aq$.

GENRE FERRATE.

FERRATE Aimant . . . . . . $f\,F^3$.
» Franklinite . . . . $(f, Zn)\,(Fe, Mn)^3$?
» *Beudantine* . . . . Pb, Fe.

FAMILLE DES COBALTIDES.

Péroxide de cobalt . . $\ddot{C}o$.
Oxide de cobalt manganésifère. . . . . . *Co + Mn + Aq?*

FAMILLE DES CUPRIDES.

Cuivre. . . . . Cu.
Ziguéline . . . . $\dot{C}u$.
Melaconise . . . . . . $\dot{C}u$.

FAMILLE DES ORIDES.

Or. . . . . Au.
Orure . . . . Ag, Au?

FAMILLE DES PLATINIDES.

Platine. . . . . Pl.

FAMILLE DES PALLADIIDES.

Palladium. . . . . Pa.

FAMILLE DES OSMIIDES.

Iridosmine . . . . Ir, Os.

Le lecteur est prié de corriger les fautes suivantes :

Tome I. Page viij, ligne 13, *savoir*, lisez *saisir*.

Page 749, *Oxide manganeux*, Man, lisez $\dot{M}$an.

Oxide manganique, $\dddot{M}$an ou $\ddot{M}$an $\dot{M}$an,

lisez $\dddot{M}$an ou $\ddot{M}$an $\dot{M}$an.

Tome II. Page 74, ligne 32, 2 $\dddot{A}$ $\dddot{Si}$, lisez 3 $\dddot{A}$ $\dddot{Si}$.

231, ligne 12, *mn Si*, lisez 2 *mn Si*.

423, lignes 25 et 29, Sn, lisez Sb.

474, ligne 16, *Ca*, lisez *K*.

483, ligne 3, $Fe\,Su^3$, lisez $f\,Su^3$.

607, ligne 2, $\dddot{F}^2\ \dddot{Ar}^3$, lisez $\dddot{F}^3\ \dddot{Ar}^2$.

677, ligne 24, M, lisez $\dddot{M}$n.

TABLE

DES MATIÈRES.

A.

D.

E.

F.

H.

I.

J.

K.

L.

M.

N.

O.

P.

Q.

R.

T.

X.

Y.

Z.

FIN DE LA TABLE.

…, du système cubique.

Pl. I.

Fig. 6

Fig. 7

Fig. 8

Fig. 14

Fig. 15.

Fig. 16

Fig. 21

Fig. 22

Fig. 23

Fig. 24

Fig. 30

Fig. 31

Fig. 32.

Fig. 38

Fig. 39

Fig. 40.

Fig. 46

Fig. 47

Fig. 48

Exemples de cristaux naturés du système cubique.

Pl. I.

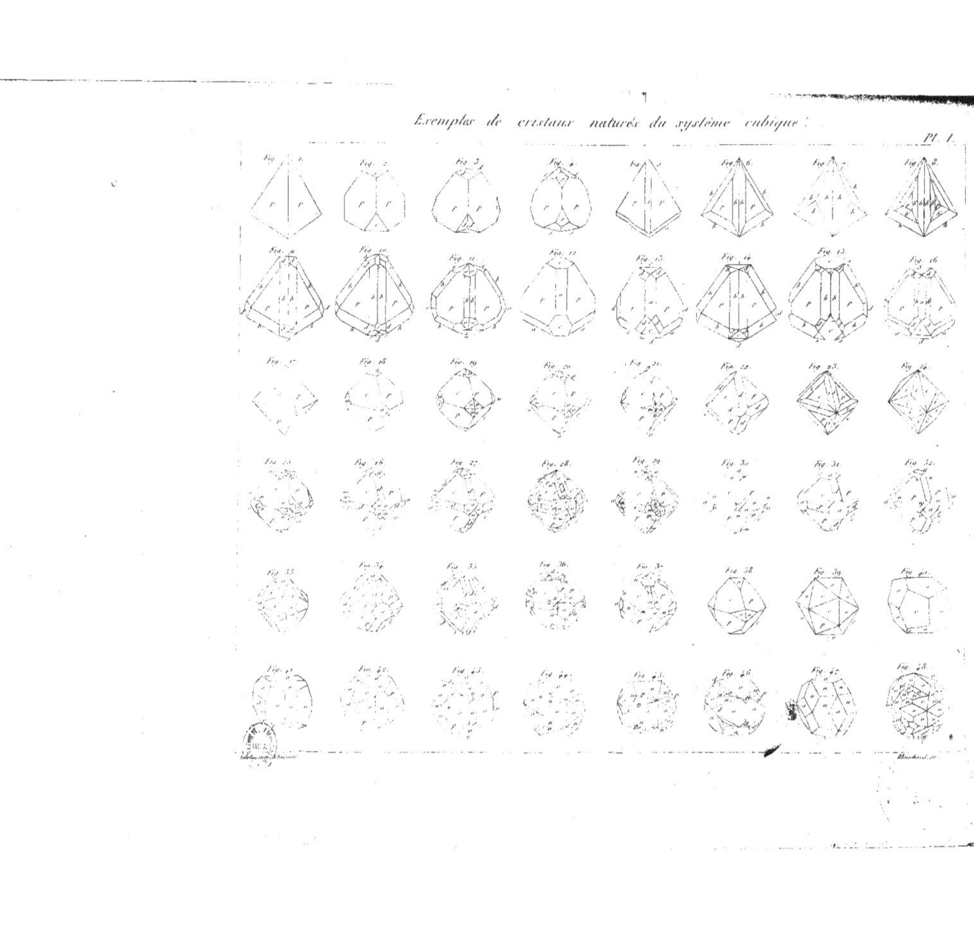

Fig. 53 Fig. 54 Fig. 55 Fig. 56

Fig. 61 Fig. 62 Fig. 63 Fig. 64

Fig. 69 Fig. 70 Fig. 71 Fig. 72

Fig. 77 Fig. 78 Fig. 79 Fig. 80

Fig. 85 Fig. 86 Fig. 87 Fig. 88

Fig. 93 Fig. 94 Fig. 95 Fig. 96

Blanchard sc.

Exemples de cristaux naturels du système cubique ?.

Pl. II.

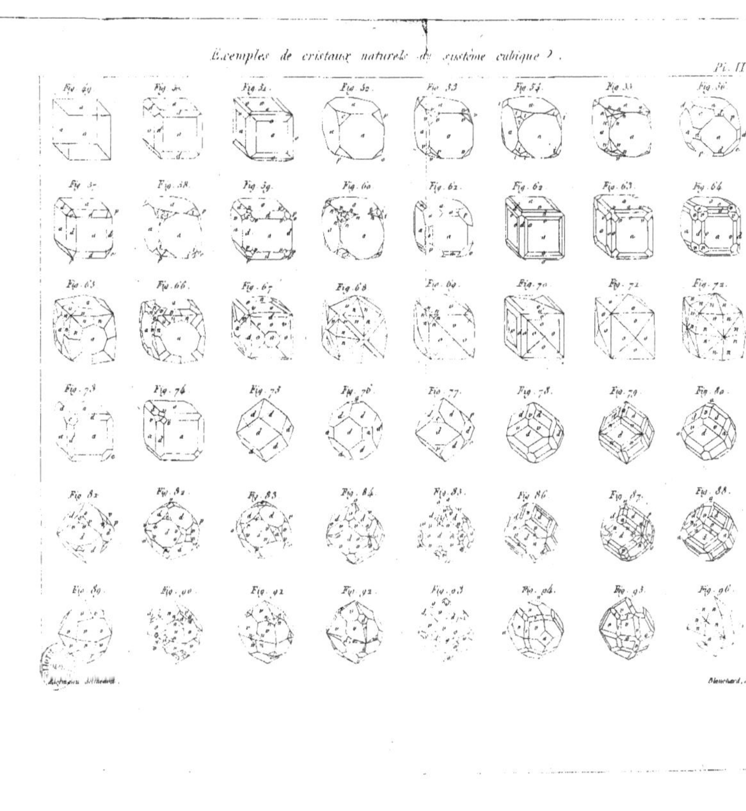

Blanchard, sc.

Exemples de cristaux naturels du système prismatique à base carrée.

Fig. 1. Fig. 2. Fig. 3. Fig. 4. Fig. 5. Fig. 6. Fig. 7. Fig. 8. Fig. 9. Fig. 10. Fig. 11. Fig. 12.

Fig. 13. Fig. 14. Fig. 15. Fig. 16. Fig. 17. Fig. 18. Fig. 19. Fig. 20. Fig. 21. Fig. 22. Fig. 23. Fig. 24.

Fig. 25. Fig. 26. Fig. 27. Fig. 28. Fig. 29. Fig. 30. Fig. 31. Fig. 32. Fig. 33. Fig. 34. Fig. 35. Fig. 36.

Fig. 37. Fig. 38. Fig. 39. Fig. 40. Fig. 41. Fig. 42. Fig. 43. Fig. 44. Fig. 45. Fig. 46. Fig. 47. Fig. 48.

Fig. 49. Fig. 50. Fig. 51. Fig. 52. Fig. 53. Fig. 54. Fig. 55. Fig. 56. Fig. 57. Fig. 58. Fig. 59. Fig. 60.

Fig. 61. Fig. 62. Fig. 63. Fig. 64. Fig. 65. Fig. 66. Fig. 67. Fig. 68. Fig. 69. Fig. 70. Fig. 71. Fig. 72.

T. Blanchard sculp.

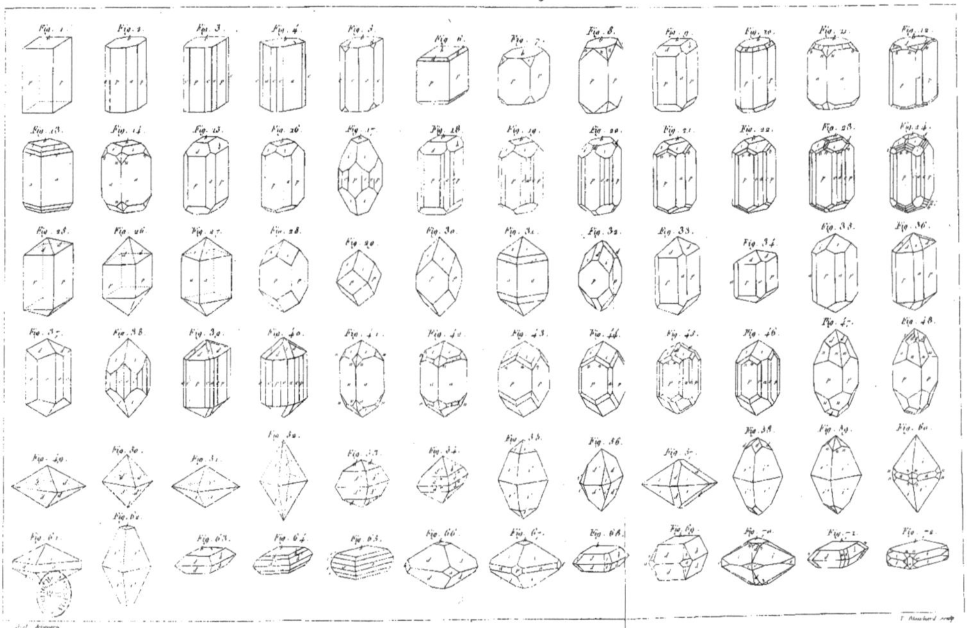

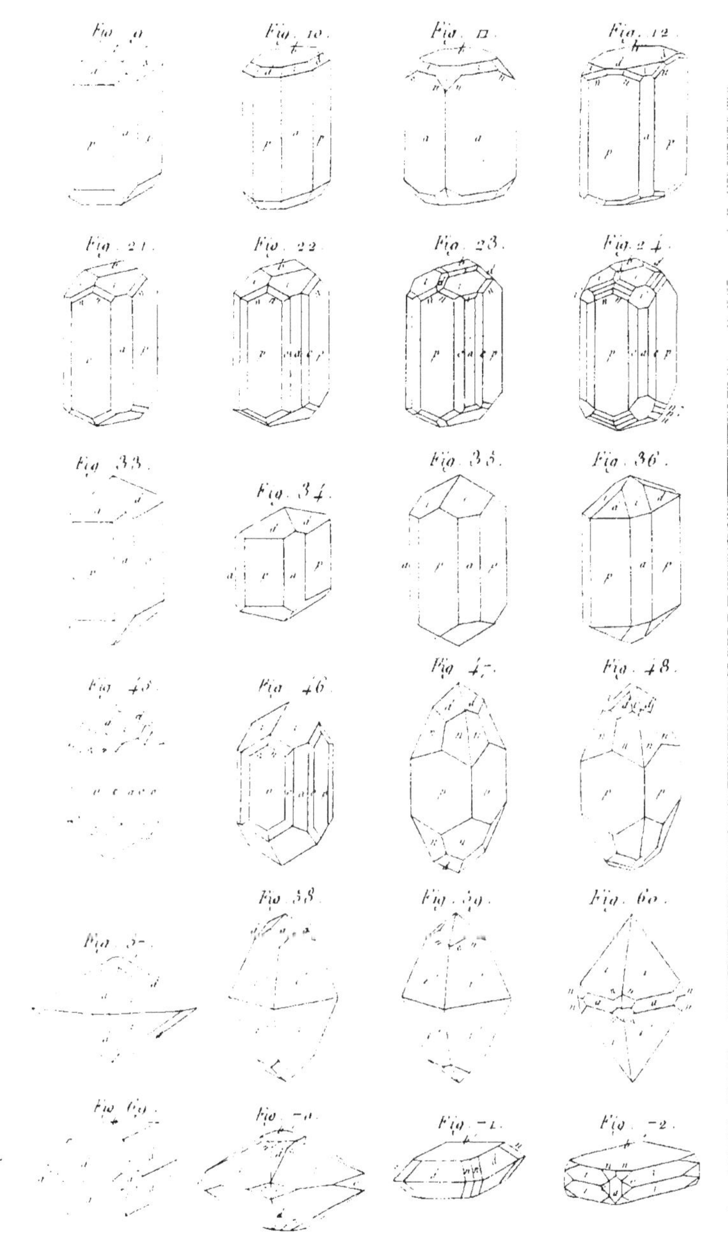

T. Blanchard sculp.

Exemples de cristaux naturels du système rhomboédrique.

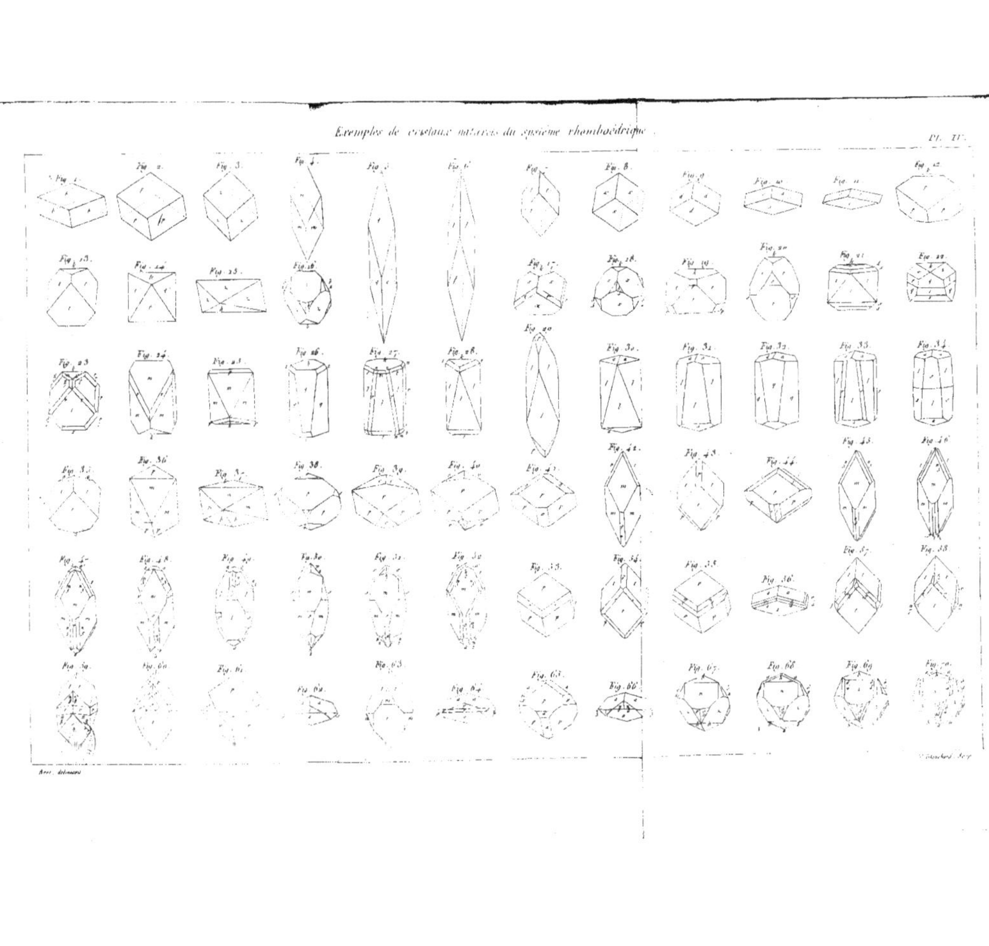

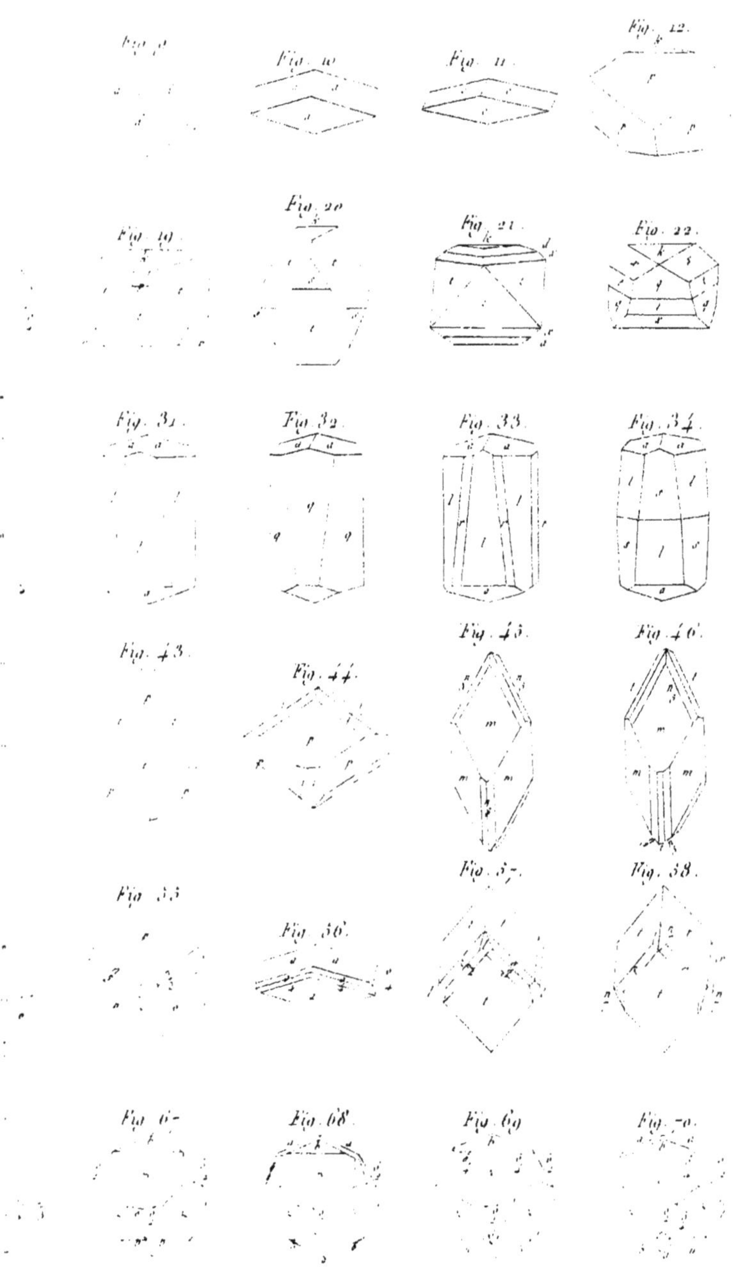
Fig. 9
Fig. 10
Fig. 11
Fig. 12
Fig. 19
Fig. 20
Fig. 21
Fig. 22
Fig. 31
Fig. 32
Fig. 33
Fig. 34
Fig. 43
Fig. 44
Fig. 45
Fig. 46
Fig. 55
Fig. 56
Fig. 57
Fig. 58
Fig. 67
Fig. 68
Fig. 69
Fig. 70

Exemples de cristaux naturels du système rhomboédrique.

Pl. V.

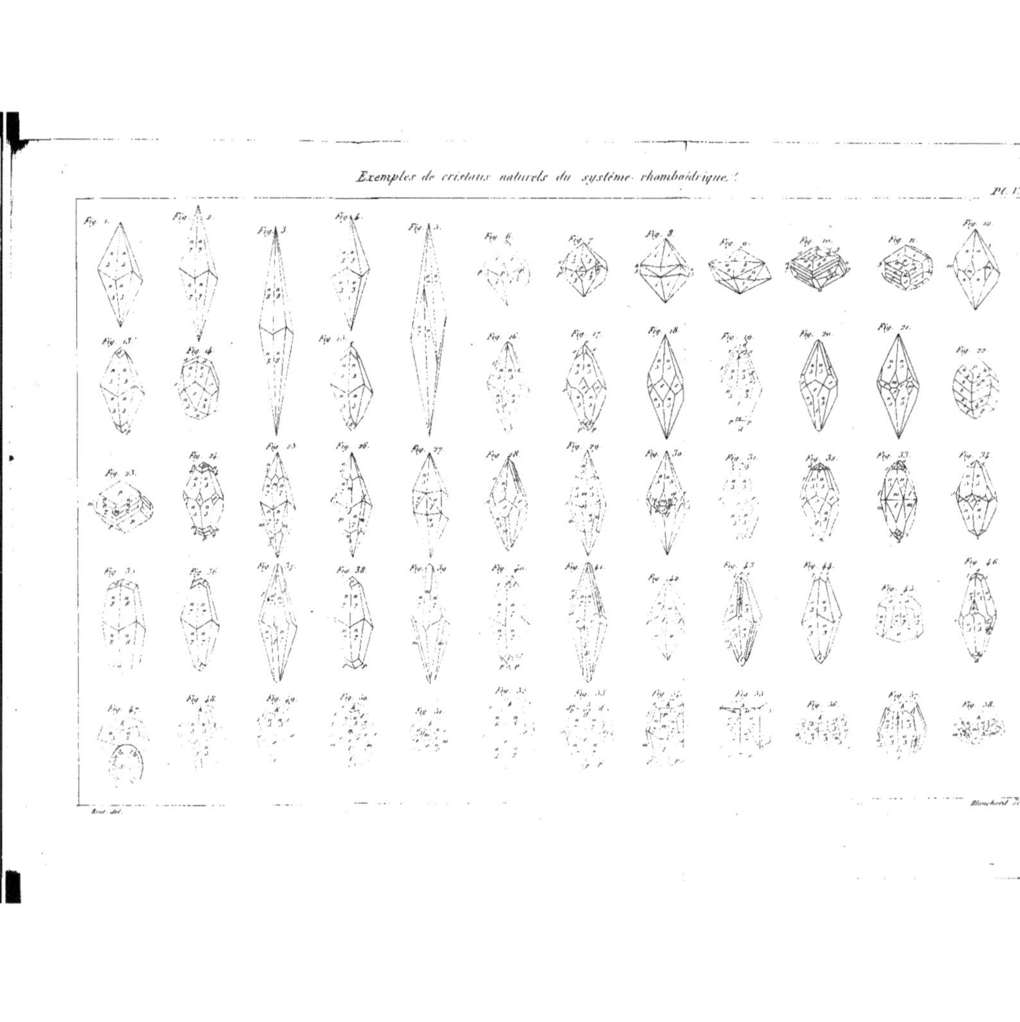

Brut. del. Blanchard sc.

Pl. V.

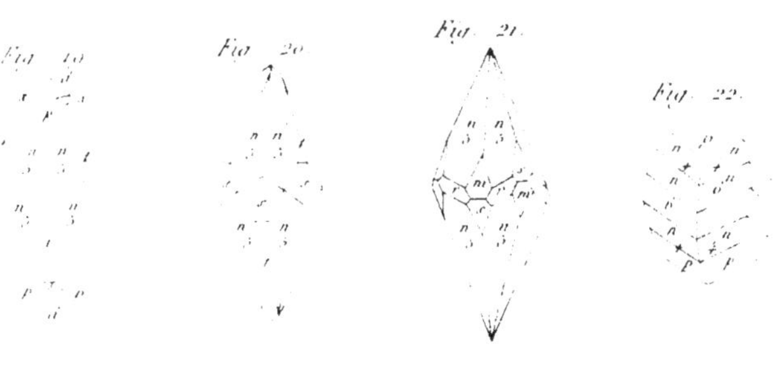

Blanchard

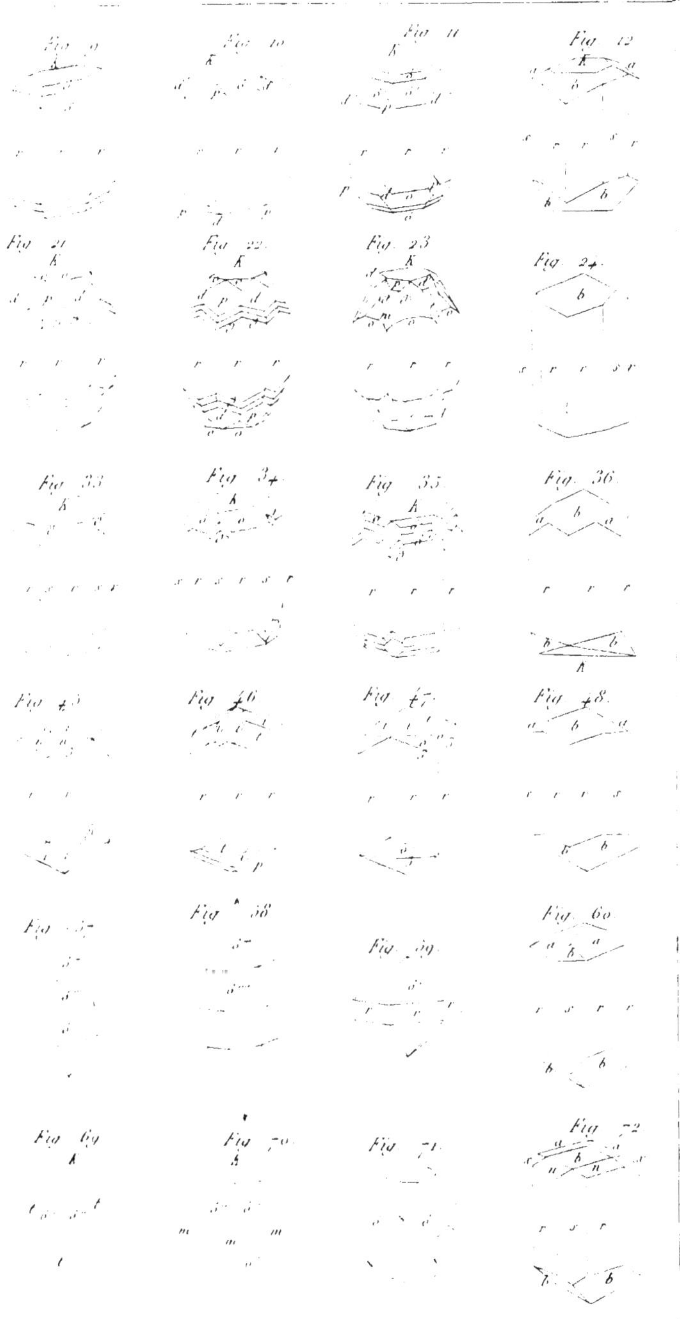

Blanchard sc.

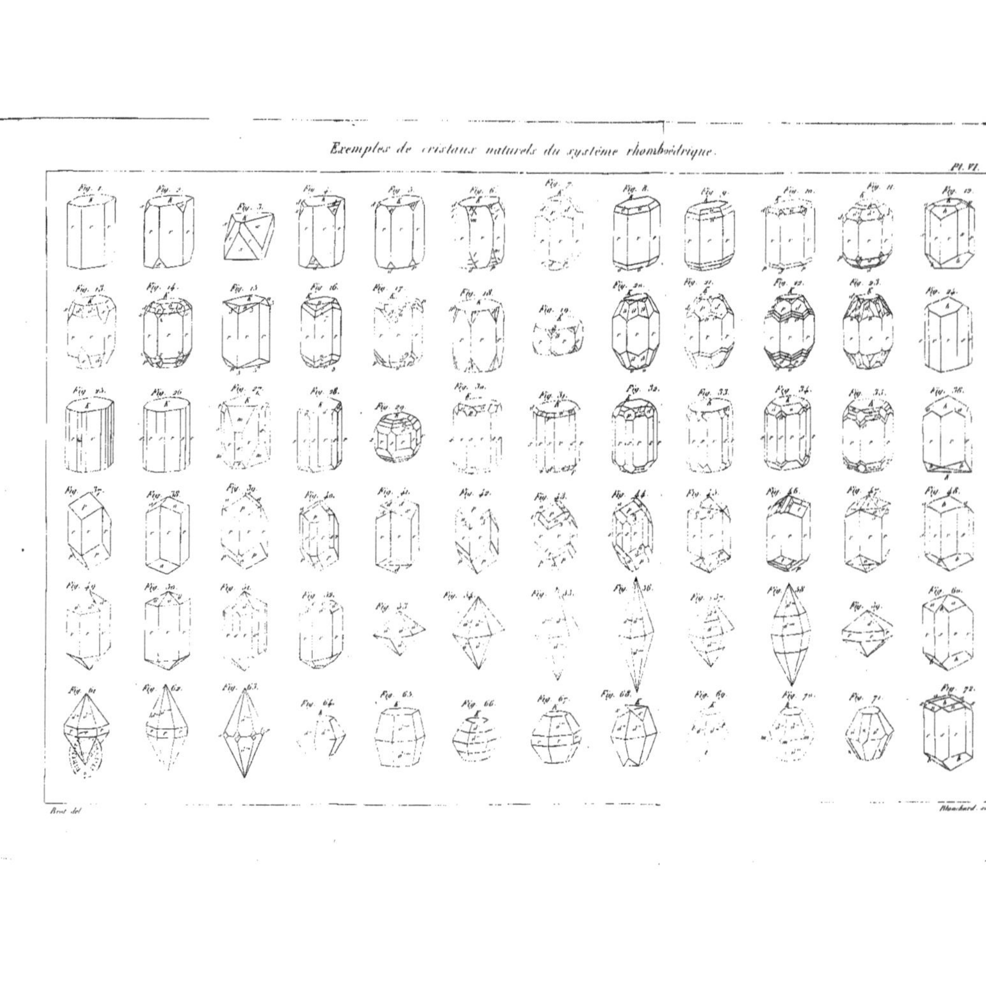

Exemples de cristaux naturels du système rhomboédrique.

Pl. VI.

Exemples de cristaux naturels du système rhomboédrique.

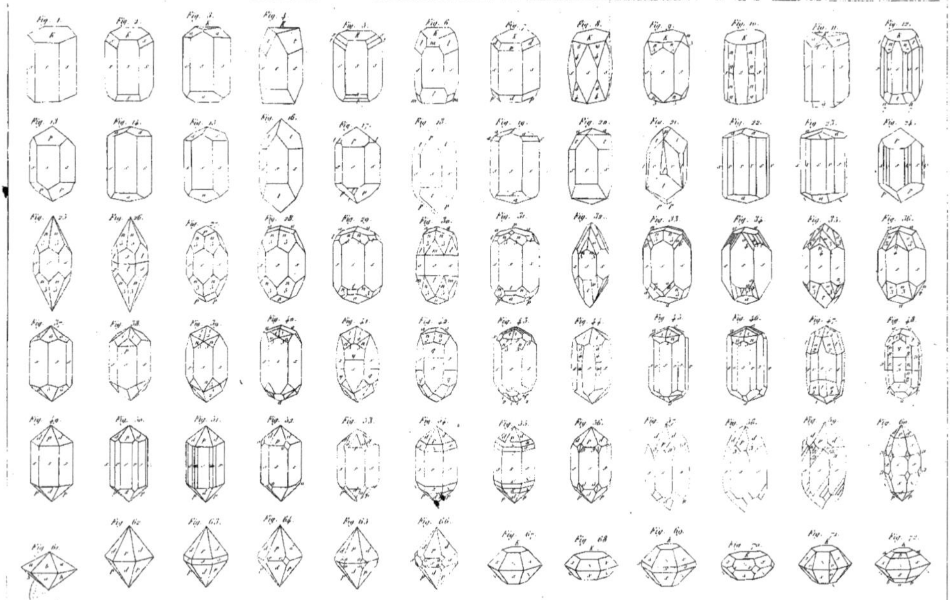

Pl. VII

[illegible] Blanchard sculpsit.

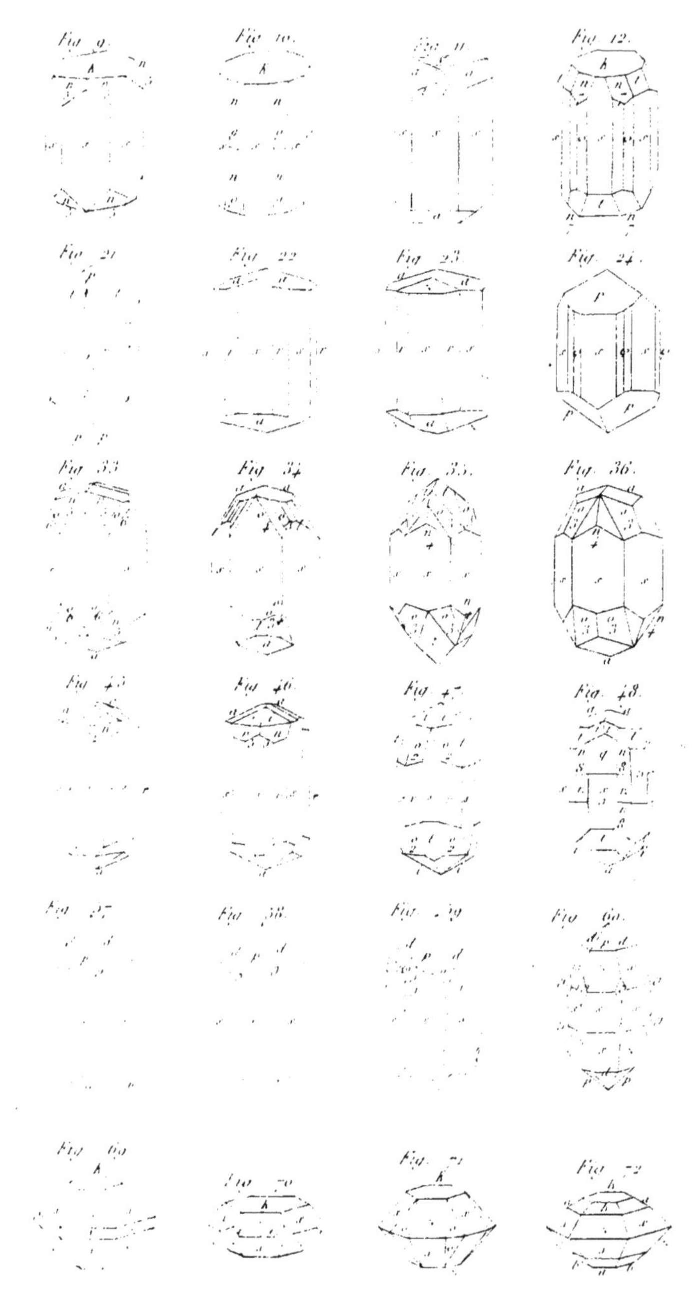

Blanchard sculpsit

Pl. VIII.

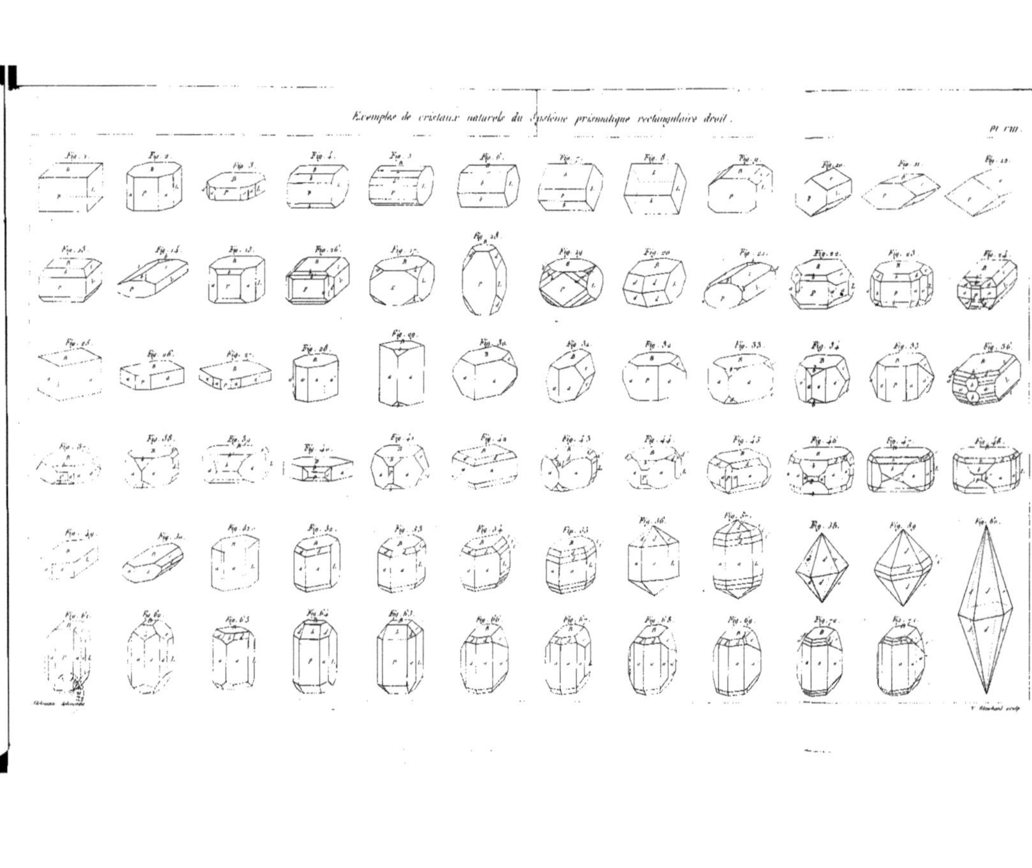

Exemples de cristaux naturels du Système prismatique rectangulaire droit.

...tangulaire droit.

Pl. IX.

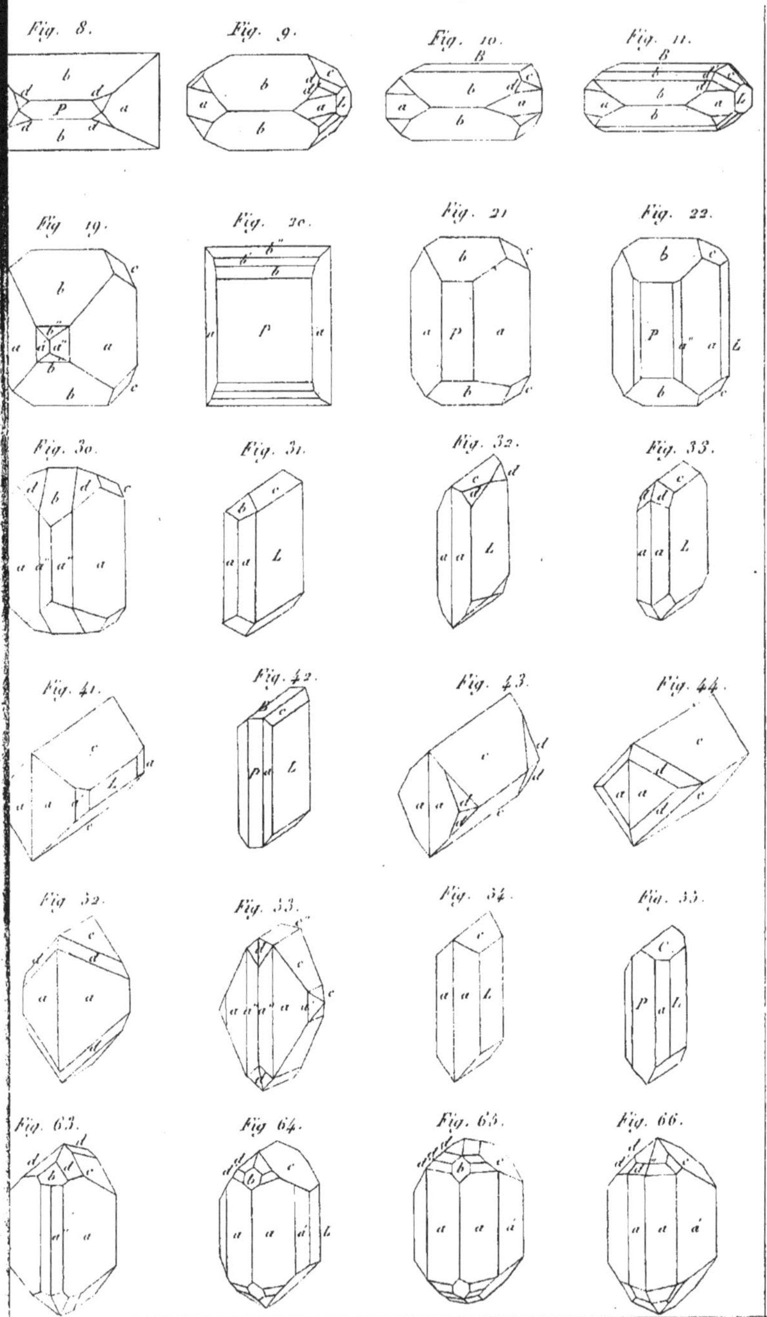

Blanchard, sc.

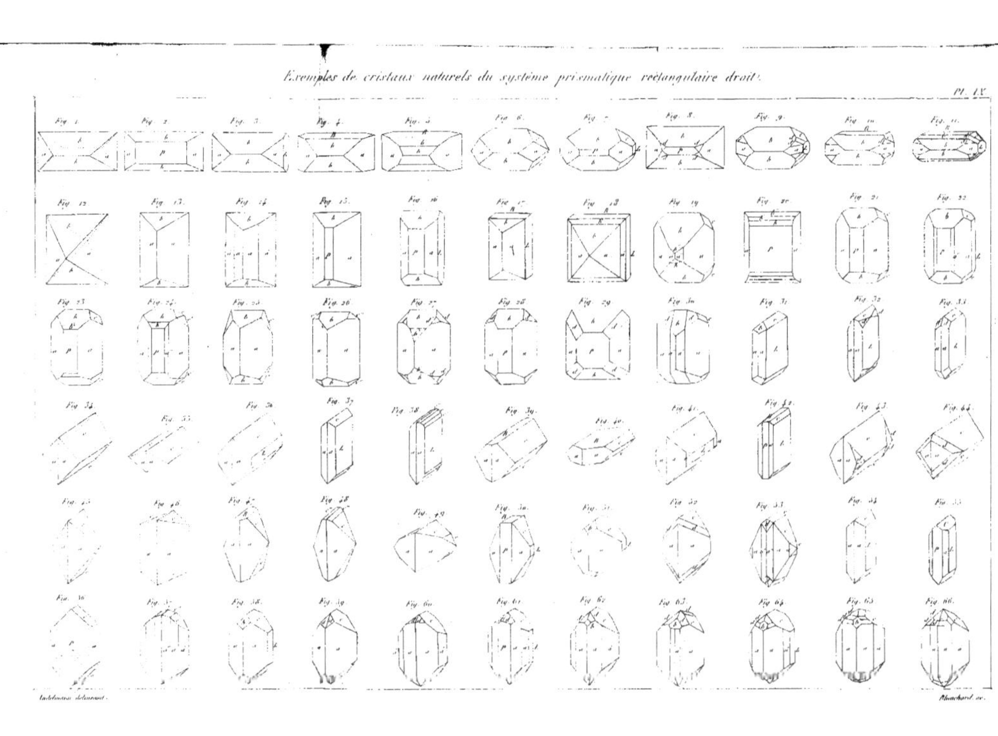
Exemples de cristaux naturels du système prismatique rectangulaire droit.
Pl. IX
Blanchard sc.

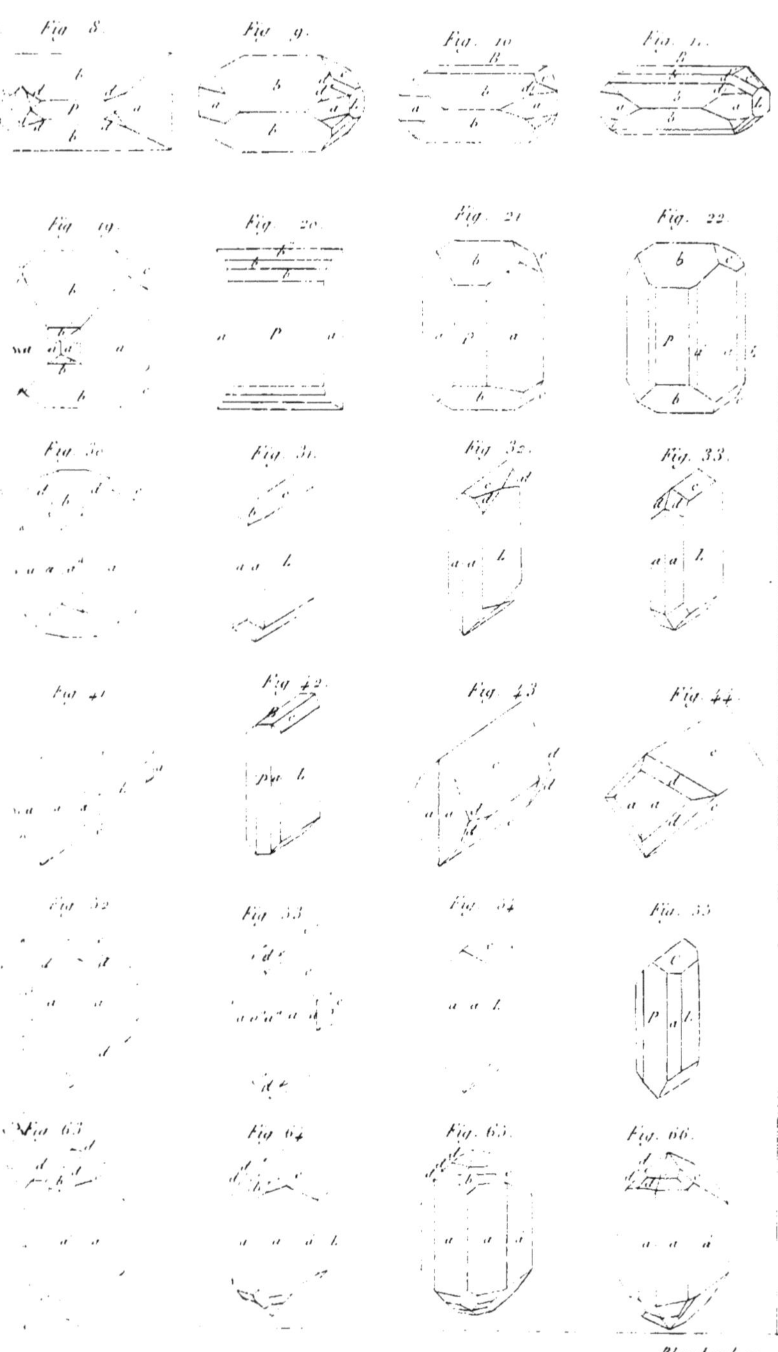

Blanchard sc.

matique recti[illegible]

Fig. [illegible] Fig. 8

Fig. [illegible] Fig. 20

Fig. 31 Fig. [illegible]

Fig. 44

Fig. [illegible] Fig. 50

Fig. [illegible] Fig. 65

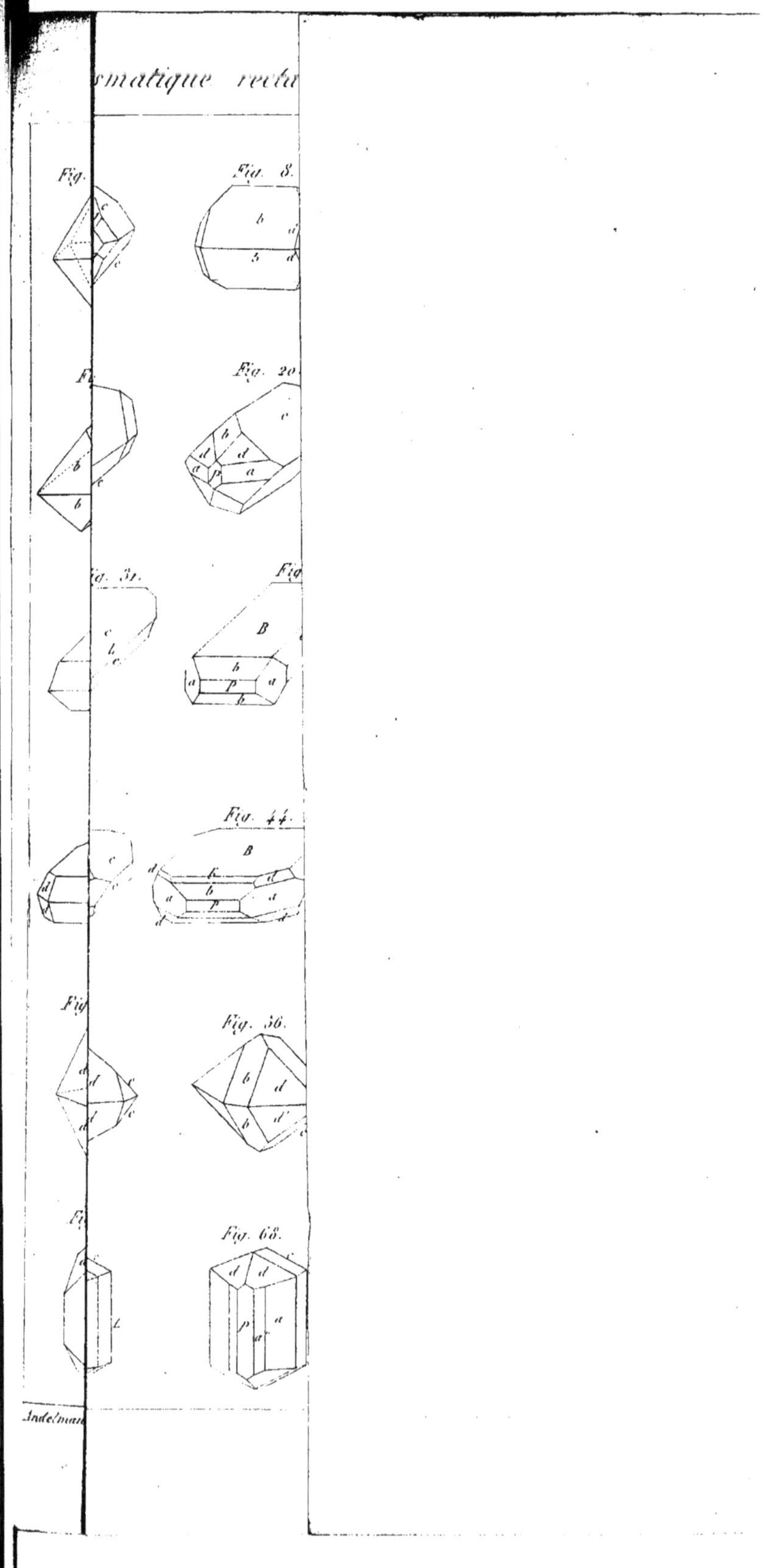
smatique rectu
Fig.
Fig. 8.
Fig. 20.
Fig. 31.
Fig. 44.
Fig. 56.
Fig. 68.
Audelman

Exemples de cristaux naturels du système prismatique rectangulaire droit.

Pl. A.

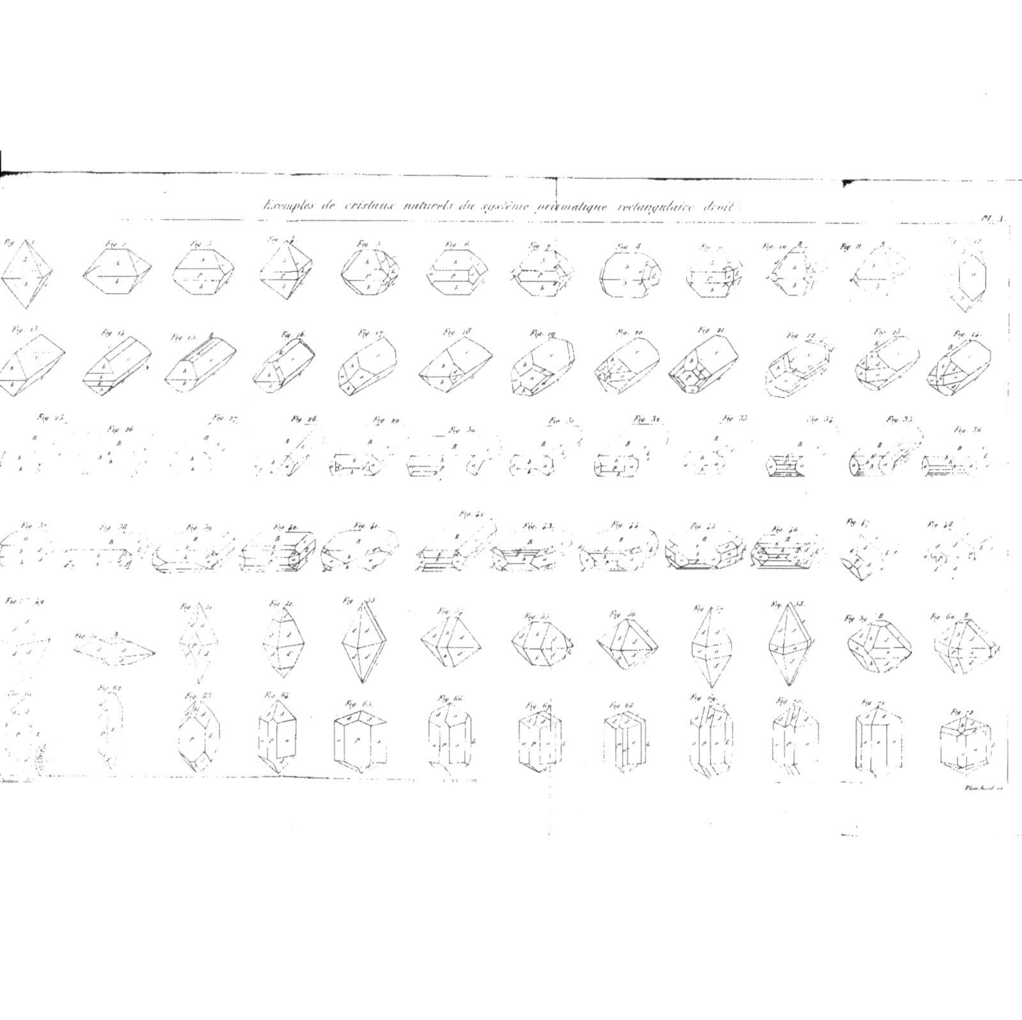

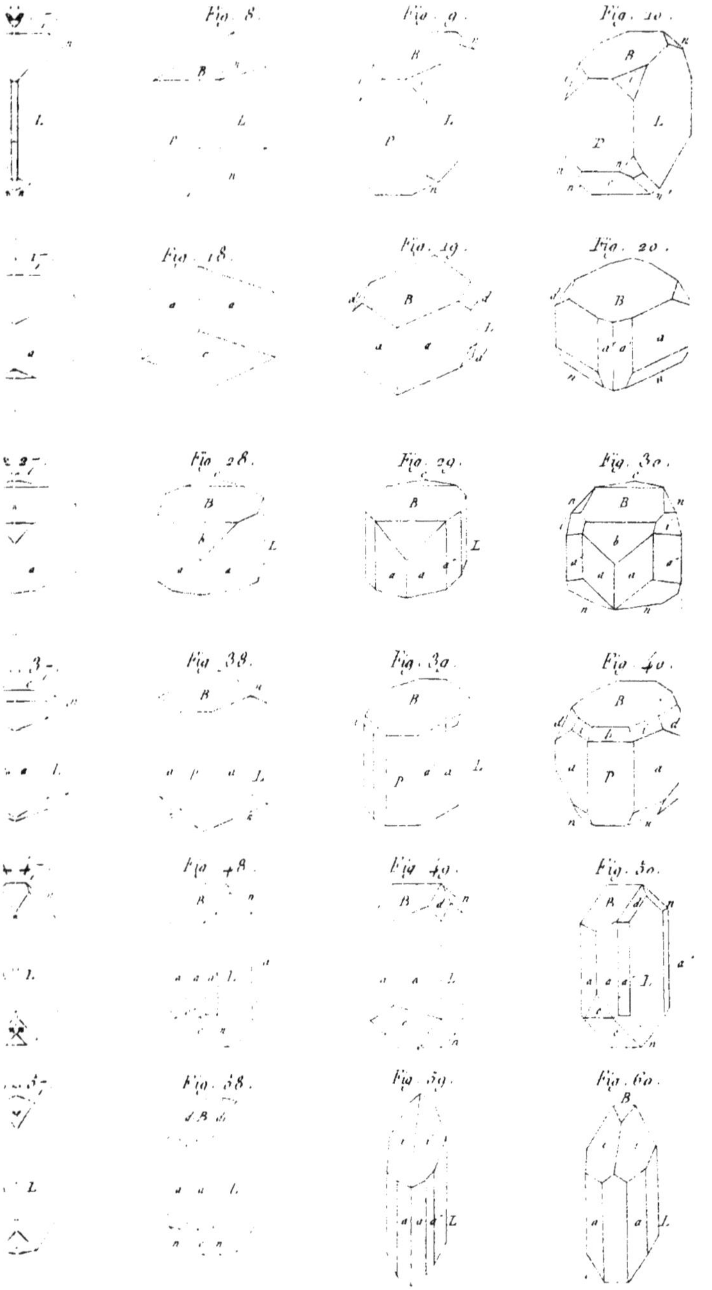
Fig. 8.
Fig. 9.
Fig. 10.
Fig. 18.
Fig. 19.
Fig. 20.
Fig. 28.
Fig. 29.
Fig. 30.
Fig. 38.
Fig. 39.
Fig. 40.
Fig. 48.
Fig. 49.
Fig. 50.
Fig. 58.
Fig. 59.
Fig. 60.

T. Blanchard, Sculpt.

Exemples de cristaux naturels du système prismatique rectangulaire oblique.

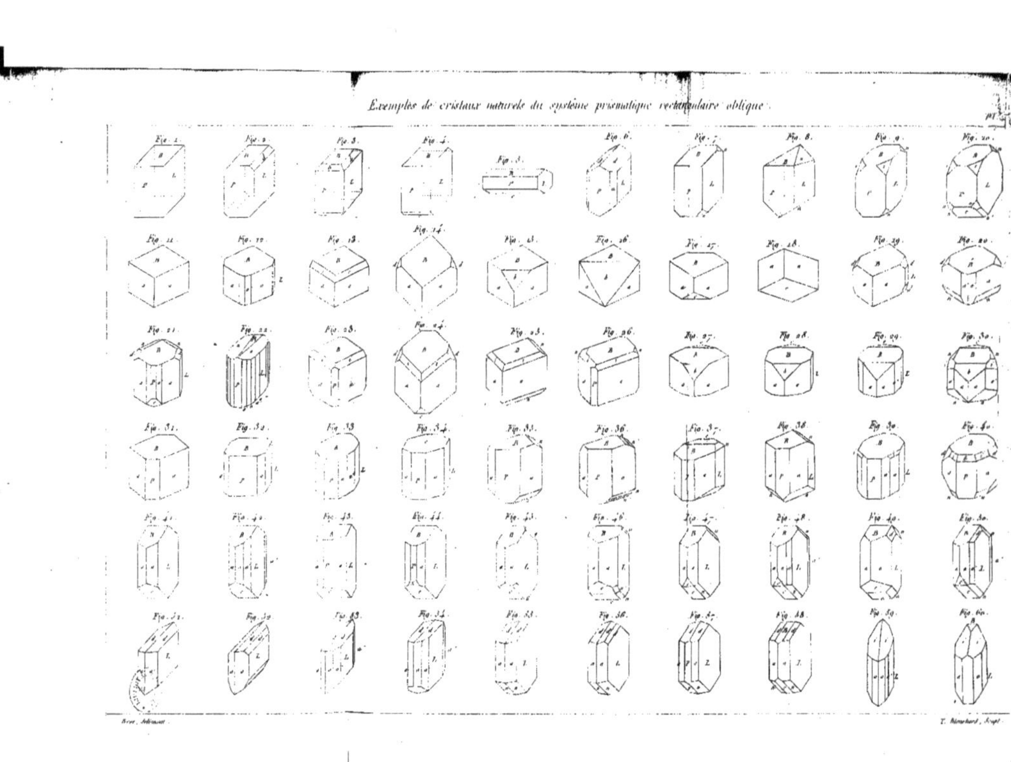

ue rectangulaire oblique.

Pl. XII.

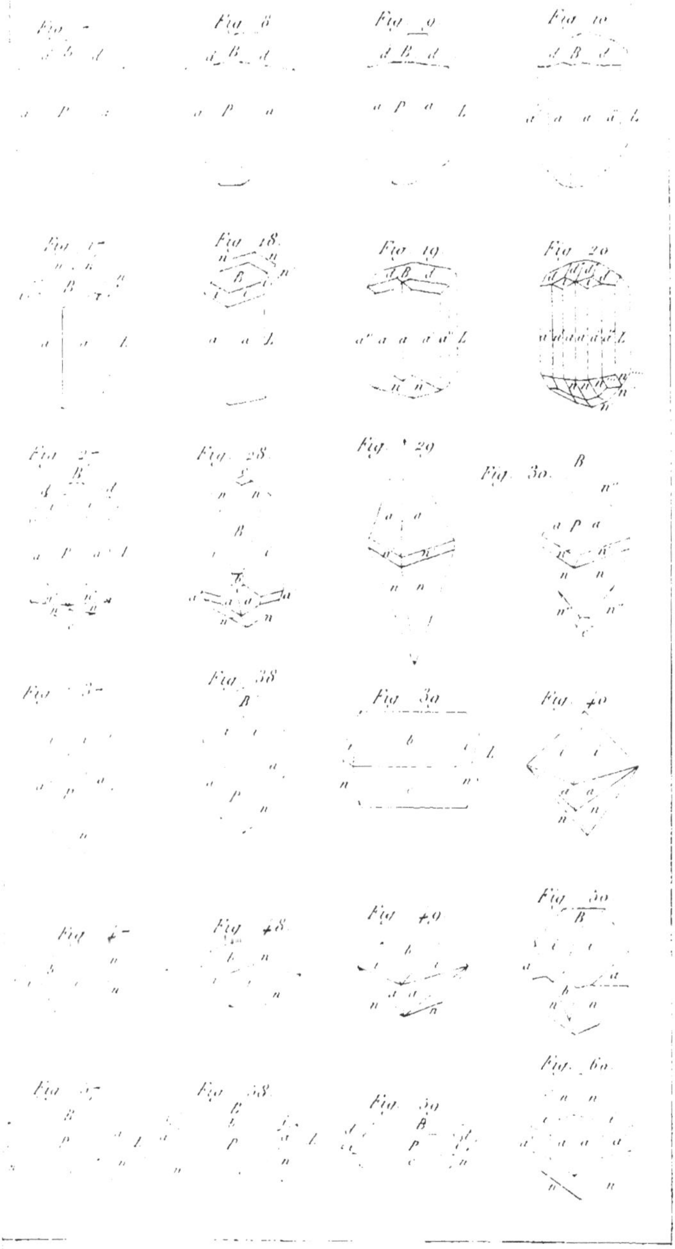

Fig. 7. Fig. 8. Fig. 9. Fig. 10.

Fig. 17. Fig. 18. Fig. 19. Fig. 20.

Fig. 27. Fig. 28. Fig. 29. Fig. 30.

Fig. 37. Fig. 38. Fig. 39. Fig. 40.

Fig. 47. Fig. 48. Fig. 49. Fig. 50.

Fig. 57. Fig. 58. Fig. 59. Fig. 60.

Blanchard sc.

Exemples de cristaux naturels du système prismatique rectangulaire oblique.

Pl. XII.

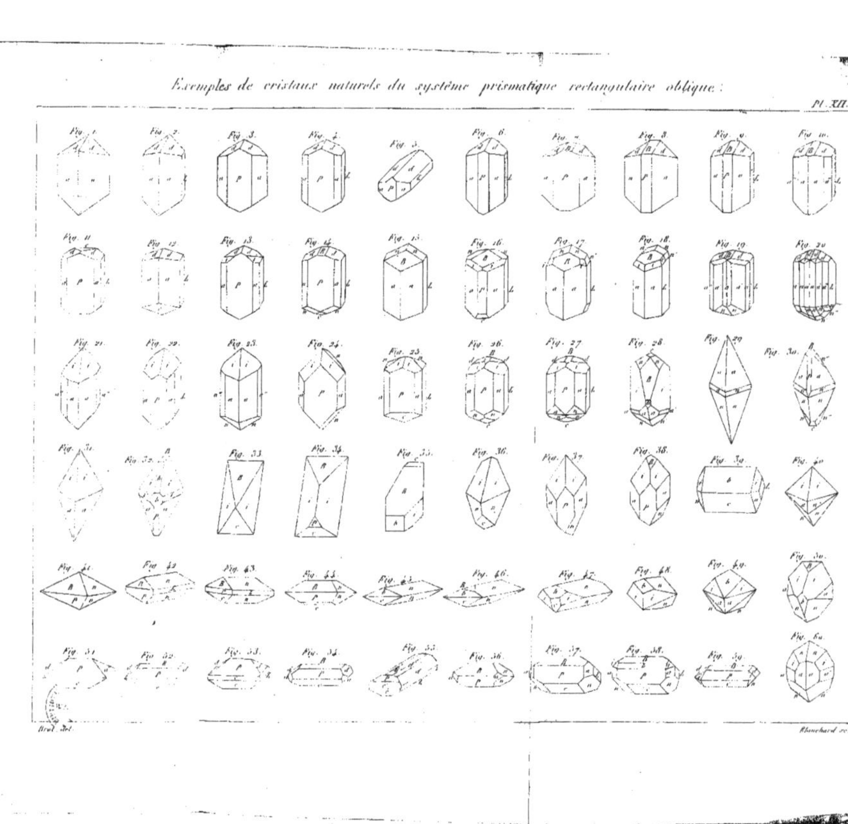

Brel. del.

Blanchard sc.

u Système
nme obliquangle.

Pl. XIII

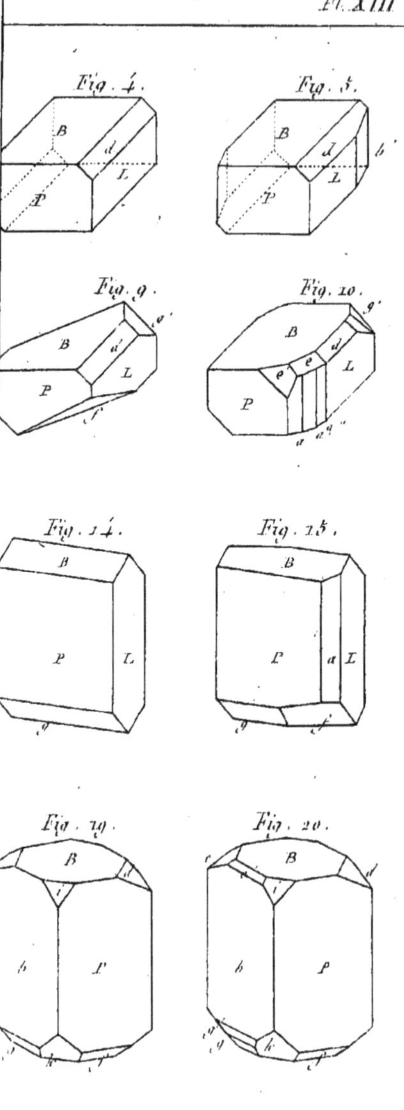

T. Blanchard Sculp.

Exemples de cristaux naturels du Système prismatique oblique à base de parallélogramme obliquangle.

Pl. XIII

Biot delineavit. T. Blanchard Sculp.

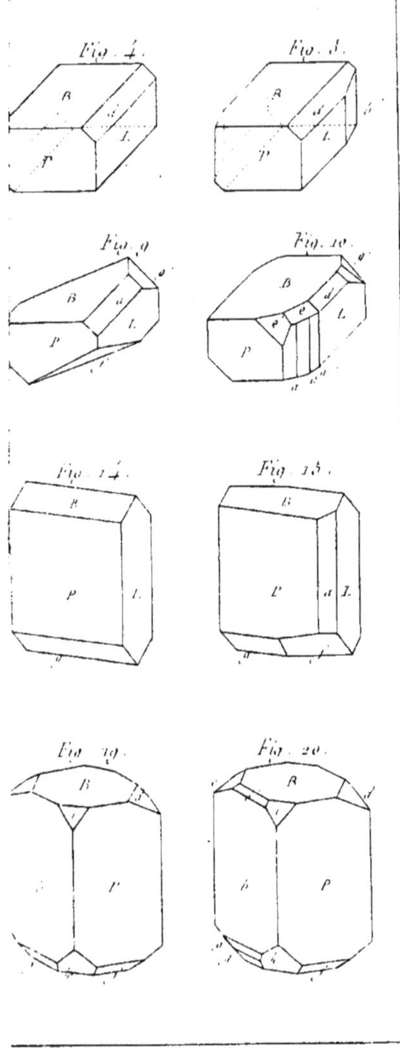

... Blanchard Sculp.

www.ingramcontent.com/pod-product-compliance
Ingram Content Group UK Ltd.
Pitfield, Milton Keynes, MK11 3LW, UK
UKHW020236180726
13839UKWH00001B/2